科学出版社“十四五”普通高等教育本科规划教材

射频等离子体物理基础

王友年　宋远红　张钰如　编著

科 学 出 版 社

北　京

内 容 简 介

本书较为全面、系统地介绍了低气压非热平衡等离子体的物理基础和射频等离子体特性。全书分两大部分，其中第一部分为第 1～8 章，主要介绍低温等离子体的物理模型，包括概述、碰撞模型、粒子模型、动理学模型、流体力学模型、稳态输运模型、射频鞘层模型、整体模型等；第二部分为第 9～14 章，侧重介绍不同类型的射频放电和射频等离子体特性，如容性耦合等离子体、甚高频容性耦合等离子体中的电磁效应、柱状线圈感性耦合等离子体、平面线圈感性耦合等离子体、螺旋波等离子体和电子回旋共振微波等离子体。

本书可作为等离子体物理和相关专业高年级本科生和研究生的教学用书，也可作为从事低温等离子体科学和应用技术(如等离子体刻蚀和薄膜沉积技术)研究人员的参考用书。

图书在版编目 (CIP) 数据

射频等离子体物理基础 / 王友年，宋远红，张钰如编著. —北京：科学出版社，2024.5

科学出版社“十四五”普通高等教育本科规划教材

ISBN 978-7-03-077992-2

Ⅰ. ①射… Ⅱ. ①王… ②宋… ③张… Ⅲ. ①射频－等离子体物理学－高等学校－教材 Ⅳ. ①O53

中国国家版本馆 CIP 数据核字(2024)第 032300 号

责任编辑：窦京涛　龙嫚嫚　郭学雯 / 责任校对：杨聪敏

责任印制：侯文娟 / 封面设计：有道文化

科学出版社出版

北京东黄城根北街 16 号

邮政编码：100717

http://www.sciencep.com

北京盛通数码印刷有限公司印刷

科学出版社发行　各地新华书店经销

*

2024 年 5 月第 一 版　开本：720×1 000　1/16

2024 年 6 月第二次印刷　印张：28 1/4

字数：570 000

定价：98.00 元

(如有印装质量问题，我社负责调换)

前　言

在过去几十年中，低温等离子体技术发展迅速，在工业、环境、生物、医学等领域中得到广泛的应用，尤其是在集成电路、太阳能电池及平板显示等制造领域中，等离子体刻蚀和薄膜沉积等材料表面处理技术起着不可代替的作用。等离子体已经成为一种无处不在的元素，渗透到我们日常生活的许多方面。手机、电脑、电视机等现代化的电子产品都需半导体芯片，而约有三分之一的芯片制造工艺要涉及等离子体技术。半导体芯片产业直接关系到一个国家的经济发展、信息安全和国防建设。带有射频等离子体工艺腔室的集成电路装备(如等离子体刻蚀机)是衡量一个国家在半导体芯片制造工艺方面具有先进核心技术的重要标志，关乎着国家的中长期重大发展战略。如果能够对射频等离子体工艺腔室中发生的物理和化学过程进行充分的认识和理解，将有助于低温等离子体技术的进一步开发和应用。

射频等离子体属于低温等离子体的一种。工业上通常使用的射频等离子体有如下几个重要特征。第一，射频等离子体是由频率从 MHz 到 GHz 的射频电源激励气体放电产生的，也就是说放电是由时间瞬变的电磁场或电磁波维持，而且等离子体的能量主要来自于电子的加热。第二，射频等离子体是一种非热平衡的冷等离子体，即电子的温度远大于离子温度和工作气体的温度。通常，电子的温度为几万摄氏度，而重粒子的温度大约在几百摄氏度。这种等离子体一般不会对被处理的材料表面进行加热，但可以为材料表面的物理化学反应提供必要的活化能。第三，射频等离子体是在低气压环境下产生的，而且需要真空腔室，其工作气压从毫托(mTorr)到托(Torr，$1\text{Torr}=1\text{mmHg}=1.33322\times10^2\text{Pa}$)，取决于具体的工艺过程。第四，产生等离子体的工作气体通常为一些分子气体，如氮气、氧气、碳氟气体及氯气，或由分子气体与惰性气体构成的混合气体。这种等离子体不仅含有电子和正离子，还有负离子、处在激发态的原子和分子、活性基团以及处于基态的原子和分子。特别是，活性基团是材料表面反应的前驱物种，直接影响着材料表面的刻蚀率或薄膜的沉积率。

由于射频等离子体技术在集成电路、光伏、平板显示等产业中的广泛应用，国外先后出版了一些有关射频放电原理和射频等离子体物理的教材，如美国加州大学伯克利分校 Lieberman 教授和 Lichtenberg 教授所著的 *Principles of Plasma Discharges and Materials Processing*、法国巴黎综合理工学院 Chabert 教授和英国开放大学 Braithwaite 教授所著的 *Physics of Radio-Frequency Plasmas*。然而，国内尚缺少这方面的教材。自 2000 年以来，本书作者为大连理工大学应用物理学专业本科生和等离子体物理专业研究生先后讲授了“等离子体与固体表面相互作用”、“低气压射频等离子体物理”和“低温等离子体物理学前沿”等课程，本书正是在这些授课的讲稿基础上整理而成的。在本书的撰写过程中，除了借鉴国内外一些优秀教科书外，还参考了国内外同行在射频等离子体物理方面的研究工作，也包括作者所在课题组的研究工作。

本书共 14 章，分为两大部分。在第一部分中，除第 1 章概述外，其余各章(第 2～8 章)侧重介绍描述低温非热平衡等离子体的物理模型，如粒子的碰撞模型、粒子模型、动理学模型、流体力学模型、稳态输运模型、射频鞘层模型和整体模型等。第二部分为第 9～14 章，侧重介绍不同类型的射频放电和射频等离子体特性，如容性耦合等离子体、甚高频容性耦合等离子体中的电磁效应、柱状线圈感性耦合等离子体、平面线圈感性耦合等离子体、螺旋波等离子体和电子回旋共振微波等离子体。

在本书的写作过程中，作者分别得到了一些同事和研究生的帮助和支持。作者所在单位的刘永新、高飞、李寿哲、张权治等教授分别对本书相关章节的内容提出了建设性的修改意见，尤其是刘永新教授对第 1 章和第 7～12 章的内容进行了仔细推敲。重庆大学的苌磊教授对第 13 章的内容进行了阅读，并提出了一些很好的修改建议。辽宁科技大学的梁英爽副教授、东华大学的杨唯副教授、大连理工大学的赵凯副教授和孙景毓博士、美国密歇根州立大学的温德奇博士、华为技术有限公司的刘建凯博士等也参与了本书部分章节的修改和校对。此外，课题组的在读博士研究生赵明亮、周方杰、佟磊、黄佳伟、李京泽等协助完成一些算例和绘图。本书之所以能够顺利出版，与上述人员提供的帮助是分不开的，在此向他们表示真诚的感谢。

最后，作者还要感谢科学出版社窦京涛编辑对本书出版提供的帮助。本书的出版还得到了大连理工大学教材出版基金的资助。

由于作者水平有限，加之写作时间仓促，书中难免会存在一些不妥之处，敬请读者谅解和指正。

王友年　宋远红　张钰如

2024 年 1 月于大连

目　　录

第 1 章　概　述

1.1　等离子体的基本概念

众所周知，在通常情况下自然界中物质的形态有三种，即固态、液态和气态。物质中的分子一方面做无规的热运动，另一方面受到范德瓦耳斯(van der Waals)力的作用，使得它们之间相互吸引。正是这样一对相互竞争的内在因素，导致了物质的三种形态。

(1) 当物质温度较低时(低于物质的熔化临界温度)，分子的热动能远小于它们之间的相互作用势能，使得分子不能自由地运动，只能在其平衡位置附近做微振动。这时物质以固态的形式存在，见图 1-1(a)。

(2) 当物质的温度较高时(超过物质的熔化临界温度)，分子的热动能与它们之间的相互作用势能相当，并可以在一定程度上“自由”运动，但仍不能完全摆脱分子之间的相互吸引。这时物质以液态的形式存在，见图 1-1(b)。

(3) 当物质的温度继续升高时(超过物质的气化临界温度)，分子的热动能远大于它们之间的相互作用势能，这使得分子几乎可以完全摆脱它们之间的吸引，做杂乱无章的自由运动。这时物质以气态的形式存在，见图 1-1(c)。

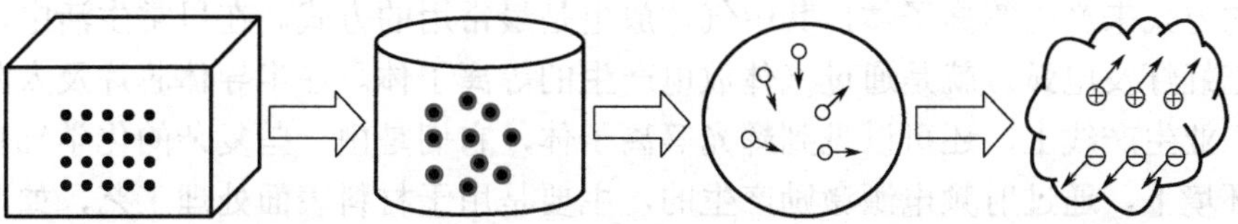

图 1-1　四种物质形态示意图

如果物质的温度再继续升高，或物质以某种方式吸收能量，物质中微观粒子之间的碰撞使得其中的原子或分子发生电离现象，即原子外层的电子可以摆脱原子核的约束而成为自由电子，这时物质中一个中性的原子或分子就变成一个带正电的离子和带负电的电子，见图 1-1(d)。如果物质中有大量的离子和电子存在，则该物质就变成了电离气体。不太严格地讲，这种含有大量电子、离子和中性粒子(原子及分子)的电离气体就是**等离子体**。因此，人们往往也称等离子体为**物质的第四态**。这里需要指出的是，把等离子体称为物质的第四态，并不是从物质相变的角度来理解的，而是指它的许多特性不同于通常的固态、液态和气态物质。

等离子体与固体、液体和气体的最大差别在于它们的组分不同。对于固体、液体和气体，它们都是由中性的原子或分子组成的。然而，对于等离子体，除了含有处于稳定状态的中性原子或分子之外，还含有电子、离子，甚至还包含一些受激原子和分子等。

等离子体最早是由英国科学家克鲁克斯(Crookes)在1879年发现的，1928年美国科学家朗缪尔(Langmuir)和汤克斯(Tonks)首次将等离子体(plasma)一词引入物理学，用来描述气体放电管里的物质形态。等离子体一词源自希腊文(πλασμα)，意为可形塑的物体。在我国大陆，plasma最早由我国已故物理学家王承书先生翻译成等离子体(1958年)。由于在医学上，plasma与“血浆”的英文是同一个词，我国台湾学者至今仍把plasma翻译成“电浆”。

可以说，自然界中有99%以上的物质都是以等离子体状态存在的。这种说法并不过分，因为从浩瀚的太空到人类居住的地球，都可以发现等离子体的存在。

在太空中，一些星系及星际间的物质是由稀薄等离子体组成的。一些恒星的内部也是等离子体，例如，太阳就是一个高温等离子体球，其内部温度可以达千万摄氏度。通常称这些等离子体为**天体等离子体**。

在地球周围，由于大气层中的原子或分子受到来自太阳风中的高能带电粒子的不断碰撞而电离，形成了电离层，电离层是一种弱电离等离子体。所谓的北极光现象，就是北极大气层中的原子或分子受到高能带电粒子的碰撞激发后跃迁发射出的光。在夏天人们看到的闪电现象，实际上就是云层与云层(或地面)之间的大气在强电场作用下形成的一种放电现象。通常称这些等离子体为**空间等离子体**。

在地面实验室中，人们可以采用燃烧、冲击波、高能粒子束轰击、气体放电等不同的方式来产生等离子体，其中气体放电是最常用的方式。在日常生活中，日光灯、霓虹灯及电弧，就是通过气体放电产生的等离子体。在半导体芯片及太阳能电池等工业生产线上，还可以见到辉光等离子体，它们是由一些复杂的化学气体在低气压环境下，通过射频电源激励产生的，主要是用于材料表面处理工艺，如薄膜材料的刻蚀和沉积，以及材料表面的改性等。人们在实验室里还可以产生类似于太阳的高温聚变等离子体，如磁约束聚变等离子体和激光惯性约束等离子体。通常称这些等离子体为**实验室等离子体**。

此外，还可以把金属材料和半导体材料看作**固态等离子体或量子等离子体**，原因是金属材料是由带正电的离子晶格和带负电的简并自由电子气构成的，而半导体材料同样也是由带正电的空穴和带负电的电子组成的。

1.2 等离子体的状态参数及分类

描述等离子体状态的基本参数有大两类，即温度和密度。在等离子体物理学中，

通常采用电子伏(eV)作为温度的单位，它与热力学(绝对)温度单位开尔文(K)的换算关系为

$$1\text{eV} = 11600\text{K} \tag{1.2-1}$$

由于 eV 是能量的单位，可以用焦耳(J)来表示它，即

$$1\text{eV} = 1.6\times10^{-19}\text{J} \tag{1.2-2}$$

等离子体是由多种粒子组成的，如电子、离子及中性原子或分子。通常情况下，各种粒子成分处于非平衡热力学状态，因此不同种类的粒子具有不同的温度，如电子温度 T_e、离子温度 T_i 以及中性粒子温度 T_g 等。

由于等离子体存在的空间区域不同，产生的方式不同，所以它们的状态参数的取值范围也不相同，见图 1-2。例如，电离层等离子体的电子密度 n_e 大约在 10^5cm^{-3}，电子温度为 0.01～0.1eV；实验室产生的辉光等离子体，电子密度为 10^8 ～10^{13}cm^{-3}，电子温度为 1～10eV；而对于磁约束聚变等离子体，电子密度大约在 10^{16}cm^{-3}，电子温度大约在 10^3eV 量级。可见，对于不同形式的等离子体，其状态参数的取值范围差别很大，电子密度和温度的取值范围分别可以跨越 25 个量级和 6 个量级。

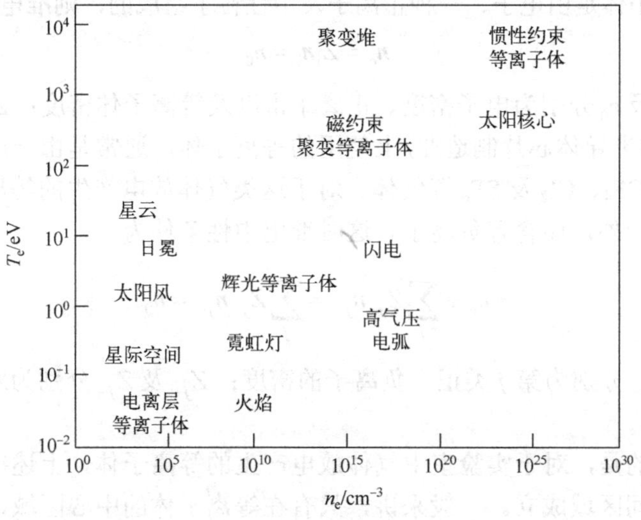

图 1-2　不同类型的等离子体参数取值范围

对于实验室等离子体，也有不同的分类方法。按照其温度的不同，可以分为高温等离子体和低温等离子体。其中对于高温等离子体，如磁约束聚变等离子体，电子温度在 10^3eV 量级；而对于低温等离子体，电子温度通常在 eV 量级。进一步地，又可以将低温等离子体分为冷等离子体和热等离子体，其中对于冷等离子体，电子的温度(eV 量级)远大于离子的温度(通常处于室温)，且是一种弱电离等离子体，如辉光放电等离子体；而对于热等离子体，电子温度与离子温度近似相等(约为 eV 量

级)，且电离度较高，如电弧等离子体。

此外，还可以按照放电条件来对低温等离子体进行分类。如果按照驱动放电的电源频率来划分，可以把低温等离子体分为直流放电等离子体、射频(MHz)放电等离子体及微波(GHz)放电等离子体；如果按照放电气压来划分，又可以分为低气压(mTorr 至 Torr，1Torr=133Pa)等离子体、高气压等离子体和大气压等离子体。

1.3 等离子体的基本特性

与中性气体不同，等离子体中含有大量的带电粒子，如电子、正离子及负离子。正是由于这些带电粒子的存在，等离子体的性质明显不同于中性气体，其中最为突出的是等离子体的集体振荡行为。

1. 等离子体的准电中性条件

尽管等离子体中含有大量的带电粒子，但其在宏观尺度上仍呈现出准电中性，即单位体积内正电荷的电量等于负电荷的电量。对于电正性气体(如惰性气体氩)放电，可以认为等离子体是由电子、一种正离子及中性粒子组成的，则准电中性条件为

$$n_{\mathrm{e}} = Z_{\mathrm{i}} n_{\mathrm{i}} = n_0 \tag{1.3-1}$$

其中，n_{e}、n_{i} 及 n_0 分别为电子密度、正离子密度及等离子体密度；Z_{i} 为正离子的价数。而工业(如半导体芯片制造业)上使用的等离子体，通常是由一些电负性气体放电产生的，如 CF_4、Cl_2 及 SF_6 等气体。对于这类气体放电产生的等离子体，除了含有电子和正离子外，还含有负离子。这时准电中性条件为

$$n_{\mathrm{e}} + \sum_j Z_{j-} n_{j-} = \sum_j Z_{j+} n_{j+} = n_0 \tag{1.3-2}$$

其中，n_{j+} 及 n_{j-} 分别为第 j 类正、负离子的密度；Z_{j+} 及 Z_{j-} 分别为对应的正、负离子的价数。

需要指出的是，对于实验室中气体放电产生的等离子体，上述准电中性条件只是在一定的空间区域成立。一般来讲，只有在等离子体的中心区域，才能满足准电中性条件。而在靠近放电腔室的器壁或电极处，存在一个所谓的非电中性鞘层区(其厚度为微米或毫米量级)，这里的离子密度要远大于电子密度。

2. 等离子体的集体振荡行为

我们知道，带电粒子之间的相互作用力为库仑力，这是一种长程力，且是以场或波的形式表现出来。当处在平衡状态的等离子体受到某种扰动时，如外界的电磁扰动或内部的热涨落扰动等，将在等离子体某处造成局域的正负电荷分离，并产生

局域电场。这种局域电场又要反过来作用在带电粒子上，力图使带电粒子恢复到它们的平衡位置。但是，由于带电粒子的惯性，当它们到达平衡位置时并不能停下来，而是继续朝相反的方向运动，并再次引起电荷分离。电荷分离产生的电场又试图使带电粒子恢复到它们的平衡位置，而带电粒子的惯性再次使得它们偏离平衡位置。这样，在静电力和惯性力两种因素的作用下，带电粒子在它们的平衡位置附近来回振荡。

为了更清楚地说明等离子体的集体振荡行为，我们把等离子体简化为一个无限大的电子平板和离子平板。当等离子体处在平衡状态时，电子平板与离子平板完全重合，这时等离子体满足准电中性条件。当等离子体受到某种扰动时，由于离子的质量远大于电子的质量，可以认为离子平板基本是不动，而电子平板相对于离子平板往右移动，且移动距离为x，如图1-3所示。这样，在平板的左端为正电荷(离子)区，而右端为负电荷(电子)区，从而在两个区域之间产生了静电场$\boldsymbol{E}$。这种电荷分离产生的静电场类似于两个平行板电容器中的静电场。设等离子体的密度为n_0，则正、负电荷的面密度分别为$\pm\sigma$，其中$\sigma = en_0x$，这里e为基本电荷量。对应的静电场为

$$E(x) = \frac{\sigma}{\varepsilon_0} = \frac{en_0x}{\varepsilon_0} \tag{1.3-3}$$

其中，ε_0为真空介电常量。在电场的作用下，单个电子的运动方程为

$$m_\mathrm{e}\frac{\mathrm{d}^2x}{\mathrm{d}t^2} = -eE = -\frac{e^2n_0x}{\varepsilon_0} \tag{1.3-4}$$

其中，m_e是电子的质量。方程(1.3-4)类似于一个简谐振子的运动方程，其解为

$$x(t) = A\cos(\omega_\mathrm{pe}t + \theta) \tag{1.3-5}$$

其中，A为振幅；θ为初始的相位角，而

$$\omega_\mathrm{pe} = \sqrt{\frac{e^2n_0}{\varepsilon_0m_\mathrm{e}}} \tag{1.3-6}$$

为等离子体电子的振荡角频率。尽管我们考虑的是单个电子的运动，但实际上整个电子平板也是做类似于式(1.3-5)的振荡运动。

相对于电子平板，离子平板也做类似的振荡运动，其振荡角频率为

$$\omega_\mathrm{pi} = \sqrt{\frac{e^2n_0}{\varepsilon_0m_\mathrm{i}}} \tag{1.3-7}$$

其中，m_i是离子的质量。如果同时考虑电子和离子在电场作用下的运动，则可以得到等离子体的振荡角频率为

$$\omega_\mathrm{p} = \sqrt{\omega_\mathrm{pe}^2 + \omega_\mathrm{pi}^2} \tag{1.3-8}$$

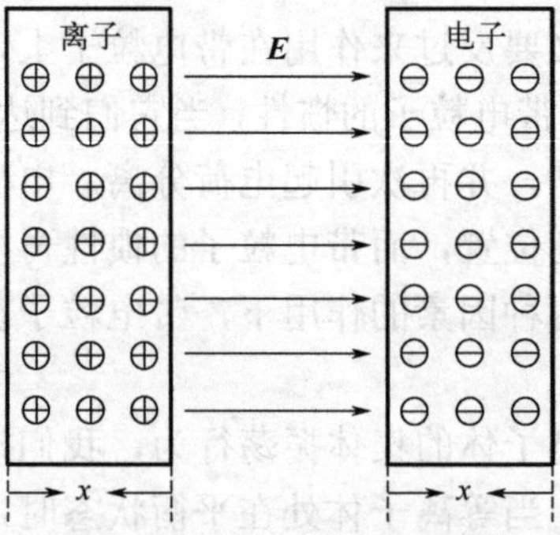

图1-3　等离子体振荡示意图

由于离子的质量远大于电子的质量，即 $m_i \gg m_e$，因此有 $\omega_{pe} \gg \omega_{pi}$，由此可以得到 $\omega_p \approx \omega_{pe}$。

将 e、ε_0 及 m_e 等基本物理量的数值代入式(1.3-6)和式(1.3-7)，可以把等离子体的电子振荡角频率和离子振荡角频率分别表示为

$$\omega_{pe} = 5.64\times 10^4 \sqrt{n_0} \quad (\text{Hz}) \tag{1.3-9}$$

$$\omega_{pi} = 1.32\times 10^3 Z_i \mu_i^{-1/2} \sqrt{n_0} \quad (\text{Hz}) \tag{1.3-10}$$

其中，n_0 以 cm^{-3} 为单位；Z_i 是离子的价数；$\mu_i = m_i / m_p$，这里 m_p 是质子的质量。对于通常的低温等离子体，其密度为 $n_0 = 10^8 \sim 10^{12}\ \text{cm}^{-3}$，因此等离子体的电子振荡角频率为

$$\omega_{pe} = 5.64\times 10^8 \sim 5.64\times 10^{10} \quad (\text{Hz})$$

它位于微波波段。

由此可见，处在平衡状态的等离子体一旦受到某种扰动，就会在其内部出现局域电荷分离现象，从而导致了等离子体的集体振荡行为。描述等离子体电子振荡和离子振荡的特征时间尺度分别为 $\tau_{pe} = \omega_{pe}^{-1}$ 和 $\tau_{pi} = \omega_{pi}^{-1}$。

3. 等离子体的屏蔽行为

我们再从另外一个角度来讨论等离子体的这种集体运动行为。假设在等离子体中某个区域出现电荷分离现象，并且过剩的净电荷为正，则这个区域外围的电子就会朝这个区域聚集，并试图对这种过剩的正电荷进行屏蔽。这就是所谓的库仑屏蔽现象。

将一个电量为 q_T 的正电荷(通常称为试探电荷)放在密度为 n_0 的均匀等离子体中。这个正电荷 q_T 将吸引等离子体中的电子，排斥离子，从而在它周围聚集一层电子云。这样，这个试探电荷周围的等离子体密度不再是均匀分布的。试探电荷周围的电势分布 $V(\boldsymbol{r})$ 由泊松方程确定

$$\nabla^2 V = \frac{e}{\varepsilon_0}(n_e - n_i) \tag{1.3-11}$$

其中，n_e 和 n_i 为试探电荷周围的电子和离子的密度分布；∇^2 为拉普拉斯算子。为简单起见，这里假设离子是一价电离的，即 $Z_i = 1$。

由于离子质量较重，可以近似认为离子保持不动，其密度近似地为 $n_i \approx n_0$。电子受到电场和压强力的共同作用，其密度不再均匀。当电子达到局域热平衡时，它受到的电场力等于压强力，即

$$-en_e\boldsymbol{E} = \nabla(T_e n_e) \tag{1.3-12}$$

其中，T_e 为电子温度(单位为 eV)，这里假设它是常数。利用电场与电势的关系式 $\boldsymbol{E} = -\nabla V$，可以得到电子密度的分布为

$$n_e = n_0 \exp(eV / T_e) \tag{1.3-13}$$

其中，n_0 为电势为零处的电子密度。我们称式(1.3-13)**为玻尔兹曼分布**。

如果电子的势能远小于其热动能，即 $eV \ll T_e$，则可以把式(1.3-13)近似地表示为

$$n_e \approx n_0(1 + eV / T_e) \tag{1.3-14}$$

把式(1.3-14)代入式(1.3-11)，并利用准电中性条件，则可以得到

$$\nabla^2 V = \frac{e^2 n_0}{\varepsilon_0 T_e} V \tag{1.3-15}$$

引入电子德拜长度 λ_{De}

$$\lambda_{De} = \sqrt{\frac{\varepsilon_0 T_e}{n_0 e^2}} \tag{1.3-16}$$

这样可以把方程(1.3-15)变为

$$\frac{1}{r^2}\frac{d}{dr}\left(r^2 \frac{dV}{dr}\right) = \frac{1}{\lambda_{De}^2} V \tag{1.3-17}$$

其中已考虑了该问题具有球对称性这一特点。令 $V(r) = u(r) / r$，这样由方程(1.3-17)可以得到

$$\frac{d^2 u}{dr^2} = \frac{u}{\lambda_{De}^2} \tag{1.3-18}$$

很明显，该方程的解为 $u(r) = C\exp(-r / \lambda_{De})$，其中 C 为常数。另外，考虑到当 $r = 0$ 时，电势应为 $V(r) = \dfrac{q_T}{4\pi\varepsilon_0 r}$。因此，试探电荷 q_T 在等离子体中的电势为

$$V(r) = \frac{q_T}{4\pi\varepsilon_0 r}\exp(-r / \lambda_{De}) \tag{1.3-19}$$

通常称该势为屏蔽的库仑势。与通常的裸库仑势 $\frac{q_T}{4\pi\varepsilon_0 r}$ 相比，屏蔽的库仑势中多了一个函数因子 $\exp(-r/\lambda_{De})$，它使得电势明显变弱。尤其是当 $r \gg \lambda_{De}$ 时，试探电荷产生的电势几乎为零，这是等离子体中的电子云对试探电荷屏蔽的结果。

德拜长度 λ_{De} 是描述等离子体集体运动行为的特征空间尺度。将基本电荷量 e 及真空介电常量 ε_0 的值代入式(1.3-16)，可以得到

$$\lambda_{De} = 7.43\times10^2\sqrt{\frac{T_e}{n_0}} \quad \text{(cm)} \tag{1.3-20}$$

其中，T_e 和 n_0 分别以 eV 和 cm^{-3} 为单位。对于低温等离子体，电子温度及等离子体密度分别为 $T_e \approx 1eV$ 及 $n_0 \approx 10^{10}cm^{-3}$，这样有 $\lambda_{De} = 7.43\times10^{-3}cm$。可见，电子德拜长度大约在微米量级，而且等离子体密度越高，它的值越小。

准电中性、振荡性及屏蔽性是等离子体三个重要的内禀性质。尤其，等离子体电子振荡的特征时间 τ_{pe} 和德拜长度 λ_{De} 是描述等离子体集体运动行为的两个重要的特征参数，也是衡量一个带电粒子系统能否成为等离子体的重要判据。通过上面的讨论可以看出，仅当所考虑的时间尺度 τ 和空间尺度 L 满足如下条件时：

$$\tau \gg \tau_{pe}, \quad L \gg \lambda_{De} \tag{1.3-21}$$

等离子体才能保持准电中性。也就是说，带电粒子系统才能称为等离子体。

1.4 悬浮鞘层

由于电子质量 m_e 远小于离子质量 m_i 以及中性粒子的质量 M，因此在一般情况下，等离子体中不同种类的粒子之间很难达到热平衡。但是，在放电气压比较高的情况下，电子和离子可以分别与中性粒子发生频繁的碰撞，并把动能转移给中性粒子，这样每种带电粒子自身可以达到热平衡，并有各自的热力学温度，如电子温度 T_e 和离子温度 T_i。

在热平衡状态下，带电粒子的速率分布函数为各向同性的麦克斯韦分布，即

$$g_0(v) = \left(\frac{m}{2\pi T}\right)^{3/2}\exp\left(-\frac{mv^2}{2T}\right) \tag{1.4-1}$$

其中，$v=\sqrt{v_x^2+v_y^2+v_z^2}$，这里 v_x、v_y 及 v_z 为速度矢量 $\boldsymbol{v}$ 沿三个坐标轴方向的分量；T 为粒子的温度(单位为 eV)。可以验证，$g_0(v)$ 满足归一化条件

$$\int_0^\infty g_0(v)4\pi v^2 dv = 1 \tag{1.4-2}$$

对于麦克斯韦分布，可以很容易看出，带电粒子沿着三个坐标轴方向的平均速率为

零，即

$$\overline{v}_x = \overline{v}_y = \overline{v}_z = 0 \tag{1.4-3}$$

但它的平均速率 $\overline{v}$ 不为零。利用式(1.4-1)，带电粒子的平均速率为

$$\overline{v} = \int_0^\infty v g_0(v) 4\pi v^2 \mathrm{d}v = \sqrt{\frac{8T}{\pi m}} \tag{1.4-4}$$

对于电子，其平均速率为(也称电子平均热速率)

$$\overline{v}_\mathrm{e} = \sqrt{\frac{8T_\mathrm{e}}{\pi m_\mathrm{e}}} \tag{1.4-5}$$

类似地，还可以计算出带电粒子的热动能

$$E_\mathrm{T} = \int_0^\infty (mv^2/2) g_0(v) 4\pi v^2 \mathrm{d}v = \frac{3}{2}T \tag{1.4-6}$$

实际上，这就是理想气体中粒子的热动能，服从能量均分定理。

尽管对于麦克斯韦分布，带电粒子的平均速率为零，但如果限制带电粒子只沿某个特定的方向运动，那么它沿这个方向的平均速率则不为零。设带电粒子沿着 z 轴的正向运动，而对沿着 x 轴和 y 轴的运动没有限制，这样带电粒子穿过 x-y 平面的通量为

$$\varGamma = n_0 \int_{-\infty}^\infty \mathrm{d}v_x \int_{-\infty}^\infty \mathrm{d}v_y \int_0^\infty v_z g_0(v) \mathrm{d}v_z = \frac{1}{4} n_0 \overline{v} \tag{1.4-7}$$

其中，n_0 为体区的等离子体密度。由于离子的质量远大于电子的质量，离子的平均速率远小于电子的平均速率。这样，与离子相比，电子流向器壁(边界)的通量非常大。这样，对于一个靠近等离子体的器壁，必然要在它表面累积过剩的负电荷，从而产生一个悬浮鞘层电势降 ΔV_s。这个电势降会阻止电子进一步向器壁流动，而加速离子向器壁流动，最终使得流向器壁的电子通量和离子通量相等，以实现正负电荷守恒。由于这个悬浮鞘层电势降的存在，所以只有那些能量大于这个电势能的电子才能越过势阱到达器壁表面，即要求

$$\frac{1}{2} m_\mathrm{e} v_z^2 > e\Delta V_\mathrm{s} \quad 或 \quad v_z > \sqrt{2e\Delta V_\mathrm{s}/m_\mathrm{e}} \equiv v_\mathrm{c} \tag{1.4-8}$$

这样，可以证明到达器壁的电子通量为

$$\varGamma_\mathrm{wall} = n_0 \int_{-\infty}^\infty \mathrm{d}v_x \int_{-\infty}^\infty \mathrm{d}v_y \int_{v_\mathrm{c}}^\infty v_z g_0(v) \mathrm{d}v_z = \frac{1}{4} n_0 \overline{v}_\mathrm{e} \exp\left(-\frac{e\Delta V_\mathrm{s}}{T_\mathrm{e}}\right) \tag{1.4-9}$$

这个式子很重要，通常作为数值模拟等离子体的一个边界条件。

电子在朝向器壁运动时，同时也要携带一定的能量。可以证明，离开等离子体

区的电子能流密度为[1]

$$Q_{\text{out}} = n_0 \int_{-\infty}^{\infty} \mathrm{d}v_x \int_{-\infty}^{\infty} \mathrm{d}v_y \int_{v_c}^{\infty} (m_e v^2/2) v_z g_0(v) \mathrm{d}v_z = (2T_e + e\Delta V_s)\Gamma_{\text{wall}} \tag{1.4-10}$$

当电子向器壁流动时，要克服悬浮鞘层电势的约束而损失掉一部分能量，这一部分能流为 $e\Delta V_s \Gamma_{\text{wall}}$。因此，电子流到器壁上的净能流密度为

$$\Delta Q_{\text{wall}} = Q_{\text{out}} - e\Delta V_s \Gamma_{\text{wall}} = 2T_e \Gamma_{\text{wall}} \tag{1.4-11}$$

式(1.4-11)的物理意义很明确：Γ_{wall} 表示单位时间内流向单位面积器壁上的电子数，即电子的通量；$2T_e$ 为每个电子所携带的平均热动能。式(1.4-9)和式(1.4-11)是两个非常重要的公式，在后续章节中将要用到。

由式(1.4-9)和式(1.4-10)可以看出，电子流向器壁的通量和能流密度均依赖于悬浮电势 V_s。下面我们通过一维悬浮鞘层模型来确定 V_s。为了简化讨论，我们做如下假设。

(1)在体区中，等离子体是准电中性的，即电子密度与离子密度相等，且为常数，$n_e = n_i = n_0$。

(2)在靠近器壁处，存在一个非电中性的区域，电子密度小于离子密度，$n_e < n_i$，即悬浮鞘层(floating sheath)，如图 1-4 所示。在鞘层区，电子密度服从玻尔兹曼分布

$$n_e = n_s \exp(eV/T_e) \tag{1.4-12}$$

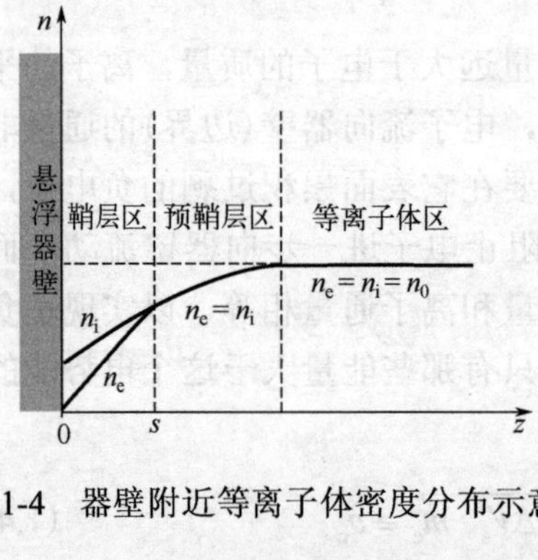

图 1-4 器壁附近等离子体密度分布示意图

其中，n_s 为电子在鞘层-预鞘层边界处的密度；V 为鞘层中任意一点的电势。

(3)在鞘层与等离子体区之间还存在一个预鞘层区，电子密度等于离子密度，$n_e = n_i$，但两者都是空间变量 z 的函数。

(4)在鞘层区不考虑离子的热运动以及它与中性粒子的碰撞，且认为离子的通量是连续的，即

$$n_i u_i = n_s u_s \tag{1.4-13}$$

其中，n_i 和 u_i 分别为鞘层中离子的密度和定向运动速度；u_s 是离子在鞘层-预鞘层边界处的速度。此外，根据能量守恒定律，有

$$\frac{1}{2} m_i u_i^2 = \frac{1}{2} m_i u_s^2 - eV \tag{1.4-14}$$

(5)鞘层电势 V 由一维泊松方程确定，即

$$\frac{\mathrm{d}^2V}{\mathrm{d}z^2}=\frac{e}{\varepsilon_0}(n_e-n_i) \tag{1.4-15}$$

方程(1.4-12)～方程(1.4-15)构成了一套封闭的自洽方程组。

将式(1.4-13)与式(1.4-14)联立，可以得到鞘层中的离子密度

$$n_i=\frac{n_s}{\sqrt{1-2eV/(m_iu_s^2)}} \tag{1.4-16}$$

再将 n_e 和 n_i 的表示式代入方程(1.4-15)，可以得到

$$\frac{\mathrm{d}^2V}{\mathrm{d}z^2}=\frac{en_s}{\varepsilon_0}\left[\exp\left(\frac{eV}{T_e}\right)-\frac{1}{\sqrt{1-2eV/(m_iu_s^2)}}\right] \tag{1.4-17}$$

这是一个二阶非线性常微分方程，需要有两个边界条件才能确定出它的解。假设在鞘层与预鞘层边界处($z=s$)的电势和电场均为零，即

$$V\big|_{z=s}=0,\quad \left.\frac{\mathrm{d}V}{\mathrm{d}z}\right|_{z=s}=0 \tag{1.4-18}$$

在器壁表面，电势为悬浮电势，即

$$V\big|_{z=0}=V_s \tag{1.4-19}$$

注意，鞘层厚度 s 和悬浮电势 V_s 是两个待定的常数。另外，当鞘层达到稳态时，要求流向器壁的电子通量与离子通量相等，即

$$\frac{1}{4}n_s\overline{v}_e\exp\left(\frac{eV_s}{T_e}\right)=n_su_s \tag{1.4-20}$$

由此可以得到悬浮电势为

$$V_s=\frac{T_e}{e}\ln\left(\frac{4u_s}{\overline{v}_e}\right) \tag{1.4-21}$$

其中，u_s 也是一个待定的常数。

利用如下变换：

$$\frac{\mathrm{d}^2V}{\mathrm{d}z^2}=\frac{\mathrm{d}}{\mathrm{d}z}\left(\frac{\mathrm{d}V}{\mathrm{d}z}\right)=\frac{\mathrm{d}V}{\mathrm{d}z}\frac{\mathrm{d}}{\mathrm{d}V}\left(\frac{\mathrm{d}V}{\mathrm{d}z}\right)=\frac{\mathrm{d}}{\mathrm{dV}}\left[\frac{1}{2}\left(\frac{\mathrm{d}V}{\mathrm{d}z}\right)^2\right]$$

及边界条件(1.4-18)，对方程(1.4-17)两边进行积分，可以得到

$$\frac{1}{2}\left(\frac{\mathrm{d}V}{\mathrm{d}z}\right)^2=\frac{n_sT_e}{\varepsilon_0}\left[(\mathrm{e}^{eV/T_e}-1)+\frac{m_iu_s^2}{T_e}\left(\sqrt{1-\frac{2eV}{m_iu_s^2}}-1\right)\right] \tag{1.4-22}$$

为了便于分析，引入如下无量纲的变量 ς、无量纲的函数 χ 和无量纲的参数 M

$$\varsigma = z / \lambda_{De}, \quad \chi = eV / T_e, \quad M = u_s / u_B \tag{1.4-23}$$

其中，M 为马赫数；

$$u_B = \sqrt{T_e / m_i} \tag{1.4-24}$$

为玻姆速度(Bohm velocity)。u_B 是一个重要的物理量，它将出现在本书的后续有关章节中。借助式(1.4-23)，可以把方程(1.4-22)化简为

$$\frac{1}{2}\chi'^2 = M^2\left[\left(1-\frac{2\chi}{M^2}\right)^{1/2} - 1\right] + e^{\chi} - 1 \tag{1.4-25}$$

其中，$\chi' = d\chi / d\varsigma$。可以看出，方程(1.4-25)左边大于或等于零，那么必然要求该方程的右边也要大于或等于零，即

$$M^2\left[\left(1-\frac{2\chi}{M^2}\right)^{1/2} - 1\right] + e^{\chi} - 1 \geqslant 0 \tag{1.4-26}$$

当$|\chi| < 1$时，可以对上式左边进行泰勒展开，有

$$\begin{aligned} &M^2\left(1-\frac{\chi}{M^2}-\frac{\chi^2}{2M^4}-\cdots-1\right)+1+\chi+\frac{1}{2}\chi^2+\cdots-1 \\ &\approx \frac{\chi^2}{2}\left(1-\frac{1}{M^2}\right) \geqslant 0 \end{aligned} \tag{1.4-27}$$

由此可以看到，仅当

$$M \geqslant 1 \quad 或 \quad u_s \geqslant u_B \tag{1.4-28}$$

时，式(1.4-26)或式(1.4-27)才能成立。我们称不等式(1.4-28)为玻姆鞘层判据(Bohm sheath criterion)，即仅当离子进入鞘层的速度 u_s 大于或等于玻姆速度 u_B 时，方程(1.4-25)才有解。在如下讨论中，我们取 $M=1$ 或

$$u_s = u_B \tag{1.4-29}$$

在本书后续章节中，在讨论与鞘层有关的问题时，要用到式(1.4-29)。将式(1.4-29)代入式(1.4-21)，可以把悬浮电势表示为

$$V_s = \frac{T_e}{2e}\ln\left(\frac{2\pi m_e}{m_i}\right) \tag{1.4-30}$$

对应的悬浮鞘层电势降为

$$\Delta V_s = -V_s = -\frac{T_e}{2e}\ln\left(\frac{2\pi m_e}{m_i}\right) \tag{1.4-31}$$

对于氩等离子体，悬浮电势 $V_s \approx -4.68 T_e / e$。由于在鞘层-预鞘层边界处离子能量为

$\frac{1}{2}m_i u_B^2 = \frac{1}{2}T_e$，因此经悬浮鞘层的电场加速后，轰击到器壁表面上的离子能量为 $(e\Delta V_s + T_e/2)$。

由于器壁上的电势为负值且鞘层-预鞘层边界处的电势为零，所以等离子体区中的电势 V_p 必然大于零，如图 1-5 所示。通常称 V_p 为等离子体电势。如果不考虑碰撞效应，当离子从等离子体区-预鞘层交界处(其速度为零)运动到预鞘层-鞘层交界处时(其速度为 u_B)，有如下能量守恒方程：

$$\frac{1}{2}m_i u_B^2 = eV_p \tag{1.4-32}$$

利用式(1.4-24)，可以得到等离子体电势的值为

$$V_p = \frac{T_e}{2e} \tag{1.4-33}$$

根据玻尔兹曼分布(1.4-12)，可以得到预鞘层-等离子体区交界处的等离子体密度为

$$n_s = n_0 e^{-eV_p/T_e} \approx 0.61 n_0 \tag{1.4-34}$$

其中，n_0 为体区中的等离子体密度。

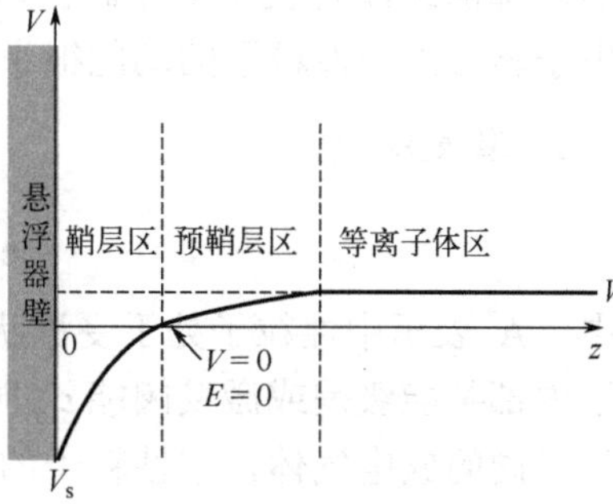

图 1-5 电势空间分布示意图

1.5 基本碰撞类型

对于工业上应用的低温等离子体，通常是由一些具有化学活性的混合气体(如 CF_4、Cl_2、O_2 及 SF_6 等气体)放电产生的，其成分极为复杂。它不仅含有电子和正离子，还有负离子、活性基团以及处于基态的原子和分子。以 CF_4 放电为例，放电产生的活性粒子有 F、CF、CF_2 及 CF_3 等。粒子之间的碰撞过程不仅决定了等离子体的状态参数，同时也影响着等离子体的工艺过程，如材料的刻蚀和薄膜的沉积。

不同种类的粒子，可以在等离子体中发生如下碰撞过程：带电粒子与中性粒子的碰撞、中性粒子之间的碰撞，以及带电粒子之间的碰撞。然而，对于低温等离子体，由于气体的电离度比较低，通常小于千分之一，所以带电粒子之间的碰撞是次要的，而电子或离子与中性原子或分子的碰撞过程则是主要的。

根据碰撞过程中粒子的内能是否变化，可以将碰撞过程分为两种不同的类型：弹性碰撞和非弹性碰撞。对于弹性碰撞，粒子在碰撞过程中内能不变，相互之间只交换动能，总动能守恒；而对于非弹性碰撞，粒子的内能要发生变化，总动能不守恒。电子与原子或分子的碰撞既可以是弹性的，也可以是非弹性的(例如激发、电离、附着等)，而离子与原子或分子的碰撞则是以弹性碰撞以及电荷转移碰撞为主。在所有的碰撞过程中，电子与原子及分子之间的非弹性碰撞是最为重要的，因为这种碰

撞过程可以产生新的电子和离子，以及一些处于受激态的原子和分子。这里以电子(e)与中性粒子(A)的碰撞为例进行介绍，主要碰撞类型如下所述。

1. 弹性碰撞

$$e + A \longrightarrow e + A$$

在弹性碰撞过程中，电子仅与中性粒子交换动量和动能，粒子数守恒，而且中性粒子的内部能级没有发生变化。但由于电子的质量 m_e 远小于中性粒子的质量 M，因此电子转移给中性粒子的动能很小，正比于 $2m_e / M$。

2. 激发碰撞

$$e + A \longrightarrow e + A^*$$

其中，A^* 表示中性粒子处于受激状态。在激发碰撞中，当入射电子的动能大于中性粒子内部某能级差或激发阈能 ε_{ex} 时，可以使中性粒子从低能级跃迁到较高的能级。对于不同的放电气体，中性粒子的激发阈能也不同。

对于电子与分子的碰撞，除了电激发碰撞外，还存在转动激发碰撞和振动激发碰撞，这些激发碰撞过程较为复杂。

3. 电离碰撞

$$e + A \longrightarrow e + e' + A^+$$

其中，e' 和 A^+ 分别为电离过程产生的电子和离子。在电离碰撞中，当入射电子的动能大于中性粒子内部能级的电离阈能 ε_{iz} 时，处于外壳层的电子将摆脱原子核的约束而成为自由电子。可见，对于电离碰撞，粒子数不守恒，产生了新的电子-离子对。对于不同的放电气体，中性粒子的电离阈能也不同，例如，氩原子(Ar)的第一电离能为 $\varepsilon_{iz} = 15.56\ \text{eV}$；氦原子的第一电离能为 $\varepsilon_{iz} = 24.6\text{eV}$。

4. 附着碰撞

$$e + A \longrightarrow A^-$$

其中，A^- 为附着过程中产生的负离子。附着碰撞主要发生在电负性气体放电中，例如，在 CF_4 气体放电中，电子与 CF_4 分子碰撞，就可以产生负离子 F^-。对于低能电子，发生附着碰撞的概率较高。

5. 复合碰撞

$$e + A^+ \longrightarrow A + \hbar\nu$$

在复合碰撞中，电子与离子复合成一个处于激发态的中性粒子，而且这个受激的中性粒子不稳定，很快跃迁到低能态，并辐射出能量为$\hbar\nu$的光子。电子-离子复合碰撞主要发生在器壁表面，而在等离子体内复合碰撞的概率很低，一般需要三体碰撞。

6. 解离碰撞

$$e + AB \longrightarrow e + A + B$$

当电子的能量大于 AB 分子的解离阈能时，解离碰撞就可能发生。在解离碰撞中，一个多原子分子被解离成两个或多个中性原子或分子。解离碰撞是低温等离子体中一个非常重要的碰撞过程，因为它可以产生新的活性基团。这种活性基团是材料刻蚀和薄膜沉积的关键前驱物。

此外，在解离碰撞过程中，解离的产物不单单是中性原子或分子，还有可能是离子。以电子与CF_4分子的解离碰撞为例，可以生成正离子CF_3^+，反应式为

$$e + CF_4 \longrightarrow e + e' + CF_3^+ + F$$

通常称这类解离碰撞为**解离电离碰撞**。

可以用碰撞截面σ_t对上述碰撞过程的概率进行定量的描述。在一般情况下，碰撞截面依赖于参与碰撞的两个粒子的相对速度$v_r = |\boldsymbol{v}_1 - \boldsymbol{v}_2|$，其中$\boldsymbol{v}_1$和$\boldsymbol{v}_2$分别为两个粒子碰撞前的速度。不过对于电子与原子或分子的碰撞，由于原子或分子的质量远大于电子的质量，所以可以认为原子或分子在碰撞前是近似不动的。这样，碰撞截面只依赖于电子的速度，即$\sigma = \sigma(v)$。对于不同的碰撞过程，原则上讲，可以借助于经典力学或量子力学计算出碰撞截面。但这不是一件容易的事情，尤其是对于电子与中性粒子的非弹性碰撞过程。另外，也可以采用实验方法测量出碰撞截面。我们将在第 2 章作详细介绍。

由于电子在速度空间中按照一定的规律进行分布，因此从宏观上讲，计算平均碰撞频率ν或平均碰撞自由程λ更具有实用价值。假设归一化的电子速度分布函数为$f(v)$，则可以分别定义ν与λ的表示式为

$$\nu = n_g \int_0^\infty v\sigma(v) g_0(v) 4\pi v^2 dv \tag{1.5-1}$$

$$\lambda = \frac{1}{n_g \bar{\sigma}} \tag{1.5-2}$$

其中，$\bar{\sigma} = \int_0^\infty \sigma(v) g_0(v) 4\pi v^2 dv$为平均碰撞截面；$n_g$为中性气体的密度。一旦给定碰撞截面，由上式就可以计算出平均碰撞频率和碰撞的平均自由程，它们依赖于电子的平均能量，并且反比于中性气体的密度或放电气压。借助于平均碰撞频率，还可以定义碰撞速率为

$$k = \nu / n_g = \int_0^\infty v\sigma(v) g_0(v) 4\pi v^2 dv \tag{1.5-3}$$

其中，k只与电子平均能量和气体的种类有关，其单位是m^3/s。

对于电子与分子的碰撞，还有一些其他的碰撞过程也可以导致电子损失能量，如转动激发、振动激发、中性解离和解离附着等碰撞过程。

1.6 表 面 过 程

与空间等离子体和天体等离子体不同，实验室等离子体总是要与腔室表面或电极接触。这种等离子体的状态不仅取决于其内部发生的过程，同时也要受到表面过程的影响。这些影响主要体现在如下几方面[2]。

(1) 在放电腔室的内部，由于气体电离，要产生大量的电子和离子，而且对于电正性气体放电，电子和离子产生的速率相同。这些电子和离子朝着腔室或电极的表面运动，并在表面发生复合反应，而且复合产生的中性粒子要重新回到等离子体内部。

(2) 在高能离子的轰击下，表面上也会发射出二次电子。发射出来的二次电子经过表面附近的鞘层电场加速后变成高能电子。这些高能二次电子进入等离子体内部，可以进一步增强气体电离，提高等离子体密度。除了离子轰击产生二次电子发射外，高能电子和中性粒子轰击表面也可以诱导二次电子发射。此外，还有光电子和热电子诱导的二次电子发射，以及场致电子发射等。

(3) 高能重粒子(包括离子和中性粒子)轰击材料表面，可以溅射出原子。被溅射出来的原子进入等离子体区后被电离，从而改变等离子体的成分，甚至造成污染。

(4) 等离子体中具有化学活性的粒子与表面层的原子发生化学反应，并产生挥发性的物质进入等离子体中。

图 1-6 显示了等离子体与腔室和电极表面相互作用的示意图。下面对表面二次电子发射、表面溅射及表面吸附进行一些简单介绍。

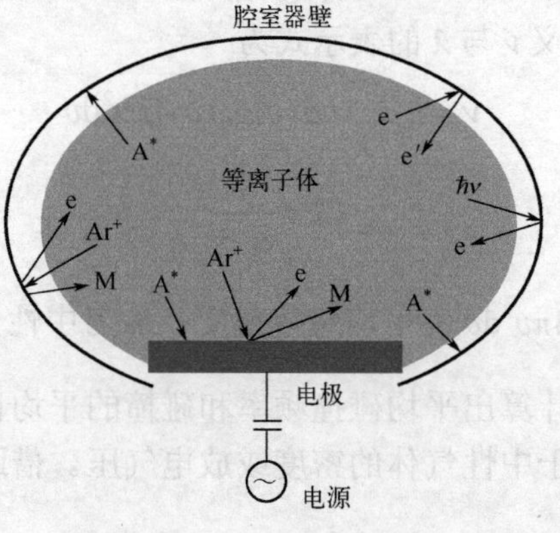

图 1-6　等离子体与器壁表面相互作用示意图
M 表示从器壁表面或电极表面上溅射出的原子

1. 二次电子发射

我们知道，金属材料是由可以自由移动的价电子气(也称自由电子气)和不动的离子实构成的。当具有一定能量的粒子(包括离子、中性粒子、电子及光子)入射到金属材料表面上时，自由电子从入射粒子中获得能量。如果自由电子获得的能量大于金属材料的逸出功，即可从材料表面发射出来。通常称入射粒子为初级粒子，而发射出来的电子为次级电子，也称二次电子(secondary electron)。

可以用二次电子发射系数来定量地描述电子从表面发射的概率，其定义为单位时间在单位面积上发射的二次电子个数与入射粒子个数之比。二次电子发射系数不仅依赖于入射粒子的种类、能量以及入射角度，还依赖于材料的性质，尤其是依赖于材料的逸出功。如果入射粒子分别为光子、电子及离子，则分别用$\gamma_{\hbar\nu}$、δ和γ表示对应的发射系数。

1) 入射光子产生的二次电子发射

根据爱因斯坦的光电效应，如果有足够能量的光子入射到金属表面上，金属表面就可以发射出光电子。假设入射光子的能量为$\hbar\nu$，金属材料的逸出功为ε_ϕ，那么发射出来的电子动能为

$$\varepsilon_{\mathrm{k}} = \hbar\nu - \varepsilon_\phi \tag{1.6-1}$$

当入射光子的频率$\nu < \varepsilon_\phi / \hbar = \nu_{\mathrm{c}}$时，就没有光子发射。因此，称$\nu_{\mathrm{c}}$为截止频率。金属的逸出功为几个电子伏。铯的逸出功最低，为1.93eV；铂的最高，为5.36eV。功函数的值与表面状况有关，随着原子序数的递增，功函数也呈现周期性的变化。实验结果已经表明，对于高气压直流放电，光电子发射是维持放电的一个重要因素。

2) 入射电子产生的二次电子发射

当有足够能量的电子入射固体表面时，会有一定数量的二次电子从固体表面上发射出来。当入射电子的能量较低时，表面层内受激的自由电子不多，故发射系数δ的值较小。当入射电子的能量很高时，可以产生较大的入射深度，这样受激的自由电子很难逃逸出固体的表面，这时发射系数δ的值也很低。只有当入射电子的能量适中时，发射系数δ才能达到最大值[3]。对于一些表面清洁的金属，发射系数δ的值大约在1，而对于绝缘体，δ的值较大，可以达到15。这是因为对于绝缘材料，入射电子的能量主要传给价带中的电子，这些电子可以得到较高的能量，所以有较大的概率脱离材料表面。

3) 入射离子产生的二次电子发射

具有一定能量的离子入射到固体表面上，也可以发射出二次电子。在直流和射频容性耦合放电中，这种二次电子对维持放电起重要作用。对于离子轰击产生的二次电子发射，有两种发射机理：势发射和动理学发射。

对于势发射，要求入射离子的能量较低，一般在几百电子伏以下。势发射只与

表面的俄歇(Auger)效应有关，发射系数小于 1，基本上与入射离子的能量关系不大。对于大多数气体放电过程，轰击到表面上的离子能量较低，因此所产生的二次电子发射属于势发射。可以用如下经验公式来估算势发射系数[4]：

$$\gamma \approx 0.016(\varepsilon_{iz} - 2\varepsilon_{\phi}) \tag{1.6-2}$$

其中，ε_{iz} 为与入射离子对应的中性原子的电离能。图 1-7 为几种惰性气体离子轰击金属钨(W)和钼(Mo)表面的二次电子发射系数随入射离子能量的变化[3]。可以看出，发射系数对入射离子的种类依赖性较大，除了 He^+外，发射系数随入射离子质量的增加而下降。另外，由于钼的逸出功(4.37eV)略小于钨的逸出功(4.5eV)，所以钼的二次电子发射系数略大于钨的二次电子发射系数。

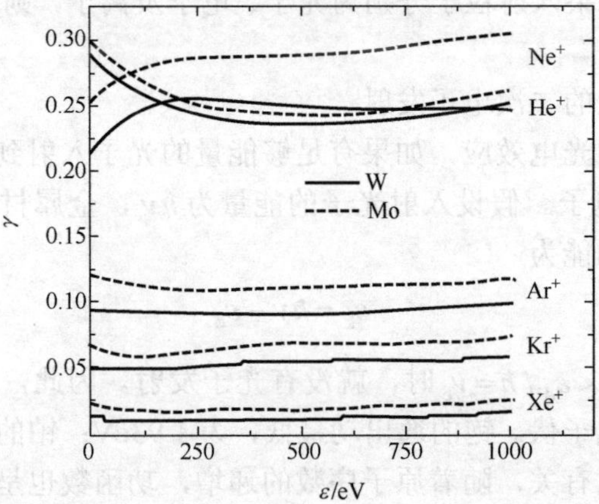

图 1-7　几种惰性气体离子轰击金属钨和钼表面的二次电子发射系数

对于动理学发射，要求入射离子的能量较高，一般要大于 1keV。在这种情况下，入射离子与固体中的原子发生碰撞，并使其电离，产生二次电子。如果二次电子的能量大于表面的逸出功，就可以发射出来。动理学的二次电子发射系数正比于入射离子的速度，并大于 1。实验测量结果表明[5]，在动理学发射的情况下，二次电子发射系数正比于入射离子的速度或能量 ε 的 1/2 次幂，即

$$\gamma = \gamma_0 \sqrt{\varepsilon / \varepsilon_{\gamma_0}} \tag{1.6-3}$$

其中，γ_0 是离子能量为 ε_{γ_0} 时的二次电子发射系数。

2. *表面溅射*

当具有一定能量的离子入射到固体表面上时，它会同表面层内的原子不断地进行碰撞，并产生能量转移。固体表面层内的原子获得能量后将做反冲运动，并与其他静止的原子碰撞，产生新的反冲原子，由此形成一系列的级联运动。如果某一做级联运动的原子向固体表面方向运动，则当其动能大于表面的结合能时，它将从固

体表面发射出去，这种现象称为溅射。

溅射过程可以用溅射产额Y这个物理量来定量地描述，其定义为平均每入射一个离子时从固体表面溅射出来的原子个数。溅射产额依赖于固体的结构、成分及表面形貌，同时还与入射离子的能量、电荷态和种类有关。通常，仅当入射离子的能量大于一个阈能ε_{th}(20～50eV)时，固体中的原子才能从表面溅射出来。一开始，随着入射离子的能量增加，溅射产额也会增加；当入射离子的能量达到某一特定的值时(keV 量级)，溅射产额的值达到最大；然后，继续增加离子能量时，溅射产额随之下降。

丹麦物理学家 Sigmund 建立了固体中的原子线性级联碰撞的理论模型，并给出溅射产额的表示式[6]

$$Y=\frac{3}{4\pi^2}\frac{\alpha S_n(\varepsilon)}{C_0 U_0} \tag{1.6-4}$$

其中，$S_n(\varepsilon)$为离子与靶原子核碰撞的能量损失截面，即核阻止截面；ε是入射离子的能量；α是一个与入射离子质量(M_1)和靶原子质量(M_2)的比值相关的常数；U_0是固体表面的束缚能；$C_0=\frac{\pi}{2}\lambda_0 a_{BM}^2$，这里$\lambda_0\approx 24$，$a_{BM}=0.219\times 10^{-10}$ m。

在等离子体刻蚀工艺中，施加在基片台上的电压最高也就是 kV 的量级，因此轰击到基片上的离子能量不是太高。在这种情况下，可以采用如下经验公式来估算溅射产额[7]：

$$Y\approx\frac{0.06}{U_0}\sqrt{\overline{Z}}(\sqrt{\varepsilon}-\sqrt{\varepsilon_{th}}) \tag{1.6-5}$$

其中

$$\overline{Z}=\frac{2Z_2}{(Z_1/Z_2)^{2/3}+(Z_2/Z_1)^{2/3}} \tag{1.6-6}$$

这里，Z_1和Z_2分别为入射离子和靶原子的原子序数。当质量之比$M_1/M_2\geqslant 0.3$时，可以把阈能ε_{th}表示为

$$\varepsilon_{th}\approx 8U_0(M_1/M_2)^{2/5} \tag{1.6-7}$$

在式(1.6-5)中，ε和ε_{th}的单位均为电子伏。需要说明的是，式(1.6-5)要求入射离子的原子序数与靶原子的原子序数都很大，且相差不多，即$0.2\leqslant Z_1/Z_2\leqslant 5$。

3. *表面吸附*

当等离子体中的活性粒子 A 运动到固体表面(S)上时，会被吸附到固体表面上，其反应式为

$$A+S \longrightarrow A{:}S$$

有两种不同的吸附过程，一种是物理吸附，另一种是化学吸附。对于物理吸附，它是通过范德瓦耳斯力把活性粒子吸附在表面上。由于范德瓦耳斯力很弱，活性粒子被吸附后，可以在表面上进行扩散。对于化学吸附，它是通过活性粒子与表面原子或分子形成的化学键来实现的。对于含氟原子的气体放电，处于激发态的氟原子F^*就可以与晶圆表面上的硅原子形成化学键，生成四氟化硅，即

$$4F^* + Si \longrightarrow SiF_4 \uparrow$$

不过，SiF_4是一种易挥发的分子，会很快离开晶圆表面，进入等离子体中或被泵出。在通常情况下，活性粒子先被物理吸附，并损失能量，其中损失掉的能量以热量的形式释放；然后，活性粒子在表面上进行扩散；当它扩散到表面上的某个空位点时，就会与表面上的原子或分子形成化学键，从而发生化学吸附。

1.7　低气压放电概述

对于大多数材料表面处理工艺，如材料的刻蚀和薄膜沉积，所使用的等离子体都是由低气压放电产生的，放电气压一般在 mTorr 至 Torr 的范围。与大气压放电不同，低气压放电需要在密闭的真空腔室中进行，并将电源的能量通过一定的耦合方式馈入放电腔室中。常见的低气压放电形式有：直流辉光放电、射频容性耦合放电、射频感性耦合放电、螺旋波放电以及电子回旋共振微波放电等。下面分别进行简述。

1. 直流辉光放电

直流辉光放电是一种有电极的放电，两个电极可以是两个平行的金属板、同轴的金属圆筒或其他几何形状，其中直流电源直接施加在电极上。要想获得较为均匀的辉光等离子体，施加的直流电压或放电气压不能过高，否则会产生电弧放电。因此，在通常情况下，直流辉光等离子体的密度不高，一般在 $10^8 cm^{-3}$ 量级。除此之外，阴极材料在离子的轰击下易产生溅射现象，溅射出来的金属原子对等离子体而言是一种污染。但由于直流辉光放电装置的结构简单，所以通常用于金属溅射沉积薄膜工艺。在一些溅射镀膜工艺中，为了提高等离子体密度，通常在被溅射的金属靶材下方放置永久磁铁，如平面磁控放电。

2. 射频容性耦合放电

在容性耦合放电中，通常在放电腔室中放置两个平行的圆盘状金属电极，射频电源通过外部匹配网络连接到其中一个电极上，另一个电极和腔室侧壁接地。这种放电腔室的几何结构类似于常见的平行板电容器，因此称这种放电为容性耦合放电。气体放电是在两个电极之间进行，两个电极之间的间隙一般在 1～5cm。这种容性耦

合放电结构类似“三明治”，即“鞘层/等离子体/鞘层”结构。当射频电源施加到电极上时，就会在两个平行板电极的表面形成两个随时间振荡的射频鞘层。容性耦合等离子体源已经广泛应用在半导体芯片处理工艺中，如介质材料的刻蚀和薄膜沉积，以及太阳能电池的薄膜材料制备工艺中。对于薄膜沉积工艺中采用的容性耦合等离子体源，射频电源的频率通常为13.56MHz，产生的等离子体密度一般在10^9cm^{-3}的量级。对于介质材料的刻蚀工艺，一般采用双频放电，高频电源的频率一般大于13.56MHz，如60MHz；低频电源的频率小于13.56MHz，如2MHz；等离子体密度一般在10^{10}～$10^{11}cm^{-3}$量级。

3. 射频感性耦合放电

射频感性耦合放电是一种无电极放电。在射频感性耦合放电中，射频电源通过盘香形(螺旋形)线圈与介质窗(石英管)进行耦合，进而把能量输入等离子体中。流经线圈中的射频电流可以产生随时间交变的磁场，从而在放电腔室中产生感应电场，其中电场的方向与射频电流的方向一致，都沿着角向。通常，连接线圈的射频电源的频率为13.56MHz。由于制作线圈的材料有阻抗，因此射频电流流经线圈的同时，线圈两端会存在电压降。在一般情况下，线圈中的电流和线圈两端的电压降可以共同驱动放电。当射频电源的功率较低时，放电主要是由线圈两端的电压维持的，称这种放电模式为静电模式(electrostatic mode)，简称E模式。当射频电源的功率较高时，放电主要是由线圈中的电流来维持的，称这种放电模式为电磁模式(electromagnetic mode)，简称H模式。如果是从低往高调节电源功率，放电将从E模式向H模式转换；反之，放电会从H模式向E模式转换。这就是所谓的E-H放电模式转换现象。在E模式下等离子体密度较低，而在H模式下等离子体密度较高。在实际的材料表面处理工艺中，一般都将放电维持在H模式下，等离子体密度大约为$10^{11}cm^{-3}$量级。

感性耦合放电已经广泛应用于半导体和金属材料的刻蚀工艺中。除此之外，感性耦合放电在推进器、负氢离子源、光源及质谱分析等方面也得到了广泛应用。不过，在材料表面处理工艺中，通常要在基片台下方放置一个偏压电极，并与一个射频电源连接。偏压电源的频率可以为13.56MHz或较低的频率。这样，在偏压电极上面会形成一个随时间振荡的射频偏压鞘层，用于控制入射到电极上的离子能量和通量。

4. 螺旋波放电

螺旋波也是一种无电极的放电，它是通过天线将频率为MHz量级的射频电磁波引入来驱动放电的。但它与感性耦合放电也有一些明显的不同。第一，所使用的射频天线不是简单的环形或螺旋形，一般为马鞍形。由于这种天线不具有角向对称性，它在放电腔室中产生的电磁场位形较为复杂，电场和磁场都有三个分量，而且每个分量都是径向、角向和轴向空间变量的函数。第二，在螺旋波等离子体源中，要施加一个由直流线圈产生的大小约为 100G(高斯，$1G=10^{-4}T$)的静磁场。由于静磁场的存在，当射频电源的功率耦合到放电腔室中时，会激发出一个沿着轴向传播的低频电磁波。这种波使得磁力线发生扰动，变为螺旋形的线，故称为螺旋波。第三，在螺旋波放电中不仅存在着 E 模式和 H 模式，还存在着 W 模式(wave mode)，而且随着放电功率的增加，会发生 $E \to H \to W$ 的放电模式转换。在 W 模式下，螺旋波等离子体密度很高，可以达到 10^{12}～$10^{13}cm^{-3}$。螺旋波等离子体已经在材料表面处理、薄膜沉积及推进器等领域得到应用。在材料表面处理工艺中，通常在螺旋波放电的扩散腔室放置一个偏压电极，并与另一个射频电源连接，从而在电极表面形成偏压鞘层。

5. 电子回旋共振微波放电

在电子回旋共振微波放电中，微波功率是通过天线或波导管馈入放电腔室中的，因此它也是一种无电极的放电。腔体周围一般由永磁铁或者电磁线圈提供稳定的磁场，这个静态的磁场能够约束电子在等离子体中做回旋运动。实验中典型的微波放电频率为 2.45GHz，磁场强度大概为 875G。电子的回旋频率与输入的微波频率相等或者是微波频率的整数倍时，就会发生回旋共振，这使得电子在微波右旋圆极化电场的作用下持续加速，获得很高的能量。这些持续增加的高能电子和背景气体碰撞后会使其电离，从而显著增加等离子体密度。微波放电可以产生较高的等离子体密度，一般为 10^{11}～$10^{12}cm^{-3}$。

在电子回旋共振微波放电中，也可以设置具有射频偏压驱动的基片台，来调控轰击到基片台材料表面上的离子通量和离子能量分布。但是这种放电也有一些缺点，尤其是等离子体的径向均匀性比较差。这主要是由于这种放电产生的等离子体主要集中于腔室中心，很难产生大面积均匀的等离子体，因此在实际生产应用中具有较大的局限性。另外，由于电子回旋共振微波放电需要匹配微波设备和外加的电磁线圈或者永磁体，所以整套装置设备复杂而且不容易操控，这也限制了该放电技术在材料表面处理工艺中的应用。不过，这种放电产生的等离子体可以用于离子注入机和等离子体空间推进技术。

1.8 低温等离子体的基本物理模型

在过去的十几年里，人们已发展了不同的物理模型来描述低温等离子体的产生和输运过程，如粒子模型、动理学模型、流体力学模型、稳态输运模型、鞘层模型、整体模型及多物理场耦合模型等。下面分别对这些模型进行简述。

(1) 这里介绍的粒子模型是指 PIC/MCC 模型，它是由 PIC(particle-in-cell)模型和 MCC(Monte Carlo collisions)模型混合而成。PIC 模型是基于经典力学的第一性原理的模型，即通过求解牛顿方程组，并采用宏粒子方法来跟踪带电粒子在电磁场作用下的运动细节，进而确定出任意时刻带电粒子的位置和速度。PIC 模型只能考虑带电粒子之间的长程相互作用，而不能包括带电粒子与中性粒子之间的短程碰撞效应。实际上，带电粒子一方面在电磁场的作用下做定向运动，另一方面它们还要与背景气体中的原子或分子发生不同类型的碰撞，如弹性碰撞、激发碰撞及电离碰撞等，而且这些碰撞都是随机的。带电粒子和中性粒子在碰撞前后，不仅能量发生了改变，运动方向也发生了改变。MCC 模型是一种基于随机抽样的数值模拟方法，它可以考虑带电粒子与中性粒子的碰撞细节。有关 PIC/MCC 模型的详细介绍见第 3 章的内容。

PIC/MCC 模型几乎能够模拟等离子体中所有的物理过程。特别是，用这种方法研究等离子体在较低气压情况下的非局域、非热平衡的动理学行为非常有效。但是为了满足 PIC/MCC 模拟中对于计算稳定性的限制条件，计算中通常需要采用非常小的时空步长，因此计算量非常大，特别是对于复杂工艺气体放电的二维和三维模拟时，计算是相当耗时的。此外，在实际的等离子体刻蚀和沉积工艺中，等离子体放电过程中产生的中性基团也是非常重要的，但是在 PIC/MCC 模型中，由于计算量的限制，几乎不能考虑中性粒子间的碰撞过程。

(2) 动理学模型是将等离子体中带电粒子的运动信息用 6 维相空间 $(\boldsymbol{r},\boldsymbol{v})$ 中的单粒子分布函数 $f(\boldsymbol{r},\boldsymbol{v},t)$ 来描述，而且该分布函数随时间的演化服从玻尔兹曼方程。玻尔兹曼方程是一个积分-微分方程，其中方程中的微分项描述了在电场力的作用下分布函数在 6 维相空间中的漂移运动，而方程的积分项描述了带电粒子与中性粒子的碰撞效应，包括弹性和非弹性碰撞。从形式上看，玻尔兹曼方程与 PIC/MCC 模型等价，因为该方程的左边等价于 PIC 模型，而其右边等价于 MCC 模型。原则上讲，一旦通过求解玻尔兹曼方程确定出分布函数 $f(\boldsymbol{r},\boldsymbol{v},t)$，就可以研究带电粒子在速度空间中的动理学行为，如电子的加热机制以及电子的能量分布等。此外，还可以确定出带电粒子的输运行为，如沿电场方向的迁移率(或电导率)和扩散系数等。但是，在一般情况下很难严格地求解玻尔兹曼方程，即使采用数值计算的方法，也相当困难，这是因为 $f(\boldsymbol{r},\boldsymbol{v},t)$ 是 7 个变量的函数。因此，通常采用一些近似的方法求解玻尔兹曼方程，如两项近似方法。有关玻尔兹曼方程模型的详细介绍见第 4 章的内容。

(3) 流体力学模型将等离子体看成是包含了多种粒子的带电流体，并用带电粒子密度、流速和温度等宏观物理量来描述其特性。这些宏观物理量是对应的微观物理量(如粒子数、速度和动能)的统计平均，即它们是微观物理量对分布函数 $f(\boldsymbol{r},\boldsymbol{v},t)$ 的统计平均值，也称为矩函数。从玻尔兹曼方程出发，可以严格地推导出等离子体的宏观物理量满足的流体力学方程组，即矩方程组。前三个低阶矩方程分别为连续性方程、动量平衡方程和能量平衡方程。需要注意的是，矩方程组是不封闭的，因为低阶矩方程依赖于高阶矩函数。为了得到封闭的流体力学方程组，不得不人为地做一些截断。例如，采用局域热平衡分布函数 $f_0(v)$ 确定高阶矩函数和碰撞产生的粒子数转移、动量转移和能量转移，进而确定出相应的碰撞反应速率。有关等离子体流体模型的详细介绍见第 5 章的内容。

需要说明的是，相较于 PIC/MCC 模型或动理学模型，流体力学模拟计算量较低、计算效率较高、收敛性好，尤其是能够描述等离子体宏观特征参量的时空分布情况，因此更适用于针对复杂气体在复杂几何腔室结构中的放电过程进行模拟，并受到工艺界的广泛关注。但是流体力学模型的适用范围也是有限的，即要求粒子的平均自由程要远小于放电的特征尺寸。该条件在放电气压不是特别低的情况(大于或等于几十毫托)下，是很容易满足的。

但在气压非常低的情况(小于 10mTorr 量级)下，粒子之间的碰撞频率变得很低，粒子难以通过碰撞达到局域热平衡的状态，即电子能量分布偏离麦克斯韦分布。因此，流体力学模型不适用于描述气压特别低的等离子体输运过程。为了克服流体力学模型的这种不足，可以采用所谓的混合模型对等离子体进行描述，即将流体力学模型与电子 MCC 模型进行耦合。在这种混合模型中，电子 MCC 模型用于模拟电子与中性粒子的碰撞细节，计算出电子的碰撞反应速率，并耦合到流体力学方程组中。

(4) 当放电气压不是太低时，可以采用迁移-扩散模型来描述带电粒子的动量输运，即把带电粒子的通量分为两部分，一部分来自于电场引起的定向迁移运动，另一部分来自于密度梯度产生的定向扩散运动。特别是当等离子体满足准电中性条件时，还可采用双极扩散模型(正电荷的通量与负电荷的通量相等)来描述等离子体的输运。在稳态放电下，借助于这种双极扩散模型，可以得到平板等离子体或圆柱等离子体密度分布的解析表示式。详细情况见第 6 章的讨论。

(5) 除了 1.4 节介绍的悬浮鞘层外，在低温等离子体中所遇到的鞘层更多的是直流鞘层和射频鞘层。当在电极上施加直流电压或射频电压时，会在电极表面形成一个非电中性的区域，即鞘层区。例如，在容性耦合放电中，会在两个平行板电极表面形成两个射频鞘层，而且鞘层的边界随时间振荡。同样，在感性耦合放电、螺旋波放电及微波放电中，也会在偏压电极表面形成偏压射频鞘层。射频鞘层的特性不仅影响着射频电源功率与等离子体的耦合，同时也影响着入射到电极(或基片)表面上的离子能量和通量。

在鞘层模型中，只有给定了带电粒子密度的空间分布和电极的电压，才能通过求解泊松方程确定出鞘层中的电场和电势分布，进而确定出鞘层的电势降和鞘层厚度。最简单的模型是均匀离子密度模型，即假定鞘层内部电子密度为零，而且离子密度恒定，这样无论是对于直流鞘层还是射频鞘层，都可以得到鞘层电场和电势的解析表示式。在此基础上，可以确定出鞘层电势降和鞘层厚度。对于射频鞘层，还可以进一步确定出鞘层边界振荡产生的随机加热效应。

在一般情况下，鞘层内部的离子密度和电子密度都是随空间变量和时间变量变化的，这时很难得到解析的鞘层模型，必须借助于数值模拟。不过，如果离子的振荡频率远小于射频电源的角频率，则可以认为离子只感受到时间平均的电场作用，即离子密度不随时间变化。在这种情况下，如果再假设瞬时电子密度为阶梯型分布，则可以得到瞬时鞘层电场和电势分布的解析表示式。详细情况见第 7 章的讨论。

对于射频放电，还可以引入所谓的等效回路模型。在这种模型中，把等离子体和鞘层看作一个负载，并用电阻、电感及电容等电学元件来描述，其中出现在电学元件中的等离子体密度由下面介绍的整体模型确定。这些电学元件与外界匹配网络(由可调电容及电感构成)构成一个等效回路。对于不同的放电形式，如容性耦合放电和感性耦合放电，电学元件的个数和形式是不一样的。通过对回路中的电流和电压降进行线性分析，可以确定出回路的总阻抗。在给定输入功率的情况下，通过调节匹配网络中的可变电容，可以使总阻抗的值为 50Ω，从而使得射频电源与负载达到理想匹配。

(6) 整体模型，又称“零维模型”，即忽略等离子体参数的空间变化。从等离子体的流体力学方程(连续性方程和能量平衡方程)出发，可以推导出整体模型的两个基本方程，即粒子数守恒方程和能量守恒方程。由于该模型忽略了物理量在空间上的变化，从而大大降低了计算量，能快速给出物理量随放电参数的变化规律。因此，对于复杂工艺气体的放电过程，整体模型已成为验证实验诊断结果的很好工具。有关整体模型的详细介绍见第 8 章的内容。

(7) 多物理场耦合模型。实际上，在低温等离子体工艺腔室中存在着多个物理场，即除了等离子体流场和热场外，还存在电磁场、中性气体的流场和热场，以及原子和分子的碰撞反应等，而且这些物理场是相互耦合的。低温等离子体的多物理场耦合模型就是将上述模型集成在一起，借助于适当的数值方法，模拟放电参数(如电源参数、气体参数、腔室几何参数等)对等离子体、中性气体、电磁场等状态参量空间分布的影响，为等离子体工艺腔室的物理参数设计以及预测等离子体工艺结果提供技术支撑。

习 题 1

1.1 假设氩等离子体密度为 $n_0 = 10^{10}\,\mathrm{cm}^{-3}$，分别估算一下电子和氩离子的振荡频率 ω_{pe} 和 ω_{pi} 的值，其中氩离子的价数 $Z_{\mathrm{i}} = 1$。

1.2 对于氩气放电，假设电子温度为 3 eV，分别估算一下电子的平均热速度 $\overline{v}_{\mathrm{e}}$ 和玻姆速度 u_{B} 的值。

1.3 根据式(1.4-7)，假设电子速度分布函数为麦克斯韦分布，证明：流到器壁上的电子通量为

$$\varGamma_{\mathrm{wall}} = \frac{1}{4} n_0 \overline{v}_{\mathrm{e}} \exp\left(-\frac{e\Delta V_{\mathrm{s}}}{T_{\mathrm{e}}}\right)$$

其中，n_0为体区中的电子密度；ΔV_s为悬浮鞘层电势降；T_e为电子温度。

1.4　根据式(1.4-10)，假设电子速度分布函数为麦克斯韦分布，证明：流出等离子体区的电子能流密度为

$$Q=(2T_e+e\Delta V_s)\Gamma_{wall}$$

1.5　对于氩等离子体，假设电子密度和温度分别为$n_0=10^{10}\text{cm}^{-3}$和$T_e=5\text{eV}$，计算流到器壁表面上的电子能流密度。

1.6　证明：中性粒子流到器壁上的通量和能流密度分别为

$$\Gamma_{wall}=\frac{1}{4}n_g\overline{v}_g,\quad Q_{wall}=2T_g\Gamma_{wall}$$

其中，n_g和T_g分别为中性粒子的密度和温度；$\overline{v}_g=\sqrt{8T_g/\pi M_g}$为中性粒子的平均热速度。

1.7　假设体区中的电子密度为n_0，证明：在鞘层-预鞘层交界处的电子密度为$n_s=n_0\text{e}^{-0.5}$。

1.8　采用数值方法求解方程(1.4-25)，并取马赫数$M=1$，分别画出无量纲的鞘层电势$\chi=eV/T_e$、无量纲的电子密度n_e/n_s和离子密度n_i/n_s随无量纲的变量$\varsigma=z/\lambda_{De}$的变化曲线。

参考文献

[1] Chabert P, Braithwaite N. Physics of Radio-Frequency Plasmas. Cambridge: Cambridge University Press, 2011; [中译本] 帕斯卡·夏伯特, 尼古拉斯·布雷斯韦特. 射频等离子体物理学. 王友年, 徐军, 宋远红, 译. 北京: 科学出版社, 2015.

[2] Makabe T, Petrović Z L. Plasma Electronics: Applications in Microelectronic Device Fabrication. 2nd ed. Boca Raton: CRC Press Taylor & Francis Group, 2014.

[3] Franz G. Low Pressure Plasmas and Microstructuring Technology. Berlin, Heidelberg: Springer-Verlag, 2009.

[4] Lieberman M A, Lichtenberg A J. Principles of Plasma Discharges and Materials Processing. Hoboken, New Jersey: John Wiley & Sons, Inc., 2005.

[5] Qin S, Bradley M P, Kellerman P L, et al. Measurements of secondary electron emission and plasma density enhancement for plasma exposed surfaces using an optically isolated Faraday cup.Rev. Sci. Instr., 2002, 73: 1153.

[6] Sigmund P. Theory of sputtering I: Sputtering yield of amorphous and polycrystalline targets. Phys. Rev., 1969, 184(2): 383-416.

[7] Zalm P C. Some useful yield estimates for ion-beam sputtering and ion planting at low bombarding energies. Sci. Technol. B, 1984, 2: 151-152.

第 2 章　碰撞过程和碰撞截面

第 1 章我们在讨论粒子的碰撞系数时，引入了碰撞截面。碰撞截面是低温等离子体物理中一个非常重要的物理量，它直接与等离子体的产生和输运相关。原则上讲，可以借助于经典力学理论或量子理论对截面进行定量的计算。但对于电子与原子或分子的碰撞，需要采用自洽的多体量子力学理论来计算，计算过程非常复杂。

本章首先介绍二体弹性碰撞和散射的经典力学理论，并在此基础上计算重粒子或高速粒子之间的弹性碰撞截面；其次，分别介绍电子与原子或分子的弹性碰撞和非弹性碰撞截面；最后，介绍离子与中性粒子的电荷转移碰撞截面。在低温等离子体数值模拟研究中，大多采用基于实验测量的碰撞截面数据或经验公式。因此，本章也将对这些实验数据或经验公式进行适当的介绍。

2.1　二体弹性碰撞理论

当两个粒子之间的距离足够近时，它们就会发生碰撞。对于弱电离等离子体，二体碰撞过程占主导地位，三体或三体以上的碰撞可以被忽略。所以在以下讨论中，我们仅考虑二体碰撞过程。此外，由于碰撞过程的时间很短，可以忽略外力(如电磁力)的影响，因此两个粒子在碰撞过程中其动量是守恒的。以电子与中性分子碰撞为例，它们之间的相互作用时间在10^{-16}s 量级，在这么短的时间内可以忽略外力引起的动量变化。

可以在两种坐标系中讨论二体弹性碰撞过程，一种是实验室坐标系，另一种则是质心坐标系。前者为实验研究者所使用，因为通常是在实验室坐标系中对物理量进行观测；而后者常为理论研究者所使用。

1. 实验室坐标系

考虑两个粒子的弹性碰撞，设两个粒子的质量分别为 m_1 和 m_2。在实验室坐标系中，假设在碰撞前入射粒子的速度为 $\boldsymbol{v}_1$，靶粒子处于静止，即 $\boldsymbol{v}_2=0$；在碰撞后两个粒子的速度分别为 $\boldsymbol{v}_1'$ 和 $\boldsymbol{v}_2'$。对于二体弹性碰撞，根据动量守恒定律和能量守恒定律，有

$$m_1\boldsymbol{v}_1=m_1\boldsymbol{v}_1'+m_2\boldsymbol{v}_2' \tag{2.1-1}$$

$$\frac{1}{2}m_1v_1^2=\frac{1}{2}m_1v_1'^2+\frac{1}{2}m_2v_2'^2 \tag{2.1-2}$$

当两个粒子碰撞后，入射粒子要被散射，散射角为θ；而靶粒子从入射粒子中得到能量后，要做反冲运动，反冲角为φ，见图2-1，其中b为碰撞参数(或瞄准距)。因此，可以把方程(2.1-1)写成如下分量的形式：

$$m_1v_1 = m_1v_1'\cos\theta + m_2v_2'\cos\varphi \tag{2.1-3}$$

$$m_1v_1'\sin\theta - m_2v_2'\sin\varphi = 0 \tag{2.1-4}$$

将式(2.1-2)～式(2.1-4)联立，可以得到散射粒子的动能$\varepsilon_1' = m_1v_1'^2/2$和靶粒子的反冲动能$T = \varepsilon_1 - \varepsilon_1'$分别为

$$\varepsilon_1' = \frac{m_1^2\varepsilon_1}{(m_1+m_2)^2}\left[\cos\theta - \sqrt{(m_2/m_1)^2 - \sin^2\theta}\right]^2 \tag{2.1-5}$$

$$T = \varepsilon_1 - \varepsilon_1' = \frac{4m_1m_2}{(m_1+m_2)^2}\varepsilon_1\cos^2\varphi \tag{2.1-6}$$

其中，$\varepsilon_1 = m_1v_1^2/2$是入射粒子的动能。由于散射角$\theta$和反冲角$\varphi$是未知的，所以散射粒子的能量$\varepsilon_1'$和反冲粒子的能量$T$也是未知的。也就是说，在实验室坐标系中，仅由两个粒子在碰撞前后的动量守恒方程和动能守恒方程，并不能完全确定散射粒子和反冲粒子的动能。

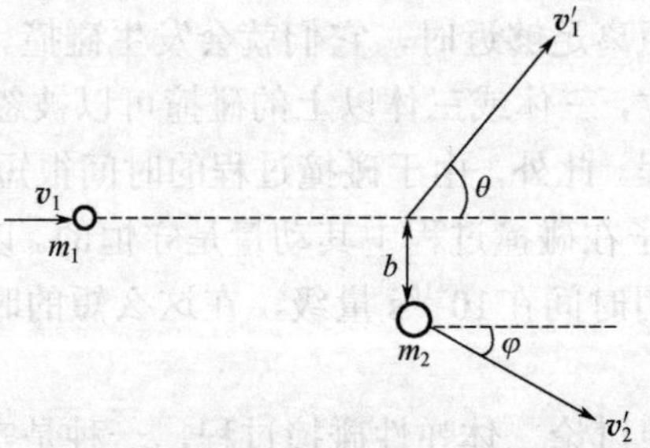

图 2-1　两个粒子在质心坐标系中的弹性碰撞示意图

2. 质心坐标系

为了便于讨论，下面在质心坐标系中讨论二体弹性碰撞问题。引入质心速度

$$\boldsymbol{V}_c = \frac{m_1\boldsymbol{v}_1}{m_1+m_2} \tag{2.1-7}$$

由于不受外力作用，在碰撞前后质心速度不变。在质心坐标系中，两个粒子在碰撞前的速度分别为

$$\boldsymbol{w}_1 = \boldsymbol{v}_1 - \boldsymbol{V}_c = \frac{m_2}{m_1+m_2}\boldsymbol{g} \tag{2.1-8}$$

$$\boldsymbol{w}_2 = 0 - \boldsymbol{V}_c = -\frac{m_1}{m_1 + m_2}\boldsymbol{g} \tag{2.1-9}$$

其中，$\boldsymbol{g} = \boldsymbol{v}_1$ 是两个粒子碰撞前的相对速度。显然，有 $\boldsymbol{g} = \boldsymbol{w}_1 - \boldsymbol{w}_2$。此外，由式(2.1-8)和式(2.1-9)还可以看到，在碰撞前二粒子在质心坐标系中的总动量为零，即

$$m_1\boldsymbol{w}_1 + m_2\boldsymbol{w}_2 = 0 \tag{2.1-10}$$

那么根据动量守恒定律，在碰撞后二粒子的总动量也应当为零，即

$$m_1\boldsymbol{w}_1' + m_2\boldsymbol{w}_2' = 0 \tag{2.1-11}$$

其中，$\boldsymbol{w}_1' = \boldsymbol{v}_1' - \boldsymbol{V}_c$ 和 $\boldsymbol{w}_2' = \boldsymbol{v}_2' - \boldsymbol{V}_c$ 分别为二粒子在质心坐标系中碰撞后的速度。此外，在质心坐标系中两个粒子的动能也应该守恒，即

$$\frac{1}{2}m_1 w_1^2 + \frac{1}{2}m_2 w_2^2 = \frac{1}{2}m_1 w_1'^2 + \frac{1}{2}m_2 w_2'^2 \tag{2.1-12}$$

基于以上关系式，很容易证明如下关系式成立：

$$w_1 = w_1', \quad w_2 = w_2' \tag{2.1-13}$$

由式(2.1-10)、式(2.1-11)及式(2.1-13)，可以得到如下结论：**在质心坐标系中，两个粒子在碰撞前后各自速度的大小不变，两者碰撞后的速度方向相反。**

根据以上结论，可以令

$$\boldsymbol{w}_1' = -w_1\boldsymbol{n}, \quad \boldsymbol{w}_2' = w_2\boldsymbol{n} \tag{2.1-14}$$

其中，$\boldsymbol{n}$ 为单位矢量。由此，可以得到质心坐标系中两个粒子在碰撞后的相对速度为

$$\boldsymbol{g}' = \boldsymbol{w}_1' - \boldsymbol{w}_2' = -w_1\boldsymbol{n} - w_2\boldsymbol{n} = -(w_1 + w_2)\boldsymbol{n} \tag{2.1-15}$$

根据式(2.1-8)及式(2.1-9)，有

$$w_1 = \frac{m_2}{m_1 + m_2}g, \quad w_2 = \frac{m_1}{m_1 + m_2}g \tag{2.1-16}$$

将它们代入式(2.1-15)，可以得到 $\boldsymbol{g}' = -g\boldsymbol{n}$，即

$$g' = g \tag{2.1-17}$$

这表明，**在碰撞前后两个粒子相对速度的大小不变，但方向相反。**

假设在碰撞前两个粒子运动方向的垂直距离为 b（称为瞄准距），那么根据角动量守恒可知，碰撞后两者运动方向的垂直距离仍为 b。在质心坐标系中，两个粒子的运动轨迹如图 2-2 所示，其中 χ 为质心坐标系中的散射角。两个粒子在碰撞过程中的运动轨迹保持在同一个平面，即轨道平面。

下面，确定两个粒子在弹性碰撞过程中的动量和动能转移。根据式(2.1-8)、式(2.1-14)及式(2.1-16)，可以把入射粒子在碰撞前后的动量变化表示为

$$\Delta\boldsymbol{p} = m_1(\boldsymbol{v}_1 - \boldsymbol{v}_1') = m_1(\boldsymbol{w}_1 - \boldsymbol{w}_1') = \frac{m_1 m_2}{m_1 + m_2}(\boldsymbol{g} - \boldsymbol{g}') \tag{2.1-18}$$

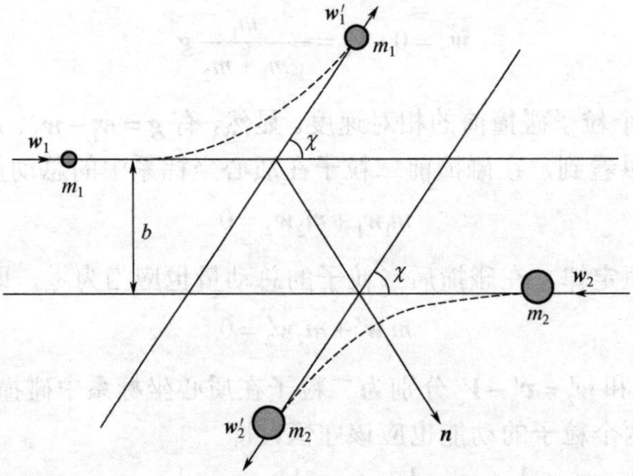

图 2-2 两个粒子在质心坐标系中的弹性碰撞示意图

它在 $\boldsymbol{g}$ 的方向投影为

$$\Delta p_{//}=\frac{m_1m_2}{m_1+m_2}g(1-\cos\chi)=\frac{m_1m_2}{m_1+m_2}v_1(1-\cos\chi) \tag{2.1-19}$$

可以看到，动量转移 $\Delta p_{//}$ 是质心坐标系中的散射角 χ 的函数。入射粒子在碰撞前后转移的动能为

$$T=\frac{m_1}{2}(v_1^2-v_1'^2) \tag{2.1-20}$$

将 $\boldsymbol{v}_1=\boldsymbol{w}_1+\boldsymbol{V}_c$， $\boldsymbol{v}_1'=\boldsymbol{w}_1'+\boldsymbol{V}_c$ 代入式(2.1-20)，并利用 $w_1=w_1'$，可以得到

$$T=m_1w_1V_c(1-\cos\chi)=\kappa_E\varepsilon_1(1-\cos\chi) \tag{2.1-21}$$

其中， κ_E 是两个粒子碰撞时的动能传输系数

$$\kappa_E=\frac{2m_1m_2}{(m_1+m_2)^2} \tag{2.1-22}$$

对于 $m_1\ll m_2$，例如电子与原子碰撞，有 $\kappa_E\approx\frac{2m_1}{m_2}\ll 1$，即轻粒子与处于静止的重粒子进行弹性碰撞时，轻粒子转移的动能几乎为零，但是转移的动量不为零。

下面，确定实验室坐标系中的散射角 θ 与质心坐标系中的散射角 χ 之间的关系。选取 $\boldsymbol{v}_1$ 的方向为参考方向，并利用式 $\boldsymbol{w}_1'=\boldsymbol{v}_1'-\boldsymbol{V}_c$，有

$$w_1'\cos\chi+V_c=v_1'\cos\theta \tag{2.1-23}$$

$$w_1'\sin\chi=v_1'\sin\theta \tag{2.1-24}$$

将上面两式相除并利用关系式 $V_c/w_1'=V_c/w_1=m_1/m_2$，很容易得到质心坐标系中的散射角和实验室坐标系中的散射角之间的关系

$$\tan\theta = \frac{m_2 \sin\chi}{m_1 + m_2 \cos\chi} \tag{2.1-25}$$

可见，仅当轻入射粒子与重粒子碰撞时（$m_1 \ll m_2$），质心坐标系中的散射角χ才近似等于实验室坐标系中的散射角θ，一般情况下两者并不相等。式(2.1-25) 是经典二体碰撞理论中一个非常重要的关系式。下面将看到，一旦知道了粒子之间的相互作用势能，就可以计算出质心坐标系中的散射角χ，进而由式(2.1-25)确定出实验室坐标系中的散射角θ。

2.2　经典散射理论

我们在 2.1 节讨论两个粒子弹性碰撞时，只考虑两个粒子在碰撞前后的状态，没有考虑碰撞瞬间的细节。实际上，当两个粒子相距较近时，它们之间存在着较强的排斥作用力，因此它们之间的相互作用不再是一个简单的“点接触”式碰撞，而是一个在排斥力作用下的散射过程。仅在碰撞前和碰撞后，两个粒子才能被视为点粒子。

1. 二体散射

假定两个粒子之间的相互作用力为有心力，即相互作用势能仅是两个粒子之间距离r的函数，即$V = V(r)$，其中$r = |\boldsymbol{r}_1 - \boldsymbol{r}_2|$，$\boldsymbol{r}_1$和$\boldsymbol{r}_2$分别是两个粒子的位置矢量。对于质量为$m_1$和$m_2$的两个粒子，它们的运动方程分别为

$$m_1 \frac{\mathrm{d}\boldsymbol{v}_1}{\mathrm{d}t} = -\frac{\mathrm{d}V}{\mathrm{d}\boldsymbol{r}_1}, \qquad m_2 \frac{\mathrm{d}\boldsymbol{v}_2}{\mathrm{d}t} = -\frac{\mathrm{d}V}{\mathrm{d}\boldsymbol{r}_2} \tag{2.2-1}$$

引入折合质量$m_\mu = m_1 m_2/(m_1 + m_2)$，并借助于相对速度$\boldsymbol{g} = \boldsymbol{v}_1 - \boldsymbol{v}_2$，则可以把两个粒子的运动方程约化成一个单体的运动方程

$$m_\mu \frac{\mathrm{d}\boldsymbol{g}}{\mathrm{d}t} = -\frac{\mathrm{d}V}{\mathrm{d}\boldsymbol{r}} \tag{2.2-2}$$

其中利用了$\dfrac{\mathrm{d}V}{\mathrm{d}\boldsymbol{r}_1} = -\dfrac{\mathrm{d}V}{\mathrm{d}\boldsymbol{r}_2} = \dfrac{\mathrm{d}V}{\mathrm{d}\boldsymbol{r}}$。在平面极坐标系$(r,\psi)$中，这个单体的能量守恒方程和角动量守恒方程分别为

$$\frac{1}{2} m_\mu g^2 = \frac{1}{2} m_\mu \left[\left(\frac{\mathrm{d}r}{\mathrm{d}t}\right)^2 + r^2 \left(\frac{\mathrm{d}\psi}{\mathrm{d}t}\right)^2\right] + V(r) \tag{2.2-3}$$

$$m_\mu g b = m_\mu r^2 \frac{\mathrm{d}\psi}{\mathrm{d}t} \tag{2.2-4}$$

借助这两个方程，消去dt后可以得到散射粒子在极坐标系中的轨迹方程

$$\frac{\mathrm{d}\psi}{\mathrm{d}r}=-\frac{b}{r^2}\left[1-\frac{V(r)}{\varepsilon_\mu}-\frac{b^2}{r^2}\right]^{-1/2} \tag{2.2-5}$$

其中，$\varepsilon_\mu=\frac{1}{2}m_\mu g^2$是约化单体在碰撞前的动能。

由图2-3可以看出，当两个粒子相距为无穷远($r=\infty$)时，有$\psi=0$；当两个粒子相距最近($r=r_0$)时，有$\psi=\psi_0$。将方程(2.2-5)对r进行积分，并利用$\chi=\pi-2\psi_0$，可以得到质心坐标系中的散射角为

$$\chi=\pi-2b\int_{r_0}^{\infty}\frac{\mathrm{d}r}{r^2\sqrt{1-V(r)/\varepsilon_\mu-b^2/r^2}} \tag{2.2-6}$$

这就是所谓的经典散射积分，其中r_0为两个粒子最接近时的距离，由如下方程给出：

$$1-\frac{V(r_0)}{\varepsilon_\mu}-\frac{b^2}{r_0^2}=0 \tag{2.2-7}$$

从式(2.2-6)和式(2.2-7)可以看出，对于给定的相互作用势能$V(r)$，质心坐标系中的散射角χ是碰撞参数b和能量ε_μ的函数，即$\chi=\chi(\varepsilon_\mu,b)$。

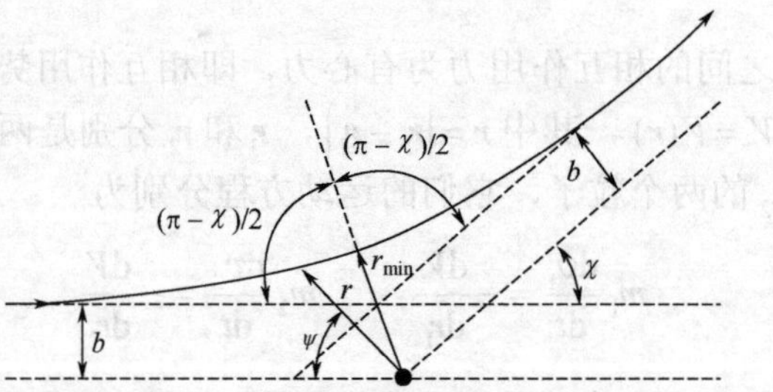

图2-3　约化单体的散射轨迹示意图

2. 小角散射近似

当入射粒子的动能远大于粒子之间的相互作用势能时，即$\varepsilon_\mu\gg|V|$，入射粒子的散射角很小。将约化单体运动方程(2.2-2)沿着垂直于入射方向投影，见图2-4，有

$$m_\mu\frac{\mathrm{d}g_\perp}{\mathrm{d}t}=-\frac{\partial V}{\partial b} \tag{2.2-8}$$

其中，$g_\perp$为垂直于入射方向的速度分量。在小角散射近似下，有$r^2\approx b^2+z^2$，$g_\perp\approx g\chi$，$\Delta t\approx\Delta z/g_{//}\approx\Delta z/g$。由此可以得到

$$\chi\approx-\frac{1}{2\varepsilon_\mu}\int_{-\infty}^{\infty}\frac{\partial}{\partial b}V(\sqrt{b^2+z^2})\mathrm{d}z=\frac{b}{2\varepsilon_\mu}\int_b^{\infty}\left|\frac{\mathrm{d}V}{\mathrm{d}r}\right|\frac{\mathrm{d}r}{\sqrt{r^2-b^2}} \tag{2.2-9}$$

式(2.2-9)即为小角近似下的散射积分。

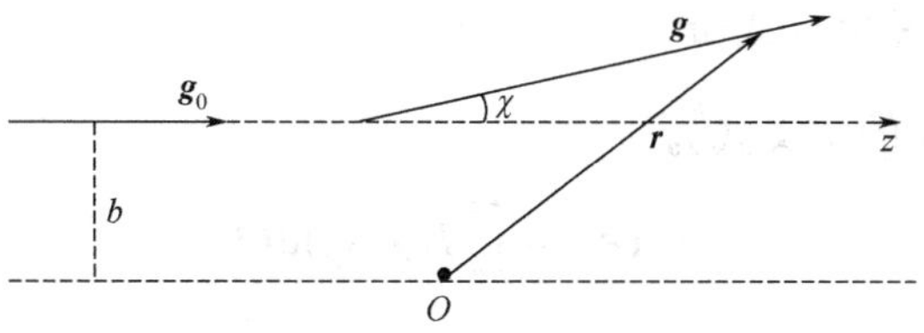

图 2-4　小角散射示意图

3. 微分散射截面

我们在描述二体散射时引入了碰撞参数 b 这个物理量，它是一个未知量。在大量粒子组成的宏观体系(如等离子体)中，人们无法精确地确定单个碰撞事件的发生，而只能给出发生这个碰撞事件的概率。也就是说，碰撞参数 b 是一个随机量。因此，有必要对等离子体中的碰撞过程进行统计性的描述。

为了对大量碰撞事件进行统计性的描述，我们引入微分散射截面的概念。如图 2-5 所示，设入射粒子穿过一个半径为 b 、宽度为 $\mathrm{d}b$ 的圆环，并散射到从 χ 到 $\chi+\mathrm{d}\chi$ 的角度间隔内。那么散射截面的定义为

$$\mathrm{d}I = 2\pi b\mathrm{d}b \tag{2.2-10}$$

它具有面积的量纲。由式(2.2-6)可以看出，散射角 χ 是碰撞参数 b 和能量 ε_μ 的函数；反过来，我们也可以认为碰撞参数 b 是散射角 χ 和能量 ε_μ 的函数，即 $b=b(\chi,\varepsilon_\mu)$ 。这样，又可以将散射截面表示成

$$\mathrm{d}I = I(\chi,\varepsilon_\mu)\mathrm{d}\Omega \tag{2.2-11}$$

其中， $\mathrm{d}\Omega = 2\pi\sin\chi\mathrm{d}\chi$ 为立体角，而

$$I(\chi,\varepsilon_\mu) = \frac{b(\chi,\varepsilon_\mu)}{\sin\chi}\left|\frac{\mathrm{d}b(\chi,\varepsilon_\mu)}{\mathrm{d}\chi}\right| \tag{2.2-12}$$

为**微分散射截面**。在式(2.2-12)中我们使用了 $\mathrm{d}b/\mathrm{d}\chi$ 的绝对值，主要是为了保证散射截面 $\mathrm{d}\sigma$ 的值为正，因为当碰撞参数 b 的值减小时，散射角 χ 的值是增加的。

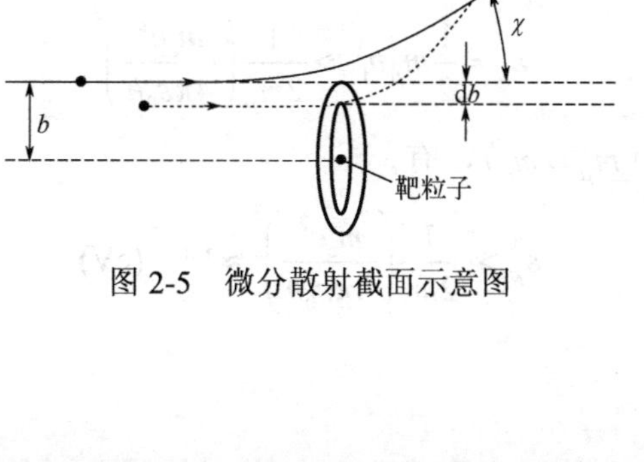

图 2-5　微分散射截面示意图

4. 总截面及动量输运截面

弹性散射总截面的定义式为

$$\sigma_{\mathrm{t}}(\varepsilon_\mu)=\int_0^\pi I(\chi,\varepsilon_\mu)\mathrm{d}\Omega \tag{2.2-13}$$

它是微分散射截面对立体角的平均。动量输运截面 σ_{m} 的定义式为

$$\sigma_{\mathrm{m}}=\frac{1}{p}\int_0^\pi \Delta p_{/\!/} I(\chi,\varepsilon_\mu)\mathrm{d}\Omega \tag{2.2-14}$$

其中，$p=m_1 v_1$ 是入射粒子散射前的动量；$\Delta p_{/\!/}$ 是散射过程中转移的动量。根据式(2.1-19)，可以得到

$$\sigma_{\mathrm{m}}=\frac{m_2}{m_1+m_2}\int_0^\pi (1-\cos\chi)I(\chi,\varepsilon_\mu)\mathrm{d}\Omega \tag{2.2-15}$$

原则上讲，由方程(2.2-6) 确定出碰撞参数 b 与散射角 χ 之间的关系后，就可以由式(2.2-12)确定出微分散射截面，进而可以确定出总碰撞截面及动量输运截面。对于一般形式的相互作用势能，只有通过数值方法才能计算出微分散射截面。

5. 经典散射理论的限制

仅当粒子的轨道有确切的意义，即在每一时刻能够确定粒子的坐标和动量时，才可以采用前面介绍的经典理论描述二体弹性碰撞过程。因此，对于经典散射理论适用的范围，有如下限制条件：入射粒子的德布罗意波长 λ 要远小于两个粒子之间的有效相互作用范围 r_{a}，即

$$\bar{\lambda}=\frac{\hbar}{m_\mu v_1}\ll r_{\mathrm{a}} \tag{2.2-16}$$

其中，$\hbar=h/(2\pi)$，这里 h 为普朗克常量；v_1 为入射粒子的速率；m_μ 为两个粒子的折合质量。如果参与碰撞的粒子之一为原子，可以取 r_{a} 为玻尔半径，即 $r_{\mathrm{a}}=a_{\mathrm{B}}=4\pi\varepsilon_0\hbar^2/(m_{\mathrm{e}}e^2)\approx 10^{-8}\mathrm{cm}$。这时，可以把式(2.2-16)表示为

$$v_1\gg\frac{m_{\mathrm{e}}e^2}{4\pi\varepsilon_0 m_\mu \hbar} \tag{2.2-17}$$

即要求入射粒子的能量为

$$\varepsilon_\mu=\frac{1}{2}m_\mu v_1^2\gg\frac{1}{2m_\mu}\left(\frac{m_{\mathrm{e}}e^2}{4\pi\varepsilon_0\hbar}\right)^2 \tag{2.2-18}$$

对于电子与原子碰撞($m_\mu\approx m_{\mathrm{e}}$)，有

$$\varepsilon_\mu\gg\frac{1}{2m_{\mathrm{e}}}\left(\frac{m_{\mathrm{e}}e^2}{4\pi\varepsilon_0\hbar}\right)^2\approx 14\quad(\mathrm{eV}) \tag{2.2-19}$$

而对于离子与原子之间的弹性碰撞（$m_\mu \approx m_i / 2$），有

$$\varepsilon_\mu \gg \frac{1}{m_i}\left(\frac{m_e e^2}{4\pi\varepsilon_0 \hbar}\right)^2 \approx 10^{-2}\frac{m_p}{m_i} \quad (\text{eV}) \tag{2.2-20}$$

其中，m_p 为质子的质量。可见，对于低能电子与原子或分子之间的弹性碰撞，经典散射理论不再适用，必须采用量子散射理论描述；而对于重粒子（离子、原子或分子）之间的弹性碰撞，仍然可以采用经典散射理论来描述。

2.3　中性粒子的弹性碰撞

下面分别采用刚球模型和伦纳德-琼斯（Lennard-Jones）模型描述分子之间的相互作用势能，并计算分子之间的碰撞截面。

1. 刚球模型

为简单起见，首先采用刚球模型来描述两个中性粒子之间的相互作用过程，即把两个原子或分子看作两个半径分别为 r_1 和 r_2 的刚性小球，两个小球之间的相互作用势能为

$$V(r) = \begin{cases} 0, & r > d \\ \infty, & r \leqslant d \end{cases} \tag{2.3-1}$$

其中，$d = r_1 + r_2$。也就是说，当两个小球相互接触时，相互作用势能为无穷大，否则为零。显然，两个粒子之间最小的接触距离为 $r_0 = d$。

根据式(2.2-6)和式(2.3-1)，有

$$\chi = \pi - 2b\int_d^\infty \frac{\mathrm{d}r}{r^2\sqrt{1 - b^2 / r^2}} = \pi - 2\arcsin\left(\frac{b}{\mathrm{d}}\right) \quad (b < d) \tag{2.3-2}$$

当 $b > d$ 时，没有碰撞发生。利用 $\sin\left(\frac{\pi - \chi}{2}\right) = \cos\left(\frac{\chi}{2}\right)$，可以进一步得到

$$b = d\cos\left(\frac{\chi}{2}\right) \quad (b < d) \tag{2.3-3}$$

再根据式(2.2-12)，可以得到微分散射截面为

$$I(\chi, E_\mu) = d^2 / 4 \tag{2.3-4}$$

利用式(2.2-13)和式(2.2-15)，很容易证明：总散射截面 σ_t 及动量输运截面 σ_m 分别为

$$\sigma_t = \pi d^2 \tag{2.3-5}$$

$$\sigma_{\mathrm{m}} = \frac{m_2}{m_1 + m_2}\pi d^2 \tag{2.3-6}$$

可见，对于刚球模型，粒子的总碰撞截面和动量输运截面仅与参数 d 有关，而与粒子的能量无关。当 $m_1 \ll m_2$ 时，有 $\sigma_{\mathrm{t}} = \sigma_{\mathrm{m}}$。

刚球模型过于简单，所给出的碰撞截面只能定性地描述中性粒子的碰撞效应，如可以用来定性地估算中性粒子的碰撞速率及输运系数。在一些情况下，也可以采用这种模型计算离子与中性粒子的动量输运系数。

2. Lennard-Jones 模型

刚球模型给出的相互作用势是一个陡峭的排斥势。实际上，分子之间的相互作用力应包含两部分，即排斥力和吸引力。当排斥力和吸引力相等时，两个分子处于相对平衡的位置 r_0；当 $r < r_0$ 时，相互作用力为排斥力；当 $r > r_0$ 时，相互作用力为吸引力；当 $r \gg r_0$ 时，相互作用很小，几乎为零。

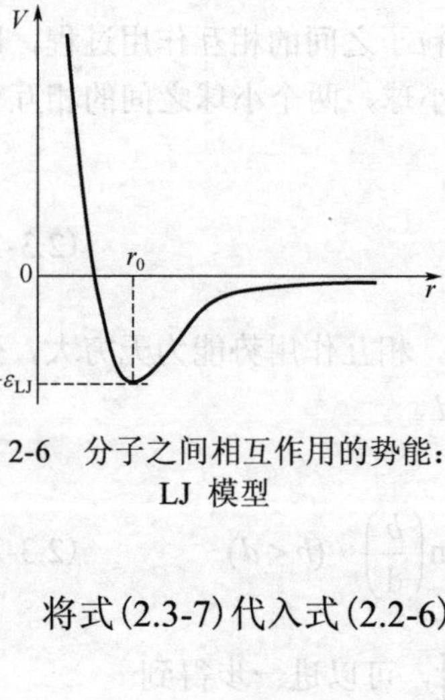

图 2-6　分子之间相互作用的势能：LJ 模型

在 1924 年，Lennard 和 Jones 提出了一种分子之间相互作用的势能模型，简称 LJ 模型，其形式为

$$V(r) = 4\varepsilon_{\mathrm{LJ}}\left[\left(\frac{d}{r}\right)^{12} - \left(\frac{d}{r}\right)^{6}\right] \tag{2.3-7}$$

其中，$\varepsilon_{\mathrm{LJ}}$ 和 d 为两个可调参数，分别具有能量和长度的量纲。很显然，LJ 势包含了排斥力部分和吸引力部分。当 $r = d$ 时，$V(r) = 0$；当 $r = r_0 = 2^{1/6}d$ 时，$V(r)$ 取极小值 $-\varepsilon_{\mathrm{LJ}}$，排斥力和吸引力相互抵消，合力为零，即 $\mathrm{d}V/\mathrm{d}r = 0$。图 2-6 给出了 LJ 势随 r 变化的示意图。

将式(2.3-7)代入式(2.2-6)，并引入无量纲变量 $x = d/r$，有

$$\chi = \pi - \frac{2b}{d}\int_0^{x_0} \frac{\mathrm{d}x}{\sqrt{1 - V_{\mathrm{eff}}(x)}} \tag{2.3-8}$$

其中，$V_{\mathrm{eff}}(x)$ 为有效相互作用势能

$$V_{\mathrm{eff}}(x) = \frac{4\varepsilon_{\mathrm{LJ}}}{\varepsilon_{\mu}}(x^{12} - x^6) + \left(\frac{b}{d}\right)^2 x^2 \tag{2.3-9}$$

x_0 由式 $V_{\mathrm{eff}}(x_0) = 1$ 来确定。只有借助数值计算的方法，才可以完成式(2.3-8)右边的积分。引入约化能量 $\varepsilon^* = \varepsilon_{\mu}/\varepsilon_{\mathrm{LJ}}$ 和约化碰撞参数 $b^* = b/d$，可以把动量输运截面表示为

$$\sigma_{\mathrm{m}} = \frac{m_2}{m_1 + m_2} 2\pi d^2 \int_0^{\infty} (1 - \cos\chi) b^* \mathrm{d}b^* \equiv \frac{m_2}{m_1 + m_2}\pi \mathrm{d}^2 \sigma_{\mathrm{m}}^* \tag{2.3-10}$$

其中，σ_m^* 为约化的动量输运截面。图 2-7 显示了 σ_m^* 随 ε^{*2} 的变化趋势。可见，入射粒子的能量越高，输运截面就越小。

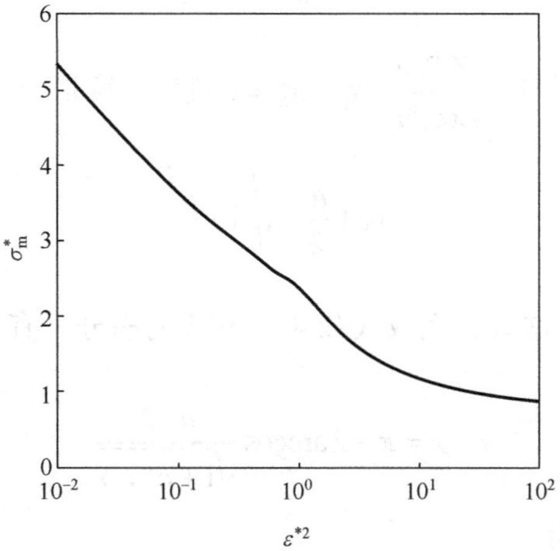

图 2-7　约化动量输运截面

由上面的讨论可知，一旦给定了 LJ 势中的两个可调参数 ε_{LJ} 和 d，就可以计算出中性粒子的动量输运截面 σ_m。根据中性气体输运理论[1]，就可以计算出中性气体的输运系数，如扩散系数、黏滞系数及热传导系数等。另外，在实验上可以测量出中性气体的输运系数；然后，将理论计算出的输运系数与实验测量值进行比较，就可以确定出参数 ε_{LJ} 和 d。表 2-1 给出了几种气体的 ε_{LJ}/k_B 和 d 值。关于更多气体的 ε_{LJ} 和 d 取值，可以参考文献[1]。

表 2-1　几种气体的 ε_{LJ}/k_B 和 d 的取值

气体	$(\varepsilon_{LJ}/k_B)/K$	$d/(10^{-10}m)$
He	10.22	2.551
Ne	32.8	2.820
Ar	93.3	3.542
Kr	178.9	3.655

2.4　带电粒子的弹性碰撞

下面计算等离子体中带电粒子之间的碰撞截面。对于两个电荷数分别为 Z_1 和 Z_2 的裸电荷，库仑相互作用势能为 $V(r)=\dfrac{Z_1Z_2e^2}{4\pi\varepsilon_0 r}$，其中 ε_0 为真空介电常量。令 $x=b/r$，可以把式(2.2-6)改写为

$$\chi = \pi - 2\int_0^{x_0} \frac{\mathrm{d}x}{\sqrt{1 - \dfrac{Z_1 Z_2 e^2}{4\pi\varepsilon_0 b \varepsilon_\mu} x - x^2}} \tag{2.4-1}$$

其中，$x_0 = b / r_{\min}$ 由方程 $1 - \dfrac{Z_1 Z_2 e^2}{4\pi\varepsilon_0 b\varepsilon_\mu} x_0 - x_0^2 = 0$ 确定，这是一个二次代数方程，其解为

$$x_0 + \frac{a}{2} = \sqrt{1 + \frac{a^2}{4}} \tag{2.4-2}$$

式中，$a = \dfrac{Z_1 Z_2 e^2}{4\pi\varepsilon_0 b\varepsilon_\mu}$ 为常数。完成式(2.4-1)右边的积分，有

$$\chi = \pi - 2\arccos\frac{a/2}{\sqrt{1 + a^2/4}} \tag{2.4-3}$$

可以将式(2.4-3)改写为

$$\cos\left(\frac{\chi}{2} - \frac{\pi}{2}\right) = \sin\frac{\chi}{2} = \frac{a/2}{\sqrt{1 + a^2/4}} \tag{2.4-4}$$

再利用三角函数的公式，有

$$\tan\left(\frac{\chi}{2}\right) = \frac{a}{2} \tag{2.4-5}$$

将常数 a 的表示式代入式(2.4-5)，可以得到碰撞参数 b 与散射角 χ 之间的关系为

$$b = \frac{Z_1 Z_2 e^2}{8\pi\varepsilon_0 \varepsilon_\mu \tan(\chi/2)} \tag{2.4-6}$$

利用微分散射截面的定义，见式(2.2-12)，有

$$I(\chi, E_\mu) = \left(\frac{Z_1 Z_2 e^2}{16\pi\varepsilon_0 \varepsilon_\mu}\right)^2 \frac{1}{\sin^4(\chi/2)} \tag{2.4-7}$$

这就是所谓的卢瑟福（Rutherford）散射截面。显然，卢瑟福微分散射截面随散射角的增加而减小，且在 $\chi = 0$ 处发散。这样，无法利用卢瑟福散射截面计算总截面或动量输运截面。

实际上，在等离子体中两个点电荷的相互作用势应为屏蔽的库仑势，见式(1.3-19)。当两个带电粒子之间的距离大于德拜屏蔽长度 λ_D 时，相互作用势能很快衰减为零。因此，可以取碰撞参数 b 的最大值为

$$b_{\max} = \lambda_D \tag{2.4-8}$$

与它对应的最小散射角为 $\chi_{\min}$。因此，可以把动量输运截面表示为

$$\begin{aligned}\sigma_{\mathrm{m}}(\varepsilon_\mu) &= \frac{m_2}{m_1+m_2}\int_{\chi_{\min}}^{\pi} I(\chi,\varepsilon_\mu)(1-\cos\chi)2\pi\sin\chi \mathrm{d}\chi \\ &= \frac{8\pi m_2}{m_1+m_2}\left(\frac{Z_1Z_2e^2}{16\pi\varepsilon_0\varepsilon_\mu}\right)^2 \ln\left(\frac{2}{1-\cos\chi_{\min}}\right)\end{aligned} \tag{2.4-9}$$

对于高速带电粒子的相互碰撞，入射粒子的动能要远大于它们在相距为 λ_{D} 时的相互作用势能，即

$$\varepsilon_\mu \gg \frac{Z_1Z_2e^2}{4\pi\varepsilon_0\lambda_{\mathrm{D}}} \tag{2.4-10}$$

根据式(2.4-4)及式(2.4-8)，可以得到

$$1-\cos\chi_{\min} = 2\sin^2\left(\frac{\chi_{\min}}{2}\right) \approx 2\left(\frac{Z_1Z_2e^2}{8\pi\varepsilon_0\lambda_{\mathrm{D}}\varepsilon_\mu}\right)^2 \tag{2.4-11}$$

最后，可以得到动量输运截面为

$$\sigma_{\mathrm{m}}(\varepsilon_\mu) = \frac{m_2}{m_1+m_2}16\pi\left(\frac{Z_1Z_2e^2}{16\pi\varepsilon_0\varepsilon_\mu}\right)^2 \ln\Lambda \tag{2.4-12}$$

其中，$\ln\Lambda$ 为库仑对数

$$\ln\Lambda = \ln\left(\frac{8\pi\varepsilon_0\lambda_{\mathrm{D}}\varepsilon_\mu}{Z_1Z_2e^2}\right) \tag{2.4-13}$$

它是等离子体物理中一个重要的常数。库仑对数不仅依赖于入射粒子的动能 ε_μ，还依赖于等离子体的状态参数，如等离子体密度和带电粒子温度。

2.5　离子与原子的弹性碰撞

在低温等离子体中，由于离子的质量比较重，其动能远小于电子的动能。对于这种低能离子与原子的碰撞，可以采用一种极化模型来描述，即中性粒子在离子的作用下，其原子核外的电子云将被极化，它们之间的相互作用能可以用电偶极矩来表示。下面，用一个简单的模型来描述在中等能量的带电粒子作用下，原子极化的物理图像以及极化势能。考虑一个原子由一个带正电量 Q 的原子核和核外均匀球对称分布的电子云所构成。电子云的总电量为 $-Q$，其密度分布为

$$\rho = -\frac{3Q}{4\pi a^3} \tag{2.5-1}$$

其中，a 为原子的有效半径。如果入射带电粒子的电荷 q_0 为正，它将吸引电子云；

反之，它将排斥电子云。这样，在入射带电粒子的作用下，该原子的正负电荷中心不再重合，即电荷云的中心相对于原子核的位置产生一个偏移，如图 2-8 所示，其中 O 为原子核的位置，偏移后电子云的中心为 O'。假设这个偏移的距离为 d，并以 O' 为圆心，以 d 为半径作一个球面，则由高斯定理可以得到 O 处的电场 E_{ind}（即为电子云移动产生的感应电场）为

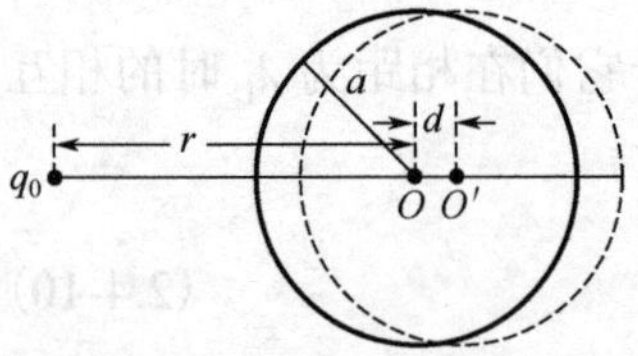

图 2-8　原子极化示意图

$$E_{\text{ind}} = -\frac{Qd}{4\pi\varepsilon_0 a^3} \tag{2.5-2}$$

另外，入射带电粒子在 O 处产生的电场为

$$E_0 = \frac{q_0}{4\pi\varepsilon_0 r^2} \tag{2.5-3}$$

这两个电场在 O 处的方向相反。当原子的极化状态达到平衡时，作用在 O 点的电场力之和必须等于零，由此可以确定出偏移距离

$$d = \frac{q_0}{Q}\frac{a^3}{r^2} \tag{2.5-4}$$

电子云中心偏离产生的电偶极矩为

$$p = Qd = \frac{q_0 a^3}{r^2} \tag{2.5-5}$$

该电偶极矩产生的极化电场 $\boldsymbol{E}_{\text{p}}$ 为[2]

$$\boldsymbol{E}_{\text{p}} = \frac{1}{4\pi\varepsilon_0}\left[\frac{3(\boldsymbol{p}\cdot\boldsymbol{r})\boldsymbol{r}}{r^5} - \frac{\boldsymbol{p}}{r^3}\right] \tag{2.5-6}$$

由于电偶极矩 $\boldsymbol{p}$ 与 $\boldsymbol{r}$ 同向，因此有

$$E_{\text{p}} = \frac{1}{4\pi\varepsilon_0}\frac{2p}{r^3} = \frac{1}{4\pi\varepsilon_0}\frac{2q_0 a^3}{r^5} \tag{2.5-7}$$

最后利用 $V_{\text{p}}(r) = -\int_r^{\infty} q_0 E_{\text{p}}(r')\text{d}r'$，可以得到带电粒子与原子相互作用的势能（即极化势能）为

$$V_{\text{p}} = -\frac{q_0^2 a^3}{8\pi\varepsilon_0 r^4} \tag{2.5-8}$$

可见，这是一个吸引势，而且与入射粒子的电荷正负无关，即对负电荷（如电子）和正电荷（如正离子）都适用。表 2-2 给出了一些简单的原子和分子的相对极化率 $\alpha_{\text{p}} = (a/a_{\text{B}})^3$ [3]，其中 a_{B} 是玻尔半径。

表 2-2　一些简单的原子和分子的相对极化率

原子或分子	α_p	原子或分子	α_p
Ar	11.08	CO	13.20
H	4.50	CO_2	17.50
C	12.0	Cl_2	31.00
N	7.50	H_2O	9.80
O	5.40	NH_3	14.80
O_2	10.60	SF_6	30.00
CF_4	19.00	CCl_4	69.00

根据式(2.2-6)，并利用极化势能的表示式(2.5-8)，离子在质心坐标系中的散射角为

$$\chi = \pi - 2b\int_{r_0}^{\infty}\left(1+\frac{q_0^2 a^3}{8\pi\varepsilon_0\varepsilon_\mu r^4}-\frac{b^2}{r^2}\right)^{-1/2}\frac{dr}{r^2} \tag{2.5-9}$$

引入无量纲的变量 $x=b/r$，则可以把上式化简为

$$\chi = \pi - 2\int_0^{x_0}\frac{dx}{\sqrt{1+cx^4-x^2}} \tag{2.5-10}$$

其中，常数 c 为

$$c=\frac{q_0^2 a^3}{8\pi\varepsilon_0\varepsilon_\mu b^4}\equiv\frac{b_L^4}{4b^4},\quad b_L=\left(\frac{q_0^2 a^3}{2\pi\varepsilon_0\varepsilon_\mu}\right)^{1/4} \tag{2.5-11}$$

b_L 为临界碰撞参数。在式(2.5-10)中，x_0 由方程 $1+cx^4-x^2=0$ 的根确定。很容易看到，当 $1-4c\geqslant 0$，即 $b\geqslant b_L$ 时，该方程的两个实根分别为

$$x_1^2=\frac{1}{2c}+\frac{1}{2c}\sqrt{1-4c},\quad x_2^2=\frac{1}{2c}-\frac{1}{2c}\sqrt{1-4c} \tag{2.5-12}$$

在极化势的作用下，被散射的带电粒子的轨迹很复杂。当碰撞参数 b 小于临界碰撞参数时($b<b_L$)，入射带电粒子将被靶原子“捕获”，并沿着螺旋轨道向散射中心运动，见图 2-9(a)。当 $b>b_L$ 时，带电粒子的散射轨迹具有双曲线的特征，这时散射角为负，见图 2-9(b)。当 $b\gg b_L$ 时，带电粒子的散射轨迹近似为一条直线，散射角很小。与这个临界碰撞参数 b_L 对应的截面为**朗之万(Langevin)截面**或捕获截面

$$\sigma_L=\pi b_L^2=\left(\frac{\pi q_0^2 a^3}{2\varepsilon_0\varepsilon_\mu}\right)^{1/2}=\left(\frac{\pi q_0^2 a^3}{\varepsilon_0\mu}\right)^{1/2}\frac{1}{g} \tag{2.5-13}$$

其中，利用了 $\varepsilon_\mu=\frac{1}{2}\mu g^2$。可见，朗之万截面反比于入射粒子的速度。与式(2.5-13)

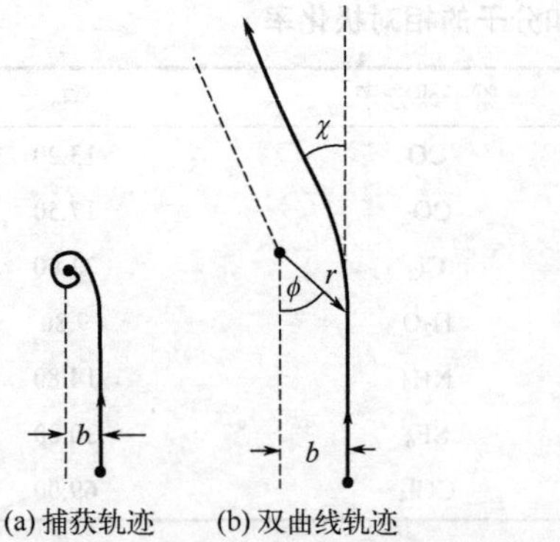

图 2-9　离子在极化势场中的散射轨迹

对应的朗之万碰撞频率为

$$\nu_{\mathrm{L}} = n_{\mathrm{g}} \sigma_{\mathrm{L}} g \equiv n_{\mathrm{g}} k_{\mathrm{L}} \tag{2.5-14}$$

其中，$k_{\mathrm{L}} = \left(\frac{\pi q_0^2 a^3}{\varepsilon_0 \mu} \right)^{1/2}$ 为捕获过程的速率常数；n_{g} 为中性气体密度。可见，ν_{L} 和 k_{L} 均与入射粒子的速度无关。

由于 $x_2 \leqslant x_1$，在式(2.5-10)中，取 $x_0 = x_2$。令 $y = \arcsin(x / x_2)$，可以把式(2.5-10)改写为

$$\chi = \pi - \frac{2}{\sqrt{c x_1}} \int_0^{\pi/2} \frac{\mathrm{d}y}{\sqrt{1 - \xi^2 \sin^2 y}} \tag{2.5-15}$$

其中，$\xi = x_2 / x_1 < 1$ 是一个无量纲的参数。当 $b \gg b_{\mathrm{L}}$ 时，$\xi = x_2 / x_1$ 是一个小量。利用式(2.5-11)及式(2.5-12)，可以得到在这种情况下 ξ 的近似表示式为

$$\xi \approx \frac{b_{\mathrm{L}}^2}{2b^2} \to 0 \quad (b \gg b_{\mathrm{L}}) \tag{2.5-16}$$

将 ξ 作为一个小量，对式(2.5-15)中的被积函数进行泰勒展开，很容易得到散射角的渐近表示式为

$$\chi \approx -\frac{\pi \xi^2}{4} = -\frac{\pi}{16} \left(\frac{b_{\mathrm{L}}}{b} \right)^4 \quad (b \gg b_{\mathrm{L}}) \tag{2.5-17}$$

图 2-10 显示了散射角 χ 随无量纲碰撞参数 b / b_{L} 的变化。可以看出，散射角的值为负，而且随碰撞参数的增加很快趋于零。在实际的数值模拟中，如第 3 章将要介绍的粒子模拟方法，需要对碰撞参数进行截断，即取碰撞参数的最大值为 b_∞。根据图 2-10 的计算结果，可以近似地取 $b_\infty \approx 2b_{\mathrm{L}}$。

对于离子与中性原子的弹性碰撞，可以近似地用朗之万截面来代替总散射截面，即

$$\sigma_{\mathrm{t}} \approx \sigma_{\mathrm{L}} = \left(\frac{\pi q_0^2 a^3}{\varepsilon_0 \mu} \right)^{1/2} \frac{1}{g} \tag{2.5-18}$$

对应的动量输运截面为

$$\sigma_{\mathrm{m}} = \frac{2\pi m_2}{m_1 + m_2} \int_{b_{\mathrm{L}}}^{b_\infty} (1 - \cos\chi) b \mathrm{d}b \tag{2.5-19}$$

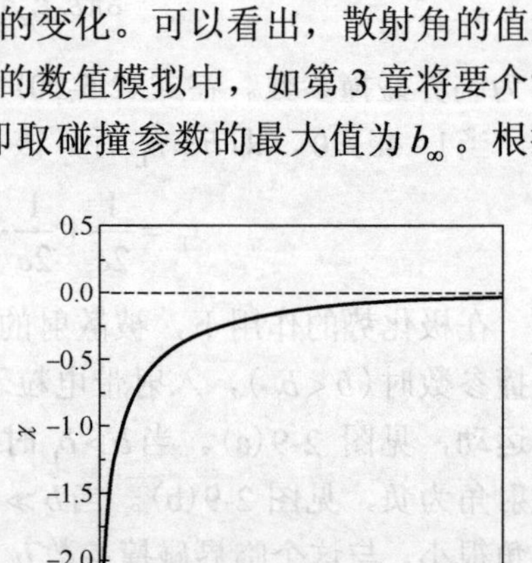

图 2-10　离子在极化势场中的散射角（$b \geqslant b_{\mathrm{L}}$）

利用式(2.5-10)，并对式(2.5-19)进行数值

积分，可以得到动量输运截面为

$$\sigma_{\mathrm{m}} = \frac{0.207m_2}{m_1 + m_2}\sigma_{\mathrm{L}} \tag{2.5-20}$$

可见，离子的动量输运截面小于朗之万截面。当靶原子在碰撞前处于静止状态时，低能离子与靶原子的弹性碰撞截面及动量输运截面均反比于入射离子的速度。

2.6　电子与原子的弹性碰撞

由于电子的质量较小，本节将采用量子力学的散射理论确定电子与原子弹性碰撞的散射截面。在量子散射理论中[4]，可以把一个能量为 ε 的入射电子看作一个沿着 z 轴传播的平面波

$$\Psi_0(z) = \mathrm{e}^{\mathrm{i}kz} \tag{2.6-1}$$

其中，$k = \sqrt{\dfrac{2m_{\mathrm{e}}\varepsilon}{\hbar^2}}$ 为波数。靶粒子(原子)被看作一个静止的散射中心。由于相互作用势能是一个有心势，且作用力程有限，所以可以把散射波函数看作一个球面波，如图 2-11 所示。散射后的总波函数为入射波和散射波之和，即

$$\Psi(r,\chi)\big|_{r\to\infty} = \mathrm{e}^{\mathrm{i}kz} + \frac{f(\chi)}{r}\mathrm{e}^{\mathrm{i}kr} \tag{2.6-2}$$

其中，$z = r\cos\chi$；$f(\chi)$ 为散射振幅。微分散射截面与散射振幅之间的关系为

$$I(\chi,k) = |f(\chi)|^2 \tag{2.6-3}$$

下面分别介绍确定微分散射截面的两种方法，即玻恩近似法和分波法，其中前者适用于入射能量较高的粒子散射。

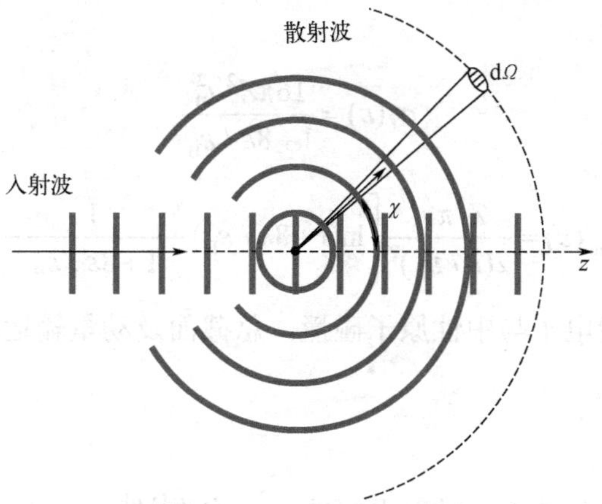

图 2-11　量子散射示意图

1. 玻恩近似法

当入射电子的速度较高时，即大于氢原子中第一玻尔轨道上的电子速度(玻尔速度)时，它可以接近靶原子。这时两者之间的距离有可能小于原子的半径，它们之间的相互作用势能以屏蔽的库仑势能为主。对于简单的类氢原子(如氢、氦等原子)，可以把这种屏蔽的库仑势能表示为

$$V(r) = -\frac{Ze^2}{4\pi\varepsilon_0 r} e^{-r/a_B} \tag{2.6-4}$$

其中，a_B 为氢原子的玻尔半径；Z 为靶原子的原子核序数；ε_0 为真空介电常量。

在一阶玻恩近似下，可以得到散射振幅的表示式为[4]

$$f(\chi) = -\frac{2m_e}{q\hbar^2}\int_0^\infty rV(r)\sin(qr)\mathrm{d}r \tag{2.6-5}$$

其中，$q = 2k\sin\left(\dfrac{\chi}{2}\right)$。利用式(2.6-4)和式(2.6-5)，并完成积分，可以得到高能电子的散射振幅为(见习题 2.9)

$$f(\chi) = \frac{2Za_B}{8(\varepsilon/\varepsilon_B)\sin^2(\chi/2)+1} \tag{2.6-6}$$

其中，$\varepsilon_B = \dfrac{e^2}{4\pi\varepsilon_0 a_B} = 27.21\ \text{eV}$ 是能量的原子单位。由此可以得到微分散射截面为

$$I(\chi,\varepsilon) = \frac{4Z^2a_B^2}{[4(\varepsilon/\varepsilon_B)(1-\cos\chi)+1]^2} \tag{2.6-7}$$

可以看出，当 $8(\varepsilon/\varepsilon_B)\sin^2(\chi/2) \gg 1$ 时，式(2.6-7)即为卢瑟福散射截面。利用式(2.2-13)、式(2.2-15)和式(2.6-7)，可以证明：高能电子的总碰撞截面及动量输运截面分别为

$$\sigma_t(\varepsilon) = \frac{16\pi Z^2 a_B^2}{1+8\varepsilon/\varepsilon_B} \tag{2.6-8}$$

$$\sigma_m(\varepsilon) = \frac{Z^2\pi a_0^2}{2(\varepsilon/\varepsilon_B)^2}\left[\ln(1+8\varepsilon/\varepsilon_B) + \frac{1}{1+8\varepsilon/\varepsilon_B} - 1\right] \tag{2.6-9}$$

可以看出，对于高能电子与中性原子碰撞，总截面及动量输运截面随入射能量的增加而下降。

2. 分波法

根据量子散射的分波法，散射振幅的表示式为[5,6]

$$f(\chi)=\frac{1}{2\mathrm{i}k}\sum_{l=1}^{\infty}(2l+1)(\mathrm{e}^{2\mathrm{i}\eta_l}-1)\mathrm{P}_l(\cos\chi) \tag{2.6-10}$$

其中，η_l 是第 l 个分波的相移，可以由径向薛定谔方程的解确定。对于给定的入射电子与靶原子的相互作用能 $V(r)$，径向波函数 $R_l(r)$ 满足的薛定谔方程为

$$\frac{1}{r^2}\frac{\mathrm{d}}{\mathrm{d}r}\left(r^2\frac{\mathrm{d}R_l}{\mathrm{d}r}\right)+\left[\frac{2m_\mu}{\hbar^2}(\varepsilon-V)-\frac{l(l+1)}{r^2}\right]R_l=0 \tag{2.6-11}$$

只有简单形式的相互作用势能，如球形势阱或势垒，才能得到径向波函数的解析表示式。在一般情况下，需要进行数值计算。在实际计算中，通常需要估算出一个有效作用半径 r_0，即当 $r>r_0$ 时，可以近似地认为相互作用势能为零。利用波函数 $u_l=rR_l$ 及其导数在 $r=r_0$ 处的连续性条件，即可以确定相移 η_l。

将式(2.6-10)代入式(2.6-3)，并利用勒让德函数的正交归一性条件和递推关系式，可以求出总散射截面 σ_t 和动量输运截面 σ_m，其表达式分别为(见附录 A)

$$\sigma_\mathrm{t}=\frac{4\pi}{k^2}\sum_{l=0}^{\infty}(2l+1)\sin^2\eta_l \tag{2.6-12}$$

$$\sigma_\mathrm{m}=\frac{4\pi}{k^2}\sum_{l=0}^{\infty}(l+1)\sin^2(\eta_{l+1}-\eta_l) \tag{2.6-13}$$

相移 η_l 不仅依赖于入射电子的能量 ε（或波数 k），还依赖于电子与原子的相互作用势能。在一般情况下，分波数 l 越大，相移 $|\eta_l|$ 的值越小。这些公式适用任意的入射能量。可以证明，当入射能量很高时，式(2.6-12)给出的结果与玻恩近似给出的结果相同。

对于低能粒子碰撞，只需考虑 $l=0$ 和 $l=1$ 的分波。这时可以把总截面和输运截面分别表示为[5]

$$\sigma_\mathrm{t}(k)=\frac{4\pi}{k^2}(\sin^2\eta_0+3\sin^2\eta_1) \tag{2.6-14}$$

$$\sigma_\mathrm{m}(k)=\frac{4\pi}{k^2}[\sin^2(\eta_1-\eta_0)+\sin^2\eta_1] \tag{2.6-15}$$

从式(2.6-14)可以看出，当 $\eta_0=0$ 时(但 $k\neq 0$)，低能电子的散射截面 σ_t 将出现一个极小值。对于低能电子与一些惰性气体原子(如 Ar、Kr、Ne、Xe 等)及一些分子(如 CF_4、CH_4 等)的弹性碰撞，已在实验中观察到这种现象。这种现象称为冉绍尔(Ramsauer)效应。但对于低能电子与氦、氮等原子的碰撞，则观察不到此现象。从物理上考虑，冉绍尔效应主要是由原子或分子的极化效应引起的。

当电子的能量很低(小于 1eV)时，可以由修正的有效势程理论给出散射相移。这种理论最早用于计算中子-中子碰撞的散射相移和散射截面。对于中子之间的碰

撞，有效作用势程很短，大约为10^{-15} m，因此可以求出低能散射时薛定谔方程的渐近解。但对于低能电子散射，极化势能起主导作用，这是一种长程相互作用势。O'Malley 等对这种有效势程理论进行了修正[7,8]，并给出了如下低能电子散射相移的渐近解析表示式（$a_{\mathrm{B}}k \ll 1$）：

$$\tan\eta_0 \approx -Ak - \frac{\pi}{3}\alpha_{\mathrm{p}}(a_{\mathrm{B}}k)^2 - \frac{4A}{3}\alpha_{\mathrm{p}}a_{\mathrm{B}}^2k^3\ln(a_{\mathrm{B}}k) \tag{2.6-16}$$

$$\tan\eta_1 \approx \frac{\pi}{15}\alpha_{\mathrm{p}}(a_{\mathrm{B}}k)^2 \tag{2.6-17}$$

其中，a_{B}是玻尔半径；α_{p}是原子的相对极化率；A是一个具有长度量纲的常数，称为散射长度，可以由实验测量的散射截面来确定。如果只考虑$l=0$和$l=1$的分波，将式(2.6-16)和式(2.6-17)分别代入式(2.6-14)，并利用$\tan\eta_0 \approx \eta_0$及$\tan\eta_1 \approx \eta_1$，可以得到总截面为

$$\sigma_{\mathrm{t}}(k) \approx 4\pi A\left(A + \frac{2\pi}{3}\alpha_{\mathrm{p}}a_{\mathrm{B}}^2k\right) \tag{2.6-18}$$

可以看出，当

$$k = k_{\mathrm{c}} = \sqrt{2m_{\mathrm{e}}\varepsilon_{\mathrm{c}}/\hbar^2}, \qquad A = -\frac{2\pi}{3}\alpha_{\mathrm{p}}a_{\mathrm{B}}^2k_{\mathrm{c}} \tag{2.6-19}$$

时，散射截面取最小值，即对应于冉绍尔效应，其中ε_{c}为出现冉绍尔效应的阈值能量，可以由实验来确定。对于氩原子，有$\varepsilon_{\mathrm{c}} = 0.25$ eV，$A = -1.71a_{\mathrm{B}}$；对于氪原子，有$\varepsilon_{\mathrm{c}} = 0.6$ eV，$A = -3.63a_{\mathrm{B}}$；对于氙原子，$\varepsilon_{\mathrm{c}} = 0.65$ eV，$A = -6.16a_{\mathrm{B}}$。

原则上讲，只要确定了电子与中性粒子的相互作用势能，就可以由量子力学散射理论计算出不同分波的相移η_l，进而确定出弹性碰撞微分散射截面、总截面及动量输运截面。在一般情况下，电子与原子之间的相互作用势能应包含三部分，即屏蔽的库仑势能、极化势能及交换势能。对于一般形式的相互作用势能，由式(2.6-11)计算相移不是一个简单的问题，必须采用数值积分的方法求解径向薛定谔方程。图 2-12 是电子与氩原子的弹性碰撞总截面[9]，其中实线是数值计算结果，其他不同符号是实验结果。可以看到，在低能区(0.2～0.3eV)散射截面曲线有一个“凹陷”，即为冉绍尔现象。

另外，在过去几十年里，人们采用不同的实验方法对电子与中性粒子的碰撞截面进行了广泛的研究，积累了大量的实验数据，并在此基础上给出了碰撞截面的拟合公式。详细情况可以参考 Raju 所著的 *Gaseous Electronics : Theory and Practice* 一书[10]。表 2-3 显示了电子与氩原子的动量输运截面σ_{m}随入射电子能量ε的变化。可以看出，当$\varepsilon = 0.25$eV 时，动量输运截面的值最小，$\sigma_{\mathrm{m}} = 0.091\times10^{-16}\,\mathrm{cm}^2$。

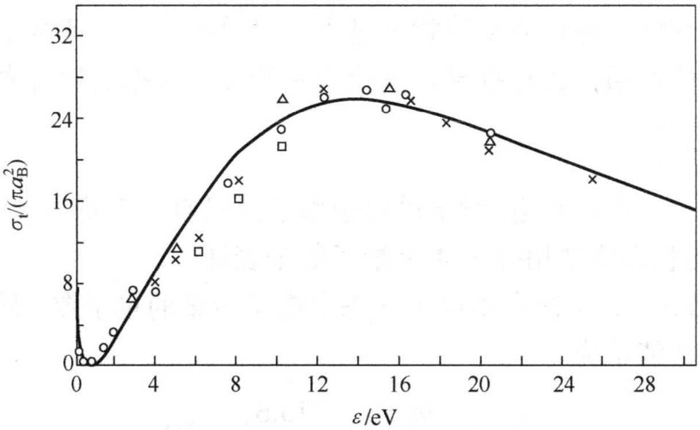

图 2-12　电子与氩原子的弹性碰撞总截面[9]

实线为数值计算结果，其他符号为实验结果；已对原图做了适当的处理

表 2-3　电子与氩原子弹性碰撞的动量输运截面

ε	σ_m	ε	σ_m	ε	σ_m
0.000	7.5	0.350	0.235	15.0	14.1
0.001	7.5	0.400	0.33	20.0	11.00
0.005	6.1	0.500	0.51	25.0	9.45
0.010	4.60	0.700	0.86	30.0	8.74
0.020	3.25	1.00	1.38	50.0	6.90
0.050	1.73	1.20	1.66	75.0	5.85
0.070	1.13	1.30	1.82	100.0	5.25
0.100	0.59	1.70	2.30	150.0	4.24
0.150	0.23	2.10	2.80	200.0	3.76
0.170	0.16	2.50	3.30	300.0	3.02
0.200	0.103	3.00	4.10	500.0	2.10
0.250	0.091	5.00	6.70	700.0	1.64
0.300	0.153	10.0	15.0	1000.0	1.21

注：入射电子的能量以 eV 为单位，截面以 $10^{-16}cm^2$ 为单位。

2.7　电子与原子的非弹性碰撞

除了弹性碰撞外，电子还可以与中性原子发生各种非弹性碰撞，如激发碰撞和电离碰撞。由 2.6 节的讨论可知，对于电子与重粒子之间的弹性碰撞，其动能损失非常小，正比于 $m_e/M \sim 10^{-3}$，可以不计。但对于电子与中性粒子的非弹性碰撞，其动能损失较大，损失的动能主要用于原子或分子内壳层电子的激发以及外壳层电子的电离。

严格地计算这些非弹性碰撞截面，需要采用量子力学的方法，这已超出本书的范围。下面仅对这些非弹性碰撞的物理过程作简单的介绍，或基于半经典的物理模型对一些非弹性碰撞截面进行推导，或给出基于实验数据的拟合表示式。

1. 原子的能级

由量子力学理论可以知道，对于单电子原子或只有一个价电子的原子（碱金属原子），一个电子的状态需要用如下 4 个量子数来表征。

(1) 主量子数 n，它是决定不同本征态上电子能量的量子数，即本征能量。例如对于氢原子，本征能量为

$$\varepsilon_n = -\frac{m_e e^2}{2a_B n^2} = -\frac{13.6}{n^2} \quad (\text{eV}) \tag{2.7-1}$$

其中，$n=1,2,3,\cdots$；a_B 是玻尔半径。

(2) 角量子数 l，它是决定电子轨道角动量的量子数。对于给定的主量子数 n，l 的可能取值为

$$l = 0,1,2,3,\cdots,n-1 \tag{2.7-2}$$

(3) 磁量子数 m_l，它是决定电子轨道或电子云的空间取向的量子数。对于给定的角量子数 l，磁量子数 m_l 共有 $2l+1$ 个可能的取值，即

$$m_l = 0,\pm1,\pm2,\cdots,\pm l \tag{2.7-3}$$

当原子处在外磁场中，其简并能级分裂的个数由 m_l 的取值个数决定，这就是称 m_l 为磁量子数的缘故。

(4) 自旋量子数 m_s，它是表示电子自旋方向取向的量子数，其可能的取值为

$$m_s = \pm\frac{1}{2} \tag{2.7-4}$$

若只考虑电子处在原子核或原子实的库仑中心力场的作用下，则电子的本征态能量值 ε_n 只与主量子数 n 有关，这样对于一个给定的能级，共有 N_n 个电子态，这些电子态的总和 N_n 的取值为

$$N_n = 2\sum_{l=0}^{n-1}(2l+1) = 2n^2 \tag{2.7-5}$$

因此，也称 N_n 为能级 ε_n 的简并度。式(2.7-5)中求和符号前面的数字 2 来源于电子自旋的两个取向。

习惯上，人们把处于 $l=0,1,2,3,\cdots$ 状态的电子分别称为 s 电子、p 电子、d 电子、f 电子……又根据泡利不相容原理，即不存在两个具有相同状态的电子，在多电子的原子基态中，电子按照一定的规则从低能态到高能态进行排列。例如，对于处于基态的氢、氧和氩原子，其电子结构分别为 1s、$1s^2 2s^2 2p^2$ 和 $1s^2 2s^2 2p^6 3s^2 3p^6$。在这

种表示方法中，l 的值代表一个给定电子壳层的电子亚层，s 和 p 前面的数字表示主量子数 n，而它们的上标表示每个亚层中的电子数，其中每个亚层可容纳的电子数为 $2(2l+1)$。例如，对于 $2p^6$，它表示 $n=2$ 壳层中 $l=1$ 亚层上容纳的电子数为 $2\times(2\times1+1)=6$。

对于只有一个电子或价电子的原子，其原子态与电子态相同。对于多个价电子的原子体系，通常用总轨道量子数 L、总自旋量子数 S 和总角动量量子数 J 来描述原子的状态，其中 S 的取值可以是整数或半整数。对于 L 取 0，1，2 和 3 等不同的值时，对应的原子态用 S、P、D 和 F 等来表示。以具有两个价电子的原子为例，量子数 L、S 和 J 可以取如下可能的值：

$$\begin{gathered} L = l_1 + l_2, l_1 + l_2 - 1, \cdots, |l_1 - l_2| \\ S = s_1 + s_2 \text{ 或 } s_1 - s_2 \\ J = L + S, L + S - 1, \cdots, |L - S| \end{gathered} \tag{2.7-6}$$

如果 $l_1 > l_2$ 及 $L > S$，则 L 和 J 分别可以取 $2l_2+1$ 和 $2S+1$ 个值。对于两个价电子的原子，S 只有两个取值，分别为 1 和 0。当 $S=0$ 时，对于每一个 L，只有 $J=L$，这是一个单一态；当 $S=1$ 时，有

$$J = L+1, L, L-1 \tag{2.7-7}$$

这是一个三重态。所以，对于两个价电子的原子，都具有单一态和三重态的能级结构。

2. 电子碰撞激发截面

一个处在基态的原子在入射电子的碰撞下，可以从基态跃迁到能量较高的激发态。这种能量较高的激发态一般是不稳定的，可以通过发射一个光子的形式退回到能量较低的激发态或基态。以电子与氩原子的碰撞为例，有

$$\begin{gathered} e + Ar \longrightarrow e + Ar^* \quad (\text{激发}) \\ Ar^* \longrightarrow Ar + \hbar\omega \quad (\text{退激}) \end{gathered}$$

其中，$\hbar\omega$ 是辐射的光子能量；ω 是角频率。该原子从高激发态向低激发态或基态的跃迁(退激)过程就伴随着电磁波的辐射过程(发射一个光子)，从而保持原子和光子系统的能量守恒。

由于原子的线尺度远小于辐射电磁波的波长，所以可以把原子的能级跃迁看作一个电偶极矩辐射过程。根据量子理论可以证明，仅当原子的两个能级上的角量子数和磁量子数满足如下条件：

$$\begin{cases} \Delta l = \pm 1 \\ \Delta m_l = 0, \pm 1 \end{cases} \tag{2.7-8}$$

时，两个能级之间跃迁的电偶极矩才不为零，即才会产生辐射跃迁。通常称式(2.7-8)为原子能级跃迁的选择定则。

当入射电子的能量大于某一阈值 ε_{ex}（称为激发能）时，才能引起原子的能级跃迁。利用量子力学的一阶玻恩近似，可以得到原子从低能态 ε_{n_0} 跃迁到高能态 ε_n 的电激发截面为(见附录B)

$$\sigma_{\text{ex}}(\varepsilon, n_0 \to n) = \frac{2\pi e^4}{(4\pi\varepsilon_0)^2 \varepsilon} \frac{f_{nn_0}}{\Delta\varepsilon_{nn_0}} \ln\left(\frac{4\varepsilon}{\Delta\varepsilon_{nn_0}}\right) \tag{2.7-9}$$

其中，ε 是入射电子的能量；f_{nn_0} 是偶极振子强度；$\Delta\varepsilon_{nn_0} = \varepsilon_n - \varepsilon_{n_0}$ $(n > n_0)$ 为跃迁能级。这个公式仅对高能电子碰撞所引起的激发适用，即要求入射电子的能量 $\varepsilon \gg \Delta\varepsilon_{nn_0}$。在激发阈值能量附近，激发截面的形式为

$$\sigma_{\text{ex}}(\varepsilon, n_0 \to n) \sim \sqrt{\varepsilon - \varepsilon_{\text{ex}}^{(n)}} \tag{2.7-10}$$

其中，$\varepsilon_{\text{ex}}^{(n)}$ 为位于能态 ε_n 的激发阈值能量。对所有的激发态求和，可以得到激发截面

$$\sigma_{\text{ex}} = \sum_n \sigma_{\text{ex}}(\varepsilon, n_0 \to n) \tag{2.7-11}$$

对于惰性气体原子，有如下激发总截面的半经验公式[10]，它适用的能量范围从激发阈能到几千电子伏

$$\sigma_{\text{ex}}(E) = \frac{1}{F(G+E)} \ln(E/\varepsilon_{\text{ex}}) \tag{2.7-12}$$

其中，F 和 G 为可调参数，如表 2-4 所示。

表 2-4　惰性气体原子的总激发截面

原子	能量范围/eV	阈值能量/eV	F/(keV×10^{-20}m^2)	G/keV
Ar	20～3000	11.5	25.19	23.6×10^{-3}
He	20～500	19.8	77.65	0
Ne	30～4000	16.619	85.97	31.7×10^{-3}
Kr	20～4000	9.915	20.0	23.3×10^{-3}
Xe	80～1000	8.315	18.27	0

3. 电子碰撞电离截面

当入射电子的能量 ε 大于某一阈值能量 ε_{iz}（称为电离能）时，处于原子某一能级上的电子得到能量后可以直接摆脱原子核的约束，变为一个自由电子，这个过程称为直接碰撞电离。以氩原子的碰撞电离为例，有

$$\text{e} + \text{Ar} \longrightarrow \text{e} + \text{e}' + \text{Ar}^+$$

其中，e 为入射电子；e′ 为电离过程产生的电子。在一般情况下，处在原子外壳层

上的价电子最容易通过电离过程逃离掉，称为自由电子。

下面采用汤姆孙(Thomson)的经典理论模型对电离过程进行定性描述[3]。根据汤姆孙理论模型，可以假设靶原子上的价电子是处于静止状态，并且通过与入射电子的碰撞获得能量。当价电子获得的能量大于电离能 $\varepsilon_{\mathrm{iz}}$ 时，则认为靶原子被电离。这样可以采用经典力学方法来描述入射电子与价电子的库仑碰撞过程。根据 2.4 节的讨论，电子-电子碰撞的卢瑟福散射截面为

$$I(\chi,\varepsilon_\mu)=\left(\frac{e^2}{16\pi\varepsilon_0\varepsilon_\mu}\right)^2\frac{1}{\sin^4(\chi/2)} \tag{2.7-13}$$

其中，$\varepsilon_\mu=\dfrac{1}{2}\varepsilon$ 为约化单体的能量，这里 ε 为入射电子的能量。在小角近似($\sin\chi\approx\chi$)下，有

$$I(\chi,\varepsilon)=\left(\frac{e^2}{4\pi\varepsilon_0}\right)^2\frac{4}{\varepsilon^2}\frac{1}{\chi^4} \tag{2.7-14}$$

将入射电子转移给价电子的能量 $T=\varepsilon\sin^2(\chi/2)\approx\dfrac{1}{4}\varepsilon\chi^2$ 代入上式，有

$$I(T,\varepsilon)=\frac{1}{4}\left(\frac{e^2}{4\pi\varepsilon_0}\right)^2\frac{1}{T^2} \tag{2.7-15}$$

再利用 $\mathrm{d}T\approx\dfrac{\varepsilon}{2}\chi\mathrm{d}\chi$，可以进一步得到

$$I(\chi,\varepsilon)2\pi\sin\chi\mathrm{d}\chi\approx 2\pi I(\chi,\varepsilon)\chi\mathrm{d}\chi=\frac{\pi}{\varepsilon}\left(\frac{e^2}{4\pi\varepsilon_0}\right)^2\frac{\mathrm{d}T}{T^2} \tag{2.7-16}$$

将式(2.7-16)对 T 积分，积分上下限分别为 ε 和 $\varepsilon_{\mathrm{iz}}$，其中对于电离碰撞，要求 $\varepsilon>\varepsilon_{\mathrm{iz}}$。由此可以得到

$$\sigma_{\mathrm{iz}}=\begin{cases}\dfrac{\pi}{\varepsilon}\left(\dfrac{e^2}{4\pi\varepsilon_0}\right)^2\left(\dfrac{1}{\varepsilon_{\mathrm{iz}}}-\dfrac{1}{\varepsilon}\right), & \varepsilon>\varepsilon_{\mathrm{iz}}\\ 0, & \varepsilon<\varepsilon_{\mathrm{iz}}\end{cases} \tag{2.7-17}$$

这就是熟知的汤姆孙电离截面。如果靶原子有多个价电子，由式(2.7-17)给出的电离截面应乘以原子的价电子个数 Z_{v}。当 $\varepsilon=2\varepsilon_{\mathrm{iz}}$ 时，汤姆孙电离截面的值最大，为

$$\sigma_{\mathrm{iz}}(\max)=\left(\frac{e^2}{4\pi\varepsilon_0}\right)^2\frac{\pi}{4\varepsilon_{\mathrm{iz}}^2} \tag{2.7-18}$$

当 $\varepsilon\gg\varepsilon_{\mathrm{iz}}$ 时，式(2.7-17)变为

$$\sigma_{\text{iz}}=\frac{\pi}{\varepsilon}\left(\frac{e^2}{4\pi\varepsilon_0}\right)\frac{1}{\varepsilon_{\text{iz}}}\sim\frac{1}{\varepsilon},\quad \varepsilon>\varepsilon_{\text{iz}} \tag{2.7-19}$$

而量子力学的计算结果为 $\sigma_{\text{iz}}\sim\dfrac{\ln\varepsilon}{\varepsilon}$。

在以上讨论中，已假设在碰撞前价电子处于静止状态。考虑到价电子的运动以及它在原子内部的分布，Smirnov 给出一种修正的电离截面公式[11]

$$\sigma_{\text{iz}}=\frac{\pi}{\varepsilon}\left(\frac{e^2}{4\pi\varepsilon_0}\right)^2\left(\frac{5}{3\varepsilon_{\text{iz}}}-\frac{1}{\varepsilon}-\frac{2\varepsilon_{\text{iz}}}{3\varepsilon^2}\right)\quad(\varepsilon>\varepsilon_{\text{iz}}) \tag{2.7-20}$$

很容易验证，当 $\varepsilon\approx1.766\varepsilon_{\text{iz}}$ 时，上式的值最大，大约是汤姆孙截面最大值的 2 倍。

在一般情况下，可以把电离截面写成如下形式

$$\sigma_{\text{iz}}=\left(\frac{e^2}{4\pi\varepsilon_0}\right)^2\frac{Z_{\text{v}}\pi}{\varepsilon_{\text{iz}}^2}f(x) \tag{2.7-21}$$

其中，$x=\varepsilon/\varepsilon_{\text{iz}}$。对于最简单的汤姆孙截面，函数 $f(x)$ 的形式为

$$f(x)=\frac{1}{x}-\frac{1}{x^2} \tag{2.7-22}$$

对于修正的汤姆孙公式(2.7-20)，有

$$f(x)=\frac{5}{3x}-\frac{1}{x^2}-\frac{2}{3x^3} \tag{2.7-23}$$

基于电子与氢、氦及锂等原子碰撞电离的实验数据，Smirnov 给出了函数 $f(x)$ 的拟合形式为[11]

$$\frac{10(x-1)}{\pi(x+0.5)(x+8)}\leqslant f(x)\leqslant\frac{10(x-1)}{\pi x(x+8)} \tag{2.7-24}$$

它与实验数据符合的精确性在 20%～40%。

此外，对于惰性气体原子，有如下电离截面的半经验公式[11]

$$\sigma_{\text{iz}}=\left(\frac{A}{B+x}+\frac{C}{x}\right)\left(\frac{y-1}{x+1}\right)^{1.5}\times\left\{1+\frac{2}{3}\left(1-\frac{1}{2x}\right)\ln[2.7+(x-1)^{0.5}]\right\} \tag{2.7-25}$$

其中，A、B、C 和 D 为四个拟合参数(表 2-5)；$x=\varepsilon/\varepsilon_{\text{iz}}$，$y=\varepsilon/D$。

除了上面介绍的直接碰撞电离外，等离子体中还存在着多步电离过程。多步电离是这样形成的：原子首先受到一个低能电子(其能量小于该原子的电离阈能)的碰撞，被激发到高能态上，变成一个受激原子；然后，该受激原子再被另外一个电子碰撞，被电离成一个离子。多步电离的反应式为

$$\begin{cases} e+A \longrightarrow e+A^* \\ e+A^* \longrightarrow e+e'+A^+ \end{cases}$$

在一些高密度的等离子体(如氩等离子体)中，激发态原子的寿命较长，此时发生多步电离的概率很高，相应的电离截面也较大。

表 2-5　惰性气体原子的电离截面

原子	能量范围/eV	阈值能量/eV	$A/(10^{-20}m^2)$	B	$C/(10^{-20}m^2)$	D/keV
Ar	ε_{iz} ~5000	15.759	78.78	18.62	25.66	8.42×10^{-3}
He	ε_{iz} ~5000	24.589	2000	70.9	—	1.49×10^{-3}
Ne	ε_{iz} ~5000	21.584	7.92	7.04	—	2.16×10^{-3}
Kr	ε_{iz} ~5000	13.999	33.76	15.93	14.45	12.6×10^{-3}
Xe	ε_{iz} ~5000	12.130	1000	53.79	109.6	3.58×10^{-3}

此外，除了电子碰撞电离外，在等离子体中还存在其他类型的电离过程，如重离子碰撞电离、彭宁(Penning)电离(亚稳态原子与中性原子或分子的碰撞电离)、光致电离及热电离等。不过，对于大多数的气体放电过程，还是以电子碰撞电离过程为主。

2.8　电子与分子的碰撞

与原子相比，电子与分子的碰撞过程较为复杂，除了弹性碰撞、激发碰撞和电离碰撞外，还存在其他一些重要的碰撞过程，如解离和附着。尤其对于分子，除了具有平动自由度外，还有与原子核之间的转动和振动有关的自由度。分子的转动和振动将影响它与电子的碰撞过程。从理论上严格计算电子与分子的碰撞截面极为复杂，需要量子力学和量子化学的知识，下面不作详细展开，仅对这种碰撞过程作一些概念性的介绍。

1. 弹性碰撞截面

对于电子与分子的弹性碰撞，一旦确定了它们之间的相互作用势能，原则上讲仍然可以使用 2.6 节介绍的玻恩近似或分波方法来计算弹性散射截面，这里不再重复叙述。在实验上，可以利用电子能量损失谱(electron energy loss spectrum，EELS)等手段来测量电子在弹性碰撞过程中的能量损失，从而确定出弹性散射截面[12]。

2. 转动能级和振动能级

下面，以双原子分子为例进行讨论。对于双原子分子，它是由两个原子核和若干个电子构成的力学体系。根据玻恩-奥本海默(Born-Oppenheimer)近似，可以把分子体系中原子核的运动和电子的运动进行分离。在如下讨论中，仅考虑两个原子核的运动，它与分子的转动和振动直接相关。

假设两个原子之间的相互作用势能为$V(r)$，它仅依赖于两个原子核之间的相对距离r。在一般情况下，这种相互作用势能是由两部分构成的，即排斥部分和吸引部分。这种势能的形状大致类似于 Lennard-Jones 势(图 2-6)，其细节依赖于两个原子中电子的组态和激发状态。在球坐标系中，可以把两个原子核约化成一个单体，其径向波函数$R(r)=u(r)/r$满足的本征方程为[4]

$$\left[-\frac{\hbar^2}{2m_\mu}\frac{\mathrm{d}^2}{\mathrm{d}r^2}+W(r)\right]u(r)=\varepsilon u(r) \tag{2.8-1}$$

其中，W为有效势能

$$W(r)=V(r)+\frac{J(J+1)\hbar^2}{2m_\mu}\frac{1}{r^2}\quad (J=0,1,2,3,\cdots) \tag{2.8-2}$$

式(2.8-2)右边第二项是由分子转动带来的离心势能；J为角量子数(或转动量子数)。

当分子进行振动时，可以把有效势能在其极小值点($r=r_0$)附近展开，即

$$W(r)\approx W(r_0)+\frac{1}{2}W''(r_0)(r-r_0)^2 \tag{2.8-3}$$

其中，r_0由$\left.\frac{\mathrm{d}W}{\mathrm{d}r}\right|_{r=r_0}=0$确定。令

$$x=r-r_0,\quad \omega_0=\sqrt{W''(r_0)/m_\mu} \tag{2.8-4}$$

将式(2.8-2)和式(2.8-3)代入方程(2.8-1)，可以得到

$$\left[-\frac{\hbar^2}{2m_\mu}\frac{\mathrm{d}^2}{\mathrm{d}x^2}+\frac{1}{2}m_\mu\omega_0^2x^2\right]u=\varepsilon_{\mathrm{T}}u \tag{2.8-5}$$

其中

$$\varepsilon_{\mathrm{T}}=\varepsilon-W(r_0)-\frac{J(J+1)\hbar^2}{2m_\mu r_0^2} \tag{2.8-6}$$

方程(2.8-5)是一个标准的一维量子谐振子方程。在边界条件$u|_{r=r_0}=0$及$u|_{r\to\infty}=0$下，方程(2.8-5)的本征解可以用厄米多项式表示，与其对应的本征值为

$$\varepsilon_{\mathrm{T}}=\left(\upsilon+\frac{1}{2}\right)\hbar\omega_0\quad (\upsilon=0,1,2,3,\cdots) \tag{2.8-7}$$

将式(2.8-7)代入式(2.8-6)，可以得到双原子分子的相对运动能量为

$$\varepsilon=\varepsilon_J+\varepsilon_\upsilon \tag{2.8-8}$$

其中，ε_J 为转动能级

$$\varepsilon_J = B_e J(J+1) \tag{2.8-9}$$

式中，$B_e = \dfrac{\hbar^2}{2I}$ 为转动常数，这里 $I = m_\mu r_0^2$ 为分子的转动惯量。对于大多数分子，转动常数的值在 $10^{-4} \sim 10^{-3}$ eV 范围内，即转动激发的阈值能量很低。例如，对于氢分子和氧分子，B_e 的值分别为 7.56×10^{-3} eV 和 1.78×10^{-3} eV[12]。在式(2.8-8)中，ε_υ 为振动能级

$$\varepsilon_\upsilon = W(r_0) + \left(\upsilon + \frac{1}{2}\right)\hbar\omega_0 \tag{2.8-10}$$

式中，第一项为常数，与分子的振动有关；υ 是分子的振动量子数；ω_0 是分子振动的角频率。在一般情况下，分子的振动频率位于红外线区域，振动激发的阈值能量为零点几电子伏。

3. 转动激发截面

对于电子与双原子分子的碰撞过程，可以采用量子力学中的玻恩近似方法来计算转动激发截面，即可以把分子的转动激发看成是一个电偶极子或电四极子振荡产生的电磁辐射，其对应的跃迁辐射过程服从的选择定则为

$$\begin{aligned} &(1)\text{电偶极子：}\ \Delta J = \pm 1 \\ &(2)\text{电四极子：}\ \Delta J = \pm 2 \end{aligned} \tag{2.8-11}$$

对于电偶极近似，双原子分子的转动截面为[12-14]

$$\sigma_J(\varepsilon, J \to J+1) = \frac{d_J^2}{3\varepsilon_0 a_B \varepsilon}\frac{J+1}{2J+1}\ln\left(\frac{\sqrt{\varepsilon}+\sqrt{\varepsilon_J}}{\sqrt{\varepsilon}-\sqrt{\varepsilon_J}}\right) \tag{2.8-12}$$

其中，d_J 为双原子分子的电偶极矩；ε 为碰撞前电子的能量；$\varepsilon_J = \varepsilon - 2B(J+1)$ 为碰撞后电子的能量。对于同核的双原子分子，如氢分子和氮分子，由于它们的电偶极矩为零，所以必须考虑电四极子对转动激发的贡献。这时，分子的转动激发截面为

$$\sigma_J(\varepsilon, J \to J+2) = \frac{8\pi Q_J^2}{15e^2 a_B^2}\frac{(J+1)(J+2)}{(2J+1)(2J+3)}\ln\sqrt{\varepsilon/\varepsilon_J} \tag{2.8-13}$$

其中，Q_J 是电四极矩。例如，对于氢分子的转动激发，其阈值能量大约为 0.05eV，对应的转动激发截面的最大值约为 1.75×10^{-16} cm^2 [12]。

4. 振动激发截面

类似地，也可以采用玻恩近似方法来计算分子的振动激发截面。对于电子与双原子分子碰撞，在偶极子激发近似下，其振动激发截面为

$$\sigma_{\upsilon}(\varepsilon,\upsilon_0 \to \upsilon) = \frac{d_{\upsilon}^2}{3\varepsilon_0 a_{\mathrm{B}}\varepsilon}\ln\left(\frac{\sqrt{\varepsilon}+\sqrt{\varepsilon_{\upsilon}}}{\sqrt{\varepsilon}-\sqrt{\varepsilon_{\upsilon}}}\right) \tag{2.8-14}$$

其中，υ_0和υ分别为振动初态和终态的量子数；ε_0为真空介电常量；a_{B}为玻尔半径；ε和$\varepsilon_{\upsilon}=\varepsilon-(\upsilon-\upsilon_0)\hbar\omega_0$分别为电子在碰撞前后的能量；$d_{\upsilon}$为分子的跃迁矩阵元，可以由红外光谱的实验来确定[12]。

5. **电激发截面**

首先，介绍一下如何标注双原子分子的电子能态。与原子态的标注法不同，这里通过引入沿着两个核间连线的总轨道角量子数Λ和分子中电子的总自旋量子数S，来描述双原子分子的电子态。需要做如下说明。

(1) 总轨道角量子数的取值为$\Lambda=0, 1, 2, 3,\cdots$，并分别用Σ、Π、Δ、Φ、……希腊字母来表示。

(2) 对于给定的总自旋量子数S，有$2S+1$重态。以Σ态为例，有$^1\Sigma$、$^2\Sigma$及$^3\Sigma$。

(3) 对于Σ态(即$\Lambda=0$)，当对通过两个原子核连线的任意平面做反演操作时，电子的波函数要么保持不变，要么改变符号。如果电子的波函数不变，通常用“+”号表示对称反演；如果电子的波函数改变，用“−”号表示反对称反演，并将这种反演结果标注在Σ态的右上角，即Σ^+和Σ^-。对于Π、Δ、Φ等态，由于是二度简并的，在反演操作时，其中一个组元是对称反演，而另一个则是反对称反演。因此在简并情况下，不需要在电子态上进行这种反演标注。

(4) 对于同核双原子分子(如H_2、O_2、N_2等)，关于对称中心(分子轴连线中心)做反演操作时，电子的波函数也是要么保持不变，要么改变符号。通常用符号“g”表示对称反演，用符号“u”表示反对称反演，并将这种反演结果标注在电子能态的右下角，如Σ_{g}、Σ_{u}、Π_{g}、Π_{u}等。

(5) 此外，对于多重性相同的激发态，通常用大写字母A、B、C等来标注，并把这些字母分别放在电子态的标注之前；对于多重性不同的激发态，通常用小写字母a、b、c等来标注；同时字母顺序也表示了能态的顺序。例如，氢分子的基态是单重态，如果在以上两种反演操作下都是对称的，则其电子态的标注为$^1\Sigma_{\mathrm{g}}^+$。

分子在入射电子的碰撞下，可以得到能量，导致其内部能量要发生改变，即变成受激态分子。与原子的激发过程相比，分子的激发过程更为复杂，它不仅涉及不同电子能态的跃迁，还涉及同一电子能态的不同振动能级和不同转动能级之间的跃迁。以双原子分子为例，有

$$\mathrm{AB}(n,J,\upsilon) \longrightarrow \mathrm{AB}(n',J',\upsilon') \tag{2.8-15}$$

其中，n和n'为碰撞前后电子能态的主量子数；(J,υ)和(J',υ')为跃迁前后的转动量子数和振动量子数。不过对于电激发碰撞，其碰撞时间较短(10^{-16}~10^{-15} s)，因此在

这个过程中，可以近似认为分子中原子核的位置不变，这就是所谓的弗兰克-康登(Franck-Conden)原理或近似。在这种近似下，可以把分子的激发截面表示为[12]

$$\sigma(n,\upsilon \to n',\upsilon') = F_{\upsilon\upsilon'}^{nn'}\sigma_{\text{ex}}(n \to n') \tag{2.8-16}$$

其中，$F_{\upsilon\upsilon'}^{nn'} = \left|\chi_{\upsilon}^{n*}\chi_{\upsilon'}^{n'}\right|$ 为弗兰克-康登因子，这里 χ_{υ}^{n} 为主量子数为 n 的振动波函数；$\sigma_{\text{ex}}(n \to n')$ 是单纯的电激发截面，即在计算过程中认为原子核的位置不变。这样可以采用常见的方法来计算 $\sigma_{\text{ex}}(n \to n')$，例如前面介绍的玻恩近似方法。实验上，通常采用电子能量损失谱等方法来直接测量氢分子的电激发截面。此外，还可以基于发射光谱的实验数据来推算分子的电激发截面[12]。

6. 中性解离截面

分子解离是低温等离子体中一个重要的反应过程。当一个分子与一个低能电子碰撞时，它会被解离成一些处于基态或激发态的原子或小分子碎片，且具有一定的动能，一般为几个电子伏。通常称这些碎片为活性基团(radicals)。例如，六氟化硫分子(SF_6)在低能电子的碰撞下，可以产生如下解离反应：

$$e + SF_6 \longrightarrow e + SF_5 + F$$

$$e + SF_4 \longrightarrow e + SF_4 + 2F$$

$$e + SF_6 \longrightarrow e + SF_2 + F_2 + 2F$$

$$\cdots\cdots$$

这些基团的化学活性很高，容易与其他原子结合生成新的物种。例如，在半导体芯片刻蚀工艺中，等离子体中产生的受激氟原子(F*)与晶圆表面的硅原子(Si)结合，可以生成易挥发的四氟化硅分子(SiF_4)

$$4F^* + Si \longrightarrow SiF_4 \uparrow$$

从而使晶圆表面上的硅原子被刻蚀掉。

当一个电子与一个双原子分子发生碰撞时，可以产生不同的解离过程，如图 2-13 所示的 a、b、c、d 及 e 等 5 个过程。

(1) 在过程 a 中，分子 AB 从基态被激发到一个排斥态(即原子核之间的相互作用势为排斥势)，从而导致分子的解离(A+B)。这种情况下，要求入射电子的能量明显地超过分子的解离阈值能 $\varepsilon_{\text{diss}}$。因此，这种解离过程可以产生能量较高的中性碎片。如果这些碎片打到基片的表面，将会影响材料处理工艺的化学过程。

(2) 在过程 b 中，分子 AB 从基态被激发到吸引态(即原子核之间的相互作用势为吸引势)。由于入射电子的能量超过分子的解离阈值能 $\varepsilon_{\text{diss}}$，这种激发态也可以使分子解离(A+B)。不过，在这种情况下，中性碎片的能量较低。

(3) 在过程 c 中，分子 AB 首先从基态被激发到一个吸引态上，这个吸引态对应

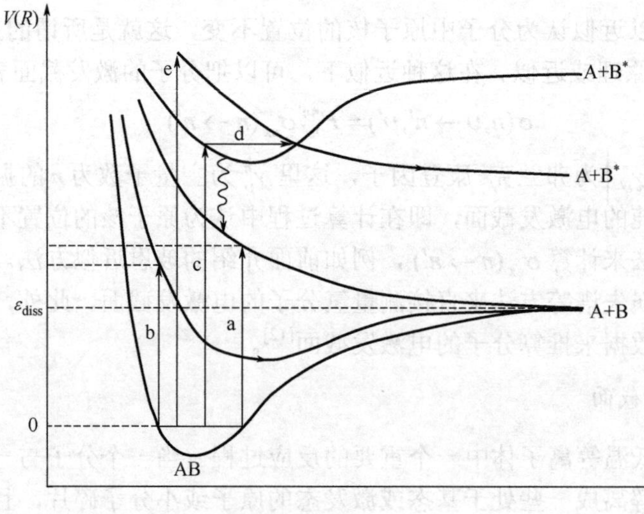

图 2-13　电子碰撞双原子分子的解离示意图

一个受束缚的电子激发态。然后，受激的分子通过辐射光子退激到能量较低的排斥态，然后发生解离(A+B*)。这种情况下解离碎片的能量较高，类似于过程 a。

(4)在过程 d 中，与过程 c 类似，分子 AB 首先从基态被激发到一个吸引态上，这个吸引态对应于一个受束缚的电子激发态。然后，受激的分子也可能通过无辐射的方式跃迁到高激发的排斥态，从而解离成碎片(A+B*)。通常称这个过程为预解离。

(5)在过程 e 中，与过程 a 类似，分子 AB 从基态被激发到一个排斥态，但是这时入射电子的能量很高，可以使分子被解离成碎片(A+B*)。

在实验上，有不同的方法来测量分子的中性解离碰撞截面，如电子能量损失谱方法、激光诱导荧光(laser induced fluorescence，LIF)光谱法以及中性粒子动能探测法等[12]。在 LIF 光谱法中，借助于适当波长的激光，可以使中性分子受到激发。随后，这种受激的粒子可以通过退激而产生辐射。然后，通过探测这些受激粒子(基团)的辐射强度，从而确定出分子的解离截面。

同样，严格地计算电子碰撞下的分子解离截面非常复杂，需要多体量子力学理论，特别是需要量子化学的知识。在 2.7 节中，曾采用一种经典力学方法估算出汤姆孙电离截面。基于这种方法，可以得到解离截面为[3]

$$\sigma_{\rm diss}=\begin{cases}0, & \varepsilon\leqslant\varepsilon_1\\ \sigma_0\dfrac{\varepsilon-\varepsilon_1}{\varepsilon_1}, & \varepsilon_1<\varepsilon\leqslant\varepsilon_2\\ \sigma_0\dfrac{\varepsilon_2-\varepsilon_1}{\varepsilon}, & \varepsilon>\varepsilon_2\end{cases}\tag{2.8-17}$$

其中，$\sigma_0=\pi\left(\dfrac{e^2}{4\pi\varepsilon_0\varepsilon_1}\right)^2$；$\varepsilon_1$ 及 ε_2 为分子相邻两个高激发态的阈值能量。可以看出，当入射电子的能量小于分子解离的阈值能量时（$\varepsilon_1=\varepsilon_{\rm diss}$），解离截面为零；当 $\varepsilon>\varepsilon_1$ 时，解离截面随入射电子能量 ε 而线性增加；直至当 $\varepsilon=\varepsilon_2$ 时，达到最大值 $\sigma_0(\varepsilon_2-\varepsilon_1)/\varepsilon_2$；然后，解离截面按 $1/\varepsilon$ 下降。

7. 电离截面

对于双原子分子（AB），有两种类型的电子碰撞电离：一种是无解离的电离,即碰撞后分子不被分解，变成一个母体(parent)分子离子（AB^+）；另一种是解离电离，即碰撞后分子被分解，变成原子(A)和一个原子离子(B^+)。对于前者，要求入射电子的能量不是太高，稍微大于分子的电离能；而对于后者，要求入射电子的能量较高，远大于分子的电离能。

对于多原子分子的电离过程，可以产生不同种类的离子，且电离时可能不会产生母体分子离子。例如，对于四氟化碳分子（CF_4），电离后不会产生 CF_4^+，而产生的离子为 C^+、F^+、CF^+、CF_2^+ 及 CF_3^+ 等。对于四氟化碳分子，它的总电离截面 $\sigma_{\rm iz}(\rm tol)$ 为[12]

$$\sigma_{\rm iz}({\rm tol})=\sigma_{\rm iz}(C^+)+\sigma_{\rm iz}(F^+)+\sigma_{\rm iz}(CF^+)+\sigma_{\rm iz}(CF_2^+)+\sigma_{\rm iz}(CF_3^+)+\sigma_{\rm iz}(CF_2^{++}) \tag{2.8-18}$$

8. 附着截面

如果一个原子或分子能够多结合一个电子，并形成一个负离子，则称这个原子或分子是亲电子的，对应的过程称为电子附着(attachment)过程。由这些亲电子的原子或分子构成的气体称为电负性气体，如含有卤族元素的四氟化碳气体(CF_4)、六氟化硫气体(SF_6)、氯气(Cl_2)以及溴化氢气体(HBr)等。氧气(O_2)也是一种电负性气体。不过这些气体的电负性强弱不同，SF_6 是一种强电负性气体，而 O_2 则是一种弱电负性气体。目前，这些电负性气体已被广泛地应用于半导体芯片的刻蚀工艺和薄膜沉积工艺。

1)解离附着

对于电子-分子碰撞产生的电子附着，最常见的是解离附着(dissociative attachment，DA)过程

$$e+AB\longrightarrow(AB^-)^*\longrightarrow A+B^-$$

它首先是产生一个负分子离子的激发态，然后再进行解离。图 2-14 是双原子分子解离附着的示意图，其中 $\varepsilon_{\rm diss}$ 是解离阈值能，$\varepsilon_{\rm affB}$ 是 B 原子的电子亲和能。对于大多数双原子分子 AB，分子的解离阈值能 $\varepsilon_{\rm diss}$ 大于 B 原子的电子亲和能，因此形成了如图 2-14 所示的分子势能曲线。由该图可以看出，如果中性分子 AB 初始处于一个振动基态，仅当入射电子的能量大于 $\varepsilon_{\rm a}$ 且小于 $\varepsilon_{\rm b}$ 时，才有可能产生电子附着，并使

分子跃迁到一个排斥态的激发态，即形成负离子的激发$(AB^-)^*$。这个态与中性分子的基态在核间距R_x处交叉。当$R > R_x$时，就会发生解离过程$(AB^-)^* \longrightarrow A + B^-$。

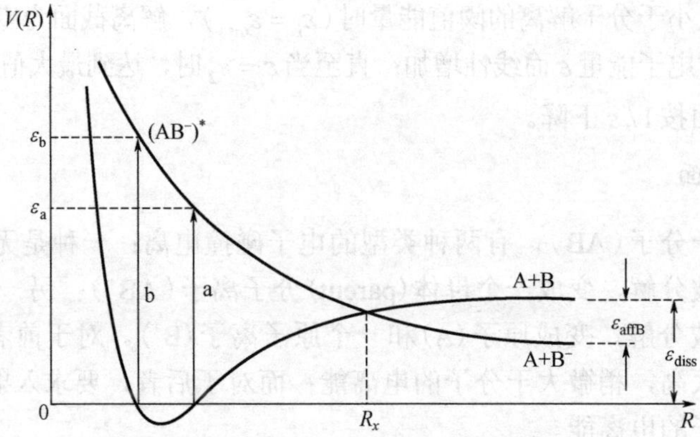

图 2-14　双原子分子解离附着过程示意图

解离附着是一个共振过程，只能在很窄的能量范围内发生。能量宽度$\Delta\varepsilon = (\varepsilon_b - \varepsilon_a)$依赖于排斥势曲线的陡度，即与核间距有关。在一些情况下，解离截面仅在一个很窄的$\Delta\varepsilon$内有取值，而且具有一个很强的尖锐峰。采用类似于 2.7 节介绍的经典理论，可以把解离附着截面表示为[3]

$$\sigma_{att} = \pi\left(\frac{m_e}{M}\right)^{1/2}\left(\frac{e^2}{4\pi\varepsilon_0}\right)^2\frac{\Delta\varepsilon}{2\varepsilon_a}\delta(\varepsilon - \varepsilon_a) \tag{2.8-19}$$

其中，M是分子的质量；δ是狄拉克函数。例如，氯化氢分子(HCl)的解离附着过程$HCl + e \longrightarrow H + Cl^-$，其截面大约在 0.9eV 附近有一个尖锐的峰值，最大截面大约为$0.128\times10^{-16}\text{cm}^2$ [12]。

2) 亚稳态负离子

对于一些大分子，如SF_6和C_6F_6分子，可以直接捕获电子而形成负离子，且不发生解离，原因是这类分子的基态势能曲线与形成的负离子的势能曲线非常接近。以SF_6分子为例，它与电子发生附着反应的过程为

$$e + SF_6 \longrightarrow SF_6^-$$

这类分子有许多振动激发模式。当它们与电子发生附着碰撞时，可以从电子中得到能量，并将这些能量消耗在各个振动模式的激发过程中。这样，导致形成的母体负离子是不稳定的，可以发生自发解附着反应。不过这种自发解附着过程很弱，使得这些母体负离子的寿命比较长，如SF_6^-和$C_6F_6^-$的寿命分别为1×10^{-5}s 和1.3×10^{-5}s [12]。对于这种附着过程，附着截面很大，而且参与碰撞的电子能量非常低；附着截面随着电子能量的增加而下降。需要说明一点，对于SF_6分子，除了产生亚稳态的SF_6^-负

离子的附着过程外，还有其他附着过程，如解离附着

$$e+SF_6 \longrightarrow F+SF_5^- \quad (\text{阈值能量为 } 0.1\text{eV})$$

只不过这种解离附着的截面比较小。

2.9　离子与中性粒子的电荷转移碰撞

当一个快正离子与一个处于静止状态的原子碰撞时，如果原子上的一个价电子能够被正离子所捕获，使得原来的快正离子变成一个快原子，而原来的慢原子变成一个慢正离子，这个过程就是电荷转移过程。在一般情况下，可以把电荷转移碰撞分为如下两种类型。

(1)共振电荷转移，其反应式为

$$A^+ + A \longrightarrow A + A^+ \tag{2.9-1}$$

即参加碰撞的正离子是该原子的电离产物。这时，虽然参加碰撞的正离子和原子的内部状态都发生了变化，但它们的总动能守恒。当快离子的能量不是太高时，共振电荷转移的截面较大，可以与动量输运截面相当。

(2)非共振电荷转移，其反应式为

$$A^+ + B \longrightarrow A + B^+ \tag{2.9-2}$$

即参加碰撞的正离子不属于该原子的电离产物。这时，价电子在碰撞前后所处的能级发生了改变，出现了能量亏损 $\Delta\varepsilon_n \neq 0$。

下面，采用经典力学模型来估算电荷转移截面。以反应式(2.9-2)为例，假设原子 B 在碰撞前处于静止状态，它与离子 A^+ 的距离为 a_{12}。当原子 B 与离子 A^+ 碰撞时，其上的价电子将被离子 A^+ 所捕获。在离子 A^+ 和 B^+ 的库仑势场中，价电子的势能为

$$V(z) = -\frac{e^2}{4\pi\varepsilon_0 z} - \frac{e^2}{4\pi\varepsilon_0 |a_{12}-z|} \tag{2.9-3}$$

可见在 $z = a_{12}/2$ 处，势能的值最大

$$V_{\max}(z) = -\frac{e^2}{\pi\varepsilon_0 a_{12}} \tag{2.9-4}$$

如图 2-15 所示。仅当价电子的初始能量 W_B 大于或等于这个最大势能时，价电子才能从 B 中被释放，其中 W_B 为

$$W_B = -\frac{\varepsilon_{iz}}{n^2} - \frac{e^2}{4\pi a_{12}} \tag{2.9-5}$$

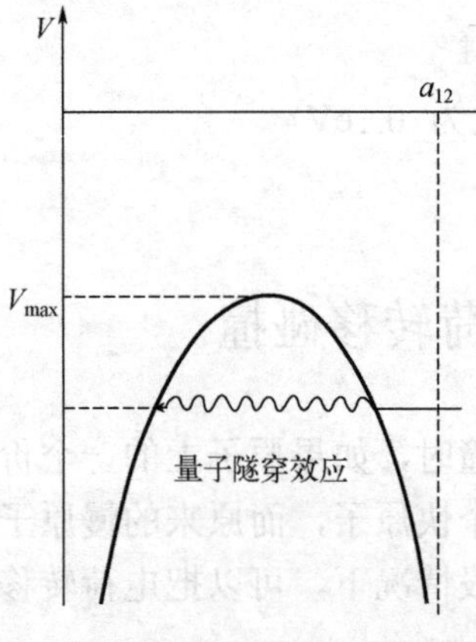

图 2-15　电荷转移过程的电子势能分布示意图

利用 $W_B = V_{max}$，可以给出 A^+ 与 B 的距离为

$$a_{12} = \frac{3e^2 n^2}{4\pi\varepsilon_0\varepsilon_{iz}} \tag{2.9-6}$$

对于处于基态（$n=1$）的粒子间的共振电荷转移，由此可以近似地估算出电荷转移截面为

$$\sigma_{ct} \approx \pi a_{12}^2 = \pi\left(\frac{3e^2}{4\pi\varepsilon_0\varepsilon_{iz}}\right)^2 \tag{2.9-7}$$

这是一个与入射离子能量无关的截面。

考虑到电子的隧穿效应(tunneling effect)，由量子力学计算出来的共振电荷转移截面要比式(2.9-7)给出的值大得多。Rapp 和 Francis 给出了一种电荷共振转移截面，它依赖于入射离子的速度[15]

$$\sigma_{ct} \approx \frac{1}{\varepsilon_{iz}}(c_1 - c_2 \ln v)^2 \tag{2.9-8}$$

其中，v 是入射离子的速度，其取值范围为 $10^5 \sim 10^8$ cm/s；$c_1 \approx 1.58\times10^{-7}$，$c_2 \approx 7.24\times10^{-8}$；$\varepsilon_{iz}$ 的单位是 eV；σ_{ct} 的单位是 cm^2。例如，对于氩离子-氩原子以及氦离子-氦原子的共振电荷转移碰撞，其电荷转移截面分别为

$$\sigma_{ct}(Ar^+\text{-}Ar) = (7.62 - 0.325\ln\varepsilon)^2 \times 10^{-16} \quad (cm^2) \tag{2.9-9}$$

$$\sigma_{ct}(He^+\text{-}He) = (5.5 - 0.28\ln\varepsilon)^2 \times 10^{-16} \quad (cm^2) \tag{2.9-10}$$

其中，ε 是入射离子的能量，以 eV 为单位。

当入射离子的速度小于 10^5 cm/s 时，共振电荷转移过程较为复杂。这时电子隧穿的时间较长，共振电荷转移截面大约为 10^{-14} cm^2，且大约为朗之万截面的一半[14],即

$$\sigma_{ct} \approx \frac{1}{2}\sigma_L = \frac{1}{2}\left(\frac{\pi e^2 a^3}{\varepsilon_0 m_\mu}\right)^{1/2}\frac{1}{v} \tag{2.9-11}$$

其中，m_μ 是折合质量；$a^3 = \alpha_p a_B^3$，见式(2.5-13)。

除了上面介绍的原子之间的电荷转移外，还可能发生分子之间的电荷转移，如氮分子之间的电荷转移

$$N_2 + N_2^+ \longrightarrow N_2^+ + N_2$$

这是一种对称电荷转移过程。基于实验测量数据，可以把氮分子之间的电荷转移截面拟合成如下解析形式[12]：

$$\sigma_{ct} = (6.48 - 0.24\ln\varepsilon)^2 \times 10^{-16} \tag{2.9-12}$$

其中，ε 为入射离子的能量，以 eV 为单位；电荷转移截面以 cm^2 为单位。该拟合公式适用的能量范围是 30～1000eV。

除了电荷转移碰撞外，正离子还有可能与中性粒子发生电激发碰撞，如

$$A^+ + B \longrightarrow A^+ + B^*$$

但要求正离子的能量较高，要大于中性粒子的电激发能。对于低能负离子，它有可能与中性粒子发生复合解附着碰撞，如

$$A^- + B \longrightarrow AB + e$$

当负离子的能量高于中性粒子的电子亲和能时，可以发生如下解附着碰撞：

$$A^- + B \longrightarrow A + B + e$$

很难从理论上严格计算这些反应过程的碰撞截面，一般是采用半经验的方法来估算。

2.10　本章小结

本章主要介绍了低温等离子体中带电粒子与中性粒子的基本碰撞类型和相应的碰撞截面，其中电子与中性粒子的碰撞最为重要。我们知道，在气体放电过程中，气体中的分子在受到电子碰撞时，要被激发和电离，甚至被解离，从而产生电子、离子以及处于受激态的原子和分子。只有知道了相应的碰撞截面，才可以定量地分析带电粒子和受激中性粒子的产生或损失速率，以及电子在碰撞过程中的能量损失。因此，碰撞截面是低温等离子体物理研究中最基本的数据库。

通常，可以采用不同的理论计算方法和实验测量方法来确定碰撞截面。下面，主要对理论计算方法进行小结。

(1) 如果入射粒子的能量不是太低，可以采用经典力学的方法来计算弹性碰撞截面。根据质心坐标系中的二体弹性碰撞理论，可以得出：两个粒子的相对速度的大小在碰撞前后不变，但相对速度的方向改变。这是一个非常重要的结论，我们将在第 4 章讨论电子与中性粒子的弹性碰撞积分项时用到。虽然利用二体碰撞理论可以确定碰撞前后粒子的能量和动量变化，但不能确定粒子的散射角。借助于经典力学的二体散射理论，可以确定出质心坐标系中的散射角 χ，见式(2.2-6)。一旦知道了粒子之间的相互作用势，就可以由散射积分确定出 χ，进而可以计算出微分散射截面 $I(\chi,\varepsilon_\mu)$、总的弹性散射截面 $\sigma_t(\varepsilon_\mu)$ 和动量输运截面 $\sigma_m(\varepsilon_\mu)$，见式(2.2-12)、式(2.2-13)和式(2.2-15)。散射角不仅依赖于入射粒子的约化能量 ε_μ，还依赖于碰撞参数 b，其中后者是一个随机参量。

对于不同粒子之间的碰撞，相互作用势能是不一样的。对于带电粒子与原子或分子之间的相互作用，可以采用极化势能描述，它是一个吸引势。借助于这种极化势能，可以计算出朗之万碰撞截面，它反比于入射粒子的速度。对于高速带电粒子

之间的碰撞，可以采用库仑势能来描述，并由此得到卢瑟福散射截面。对于中性粒子之间的相互作用，可以采用简单的刚球势模型或唯象的 Lennard-Jones 势描述。

(2)对于电子与原子或分子之间的弹性碰撞，可以采用量子力学方法来计算碰撞截面。其中有两种不同的方法，一种是玻恩近似方法，另一种是分波方法。玻恩近似方法适用于高能电子的散射，而分波方法适用于低能电子的散射。在分波理论中，首先要确定散射相移和对应的散射振幅，见式(2.6-10)，然后才能计算总的弹性碰撞截面和动量输运截面，见式(2.6-12)和式(2.6-13)。散射相移不仅依赖于入射电子的能量，还依赖于入射电子与靶粒子的相互作用势能。然而，自洽地确定出相互作用势能并不是一件容易的事，它要涉及量子力学的多体计算。需要说明一点，只有采用量子力学的分波方法，才能给出一些惰性原子(如氩原子)弹性散射截面中的冉绍尔效应。

(3)对于电子与原子之间的非弹性碰撞，可以采用量子力学的微扰理论(如一阶玻恩近似方法)来计算激发或电离碰撞截面，但计算过程极为烦琐。特别是，只有确定了原子的能级和对应的本征函数，才能计算出相应的跃迁矩阵和跃迁截面，见附录 B。对于电子与分子之间的碰撞，除了电离和激发碰撞外，还存在一些其他的非弹性碰撞，如转动激发和振动激发、解离和附着等。原则上讲，也可以采用一阶玻恩近似方法来计算这些分子的非弹性碰撞截面，只不过计算过程更为烦琐。需要说明的是，只有当入射电子的能量大于某一阈值能量时，才可以发生相应的非弹性碰撞。也就是说，当入射电子的能量小于某一阈值能量时，对应的碰撞截面为零。

(4)为了便于抓住上述电子-中性粒子的非弹性碰撞截面的主要特征，通常也可以采用唯象模型来计算这些截面，如基于电子气模型的汤姆孙电离截面，见式(2.7-16)。

(5)除了理论计算方法外，还可以采用不同的实验测量方法来确定带电粒子与原子或分子的碰撞截面，如电子能量损失谱、电子束散射、电子束透射以及时间飞行等方法。关于实验测量碰撞截面的方法以及一些典型气体的碰撞截面数据，可以参考 Raju 所著的 *Gaseous Electronics: Theory and Practice* 一书，即本章的文献[10]。此外，也可以从公开的数据库网站上获得有关碰撞截面的数据[16]。

习　题 2

2.1　假设两个点粒子的质量分别为 m_1 和 m_2，它们在碰撞前后的速度分别为 $\boldsymbol{v}_1$、$\boldsymbol{v}_2$ 和 $\boldsymbol{v}_1'$、$\boldsymbol{v}_2'$。证明：当 $m_2 \gg m_1$ 时，有 $\boldsymbol{v}_2' = \boldsymbol{v}_1'$ 及 $\boldsymbol{v}_1' = -\boldsymbol{v}_1 + 2\boldsymbol{v}_2$。

2.2　假设两个点粒子的质量分别为 m_1 和 m_2，它们在碰撞前后的速度分别为 $\boldsymbol{v}_1$、$\boldsymbol{v}_2$ 和 $\boldsymbol{v}_1'$、$\boldsymbol{v}_2'$。证明：它们在碰撞前后的相对速度大小保持不变，即 $g = g'$，其中，$\boldsymbol{g} = \boldsymbol{v}_1 - \boldsymbol{v}_2$，$\boldsymbol{g}' = \boldsymbol{v}_1' - \boldsymbol{v}_2'$。

2.3　假设两个点粒子之间的相互作用势能为$V(r)=C/r^2$，其中C为常数。利用式(2.2-6)，计算两个粒子在质心坐标系中的散射角χ。

2.4　假设两个带电粒子的相互作用势能为$V(r)=Z_1Z_2e^2/(4\pi\varepsilon_0 r)$，其中$Z_1$和$Z_2$为两个带电粒子的电荷数。利用小角散射近似，计算质心坐标系中的散射角χ，并与严格的计算结果进行比较，见式(2.4-3)。

2.5　对于刚球碰撞模型，证明：中性粒子的动量输运截面为式(2.3-6)。

2.6　对于电子-电子碰撞，假设入射电子在质心坐标系中的动能为$\varepsilon_\mu=30\text{eV}$，等离子体密度为$n=10^{12}\text{cm}^{-3}$，电子温度为$T_\text{e}=3\text{eV}$。根据式(2.4-13)，估算出库仑对数的值。

2.7　假设某一中性气体的密度为n_g，相对介电常量为ε_r。当一个电量为q的点电荷放置在该中性气体中时，气体中的原子和分子将被极化。对于线性极化过程，气体的极化强度为$\boldsymbol{P}=\varepsilon_0(\varepsilon_\text{r}-1)\boldsymbol{E}_0$，其中$\boldsymbol{E}_0=\dfrac{q\boldsymbol{r}}{4\pi\varepsilon_0 r^3}$为在没有介质时点电荷产生的电场。试求：

(1) 单个原子或分子的电偶极矩$\boldsymbol{p}$；

(2) 该电偶极矩产生的极化电场和极化势能。

2.8　在玻恩近似下，证明：高能电子与原子的总弹性截面σ_t和动量输运截面σ_m分别为式(2.6-8)和式(2.6-9)。

2.9　在玻恩近似下，证明：电子-原子弹性碰撞的散射振幅为式(2.6-6)。

2.10　假设入射电子的能量为E，而且它与靶原子的相互作用势能为一个势阱，即

$$V(r)=\begin{cases}-V_0, & r\leqslant r_0\\ 0, & r>r_0\end{cases}$$

其中，r_0为有效作用半径；V_0为势阱的深度。确定s分波（$l=0$）的相移和总散射截面。

2.11　假设入射电子的能量为E，而且它与靶原子的相互作用势能为一个势垒，即

$$V(r)=\begin{cases}V_0, & r\leqslant r_0\\ 0, & r>r_0\end{cases}$$

其中，r_0为有效作用半径；V_0为势垒的高度。当势垒的高度为无限大时，即$V_0\to\infty$，证明：对于s分波（$l=0$），低能电子的总散射截面为$\sigma_\text{t}=4\pi r_0^2$。

2.12　根据式(2.7-12)和表 2-4，分别画出氩和氦的总激发截面随入射电子能量变化的曲线图。

2.13　根据式(2.7-25)和表 2-5，分别画出氩和氦的总电离截面随入射电子能量变化的曲线图。

参 考 文 献

[1] 应纯同. 气体输运理论及应用. 北京: 清华大学出版社, 1990.

[2] 王友年, 宋远红. 电动力学. 北京:科学出版社, 2020.

[3] Lieberman M A, Lichtenberg A J. Principles of Plasma Discharges and Materials Processing. Hoboken, New Jersey: John Wiley & Sons, Inc., 2005.

[4] 曾谨言. 量子力学导论. 2 版. 北京: 北京大学出版社, 1998.

[5] Schiff L I. Quantum Mechanics. 3rd ed. New York : McGraw-Hill , 1968.

[6] Landau L D. Lifshitz E M. Quantum Mechanics: Non-relativistic Theory. 3rd ed. Oxford: Pergamon Press, 1977.

[7] O'Malley T F. Extrapolation of electron-rare gas atom cross sections to zero energy. Phys. Rev., 1963, 130: 1020.

[8] O'Malley T F, Crompton R W. Electron-neon scattering length and S-wave phaseshifts from drift velocities. J. Phys. B: At. Mol. Phys. 1980, 13: 3451.

[9] 张现周, 孙金锋, 刘玉芳. 电子与原子弹性碰撞中极化势研究. 原子与分子物理学报, 1992, 9(3): 2421-2428.

[10] Raju G G. Gaseous Electronics: Theory and Practice. Boca Raton: CRC Press Taylor & Francis Group, 2006.

[11] Smirnov B M. Theory of Gas Discharge Plasma. New York: Springer, 2015.

[12] Itikawa Y. Molecular Processes in Plasmas. Berlin, Heidelberg: Springer-Verlag, 2007.

[13] Makabe T, Petrovic Z L. Plasma Electronics: Applications in Microelectronic Device Fabrication. 2nd ed. Boca Raton: CRC Press Taylor & Francis Group, 2014.

[14] Fridman A A. Plasma Chemistry. Cambridge: Cambridge University Press, 2008.

[15] Rapp D, Francis W E. Charge exchange between gaseous ions and atoms. J. Chem. Phys., 1962, 37(11): 2631-2645.

[16] https://us.lxcat.net/data/set_type.php. [2022-06-01].

第 3 章　低温等离子体的粒子模型

低温等离子体是一个多粒子组成的复杂系统，它包含电子、离子、激发态的粒子及背景气体中的原子或分子，其运动规律极为复杂。带电粒子不仅受到外部电磁场的作用，而且带电粒子自身的运动也可以产生自洽的电磁场，以及带电粒子还要与中性粒子发生碰撞。此外，不同于中性粒子之间的短程作用力，等离子体中带电粒子之间的相互作用力是一种长程力，而且这种力是以电磁场或电磁波的形式表现出来的。因此，对于这种复杂的系统，很难采用单一的理论模型对其状态进行全面的描述。目前，已有不同的物理模型可以在不同的层次上对等离子体状态进行描述，如粒子模型、动理学模型、流体动力学模型、整体模型及混合模型等。

本章将首先介绍粒子模型。在 3.1 节，我们将介绍最简单的粒子模型，即单粒子模型，并在给定外电磁场条件下讨论带电粒子的运动规律。在 3.2 节中，将进一步引入一个唯象的单粒子运动模型，它可以考虑带电粒子与中性粒子的碰撞效应和欧姆加热效应。为了考虑多粒子运动效应，我们将在 3.3 节引入一种空间格点化的粒子模型(PIC 模型)，它是一种基于经典力学第一性原理模拟大量的宏粒子在电磁场中运动规律的模型。在低温等离子体中，带电粒子与中性粒子的碰撞过程是随机的，即碰撞后带电粒子的速度大小和方向都具有不确定性。为了考虑这种碰撞随机性，我们在 3.4 节中将引入蒙特卡罗碰撞(Monte Carlo collision，MCC)模型，用来模拟带电粒子与中性粒子的弹性和非弹性碰撞过程。最后，我们在 3.5 节中将 PIC 模型与 MCC 模型进行耦合，即 PIC/MCC 模型，并以容性耦合放电为例，模拟氩气放电的动理学行为及带电粒子密度的空间分布。

3.1　单粒子模型

我们知道，在经典力学中一个粒子的运动状态完全可以由牛顿方程及初始条件来确定，其中粒子的运动状态由其 t 时刻的位置 $\boldsymbol{r}(t)$ 和速度 $\boldsymbol{v}(t)=\dfrac{\mathrm{d}\boldsymbol{r}}{\mathrm{d}t}$ 来描述。单粒子的运动方程为

$$m\frac{\mathrm{d}^2\boldsymbol{r}}{\mathrm{d}t^2}=\boldsymbol{F} \tag{3.1-1}$$

其中，m 是粒子的质量；$\boldsymbol{F}$ 是该粒子所受到的力。为了能够掌握等离子体中带电粒子的主要运动特征，通常在单粒子模型中仅考虑外部电磁场对带电粒子的作用，即

忽略带电粒子之间的相互作用以及带电粒子与中性粒子的相互作用。这样，单个带电粒子的运动方程为

$$m\frac{\mathrm{d}^2\boldsymbol{r}}{\mathrm{d}t^2}=q(\boldsymbol{E}+\boldsymbol{v}\times\boldsymbol{B}) \tag{3.1-2}$$

其中，$\boldsymbol{E}$ 和 $\boldsymbol{B}$ 是外电磁场，一般是空间变量 $\boldsymbol{r}$ 和时间变量 t 的函数。下面分几种情况来讨论带电粒子的运动规律。

1. 均匀稳恒电场

假设带电粒子仅受到一个空间均匀稳恒电场 $\boldsymbol{E}_0$ 的作用，则其运动方程为

$$\frac{\mathrm{d}^2\boldsymbol{r}}{\mathrm{d}t^2}=\frac{q}{m}\boldsymbol{E}_0 \tag{3.1-3}$$

分别对上式进行一次和两次积分，可以得到任意时刻带电粒子的速度和位置

$$\begin{cases}\boldsymbol{v}(t)=\boldsymbol{v}_0+\dfrac{q}{m}\boldsymbol{E}_0t\\ \boldsymbol{r}(t)=\boldsymbol{r}_0+\boldsymbol{v}_0t+\dfrac{q}{2m}\boldsymbol{E}_0t^2\end{cases} \tag{3.1-4}$$

其中，$\boldsymbol{r}_0$ 和 $\boldsymbol{v}_0$ 分别为带电粒子的位置和初始速度。可以看到，在均匀的稳恒电场作用下，带电粒子做直线加速运动。

2. 均匀交变电场

设带电粒子仅受到一个空间均匀的交变电场 $\boldsymbol{E}=\boldsymbol{E}_0\cos(\omega t)$ 的作用，则其运动方程为

$$\frac{\mathrm{d}^2\boldsymbol{r}}{\mathrm{d}t^2}=\frac{q}{m}\boldsymbol{E}_0\cos(\omega t) \tag{3.1-5}$$

其中，ω 为角频率。通过求解方程(3.1-5)，可以得到

$$\begin{cases}\boldsymbol{v}=\boldsymbol{v}_0+\dfrac{q\boldsymbol{E}_0}{m\omega}\sin(\omega t)\\ \boldsymbol{r}=\boldsymbol{r}_0+\boldsymbol{v}_0t+\dfrac{q\boldsymbol{E}_0}{m\omega^2}[1-\cos(\omega t)]\end{cases} \tag{3.1-6}$$

这时带电粒子也做周期性的振荡运动，其中位置的最大振幅和速度的最大振幅分别为 $r_{\max}=\dfrac{qE_0}{m\omega^2}$ 和 $\boldsymbol{v}_{\max}=\dfrac{qE_0}{m\omega}$。可见，放电频率越高，振荡幅值就越小。

3. 均匀稳恒磁场

首先考虑一个电子在均匀、稳恒磁场中运动，其中磁场为 $\boldsymbol{B}=B_0\boldsymbol{e}_z$。电子的运

动方程为

$$\frac{\mathrm{d}\boldsymbol{v}}{\mathrm{d}t}=-\omega_{\mathrm{ce}}\boldsymbol{v}\times\boldsymbol{e}_z \tag{3.1-7}$$

其中，ω_{ce} 为带电粒子的回旋频率

$$\omega_{\mathrm{ce}}=\frac{eB_0}{m_{\mathrm{e}}} \tag{3.1-8}$$

这里，m_{e} 为电子的质量。求解方程(3.1-7)，可以得到电子速度的三个分量分别为

$$\begin{cases}v_x=v_\perp\cos(\omega_{\mathrm{ce}}t+\phi)\\ v_y=v_\perp\sin(\omega_{\mathrm{ce}}t+\phi)\\ v_z=v_{//}\end{cases} \tag{3.1-9}$$

其中，$v_\perp$ 及 $v_{//}$ 分别是垂直和平行于磁场的速率，它们都是不变量；ϕ 是初始相位角。对式(3.1-9)进行积分，可以得到电子的位置矢量的三个分量

$$\begin{cases}x=x_0+\dfrac{v_\perp}{\omega_{\mathrm{ce}}}[\sin(\omega_{\mathrm{ce}}t+\phi)-\sin\phi]\\ y=y_0-\dfrac{v_\perp}{\omega_{\mathrm{ce}}}[\cos(\omega_{\mathrm{ce}}t+\phi)-\cos\phi]\\ z=z_0+v_{//}t\end{cases} \tag{3.1-10}$$

其中，(x_0,y_0,z_0) 是带电粒子的初始位置。由式(3.1-10)可以看出，电子在均匀稳恒磁场中的运动轨迹为一螺旋线，其中沿磁场方向做匀速直线运动，在垂直于磁场方向做匀速圆周运动。根据式(3.1-10)，可以得到

$$(x-a)^2+(y-b)^2=r_{\mathrm{ce}}^2 \tag{3.1-11}$$

其中，$a=x_0+v_\perp\sin\phi/\omega_{\mathrm{ce}}$，$b=y_0-v_\perp\cos\phi/\omega_{\mathrm{ce}}$，而

$$r_{\mathrm{ce}}=\frac{v_\perp}{\omega_{\mathrm{ce}}}=\frac{m_{\mathrm{e}}}{eB_0}v_\perp \tag{3.1-12}$$

为电子绕磁力线的回旋半径。对于正离子在均匀稳恒磁场中运动，也可以得到类似的结果，只不过离子的回旋方向与电子的回旋方向相反，如图 3-1 所示。

由于电子的质量远小于离子的质量，所以电子的回旋频率远大于离子的回旋频率，而电子的回旋半径远小于离子的回旋半径。在弱磁场情况下，如 B_0 为几十高斯或几百高斯，离子的回旋半径可能与放电腔室的几何尺寸相当，因此通常电子被磁化，而离子不被磁化。

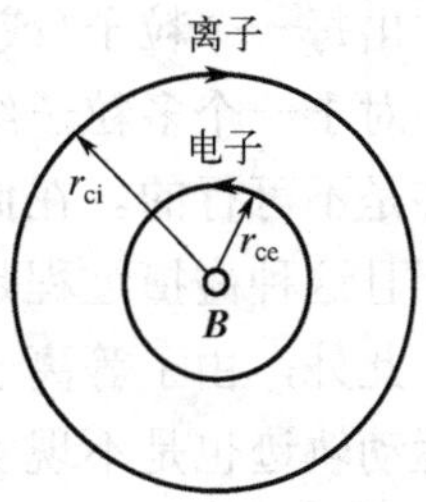

图 3-1　电子与离子在磁场中的回旋方向(迎着磁场方向看)

4. 正交均匀稳恒电磁场

考虑均匀稳恒电场 $\boldsymbol{E}_0$ 和磁场 $\boldsymbol{B}_0$ 相互垂直，其中磁场沿着 z 轴方向，即 $\boldsymbol{B}_0 = B_0\boldsymbol{e}_z$。在垂直于磁场的方向上，带电粒子的运动方程为

$$\frac{\mathrm{d}\boldsymbol{v}_\perp}{\mathrm{d}t} = \frac{q}{m}(\boldsymbol{E}_0 + \boldsymbol{v}_\perp \times \boldsymbol{B}_0) \tag{3.1-13}$$

将带电粒子的速度分为两部分

$$\boldsymbol{v}_\perp = \boldsymbol{v}_\mathrm{E} + \boldsymbol{v}_\mathrm{c} \tag{3.1-14}$$

其中，$\boldsymbol{v}_\mathrm{E}$ 是一个与时间无关的待定速度；$\boldsymbol{v}_\mathrm{c}$ 为带电粒子绕磁力线的回旋速度，并满足如下方程：

$$\frac{\mathrm{d}\boldsymbol{v}_\mathrm{c}}{\mathrm{d}t} = \frac{q}{m}(\boldsymbol{v}_\mathrm{c} \times \boldsymbol{B}_0) \tag{3.1-15}$$

将式(3.1-14)代入方程(3.1-13)，并利用方程(3.1-15)，有

$$\boldsymbol{E}_0 + \boldsymbol{v}_\mathrm{E} \times \boldsymbol{B}_0 = 0 \tag{3.1-16}$$

将上式两边叉乘 $\boldsymbol{B}_0$，并注意到 $\boldsymbol{v}_\mathrm{E}$ 与 $\boldsymbol{B}_0$ 垂直，可以得到 $\boldsymbol{v}_\mathrm{E}$ 的表示式

$$\boldsymbol{v}_\mathrm{E} = \frac{\boldsymbol{E}_0 \times \boldsymbol{B}_0}{B_0^2} \tag{3.1-17}$$

称 $\boldsymbol{v}_\mathrm{E}$ 为电漂移速度，它的方向沿着 $\boldsymbol{E}_0 \times \boldsymbol{B}_0$ 的方向，它与带电粒子的电量无关。可以看出，在相互垂直的均匀稳恒电磁场作用下，带电粒子一方面绕磁力线做回旋运动，另一方面它的回旋中心以速度 $\boldsymbol{v}_\mathrm{E}$ 沿着 $\boldsymbol{E}_0 \times \boldsymbol{B}_0$ 的方向做漂移运动。

3.2 唯象单粒子模型

如果一个体系由 N 个带电粒子组成，则该体系的运动状态将由 N 个牛顿方程(矢量方程)来确定，其中作用在某一个粒子上的力既包含外力，又包含内力(粒子之间的相互作用力)。原则上讲，一旦给定作用力和初始条件，通过求解牛顿方程就可以确定出每一个粒子(或体系)的运动状态，如粒子在任意时刻的位置和速度。但实际上，对于一个多粒子组成的体系，如低温等离子体，用这种方法来确定体系的运动状态是不可行的。在低温等离子体中，由于带电粒子要与中性粒子发生频繁的碰撞，而且这种碰撞过程是随机的，所以无法用牛顿方程来确定每个粒子运动的精确轨迹。此外，由于等离子体中包含的粒子个数巨大，所以用这种方法来确定每个粒子的运动轨迹也是不现实的。本节介绍一种描述带电粒子运动的唯象模型，即在单粒子的模型基础上增加了碰撞效应。

1. 带电粒子的运动规律

假设等离子体是空间均匀的，其密度为 n，并在等离子体中存在一随时间变化的均匀电场 $\boldsymbol{E}(t)$。等离子体中的带电粒子，尤其是电子，在电场的作用下做加速运动，并从电场中获得动量和能量。单位体积内带电粒子受到的电场力为

$$\boldsymbol{F}_{\mathrm{E}} = nq\boldsymbol{E} \tag{3.2-1}$$

其中，q 为带电粒子的电量。另外，带电粒子还要与背景气体中的原子、分子发生碰撞，并把从电场中获得的动量和能量转移给分子。可以把气体分子对单位体积内带电粒子的作用等效为一个摩擦力或拖拽力

$$\boldsymbol{F}_{\eta} = -nm\nu_{\mathrm{m}}\boldsymbol{u} \tag{3.2-2}$$

其中，$\boldsymbol{u}$ 是带电粒子在电场中的定向迁移速度；m 是带电粒子的质量。在式(3.2-2)中，ν_{m} 为带电粒子与中性粒子碰撞的动量输运频率，它正比于中性气体分子的密度 n_{g} 和平均动量输运频率 σ_{m}，即

$$\nu_{\mathrm{m}} = n_{\mathrm{g}}\langle v\sigma_{\mathrm{m}}\rangle \tag{3.2-3}$$

其中，$\langle\cdots\rangle$ 表示对带电粒子的速度分布函数 $f(\boldsymbol{v})$ 进行平均；σ_{m} 为动量输运截面，见式(2.2-15)。这样，可以得到单位体积内带电粒子的动量平衡方程为

$$\frac{\mathrm{d}(nm\boldsymbol{u})}{\mathrm{d}t} = \boldsymbol{F}_{\mathrm{E}} + \boldsymbol{F}_{\eta} \tag{3.2-4}$$

分别将式(3.2-1)和式(3.2-2)代入式(3.2-4)，可以得到

$$\frac{\mathrm{d}\boldsymbol{u}}{\mathrm{d}t} = \frac{q}{m}\boldsymbol{E} - \nu_{\mathrm{m}}\boldsymbol{u} \tag{3.2-5}$$

它等效于一个单粒子的运动方程，但这是一个唯象的运动方程，因为碰撞项的引入是唯象的。

假设电场沿 z 轴方向，并且随时间的变化是简谐振荡的，其表示式为 $E(t) = E_0\cos(\omega t)$，其中 ω 是角频率，E_0 为幅值。这样可以把式(3.2-5)改写为

$$\frac{\mathrm{d}u}{\mathrm{d}t} = \frac{q}{m}E_0\cos(\omega t) - \nu_{\mathrm{m}}u \tag{3.2-6}$$

假设 $t = 0$ 时刻带电粒子的位置及速度均为零，求解方程(3.2-6)，可以得到任意时刻 t 带电粒子的速率分别为

$$u(t) = \frac{qE_0}{m}\frac{1}{\sqrt{\nu_{\mathrm{m}}^2 + \omega^2}}\cos(\omega t + \delta_{\mathrm{m}}) - \frac{qE_0}{m}\frac{\nu_{\mathrm{m}}}{\nu_{\mathrm{m}}^2 + \omega^2}\mathrm{e}^{-\nu_{\mathrm{m}}t} \tag{3.2-7}$$

其中，$\delta_{\mathrm{m}}=\arctan(-\omega/\nu_{\mathrm{m}})$ 为相移。由此可以看出如下规律。

(1) 带电粒子的运动由两部分组成，一部分随时间变化是简谐振荡的，另一部分

随时间变化是衰减的。前者是来自于交变电场的作用，而后者来自于带电粒子与中性粒子的碰撞效应。

(2)在低气压(无碰撞)极限下，即 $\nu_{\rm m}\to 0$，$\delta_{\rm m}\to\dfrac{\pi}{2}$，这时有

$$u(t)=\frac{qE_0}{\omega m}\sin(\omega t) \tag{3.2-8}$$

即在无碰撞情况下，带电粒子的速度与电场之间有 90° 的相位差，而且在上下两个半射频周期，速度随时间的振荡是对称的。

(3)在长时间的情况下，即 $t\nu_{\rm m}\gg 1$，带电粒子的振荡速度为

$$u(t)=\frac{qE_0}{m}\frac{1}{\sqrt{\nu_{\rm m}^2+\omega^2}}\cos(\omega t+\delta_{\rm m}) \tag{3.2-9}$$

2. 欧姆加热

下面讨论等离子体从电场中吸收的功率。为了便于分析，可以把电场随时间的变化表示成复数的形式，即 $\boldsymbol{E}(t)=\boldsymbol{E}{\rm e}^{-{\rm i}\omega t}$，其中 $\boldsymbol{E}$ 为振幅。类似地，也可以把带电粒子的定向运动速度写成这种形式，即 $\boldsymbol{u}(t)=\boldsymbol{u}{\rm e}^{-{\rm i}\omega t}$。这样，可以把方程(3.2-5)表示为

$$-{\rm i}\omega\boldsymbol{u}=\frac{q}{m}\boldsymbol{E}-\nu_{\rm m}\boldsymbol{u} \tag{3.2-10}$$

由此得到带电粒子的定向运动速度为

$$\boldsymbol{u}=\frac{q}{m(\nu_{\rm m}-{\rm i}\omega)}\boldsymbol{E} \tag{3.2-11}$$

由于离子质量较重，可以近似地认为它的迁移速度远小于电子的迁移速度，因此等离子体中的电流主要来自于电子运动的贡献，即

$$\boldsymbol{J}_{\rm e}\approx -en_{\rm e}\boldsymbol{u}_{\rm e}=\sigma_{\rm p}\boldsymbol{E} \tag{3.2-12}$$

其中，$n_{\rm e}$ 是电子的密度；$\sigma_{\rm p}$ 是等离子体的复电导率

$$\sigma_{\rm p}=\frac{e^2n_{\rm e}}{m_{\rm e}(\nu_{\rm en}-{\rm i}\omega)} \tag{3.2-13}$$

其中，$m_{\rm e}$ 是电子质量；$\nu_{\rm en}$ 是电子的动量输运频率。在直流电场情况下（$\omega=0$），等离子体电导率为

$$\sigma_{\rm dc}=\frac{e^2n_{\rm e}}{m_{\rm e}\nu_{\rm en}} \tag{3.2-14}$$

根据式(3.2-13)，可以得到 $\sigma_{\rm p}$ 的实部为

$$\mathrm{Re}\,\sigma_{\rm p}=\frac{e^2n_{\rm e}\nu_{\rm en}}{m_{\rm e}(\nu_{\rm en}^2+\omega^2)}=\frac{\nu_{\rm en}^2}{\nu_{\rm en}^2+\omega^2}\sigma_{\rm dc} \tag{3.2-15}$$

可见，在交变电场情况下，等离子体电导率的实部小于直流电场情况下的电导率 $\sigma_{\rm dc}$。尤其是在高频情况下（$\omega \gg \nu_{\rm en}$），有 $\mathrm{Re}\sigma_{\rm p} \ll \sigma_{\rm dc}$。因此，在高频电场的作用下，等离子体的导电性能较差。

在单位体积内，等离子体中的电子在一个射频或微波周期 $T_{\rm RF}=\omega/(2\pi)$ 内从电场中吸收到的平均功率密度为

$$p_{\rm abs}=\frac{1}{T_{\rm RF}}\left\langle \boldsymbol{J}_{\rm e}(t)\cdot\boldsymbol{E}(t)\right\rangle_{T_{\rm RF}}=\frac{1}{2}\mathrm{Re}(\boldsymbol{J}_{\rm e}^{*}\cdot\boldsymbol{E}) \tag{3.2-16}$$

利用式(3.2-12)和式(3.2-15)，有

$$p_{\rm abs}=\frac{1}{2}\frac{\nu_{\rm en}^2}{\nu_{\rm en}^2+\omega^2}\sigma_{\rm dc}\left|\boldsymbol{E}\right|^2 \tag{3.2-17}$$

由于动量输运频率 $\nu_{\rm en}$ 正比于放电气压 p，所以当放电气压很低时（$\nu_{\rm en}\to 0$），电子吸收的平均功率密度趋于零，即 $p_{\rm abs}\to 0$。这是因为在放电气压很低时，电子几乎不与中性粒子发生碰撞，它在上半个周期电场中吸收能量，在下半个周期中又把能量释放给电场，所以在一个周期内电子得到的净功率密度为零。当放电气压较高时，电子与中性粒子频繁碰撞，并把能量和动量转移给中性粒子，使得其运动速度随时间变化的相位在上下两个半周期内不再对称，见式(3.2-7)，导致在一个周期内吸收的净功率不为零。这种通过与中性粒子碰撞才能从电场中吸收能量的方式称为**欧姆加热**(Ohmic heating)。

实际上，当放电气压很低时，如在毫托范围，等离子体仍可以从射频电场中吸收能量，并维持放电。对于这种现象，需要引入**无碰撞加热**(collisionless heating)机制或**随机加热**(stochastic heating)机制来解释。无碰撞加热来自于等离子体与射频波的相互作用，而随机加热来自于振荡的射频鞘层边界与等离子体的相互作用。我们将在随后有关章节中对此进行较为深入的讨论。

3.3 PIC 模型

PIC 模型也是一种粒子模型，只不过它不是对等离子体中单个带电粒子的运动规律进行模拟，而是对所谓的“宏粒子”的运动规律进行模拟。每个宏粒子是由 10^3～10^9 个真实粒子(电子或离子)构成的，并且与真实粒子具有相同的荷质比。通常用 $\varpi_{\rm p}=10^3\sim10^9$ 来表示宏粒子的权重[1-3]。考虑一个荷质比为 q/m 的宏粒子，在 t 时刻其位置和速度分别为 $\boldsymbol{r}(t)$ 和 $\boldsymbol{v}(t)$，则这个宏粒子的运动方程为

$$\begin{cases}\dfrac{\mathrm{d}\boldsymbol{v}(t)}{\mathrm{d}t}=\dfrac{q}{m}\boldsymbol{E}\\[2ex]\dfrac{\mathrm{d}\boldsymbol{r}(t)}{\mathrm{d}t}=\boldsymbol{v}(t)\end{cases} \tag{3.3-1}$$

对于静电模型，电场 $\boldsymbol{E}$ 可以由电势 V 来表示，$\boldsymbol{E}=-\nabla V$，其中电势满足泊松方程

$$\nabla^2 V=-\frac{\rho}{\varepsilon_0} \tag{3.3-2}$$

其中，$\rho=\rho(z,t)$ 是所有宏粒子的电荷密度空间分布。下面分别就空间一维情况，讨论空间网格的划分和粒子运动方程及泊松方程的数值求解方法。

在实际模拟中，通常把所模拟的空间区域划分成一系列正交(或非正交)网格，并把 N 个宏粒子均匀地分配到各个网格中。对于空间一维的情况，网格划分如图 3-2 所示，其中宏粒子的位置 z_{p} 由数值求解方程(3.3-1)得到。为减少离散粒子的数值噪声，通常要求每个空间网格内的宏粒子数目要远大于 1，大约为 100。由于在初始时刻 $(t=0)$ 宏粒子是均匀随机地撒入网格中的，因此电荷分布满足准电中性条件，即 $\rho(z,0)=0$。在任意的 t 时刻，由于宏粒子在电场力的作用下发生定向运动，这时在空间任意一点，不再满足准电中性条件，即 $\rho(z,t)\neq 0$。

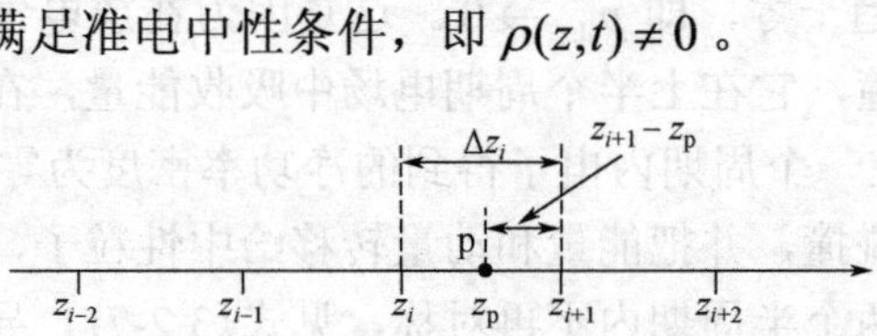

图 3-2　一维网格划分，z_{p} 为宏粒子的位置

对于一维网格中的任意一个网格点 z_i，将所有邻近的宏粒子通过权重函数 $S_{\mathrm{p}}(z,t)$ 累积到 z_i 处，进而得到该网格点处的电荷密度 $\rho(z_i)$，其表示为

$$\rho(z_i,t)=\frac{1}{\Delta z_i}\sum_{\mathrm{p}}\sigma_{\mathrm{p}}S_{\mathrm{p}}(z_i,t) \tag{3.3-3}$$

其中，$\sigma_{\mathrm{p}}=q\varpi_{\mathrm{p}}$ 是 t 时刻单位面积上的电荷密度；q 为电荷量。该面元的中心位于宏粒子的位置 z_{p} 处，并且其法线与 z 轴平行；$\Delta z_i=z_{i+1}-z_i$。上式中的求和是对格点 z_i 附近所有的宏粒子进行的。根据电荷守恒条件，权重函数应满足归一化条件，即

$$\sum_{i=-K}^{K}S_{\mathrm{p}}(z_i,t)\Delta z_i=1 \tag{3.3-4}$$

其中，$2K+1$ 为网格点的个数。一旦确定权重函数，就可以通过插值的方法计算出 z_{p} 的电场

$$E(z_{\mathrm{p}})=\sum_i E(z_i,t)S_{\mathrm{p}}(z_i,t) \tag{3.3-5}$$

其中，$E(z_i,t)$ 为 t 时刻电场在格点 z_i 上的值。

选取权重函数的方法有很多种，但最常用的是样条插值方法。在实际模拟中，通常只取宏粒子所在位置 z_{p} 左右邻近两个格点上的权重函数，这样足以满足给定的

精确度。对于一维均匀网格，权重函数在相邻两个格点上的取值分别为

$$\begin{cases} S_p(z_i,t)=[z_{i+1}-z_p(t)]/\Delta z_i \\ S_p(z_{i+1},t)=[z_p(t)-z_i]/\Delta z_i \end{cases} \tag{3.3-6}$$

利用式(3.3-5)和式(3.3-6)，可以得到在宏粒子位置处的电场为

$$E(z_p)=\left(\frac{z_{i+1}-z_p}{z_{i+1}-z_i}\right)E(z_i)+\left(\frac{z_p-z_i}{z_{i+1}-z_i}\right)E(z_{i+1}) \tag{3.3-7}$$

其中，在格点处的电场 $E(z_i)$ 由数值求解泊松方程(3.3-2)得到，z_{i+1} 和 z_i 分别为粒子 z_p 左右两侧的网格点。

对于带电粒子的运动方程(3.3-1)的数值求解，可以采用中心差分方法对时间进行离散。离散后的粒子运动方程为

$$\frac{\boldsymbol{v}(t+\Delta t/2)-\boldsymbol{v}(t-\Delta t/2)}{\Delta t}=\frac{q}{m}\boldsymbol{E}(t) \tag{3.3-8}$$

$$\frac{z(t+\Delta t)-z(t)}{\Delta t}=v_z(t+\Delta t) \tag{3.3-9}$$

由此可以得到 $t+\Delta t$ 时刻的粒子位置和速度。也称这种时间差分格式为蛙跳格式或显格式，因其具有能量守恒的特点，已被广泛应用于 PIC 模拟方法中。对于泊松方程 (3.3-2)，也可以采用中心差分格式对空间离散化，有

$$\frac{V(z_i-\Delta z,t)-2V(z_i,t)+V(z_i+\Delta z,t)}{\Delta z^2}=-\frac{\rho(z_i,t)}{\varepsilon_0} \tag{3.3-10}$$

其中，$\rho(z_i,t)$ 由式(3.3-3)确定。由式(3.3-10)，可以进一步得到网格点上的电场

$$E(z_i,t)=\frac{V(z_{i-1},t)-V(z_{i+1},t)}{2\Delta z} \tag{3.3-11}$$

将以上各式进行联立，并采用迭代求解的方法，就可以确定出任意时刻每个宏粒子的位置和速度，以及等离子体中带电粒子的电荷密度和电场的空间分布等物理量。

可以将上述方法推广到空间二维的情况，不过 PIC 模拟耗费的时间较长。为了缩短模拟时间，可以将时间的差分采用隐格式方法来推动带电粒子的运动，即将带电粒子的运动分为预推动和后推动两部分，其中在预推动中假设粒子不受电磁力而是自由运动[4,5]。也可以将上述模拟方法推广到有外磁场存在的情况，只不过要采用电场和磁场解耦的方式来推动粒子的运动，并将粒子的速度进行旋转操作[6]。

3.4　MCC 模型

在上面介绍的 PIC 模型中，我们只考虑了带电粒子之间的长程相互作用，忽略了带电粒子与中性粒子之间的相互作用。与库仑势能相比，带电粒子与中性粒子之

间的相互作用势能是一个短程势。对于这种短程相互作用，通常用随机碰撞模型，即 MCC 模型来处理。下面对 MCC 模型进行简单介绍。

假设带电的宏粒子和中性的宏粒子具有相同的粒子数权重，则可以使用真实的粒子模型来讨论粒子之间的碰撞。考虑一个质量为 m 、速度为 $\boldsymbol{v}=v_x\boldsymbol{e}_x+v_y\boldsymbol{e}_y+v_z\boldsymbol{e}_z$ 的带电粒子与一个质量为 M 、速度为 $\boldsymbol{V}=V_x\boldsymbol{e}_x+V_y\boldsymbol{e}_y+V_z\boldsymbol{e}_z$ 的中性粒子发生碰撞，在碰撞之前它们之间的相对速度的大小为

$$g=|\boldsymbol{v}-\boldsymbol{V}| \tag{3.4-1}$$

这里需要指明的是，由于电子的速度要远大于中性粒子，故在处理电子与中性粒子的碰撞时，可以直接用电子的速度 $\boldsymbol{v}$ 来代替相对速度 $\boldsymbol{g}$ ，而处理离子与中性粒子的碰撞时，则必须使用相对速度 $\boldsymbol{g}$ 。

如果某种带电粒子(如电子)与中性粒子之间一共有 N 种类型的碰撞发生，则总的碰撞截面 $\sigma_{\mathrm{T}}(\varepsilon)$ 就是对所有碰撞截面 $\sigma_j(\varepsilon)$ $(1\leqslant j\leqslant N)$ 的求和

$$\sigma_{\mathrm{T}}(\varepsilon)=\sigma_1(\varepsilon)+\cdots+\sigma_N(\varepsilon) \tag{3.4-2}$$

其中， $\varepsilon=mv^2/2$ 为带电粒子的动能。假设中性粒子的密度为 n_{g} ，一个带电粒子与中性粒子发生碰撞的频率 ν 为

$$\nu=n_{\mathrm{g}}\sigma_{\mathrm{T}}(\varepsilon)g \tag{3.4-3}$$

那么这个带电粒子在一个时间步长 Δt 内，经历的碰撞概率为

$$p_i=1-\exp(-\Delta t\nu) \tag{3.4-4}$$

将碰撞概率 p_i 与随机数 R_1 $(0\leqslant R_1\leqslant 1)$ 比较：如果 $p_i\geqslant R_1$ ，则发生碰撞，并用另一个随机数来判断碰撞的类型(将在下面进行讨论)；否则，不发生碰撞。

如若对每一个粒子在每一个时间步长内都进行一次概率 p_i 的计算，这样计算量会很大。为了解决这个问题，下面引入“伪碰撞”方法。为此，定义一个最大的碰撞频率 $\nu_{\max}$

$$\nu_{\max}=n_{\mathrm{g}}\max[\sigma_{\mathrm{T}}(\varepsilon)g] \tag{3.4-5}$$

其中，$\max[A]$ 为对物理量 A 取最大值。由于这个最大碰撞频率与粒子每个时刻的运动细节无关，只需在调用 MCC 模型之前做一次计算即可，如果用它来判断粒子之间是否发生碰撞，可以大大节约数值模拟的时间。但由于 $\nu_{\max}$ 并不是代表实际碰撞过程的碰撞频率值，所以这种处理碰撞过程的方法称作伪碰撞方法。

在每个 Δt 内，采用伪碰撞方法得到的最大碰撞概率为

$$p_{\mathrm{null}}=1-\exp(-\nu_{\max}\Delta t) \tag{3.4-6}$$

如果模拟的某种宏粒子总数是 N_{p}，那么这种粒子在 Δt 内，所能经历碰撞的最大粒子数 N_{coll} 为

$$N_{\text{coll}} = N_{\text{p}} p_{\text{null}} = N_{\text{p}}[1 - \exp(-\nu_{\max}\Delta t)] \tag{3.4-7}$$

对于低气压放电，通常 $p_{\text{pull}} < 0.01$，即 $N_{\text{coll}} < N_{\text{p}}$。这样采用伪碰撞方法，参与碰撞抽样的粒子数很少，可以提高模拟的速度。

在 N_{coll} 个参与碰撞的粒子中，如果每一个粒子可以经历多种类型的碰撞，如弹性碰撞、激发碰撞、电离碰撞及附着碰撞等，则可以由另外一个新的随机数 $R_2\left(0 \leqslant R_2 \leqslant 1\right)$ 来判断具体发生哪种碰撞，即

$$\begin{cases} R_2 \leqslant \dfrac{\nu_1(\varepsilon)}{\nu_{\max}}, & \text{碰撞类型1} \\ \dfrac{\nu_1(\varepsilon)}{\nu_{\max}} < R_2 < \dfrac{\nu_1(\varepsilon) + \nu_2(\varepsilon)}{\nu_{\max}}, & \text{碰撞类型2} \\ \cdots\cdots & \\ \dfrac{\sum\limits_{j=1}^{N} \nu_j(\varepsilon)}{\nu_{\max}} \leqslant R_2, & \text{伪碰撞(不发生碰撞)} \end{cases}$$

一旦发生某种碰撞，就可以根据碰撞过程中动量守恒和能量守恒来确定碰撞后粒子的能量和散射角。

对于不同种类的带电粒子，它们与中性粒子的碰撞类型也是不一样的。例如，对于电子与中性粒子的碰撞，碰撞类型分别为弹性、激发、电离、解离及附着等碰撞；对于正离子与中性粒子的碰撞，碰撞类型主要为弹性碰撞和电荷转移碰撞；对于负离子与中性粒子碰撞，碰撞类型主要为弹性碰撞和解附着碰撞。我们已经在第 2 章中对这些碰撞过程和碰撞截面进行了讨论，这里不再重复。下面主要针对电子及离子与中性粒子的碰撞过程，分别确定碰撞后它们各自的速度。

1. 电子与中性粒子的弹性碰撞

假设电子和中性粒子的质量分别为 m_{e} 和 M，碰撞之前的速度为 $\boldsymbol{v}$ 和 $\boldsymbol{V}$，相对速度为 $\boldsymbol{g} = \boldsymbol{v} - \boldsymbol{V}$。碰撞之后的速度和相对速度分别记为 $\boldsymbol{v}'$、$\boldsymbol{V}'$ 和 $\boldsymbol{g}' = \boldsymbol{v}' - \boldsymbol{V}'$。不失一般性，可以将粒子的速度变换到质心系中，根据动量和能量守恒来求解碰撞之后的速度。在质心系中，两个粒子在碰撞前后的速度始终是相互平行的，只是碰撞后的速度相对于原来的运动方向发生偏转，偏转角为 χ（即质心系中的散射角）。一旦确定了这个 χ 角，可以得到碰撞后的速度为

$$\begin{cases} \boldsymbol{v}' = \boldsymbol{v} + \dfrac{M}{m_{\text{e}} + M}[\boldsymbol{g}(1 - \cos\chi) + \boldsymbol{h}\sin\chi] \\ \boldsymbol{V}' = \boldsymbol{V} - \dfrac{m_{\text{e}}}{m_{\text{e}} + M}[\boldsymbol{g}(1 - \cos\chi) + \boldsymbol{h}\sin\chi] \end{cases} \tag{3.4-8}$$

其中，矢量 $\boldsymbol{h}$ 的三个分量为

$$\begin{cases} h_x = g_\perp \cos\phi \\ h_y = -\dfrac{g_x g_y \cos\phi + g g_z \sin\phi}{g_\perp} \\ h_z = -\dfrac{g_x g_z \cos\phi - g g_y \sin\phi}{g_\perp} \end{cases} \tag{3.4-9}$$

式中，$g=\sqrt{g_x^2+g_y^2+g_z^2}$，$g_\perp=\sqrt{g_y^2+g_z^2}$；方位角 ϕ 是质心系与某一参考系的夹角。方位角是各向同性分布的，即可以表示为

$$\phi = 2\pi R_3 \tag{3.4-10}$$

其中，R_3 是在[0,1]之间均匀分布的随机数。式(3.4-8)的推导过程比较复杂，除了利用二体碰撞的动量守恒定律和动能守恒定律外，还要用到球面几何的三角公式[7-9]。我们在附录 C 中给出了其详细推导过程。

对于电子与中性粒子的弹性碰撞，由于 $m_e \ll M$，可以近似地认为中性粒子在碰撞前后几乎是不动的。这样，碰撞后电子的速度可以表示为

$$\boldsymbol{v}' \approx \boldsymbol{v} + [\boldsymbol{g}(1-\cos\chi) + \boldsymbol{h}\sin\chi] \tag{3.4-11}$$

其中，$\boldsymbol{g} \approx \boldsymbol{v}$。

对于电子与原子或分子之间的弹性碰撞，不能使用式(2.2-6)来确定散射角。这时可以对微分散射截面 $I(g,\chi)$ 与弹性散射总散射截面 $\sigma_t(g)$ 的比值进行随机抽样，即

$$\frac{2\pi}{\sigma_t}\int_0^\chi I(g,\chi')\sin\chi' \mathrm{d}\chi' = R_4 \tag{3.4-12}$$

其中，R_4 也是一个随机数。这样，对每个随机数 R_4 进行抽样，就可以由式(3.4-12)确定出散射角 χ。当然，χ 的取值也是随机的。

基于屏蔽的库仑势能，我们在第 2 章中采用玻恩近似方法给出了电子与原子的弹性碰撞微分散射截面及散射截面，它们分别为

$$I(\chi,\varepsilon) = \frac{4Z^2 a_B^2}{[4(\varepsilon/\varepsilon_B)(1-\cos\chi)+1]^2}, \quad \sigma_t(\varepsilon) = \frac{16\pi Z^2 a_B^2}{1+8\varepsilon/\varepsilon_B} \tag{3.4-13}$$

其中，ε 是电子的动量；$\varepsilon_B = 27.21\ \mathrm{eV}$。利用式(3.4-12)和式(3.4-13)，进一步可得

$$\cos\chi = 1 - \frac{2R_2}{1+8(\varepsilon/\varepsilon_B)(1-R_4)} \tag{3.4-14}$$

实际上，这个式子只适用于描述高速电子的散射。不过，在大多数关于 PIC/MCC 模拟的文献中，都是采用式(3.4-14)来确定电子的散射角。在低能情况下，可以把

式(3.4-14)近似为

$$\cos\chi = 1 - 2R_4 \tag{3.4-15}$$

此时，χ 在 $[0,\pi]$ 之间是各向同性的。如果找不到两个粒子之间碰撞的微分散射截面，也可以近似地采用各向同性散射假设。

2. 电子与中性粒子的激发碰撞

根据第 2 章的讨论我们知道，对于弹性碰撞，两个粒子的相对速度的大小 $g = |\boldsymbol{v} - \boldsymbol{V}|$ 在碰撞前后是不变的，即在质心坐标系中粒子的动能守恒。但对于激发碰撞，中性粒子的内能发生了变化，这时能量守恒方程为

$$\frac{1}{2}\mu(\boldsymbol{v} - \boldsymbol{V})^2 = \frac{1}{2}\mu(\boldsymbol{v}' - \boldsymbol{V}')^2 + \varepsilon_{\text{ex}} \tag{3.4-16}$$

其中，ε_{ex} 为激发的阈值能量；$\mu = \dfrac{m_{\text{e}}M}{m_{\text{e}} + M}$ 是折合质量。考虑到 $m_{\text{e}} \ll M$，$v \gg V$，可以把激发碰撞后电子的速度表示为

$$\boldsymbol{v}' \approx \boldsymbol{v}\sqrt{1 - \varepsilon_{\text{ex}} / \varepsilon} \tag{3.4-17}$$

其中，$\varepsilon = \dfrac{1}{2}m_{\text{e}}v^2$ 是电子在碰撞前的动能。可见，对于激发碰撞，电子的速度方向近似不变，只是其大小发生了改变，即其动能发生了变化。

3. 电子与中性粒子的电离碰撞

对于电子与中性粒子的电离碰撞，粒子数不守恒，即有电子和离子产生。在碰撞前，可以假设中性粒子是处于静止状态。在碰撞后，由于离子质量远大于电子的质量，因此可以近似地认为它也处于静止状态。由此，可以得到如下能量守恒方程：

$$\frac{1}{2}m_{\text{e}}v^2 = e_{\text{iz}} + \frac{1}{2}m_{\text{e}}v'^2 + \frac{1}{2}m_{\text{e}}v''^2 \tag{3.4-18}$$

其中，ε_{iz} 为电离碰撞的阈值能量，上式右边第二项和第三项分别为散射电子的动能和发射电子(电离产生的电子)的动能。对于大量的电离碰撞过程，很难精确地分配单个电离碰撞中散射电子和发射电子的能量。可以认为总能量 $\Delta\varepsilon = \dfrac{1}{2}m_{\text{e}}v^2 - \varepsilon_{\text{iz}}$ 是随机地分配在散射电子和发射电子上的，即

$$\frac{1}{2}m_{\text{e}}v'^2 = R_3\Delta\varepsilon, \quad \frac{1}{2}m_{\text{e}}v''^2 = (1 - R_5)\Delta\varepsilon \tag{3.4-19}$$

由此可以得到

$$v' \approx v\sqrt{1-\frac{\varepsilon_{iz}+\varepsilon_{ej}}{\varepsilon_{in}}}, \quad v'' = v\sqrt{\varepsilon_{ej}/\varepsilon_{in}} \tag{3.4-20}$$

其中，$\varepsilon_{in}=\frac{1}{2}m_e v^2$是入射电子的能量；$\varepsilon_{ej}=(1-R_5)\Delta\varepsilon$是发射电子的能量。

在第 4 章介绍电子的动理学理论时，为了讨论方便，甚至可以粗略地假设散射电子和发射电子均分能量$\Delta\varepsilon$，即

$$\frac{1}{2}m_e v'^2 = \frac{1}{2}m_e v''^2 = \frac{1}{2}\Delta\varepsilon \tag{3.4-21}$$

这样可以得到$v'=v''=\sqrt{\Delta\varepsilon/m_e}$。

这里顺便说明一下，对于电子与中性分子的解离碰撞，也可以把散射后的电子速度表示成类似式(3.4-17)的形式，只不过用解离阈值能量ε_{diss}代替激发阈值能量ε_{ex}。对于电子与中性粒子的附着碰撞，由于碰撞后电子被中性粒子所捕获，因此可以认为碰撞后电子的速度为零。

4. 离子与中性粒子的碰撞

对于离子与中性粒子的碰撞，它包括弹性碰撞和电荷转移碰撞，即

$$A^+(\boldsymbol{V}_A)+B(\boldsymbol{V}_B)\longrightarrow A^+(\boldsymbol{V}'_A)+B(\boldsymbol{V}'_B) \quad \text{(弹性碰撞)}$$

$$A^+(\boldsymbol{V}_A)+B(\boldsymbol{V}_B)\longrightarrow A(\boldsymbol{V}'_A)+B^+(\boldsymbol{V}'_B) \quad \text{(电荷转移碰撞)}$$

下面采用刚球模型描述离子与中性粒子之间的弹性碰撞，即碰撞后粒子的速度方向是各向同性的。假设两个粒子的质量为m_A和m_B，在碰撞前它们的速度为$\boldsymbol{V}_A$和$\boldsymbol{V}_B$，在碰撞后它们的速度为$\boldsymbol{V}'_A$和$\boldsymbol{V}'_B$。根据动量守恒，有

$$m_A\boldsymbol{V}_A+m_B\boldsymbol{V}_B=m_A\boldsymbol{V}'_A+m_B\boldsymbol{V}'_B \tag{3.4-22}$$

对于二体弹性碰撞，由于两个粒子在碰撞前后的相对速度的大小不变(见 2.1 节的讨论)，因此可以把两个粒子在碰撞后的速度表示为

$$\begin{cases} \boldsymbol{V}'_A=\dfrac{1}{M_A+M_B}(M_A\boldsymbol{V}_A+M_B\boldsymbol{V}_B+M_B|\boldsymbol{V}_A-\boldsymbol{V}_B|\boldsymbol{n}) \\ \boldsymbol{V}'_B=\dfrac{1}{M_A+M_B}(M_A\boldsymbol{V}_A+M_B\boldsymbol{V}_B-M_B|\boldsymbol{V}_A-\boldsymbol{V}_B|\boldsymbol{n}) \end{cases} \tag{3.4-23}$$

其中，$\boldsymbol{n}$为散射后相对速度的单位矢量，可以把它表示为

$$e_x=\sin\theta\cos\phi, \quad e_y=\sin\theta\sin\phi, \quad e_z=\cos\theta \tag{3.4-24}$$

其中，极角θ和方位角ϕ分别在$[0, \pi]$和$[0, 2\pi]$范围内随机取值。注意，式(3.4-23)与式(3.4-8)不同，因为对于电子与中性粒子的弹性碰撞，散射角χ不是各向同性的。

对于电荷交换碰撞过程，离子与中性粒子只交换电荷，它们各自的速度不变，因此有 $\boldsymbol{V}_{\mathrm{A}}'=\boldsymbol{V}_{\mathrm{A}}$，$\boldsymbol{V}_{\mathrm{B}}'=\boldsymbol{V}_{\mathrm{B}}$，但碰撞后 A^+ 变成了中性粒子，而 B 变成了离子。

当放电气压较高时，还需要考虑从材料(如电极或器壁)表面上发射出来的二次电子。当离子向材料表面运动时，它要受到鞘层电场的加速，并以一定的能量轰击材料表面，从而诱导出二次电子发射。另外，发射出来的电子要受到鞘层电场的加速，并进入等离子体区与中性粒子碰撞，从而引起气体的电离。对于每一个入射到表面上的离子，可以引入一个在 0～1 均匀分布的随机数 R_6。如果 R_6 小于二次电子发射系数 γ，就有一个二次电子发射出来，否则没有电子发射。

3.5　PIC/MCC 模拟方法和算例

在 3.3 节和 3.4 节中我们分别介绍了 PIC 和 MCC 模拟方法，前者是基于经典力学的第一性原理，可以精确地模拟宏粒子在电场力作用下的运动细节；而后者是基于随机抽样的方法模拟带电粒子与中性粒子的碰撞过程。在气体放电过程中，不仅带电粒子之间可以发生长程相互作用，而且带电粒子与中性粒子之间也要发生短程相互作用，即相互碰撞。这样必须把 PIC 和 MCC 两种模拟方法耦合起来，才能完整地模拟气体放电的细节，包括带电粒子在电场作用下的加速运动，与中性粒子的碰撞和散射，以及气体的电离等。图 3-3 为 PIC/MCC 模拟方法计算流程图，主要包括空间网格划分及电荷分配、求解泊松方程、推动带电粒子运动和处理带电粒子碰撞等四个模块，已分别在 3.3 节和 3.4 节进行介绍。当某个带电粒子运动到模拟区域的边界上时，可以认为它被腔室的器壁或电极吸收了，这样就把该粒子从模拟区域中去除掉。此外，如果考虑带电粒子(如离子)轰击材料表面诱发二次电子发射，在模拟时需要对发射出来的电子进行分配，并跟踪其运动过程。

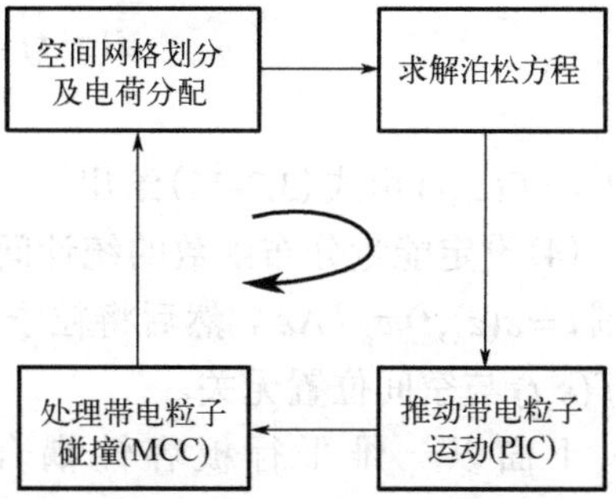

图 3-3　PIC/MCC 模拟方法计算流程图

当模拟达到收敛后，可以对物理量进行统计平均，以表征等离子体的物理特征属性。对于空间物理量的统计方法，仍是将等离子体中各种粒子的属性按归一化的方式分配到相邻的网格，具体方法与图 3-2 一致，并采用与式(3.3-5)相同的权重函数。以下分别以密度、平均能量、电子功率密度、电子能量分布函数(electron energy distribution function，EEDF)为例进行说明。

(1) 对于粒子数密度 $n(z_i,t)$ 的统计方法，是将宏粒子的总数按比例、归一化的方式分配到相邻网格，即

$$n(z_i,t)=\frac{1}{\Delta z_i}\sum_{\mathrm{p}}\varpi_{\mathrm{p}}S_{\mathrm{p}}(z_i,t) \tag{3.5-1}$$

其中，ϖ_{p} 为宏粒子权重。

(2) 对于粒子的平均能量 $\langle\varepsilon(z_i,t)\rangle$ 的统计方法，先计算每个粒子的能量 $\varepsilon(z_{\mathrm{p}},t)$，然后按比例和归一化的方式分配到相邻网格，即

$$\langle\varepsilon(z_i,t)\rangle=\frac{1}{\Delta z_i}\sum_{\mathrm{p}}\varepsilon(z_{\mathrm{p}},t)S_{\mathrm{p}}(z_i,t) \tag{3.5-2}$$

其中，$\varepsilon(z_{\mathrm{p}},t)$ 是单个粒子的能量

$$\varepsilon(z_{\mathrm{p}},t)=\frac{1}{2}m_{\mathrm{p}}(v_x^2+v_y^2+v_z^2)\varpi_{\mathrm{p}} \tag{3.5-3}$$

式中，v_x、v_y 及 v_z 分别是三个方向上的速度；m_{p} 为宏粒子的质量。

(3) 对于功率密度 $p_{\mathrm{abs}}(z_i,t)$ 的统计方法，先计算网格上的电子流密度 $J(z_i,t)$ 和电场 $E(z_i,t)$，然后将二者相乘，即得到功率密度

$$p_{\mathrm{abs}}(z_i,t)=J(z_i,t)E(z_i,t) \tag{3.5-4}$$

其中，电子流密度 $J(z_i,t)$ 的计算方法是将每个粒子速度的 z 分量 v_z 与其电荷量 q 的乘积按比例和归一化的方式分配到相邻网格，即

$$J(z_i,t)=\frac{1}{\Delta z_i}\sum_{\mathrm{p}}S_{\mathrm{p}}(z_i,t)qv_z\varpi_{\mathrm{p}} \tag{3.5-5}$$

其中，$E(z_i,t)$ 由式(3.3-11)给出。

(4) 设定能量分布函数的统计间隔 $\Delta\varepsilon$，并通过电子能量 $\varepsilon(z_{\mathrm{p}},t)$ 判断所在的能量范围 $i=\varepsilon(z_{\mathrm{p}},t)\varpi_{\mathrm{p}}/\Delta\varepsilon$，然后将粒子累积到能量间隔中。这样得到的电子能量分布函数 $f(\varepsilon,t)$ 与空间位置无关。

下面以一维平行板容性耦合氩气放电为例进行说明，其中射频频率为 13.56MHz，电压为 150V，两个平板的间隙为 3.5cm，气压分别为 20mTorr、50mTorr 及 100mTorr。对于电子，分别考虑了它与氩原子的弹性碰撞、激发碰撞和电离碰撞；而对于氩离子，则分别考虑它与氩原子的弹性碰撞和电荷交换碰撞。图 3-4 和图 3-5 分别为电子和氩离子与氩原子的碰撞截面[10]，其中氩原子的激发和电离阈值能量分别为 11.55eV 和 15.7eV。可以看出，大约在 0.2eV，电子与氩原子的弹性碰撞截面有一个凹坑，即为冉绍尔效应。此外，当离子的能量很低时，它与原子的碰撞截面几乎同能量没有关系。

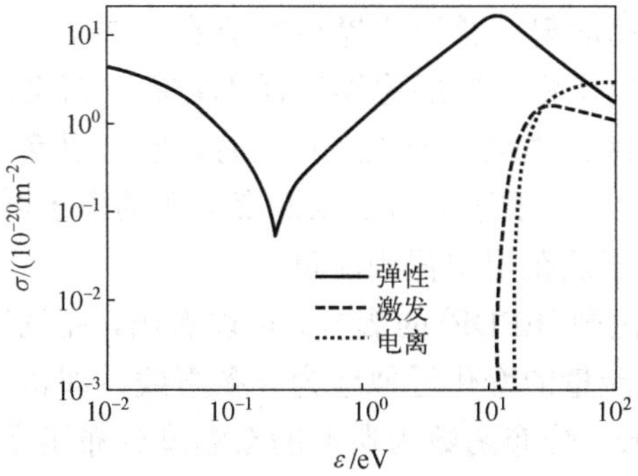

图 3-4　电子与氩原子的碰撞截面

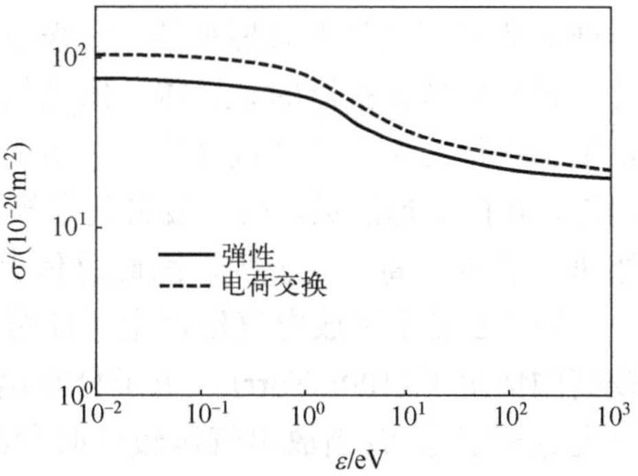

图 3-5　氩离子与氩原子的碰撞截面

图 3-6 显示了在三种不同放电气压下，电子密度 n_e 及离子密度 n_i 随放电间隙的变化。可以看出，在靠近两个电极处，明显地存在两个对称的鞘层，鞘层的厚度随气压减小而增加。在气压为 20mTorr 的情况下，鞘层的厚度可以超过 1cm。在鞘层区域，离子的密度明显地高于电子的密度。这样，在鞘层区将存在一个方向指向电极表面的鞘层电场，它加速离子往电极表面运动，而排斥电子进入鞘层。在体区，等离子体是准电中性的，即 $n_e \approx n_i$ 。此外，还可以看到，等离子体密度随放电气压升高而增加。但这种增加不是无限制的，当放电气压达到一定值后，等离子体密度不再增加，因为体区产生的带电粒子数与电极表面上损失掉的带电粒子数达到平衡。

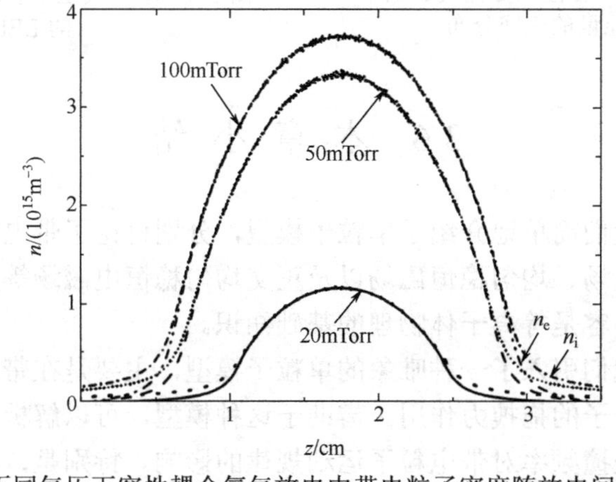

图 3-6　不同气压下容性耦合氩气放电中带电粒子密度随放电间隙的变化

图 3-7 显示了在三种不同放电气压下电子的平均能量 $\langle\varepsilon\rangle$ 随放电间隙的变化。可以看出，$\langle\varepsilon\rangle$ 随 z 的分布有两个峰值，分别位于两个鞘层的边界处。气压越低，$\langle\varepsilon\rangle$ 的峰值越明显；而在体区，气压越低，$\langle\varepsilon\rangle$ 的峰值越小。在容性耦合放电中，电子通过两种加热机制从射频电场中吸收能量，一种就是 3.2 节介绍的欧姆加热机制，它主要发生在放电的体区，而且随着放电气压的减小，电子吸收的能量随之降低。另

一种加热机制就是无碰撞加热，它来自于振荡的射频鞘层边界与电子的“碰撞”。当射频鞘层向体区扩展时，从体区出来的低速电子将与鞘层边界进行“碰撞”，就会从鞘层中获得能量，变成高速电子，并弹回体区。当电子的速度较高时，它可以穿越鞘层，并损失掉能量，最后轰击到电极表面上。对于速度为麦克斯韦分布的电子群，低速电子多，高速电子少，因此总体上，电子从鞘层中得到能量。

图 3-8 显示了放电气压对电子能量分布函数(EEDF)的影响。可以看出，在气压较高的情况下(100mTorr)，电子分布函数随能量的变化近似地为一条直线，即接近于麦克斯韦分布；当放电气压较低时(20mTorr)，分布函数为典型的双温度分布函数，而且气压越低，高能电子就越多。

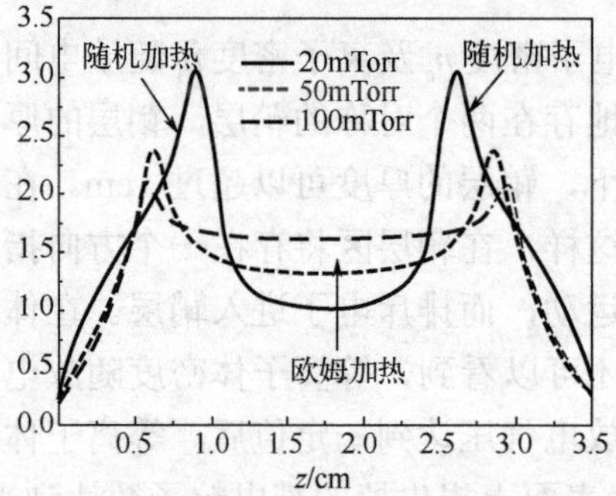

图 3-7　不同气压下容性耦合氩气放电中平均电子能量的空间分布

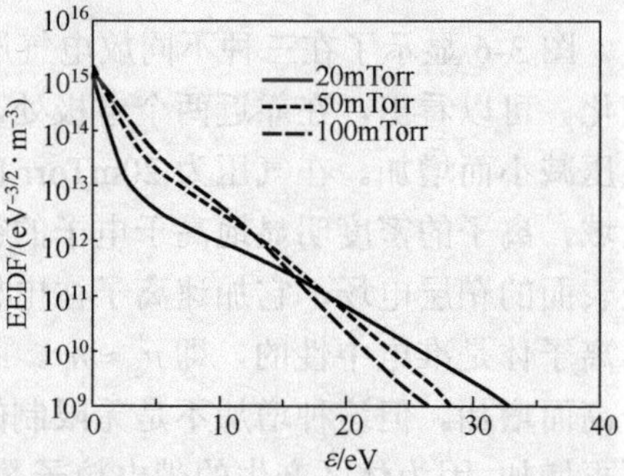

图 3-8　不同气压下容性耦合氩气放电中的 EEDF

3.6　本章小结

在 3.1 节，我们简单地介绍了单粒子模型，分别讨论了带电粒子处于均匀稳恒电场、均匀交变电场、均匀稳恒磁场以及正交均匀稳恒电磁场等几种特殊情况下的运动规律。这些内容是等离子体物理的基础知识。

在 3.2 节，我们引入了一种唯象的单粒子模型，主要是在带电粒子运动方程中包括了背景气体分子的拖拽力作用。借助于这种模型，可以解析地分析带电粒子与中性粒子之间的碰撞频率对带电粒子运动规律的影响。特别是，可以分析电子在交变电场中运动时的加热机制，即欧姆加热机制，并给出了平均电子吸收功率的解析表示式。

本章的重点是 3.3～3.5 节，分别介绍了 PIC 模型、MCC 模型，以及 PIC 模型和 MCC 模型的耦合。PIC/MCC 模型是模拟低气压放电等离子体的重要模型之一，它不仅可以考虑带电粒子之间的长程相互作用，还可以考虑带电粒子与中性粒子的短程碰撞效应。原则上，PIC/MCC 模型可以追踪每个宏粒子的详细运动细节，如每个时刻宏粒子的位置、速度，以及它与中性粒子的碰撞行为。对所有宏粒子的运动细节进行统计平均，不仅可以给出一些描述等离子体的宏观物理量，如电子密度、离子密度和电子温度等，同时也可以给出带电粒子的动理学行为，如带电粒子的速度分布或能量分布。尤其是，PIC/MCC 模型既可以模拟体区的欧姆加热，又可以模拟射频鞘层边界处的随机加热。与描述等离子体状态的其他物理模型相比，PIC/MCC 模型应该是最精确的一种模型，同时也是能够提供出物理信息最多的一种模型。

但也应该看到，PIC/MCC 模型的应用也受到一些限制。这种限制主要体现在如下方面。

(1) PIC/MCC 模型通常用于模拟一些原子气体或简单的分子气体放电，如氩气、氦气及氧气等放电。但对于一些实际的等离子体工艺过程，如材料的刻蚀工艺和薄膜沉积工艺，所采用的气体都是复杂的分子气体，甚至是一些混合气体。对于这种气体放电，粒子之间的碰撞种类众多，耗费在模拟碰撞过程上的时间太长。除此之外，确定分子气体中的各种碰撞截面也是一个难题，很难在文献中查找到，尤其是离子与中性基团之间的碰撞截面。

(2) 对于模拟低温等离子体的 PIC/MCC 模型，大多都是采用空间一维模型，也有一些采用的是空间二维模型，但很少采用三维模型，主要是高维空间模拟耗费的时间太长。即使有少量的空间二维或三维 PIC/MCC 模拟，但模拟的空间尺寸比较小，远小于实际的工艺腔室尺寸。除此之外，出于泊松方程求解效率的考虑，目前大多 PIC/MCC 模型所模拟的区域都比较规则，而且器壁或极板为金属材料，即固定电势的边界条件(第一类边界条件)，以快速求解空间电势分布。

(3) 到目前为止，大多数模拟低温等离子体的 PIC/MCC 模型，都是建立在静电模式基础之上的，即在模拟过程中使用泊松方程来确定等离子体中的静电场，忽略了等离子体中产生的感应电场和感应磁场。对于较低放电频率和较低密度的等离子体，如放电频率为 13.56MHz 的容性耦等离子体(capacitively coupled plasma，CCP)，采用这种静电模式是可以的。但是，对于甚高频(大于 27MHz) CCP、感性耦合等离子体、螺旋波等离子体以及微波电子回旋共振等离子体，感应电场和感应磁场的贡献不能被忽略，因为产生这些等离子体所需要的能量主要由感应电场来提供。对于电磁模式的 PIC/MCC 模型，需要求解全波或者简化的麦克斯韦方程组，计算量远超过静电泊松方程，同时粒子推动技术中要引入磁场诱导的旋转运动，极大地增加了 PIC/MCC 模型的计算负担。需要同时采取高效的数值算法和并行计算加速技术来克服电磁 PIC/MCC 模型超高计算量的问题。

总之，面向实际的低温等离子体工艺条件，如复杂的工艺气体、复杂的工艺腔室几何和材料、感性放电模式或微波放电模式等，开展基于 PIC/MCC 方法的数值模拟将是一个具有挑战性的研究课题。

习 题 3

3.1　根据式(3.2-7)直接计算电子电流密度和电子在一个周期内从交变电场中吸收的平均功率密度，并与式(3.2-17)给出的吸收功率密度进行比较，其中假设等离子体密度为 n_0。

3.2　在密度为 n_0 的均匀等离子体中，电子不仅受到均匀稳恒磁场 $\boldsymbol{B}=B_0\boldsymbol{e}_z$ 和均匀交变电场 $\boldsymbol{E}(t)=(E_{0x}\boldsymbol{e}_x+E_{0z}\boldsymbol{e}_z)\cos(\omega t)$ 的共同作用，同时还要受到中性气体的拖拽力 $-m_e\nu_{en}\boldsymbol{u}$ 的作用，其中 ω 是电场随时间变化的角频率，ν_{en} 是电子与中性粒子的动量输运频率。

(1) 确定电子电流密度。

(2) 确定在一个周期内电子从电场中吸收的平均功率密度。

(3) 讨论当 $\nu_{en}\to 0$ 时的平均吸收功率。

3.3　在密度为 n_0 的均匀等离子体中，在交变电场 $\boldsymbol{E}(t)=\boldsymbol{E}_0 e^{-i\omega t}$ 作用下，除了有传导电流密度 $\boldsymbol{J}_c$ 外，还有位移电流密度 $\boldsymbol{J}_d=\varepsilon_0\dfrac{\partial \boldsymbol{E}}{\partial t}$ 的存在。假设电场的角频率较高，可以不考虑离子运动对传导电流密度的贡献。

(1) 引入等离子体的相对介电常量 ε_p，可以把总电流密度表示为

$$\boldsymbol{J}_T=\boldsymbol{J}_c+\boldsymbol{J}_d=-i\omega\varepsilon_0\varepsilon_p\boldsymbol{E}$$

其中，$\boldsymbol{J}_c$ 由式(3.2-12)给出。试确定 ε_p 的形式。

(2) 分别讨论低频($\omega\ll\nu_{en}$)和高频情况($\omega\gg\nu_{en}$)下 ε_p 的形式。

3.4　对于两个刚性重粒子之间的弹性碰撞，根据能量和动量守恒定律，证明：碰撞后两个粒子的速度由式(3.4-23)给出。

3.5　对于两个刚性重粒子之间的弹性碰撞，证明：可以由下式给出质心系中的散射角 χ

$$\cos\chi=1-2R_2$$

其中，R_2 为[0,1]之间均匀分布的随机数。

参 考 文 献

[1] Wang H Y, Jiang W, Wang Y N. Parallelization and optimization of electrostatic particle-in-cell/Monte-Carlo coupled codes as applied to RF discharges. Comp. Phys. Comm., 2009, 180(8): 1305-1314.

[2] 姜巍. 射频容性耦合等离子体的两维隐格式 PIC/MC 模拟. 大连：大连理工大学, 2010.

[3] 张权治. 直流与射频混合放电下容性耦合等离子体的PIC/MCC模拟. 大连: 大连理工大学, 2014.

[4] Wang H Y, Jiang W, Wang Y N. Implicit and electrostatic particle-in-cell/Monte Carlo model in two-dimensional and axisymmetric geometry: I. Analysis of numerical techniques. Plasma Sources Sci. Technol, 2010, 19(4): 045023.

[5] Jiang W, Wang H Y, Bi Z H, et al. Implicit and electrostatic particle-in-cell/Monte Carlo model in two-dimensional and axisymmetric geometry: II. Self-bias voltage effects in capacitively coupled plasmas. Plasma Sources Sci. Technol, 2011, 20(3): 035013.

[6] 孙景毓. 容性耦合等离子体中非局域电子动理学的 PIC/MCC 模. 大连: 大连理工大学, 2021.

[7] Nanbu K. Probability theory of electron-molecule, ion-molecule, molecule-molecule, and Coulomb collisions for particle modeling of materials processing plasmas and cases. IEEE Trans. Plasma Sci., 2000, 28:971.

[8] Vincenti W G, Kruger C H. Introduction to Physical Gas Dynamics. New York: Wiley, 1967.

[9] Jeans J H. The Dynamical Theory of Gases. 4th ed. Cambridge: Cambridge University Press, 1924.

[10] https://us.lxcat.net/data/set_type.php.[2022-06-01].

第4章 低温等离子体的动理学模型

动理学(kinetics)是一种描述微观粒子在速度空间中运动的统计理论，最早是用来描述气体分子的碰撞过程和速度分布的。实际上，第3章介绍的PIC/MCC模型就是一种动理学理论。在PIC/MCC模型中，尽管宏粒子在电磁场作用下的运动规律是由第一性原理(牛顿方程)确定的，但这些宏粒子与中性粒子的碰撞过程是由MCC方法确定的，它是一种随机抽样的统计方法。

本章将介绍另外一种等离子体动理学描述方法，它是建立在非平衡态气体分子输运理论基础之上的。在这种方法中，认为等离子体中所有的粒子，包括带电粒子和中性粒子，其运动过程都可以用六维相空间中的一个统计分布函数来描述，而且分布函数服从一个积分-微分方程，即玻尔兹曼方程。一旦通过求解玻尔兹曼方程确定出带电粒子的分布函数，不仅可以研究一些发生在速度空间中的动理学行为，如带电粒子的加热机制和能量分布，还可以研究等离子体的输运行为，如带电粒子在电场中的定向迁移行为。

本章首先在4.1节中介绍六维相空间中粒子分布函数$f(\boldsymbol{r},v,t)$的概念，并建立分布函数所满足的玻尔兹曼方程。在4.2节中，分别确定电子与中性粒子的弹性和非弹性碰撞项，并给出电子的玻尔兹曼方程。由于玻尔兹曼方程是一个积分-微分方程，在一般情况下很难进行严格的求解，所以在4.3节中我们将电子的分布函数做两项近似展开，并分别给出零阶分布函数$f_0(\boldsymbol{r},v,t)$和一阶分布函数$f_1(\boldsymbol{r},v,t)$满足的玻尔兹曼方程，不过这两个方程是相互关联的。在4.4节中，针对在均匀交变电场作用下的等离子体，推导出一个封闭的零阶分布函数$f_0(v)$所满足的玻尔兹曼方程，并在仅考虑弹性碰撞的情况下给出$f_0(v)$的解析表示式。在4.5节中，进一步讨论了在均匀交变电场和均匀稳恒磁场作用下，零阶分布函数所满足的玻尔兹曼方程及其解，尤其是讨论了外磁场对分布函数及电子动理学温度的影响。最后，在4.6节中以柱状线圈维持的感性耦合放电为例，自洽地考虑等离子体中的极化电场(感应电场)对电子动理学行为的影响，尤其是对电子加热过程的影响。

4.1 玻尔兹曼方程的建立

玻尔兹曼(1844～1906年)是奥地利物理学家、热力学和统计物理的奠基人。1869年，他将气体分子的麦克斯韦速度分布推广到有保守力场存在的情况，得到了所谓的玻尔兹曼分布。1872年，玻尔兹曼建立了气体输运方程，即玻尔兹曼方程。

尽管玻尔兹曼方程最初是用来描述稀薄中性气体的输运过程的[1,2]，但后来人们把这个方程推广到等离子体中。

首先引入六维相空间的概念，它由三维位置空间和三维速度空间构成。在直角坐标系中，三维位置空间和三维速度空间分别为(x,y,z)和(v_x,v_y,v_z)，对应的六维相空间为(x,y,z,v_x,v_y,v_z)，或简写为$(\boldsymbol{r},\boldsymbol{v})$，其中$\boldsymbol{r}$为位置矢量，$\boldsymbol{v}$为速度矢量。六维相空间的体积元为$\mathrm{d}^3r\mathrm{d}^3v$，其中$\mathrm{d}^3r=\mathrm{d}x\mathrm{d}y\mathrm{d}z$和$\mathrm{d}^3v=\mathrm{d}v_x\mathrm{d}v_y\mathrm{d}v_z$分别为三维位置空间的体积元和三维速度空间的体积元。在t时刻，相体积元$\mathrm{d}^3r\mathrm{d}^3v$内有$f(\boldsymbol{r},\boldsymbol{v},t)\mathrm{d}^3r\mathrm{d}^3v$个粒子，其中$f(\boldsymbol{r},\boldsymbol{v},t)$为$t$时刻在相空间点$(\boldsymbol{r},\boldsymbol{v})$发现粒子的概率，称为粒子的分布函数。

下面确定分布函数$f(\boldsymbol{r},\boldsymbol{v},t)$所服从的偏微分方程。由于粒子受到力$\boldsymbol{F}$的作用，它的位置和速度都要发生变化，所以分布函数$f(\boldsymbol{r},\boldsymbol{v},t)$也要在相空间中发生变化。对于等离子体，带电粒子要受到电磁力的作用，它的加速度为

$$\boldsymbol{a}=\frac{\boldsymbol{F}}{m}=\frac{q}{m}(\boldsymbol{E}+\boldsymbol{v}\times\boldsymbol{B}) \tag{4.1-1}$$

其中，q和m分别为带电粒子的电量和质量；$\boldsymbol{E}$和$\boldsymbol{B}$分别是电场和磁场。假设在时间间隔$\mathrm{d}t$内，相空间的点从$(\boldsymbol{r},\boldsymbol{v})$变化到$(\boldsymbol{r}',\boldsymbol{v}')$，其中，

$$\boldsymbol{r}'=\boldsymbol{r}+\mathrm{d}\boldsymbol{r}=\boldsymbol{r}+\boldsymbol{v}\mathrm{d}t,\qquad \boldsymbol{v}'=\boldsymbol{v}+\mathrm{d}\boldsymbol{v}=\boldsymbol{v}+\boldsymbol{a}\mathrm{d}t \tag{4.1-2}$$

在$t'=t+\mathrm{d}t$时刻，在相体积元$\mathrm{d}^3r'\mathrm{d}^3v'$内发现粒子的个数为$f(\boldsymbol{r}',\boldsymbol{v}',t')\mathrm{d}^3r'\mathrm{d}^3v'$。这样在$\mathrm{d}t$间隔内，粒子数的净变化为

$$\mathrm{d}N=f(\boldsymbol{r}',\boldsymbol{v}',t')\mathrm{d}^3r'\mathrm{d}^3v'-f(\boldsymbol{r},\boldsymbol{v},t)\mathrm{d}^3r\mathrm{d}^3v \tag{4.1-3}$$

根据多重积分体积元的变换公式，有

$$\mathrm{d}^3r'\mathrm{d}^3v'=\frac{\partial(\boldsymbol{r}',\boldsymbol{v}')}{\partial(\boldsymbol{r},\boldsymbol{v})}\mathrm{d}^3r\mathrm{d}^3\boldsymbol{v}\equiv J\mathrm{d}^3r\mathrm{d}^3\boldsymbol{v} \tag{4.1-4}$$

其中，J为雅克比行列式。利用式(4.1-4)，可以证明，有$J=1$。这样，可以把式(4.1-3)写成

$$\begin{aligned}\mathrm{d}N&=[f(\boldsymbol{r}',\boldsymbol{v}',t')-f(\boldsymbol{r},\boldsymbol{v},t)]\mathrm{d}^3r\mathrm{d}^3v\\&=\left(\frac{\partial}{\partial t}+\boldsymbol{v}\cdot\frac{\partial}{\partial\boldsymbol{r}}+\boldsymbol{a}\cdot\frac{\partial}{\partial\boldsymbol{v}}\right)f(\boldsymbol{r},\boldsymbol{v},t)\mathrm{d}^3r\mathrm{d}^3v\mathrm{d}t\end{aligned} \tag{4.1-5}$$

这里已经将$f(\boldsymbol{r}',\boldsymbol{v}',t')$分别对小量$\mathrm{d}\boldsymbol{r}$、$\mathrm{d}\boldsymbol{v}$及$\mathrm{d}t$作泰勒级数展开，并只保留了一阶小量。式(4.1-5)给出了电磁场引起相体积元$\mathrm{d}^3r\mathrm{d}^3v$内的粒子数变化。

另外，带电粒子要与中性粒子发生碰撞，使得一部分粒子要进入相体积元，而另一部分粒子则离开相体积元。假设在$\mathrm{d}t$时间内，由碰撞效应引起的相体积元$\mathrm{d}^3r\mathrm{d}^3v$内粒子数的变化为

$$dN = C(f)d^3rd^3vdt \tag{4.1-6}$$

其中，$C(f)$ 为碰撞积分。这样结合式(4.1-5)和式(4.1-6)，有

$$\frac{\partial f}{\partial t}+\boldsymbol{v}\cdot\frac{\partial f}{\partial \boldsymbol{r}}+\boldsymbol{a}\cdot\frac{\partial f}{\partial \boldsymbol{v}}=C(f) \tag{4.1-7}$$

这就是所谓的玻尔兹曼方程，由它可以给出带电粒子分布函数在相空间中的变化规律。从该方程可以看出，引起带电粒子分布函数随时间变化的因素有三个方面：坐标空间的漂移(左边第二项)、速度空间的漂移(左边第三项)和碰撞效应(右边)。

下面讨论带电粒子与中性粒子之间的碰撞积分。在弱电离等离子体中，由于带电粒子与中性粒子之间的碰撞占主要地位，而且带电粒子与中性粒子之间的相互作用力(如第 2 章给出的极化力)是短程力，所以在如下讨论中，仅考虑带电粒子与中性粒子之间的二体碰撞过程，忽略多体碰撞过程。假设在碰撞前带电粒子和中性粒子的分布函数分别为 $f(\boldsymbol{r},\boldsymbol{v}',t)$ 和 $F(\boldsymbol{r},\boldsymbol{V}',t)$，其中 $\boldsymbol{v}'$ 和 $\boldsymbol{V}'$ 分别为带电粒子和中性粒子在碰撞前的速度。在碰撞后，它们对应的分布函数为 $f(\boldsymbol{r},\boldsymbol{v},t)$ 和 $F(\boldsymbol{r},\boldsymbol{V},t)$，其中 $\boldsymbol{v}$ 和 $\boldsymbol{V}$ 分别为它们在碰撞后的速度(注：这里与第 2 章和第 3 章中对碰撞前后粒子的速度标注相反)。现在考虑一个小的相体积元 d^3rd^3v。由于碰撞效应，在 dt 时间内进入这个相体积元内的带电粒子数为

$$C_{in}d^3vd^3rdt=\int_{\Omega}\int_{V'}F(\boldsymbol{r},\boldsymbol{V}',t)f(\boldsymbol{r},\boldsymbol{v}',t)g'I(g',\chi')d\Omega'd^3v'd^3V'd^3rdt \tag{4.1-8}$$

其中，$I(g',\chi')$ 为对应的微分散射截面；$g'=|\boldsymbol{v}'-\boldsymbol{V}'|$ 为碰撞前的相对速度；$d\Omega=\sin\chi d\chi d\phi$ 为立体角元。由于粒子运动方程的可逆性，在相同的时间 dt 内散射出该体积元的带电粒子数为

$$C_{out}d^3vd^3rdt=\int_{\Omega}\int_{V}F(\boldsymbol{r},\boldsymbol{V},t)f(\boldsymbol{r},\boldsymbol{v},t)gI(g,\chi)d\Omega d^3vd^3Vd^3rdt \tag{4.1-9}$$

$g=|\boldsymbol{v}-\boldsymbol{V}|$ 是碰撞后的相对速度大小。这样在 dt 时间内，在该体积元中带电粒子的净变化数为

$$C(f)d^3vd^3rdt=(C_{in}-C_{out})d^3vd^3rdt \tag{4.1-10}$$

即

$$\begin{aligned}C(f)d^3v=&\int_{\Omega'}\int_{V'}F(\boldsymbol{r},\boldsymbol{V}',t)f(\boldsymbol{r},\boldsymbol{v}',t)g'I(g',\chi')d\Omega'd^3v'd^3V'\\&-\int_{\Omega}\int_{V}F(\boldsymbol{r},\boldsymbol{V},t)f(\boldsymbol{r},\boldsymbol{v},t)gI(g,\chi)d\Omega d^3vd^3V\end{aligned} \tag{4.1-11}$$

在一般情况下，$C(f)$ 包括弹性碰撞项和非弹性碰撞项，即 $C(f)=C_{elas}(f)+C_{inelas}(f)$。

如果仅考虑弹性碰撞，利用两个粒子碰撞前后的动量守恒和动能守恒，可以证明有[1]

$$d^3v d^3V = d^3v' d^3V' \tag{4.1-12}$$

此外，根据第 2 章的讨论可以知道，两个粒子在弹性碰撞前后相对速度不变，即 $g = g'$。这样根据式(4.1-11)，可以得到弹性碰撞的积分项为

$$C_{\text{elas}}(f) = \int_{\Omega}\int_{V}(F'f' - Ff) g I_{\text{elas}}(g,\chi) d\Omega d^3V \tag{4.1-13}$$

其中，$I_{\text{elas}}(g,\chi)$ 为弹性碰撞的微分散射截面。

需要说明的是，方程(4.1-7)对电子和离子都成立，但两者的碰撞项不一样。在一般情况下，电子与中性粒子之间不仅可以发生弹性碰撞，还可以发生非弹性碰撞。对于离子，由于其速度较低，通常它只能与中性粒子发生弹性碰撞。不过，在电子与中性粒子的电离碰撞和附着碰撞过程中，会产生新的离子。因此，在离子玻尔兹曼方程中，不仅要包括离子与中性粒子的弹性碰撞项，还要包括电子与中性粒子的电离碰撞项和附着碰撞项。

由方程(4.1-7)可以看出，带电粒子的速度分布函数要受到电磁场的影响。在一般情况下，等离子体中的电磁场包括外场 $(\boldsymbol{E}_0, \boldsymbol{B}_0)$ 和内场 $(\boldsymbol{E}_1, \boldsymbol{B}_1)$，其中内场由等离子体中的带电粒子运动产生。总电磁场服从麦克斯韦方程组

$$\nabla \times \boldsymbol{E} = -\frac{\partial \boldsymbol{B}}{\partial t} \tag{4.1-14}$$

$$\nabla \times \boldsymbol{B} = \mu_0 \boldsymbol{J}_{\text{p}} + \mu_0 \varepsilon_0 \frac{\partial \boldsymbol{E}}{\partial t} \tag{4.1-15}$$

$$\nabla \cdot \boldsymbol{B} = 0 \tag{4.1-16}$$

$$\nabla \cdot \boldsymbol{E} = \frac{\rho}{\varepsilon_0} \tag{4.1-17}$$

其中，ρ 和 $\boldsymbol{J}_{\text{p}}$ 分别为等离子体的电荷密度和电流密度，它们都依赖于带电粒子的分布函数

$$\rho = e\left(\int f_{\text{i}} d^3v - \int f_{\text{e}} d^3v\right) \tag{4.1-18}$$

$$\boldsymbol{J}_{\text{p}} = e\left(\int \boldsymbol{v} f_{\text{i}} d^3v - \int \boldsymbol{v} f_{\text{e}} d^3v\right) \tag{4.1-19}$$

式中，f_{e} 及 f_{i} 分别为电子和离子的速度分布函数。在一般情况下，动理学方程(4.1-7)是一个非线性方程，这种非线性效应来自于方程(4.1-7)左边的第三项。

4.2　电子玻尔兹曼方程

对于电子与中性粒子的碰撞，由于中性粒子的质量远大于电子的质量，所以其

速度远小于电子的速度，即 $V \ll v$，因此可以假设中性粒子在碰撞前后几乎不动[3-5]，其分布函数分别为 $F' = n_g\delta(V')$ 及 $F = n_g\delta(V)$，其中 n_g 是中性粒子的密度，δ 是狄拉克函数。这样又可以进一步把式(4.1-11)改写为

$$C(f_e)d^3v = n_g\int_{\Omega'} f_e(\boldsymbol{r},\boldsymbol{v}',t)v'I(v',\chi)d\Omega' d^3v' - n_g\int_{\Omega} f_e(\boldsymbol{r},\boldsymbol{v},t)vI(v,\chi)d\Omega d^3v \tag{4.2-1}$$

下面分四种情况来讨论电子与中性粒子的碰撞积分：弹性碰撞、激发碰撞、电离碰撞和附着碰撞。

1. *弹性碰撞积分*

对于电子与中性粒子的弹性碰撞，根据第 2 章的讨论可知，有如下关系式：

$$v'^2 - v^2 = \frac{2m_e M}{(m_e + M)^2}v'^2(1-\cos\chi) \tag{4.2-2}$$

注意，该式与式(2.1-20)和式(2.1-21)稍微不同，这里 v' 为碰撞前电子的速度，而 v 为碰撞后的电子速度。根据质心系中二体弹性碰撞理论可以知道，散射角 χ 只与两个粒子的相对速度 g 有关，而 g 在碰撞前后是个不变量。因此，对式(4.2-2)两边进行微分，可以得到 $dv'/dv = v'/v$，或

$$\frac{d^3v'}{d^3v} = \frac{v'^2 dv'}{v^2 dv} = \frac{v'^3}{v^3} \tag{4.2-3}$$

即对弹性碰撞，碰撞前后的速度体积元之比等于速度的三次方之比。这样，由式(4.2-1)，可以得到电子与中性粒子的弹性碰撞积分为

$$C_{\text{elas}}(f_e) = n_g\frac{1}{v^3}\int_{\Omega}[f_e(\boldsymbol{r},\boldsymbol{v}',t)v'^4 I_{\text{elas}}(v',\chi) - f_e(\boldsymbol{r},\boldsymbol{v},t)v^4 I_{\text{elas}}(v,\chi)]d\Omega \tag{4.2-4}$$

其中，$I_{\text{elas}}(v,\chi)$ 为电子与中性粒子弹性碰撞的微分截面。

2. *激发碰撞积分*

考虑一个能量为 $m_e v'^2/2$ 的电子，它与中性粒子发生激发碰撞，有如下能量守恒式：

$$\frac{1}{2}m_e v'^2 = \frac{1}{2}m_e v^2 + \varepsilon_{\text{ex}} \tag{4.2-5}$$

其中，ε_{ex} 为原子或分子的某一个激发能级。对上式两边微分，有 $v'dv' = vdv$，由此可以得到 $d^3v' = (v'/v)d^3v$。根据式(4.2-1)，可以把激发碰撞积分表示为

$$C_{\text{ex}}(f_e) = n_g\left[-v\sigma_{\text{ex}}(v)f_e(\boldsymbol{r},\boldsymbol{v},t) + \frac{v'^2}{v}\sigma_{\text{ex}}(v')f_e(\boldsymbol{r},\boldsymbol{v}',t)\right] \tag{4.2-6}$$

其中，$\sigma_{\text{ex}}(v)$ 为激发碰撞截面

$$\sigma_{\text{ex}}(v) = \int_{\Omega} I_{\text{ex}}(v,\chi)d\Omega \tag{4.2-7}$$

在一般情况下，中性粒子有多个激发态，因此需要将式(4.2-6)对所有的激发态能级求和，且用第 j 个激发能级对应的截面 $\sigma_{\mathrm{ex},j}(v)$ 代替 $\sigma_{\mathrm{ex}}(v)$。

这里说明一下，对于电子与分子的解离碰撞，碰撞积分的形式与式(4.2-6)的形式相似，把激发碰撞截面换成解离碰撞截面即可。

3. 电离碰撞积分

对于电子与中性粒子的电离碰撞过程，电子数不守恒，当中性粒子被电离时会产生一个新的电子。当一个能量为 $m_{\mathrm{e}}v'^2/2$ 的电子与一个中性粒子发生电离碰撞后，有如下能量守恒式：

$$\frac{1}{2}m_{\mathrm{e}}v'^2=\frac{1}{2}m_{\mathrm{e}}v^2+\frac{1}{2}m_{\mathrm{e}}v_1^2+\varepsilon_{\mathrm{iz}} \tag{4.2-8}$$

其中，$\varepsilon_{\mathrm{iz}}$ 为中性粒子的电离能；$m_{\mathrm{e}}v^2/2$ 为被散射电子的能量；$m_{\mathrm{e}}v_1^2/2$ 为新产生电子的能量。为了讨论方便，假设新产生电子的能量与被散射电子的能量相同，这样可以把式(4.2-8)改写为

$$v'^2=2v^2+2\varepsilon_{\mathrm{iz}}/m_{\mathrm{e}} \tag{4.2-9}$$

对式(4.2-9)两边微分，有 $v'\mathrm{d}v'=2v\mathrm{d}v$，由此可以得到 $\mathrm{d}^3v'=2(v'/v)\mathrm{d}^3v$。这样，可以把电离碰撞积分表示为

$$C_{\mathrm{iz}}(f_{\mathrm{e}})=n_{\mathrm{g}}\left[-v\sigma_{\mathrm{iz}}(v)f_{\mathrm{e}}(\boldsymbol{r},\boldsymbol{v},t)+\frac{4v'^2}{v}\sigma_{\mathrm{iz}}(v')f_{\mathrm{e}}(\boldsymbol{r},\boldsymbol{v}',t)\right] \tag{4.2-10}$$

其中，σ_{iz} 为电离碰撞截面

$$\sigma_{\mathrm{iz}}(v)=\int_{\Omega}I_{\mathrm{iz}}(v,\chi)\mathrm{d}\Omega \tag{4.2-11}$$

式(4.2-10)右边的第二项是来自于散射电子和新产生电子的共同贡献。

4. 附着碰撞积分

对于低能电子与中性粒子的附着碰撞，入射电子损失掉其能量，并附着在中性粒子上，且形成一个负离子。由于在附着碰撞中电子被损失掉，因此可以假设进入相体积元的电子数为零，即 $C_{\mathrm{in}}=0$。这样可以得到附着碰撞积分为

$$C_{\mathrm{att}}(f_{\mathrm{e}})=-n_{\mathrm{g}}\sigma_{\mathrm{att}}(v)vf_{\mathrm{e}}(\boldsymbol{r},\boldsymbol{v},t) \tag{4.2-12}$$

其中，σ_{att} 为附着截面

$$\sigma_{\mathrm{att}}(v)=\int_{\Omega}I_{\mathrm{att}}(v,\chi)\mathrm{d}\Omega \tag{4.2-13}$$

至此，我们分别得到了电子与中性粒子的碰撞积分，它们分别为弹性碰撞积分、激发碰撞积分、电离碰撞积分和附着碰撞积分。根据方程(4.1-7)，可以把电子的玻

尔兹曼方程表示为

$$\frac{\partial f_{\mathrm{e}}}{\partial t}+\boldsymbol{v}\cdot\frac{\partial f_{\mathrm{e}}}{\partial \boldsymbol{r}}+\boldsymbol{a}_{\mathrm{e}}\cdot\frac{\partial f_{\mathrm{e}}}{\partial \boldsymbol{v}}=C_{\mathrm{elas}}(f_{\mathrm{e}})+C_{\mathrm{inelas}}(f_{\mathrm{e}}) \tag{4.2-14}$$

其中，$\boldsymbol{a}_{\mathrm{e}}$是电子的加速度；$C_{\mathrm{inelas}}(f_{\mathrm{e}})$为非弹性碰撞项

$$C_{\mathrm{inelas}}(f_{\mathrm{e}})=C_{\mathrm{ex}}(f_{\mathrm{e}})+C_{\mathrm{iz}}(f_{\mathrm{e}})+C_{\mathrm{att}}(f_{\mathrm{e}}) \tag{4.2-15}$$

式(4.2-14)是一个积分-微分方程。在一般情况下，分布函数f_{e}是7个变量的函数，即3个空间变量(x,y,z)、3个速度变量(v_x,v_y,v_z)和1个时间变量t。

4.3　电子分布函数的两项近似方法

在如下讨论中，我们假定忽略等离子体产生的自洽电磁场对带电粒子分布函数的影响，即只考虑外界施加的场。这种假设一般适用于低密度的等离子体，如射频放电的CCP。对高密度的等离子体，如ICP或甚高频放电的CCP，必须要考虑等离子体产生的自洽场对分布函数的影响。

在气体放电过程中，一方面，电子在外电场的作用下做定向迁移运动，并从电场中获得能量；另一方面，电子要与中性粒子进行碰撞并损失其能量，而且这种碰撞使得其运动方向杂乱无章，没有规律。在一般情况下，电子的定向迁移速度$\boldsymbol{u}_{\mathrm{E}}$远小于其无规运动的热速度$u_{T_{\mathrm{e}}}=\sqrt{T_{\mathrm{e}}/m_{\mathrm{e}}}$，这样电子的分布函数在速度空间中基本上是各向同性分布的。在如下讨论中，我们假设电子分布函数f对速度空间中的各向同性分布$f_0(\boldsymbol{r},v,t)$偏离不是太大，并且可以表示成如下两项近似的形式[3, 4]：

$$f(\boldsymbol{r},v,t)=f_0(\boldsymbol{r},v,t)+\frac{1}{v}\boldsymbol{v}\cdot\boldsymbol{f}_1(\boldsymbol{r},v,t) \tag{4.3-1}$$

其中，要求$|\boldsymbol{f}_1|\ll f_0$。$f_0(\boldsymbol{r},v,t)$及$\boldsymbol{f}_1(\boldsymbol{r},v,t)$只与速度的大小$v$有关，与速度的方向无关。这里为了书写方便，略去了电子分布函数中的下标“e”。对于非磁化等离子体，可以选取电场的方向沿着z轴，且假设等离子体只在z轴方向是非均匀的，以及$\boldsymbol{f}_1(\boldsymbol{r},v,t)$只有沿着$z$轴的分量。这样，可以把式(4.3-1)改写为

$$f(z,v,t)=f_0(z,v,t)+\cos\theta f_1(z,v,t) \tag{4.3-2}$$

其中，θ为速度$\boldsymbol{v}$与z轴的夹角，即$v_z=v\cos\theta$。将式(4.3-2)代入方程(4.2-14)，有

$$\begin{aligned}&\frac{\partial f_0}{\partial t}+\cos\theta\frac{\partial f_1}{\partial t}+v\cos\theta\frac{\partial f_0}{\partial z}+v\cos^2\theta\frac{\partial f_1}{\partial z}\\&+a_{\mathrm{e}}\cos\theta\frac{\partial f_0}{\partial v}+a_{\mathrm{e}}\left[\frac{f_1}{v}+\cos^2\theta v\frac{\partial}{\partial v}\left(\frac{f_1}{v}\right)\right]=C(f_0+\cos\theta f_1)\end{aligned} \tag{4.3-3}$$

其中

$$C = C_{\mathrm{ea}}(f) + C_{\mathrm{ex}}(f) + C_{\mathrm{iz}}(f) + C_{\mathrm{att}}(f) \tag{4.3-4}$$

为了得到 f_0 和 f_1 满足的方程，首先将方程(4.3-3)的两边乘以 $\sin\theta$，并对 θ 进行积分，有

$$\frac{\partial f_0}{\partial t} + \frac{v}{3}\frac{\partial f_1}{\partial z} + \frac{a_{\mathrm{e}}}{3v^2}\frac{\partial}{\partial v}(v^2 f_1) = S_0 \tag{4.3-5}$$

其中

$$S_0 = \frac{1}{2}\int_0^{\pi} C(f_0 + \cos\theta f_1)\sin\theta \mathrm{d}\theta \tag{4.3-6}$$

然后再将方程(4.3-3)的两边乘以 $\sin\theta\cos\theta$，并对 θ 进行积分，有

$$\frac{\partial f_1}{\partial t} + v\frac{\partial f_0}{\partial z} + a_{\mathrm{e}}\frac{\partial f_0}{\partial v} = S_1 \tag{4.3-7}$$

其中

$$S_1 = \frac{3}{2}\int_0^{\pi} C(f_0 + \cos\theta f_1)\cos\theta\sin\theta \mathrm{d}\theta \tag{4.3-8}$$

一旦确定出碰撞项 S_0 和 S_1 的具体形式，就可以通过求解方程(4.3-5)和方程(4.3-7)确定出电子的分布函数 f_0 和 f_1。

1. *确定 S_0 的形式*

首先确定弹性碰撞对积分 S_0 的贡献。根据式(4.2-4)及式(4.3-6)，有

$$\begin{aligned} S_0^{(\mathrm{elas})} &= \frac{1}{2}\int_0^{\pi} C_{\mathrm{elas}}(f_0 + \cos\theta f_1)\sin\theta \mathrm{d}\theta \\ &= n_{\mathrm{g}}\frac{1}{2v^3}\int_{\Omega}\mathrm{d}\Omega\int_0^{\pi}[(f_0' + \cos\theta' f_1')v'^4 I_{\mathrm{elas}}(v',\chi) - (f_0 + \cos\theta f_1)v^4 I_{\mathrm{elas}}(v,\chi)]\sin\theta \mathrm{d}\theta \end{aligned} \tag{4.3-9}$$

其中，θ' 是速度 $\boldsymbol{v}'$ 与 z 轴的夹角。利用 $\boldsymbol{v}$ 、$\boldsymbol{v}'$ 与 z 轴构成的球面三角，有如下公式：

$$\cos\theta' = \cos\theta\cos\chi + \sin\theta\sin\chi\cos\phi \tag{4.3-10}$$

其中，χ 和 ϕ 分别为散射角和方位角。将式(4.3-10)代入式(4.3-9)，并完成对 θ 的积分，并考虑到正比于 $\cos\phi$ 那一项的积分为零(因为 $\mathrm{d}\Omega = \sin\chi\mathrm{d}\chi\mathrm{d}\phi$),可以得到

$$S_0^{(\mathrm{elas})} = n_{\mathrm{g}}\frac{1}{v^3}\int_{\Omega}[f_0' v'^4 I_{\mathrm{elas}}(v',\chi) - f_0 v^4 I_{\mathrm{elas}}(v,\chi)]\mathrm{d}\Omega \tag{4.3-11}$$

对于电子与中性粒子的弹性碰撞，其动能变化为一个小量，见式(4.2-2)，有

$$v' - v \approx \frac{m_{\mathrm{e}}}{M}v(1 - \cos\chi) \tag{4.3-12}$$

这样将式(4.3-11)右边的被积函数对小量$(v'-v)$展开，并只保留到一阶小量，有

$$f_0'v'^4 I_{\text{elas}}(v',\chi)-f_0 v^4 I_{\text{elas}}(v,\chi)\approx(v'-v)\frac{\partial}{\partial v}[f_0 v^4 I_{\text{elas}}(v,\chi)] \\ \approx\frac{m_{\text{e}}}{M}v(1-\cos\chi)\frac{\partial}{\partial v}[f_0 v^4 I_{\text{elas}}(v,\chi)] \tag{4.3-13}$$

将式(4.3-13)代入式(4.3-11)，最后可以得到

$$S_0^{(\text{elas})}=n_{\text{g}}\frac{m_{\text{e}}}{M}\frac{1}{v^2}\frac{\partial}{\partial v}(v^4\sigma_{\text{en}}f_0) \tag{4.3-14}$$

其中

$$\sigma_{\text{en}}=\int_{\Omega}(1-\cos\chi)I_{\text{elas}}(v,\chi)\text{d}\Omega \tag{4.3-15}$$

为电子与中性粒子碰撞的动量输运截面。

其次，再讨论非弹性碰撞对积分S_0的贡献。根据式(4.2-6)，式(4.2-10)及式(4.2-12)，可以分别得到激发碰撞、电离碰撞和附着碰撞对S_0的贡献为

$$S_0^{(\text{ex})}=n_{\text{g}}\left[-v\sigma_{\text{ex}}(v)f_0(v)+\frac{v'^2}{v}\sigma_{\text{ex}}(v')f_0'(v')\right]\quad(v'=\sqrt{v^2+2\varepsilon_{\text{ex}}/m_{\text{e}}}) \tag{4.3-16}$$

$$S_0^{(\text{iz})}=n_{\text{g}}\left[-\sigma_{\text{iz}}vf_0(v)+\frac{4v'^2}{v}\sigma_{\text{iz}}f_0(v')\right]\quad(v'=\sqrt{2v^2+2\varepsilon_{\text{iz}}/m_{\text{e}}}) \tag{4.3-17}$$

$$S_0^{(\text{att})}=-n_{\text{g}}\sigma_{\text{att}}(v)vf_0(v) \tag{4.3-18}$$

这样，最后得到S_0的表示式为

$$S_0=S_{\text{elas}}(f_0)+S_{\text{inelas}}(f_0) \tag{4.3-19}$$

其中，$S_{\text{elas}}(f_0)$和$S_{\text{inelas}}(f_0)$分别为弹性和非弹性碰撞项

$$S_{\text{elas}}(f_0)=S_0^{(\text{elas})},\quad S_{\text{inelas}}(f_0)=S_0^{(\text{ex})}+S_0^{(\text{iz})}+S_0^{(\text{att})} \tag{4.3-20}$$

2. 确定S_1的形式

对于弹性碰撞，根据式(4.3-8)，有

$$S_1^{(\text{elas})}=\frac{3}{2}\int_0^{\pi}C_{\text{elas}}(f_0+\cos\theta f_1)\cos\theta\sin\theta\text{d}\theta \tag{4.3-21}$$

再利用式(4.2-4)及式(4.3-10)，对上式完成对θ的积分后，可以得到

$$S_1^{(\text{elas})}=\frac{1}{v^3}n_{\text{g}}\int_{\Omega}[f_1'v'^4\cos\chi I_{\text{elas}}(v',\chi)-f_1v^4 I_{\text{elas}}(v,\chi)]\text{d}\Omega \tag{4.3-22}$$

由于电子的速度在弹性碰撞前后改变很小，可以近似地认为$v\approx v'$，$f'\approx f$。这样可

以把式(4.3-22)表示为

$$S_1^{(\mathrm{elas})} = -n_{\mathrm{g}} v \sigma_{\mathrm{en}}(v) f_1 \tag{4.3-23}$$

对于激发、电离和附着等非弹性碰撞，根据式(4.2-6)、式(4.2-10)及式(4.2-12)，可以得到

$$S_1^{(\mathrm{ex})} = n_{\mathrm{g}} \left[-v\sigma_{\mathrm{ex}}(v) f_1(v) + \frac{v'^2}{v} \sigma_{\mathrm{ex}}(v') f_1(v') \right] \quad \left(v' = \sqrt{v^2 + 2\varepsilon_{\mathrm{ex}} / m_{\mathrm{e}}}\right) \tag{4.3-24}$$

$$S_1^{(\mathrm{iz})} = n_{\mathrm{g}} \left[-v\sigma_{\mathrm{iz}}(v) f_1(v) + \frac{4v'^2}{v} \sigma_{\mathrm{iz}}(v') f_1(v') \right] \quad \left(v' = \sqrt{2v^2 + 2\varepsilon_{\mathrm{iz}} / m_{\mathrm{e}}}\right) \tag{4.3-25}$$

$$S_1^{(\mathrm{att})} = -n_{\mathrm{g}} v \sigma_{\mathrm{att}}(v) f_1(v) \tag{4.3-26}$$

在一般情况下，电子与中性粒子的非弹性碰撞截面远小于弹性碰撞的动量输运截面，尤其是对于低能电子，即 $\sigma_{\mathrm{ex}}, \sigma_{\mathrm{iz}}, \sigma_{\mathrm{att}} \ll \sigma_{\mathrm{en}}$，因此，通常只考虑弹性碰撞效应对 S_1 的影响，即

$$S_1 \approx S_1^{(\mathrm{elas})} = -n_{\mathrm{g}} v \sigma_{\mathrm{en}} f_1 \tag{4.3-27}$$

这就是所谓的 Krook 碰撞项。

4.4　均匀射频电场中的电子分布函数

在如下讨论中，我们假设外电场是空间均匀的，且随时间是交变的。原则上讲，可以用正弦函数或余弦函数来表示电场随时间的变化。但注意到，由于电子的动理学方程式(4.3-5)和式(4.3-7)是线性的，如果将射频电场写成复数形式，即 $E_z(t) = E\mathrm{e}^{-\mathrm{i}\omega t}$，将简化方程的求解过程，其中 ω 是电场的角频率，E 是射频电场的复振幅。

如果外电场随时间变化的频率较高，满足如下不等式：

$$\omega \gg \frac{m_{\mathrm{e}}}{M} \nu_{\mathrm{en}} \tag{4.4-1}$$

则在一个射频周期内电子通过弹性碰撞传给中性粒子的能量较少，其中 $\nu_{\mathrm{en}} = n_{\mathrm{g}} v \sigma_{\mathrm{en}}(v)$ 为电子的动量输运频率。因此，可以假设分布函数 f_0 与时间无关，f_1 则随时间变化，并表示为 $f_1(v,t) = f_1(v)\mathrm{e}^{-\mathrm{i}\omega t}$。这样可以把方程(4.3-5)和方程(4.3-7)分别改写为

$$-\frac{e}{3m_{\mathrm{e}}v^2} \frac{\mathrm{d}}{\mathrm{d}v} \left[\frac{1}{2} \mathrm{Re}(v^2 E^* f_1) \right] = S_0(f_0) \tag{4.4-2}$$

$$-\mathrm{i}\omega f_1-\frac{e}{m_\mathrm{e}}E\frac{\mathrm{d}f_0}{\mathrm{d}v}=-\nu_{\mathrm{en}}f_1 \tag{4.4-3}$$

其中方程(4.4-2)左边括号内的因子 1/2 是来自于 $E_z f_1$ 对一个射频周期的平均，而且在方程(4.4-3)中，忽略了非弹性碰撞效应的影响。由方程(4.4-3)得到 f_1 的表示式

$$f_1=\frac{e}{m_\mathrm{e}}\frac{E}{\nu_{\mathrm{en}}-\mathrm{i}\omega}\frac{\mathrm{d}f_0}{\mathrm{d}v} \tag{4.4-4}$$

并代入式(4.4-2)，可以得到 f_0 满足的方程为

$$-\frac{e^2|E|^2}{6m_\mathrm{e}^2v^2}\frac{\mathrm{d}}{\mathrm{d}v}\left(\frac{\nu_{\mathrm{en}}v^2}{\nu_{\mathrm{en}}^2+\omega^2}\frac{\mathrm{d}f_0}{\mathrm{d}v}\right)=S_0(f_0) \tag{4.4-5}$$

其中，碰撞项 $S_0(f_0)$ 由式(4.3-19)给出。一旦给定射频电场的幅值 $|E|$，就可以根据这个方程确定出电子在射频电场作用下的速度分布函数 f_0。在一般情况下，需要采用数值分析方法才能给出方程(4.4-5)的解。

对于电正性气体(如惰性气体氩、氦等气体)放电，在体区中的电子能量一般要低于原子或分子的激发能的阈值。这时电子与中性粒子的弹性碰撞占主导地位，可以近似地不考虑非弹性碰撞效应对分布函数 f_0 的影响。根据式(4.3-14)及方程式(4.4-5)，有

$$\frac{e^2|E|^2}{6m_\mathrm{e}^2v^2}\frac{\mathrm{d}}{\mathrm{d}v}\left(\frac{\nu_{\mathrm{en}}v^2}{\nu_{\mathrm{en}}^2+\omega^2}\frac{\mathrm{d}f_0}{\mathrm{d}v}\right)=\frac{m_\mathrm{e}}{M}\frac{1}{v^2}\frac{\mathrm{d}}{\mathrm{d}v}(v^3\nu_{\mathrm{en}}f_0) \tag{4.4-6}$$

由此可以得到

$$f_0(v)=A\exp\left[-\frac{6m_\mathrm{e}^3}{e^2M|E|^2}\int_0^v v'(\nu_{\mathrm{en}}^2+\omega^2)\mathrm{d}v'\right] \tag{4.4-7}$$

其中，A 为常数。假设电子的密度为 n_e，则常数 A 可以由如下归一化条件确定：

$$\int_0^\infty f_0(v)4\pi v^2\mathrm{d}v=n_\mathrm{e} \tag{4.4-8}$$

下面根据不同的情况，进一步给出分布函数 $f_0(v)$ 的解析形式。

当射频电场的频率远小于电子与中性粒子的弹性碰撞频率时，即 $\omega\ll\nu_{\mathrm{en}}$，式(4.4-7)可以退化为直流电场情况下的分布函数

$$f_0(v)=A\exp\left(-\frac{6m_\mathrm{e}^3}{e^2M|E|^2}\int_0^v \nu_{\mathrm{en}}^2(v')v'\mathrm{d}v'\right) \tag{4.4-9}$$

如果电子的动量输运碰撞频率 ν_{en} 为常数，上式可以退化为所谓的麦克斯韦分布

$$f_0(v)=A\exp\left(-\frac{3m_\mathrm{e}^3\nu_{\mathrm{en}}^2}{e^2M|E|^2}v^2\right) \tag{4.4-10}$$

如果电子的动量输运碰撞截面 σ_{en} 为常数，利用 $\nu_{\mathrm{en}} = n_{\mathrm{g}} v \sigma_{\mathrm{en}} \equiv v / \lambda_{\mathrm{en}}$ (其中 λ_{en} 为电子的碰撞自由程)，有

$$f_0(v) = C\exp\left(-\frac{3m_{\mathrm{e}}^3 v^4}{4e^2 M|E|^2 \lambda_{\mathrm{en}}^2}\right) \tag{4.4-11}$$

称该分布函数为 Druyvesteyn 分布，或简称 D 分布。与麦克斯韦分布相比，D 分布对电子速度的依赖关系更强。

当 $\omega \gg \nu_{\mathrm{en}}$ 时，由式(4.4-7)，有

$$f_0(v) = A\exp\left(-\frac{3m_{\mathrm{e}}^3 \omega^2}{e^2 M|E|^2} v^2\right) \tag{4.4-12}$$

这时分布函数与碰撞频率无关。与式(4.4-10)相似，式(4.4-12)也是一种麦克斯韦分布。

如果碰撞频率 ν_{en} 为常数，可以引入一个有效电场

$$E_{\mathrm{eff}} = \frac{1}{\sqrt{2}} \frac{\nu_{\mathrm{en}}}{(\omega^2 + \nu_{\mathrm{en}}^2)^{1/2}} |E| \tag{4.4-13}$$

这样可以把式(4.4-7)改写为

$$f_0(v) = A\exp\left(-\frac{m_{\mathrm{e}} v^2}{2T_{\mathrm{eff}}}\right) \tag{4.4-14}$$

其中

$$T_{\mathrm{eff}} = \frac{M}{3m_{\mathrm{e}}^2} \frac{e^2 E_{\mathrm{eff}}^2}{\nu_{\mathrm{en}}^2} \tag{4.4-15}$$

是有效电子温度，它正比于有效电场的平方。式(4.4-15)是一种麦克斯韦分布。可以看出，随着电源频率 ω 的增加，有效电场和有效电子温度下降，分布函数 $f_0(v)$ 朝着低速区移动。

等离子体中的电子在射频电场的作用下，要做定向迁移运动，从而产生定向流动的电子电流。利用式(4.3-2)，可以得到电流密度为

$$\begin{aligned} J_{\mathrm{e}}(t) &= -e\int v_z f \mathrm{d}^3 v = -e\int v\cos\theta (f_0 + \cos\theta f_1) \mathrm{d}^3 v \\ &= -e\int \cos^2\theta v f_1 \mathrm{d}^3 v \end{aligned} \tag{4.4-16}$$

将 $f_1 = f_1 \mathrm{e}^{-\mathrm{i}\omega t}$ 及式(4.4-4)代入上式，并利用 $\mathrm{d}^3 v = 2\pi \sin\theta v^2 \mathrm{d}v \mathrm{d}\theta$，完成对角度 θ 的积分后，有

$$J_{\mathrm{e}} = -\frac{4\pi}{3} \frac{e^2 E}{m_{\mathrm{e}}} \int_0^\infty \frac{v^3}{\nu_{\mathrm{en}} - \mathrm{i}\omega} \frac{\mathrm{d}f_0}{\mathrm{d}v} \mathrm{d}v \equiv \sigma_{\mathrm{p}} E \tag{4.4-17}$$

其中

$$\sigma_{\mathrm{p}} = -\frac{4}{3}\frac{\pi e^2}{m_{\mathrm{e}}}\int_0^{\infty}\frac{v^3}{\nu_{\mathrm{en}} - \mathrm{i}\omega}\frac{\mathrm{d}f_0}{\mathrm{d}v}\mathrm{d}v \tag{4.4-18}$$

是等离子体的复电导率。等离子体从外界射频电场中吸收的功率密度为

$$p_{\mathrm{abs}} = \frac{1}{2}(J^* E) = \frac{1}{2}\mathrm{Re}\,\sigma_{\mathrm{p}}|E|^2 \tag{4.4-19}$$

其中，等离子体电导率的实部为

$$\mathrm{Re}\,\sigma_{\mathrm{p}} = -\frac{4}{3}\frac{\pi e^2}{m_{\mathrm{e}}}\int_0^{\infty}\frac{\nu_{\mathrm{en}}}{\nu_{\mathrm{en}}^2 + \omega^2}\frac{\mathrm{d}f_0}{\mathrm{d}v}v^3\mathrm{d}v \tag{4.4-20}$$

可以看到，当放电气压很低时，电子与中性粒子的碰撞频率很小，使得等离子体的吸收功率密度也很小。正如第 3 章所讨论的，这种通过电子与中性粒子的碰撞方式来吸收外界射频电场(或电源)能量的机制称为欧姆加热机制。当碰撞频率为常数时，利用分布函数的归一化条件，并完成对式(4.4-18)速度的积分，可以把电导率表示为

$$\sigma_{\mathrm{p}} = \frac{e^2 n_{\mathrm{e}}}{m_{\mathrm{e}}(\nu_{\mathrm{en}} - \mathrm{i}\omega)} \tag{4.4-21}$$

可以看出，这与第 3 章用唯象理论得到的结果一致，见式(3.2-13)。式(4.4-21)仅适用于电子与中性粒子的动量输运频率为常数的情况。在一般情况下，当电子的分布函数不是麦克斯韦分布时，必须采用式(4.4-18)计算等离子体的复电导率。

此外，一旦由方程(4.4-5)确定出分布函数 f_0，还可以计算出电子与中性粒子的碰撞速率系数

$$k_j = \int_0^{\infty} v\sigma_j(v) f_0(v) 4\pi v^2 \mathrm{d}v \tag{4.4-22}$$

其中，$\sigma_j(v)$ 为电子与中性粒子的第 j 类碰撞截面。碰撞速率是一个重要的物理量，它直接决定着带电粒子的粒子数、动量和能量的输运过程，我们将在第 5 章讨论这个问题。

4.5　均匀恒定磁场对电子分布函数的影响

假设在均匀的等离子体中存在均匀的稳恒磁场 $\boldsymbol{B}_0$ 和均匀的交变电场 $\boldsymbol{E}(t) = \boldsymbol{E}\mathrm{e}^{-\mathrm{i}\omega t}$。为了便于讨论，假设电场在 xz 平面，磁场沿 z 轴方向，即 $\boldsymbol{E} = E_{\perp}\boldsymbol{e}_x + E_{//}\boldsymbol{e}_z$，$\boldsymbol{B}_0 = B_0\boldsymbol{e}_z$。在现在的情况下，电子的分布函数也是空间均匀的，即 $f = f(\boldsymbol{v},t)$，且服从的方程为

$$\frac{\partial f}{\partial t}-\frac{e}{m_{\mathrm{e}}}(\boldsymbol{E}+\boldsymbol{v}\times\boldsymbol{B}_0)\cdot\nabla_v f=C_{\mathrm{elas}}(f)+C_{\mathrm{inelas}}(f) \tag{4.5-1}$$

由于外磁场的存在，它将影响电子的运动方向，从而改变电子的速度分布函数。不过这里我们仍假设放电气压较高，电子与中性粒子可以进行充分的碰撞，使得分布函数的两项近似条件仍适用，即可以把 $f(\boldsymbol{v},t)$ 表示为

$$f(\boldsymbol{v},t)=f_0(v)+\boldsymbol{v}\cdot\boldsymbol{f}_1(v,t) \tag{4.5-2}$$

其中，$\boldsymbol{f}_1(v,t)=\boldsymbol{f}_1(v)\mathrm{e}^{-\mathrm{i}\omega t}$，且 $|\boldsymbol{v}\cdot\boldsymbol{f}_1|\ll f_0$。需要说明一下，这里的分布函数展开形式与式(4.3-1)稍微不一样，把 $\boldsymbol{v}$ 归到 $\boldsymbol{f}_1$ 中了。将式(4.5-2)代入式(4.5-1)，有

$$\begin{aligned}&-\mathrm{i}\omega\boldsymbol{v}\cdot\boldsymbol{f}_1-\frac{e}{m_{\mathrm{e}}}\boldsymbol{E}\cdot\nabla_v(f_0+\boldsymbol{v}\cdot\boldsymbol{f}_1)-\frac{e}{m_{\mathrm{e}}}(\boldsymbol{v}\times\boldsymbol{B}_0)\cdot\nabla_v(\boldsymbol{v}\cdot\boldsymbol{f}_1)\\&=C_{\mathrm{elas}}(f_0+\boldsymbol{v}\cdot\boldsymbol{f}_1)+C_{\mathrm{inelas}}(f_0+\boldsymbol{v}\cdot\boldsymbol{f}_1)\end{aligned} \tag{4.5-3}$$

这里，利用了 $(\boldsymbol{v}\times\boldsymbol{B}_0)\cdot\dfrac{\partial f_0}{\partial\boldsymbol{v}}=0$。再利用如下关系式：

$$\begin{cases}\nabla_v f_0=\dfrac{\boldsymbol{v}}{v}\dfrac{\mathrm{d}f_0}{\partial\mathrm{d}v}\\ \nabla_v(\boldsymbol{v}\cdot\boldsymbol{f}_1)=\boldsymbol{f}_1+\dfrac{\boldsymbol{v}}{v}\left(\boldsymbol{v}\cdot\dfrac{\mathrm{d}\boldsymbol{f}_1}{\mathrm{d}v}\right)\\ (\boldsymbol{v}\times\boldsymbol{B}_0)\cdot\nabla_v(\boldsymbol{v}\cdot\boldsymbol{f}_1)=(\boldsymbol{v}\times\boldsymbol{B}_0)\cdot\boldsymbol{f}_1=\boldsymbol{v}\cdot(\boldsymbol{B}_0\times\boldsymbol{f}_1)\end{cases} \tag{4.5-4}$$

则可以把式(4.5-3)改写为

$$\begin{aligned}&-\mathrm{i}\omega\boldsymbol{v}\cdot\boldsymbol{f}_1-\frac{e}{m_{\mathrm{e}}}\frac{\boldsymbol{E}\cdot\boldsymbol{v}}{v}\frac{\mathrm{d}f_0}{\mathrm{d}v}-\frac{e}{m_{\mathrm{e}}}\boldsymbol{E}\cdot\boldsymbol{f}_1-\frac{e}{m_{\mathrm{e}}}\frac{\boldsymbol{E}\cdot\boldsymbol{v}}{v}\left(\boldsymbol{v}\cdot\frac{\mathrm{d}\boldsymbol{f}_1}{\mathrm{d}v}\right)-\frac{e}{m_{\mathrm{e}}}\boldsymbol{v}\cdot(\boldsymbol{B}_0\times\boldsymbol{f}_1)\\&=C_{\mathrm{elas}}(f_0+\boldsymbol{v}\cdot\boldsymbol{f}_1)+C_{\mathrm{inelas}}(f_0+\boldsymbol{v}\cdot\boldsymbol{f}_1)\end{aligned} \tag{4.5-5}$$

在球坐标系中，速度的三个分量为

$$v_x=v\sin\theta\cos\phi,\quad v_y=v\sin\theta\sin\phi,\quad v_z=v\cos\theta \tag{4.5-6}$$

下面从方程(4.5-5)出发，分别推导出 f_0 和 $\boldsymbol{f}_1$ 所满足的方程。

首先将方程(4.5-5)左右两边同时对速度的立体角 $\mathrm{d}\Omega=\sin\theta\mathrm{d}\theta\mathrm{d}\phi$ 进行平均。可以看到方程(4.5-5)左边第一项、第二项及第五项的平均结果为零，而左边第三项与第四项之和的平均结果为

$$\left\langle-\frac{e}{m_{\mathrm{e}}}\boldsymbol{E}\cdot\boldsymbol{f}_1-\frac{e}{m_{\mathrm{e}}}\frac{\boldsymbol{E}\cdot\boldsymbol{v}}{v}\left(\boldsymbol{v}\cdot\frac{\mathrm{d}\boldsymbol{f}_1}{\mathrm{d}v}\right)\right\rangle_{\Omega}=-\frac{e}{m_{\mathrm{e}}}\frac{1}{3v^2}\frac{\mathrm{d}}{\mathrm{d}v}(v^3\boldsymbol{E}\cdot\boldsymbol{f}_1) \tag{4.5-7}$$

其中，利用了 $\langle\boldsymbol{v}\boldsymbol{v}\rangle_{\Omega}=\dfrac{1}{3}v^2\overleftrightarrow{\boldsymbol{I}}$，这里 $\overleftrightarrow{\boldsymbol{I}}$ 为单位张量。这样，可以得到

$$-\frac{e}{3m_e}\frac{1}{v^2}\frac{d}{dv}\left[v^3\frac{1}{2}\mathrm{Re}(\boldsymbol{E}^*\cdot\boldsymbol{f}_1)\right]=S_{elas}(f_0)+S_{inelas}(f_0) \tag{4.5-8}$$

其中，S_{elas} 和 S_{inelas} 分别为弹性碰撞积分项和非弹性碰撞积分项

$$S_{elas}(f_0)=\frac{1}{4\pi}\int_{\Omega}C_{elas}(f_0+\boldsymbol{v}\cdot\boldsymbol{f}_1)d\Omega \tag{4.5-9}$$

$$S_{inelas}(f_0)=\frac{1}{4\pi}\int_{\Omega}C_{inelas}(f_0+\boldsymbol{v}\cdot\boldsymbol{f}_1)d\Omega \tag{4.5-10}$$

可以令 $\boldsymbol{v}$ 与 $\boldsymbol{f}_1(v)$ 的夹角为 Θ，$\boldsymbol{v}'$ 与 $\boldsymbol{f}_1(v')$ 的夹角为 Θ'，有 $d\Omega=\sin\Theta d\Theta d\phi$，其中 $\boldsymbol{v}'$ 为碰撞后的电子速度。可以仿照 4.3 节中的做法，完成式(4.5-9)及式(4.5-10)对立体角的积分。由此得到的 S_{elas} 及 S_{inelas} 的表示式完全与式(4.3-20)相同。

再将式(4.5-4)两边分别同乘以 $\sin\theta\cos\phi$, $\sin\theta\sin\phi$ 及 $\cos\theta$，并完成对方位角的平均，可以分别得到关于 f_{1x}、f_{1y} 及 f_{1z} 的方程。这里不作详细推导，只把得到的三个方程合在一起，其形式为

$$-i\omega\boldsymbol{f}_1-\frac{e\boldsymbol{E}}{m_e v}\frac{df_0}{dv}-\frac{e}{m_e}(\boldsymbol{B}_0\times\boldsymbol{f}_1)=-\nu_{en}\boldsymbol{f}_1 \tag{4.5-11}$$

这里略去了非弹性碰撞项的贡献。由方程(4.5-11)，可以得到 $\boldsymbol{f}_1$ 的三个分量

$$f_{1x}=-i\frac{eE_{\perp}(\omega+i\nu_{en})}{m_e v[\omega_{ce}^2-(\omega+i\nu_{en})^2]}\frac{df_0}{dv} \tag{4.5-12}$$

$$f_{1y}=\frac{eE_{\perp}\omega_{ce}}{m_e v[\omega_{ce}^2-(\omega+i\nu_{en})^2]}\frac{df_0}{dv} \tag{4.5-13}$$

$$f_{1z}=i\frac{eE_{//}}{m_e v(\omega+i\nu_{en})}\frac{df_0}{dv} \tag{4.5-14}$$

其中，$\omega_{ce}=\dfrac{eB_0}{m_e}$ 是电子的回旋频率，即拉莫尔频率。

根据 $\boldsymbol{u}=\dfrac{1}{n_e}\int\boldsymbol{v}f(\boldsymbol{v})d^3v=\dfrac{1}{n_e}\int\boldsymbol{v}(\boldsymbol{v}\cdot\boldsymbol{f}_1)d^3v$，可以得到当碰撞频率 ν_{en} 为常数时电子沿三个方向上的漂移速度为

$$\begin{cases}u_x=\dfrac{ieE_{\perp}(\omega+i\nu_{en})}{m_e[\omega_{ce}^2-(\omega+i\nu_{en})^2]}\\ u_y=-\dfrac{eE_{\perp}\omega_{ce}}{m_e[\omega_{ce}^2-(\omega+i\nu_{en})^2]}\\ u_z=-i\dfrac{eE_{//}}{m_e(\omega+i\nu_{en})}\end{cases} \tag{4.5-15}$$

可见，磁场对平行于它的漂移速度没有影响，只影响垂直于它的漂移速度。对于直流放电，即 $\omega=0$，式(4.5-15)变为

$$u_x=-\frac{eE_\perp}{m_e}\frac{\nu_{en}}{(\nu_{en}^2+\omega_{ce}^2)},\quad u_y=-\frac{eE_\perp}{m_e}\frac{\omega_{ce}}{(\nu_{en}^2+\omega_{ce}^2)},\quad u_z=-\frac{eE_{//}}{m_e\nu_{en}} \tag{4.5-16}$$

可以看到，磁场的存在，使得电子横向漂移速度 u_x 变小。特别是当 $\omega_{ce}\gg\nu_{en}$ 时，y 方向的漂移速度为 $u_y=-\dfrac{E_\perp}{B_0}=\dfrac{(\boldsymbol{E}\times\boldsymbol{B}_0)_y}{B_0^2}$，这就是 3.1 节介绍的电漂移速度。如果电源的角频率远大于碰撞频率，即 $\omega\gg\nu_{en}$，则式(4.5-14)变为

$$u_x=-\mathrm{i}\frac{eE_\perp}{m_e}\frac{\omega}{\omega^2-\omega_{ce}^2},\quad u_y=\frac{eE_\perp}{m_e}\frac{\omega_{ce}}{\omega^2-\omega_{ce}^2},\quad u_z=-\mathrm{i}\frac{eE_{//}}{m_e\omega} \tag{4.5-17}$$

可见，当 $\omega=\omega_{ce}$ 时，横向漂移速度为无穷大，这就是所谓的电子回旋共振(electron cyclotron resonance，ECR)现象。

将上面得到的 $\boldsymbol{f}_1$ 代入方程(4.5-8)，可以得到如下准线性动理学方程：

$$-\frac{1}{v^2}\frac{\mathrm{d}}{\mathrm{d}v}\left[v^2(D_\perp+D_{//})\frac{\mathrm{d}f_0}{\mathrm{d}v}\right]=S_{elas}(f_0)+S_{inelas}(f_0) \tag{4.5-18}$$

其中，$D_\perp$ 和 $D_{//}$ 分别为速度空间中垂直于磁场和平行于磁场方向上的扩散系数

$$D_\perp=\frac{e^2|E_\perp|^2}{6m_e^2}\frac{\nu_{en}(\omega^2+\omega_{ce}^2+\nu_{en}^2)}{(\omega^2-\omega_{ce}^2-\nu_{en}^2)^2+4(\omega\nu_{en})^2} \tag{4.5-19}$$

$$D_{//}=\frac{e^2|E_{//}|^2}{6m_e^2}\frac{\nu_{en}}{\omega^2+\nu_{en}^2} \tag{4.5-20}$$

当电子的速度不是太高时，可以忽略非弹性碰撞项 $S_{inelas}(f_0)$ 的影响。利用式(4.3-15)，则方程(4.5-18)变为

$$-\frac{1}{v^2}\frac{\mathrm{d}}{\mathrm{d}v}\left[v^2(D_\perp+D_{//})\frac{\mathrm{d}f_0}{\mathrm{d}v}\right]=\frac{m_e}{M}\frac{1}{v^2}\frac{\mathrm{d}}{\mathrm{d}v}(v^3\nu_{en}f_0) \tag{4.5-21}$$

由此可以得到分布函数 $f_0(v)$ 为

$$f_0(v)=A\exp\left[-\frac{m_e}{M}\int_0^v\frac{\nu_{en}v'\mathrm{d}v'}{(D_\perp+D_{//})}\right] \tag{4.5-22}$$

可以看到，磁场对分布函数 $f_0(v)$ 的影响是通过垂直扩散系数 $D_\perp$ 反映出来的。当碰撞频率 ν_{en} 为常数时，式(4.5-22)变为麦克斯韦分布

$$f_0(v)=A\exp\left(-\frac{m_ev^2}{2T_e}\right) \tag{4.5-23}$$

其中，电子温度为

$$T_{\mathrm{e}}=\frac{M(D_{\perp}+D_{//})}{\nu_{\mathrm{en}}}$$
$$=\frac{e^{2}M}{6\nu_{\mathrm{en}}m_{\mathrm{e}}^{2}}\left[\frac{\nu_{\mathrm{en}}(\omega^{2}+\omega_{\mathrm{ce}}^{2}+\nu_{\mathrm{en}}^{2})}{(\omega^{2}-\omega_{\mathrm{ce}}^{2}-\nu_{\mathrm{en}}^{2})^{2}+4(\omega\nu_{\mathrm{en}})^{2}}\left|E_{\perp}\right|^{2}+\frac{\nu_{\mathrm{en}}}{\omega^{2}+\nu_{\mathrm{en}}^{2}}\left|E_{//}\right|^{2}\right] \tag{4.5-24}$$

特别是对于直流放电，有

$$T_{\mathrm{e}}=\frac{e^{2}M}{6\nu_{\mathrm{en}}^{2}m_{\mathrm{e}}^{2}}\left[\frac{1}{1+(\omega_{\mathrm{ce}}/\nu_{\mathrm{en}})^{2}}\left|E_{\perp}\right|^{2}+\left|E_{//}\right|^{2}\right]<\frac{e^{2}M}{6\nu_{\mathrm{en}}^{2}m_{\mathrm{e}}^{2}}\left|E\right|^{2} \tag{4.5-25}$$

其中，$\left|E\right|^{2}=\left|E_{\perp}\right|^{2}+\left|E_{//}\right|^{2}$。可见，由于磁场的存在，电子温度下降，其原因是电子的横向运动受到约束。

4.6　电子的无碰撞加热机制

根据 4.4 节的讨论，我们已经看到，在均匀外电场作用下，等离子体是以**欧姆加热**的方式从外电场中吸收能量，而且这种加热方式仅在放电气压较高的情况下比较有效。当放电气压较高时，由于电子与中性粒子碰撞比较频繁，所以又称欧姆加热为**碰撞加热**。实际上，除了欧姆加热方式外，在等离子体中还存着另外一种加热机制，称为**无碰撞加热**，或**随机加热**。这种加热机制主要是在低气压放电情况下占主导地位。对于不同的放电形式，这种无碰撞加热方式也不一样。比如，对于射频感性耦合放电，这种无碰撞加热主要发生在等离子体的体区，而且是通过射频波（场）与电子相互交换能量的方式实现的；而对于容性耦合放电，这种无碰撞加热主要发生在射频鞘层边界，而且是通过振荡的鞘层与电子交换能量来实现的。本节以感性耦合放电为例，介绍等离子体中的无碰撞加热机制。

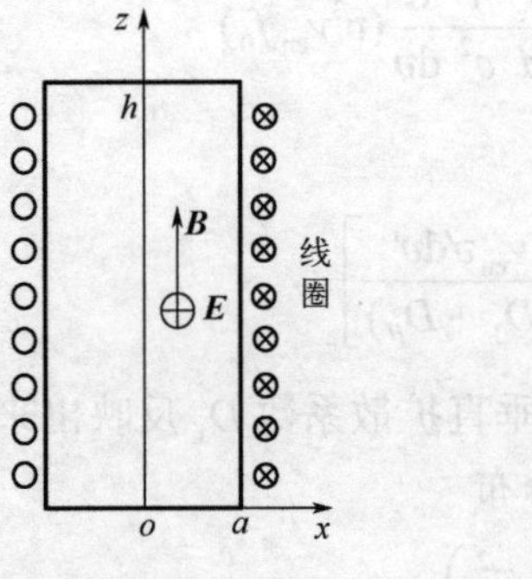

图 4-1　柱状线圈感性耦合放电示意图

设放电石英管的半径为 a，高度为 h，里面充满密度为 n 的均匀等离子体。石英管外壁均匀地缠绕 N 匝线圈，流过线圈的射频电流为 $I_{\mathrm{RF}}(t)=I_0\mathrm{e}^{-\mathrm{i}\omega t}$，其中 ω 为电流的角频率，I_0 为电流的幅值。

为便于讨论，我们假设石英管的高度远大于其半径，即 $h\gg a$，且采用空间一维模型。图 4-1 为柱状线圈感性耦合示意图，管的径向沿 x 轴，轴向沿 z 轴。线圈的电流从管壁的右侧流进去，从左侧流出来。当石英管中没有等离子体时，石英管内的磁场是均匀分布的，即为无限长螺线管内部的磁场，$\boldsymbol{B}_0=\dfrac{N}{h}\mu_0 I_0 \mathrm{e}^{-\mathrm{i}\omega t}\boldsymbol{e}_z$。当有等离子体存在时，线圈电流将会在等离子体中产生感应电场 $\boldsymbol{E}$ 和感应磁场 $\boldsymbol{B}$，其中 $\boldsymbol{E}$ 和 $\boldsymbol{B}$ 的方向分别沿着 y 轴和 z 轴，而且都只在 x 方向变化，即

$$\boldsymbol{E}=E(x,t)\boldsymbol{e}_y,\quad \boldsymbol{B}=B(x,t)\boldsymbol{e}_z \tag{4.6-1}$$

显然，对于涡旋电场，有如下反对称分布条件：

$$E(-x,t)=-E(x,t),\quad E(0,t)=0 \tag{4.6-2}$$

电磁场满足如下麦克斯韦方程组：

$$\begin{cases}\nabla\times\boldsymbol{E}=-\dfrac{\partial\boldsymbol{B}}{\partial t}\\ \nabla\times\boldsymbol{B}=\mu_0(\boldsymbol{J}_{\mathrm{coil}}+\boldsymbol{J}_{\mathrm{e}})+\varepsilon_0\mu_0\dfrac{\partial\boldsymbol{E}}{\partial t}\end{cases} \tag{4.6-3}$$

其中，$\boldsymbol{J}_{\mathrm{coil}}=J_{\mathrm{coil}}(x)\mathrm{e}^{-\mathrm{i}\omega t}\boldsymbol{e}_y$ 为线圈的电流密度，这里 $J_{\mathrm{coil}}(x)$ 为

$$J_{\mathrm{coil}}(x)=\frac{NI_0}{h}[\delta(x-a)-\delta(x+a)] \tag{4.6-4}$$

$\boldsymbol{J}_{\mathrm{e}}$ 为等离子体的电流密度，沿着 y 轴方向。将感应电场、感应磁场及等离子体的电流密度随时间的变化分别表示为

$$E(x,t)=E(x)\mathrm{e}^{-\mathrm{i}\omega t},\quad B(x,t)=B(x)\mathrm{e}^{-\mathrm{i}\omega t},\quad J_{\mathrm{e}}(x,t)=J_{\mathrm{e}}(x)\mathrm{e}^{-\mathrm{i}\omega t} \tag{4.6-5}$$

这样，可以把方程(4.6-3)简化为

$$\frac{\mathrm{d}^2E}{\mathrm{d}x^2}+k_0^2E=-\mathrm{i}\omega\mu_0(J_{\mathrm{coil}}+J_{\mathrm{e}}) \tag{4.6-6}$$

其中，$k_0=\omega/c$ 为电磁波在真空中的波数；$c=1/\sqrt{\varepsilon_0\mu_0}$ 为真空中的光速。

考虑到反对称性条件(4.6-2)，可以把电场表示为如下级数的形式：

$$E(x,t)=\sum_{n=-\infty}^{\infty}E_n\mathrm{e}^{\mathrm{i}(k_nx-\omega t)}\text{，且 }E_{-n}=-E_n,\ E_0=0 \tag{4.6-7}$$

其中，$k_n=\dfrac{n\pi}{2a}$ $(n=\pm1,\pm3,\pm5,\cdots)$ 为射频波(场)沿着 x 方向传播的波数。可见，波数取一系列的离散值，这是由于电磁波在一个有界区域内传播。同样，将等离子体的电流密度也写成级数的形式

$$J_{\mathrm{e}}(x,t)=\sum_{n=-\infty}^{\infty}\sigma_nE_n\mathrm{e}^{\mathrm{i}(k_nx-\omega t)} \tag{4.6-8}$$

其中，σ_n 为等离子体的电导率。将式(4.6-4)及式(4.6-8)代入方程(4.6-6)，并利用如下正交性条件：

$$\frac{1}{2a}\int_{-a}^{a} e^{i(k_n-k_m)x}dx=\begin{cases}0, & n\neq m\\ 1, & n=m\end{cases} \tag{4.6-9}$$

可以得到电场的展开系数为

$$E_n=-\frac{\mu_0\omega}{k_0^2-k_n^2+i\mu_0\omega\sigma_n}\frac{NI_0}{ah}\sin\left(\frac{n\pi}{2}\right) \tag{4.6-10}$$

这里需要对式(4.6-8)解释一下。当射频波在等离子体中传播时，等离子体中某一点的电流密度并不是与该点的电场一一对应的，即 $J_e(x)\neq\sigma_n E(x)$，而是与该点附近所有电子运动产生的电流密度相关。也就是说，电流密度和电场在空间变化上存在着相位差。这是波与等离子体相互作用过程的一个共有的特征。

根据方程 $\nabla\times\boldsymbol{E}=-\dfrac{\partial\boldsymbol{B}}{\partial t}$，很容易得到

$$\boldsymbol{B}(x,t)=\sum_{n=-\infty}^{\infty}\boldsymbol{B}_n e^{i(k_n x-\omega t)} \tag{4.6-11}$$

其中

$$\boldsymbol{B}_n=\frac{\boldsymbol{k}_n\times\boldsymbol{E}_n}{\omega}=\frac{k_n E_n}{\omega}\boldsymbol{e}_z \tag{4.6-12}$$

可见，射频磁场具有对称性分布，即 $B(-x,t)=B(x,t)$。此外，还可以看到射频电场对空间平均为零，即

$$\frac{1}{2a}\int_{-a}^{a}E(x,t)dx=0 \tag{4.6-13}$$

也就是说，射频电场在空间上是涨落量。

在射频电磁场作用下，电子分布函数 $f(x,v,t)$ 服从的玻尔兹曼方程为

$$\frac{\partial f}{\partial t}+\boldsymbol{v}\cdot\nabla_r f-\frac{e}{m_e}(\boldsymbol{E}+\boldsymbol{v}\times\boldsymbol{B})\cdot\nabla_v f=C(f) \tag{4.6-14}$$

其中，$C(f)$ 为电子与中性粒子的碰撞积分项，包括弹性碰撞和非弹性碰撞，见 4.2 节。在射频电磁场的影响下，可以把电子的分布函数写成如下形式：

$$f=f_0+f_1 \tag{4.6-15}$$

其中，$f_0=\langle f\rangle$ 为分别对空间尺度 $2a$、射频周期 $T_{RF}=\dfrac{\omega}{2\pi}$ 及速度方位角 Ω 进行平均的分布函数；而 f_1 是分布函数的涨落部分，或扰动部分。将式(4.6-15)代入方程(4.6-14)，可以分别得到 f_0 及 f_1 服从的方程

$$-\frac{e}{m_{\mathrm{e}}}\left\langle(\boldsymbol{E}+\boldsymbol{v}\times\boldsymbol{B})\cdot\nabla_{v}f_{1}\right\rangle=\left\langle C(f_{0})\right\rangle \tag{4.6-16}$$

$$\frac{\partial f_{1}}{\partial t}+\boldsymbol{v}\cdot\nabla_{\boldsymbol{r}}f_{1}-\frac{e}{m_{\mathrm{e}}}(\boldsymbol{E}+\boldsymbol{v}\times\boldsymbol{B})\cdot\nabla_{v}f_{0}=-\nu_{\mathrm{en}}f_{1} \tag{4.6-17}$$

方程(4.6-17)是一个关于扰动分布函数 f_1 的线性方程，而方程(4.6-16)是一个非线性方程，这是因为其左边是两个扰动物理量的平均。因此，通常称上述近似方法为准线性近似方法。此外，方程(4.6-17)右边已用 Krook 碰撞项代替。

首先确定方程(4.6-16)左边的形式。令

$$f_{1}(x,v,t)=\sum_{n=-\infty}^{\infty}f_{1n}(v)\mathrm{e}^{\mathrm{i}(k_{n}x-\omega t)} \tag{4.6-18}$$

将式(4.6-18)代入方程(4.6-17)，并利用式(4.6-7)，可以确定出 $f_{1n}(v)$ 的形式为

$$f_{1n}(v)=\frac{\mathrm{i}e}{m_{\mathrm{e}}}\frac{1}{\omega-k_{n}v_{x}+\mathrm{i}\nu_{\mathrm{en}}}\boldsymbol{E}_{n}\cdot\frac{\partial f_{0}}{\partial \boldsymbol{v}} \tag{4.6-19}$$

然后再将 $f_{1n}(v)$ 代入方程(4.6-16)的左边，经过一系列的繁杂推导和化简，最后可以得到

$$-\frac{e}{m_{\mathrm{e}}}\left\langle\left(\boldsymbol{E}+\boldsymbol{v}\times\boldsymbol{B}\right)\cdot\nabla_{v}f_{1}\right\rangle=-\frac{1}{v^{2}}\frac{\mathrm{d}}{\mathrm{d}v}\left(v^{2}D\frac{\mathrm{d}f_{0}}{\mathrm{d}v}\right) \tag{4.6-20}$$

其中，D 是速度空间中的扩散系数

$$D=\frac{e^{2}}{8m_{\mathrm{e}}^{2}\omega}\sum_{n=-\infty}^{\infty}\left|E_{n}\right|^{2}\varPsi\left(\frac{k_{n}v}{\omega},\frac{\nu_{\mathrm{en}}}{\omega}\right) \tag{4.6-21}$$

函数 $\varPsi(\tau,\varsigma)$ 只与 $\tau=k_{n}v/\omega$ 及 $\varsigma=\nu_{\mathrm{en}}/\omega$ 有关

$$\varPsi(\tau,\varsigma)=\int_{0}^{\pi}\frac{\varsigma\sin^{3}\theta\mathrm{d}\theta}{(1-\tau\cos\theta)^{2}+\varsigma^{2}} \tag{4.6-22}$$

关于式(4.6-20)的详细推导过程，可以参见附录 D。根据 4.3 节和 4.4 节的讨论有

$$\left\langle C(f_{0})\right\rangle=\frac{1}{4\pi}\int_{0}^{2\pi}\int_{0}^{\pi}\sin\theta\mathrm{d}\phi\mathrm{d}\theta C(f_{0})=S_{\mathrm{elas}}(f_{0})+S_{\mathrm{inelas}}(f_{0}) \tag{4.6-23}$$

其中，$S_{\mathrm{elas}}(f_0)$ 和 $S_{\mathrm{inelas}}(f_0)$ 为电子与中性粒子的弹性和非弹性碰撞项，见式(4.3-20)，它们都线性地依赖于分布函数 f_0。这样，可以得到方程(4.6-16)的最终形式为

$$-\frac{1}{v^{2}}\frac{\mathrm{d}}{\mathrm{d}v}\left(v^{2}D\frac{\mathrm{d}f_{0}}{\mathrm{d}v}\right)=S_{\mathrm{elas}}(f_{0})+S_{\mathrm{inelas}}(f_{0}) \tag{4.6-24}$$

从形式上看，这个方程好像是一个关于 f_0 的线性方程，实际上扩散系数 D 依赖于电场幅值的平方，见式(4.6-21)。下面将看到，电场的幅值 E_n 依赖于分布函数 f_0。因此，称方程(4.6-16)或方程(4.6-24)为准线性方程。

由式(4.6-10)可以看出，电场的幅值 E_n 依赖于电导率 σ_n。因此，下面需要进一步确定等离子体的电导率。利用式(4.6-18)和式(4.6-19)，有

$$J_{\mathrm{e}}(x,t)=-e\int v_y f_1(r,v,t)\mathrm{d}^3v$$
$$=-\frac{\mathrm{i}e^2}{m_{\mathrm{e}}}\sum_{n=-\infty}^{\infty}\left(\int\frac{v_y}{\omega-k_nv_x+\mathrm{i}\nu_{\mathrm{en}}}\frac{\mathrm{d}f_0}{\mathrm{d}v_y}\mathrm{d}^3v\right)E_n\mathrm{e}^{\mathrm{i}(k_nx-\omega t)} \tag{4.6-25}$$

与式(4.6-8)进行比较，可以得到

$$\sigma_n=-\frac{\mathrm{i}e^2}{m_{\mathrm{e}}}\int\frac{v_y}{\omega-k_nv_x+\mathrm{i}\nu_{\mathrm{en}}}\frac{\mathrm{d}f_0}{\mathrm{d}v_y}\mathrm{d}^3v$$
$$=-\frac{\mathrm{i}\pi e^2}{m_{\mathrm{e}}\omega}\int_0^{\infty}v^3\left[\Phi\left(\frac{k_nv}{\omega},\frac{\nu_{\mathrm{en}}}{\omega}\right)-\mathrm{i}\Psi\left(\frac{k_nv}{\omega},\frac{\nu_{\mathrm{en}}}{\omega}\right)\right]\frac{\mathrm{d}f_0}{\mathrm{d}v}\mathrm{d}v \tag{4.6-26}$$

其中

$$\Phi(\tau,\varsigma)=\int_0^{\pi}\frac{(1-\tau\cos\theta)}{(1-\tau\cos\theta)^2+\varsigma^2}\sin^3\theta\mathrm{d}\theta \tag{4.6-27}$$

这样，方程(4.6-24)与式(4.6-10)和式(4.6-26)构成了一套封闭的方程组，并可以通过数值计算的方法得到分布函数 f_0 随 v 的变化行为。

下面再讨论一下等离子体从射频电场中吸收的功率密度 p_{abs}。利用式(4.6-7)和式(4.6-8)，可以得到

$$p_{\mathrm{abs}}(x)=\frac{1}{T_{\mathrm{RF}}}\int_0^{T_{\mathrm{RF}}}J_{\mathrm{e}}(x,t)E(x,t)\mathrm{d}t=\frac{1}{2}\mathrm{Re}[J_{\mathrm{e}}(x)E^*(x)]$$
$$=\frac{1}{2}\mathrm{Re}\left[\sum_{n=-\infty}^{\infty}\sum_{m=-\infty}^{\infty}\sigma_nE_nE_m^*\mathrm{e}^{\mathrm{i}(k_n-k_m)x}\right] \tag{4.6-28}$$

将式(4.6-28)再对空间进行平均，最后得到

$$p_{\mathrm{abs}}=\langle p_{\mathrm{abs}}(x)\rangle_{2a}=\frac{1}{2}\mathrm{Re}\left[\sum_{n=-\infty}^{\infty}\sum_{m=-\infty}^{\infty}\sigma_nE_nE_m^*\frac{1}{2a}\int_{-a}^{a}\mathrm{e}^{\mathrm{i}(k_n-k_m)x}\mathrm{d}x\right]$$
$$=\frac{1}{2}\sum_{n=-\infty}^{\infty}\mathrm{Re}\,\sigma_n|E_n|^2 \tag{4.6-29}$$

其中

$$\mathrm{Re}\,\sigma_n=-\frac{\pi e^2}{m_{\mathrm{e}}\omega}\int_0^{\infty}v^3\Psi\left(\frac{k_nv}{\omega},\frac{\nu_{\mathrm{en}}}{\omega}\right)\frac{\mathrm{d}f_0}{\mathrm{d}v}\mathrm{d}v \tag{4.6-30}$$

由于碰撞频率 ν_{en} 正比于放电气压，所以，对于给定的射频电源角频率 ω，当放电气压很低时，$\varsigma=\nu_{\mathrm{en}}/\omega$ 的值很小。由图 4-2 可以看出，当 $\varsigma=0.01$ 时，函数 Ψ 的值不为零。尤其是，在 $\tau>1$ 的区域内，Ψ 的值随 ν_{en}/ω 减小而增加。也就说，对于给定

的射频频率ω，在低气压范围内，等离子体从射频电场吸收的功率密度随碰撞频率的减小而增加。这显然与前面介绍的欧姆加热机制相反。

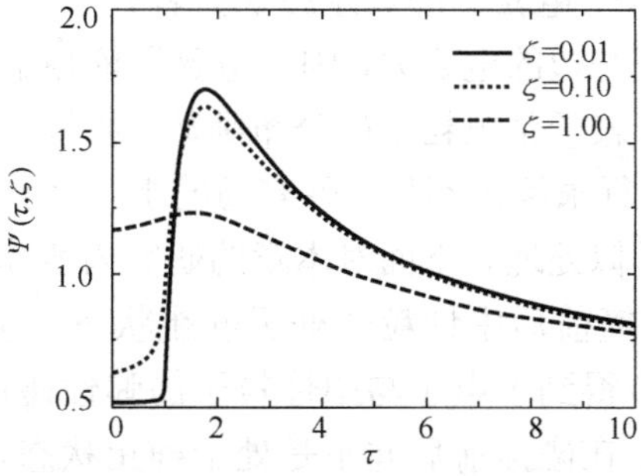

图 4-2　函数$\Psi(\tau,\varsigma)$随变量τ的变化

为了对上面的结果进行合理的解释，我们看一下当碰撞频率$\nu_{\rm en}$趋于零时等离子体的吸收功率密度。当$\nu_{\rm en}\to 0^+$时，利用复变函数中的主值公式

$$\frac{1}{\omega-k_n v_x+\mathrm{i}\nu_{\rm en}}\to P\frac{1}{\omega-k_n v_x}-\mathrm{i}\pi\delta(\omega-k_n v_x) \tag{4.6-31}$$

式(4.6-31)右边第一项为主值部分，$\delta(k_n v_x-\omega)$函数表示波-粒子共振。将式(4.6-31)代入式(4.6-26)，并取实部，可以得到

$$\begin{aligned}\mathrm{Re}\,\sigma_n&=-\frac{\pi e^2}{m_{\rm e}}\int_{-\infty}^{\infty}\mathrm{d}v_x\int_{-\infty}^{\infty}\mathrm{d}v_y\int_{-\infty}^{\infty}\mathrm{d}v_z\delta(\omega-k_n v_x)v_y\frac{\partial f_0}{\partial v_y}\\&=\frac{\pi e^2}{m_{\rm e}k_n}\int_{-\infty}^{\infty}\int_{-\infty}^{\infty}f_0\Big|_{v_x=\omega/k_n}\mathrm{d}v_y\mathrm{d}v_z\end{aligned} \tag{4.6-32}$$

在当射频波在等离子体中沿着x方向传播时，它将与等离子体中的电子发生相互作用，并相互交换能量。当电子沿着x方向运动的速度等于波的相速度时，即$v_x=\omega/k_n$，波与电子发生共振。对于低速电子($v_x<\omega/k_n$)，可以从波中吸收能量；反之，对于高速电子($v_x>\omega/k_n$)，则可以把自身的能量传给波。对于接近于麦克斯韦分布的f_0，低速电子多，高速电子少。因此，平均而言，电子从波中吸收的净能量大于零。也就是说，放电气压很低时，电子几乎不与中性粒子发生碰撞，电子也可以通过波-粒子相互作用效应从射频电场中吸收能量，这就是**无碰撞加热机制**。实际上，这种无碰撞加热现象在等离子体物理中早被人们所知，通常称为朗道阻尼现象。

4.7　本 章 小 结

本章通过引入单粒子的分布函数，建立了带电粒子的动理学方程，即玻尔兹曼方程，见方程(4.1-7)。可以看出，引起分布函数随时间的变化来自于两部分，一部分是由电磁场在六维相空间中产生的漂移项，另一部分是带电粒子与中性粒子的碰撞积分项。在一般情况下，带电粒子的玻尔兹曼方程是一个非线性的积分-微分方程，其非线性行为来自于方程左边的电磁力，因为电磁场依赖于电荷密度和电流密度，而电荷密度和电流密度又依赖于带电粒子的分布函数。通常，很难得到玻尔兹曼的解析解，即使采用数值方法进行求解也不是一件容易的事。为了能够解析地求解电子玻尔兹曼方程，必须做一些近似处理。下面对本章的研究内容作进一步的说明。

(1)我们假设了在碰撞前后中性粒子处于静止状态，从而对碰撞积分项进行化简。在此基础上，进一步得到了电子与中性粒子的弹性碰撞积分项和非弹性碰撞积分项。实际上，中性粒子在碰撞前后并不是处于静止状态，而是要做热运动。可以证明，如果假设中性粒子具有麦克斯韦速度分布，可以把电子-中性粒子的弹性碰撞积分改写为[6]

$$S_0^{(\mathrm{elas})}=n_{\mathrm{g}}\frac{m_{\mathrm{e}}}{M}\frac{1}{v^2}\frac{\mathrm{d}}{\mathrm{d}v}\left[v^4\sigma_{\mathrm{en}}(v)\left(f_0+\frac{T_{\mathrm{g}}}{m_{\mathrm{e}}v}\frac{\mathrm{d}f_0}{\mathrm{d}v}\right)\right] \tag{4.7-1}$$

其中，T_{g} 为中性气体的温度；右边括号内的第二项表示中性气体温度不为零时产生的能量扩散。

(2)在 4.3 节中，对电子分布函数做了两项近似展开，见式(4.3-1)。这里已假定式(4.3-1)右边的第二项是个小量，也就是要求电子的速度分布函数 $f(\boldsymbol{r},\boldsymbol{v},t)$ 接近于速度空间中各向同性分布函数 $f_0(\boldsymbol{r},v,t)$。当放电气压较高时，施加的电场不是太强，这种假设是合理的。然而，在低气压强场放电中，电子具有很强的定向运动，这时 $f(\boldsymbol{r},\boldsymbol{v},t)$ 将明显地偏离 $f_0(\boldsymbol{r},v,t)$。

(3)在 4.4 节中，我们假设等离子体和交变电场都是空间均匀的，且忽略了电子与中性粒子的非弹性碰撞项，从而得到了各向同性速度分布函数 $f_0(v)$ 的解析表示式，即 $f_0(v)$ 为麦克斯韦分布或 D 分布，见式(4.4-10)或式(4.4-11)。在这种情况下，可以确定出电子的动理学温度及电子沿着电场方向的迁移率(或电导率)。但当电子的能量较高时，激发碰撞及电离碰撞会起作用，将导致 $f_0(v)$ 具有一个高能尾[3]。

如果等离子体是空间非均匀的，电子不仅沿着电场方向迁移，而且还会产生空间扩散，见习题 4.6。

(4)在 4.4 节和 4.5 节中，我们分别考虑了外电场和外磁场对电子动理学行为的影响，而忽略了等离子体自身产生的自洽电磁场。在 4.6 节中我们以感性耦合放电为例，介绍了一种分析非局域电子动理学的研究方法，考虑了感应电磁场对电子动理学行为的影响。特别是低气压放电下，这种非局域动理学理论可以给出电子的无碰撞加热效应。原则上，也可以建立容性耦合放电的非局域动理学理论模型。

(5)本章讨论的重点是电子动理学特性。原则上讲，方程(4.1-7)既适用于电子，也适用于离子。但是，对于离子而言，碰撞积分主要是来自于它与中性粒子的弹性碰撞，这是因为在一般情况下离子的能量较低，很难通过碰撞直接使中性原子或分子被激发和电离。不过，在电子与中性粒子的电离、附着等碰撞过程中，要伴随着正负离子的产生。因此，在正负离子的玻尔兹曼方程中，要包含电子与中性粒子的电离、附着等碰撞的贡献，即

$$\frac{\partial f_i}{\partial t}+\boldsymbol{v}\cdot\frac{\partial f_i}{\partial \boldsymbol{r}}+\frac{q_i}{m_i}(\boldsymbol{E}+\boldsymbol{u}\times\boldsymbol{B})\cdot\frac{\partial f_i}{\partial \boldsymbol{v}}=C_{\text{elas}}(f_i)+C_{\text{inelas}}(f_i) \tag{4.7-2}$$

其中，$C_{\text{elas}}(f_i)$ 来自于离子与中性粒子的弹性碰撞；而 $C_{\text{inelas}}(f_i)$ 来自于电子与中性粒子的电离碰撞或附着碰撞。$C_{\text{inelas}}(f_i)$ 主要影响离子数的变化，而对离子能量变化的影响很小。对于离子的玻尔兹曼方程，我们将在第 5 章中利用它推导离子的流体力学方程。

习 题 4

4.1 写出无碰撞情况下带电粒子的动理学方程，即弗拉索夫方程，并分析这个方程的非线性特点。

4.2 如果两个粒子做弹性碰撞，证明：在碰撞前后它们的速度体积元相乘不变

$$\mathrm{d}^3v\mathrm{d}^3V=\mathrm{d}^3v'\mathrm{d}^3V'$$

即式(4.1-12)。

4.3 根据式(4.1-13)，证明：弹性碰撞不会改变粒子数，即 $\int C_{\text{elas}}(f)\mathrm{d}^3v=0$。

4.4 根据式(4.2-6)，证明：激发碰撞不会改变粒子数，即 $\int C_{\text{ex}}(f)\mathrm{d}^3v=0$。

4.5 如果电子的动量输运频率 $\nu_{\text{en}}=n_{\text{g}}v\sigma_{\text{en}}(v)$ 为常数，且电子的速度分布函数为归一化的麦克斯韦分布，证明：根据式(4.3-14)，弹性碰撞导致电子的能量损失正比于

$$-\frac{3m_{\text{e}}T_{\text{e}}}{M}n_{\text{g}}\nu_{\text{en}}$$

其中，T_{e} 为电子温度。

4.6 在交变电场 E 的作用下，根据式(4.3-7)和式(4.3-22)，可以得到非均匀等离子体中电子扰动分布函数 f_1 为

$$f_1=\frac{1}{n_{\text{g}}(\mathrm{i}\omega-\nu_{\text{en}})}\left(v\frac{\partial f_0}{\partial z}-\frac{eE}{m_{\text{e}}}\frac{\partial f_0}{\partial v}\right)$$

如果令 $f_0(z,v)=n_{\text{e}}(z)g_0(v)$，其中 n_{e} 为电子密度，$g_0(v)$ 为归一化的电子速度分布函数。

(1) 证明：可以把电子通量表示为

$$\Gamma_{\mathrm{e}}=\int v_z f(z,v)\mathrm{d}^3 v=-\mu_{\mathrm{e}} n_{\mathrm{e}} E-D_{\mathrm{e}}\frac{\mathrm{d}n_{\mathrm{e}}}{\mathrm{d}z}$$

其中，μ_{e} 和 D_{e} 为电子的迁移率和扩散系数。

(2) 如果 $g_0(v)$ 为麦克斯韦分布，且动量输运频率 ν_{en} 与速度无关，且 $\nu_{\mathrm{en}} \gg \omega$，证明：$\mu_{\mathrm{e}}$ 和 D_{e} 满足爱因斯坦关系式 $D_{\mathrm{e}}=\dfrac{T_{\mathrm{e}}}{m_{\mathrm{e}}\nu_{\mathrm{en}}}$。

4.7 根据式(4.5-12)～式(4.5-14)给出的分布函数 f_{1x}、f_{1y} 和 f_{1z}，计算有外磁场情况下的电子吸收功率密度，并分析在 $\nu_{\mathrm{en}} \to 0$ 的情况下吸收功率密度的特点。

参考文献

[1] 汪志诚. 热力学·统计物理. 北京: 高等教育出版社, 1980.

[2] 应纯同. 气体输运理论及应用. 北京: 清华大学出版社, 1990.

[3] 戈兰特 B E, 等. 等离子体物理基础. 马腾才, 秦运文, 译. 北京: 原子能出版社, 1983.

[4] Lieberman M A, Lichtenberg A J. Principles of Plasma Discharges and Materials Processing. Hoboken, New Jersey: John Wiley & Sons, Inc., 2005.

[5] Colonna G, D'Angola A. Plasma Modeling: Methods and Applications. IOP Publishing Ltd, 2016.

[6] Smirnov B M. Theory of Gas Discharge Plasma. New York: Springer, 2015.

第 5 章　低温等离子体的流体力学模型

在第 4 章介绍的等离子体动理学理论中，认为等离子体的状态可以由带电粒子的分布函数来描述，其中分布函数服从玻尔兹曼方程。在一般情况下，这个分布函数是 7 个变量的函数(其中位置空间变量 3 个、速度变量 3 个以及时间变量 1 个)而且玻尔兹曼方程还是一个积分-微分方程。对于这样一个高维积分-微分方程，即使采用数值方法求解，也很难实现。为此，我们在第 4 章不得不采用一些近似的方法来求解玻尔兹曼方程，如对分布函数做两项近似展开，且假设空间是均匀的。

本章将介绍另外一种模型来描述等离子体的状态，即流体力学模型。在流体力学模型中，用一系列宏观物理量来定量地描述等离子体的状态，而且这些宏观物理量服从一组偏微分方程组。本章将首先在 5.1 节引入描述等离子体宏观状态的一些物理量，如密度、流速及温度等，并在 5.2 节从分布函数所满足的玻尔兹曼方程出发，推导出各阶矩函数所满足的方程，即等离子体流体力学方程组的一般形式。这组流体力学方程是不封闭的，它们与玻尔兹曼方程等价。为了得到封闭的流体力学方程组，我们在 5.3 节针对二分量等离子体流体力学方程组中的高阶矩函数进行截断，从而分别得到封闭的电子和离子流体力学方程组。在 5.4 节中，进一步确定等离子体定流体方程组中的碰撞反应系数和热传导系数。最后，在 5.5 节介绍中性粒子的流体力学模型。

5.1　等离子体的宏观物理量

在流体力学描述中，可以把等离子体看作一种带电的流体，即电子流体和离子流体，而且分别用密度、流速和温度等物理量来描述其宏观状态。实际上，这些宏观物理量是对应的微观物理量在速度空间中的统计平均，即它们是带电粒子分布函数的矩函数。下面将利用带电粒子的分布函数来定义这些宏观物理量。关于等离子体宏观物理量的引入以及这些宏观物理量所满足的方程组，在相关文献中也有介绍[1-3]。

设 $A(\boldsymbol{v})$ 为一个微观物理量，它仅依赖粒子的速度 $\boldsymbol{v}$ 。$A(\boldsymbol{v})$ 可以是标量，也可以是矢量或张量的分量。将 $A(\boldsymbol{v})$ 对分布函数 $f(\boldsymbol{r},\boldsymbol{v},t)$ 进行平均，可以得到对应的宏观物理量

$$\langle A\rangle = \int A(\boldsymbol{v}) f(\boldsymbol{r},\boldsymbol{v},t)\mathrm{d}^3\boldsymbol{v} \tag{5.1-1}$$

在数学上，称$\langle A\rangle$为分布函数f的矩函数。下面根据$A(\boldsymbol{v})$的不同形式，可以分别引入不同的宏观物理量。

(1) 如果取$A(\boldsymbol{v})$为1，根据分布函数的定义，有

$$\langle 1\rangle=\int f(\boldsymbol{r},\boldsymbol{v},t)\mathrm{d}^3v=n(\boldsymbol{r},t) \tag{5.1-2}$$

其中，$n(\boldsymbol{r},t)$为粒子的密度。可见，带电粒子的密度是分布函数的零阶矩函数。

(2) 如果取$A(\boldsymbol{v})$为粒子的速度$\boldsymbol{v}$，根据式(5.1-1)，有

$$\langle \boldsymbol{v}\rangle=\int \boldsymbol{v}f(\boldsymbol{r},\boldsymbol{v},t)\mathrm{d}^3v\equiv n(\boldsymbol{r},t)\boldsymbol{u}(\boldsymbol{r},t) \tag{5.1-3}$$

其中，$\boldsymbol{u}(\boldsymbol{r},t)$为带电粒子的平均流动速度(简称流速)，它是分布函数的一阶矩函数。实际上，流速是一种定向运动速度，它是由于外力(如电磁力、压力、重力等)作用在粒子上而产生的定向漂移速度。在速度空间中，可以把粒子的速度$\boldsymbol{v}$分解为两部分，即定向流速$\boldsymbol{u}$和取向无规则的速度(简称无规速度)$\boldsymbol{w}$

$$\boldsymbol{v}=\boldsymbol{u}+\boldsymbol{w} \tag{5.1-4}$$

其中，无规速度是由粒子之间的碰撞而引起的。对于速度服从麦克斯韦分布的粒子，其运动速度就是无规的。显然，对无规速度进行平均，有

$$\langle \boldsymbol{w}\rangle=\int \boldsymbol{w}f(\boldsymbol{r},\boldsymbol{v},t)\mathrm{d}^3v=0 \tag{5.1-5}$$

(3) 如果取$A(\boldsymbol{v})$为粒子的动能$mv^2/2$，根据式(5.1-1)，有

$$\left\langle mv^2/2\right\rangle=\int\frac{m}{2}v^2f(\boldsymbol{r},\boldsymbol{v},t)\mathrm{d}^3v\equiv K(\boldsymbol{r},t) \tag{5.1-6}$$

其中，K是粒子的平均动能密度，它是分布函数的二阶矩函数。利用如下式子：

$$\left\langle v^2\right\rangle=\left\langle(\boldsymbol{w}+\boldsymbol{u})^2\right\rangle=\left\langle w^2\right\rangle+2\langle\boldsymbol{w}\rangle\cdot\boldsymbol{u}+nu^2=\left\langle w^2\right\rangle+nu^2 \tag{5.1-7}$$

可以把平均动能分成两部分

$$K=K_w+K_u \tag{5.1-8}$$

其中，$K_u=\dfrac{1}{2}nmu^2$为粒子定向运动的平动能密度；$K_w=\dfrac{1}{2}m\left\langle w^2\right\rangle$为粒子无规热运动的平动能密度，即是由粒子的热运动产生的。对于仅做平移运动的粒子，可以由K_w来定义粒子的温度T，即

$$\frac{1}{2}m\left\langle w^2\right\rangle\equiv\frac{3nT}{2} \tag{5.1-9}$$

这里需要说明一下，本书用电子伏(eV)作为温度的单位，故在式(5.1-9)的右边没有出现玻尔兹曼常量k_B。结合式(5.1-8)和式(5.1-9)，可以把粒子的平均总动能密度表

示为

$$K = \frac{1}{2}mnu^2 + \frac{3nT}{2} \tag{5.1-10}$$

(4) 如果取 $A(\boldsymbol{v})$ 为粒子的动量流，即 $m\boldsymbol{vv}$，根据式(5.1-1)，有

$$\langle m\boldsymbol{vv}\rangle = \int m\boldsymbol{vv} f(\boldsymbol{r},\boldsymbol{v},t)\mathrm{d}^3v \tag{5.1-11}$$

利用式(5.1-4)，有 $\langle \boldsymbol{vv}\rangle = \langle(\boldsymbol{w}+\boldsymbol{u})(\boldsymbol{w}+\boldsymbol{u})\rangle = \langle \boldsymbol{ww}\rangle + \boldsymbol{uu}$，可以得到

$$\langle m\boldsymbol{vv}\rangle = \overleftrightarrow{\boldsymbol{P}} + nm\boldsymbol{uu} \tag{5.1-12}$$

其中，$\overleftrightarrow{\boldsymbol{P}} = m\langle \boldsymbol{ww}\rangle$ 为压强张量，它也是一个二阶矩函数。如果分布函数在速度空间中是各向同性的，如麦克斯韦分布，显然有

$$\left\langle w_x^2\right\rangle = \left\langle w_y^2\right\rangle = \left\langle w_y^2\right\rangle = \left\langle w^2\right\rangle/3,\quad \left\langle w_x w_y\right\rangle = \left\langle w_y w_z\right\rangle = \left\langle w_z w_x\right\rangle = 0 \tag{5.1-13}$$

即

$$\overleftrightarrow{\boldsymbol{P}} = nT\overleftrightarrow{\boldsymbol{I}} \equiv p\overleftrightarrow{\boldsymbol{I}} \tag{5.1-14}$$

其中，$\overleftrightarrow{\boldsymbol{I}}$ 为单位张量；$p=nT$ 为理想气体的压强。在一般情况下，可以把压强张量表示为

$$\overleftrightarrow{\boldsymbol{P}} = p\overleftrightarrow{\boldsymbol{I}} + \overleftrightarrow{\boldsymbol{\Pi}} \tag{5.1-15}$$

其中

$$\overleftrightarrow{\boldsymbol{\Pi}} = m\left\langle \boldsymbol{ww} - w^2\overleftrightarrow{\boldsymbol{I}}/3\right\rangle \tag{5.1-16}$$

通常称 $\overleftrightarrow{\boldsymbol{\Pi}}$ 为黏性应力张量。很显然，张量 $\overleftrightarrow{\boldsymbol{\Pi}}$ 是一个对称张量，即 $\Pi_{jk}=\Pi_{kj}$，并且该张量的迹为零，$\sum_{j=1}^{3}\Pi_{jj}=0$。因此，该张量只有 5 个独立的分量。此外，如果分布函数 f 为速度空间中各向同性的分布函数，则有 $\overleftrightarrow{\boldsymbol{\Pi}}=0$。

(5) 最后，取 $A(\boldsymbol{v})$ 为粒子的能流 $\frac{1}{2}mv^2\boldsymbol{v}$，根据式(5.1-1)，有

$$\left\langle \frac{1}{2}mv^2\boldsymbol{v}\right\rangle = \int \frac{1}{2}mv^2\boldsymbol{v} f(\boldsymbol{r},\boldsymbol{v},t)\mathrm{d}^3v \equiv \boldsymbol{Q} \tag{5.1-17}$$

通常称 $\boldsymbol{Q}$ 为粒子的能流密度矢量，它是分布函数的三阶矩函数。利用式(5.1-4)、式 (5.1-9)、式(5.1-12)及式(5.1-17)，有

$$\begin{aligned}\boldsymbol{Q} &= \frac{1}{2}m\left\langle w^2\boldsymbol{w}\right\rangle + \frac{1}{2}nmu^2\boldsymbol{u} + \frac{1}{2}m\left\langle w^2\right\rangle\boldsymbol{u} + m\left\langle \boldsymbol{ww}\right\rangle\cdot\boldsymbol{u}\\ &= \frac{1}{2}m\left\langle w^2\boldsymbol{w}\right\rangle + K_u\boldsymbol{u} + K_w\boldsymbol{u} + \overleftrightarrow{\boldsymbol{P}}\cdot\boldsymbol{u}\end{aligned} \tag{5.1-18}$$

该式右边的第一项为粒子的热流密度矢量

$$\boldsymbol{q}=\frac{1}{2}m\left\langle w^2\boldsymbol{w}\right\rangle \tag{5.1-19}$$

它与粒子的定向运动速度 $\boldsymbol{u}$ 无关。式(5.1-18)的其他三项都是与定向运动有关的能流密度矢量，其中 $K_u\boldsymbol{u}$ 为定向动能的能流密度矢量，$K_w\boldsymbol{u}$ 为热动能的能流密度矢量，$\overleftrightarrow{\boldsymbol{P}}\cdot\boldsymbol{u}$ 为压强做功产生的能流密度矢量。再利用式(5.1-8)，可以把能流密度矢量改写为

$$\boldsymbol{Q}=\boldsymbol{q}+K\boldsymbol{u}+\overleftrightarrow{\boldsymbol{P}}\cdot\boldsymbol{u} \tag{5.1-20}$$

由上面的讨论可见，带电粒子密度 n、流速 $\boldsymbol{u}$ 及温度 T 为描述等离子体流体状态的三个最基本的宏观物理量，它们分别是分布函数的零阶矩函数、一阶矩函数和二阶矩函数。在 5.2 节将看到，在这三个物理量所服从的流体力学方程中，会涉及压强张量 $\overleftrightarrow{\boldsymbol{P}}$ 和能流密度矢量 $\boldsymbol{Q}$，而它们分别是二阶矩函数和三阶矩函数。

5.2　等离子体流体方程组的一般形式

本节将从玻尔兹曼方程出发，推导出宏观物理量满足的等离子体流体力学方程组。根据第 4 章的讨论可知，带电粒子的函数 $f(\boldsymbol{r},\boldsymbol{v},t)$ 服从的玻尔兹曼方程为

$$\frac{\partial f}{\partial t}+\boldsymbol{v}\cdot\frac{\partial f}{\partial \boldsymbol{r}}+\frac{\boldsymbol{F}}{m}\cdot\frac{\partial f}{\partial \boldsymbol{v}}=C(f) \tag{5.2-1}$$

其中，$\boldsymbol{F}=q(\boldsymbol{E}+\boldsymbol{v}\times\boldsymbol{B})$ 为带电粒子所受的电磁力；$C(f)$ 为带电粒子与中性粒子的碰撞积分项，包括弹性碰撞积分项 $C_{\text{elas}}(f)$ 和非弹性碰撞积分项 $C_{\text{inelas}}(f)$。将方程(5.2-1)两边同乘以物理量 $A=A(\boldsymbol{v})$，并对速度进行积分，可以得到如下矩函数 $\langle A\rangle$ 满足的方程：

$$\frac{\partial}{\partial t}\langle A\rangle+\frac{\partial}{\partial \boldsymbol{r}}\cdot\langle \boldsymbol{v}A\rangle-\frac{1}{m}\left\langle \boldsymbol{F}\cdot\frac{\partial A}{\partial \boldsymbol{v}}\right\rangle=\int A(\boldsymbol{v})C(f)\mathrm{d}^3v \tag{5.2-2}$$

方程(5.2-2)左边第三项前面的负号来自于对速度的分部积分，并且利用了电磁力 $\boldsymbol{F}$ 与速度微分算子 $\dfrac{\partial}{\partial \boldsymbol{v}}$ 对易这一性质。下面分别取 $A=1$、$m\boldsymbol{v}$ 及 $mv^2/2$，推导出相应的连续性方程、动量平衡方程及能量平衡方程。

1. 连续性方程

取 $A=1$，则有 $\langle 1\rangle=n$，$\langle \boldsymbol{v}\rangle=n\boldsymbol{u}$，以及 $\left\langle\dfrac{\partial A}{\partial \boldsymbol{v}}\right\rangle=0$。根据方程(5.2-2)，可以得到带电粒子密度 n 满足的连续性方程为

$$\frac{\partial n}{\partial t}+\nabla\cdot(n\boldsymbol{u})=S \tag{5.2-3}$$

方程(5.2-3)左边的第一项描述了带电粒子密度随时间的变化，而第二项则描述了带电粒子通量 $\boldsymbol{\Gamma}=n\boldsymbol{u}$ 在空间中的变化。方程(5.2-3)右边为源项，即由碰撞而产生的粒子数转移

$$S=\int C(f)\mathrm{d}^3v \tag{5.2-4}$$

它包含了粒子的产生项和损失项，来源于带电粒子与中性粒子的碰撞，如电离碰撞和附着碰撞。

2. 动量平衡方程

取 A 为带电粒子的动量 $m\boldsymbol{v}$，根据方程(5.2-2)，可以得到带电粒子动量满足的平衡方程为

$$\frac{\partial}{\partial t}(nm\boldsymbol{u})+m\frac{\partial}{\partial \boldsymbol{r}}\cdot\langle\boldsymbol{vv}\rangle-\left\langle\boldsymbol{F}\cdot\frac{\partial}{\partial \boldsymbol{v}}\boldsymbol{v}\right\rangle=-\boldsymbol{R} \tag{5.2-5}$$

方程(5.2-5)右边为带电粒子与中性粒子碰撞所引起的动量密度转移

$$\boldsymbol{R}=-\int m\boldsymbol{v}C(f)\mathrm{d}^3v \tag{5.2-6}$$

利用式(5.1-12)及 $\left\langle\boldsymbol{F}\cdot\frac{\partial}{\partial \boldsymbol{v}}\boldsymbol{v}\right\rangle=\left\langle\boldsymbol{F}\cdot\overleftrightarrow{\boldsymbol{I}}\right\rangle=qn(\boldsymbol{E}+\boldsymbol{u}\times\boldsymbol{B})$，可以把方程(5.2-5)改写为

$$\frac{\partial}{\partial t}(mn\boldsymbol{u})+\nabla\cdot(mn\boldsymbol{uu})=nq(\boldsymbol{E}+\boldsymbol{u}\times\boldsymbol{B})-\nabla\cdot\overleftrightarrow{\boldsymbol{P}}-\boldsymbol{R} \tag{5.2-7}$$

其中，$\overleftrightarrow{\boldsymbol{P}}$ 即为 5.1 节引入的压强张量。通常称该方程为电粒子的动量平衡方程。利用方程(5.2-3)，可以进一步把方程(5.2-7)写成

$$mn\left[\frac{\partial\boldsymbol{u}}{\partial t}+(\boldsymbol{u}\cdot\nabla)\boldsymbol{u}\right]=nq\left(\boldsymbol{E}+\boldsymbol{u}\times\boldsymbol{B}\right)-\nabla\cdot\overleftrightarrow{\boldsymbol{P}}-m\boldsymbol{u}S-\boldsymbol{R} \tag{5.2-8}$$

方程(5.2-8)的左边第一项为惯性项，第二项为对流项；该方程右边的第一项为电磁力，第二项为压强力，第三项为粒子的源项产生的力，第四项为动量转移率，是一种阻尼力。

3. 能量平衡方程

取 A 为带电粒子的能量 $mv^2/2$，由方程(5.2-2)，可以得到带电粒子能量平衡方程为

$$\frac{\partial}{\partial t}\left(\frac{1}{2}m\left\langle v^2\right\rangle\right)+\frac{\partial}{\partial \boldsymbol{r}}\cdot\left(\frac{1}{2}m\left\langle\boldsymbol{v}v^2\right\rangle\right)-\frac{1}{2}\left\langle\boldsymbol{F}\cdot\frac{\partial}{\partial \boldsymbol{v}}v^2\right\rangle=-p_{\mathrm{coll}} \tag{5.2-9}$$

其中，p_{coll} 为带电粒子与中性粒子碰撞转移的功率密度

$$p_{\text{coll}} = -\int \frac{1}{2} m v^2 C(f) \mathrm{d}^3 v \tag{5.2-10}$$

利用 $\frac{1}{2} m\left\langle v^2\right\rangle = K$，$\frac{1}{2} m\left\langle \boldsymbol{v} v^2\right\rangle = \boldsymbol{q} + K\boldsymbol{u} + \overleftrightarrow{\boldsymbol{P}} \cdot \boldsymbol{u}$，以及 $\left\langle \frac{\partial}{\partial \boldsymbol{v}} \cdot (v^2 \boldsymbol{F})\right\rangle = 2\langle \boldsymbol{v} \cdot \boldsymbol{F}\rangle = 2qn\boldsymbol{E} \cdot \boldsymbol{u}$，可以把方程(5.2-9)改写为

$$\frac{\partial K}{\partial t} = -\nabla \cdot \boldsymbol{Q} + nq\boldsymbol{E} \cdot \boldsymbol{u} - p_{\text{coll}} \tag{5.2-11}$$

方程(5.2-11)左边为单位体积内带电粒子的总能量密度随时间的变化率；右边第一项为能流密度在空间中的变化，第二项为带电粒子从电场中吸收的功率密度。

分别将 K 和 $\boldsymbol{Q}$ 的表示式代入方程(5.2-11)，可以进一步得到

$$\begin{aligned} &\frac{\partial}{\partial t}\left(\frac{3nT}{2}\right) + \nabla \cdot \left(\frac{3nT}{2}\boldsymbol{u}\right) + \frac{\partial}{\partial t}\left(\frac{1}{2} mnu^2\right) + \nabla \cdot \left(\frac{1}{2} mnu^2 \boldsymbol{u}\right) \\ &= -\nabla \cdot \boldsymbol{q} - \nabla \cdot (\overleftrightarrow{\boldsymbol{P}} \cdot \boldsymbol{u}) + nq\boldsymbol{E} \cdot \boldsymbol{u} - p_{\text{coll}} \end{aligned} \tag{5.2-12}$$

再分别利用方程(5.2-7)及方程(5.2-8)，可以证明(见习题 5.1)

$$\begin{aligned} &\frac{\partial}{\partial t}\left(\frac{1}{2} mnu^2\right) + \nabla \cdot \left(\frac{1}{2} mnu^2 \boldsymbol{u}\right) \\ &= nq\boldsymbol{u} \cdot \boldsymbol{E} - \boldsymbol{u} \cdot (\nabla \cdot \overleftrightarrow{\boldsymbol{P}}) - \boldsymbol{u} \cdot \boldsymbol{R} - \frac{1}{2} mu^2 S \end{aligned} \tag{5.2-13}$$

将方程(5.2-13)代入方程(5.2-12)，最后可以得到带电粒子热动能密度 $3nT/2$ 满足的平衡方程

$$\begin{aligned} &\frac{\partial}{\partial t}\left(\frac{3nT}{2}\right) + \nabla \cdot \left(\frac{3nT}{2}\boldsymbol{u}\right) \\ &= -\nabla \cdot \boldsymbol{q} + \boldsymbol{u} \cdot (\nabla \cdot \overleftrightarrow{\boldsymbol{P}}) - \nabla \cdot (\overleftrightarrow{\boldsymbol{P}} \cdot \boldsymbol{u}) + \boldsymbol{u} \cdot \boldsymbol{R} + \frac{1}{2} mu^2 S - p_{\text{coll}} \end{aligned} \tag{5.2-14}$$

可以看出，与总能量平衡方程(5.2-11)相比，热动能平衡方程(5.2-14)不依赖于电场所做的功 $nq\boldsymbol{E} \cdot \boldsymbol{u}$。方程(5.2-14)可以用于描述重粒子(离子和中性粒子)的热动能变化。另外，需要说明一点：对于双原子或多原子组成的重粒子，还需要考虑它的热容量 C_v，即用 $C_v nT$ 取代 $3nT/2$。

通常称方程(5.2-3)、方程(5.2-8)及方程(5.2-14)为等离子体的**流体力学方程组**，它们与玻尔兹曼方程等价，这是因为在从玻尔兹曼方程出发推导这些方程时，没有做任何近似。可以看出，零阶矩函数 n 服从的连续性方程(5.2-3)依赖于一阶矩函数 $\boldsymbol{u}$，而一阶矩函数服从的动量平衡方程(5.2-8)依赖于二阶矩函数 $\overleftrightarrow{\boldsymbol{P}}$ (或 T)，二阶矩函数 T 服从的方程(5.2-14)依赖于三阶矩函数 $\boldsymbol{Q}$ (或 $\boldsymbol{q}$)。以此类推，我们还可以得到更高阶的矩函数所满足的方程，它们将形成一个不封闭的矩函数方程链。此外，粒

子的源项 S、动量转移率 $\boldsymbol{R}$ 及能量损失率 Q 都依赖于分布函数 f。为了得到一个封闭的流体力学方程组，必须对该方程链进行截断。

上述流体力学方程组适用于任何形式的低温等离子体，包括热平衡和非热平衡等离子体，如电弧等离子体、低气压冷等离子体等。此外，上述方程对于任何种类的带单粒子都适用，包括电子、正离子和负离子。如果忽略电场力的效应，则上述流体力学方程组也适用于中性气体，不过碰撞积分项分别源自带电粒子-中性粒子及中性粒子-中性粒子的碰撞。

5.3　非热平衡等离子体的流体力学方程组

5.2 节从玻尔兹曼方程出发，分别推导出带电粒子的连续性方程、动量平衡方程及能量平衡方程。这三个平衡方程对等离子体中的电子和离子都适用，且对等离子体的热力学性质没有限制。

本书所考虑的是由实验室中气体放电所产生的弱电离低温等离子体，而且是一种非热平衡的冷等离子体，即要求电子的温度 T_e 远大于离子的温度 T_i。在一般情况下，电子的温度大约在几个电子伏到几十个电子伏，而离子的温度与背景中性气体的温度相当。此外，我们还要进一步假设等离子体是由电子和一种单原子的正离子，以及背景中性气体构成的，其中电子和离子的密度分别为 n_e 和 n_i，它们的流速分别为 $\boldsymbol{u}_e$ 和 $\boldsymbol{u}_i$。

这里需要解释一下：尽管在整体上等离子体不是处于热平衡状态，但是对于电子和离子，如果放电气压不是太低，由于它们能够分别与中性粒子进行充分的碰撞，则它们可以达到或接近各自的局域热平衡态，如各自具有局域温度和流速的麦克斯韦分布。

1. 连续性方程

根据方程(5.2-3)，可以把电子和离子的连续性方程分别表示为

$$\frac{\partial n_e}{\partial t}+\nabla\cdot(n_e\boldsymbol{u}_e)=S_e \tag{5.3-1}$$

$$\frac{\partial n_i}{\partial t}+\nabla\cdot(n_i\boldsymbol{u}_i)=S_i \tag{5.3-2}$$

其中，S_e 和 S_i 分别是产生电子和离子的源项，或称为粒子的转移率。对于电子与中性粒子的弹性碰撞，由于粒子数守恒，即没有新的带电粒子产生；对于电子与中性粒子的非弹性碰撞，只有电离过程可以产生一对新的电子和离子。因此，对于电正性气体(如氩气、氦气等)放电，电子的源项与离子的源项相等，即

$$S_i=S_e=\int C_{iz}(f_e)\mathrm{d}^3v \tag{5.3-3}$$

其中，$C_{iz}(f_e)$为电离碰撞项。根据 4.2 节的讨论，电离碰撞项为

$$C_{iz}(f_e)=n_g\left[-v\sigma_{iz}(v)f_e(\boldsymbol{r},v,t)+\frac{4v'^2}{v}\sigma_{iz}(v')f_e(\boldsymbol{r},v',t)\right] \tag{5.3-4}$$

其中，$v'=\sqrt{2v^2+2\varepsilon_{iz}/m_e}$为碰撞前的速度；$n_g$为中性气体密度；$\sigma_{iz}$为电离截面。根据式(5.3-3)和式(5.3-4)，可以得到

$$S_e=-n_e n_g k_{iz}+4n_g\int\frac{v'^2}{v}\sigma_{iz}(v')f_e(\boldsymbol{r},v',t)\mathrm{d}^3v \tag{5.3-5}$$

其中，k_{iz}为电离碰撞速率，即单位时间单位体积内由电离碰撞所产生的电子个数

$$k_{iz}=\frac{1}{n_e}\int v\sigma_{iz}(v)f_e(\boldsymbol{r},v,t)\mathrm{d}v^3 \tag{5.3-6}$$

对于电离碰撞，利用$\mathrm{d}^3v'=2(v'/v)\mathrm{d}^3v$，可以把式(5.3-5)右边的积分项转化为对$v'$的积分，有

$$\begin{aligned}S_e&=-n_g n_e k_{iz}+2n_g\int v'\sigma_{iz}(v')f_e(\boldsymbol{r},v',t)\mathrm{d}^3v'\\&=n_e n_g k_{iz}\end{aligned} \tag{5.3-7}$$

可以看出，电离碰撞速率依赖于电子的速度分布函数。为了得到封闭的流体力学方程组，我们将在 5.4 节中假设电子的速度分布函数为各向同性的麦克斯韦速度分布，并用来计算各种碰撞速率，其中包括电离速率。

2. *动量平衡方程*

当放电气压不是太低时，带电粒子可以与中性粒子进行充分的碰撞，使得它们的速度分布函数基本上接近各向同性分布。这样，可以忽略压强张量中的非对角项，有

$$\overleftrightarrow{\boldsymbol{P}}_e=n_eT_e\overleftrightarrow{\boldsymbol{I}} \tag{5.3-8}$$

$$\overleftrightarrow{\boldsymbol{P}}_i=n_iT_i\overleftrightarrow{\boldsymbol{I}} \tag{5.3-9}$$

根据方程(5.2-8)，可以分别得到电子和离子的动量平衡方程为

$$m_en_e\left[\frac{\partial\boldsymbol{u}_e}{\partial t}+(\boldsymbol{u}_e\cdot\nabla)\boldsymbol{u}_e\right]=-en_e(\boldsymbol{E}+\boldsymbol{u}_e\times\boldsymbol{B})-\nabla(n_eT_e)-m_e\boldsymbol{u}_eS_e-\boldsymbol{R}_{en} \tag{5.3-10}$$

$$m_in_i\left[\frac{\partial\boldsymbol{u}_i}{\partial t}+(\boldsymbol{u}_i\cdot\nabla)\boldsymbol{u}_i\right]=en_i(\boldsymbol{E}+\boldsymbol{u}_i\times\boldsymbol{B})-\nabla(n_iT_i)-m_i\boldsymbol{u}_iS_i-\boldsymbol{R}_{in} \tag{5.3-11}$$

其中，$\boldsymbol{R}_{en}$和$\boldsymbol{R}_{in}$分别为单位时间单位体积内电子和离子与中性粒子碰撞时产生的动量转移。

为了简化分析，我们忽略非弹性碰撞过程对动量转移的贡献，只考虑弹性碰撞的贡献。这种近似是合理的，因为当带电粒子的速度不是很高时，弹性碰撞过程起主导作用。根据式(5.2-6)，可以把动量转移率表示为

$$\boldsymbol{R} = -\int m\boldsymbol{v} C_{\text{elas}}(f) \mathrm{d}^3 v \tag{5.3-12}$$

其中，弹性碰撞积分 $C_{\text{elas}}(f)$ 由式(4.1-13)给出，即

$$C_{\text{elas}}(f) = \int_{\Omega}\int_{V} (F'f' - Ff) g I_{\text{elas}}(g,\chi) \mathrm{d}\Omega \mathrm{d}^3 V \tag{5.3-13}$$

将式(5.3-13)代入式(5.3-12)，有

$$\boldsymbol{R} = -\int_{v}\int_{\Omega}\int_{V} (m\boldsymbol{v}F'f' - m\boldsymbol{v}Ff) g I_{\text{elas}}(g,\chi) \mathrm{d}\Omega \mathrm{d}^3 V \mathrm{d}^3 v \tag{5.3-14}$$

这里再需说明一下，在式(5.3-14)右边的积分项中，f' 和 f 分别是 $\boldsymbol{v}'$ 和 $\boldsymbol{v}$ 的函数，$\boldsymbol{v}'$ 是碰撞前带电粒子的速度，而 v 是碰撞后带电粒子的速度。对式(5.3-14)右边第一项进行变量交换，即 $v' \leftrightarrow v$，并利用 $\mathrm{d}^3V'\mathrm{d}^3v' = \mathrm{d}^3V\mathrm{d}^3v$ 及 $g' = g$，可以得到

$$\boldsymbol{R} = -\int_{v}\int_{\Omega}\int_{V} (m\boldsymbol{v}' - m\boldsymbol{v}) g I_{\text{elas}}(g,\chi) Ff \mathrm{d}\Omega \mathrm{d}^3 V \mathrm{d}^3 v \tag{5.3-15}$$

注意，经过变量替换后，现在 v' 是碰撞后的速度，而 v 是碰撞前的速度。

根据式(2.1-18)，粒子碰撞前后的动量改变为

$$m\boldsymbol{v} - m\boldsymbol{v}' = \frac{mM}{m+M}(\boldsymbol{g} - \boldsymbol{g}') \tag{5.3-16}$$

其中，m 是入射粒子(带电粒子)的质量；M 是靶粒子(中性粒子)的质量。将式(5.3-16)沿着 $\boldsymbol{g}$ 的方向进行投影，有

$$(m\boldsymbol{v} - m\boldsymbol{v}')_{//} = \frac{mM}{m+M}(1-\cos\chi)\boldsymbol{g} \tag{5.3-17}$$

将式(5.3-17)代入式(5.3-15)，可以得到

$$\boldsymbol{R}_{//} = \frac{mM}{m+M}\int_{v}\int_{V} \boldsymbol{g} g \sigma_{\text{m}}(g,\chi) Ff \mathrm{d}^3 V \mathrm{d}^3 v \tag{5.3-18}$$

其中，$\sigma_{\text{m}}(g,\chi)$ 为带电粒子的动量输运截面

$$\sigma_{\text{m}}(g,\chi) = \int_{\Omega} (1-\cos\chi) I_{\text{elas}}(g,\chi) \mathrm{d}\Omega \tag{5.3-19}$$

如果假设在碰撞前靶粒子处于静止状态，有 $F = n_{\text{g}}\delta(\boldsymbol{V})$ 及 $\boldsymbol{g} = \boldsymbol{v}$，则可以把(5.3-18)改写为

$$\boldsymbol{R}_{//} = \frac{mM}{m+M} n_{\text{g}} \int \boldsymbol{v} v \sigma_{\text{m}}(v,\chi) f \mathrm{d}^3 v \tag{5.3-20}$$

利用 $\boldsymbol{v} = \boldsymbol{u} + \boldsymbol{w}$，因此可以把 $\boldsymbol{R}_{//}$ 改写为

$$\boldsymbol{R}_{//}=mnn_{\rm g}k_{\rm m}\boldsymbol{u}+\frac{mM}{m+M}n_{\rm g}\int \boldsymbol{w}v\sigma_{\rm m}(v,\chi)f{\rm d}^3v \tag{5.3-21}$$

其中

$$k_{\rm m}=\frac{M}{m+M}\frac{1}{n}\int v\sigma_{\rm m}(v,\chi)f{\rm d}^3v \tag{5.3-22}$$

为动量输运速率。如果 f 接近于各向同性的速度分布函数，则式(5.3-21)右边第二项近似为零，因此有 $\boldsymbol{R}_{//}\approx mnn_{\rm g}k_{\rm m}\boldsymbol{u}$。在 5.4 节我们将采用局域热平衡分布函数 f_0 来计算 $k_{\rm m}$。

顺便说明一下，这里也可以采用唯象的 Krook 碰撞项来计算动量转移率。Krook 碰撞项的形式为

$$C_{\rm K}(f)=-\nu_{\rm m}(f-f_0) \tag{5.3-23}$$

其中，$\nu_{\rm m}=n_{\rm g}k_{\rm m}$ 为动量输运频率。利用式(5.3-12)和式(5.3-23)，很容易得到 $\boldsymbol{R}_{//}\approx mnn_{\rm g}k_{\rm m}\boldsymbol{u}$。利用 Krook 碰撞项来讨论等离子体输运，如下面计算热传导时，可以把问题简化得很多。

根据式 $\boldsymbol{R}_{//}\approx mnn_{\rm g}k_{\rm m}\boldsymbol{u}$，可以把电子和离子的流体动量平衡方程表示为

$$m_{\rm e}n_{\rm e}\left[\frac{\partial \boldsymbol{u}_{\rm e}}{\partial t}+(\boldsymbol{u}_{\rm e}\cdot\nabla)\boldsymbol{u}_{\rm e}\right]=-en_{\rm e}(\boldsymbol{E}+\boldsymbol{u}_{\rm e}\times\boldsymbol{B})-\nabla(n_{\rm e}T_{\rm e})-m_{\rm e}n_{\rm e}n_{\rm g}(k_{\rm iz}+k_{\rm en})\boldsymbol{u}_{\rm e} \tag{5.3-24}$$

$$m_{\rm i}n_{\rm i}\left[\frac{\partial \boldsymbol{u}_{\rm i}}{\partial t}+(\boldsymbol{u}_{\rm i}\cdot\nabla)\boldsymbol{u}_{\rm i}\right]=en_{\rm i}(\boldsymbol{E}+\boldsymbol{u}_{\rm i}\times\boldsymbol{B})-\nabla(n_{\rm i}T_{\rm i})-m_{\rm i}n_{\rm i}n_{\rm g}(k_{\rm iz}+k_{\rm in})\boldsymbol{u}_{\rm i} \tag{5.3-25}$$

其中，$k_{\rm en}$ 和 $k_{\rm in}$ 分别为电子和离子的动量输运速率系数。在一般情况下，电离碰撞速率远小于动量输运速率，即 $k_{\rm iz}\ll k_{\rm en}$，$k_{\rm iz}\ll k_{\rm in}$。这样，最后可以得到

$$m_{\rm e}n_{\rm e}\left[\frac{\partial \boldsymbol{u}_{\rm e}}{\partial t}+(\boldsymbol{u}_{\rm e}\cdot\nabla)\boldsymbol{u}_{\rm e}\right]=-en_{\rm e}(\boldsymbol{E}+\boldsymbol{u}_{\rm e}\times\boldsymbol{B})-\nabla(n_{\rm e}T_{\rm e})-\boldsymbol{R}_{\rm en} \tag{5.3-26}$$

$$m_{\rm i}n_{\rm i}\left[\frac{\partial \boldsymbol{u}_{\rm i}}{\partial t}+(\boldsymbol{u}_{\rm i}\cdot\nabla)\boldsymbol{u}_{\rm i}\right]=en_{\rm i}(\boldsymbol{E}+\boldsymbol{u}_{\rm i}\times\boldsymbol{B})-\nabla(n_{\rm i}T_{\rm i})-\boldsymbol{R}_{\rm in} \tag{5.3-27}$$

其中，$\boldsymbol{R}_{\rm en}=m_{\rm e}n_{\rm e}\nu_{\rm en}\boldsymbol{u}_{\rm e}$ 和 $\boldsymbol{R}_{\rm in}=m_{\rm i}n_{\rm i}\nu_{\rm in}\boldsymbol{u}_{\rm i}$，这里 $\nu_{\rm en}=n_{\rm g}k_{\rm en}$ 和 $\nu_{\rm in}=n_{\rm g}k_{\rm in}$ 分别为电子和离子的动量输运频率。式(5.3-26)和式(5.3-27)就是文献中常见的非热平衡等离子体的动量平衡方程。

3. 能量平衡方程

对于电子和离子，由于它们与中性粒子的碰撞过程不一样，因此它们的能量平衡方程也不一样。对于电子，它的能量损失主要来自它与中性粒子的非弹性碰撞，如电离和激发碰撞；而对于离子，它的能量损失主要是来自它与中性粒子的弹性碰

撞。下面我们分别建立电子和离子的能量平衡方程。

1) 电子的能量平衡方程

在一般情况下，电子的流速很小，使得它的流动能远小于它的热动能，即 $\frac{1}{2}n_e m_e u_e^2 \ll \frac{3}{2}n_e T_e$。这样根据方程(5.2-11)，可以得到电子的平衡方程

$$\frac{\partial}{\partial t}\left(\frac{3}{2}n_e T_e\right) = -\nabla\cdot\left(\boldsymbol{q}_e + \frac{5}{2}T_e\boldsymbol{\Gamma}_e\right) + p_{abs} - p_{e,coll} \tag{5.3-28}$$

其中，$\boldsymbol{q}_e = \frac{1}{2}m_e\left\langle w^2\boldsymbol{w}\right\rangle$ 为电子的热流密度矢量；$\boldsymbol{\Gamma}_e = n_e\boldsymbol{u}_e$ 为电子通量；p_{abs} 和 $p_{e,coll}$ 分别为电子从电场中吸收的功率密度和与中性粒子碰撞时转移的功率密度

$$p_{abs} = -e\boldsymbol{E}\cdot\boldsymbol{\Gamma}_e \tag{5.3-29}$$

$$p_{e,coll} = -\int\frac{1}{2}m_e v^2 C(f_e)\mathrm{d}^3 v \tag{5.3-30}$$

这里已经利用了 $\overleftrightarrow{\boldsymbol{P}}_e = n_e T_e\overleftrightarrow{\boldsymbol{I}}$。下面需要分别确定 $p_{e,coll}$ 和 $\boldsymbol{q}_e$。

电子的能量损失分别来自于它与中性粒子的弹性碰撞、激发碰撞和电离碰撞，因此，可以把 $p_{e,coll}$ 表示为

$$p_{e,coll} = p_{e,elas} + p_{e,ex} + p_{e,iz} \tag{5.3-31}$$

其中 $p_{e,elas}$、$p_{e,ex}$ 和 $p_{e,iz}$ 分别为电子与中性粒子之间的弹性碰撞、激发碰撞和电离碰撞所造成的能量损失。根据式(5.2-10)，有

$$p_{e,elas} = -\int\frac{1}{2}m_e v^2 C_{e,elas}(f_e)\mathrm{d}^3 v \tag{5.3-32}$$

$$p_{e,ex} = -\int\frac{1}{2}m_e v^2 C_{e,ex}(f_e)\mathrm{d}^3 v \tag{5.3-33}$$

$$p_{e,iz} = -\int\frac{1}{2}m_e v^2 C_{e,iz}(f_e)\mathrm{d}^3 v \tag{5.3-34}$$

其中，$C_{e,elas}(f_e)$、$C_{e,ex}(f_e)$ 和 $C_{e,iz}(f_e)$ 分别为对应的弹性碰撞积分项、激发碰撞积分项和电离碰撞积分项，见式(4.2-4)、式(4.2-6)和式(4.2-10)。下面我们将采用局域热平衡分布函数 f_{e0} 来代替 f_e，从而计算出 $p_{e,coll}$。

对于电子与中性粒子的弹性碰撞，根据式(4.1-13)和式(5.3-32)，有

$$p_{e,elas} = -\int_v\int_\Omega\int_V\left(\frac{1}{2}m_e v^2 F'f'_{e0} - \frac{1}{2}m_e v^2 F f_{e0}\right)g I_{en}(g,\chi)\mathrm{d}\Omega\mathrm{d}^3 V\mathrm{d}^3 v \tag{5.3-35}$$

其中，$I_{en}(g,\chi)$ 为电子与中性粒子之间的弹性碰撞微分截面。对式(5.3-35)右边第一项进行变量交换，即 $v' \leftrightarrow v$，可以得到

$$p_{\mathrm{e,elas}} = -\int_v \int_\Omega \int_V \left(\frac{1}{2} m_\mathrm{e} v'^2 - \frac{1}{2} m_\mathrm{e} v^2 \right) g I_{\mathrm{en}}(g,\chi) F f_{\mathrm{e0}} \mathrm{d}\Omega \mathrm{d}^3 V \mathrm{d}^3 v \tag{5.3-36}$$

根据式(2.1-21)，有

$$\frac{1}{2} m_\mathrm{e} v^2 - \frac{1}{2} m_\mathrm{e} v'^2 = \frac{2 m_\mathrm{e} M}{(m_\mathrm{e}+M)^2} \frac{1}{2} m_\mathrm{e} v^2 (1-\cos\chi) \tag{5.3-37}$$

其中, M 是中性粒子的质量。将式(5.3-37)代入式(5.3-36)，可以把 $p_{\mathrm{e,elas}}$ 表示为

$$p_{\mathrm{e,elas}} = \frac{2 m_\mathrm{e} M}{(m_\mathrm{e}+M)^2} \int_v \int_\Omega \int_V \frac{1}{2} m_\mathrm{e} v^2 (1-\cos\chi) F f_{\mathrm{e0}} g I_{\mathrm{en}}(g,\chi) \mathrm{d}\Omega \mathrm{d}^3 V \mathrm{d}^3 v \tag{5.3-38}$$

再利用 $F = n_\mathrm{g} \delta(\boldsymbol{V})$，$g \approx v$，可以进一步把式(5.3-38)改写为

$$p_{\mathrm{e,elas}} = \frac{2 m_\mathrm{e} M}{(m_\mathrm{e}+M)^2} n_\mathrm{g} \int \frac{1}{2} m_\mathrm{e} v^2 v \sigma_{\mathrm{en}}(v) f_{\mathrm{e0}} \mathrm{d}^3 v \tag{5.3-39}$$

其中，σ_{en} 为电子的动量输运截面

$$\sigma_{\mathrm{en}}(v,\chi) = \int_\Omega (1-\cos\chi) I_{\mathrm{en}}(v,\chi) \mathrm{d}\Omega \tag{5.3-40}$$

对于电子与中性粒子的激发碰撞，根据式(4.2-6)，有

$$C_{\mathrm{e,ex}}(f_{\mathrm{e0}}) = n_\mathrm{g} \left[-v \sigma_{\mathrm{ex}}(v) f_{\mathrm{e0}}(v) + \frac{v'^2}{v} \sigma_{\mathrm{ex}}(v') f_{\mathrm{e0}}(v') \right] \tag{5.3-41}$$

其中，$v' = \sqrt{v^2 + 2\varepsilon_{\mathrm{ex}} / m_\mathrm{e}}$。将式(5.3-41)代入式(5.3-33)，可以得到激发碰撞所产生的能量损失率为

$$p_{\mathrm{e,ex}} = n_\mathrm{g} \int \frac{1}{2} m_\mathrm{e} v^2 \left[v \sigma_{\mathrm{ex}}(v) f_{\mathrm{e0}}(v) - \frac{v'^2}{v} \sigma_{\mathrm{ex}}(v') f_{\mathrm{e0}}(v') \right] \mathrm{d}^3 v \tag{5.3-42}$$

对于电子与中性粒子的电离碰撞，根据式(4.2-10)，有

$$C_{\mathrm{e,iz}}(f_{\mathrm{e0}}) = n_\mathrm{g} \left[-v \sigma_{\mathrm{iz}}(v) f_{\mathrm{e0}}(v) + \frac{4 v'^2}{v} \sigma_{\mathrm{iz}}(v') f_{\mathrm{e0}}(v') \right] \tag{5.3-43}$$

其中，σ_{iz} 为电离碰撞截面；$v' = \sqrt{2v^2 + 2\varepsilon_{\mathrm{iz}} / m_\mathrm{e}}$。将式(5.3-43)代入式(5.3-34)，可以得到电离碰撞所造成的能量损失率为

$$p_{\mathrm{e,iz}} = n_\mathrm{g} \int \frac{1}{2} m_\mathrm{e} v^2 \left[v \sigma_{\mathrm{iz}}(v) f_{\mathrm{e0}}(v) - \frac{4 v'^2}{v} \sigma_{\mathrm{iz}}(v') f_{\mathrm{e0}}(v') \right] \mathrm{d}^3 v \tag{5.3-44}$$

下面再确定电子的热流密度矢量 $\boldsymbol{q}_\mathrm{e}$。为了简化讨论，需要做如下近似。

(1)不考虑带电粒子与中性粒子之间的非弹性碰撞对热流密度矢量的影响。这样，电子分布函数 f_e 所满足的玻尔兹曼方程为

$$\frac{\partial f_{\mathrm{e}}}{\partial t}+\boldsymbol{v}\cdot\frac{\partial f_{\mathrm{e}}}{\partial \boldsymbol{r}}+\boldsymbol{a}_{\mathrm{e}}\cdot\frac{\partial f_{\mathrm{e}}}{\partial \boldsymbol{v}}=C_{\mathrm{K}}(f_{\mathrm{e}}) \tag{5.3-45}$$

其中，$\boldsymbol{a}_{\mathrm{e}}=-e(\boldsymbol{E}+\boldsymbol{v}\times\boldsymbol{B})/m_{\mathrm{e}}$ 为电子的加速度。这里已采用 Krook 碰撞项 $C_{\mathrm{K}}(f_{\mathrm{e}})$ 来代替 $C_{\mathrm{elas}}(f_{\mathrm{e}})$，见式(5.3-23)。

(2) 假设电子的速度分布函数 f_{e} 对局域热平衡分布函数 f_{e0} 偏离不是太远，即 $f_{\mathrm{e}}=f_{\mathrm{e0}}+f_{\mathrm{e1}}$，且 $|f_{\mathrm{e1}}|\ll|f_{\mathrm{e0}}|$。这样，方程(5.3-45)变为

$$\frac{\partial f_{\mathrm{e0}}}{\partial t}+\boldsymbol{v}\cdot\frac{\partial f_{\mathrm{e0}}}{\partial \boldsymbol{r}}+\boldsymbol{a}_{\mathrm{e}}\cdot\frac{\partial f_{\mathrm{e0}}}{\partial \boldsymbol{v}}=-\nu_{\mathrm{en}}f_{\mathrm{e1}} \tag{5.3-46}$$

这样可以把热流密度矢量表示为

$$\boldsymbol{q}_{\mathrm{e}}=\frac{1}{2}m_{\mathrm{e}}\int w^2\boldsymbol{w}f_{\mathrm{e1}}\mathrm{d}^3w \tag{5.3-47}$$

对于给定的局域热平衡分布函数 f_{e0}，由方程(5.3-46)可以确定出扰动分布函数 f_{e1}，进而可以由式(5.3-47)计算出电子的热流密度矢量 $\boldsymbol{q}_{\mathrm{e}}$。我们将在 5.4 节进行讨论。

2) 离子的能量平衡方程

对于离子，由于它要受到器壁或电极处的鞘层电场加速，而且它的质量较大，因此它的定向流动速度较大。这样，不能像电子那样假设其定向动能远小于热动能。根据方程(5.2-14)，可以把离子的能量平衡方程表示为

$$\frac{\partial}{\partial t}\left(\frac{3n_{\mathrm{i}}T_{\mathrm{i}}}{2}\right)+\nabla\cdot\left(\frac{3n_{\mathrm{i}}T_{\mathrm{i}}}{2}\boldsymbol{u}_{\mathrm{i}}\right)=-\nabla\cdot\boldsymbol{q}_{\mathrm{i}}-p_{\mathrm{i}}(\nabla\cdot\boldsymbol{u}_{\mathrm{i}})+\boldsymbol{u}_{\mathrm{i}}\cdot\boldsymbol{R}_{\mathrm{i}}+\frac{1}{2}m_{\mathrm{i}}u_{\mathrm{i}}^2S_{\mathrm{i}}-p_{\mathrm{i,coll}} \tag{5.3-48}$$

这里已假定离子为单原子离子，只有平动的热动能。与计算电子热流密的方法相似，可以把离子热流密度矢量 $\boldsymbol{q}_{\mathrm{i}}$ 表示为

$$\boldsymbol{q}_{\mathrm{i}}=\frac{1}{2}m_{\mathrm{i}}\int w^2\boldsymbol{w}f_{\mathrm{i1}}\mathrm{d}^3w \tag{5.3-49}$$

$p_{\mathrm{i,coll}}$ 为离子与中性离子之间的弹性碰撞产生的能量输运，其表示式为

$$p_{\mathrm{i,coll}}=\frac{2m_{\mathrm{i}}M}{(m_{\mathrm{i}}+M)^2}n_{\mathrm{g}}\int\frac{1}{2}m_{\mathrm{i}}v^2v\sigma_{\mathrm{in}}(v)f_{\mathrm{i0}}\mathrm{d}^3v \tag{5.3-50}$$

其中，$\sigma_{\mathrm{in}}(v)$ 为离子的动量输运截面

$$\sigma_{\mathrm{in}}(v)=\int_{\Omega}(1-\cos\chi)I_{\mathrm{in}}(v,\chi)\mathrm{d}\Omega \tag{5.3-51}$$

式中，$I_{\mathrm{in}}(v,\chi)$ 为离子与中性粒子之间的弹性碰撞微分截面。

至此，我们得到了一套封闭的非热平衡等离子体的流体力学方程组，它们分别是电子和离子的连续性方程(5.3-1)和方程(5.3-2)、动量平衡方程(5.3-26)和方程(5.3-27)，以及能量平衡方程(5.3-28)和方程(5.3-48)。上述动量平衡方程还依赖于电场和磁场，它们由麦克斯韦方程组来确定，见式(4.1-14)～式(4.1-17)，其中等

离子体电荷密度 ρ 和电流密度 $\boldsymbol{J}_{\mathrm{p}}$ 由带电粒子的密度和流速确定，即

$$\rho = e(n_{\mathrm{i}} - n_{\mathrm{e}}),\quad \boldsymbol{J}_{\mathrm{p}} = \boldsymbol{e}(n_{\mathrm{i}}\boldsymbol{u}_{\mathrm{i}} - n_{\mathrm{e}}\boldsymbol{u}_{\mathrm{e}}) \tag{5.3-52}$$

在给定初始条件和边界条件下，由等离子体的流体力学方程组和麦克斯韦方程组可以自洽地确定出带电粒子密度、流速、温度及电磁场等物理量的空间分布。

需要强调的是，我们在推导非热平衡等离子体流体力学方程时，已经做了一些近似处理，其中最重要的近似为：认为在流体力学状态下，带电粒子的速度分布函数 f 对局域热平衡分布函数 f_0 偏离不大。在这种近似下，可以计算压强张量、粒子的源项、动量转移率、能量转移率及热流密度矢量。在后续的章节中，针对不同的放电情况，我们还会对等离子体的流体力学方程，尤其是对动量平衡方程做一些近似处理，如迁移扩散近似、双极扩散近似等。所有这些近似处理都会使流体力学模型给出的结果与真实结果有一定的偏差。

5.4　碰撞速率系数和热传导系数

在 5.3 节推导电子和离子的流体力学方程组时，要求用局域热平衡函数 f_0 来计算粒子的源项 S、动量转移率 $\boldsymbol{R}$、能量损失率 p_{coll} 及热传导矢量 $\boldsymbol{q}$。在这一节，我们对这些量进行计算，并给出相应的碰撞速率和热传导系数的解析表示式。在一般情况下，电子和离子的局域热平衡分布函数分别为

$$f_{\mathrm{e0}} = n_{\mathrm{e}}\left(\frac{m_{\mathrm{e}}}{2\pi T_{\mathrm{e}}}\right)^{3/2}\exp\left[-\frac{m_{\mathrm{e}}(\boldsymbol{v}-\boldsymbol{u}_{\mathrm{e}})^2}{2T_{\mathrm{e}}}\right] \tag{5.4-1}$$

$$f_{\mathrm{i0}} = n_{\mathrm{i}}\left(\frac{m_{\mathrm{i}}}{2\pi T_{\mathrm{i}}}\right)^{3/2}\exp\left[-\frac{m_{\mathrm{i}}(\boldsymbol{v}-\boldsymbol{u}_{\mathrm{i}})^2}{2T_{\mathrm{i}}}\right] \tag{5.4-2}$$

其中，带电粒子的密度、流速和温度都是空间变量 $\boldsymbol{r}$ 和时间变量 t 的函数。由于在等离子体区带电粒子的流速远小于其热速度，因此在如下计算动量输运系数、激发碰撞速率、电离碰撞速率及能量损失碰撞速率时，可以不考虑带电粒子在局域热平衡状态下的流动效应，即

$$f_{\mathrm{e0}} = n_{\mathrm{e}}\left(\frac{m_{\mathrm{e}}}{2\pi T_{\mathrm{e}}}\right)^{3/2}\exp\left(-\frac{m_{\mathrm{e}}v^2}{2T_{\mathrm{e}}}\right) \tag{5.4-3}$$

$$f_{\mathrm{i0}} = n_{\mathrm{i}}\left(\frac{m_{\mathrm{i}}}{2\pi T_{\mathrm{i}}}\right)^{3/2}\exp\left(-\frac{m_{\mathrm{i}}v^2}{2T_{\mathrm{i}}}\right) \tag{5.4-4}$$

但在计算带电粒子的热流密度矢量或黏滞压强梯度时，需要考虑粒子的流速，因为热传导和黏滞压强是由粒子的流动过程产生的。

1. 动量输运速率

根据式(5.3-22)，电子的动量输运速率为

$$k_{\text{en}}=\frac{M}{m_{\text{e}}+M}\frac{1}{n_{\text{e}}}\int v\sigma_{\text{en}}f_{\text{e}0}\text{d}^3v \tag{5.4-5}$$

由于 $m_{\text{e}}\ll M$，可以把 k_{en} 近似为

$$k_{\text{en}}=\frac{1}{n_{\text{e}}}\int v\sigma_{\text{en}}f_{\text{e}0}\text{d}^3v \tag{5.4-6}$$

将式(5.4-3)代入式(5.4-6)，并利用 $\text{d}^3v=2\pi(2/m_{\text{e}})^{3/2}\varepsilon^{1/2}\text{d}\varepsilon$，可以把电子的动量输运系数表示为

$$k_{\text{en}}=\frac{\overline{v}_{\text{e}}}{T_{\text{e}}^2}\int_0^\infty\sigma_{\text{en}}(\varepsilon)\text{e}^{-\varepsilon/T_{\text{e}}}\varepsilon\text{d}\varepsilon \tag{5.4-7}$$

其中，$\varepsilon=\frac{1}{2}m_{\text{e}}v^2$ 是入射电子的动能；$\overline{v}_{\text{e}}=\sqrt{8T_{\text{e}}/\pi m_{\text{e}}}$ 为电子的平均速率。动量输运系数 k_{en} 的单位是 cm^3/s 或 m^3/s。一旦给定微分散射截面 $I_{\text{en}}(\varepsilon,\chi)$，就可以由式(5.4-7)计算出 k_{en}，它是电子温度的函数。根据 2.6 节的讨论可知，对于低能电子与中性粒子碰撞，动量输运截面 σ_{en} 等于弹性散射总截面 σ_{t}。因此，在流体力学模拟模型中，通常用 σ_{t} 代替 σ_{en}，并把 k_{en} 作为电子的弹性碰撞速率。

采用类似的做法，也可以计算出离子与中性粒子碰撞的动量输运系数 k_{in}

$$k_{\text{in}}=\frac{M}{m_{\text{i}}+M}\frac{\overline{v}_{\text{i}}}{T_{\text{i}}^2}\int_0^\infty\sigma_{\text{in}}(\varepsilon)\text{e}^{-\varepsilon/T_{\text{i}}}\varepsilon\text{d}\varepsilon \tag{5.4-8}$$

其中，$\overline{v}_{\text{i}}=\sqrt{8T_{\text{i}}/\pi m_{\text{i}}}$ 为离子的平均热速度。在一般情况下，离子的质量近似地等于中性粒子的质量，即 $m_{\text{i}}\approx M$，这样有

$$k_{\text{in}}=\frac{\overline{v}_{\text{i}}}{2T_{\text{i}}^2}\int_0^\infty\sigma_{\text{in}}(\varepsilon)\text{e}^{-\varepsilon/T_{\text{i}}}\varepsilon\text{d}\varepsilon \tag{5.4-9}$$

2. 电离和激发碰撞速率

根据式(5.3-6)和式(5.4-3)，可以把电离碰撞速率表示为

$$k_{\text{iz}}=\frac{\overline{v}_{\text{e}}}{T_{\text{e}}^2}\int_0^\infty\sigma_{\text{iz}}(\varepsilon)\exp(-\varepsilon/T_{\text{e}})\varepsilon\text{d}\varepsilon \tag{5.4-10}$$

其中，$\sigma_{\text{iz}}(\varepsilon)$ 为电离碰撞截面。类似地，也可以引入激发碰撞速率，其表示式为

$$k_{\text{ex}}=\frac{\overline{v}_{\text{e}}}{T_{\text{e}}^2}\int_0^\infty\sigma_{\text{ex}}(\varepsilon)\exp(-\varepsilon/T_{\text{e}})\varepsilon\text{d}\varepsilon \tag{5.4-11}$$

其中，$\sigma_{ex}(\varepsilon)$为激发碰撞截面。我们知道，对于电子与中性粒子的电离碰撞，当电子的能量小于阈值能量ε_{iz}时，电离截面为零。这样，可以把式(5.4-10)改写为

$$k_{iz}=\frac{\overline{v}_e}{T_e^2}\exp(-\varepsilon_{iz}/T_e)\int_0^\infty\sigma_{iz}(\varepsilon+\varepsilon_{iz})\exp(-\varepsilon/T_e)(\varepsilon+\varepsilon_{iz})d\varepsilon \tag{5.4-12}$$

实际上，随着电子能量的增加，电离截面的值也很快下降。因此，我们可以做如下近似：

$$\sigma_{iz}(\varepsilon+\varepsilon_{iz})\approx\sigma_{iz}(\varepsilon_{iz}) \tag{5.4-13}$$

借助于式(5.4-13)，完成式(5.4-12)的积分后，最后可以把电离碰撞系数表示为

$$k_{iz}=k_{iz0}\exp(-\varepsilon_{iz}/T_e) \tag{5.4-14}$$

式(5.4-14)右边的系数为

$$k_{iz0}=(1+\varepsilon_{iz}/T_e)\overline{v}_e\sigma_{iz}(\varepsilon_{iz}) \tag{5.4-15}$$

式(5.4-14)即所谓的阿伦尼乌斯(Arrhenius)公式，其中系数k_{iz0}对电子温度的依赖性较弱。

3. 能量损失速率

将式(5.4-3)给出的分布函数f_{e0}代入式(5.3-39)，可以把电子与中性粒子之间的弹性碰撞产生的能量损失表示为

$$p_{e,elas}\approx n_g n_e\frac{3m_eT_e}{M}R_{en} \tag{5.4-16}$$

其中，R_{en}为对应的弹性碰撞能量损失速率

$$R_{en}=\frac{2}{3}\frac{\overline{v}_e}{T_e^3}\int_0^\infty\sigma_{en}(\varepsilon)e^{-\varepsilon/T_e}\varepsilon^2d\varepsilon \tag{5.4-17}$$

对于氩气放电，$\sqrt{\varepsilon}\sigma_{en}(\varepsilon)$近似为常数，见图 3-4，因此根据式(5.4-17)和式(5.4-7)，很容易证明有$R_{en}=k_{en}$。对于其他气体放电，$\sqrt{\varepsilon}\sigma_{en}(\varepsilon)$不一定为常数，但是由于电子在弹性碰撞中所损失的能量非常小，通常把弹性碰撞的能量损失表示为

$$p_{e,elas}=n_g n_e k_{en}\frac{3m_e}{M}T_e \tag{5.4-18}$$

将f_{e0}代入式(5.3-42)，可以得到激发碰撞所造成的电子能量损失为

$$p_{e,ex}=n_g n_e\varepsilon_{ex}R_{ex} \tag{5.4-19}$$

其中，R_{ex}为激发碰撞的能量损失速率

$$R_{ex}=\frac{\overline{v}_e}{T_e^2\varepsilon_{ex}}\int_0^\infty\left[\sqrt{\varepsilon}\sigma_{ex}(\varepsilon)-\frac{\varepsilon+\varepsilon_{ex}}{\sqrt{\varepsilon}}\sigma_{ex}(\sqrt{\varepsilon+\varepsilon_{ex}})e^{-\varepsilon_{ex}/T_e}\right]e^{-\varepsilon/T_e}\varepsilon^{3/2}d\varepsilon \tag{5.4-20}$$

类似地，根据式(5.4-3)和式(5.3-44)，可以得到电离碰撞所造成的电子能量损失率为

$$p_{e,iz} = n_e n_g \varepsilon_{iz} R_{iz} \tag{5.4-21}$$

其中，R_{iz} 为电离碰撞的能量损失速率系数

$$R_{iz} = \frac{\overline{v}_e}{T_e^2 \varepsilon_{iz}} \int_0^\infty \left[\sqrt{\varepsilon}\sigma_{iz}(\varepsilon) - \frac{4(2\varepsilon + \varepsilon_{iz})}{\sqrt{\varepsilon}} \sigma_{iz}(\sqrt{2\varepsilon + \varepsilon_{iz}}) e^{-\varepsilon_{iz}/T_e} \right] e^{-\varepsilon/T_e} \varepsilon^{3/2} d\varepsilon \tag{5.4-22}$$

对于氩气放电，图 5-1(a)和(b)分别比较了 k_{iz}、R_{iz} 和 k_{ex}、R_{ex} 四个碰撞速率系数的值随电子温度 T_e 的变化，其中相应的碰撞截面取自文献[4]。可以看出：在 $T_e < 20\text{eV}$ 的范围内，这两套碰撞速率的数值非常接近。因此，在流体力学模拟中，通常用 k_{iz} 和 k_{ex} 来代替 R_{iz} 和 R_{ex}，这样可以把电子与中性粒子之间的碰撞所引起的能量损失表示为

$$p_{e,coll} = n_e n_g k_{iz} \varepsilon_T \tag{5.4-23}$$

其中

$$\varepsilon_T = \varepsilon_{iz} + \varepsilon_{ex} \frac{k_{ex}}{k_{iz}} + \frac{3m_e T_e}{M} \frac{k_{en}}{k_{iz}} \tag{5.4-24}$$

为每产生一个电子-离子对所需要损失的能量[5]。式(5.4-24)右边的三项分别代表电子与中性粒子的弹性碰撞、激发碰撞和电离碰撞所造成的能量损失。由于 $m_e \ll M$，因此在一般情况下弹性碰撞所造成的能量损失几乎可以忽略。

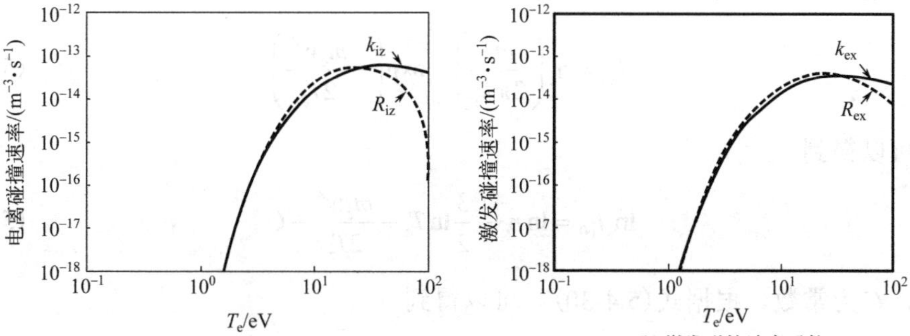

(a) 电离碰撞速率系数　(b) 激发碰撞速率系数

图 5-1　氩气放电的四个碰撞速率系数随电子温度的变化

下面再确定离子与中性粒子之间的弹性碰撞所产生的能量损失。将 f_{i0} 代入式(5.3-50)，类似地，可以得到

$$p_{i,elas} = n_i n_g \frac{2m_i M}{(m_i + M)^2} \frac{\overline{v}_i}{T_i^2} \int_0^\infty \sigma_{in}(\varepsilon) e^{-\varepsilon/T_i} \varepsilon^2 d\varepsilon \tag{5.4-25}$$

当离子的动量输运截面 $\sigma_{\rm in}$ 与能量无关时，式(5.4-25)可以化简为

$$p_{\rm i,elas}=n_{\rm i}n_{\rm g}\frac{4m_{\rm i}M}{(m_{\rm i}+M)^2}T_{\rm i}\overline{v}_{\rm i}\sigma_{\rm in} \tag{5.4-26}$$

即离子弹性碰撞能量损失正比于离子温度。实际上，离子与中性气体分子弹性碰撞时，可以把所损失的能量转移给中性粒子，用于中性气体的加热。除此之外，电子与中性粒子非弹性碰撞时，也可把相应的化学反应能转移给中性粒子。我们将在第8章中讨论这个问题。

4. 热传导系数

如前所述，在计算电子的热流密度矢量时，需要考虑电子的流动效应，即电子的局域热平衡分布函数由式(5.4-1)给出。首先引入无规速度 $\boldsymbol{w}=\boldsymbol{v}-\boldsymbol{u}_{\rm e}(\boldsymbol{r},t)$，并将方程(5.3-46)中的速度变量 $\boldsymbol{v}$ 用 $\boldsymbol{w}$ 表示。由于流速 $\boldsymbol{u}_{\rm e}$ 是空间变量 $\boldsymbol{r}$ 和时间变量 t 的函数，因此有

$$\frac{\partial}{\partial t}=\frac{\partial}{\partial t}\Big|_{\boldsymbol{w},\boldsymbol{r}}-\frac{\partial \boldsymbol{u}_{\rm e}}{\partial t}\cdot\frac{\partial}{\partial \boldsymbol{w}},\quad \frac{\partial}{\partial \boldsymbol{r}}=\frac{\partial}{\partial \boldsymbol{r}}\Big|_{\boldsymbol{w},t}-\frac{\partial \boldsymbol{u}_{\rm e}}{\partial \boldsymbol{r}}\cdot\frac{\partial}{\partial \boldsymbol{w}} \tag{5.4-27}$$

这样对方程(5.3-46)的左边进行上述变换，可以得到

$$f_{\rm e1}=-\frac{f_{\rm e0}}{\nu_{\rm en}}\left[\frac{{\rm d}\ln f_{\rm e0}}{{\rm d}t}+\boldsymbol{w}\cdot\frac{\partial \ln f_{\rm e0}}{\partial \boldsymbol{r}}-\left(\frac{{\rm d}\boldsymbol{u}_{\rm e}}{{\rm d}t}+\boldsymbol{w}\cdot\frac{\partial \boldsymbol{u}_{\rm e}}{\partial \boldsymbol{r}}\right)\frac{\partial \ln f_{\rm e0}}{\partial \boldsymbol{w}}+\boldsymbol{a}_{\rm e}\cdot\frac{\partial \ln f_{\rm e0}}{\partial \boldsymbol{w}}\right] \tag{5.4-28}$$

其中，$\dfrac{\rm d}{{\rm d}t}=\dfrac{\partial}{\partial t}+\boldsymbol{u}_{\rm e}\cdot\dfrac{\partial}{\partial \boldsymbol{r}}$ 为对时间的全微分算子。根据式(5.4-1)，可以把 $f_{\rm e0}$ 表示式为

$$f_{\rm e0}=n_{\rm e}\left(\frac{m_{\rm e}}{2\pi T_{\rm e}}\right)^{3/2}\exp\left(-\frac{m_{\rm e}w^2}{2T_{\rm e}}\right) \tag{5.4-29}$$

由此可以得到

$$\ln f_{\rm e0}=\ln n_{\rm e}-\frac{3}{2}\ln T_{\rm e}-\frac{m_{\rm e}w^2}{2T_{\rm e}}+C \tag{5.4-30}$$

其中，C 为常数。根据式(5.4-30)，可以得到

$$\begin{cases}\dfrac{{\rm d}\ln f_{\rm e0}}{{\rm d}t}=\dfrac{1}{n_{\rm e}}\dfrac{{\rm d}n_{\rm e}}{{\rm d}t}+\left(\dfrac{m_{\rm e}w^2}{2T_{\rm e}}-\dfrac{3}{2}\right)\dfrac{1}{T_{\rm e}}\dfrac{{\rm d}T_{\rm e}}{{\rm d}t}\\[2ex] \dfrac{\partial\ln f_{\rm e0}}{\partial \boldsymbol{r}}=\dfrac{1}{n_{\rm e}}\dfrac{\partial n_{\rm e}}{\partial \boldsymbol{r}}+\left(\dfrac{m_{\rm e}w^2}{2T_{\rm e}}-\dfrac{3}{2}\right)\dfrac{1}{T_{\rm e}}\dfrac{\partial T_{\rm e}}{\partial \boldsymbol{r}}\\[2ex] \dfrac{\partial\ln f_{\rm e0}}{\partial \boldsymbol{w}}=-\dfrac{m_{\rm e}}{T_{\rm e}}\boldsymbol{w}\end{cases} \tag{5.4-31}$$

严格地讲，上述 n_{e}、$\boldsymbol{u}_{\mathrm{e}}$ 及 T_{e} 应由电子的流体力学方程确定，见方程(5.3-1)、方程(5.3-10)和方程(5.3-28)。为了便于确定出电子的热流密度矢量，下面采用一种近似处理方法[6]，即暂时忽略电子流体力学方程中的碰撞效应，有

$$\begin{cases}\dfrac{\mathrm{d}n_{\mathrm{e}}}{\mathrm{d}t}=-n_{\mathrm{e}}\nabla\cdot\boldsymbol{u}_{\mathrm{e}}\\[2mm]\dfrac{\mathrm{d}\boldsymbol{u}_{\mathrm{e}}}{\mathrm{d}t}=\boldsymbol{a}_{\mathrm{e}}-\dfrac{1}{m_{\mathrm{e}}n_{\mathrm{e}}}\nabla p_{\mathrm{e}}\\[2mm]\dfrac{\mathrm{d}T_{\mathrm{e}}}{\mathrm{d}t}=-\dfrac{2}{3}T_{\mathrm{e}}\nabla\cdot\boldsymbol{u}_{\mathrm{e}}\end{cases}\tag{5.4-32}$$

通常，称方程(5.4-32)为电子的理想流体状态方程。借助于式(5.4-31)和式(5.4-32)，可以把式(5.4-28)改写成

$$f_{\mathrm{e}1}=-\frac{1}{\nu_{\mathrm{en}}}f_{\mathrm{e}0}\left[\frac{1}{T_{\mathrm{e}}}\left(\frac{m_{\mathrm{e}}w^2}{2T_{\mathrm{e}}}-\frac{5}{2}\right)\boldsymbol{w}\cdot\nabla T_{\mathrm{e}}+\frac{m_{\mathrm{e}}}{T_{\mathrm{e}}}\left(\boldsymbol{ww}-\frac{1}{3}w^2\vec{\boldsymbol{I}}\right):\nabla\boldsymbol{u}_{\mathrm{e}}\right]\tag{5.4-33}$$

将得到的 $f_{\mathrm{e}1}$ 代入式(5.3-47)，就可以计算热流密度矢量 $\boldsymbol{q}_{\mathrm{e}}$。由于式(5.4-33)右边方括号内的第二项是无规速度 $\boldsymbol{w}$ 的偶函数，它在积分中对 $\boldsymbol{q}_{\mathrm{e}}$ 的贡献为零，因此有

$$\boldsymbol{q}_{\mathrm{e}}=-\frac{m_{\mathrm{e}}}{2\nu_{\mathrm{en}}T_{\mathrm{e}}}\int w^2 f_{\mathrm{e}0}(w)\left(\frac{m_{\mathrm{e}}w^2}{2T_{\mathrm{e}}}-\frac{5}{2}\right)\boldsymbol{ww}\cdot\nabla T_{\mathrm{e}}\mathrm{d}^3w\tag{5.4-34}$$

这里已假设动量输运频率 ν_{en} 与速度无关。经过一些运算，最后可以把电子的热流密度矢量表示为(见习题 5.3)

$$\boldsymbol{q}_{\mathrm{e}}=-\kappa_{\mathrm{e}}\nabla T_{\mathrm{e}},\quad \kappa_{\mathrm{e}}=\frac{5}{2}\frac{n_{\mathrm{e}}T_{\mathrm{e}}}{m_{\mathrm{e}}\nu_{\mathrm{en}}}\tag{5.4-35}$$

其中，κ_{e} 为电子的热传导系数。式(5.4-35)即为熟知的热传导定律，也称傅里叶定律。采用类似的方法，也可以推导出离子的热流密度矢量，其形式为

$$\boldsymbol{q}_{\mathrm{i}}=-\kappa_{\mathrm{i}}\nabla T_{\mathrm{i}},\quad \kappa_{\mathrm{i}}=\frac{5}{2}\frac{n_{\mathrm{i}}T_{\mathrm{i}}}{m_{\mathrm{i}}\nu_{\mathrm{in}}}\tag{5.4-36}$$

需要补充说明一点，利用式(5.4-33)给出的扰动分布函数，还可以计算出电子的黏滞压强张量(见习题 5.4)。

至此，利用局域热平衡的速度分布函数，已经分别确定出等离子体流体力学方程组中的粒子转移 S_α（$\alpha=\mathrm{e},\mathrm{i}$）、动量转移 $\boldsymbol{R}_{\alpha\mathrm{n}}$、能量转移 $p_{\alpha,\mathrm{coll}}$ 以及热流矢量 $\boldsymbol{q}_\alpha$。这样，等离子体流体力学方程组与电磁场方程结合起来，就构成了一套封闭的方程组。通过数值求解这套方程组，就可以得到带电粒子密度、流速、温度及电磁场的空间分布。

5.5 中性粒子的流体力学模型

在前面的讨论中，我们一直假设背景气体的密度和温度是固定不变的，而且整体没有流动。但是，在实际的放电过程中，中性气体可以在腔室中进行扩散和流动，其密度、温度等物理量是空间不均匀的。特别是，当放电功率较高时，气体的电离度较高，使得中性气体的损耗明显，造成放电腔室中心处的中性气体密度的下降。另外，带电粒子与中性粒子的碰撞，可以使得中性气体的温度升高。因此，在一些等离子体工艺装备(如等离子体刻蚀机、薄膜沉积设备)研发中，首先要解决的是中性气体在工艺腔室的流场和热场的空间分布。

尽管中性粒子不受电磁场的作用，它的输运方程相对简单，但它要与等离子体发生相互作用，要导致中性气体的状态发生变化。气体状态的变化主要体现在两个方面。第一，在气体放电过程中，由于带电粒子与中性粒子之间的非弹性碰撞，如激发碰撞和解离碰撞，造成中性粒子数发生变化，有产生也有消失，并产生一些处于激发态的中性粒子(称为活性基团)。第二，带电粒子可以通过碰撞把其动量或能量转移给中性粒子，造成气体的加热。

1. 基本输运方程

类似于带电粒子的流体力学方程组的推导，也可以从玻尔兹曼方程出发，推导出中性粒子的流体力学方程组。如下考虑的中性粒子既包括背景气体中的中性原子或分子，也包括气体放电产生的活性粒子。假设对于第 n 类中性粒子，其质量为 M_n，密度为 n_n，流速为 $\boldsymbol{u}_n$，以及温度为 T_n。中性粒子的连续性方程、动量平衡方程及热动能平衡方程分别为[7]

$$\frac{\partial n_n}{\partial t}+\nabla\cdot(n_n\boldsymbol{u}_n)=S_n \tag{5.5-1}$$

$$\frac{\partial(n_nM_n\boldsymbol{u}_n)}{\partial t}+\nabla\cdot(n_nM_n\boldsymbol{u}_n\boldsymbol{u}_n)=-\nabla p_n-\nabla\cdot\boldsymbol{\Pi}_n-\boldsymbol{R}_n \tag{5.5-2}$$

$$\frac{\partial}{\partial t}(n_nC_{v,n}T_n)+\nabla\cdot(n_nC_{v,n}T_n\boldsymbol{u}_n)=-\nabla\cdot\boldsymbol{q}_n+\boldsymbol{u}_n\cdot\boldsymbol{R}_n+\frac{1}{2}M_nu_n^2S_n+p_{n,\mathrm{coll}} \tag{5.5-3}$$

其中，S_n、$\boldsymbol{R}_n$ 和 $p_{n,\mathrm{coll}}$ 分别为第 n 类中性粒子与其他粒子碰撞时所转移的粒子数、动量及能量转移；$p_n=n_nT_n$ 为中性粒子的压强；$\boldsymbol{\Pi}_n$ 为中性气体的黏滞张量；$\boldsymbol{q}_n$ 为中性粒子的热流矢量；$C_{v,n}$ 为中性粒子的热容量。

对于中性粒子，由于它们的质量较重，当它们相互碰撞时，可以充分地交换动能，因此可以假设所有种类的中性粒子处在一个热平衡状态，即它们有一个共同的

温度 T_g。这样，可以把中性粒子的能量平衡方程(5.5-3)改写为

$$\frac{\partial}{\partial t}(n_g C_v T_g)+\nabla\cdot(n_g C_v T_g \boldsymbol{u}_g)=-\nabla\cdot\boldsymbol{q}_g+\sum_n(\boldsymbol{u}_n\cdot\boldsymbol{R}_n+M_n u_n^2 S_n/2+p_{n,\text{coll}}) \tag{5.5-4}$$

其中，$n_g=\sum_n n_n$ 为中性粒子的总密度；$\boldsymbol{u}_g=\sum_n n_n\boldsymbol{u}_n/n_g$ 为中性粒子的平均流速；$p_g=n_g T_g$ 为中性粒子的总压强；$C_v=C_{v,n}$；$\boldsymbol{q}_g=-\kappa_g\nabla T_g$；$\kappa_g=\sum_n \kappa_n$。

2. *碰撞反应*

在分子气体放电过程中，可以发生一系列的碰撞反应，生成一系列的受激分子或原子。例如，对于 CF_4 放电，可以生成 CF_3、CF_2、CF、F 等活性粒子。在上面介绍的中性粒子流体力学模型中，所涉及的粒子数、动量和能量的转移项都与气相化学反应过程有关，它们依赖于粒子之间的碰撞反应类型。一般情况下，可以将重粒子之间的碰撞类型分为两种，即重粒子与电子的碰撞，以及重粒子之间的碰撞。

在中性粒子的连续性方程(5.5-1)中，可以把右边的源项写成为

$$S_n=\sum_s k_{s,n}n_1 n_2 \tag{5.5-5}$$

其中，$k_{s,n}$ 为产生或损失第 n 类粒子的碰撞速率；n_1 和 n_2 为对应的反应物种的密度。例如，对于电子与中性粒子(A)的电离碰撞

$$\text{e}+\text{A}\longrightarrow\text{A}^+ +\text{e}+\text{e}$$

n_1 和 n_2 分别为电子和中性粒子的密度，$k_{s,n}$ 等于电离碰撞速率系数 k_{iz}。

在一般情况下，动量转移 $\boldsymbol{R}_n$ 主要来自于中性粒子-中性粒子的碰撞和中性粒子-离子的碰撞。不过，由于离子的密度远低于中性粒子的密度，因此只需要考虑中性粒子之间的碰撞对其动量转移的贡献即可。因此，可以把 $\boldsymbol{R}_n$ 表示为

$$\boldsymbol{R}_n=M_n n_n \nu_{nn}\boldsymbol{u}_n \tag{5.5-6}$$

其中，ν_{nn} 为中性粒子之间碰撞的动量转移频率

$$\nu_{nn}=\sum_\beta \frac{M_\beta}{M_\beta+M_n}n_\beta \overline{v}_n \sigma_{n\beta} \tag{5.5-7}$$

式中，求和是对所有中性粒子种类进行的，$\overline{v}_n=\sqrt{8T_n/(\pi M_n)}$ 为中性粒子的平均热速度。

根据中性气体的输运理论，可以确定黏滞张量 $\boldsymbol{\Pi}_n$（见本章后面的习题 5.4），其表示式为

$$\boldsymbol{\Pi}_n=2\eta_n\overleftrightarrow{\boldsymbol{S}}_n \tag{5.5-8}$$

其中，η_n 为黏滞系数；$\overleftrightarrow{\boldsymbol{S}}_n$ 是张量 $\nabla\boldsymbol{u}_n$ 的无迹对称部分，即

$$\overleftrightarrow{S}_n = \frac{1}{2}[\nabla \boldsymbol{u}_n + (\nabla \boldsymbol{u}_n)^{\mathrm{T}}] - \frac{1}{3}(\nabla \boldsymbol{u}_n)\overleftrightarrow{I} \tag{5.5-9}$$

式中，T 表示张量的转置。对于中性气体的黏滞系数，可以采用实验测量数据来确定，也可以通过求解稀薄气体输运方程(即玻尔兹曼方程)得到，其表示式为[6]

$$\eta_n = \frac{5}{16d^2\Omega_{22}}\left(\frac{M_n k_{\mathrm{B}} T_n}{\pi}\right)^{1/2} \tag{5.5-10}$$

其中，d 为分子的直径；Ω_{22} 由中性粒子碰撞截面确定。对于刚球势模型，$\Omega_{22}=1$。

对于中性粒子的热流矢量，可以采用类似于 5.4 节中推导电子或离子的热流矢量过程，其形式为

$$\boldsymbol{q}_n = -\kappa_n \nabla T_n \tag{5.5-11}$$

其中，$\kappa_n = \dfrac{5}{2}\dfrac{n_n T_n}{m_n \nu_{nn}}$ 为中性粒子的热传导系数。中性粒子的热容量与中性分子的结构有关，例如，对于单原子分子，有 $C_{v,n}=3/2$；而对于刚性双原子分子，有 $C_{v,n}=5/2$。

在中性粒子的能量平衡方程式(5.5-3)或式(5.5-4)中，$p_{n,\mathrm{coll}}$ 为中性粒子与带电粒子碰撞所得到的功率密度，它包含两部分，其中一部分是与离子弹性碰撞所获得的功率密度 p_{n1}，另一部分是与电子碰撞所获得的功率密度 p_{n2}，即

$$p_{n,\mathrm{coll}} = p_{n1} + p_{n2} \tag{5.5-12}$$

对于刚球模型，p_{n1} 的表示式为

$$p_{n1} = \sum_{\alpha} n_\alpha n_n \frac{4m_\alpha M_n T_\alpha}{(m_\alpha + M_n)^2}\bar{v}_\alpha \sigma_{\alpha n} \tag{5.5-13}$$

其中，求和是对所有离子的种类进行的。对于 p_{n2}，主要来自于电子与中性粒子的激发碰撞或分解碰撞，其形式为

$$p_{n2} = \sum_s k_s n_e n_n \varepsilon_s \tag{5.5-14}$$

其中，k_s 为中性粒子与电子发生第 s 类非弹性碰撞时的反应速率；ε_s 为对应的反应阈值能量。在一般的情况下，p_{n2} 远大于 p_{n1}，即中性粒子的能量主要是来自于它与电子的非弹性碰撞。

3. 中性气体损耗

在高电离度的情况下，中性气体的损耗效应将变得明显。为便于讨论，我们采用一维稳态模型，并针对低气压下的电正性气体放电，且只有一种离子和中性粒子，以及满足准电中性条件 $n_{\mathrm{e}} = n_{\mathrm{i}} = n$。在这种情况下，可以分别把电子、离子和中性粒子的动量平衡方程改写为

$$-enE-\frac{\mathrm{d}}{\mathrm{d}z}(nT_{\mathrm{e}})=0 \tag{5.5-15}$$

$$enE-R_{\mathrm{i}}=0 \tag{5.5-16}$$

$$-\frac{\mathrm{d}}{\mathrm{d}z}(n_{\mathrm{g}}T_{\mathrm{g}})+R_{\mathrm{i}}=0 \tag{5.5-17}$$

注意，在这种情况下，作用在离子和中性粒子上的拖拽力大小相等，方向相反。将以上三式相加，并从器壁处（$n=0,n_{\mathrm{g}}=n_{\mathrm{gw}}$）进行积分，可以得到

$$n(z)T_{\mathrm{e}}+n_{\mathrm{g}}(z)T_{\mathrm{g}}=n_{\mathrm{gw}}T_{\mathrm{g}} \tag{5.5-18}$$

这里已假设电子温度和气体温度恒定。在通常情况下，等离子体的密度在腔室的中心处最大，而在器壁处最小，近似为零。因此，式(5.5-18)表明，中性气体的密度在腔室的中心处较低，而在器壁处较大。也就是说，在腔室中心处气体的损耗效应最明显。假设等离子体和中性气体在腔室中心处的密度分别为 n_0 和 $n_{\mathrm{g}0}$，则由式 (5.5-18)可以得到

$$\frac{n_{\mathrm{g}0}}{n_{\mathrm{gw}}}=1-\frac{n_0}{n_{\mathrm{gw}}}\frac{T_{\mathrm{e}}}{T_{\mathrm{g}}} \tag{5.5-19}$$

在一般情况下，对于低温的等离子体，有 $T_{\mathrm{e}}/T_{\mathrm{g}}\sim 10^2$。因此，仅当气体的电离度大于百分之几时，中性气体的损耗效应才明显。以上只是定性地分析了中性气体的损耗效应，严格的定量分析需要借助于完整的中性气体输运模型，同时还需要与带电粒子的输运模型进行耦合。

4. 中性气体加热

为了显示中性气体加热效应，可以暂时忽略中性气体的流动，以及假设是稳态输运的。先考虑一维情况，这样可以把方程(5.5-4)简化为

$$-\frac{\mathrm{d}q_{\mathrm{g}}}{\mathrm{d}z}+\sum_n p_{n,\mathrm{coll}}=0 \tag{5.5-20}$$

将式(5.5-20)从腔室中心到器壁进行积分，有

$$q_{\mathrm{g,wall}}=h\sum_n p_{n,\mathrm{coll}} \tag{5.5-21}$$

其中，h 为腔室的高度；$q_{\mathrm{g,\,wall}}$ 为中性粒子在器壁处的热流密度。由于气体没有流动，则热流密度 q_{g} 等于能量密度 Q_{g}，即 $q_{\mathrm{g}}=Q_{\mathrm{g}}$。根据 1.4 节的讨论，可以知道中性粒子在器壁处的能流密度为

$$Q_{\mathrm{g,wall}}=2T_{\mathrm{g}}\sum_n \varGamma_{n,\mathrm{wall}} \tag{5.5-22}$$

其中，$\Gamma_{n,\mathrm{wall}}=\dfrac{1}{4}\overline{v}_n n_n$ 为流到器壁上的中性粒子通量；$\overline{v}_n=\sqrt{8T_{\mathrm{g}}/(\pi M_n)}$ 为中性粒子的平均热速度。将式(5.5-22)代入式(5.5-21)，有

$$\frac{1}{2}T_{\mathrm{g}}\sum_n \overline{v}_n n_n = h\sum_n p_{n,\mathrm{coll}} \tag{5.5-23}$$

将式(5.5-23)推广到三维情况，则有

$$T_{\mathrm{g}}\sum_n \overline{v}_n n_n = \frac{2A_{\mathrm{eff}}}{V}\sum_n p_{n,\mathrm{coll}} \tag{5.5-24}$$

其中，A_{eff} 和 V 分别为腔室的有效面积和体积。由式(5.5-24)可以得到中性粒子的温度为

$$T_{\mathrm{g}}=\left(\frac{2A_{\mathrm{eff}}\sum\limits_n p_{n,\mathrm{coll}}}{V\sum\limits_n n_n\sqrt{8/(\pi M_n)}}\right)^{2/3} \tag{5.5-25}$$

由于在无放电的情况下中性气体处于室温 T_0，因此中性气体的实际温度应为

$$T_{\mathrm{g}}=T_0+\left(\frac{2A_{\mathrm{eff}}\sum\limits_n p_{n,\mathrm{coll}}}{V\sum\limits_n n_n\sqrt{8/(\pi M_n)}}\right)^{2/3} \tag{5.5-26}$$

式(5.5-26)右边第二项来自于气体放电产生的加热效应，它依赖于中性粒子在碰撞过程中吸收的功率密度 $p_{n,\mathrm{coll}}$。由于 $p_{n,\mathrm{coll}}$ 正比于带电粒子密度，这说明等离子体密度越高，气体的加热效应越明显。一般来说，在感性耦合等离子体中气体温度较高，而在容性耦合等离子体中气体温度较低，因为前者为高密度的等离子体。

5.6 本 章 小 结

本章从玻尔兹曼方程出发，通过引入矩函数，推导出带电粒子的连续性方程、动量平衡方程和能量方程，分别对应于零阶矩函数、一阶矩函数和二阶矩函数的方程，但这三个矩方程是不封闭的。为了得到封闭的矩方程(流体力学方程)，我们假定带电粒子的状态对局域热平衡状态偏离不是太远，从而采用局域热平衡分布函数 $f_0(\boldsymbol{r},v,t)$ 来计算压强张量 $\overleftrightarrow{\boldsymbol{P}}$、粒子的源项 S、动量转移率 $\boldsymbol{R}$ 及能量损失率 p_{coll}。在此基础上，得到了一套封闭的电子和离子的流体力学方程组。此外，本章还介绍了中性粒子的流体力学模型。

下面还要对本章介绍的等离子体流体力学模型作进一步的补充说明。

(1)流体力学模型不能描述发生在速度空间中的无碰撞加热效应，因为它是基于一种速度平均的物理模型。电子能量平衡方程(5.3-28)的右边第二项为电子从电场中吸收的能量，即 $p_{abs}=-en_e\boldsymbol{E}\cdot\boldsymbol{u}_e$，它来自于欧姆加热项。对于低气压放电，无碰撞加热效应起明显作用。通常，为了使流体力学方程适用于低气压放电，需要在能量平衡方程中唯象地引入无碰撞加热效应。

(2)本章讨论的是电正性等离子体的流体力学模型，且假定只有一种正离子。实际上，可以把本章介绍的模型推广到多种成分的等离子体，甚至电负性等离子体。对于电负性气体放电，如 CF_4 气体，电子要与中性粒子发生附着碰撞，从而损失掉电子。这时电子的源项应为 $S_e=S_{iz}+S_{att}$，其中 S_{att} 为附着碰撞产生的电子损失源项

$$S_{att}=\int C_{att}(f_e)d^3v$$

根据式(4.2-12)，有 $S_{att}=-n_en_gk_{att}$，其中 k_{att} 为附着碰撞的反应速率系数。在附着碰撞过程中，同时要产生负离子，因此还要考虑负离子所遵从的连续性方程。此外，当带电粒子密度足够高时，还要考虑正负离子的复合碰撞过程，以及复合过程产生的正负离子损失。

(3)为了描述发生在速度空间中的一些物理过程，可以将流体力学与电子蒙特卡罗碰撞(MCC)模型进行耦合，其中 MCC 模型用于模拟电子与中性粒子的碰撞细节，计算出电子的速度分布函数或能量分布函数。在此基础上，进一步模拟出电子温度、电离碰撞速率和动量输运系数，然后将它们代入电子的连续性方程和动量平衡方程中，进一步确定出电子密度的空间分布。MCC 模型的引入，使得这种混合模型的模拟时间比纯流体力学模型所需的模拟时间要长，但比 PIC/MCC 模型所需的模拟时间短。我们将在第 8 章中介绍流体/电子 MCC 混合模拟方法。

(4)与 PIC/MCC 模型或动理学模型(玻尔兹曼方程)相比，等离子体的流体力学模型有它的优点。借助于数值差分方法，对等离子体流体力学和麦克斯韦方程求解，可以得到等离子体中的一些物理量(如带电粒子密度、通量、电子温度及电磁场)的空间分布规律，所需要的计算时间要远小于 PIC/MCC 模型或动理学模型所需要的计算时间。尤其是利用等离子体流体力学模型，可以对具有复杂腔室结构的分子气体放电进行模拟。

习　题　5

5.1　根据动量平衡方程式(5.2-7)和式(5.2-8)，证明：粒子的定向动能密度 $mnu^2/2$ 满足如下方程

$$\frac{\partial}{\partial t}\left(\frac{1}{2}mnu^2\right)+\nabla\cdot\left(\frac{1}{2}mnu^2\boldsymbol{u}\right)=nq\boldsymbol{u}\cdot\boldsymbol{E}-\boldsymbol{u}\cdot(\nabla\cdot\overleftrightarrow{\boldsymbol{P}})-\boldsymbol{u}\cdot\boldsymbol{R}-\frac{1}{2}mu^2S$$

5.2　设 $A(w)$ 为无规速度的各向同性函数，证明：有如下等式成立

(1) $\int w_i^2 A(w) \mathrm{d}^3 w = \frac{1}{3}\int w^2 A(w) \mathrm{d}^3 w$，

(2) $\int w_i^4 A(w) \mathrm{d}^3 w = \frac{1}{5}\int w^5 A(w) \mathrm{d}^3 w$，

(3) $\int w_i^2 w_j^2 A(w) \mathrm{d}^3 w = \frac{1}{15}\int w^5 A(w) \mathrm{d}^3 w \quad (i \neq j)$，

其中，$w_i (i=1,2,3)$ 为无规速度 $\boldsymbol{w}$ 在球坐标系中的三个分量。

5.3　根据式(5.4-34)，证明：可以把电子的热流密度矢量表示为 $\boldsymbol{q}_{\mathrm{e}} = -\kappa_{\mathrm{e}} \nabla T_{\mathrm{e}}$，其中热电子的传导系数为 $\kappa_{\mathrm{e}} = \frac{5}{2}\frac{n_{\mathrm{e}} T_{\mathrm{e}}}{m_{\mathrm{e}} \nu_{\mathrm{en}}}$。

5.4　根据中性粒子的分布函数 f_n 也服从玻尔兹曼方程，并且也可以采用类似于5.4节介绍的方法进行求解，其扰动分布函数 f_{n1} 在形式上与(5.4-33)完全相同。证明：可以把中性气体的黏滞压强张量 $\overleftrightarrow{\boldsymbol{\Pi}}_n = \int M_n \boldsymbol{w}\boldsymbol{w} f_{n1} \mathrm{d}^3 w$ 表示为

$$\overleftrightarrow{\boldsymbol{\Pi}}_n = -2\eta_n \overleftrightarrow{\boldsymbol{S}}_n$$

其中，$\eta_n = n_n T_n / \nu_{nn}$ 为中性气体的黏滞系数；ν_{nn} 为中性粒子之间的动量输运频率；$\overleftrightarrow{\boldsymbol{S}}_n$ 是一个对称的无迹张量

$$\overleftrightarrow{\boldsymbol{S}}_n = \frac{1}{2}[\nabla \boldsymbol{u}_n + (\nabla \boldsymbol{u}_n)^{\mathrm{T}}] - \frac{1}{3}(\overleftrightarrow{\boldsymbol{I}} : \nabla \boldsymbol{u}_n)\overleftrightarrow{\boldsymbol{I}}$$

这里 $(\nabla \boldsymbol{u}_n)^{\mathrm{T}}$ 为张量 $\nabla \boldsymbol{u}_n$ 的转置。

参 考 文 献

[1]　戈兰特 B E. 等离子体物理基础. 马腾才, 秦运文, 译. 北京: 原子能出版社, 1983.

[2]　胡希伟. 等离子体理论基础. 北京: 北京大学出版社, 2006.

[3]　马腾才, 胡希伟, 陈银华. 等离子体物理原理(修订版). 合肥: 中国科学技术大学出版社, 2012.

[4]　https://us.lxcat.net/data/set_type.php. [2022-06-01].

[5]　Lieberman M A, Lichtenberg A J. Principles of Plasma Discharges and Materials Processing. Hoboken, New Jersey: John Wiley & Sons, Inc., 2005.

[6]　应纯同. 气体输运理论及应用. 北京: 清华大学出版社, 1990.

[7]　Bukowski J D, Graves D B, Vitello P. Two-dimensional fluid model of an inductively coupled plasma with comparison to experimental spatial profiles. J. Appl. Phys. , 1996, 80(5): 2614-2623.

第 6 章　稳态等离子体的输运模型

从第 5 章中介绍的等离子体流体方程可以看出，由于带电粒子分别受到电场力、压强梯度力及背景中性气体的拖拽力的作用，要产生空间定向运动，即宏观输运现象，如电场、密度梯度及温度梯度分别作用所产生的定向迁移、扩散以及热传导等。输运是等离子体中的一种最基本的物理现象，它可以影响等离子体的宏观物理状态，如等离子体密度和温度的空间均匀性。本章仅限于对稳态等离子体中的迁移与扩散现象进行讨论，而且假设等离子体温度恒定。

本章首先介绍带电粒子的迁移扩散近似和双极扩散近似的概念，并引入带电粒子的迁移率、扩散系数、双极扩散系数和双极电场等物理量。迁移扩散近似仅适用于放电气压较高的情况，这时带电粒子与中性粒子之间的弹性碰撞效应起主导作用。基于这种高气压下的双极扩散近似，我们将在 6.2 节中分别针对平板几何和圆柱几何给出等离子体输运方程的解析解。当放电气压较低时，带电粒子与中性粒子的弹性碰撞效应居于次要地位，迁移扩散近似不再适用。我们将在 6.3 节分别建立低气压和中等气压下等离子体的输运方程，并给出等离子体密度分布的解析表示式。对于电负性气体放电，等离子体中除了有电子和正离子外，还有负离子存在。我们将在 6.4 节中讨论电负性等离子体的输运特性。在 6.5 节，我们将考虑外部静磁场对带电粒子输运过程的影响，尤其是对于电子，在垂直于静磁场方向上的输运过程要受到约束。最后，我们将在 6.6 节介绍中性粒子的输运特性。

6.1　迁移和扩散

当放电气压较高时(几十 mTorr～Torr)，带电粒子与中性粒子之间的平均碰撞自由程要远小于放电腔室的特征几何尺度，这时碰撞效应将对等离子体的输运过程起支配作用[1]。本节暂不考虑磁场对等离子体输运过程的影响。由于电子的质量 n_e 很小，可以忽略电子动量平衡方程(5.3-26)左边的惯性项和对流项，有

$$-en_e\boldsymbol{E}-\nabla(n_eT_e)-m_en_e\nu_{en}\boldsymbol{u}_e=0 \tag{6.1-1}$$

其中，$\nu_{en}=n_gk_{en}$ 是电子与中性粒子碰撞的动量输运频率，这里 n_g 为中性气体的密度；k_{en} 为电子的动量输运速率系数。式(6.1-1)的左边三项分别为电子受到的电场力、压强力和中性粒子的拖拽力。当电子温度恒定时，由式(6.1-1)可以得到电子的定向流动速度为

$$\boldsymbol{u}_{\mathrm{e}}=-\mu_{\mathrm{e}}\boldsymbol{E}-D_{\mathrm{e}}\frac{\nabla n_{\mathrm{e}}}{n_{\mathrm{e}}} \tag{6.1-2}$$

称这种近似为**迁移-扩散近似**，其中 μ_{e} 和 D_{e} 分别为电子的迁移率和扩散系数

$$\mu_{\mathrm{e}}=\frac{e}{m_{\mathrm{e}}\nu_{\mathrm{en}}},\quad D_{\mathrm{e}}=\frac{T_{\mathrm{e}}}{m_{\mathrm{e}}\nu_{\mathrm{en}}} \tag{6.1-3}$$

式(6.1-2)右边第一项为电场引起的定向迁移，而第二项为密度梯度引起的定向扩散。显然，迁移率 μ_{e} 与电子的直流电导率 σ_{dc} 之间的关系为

$$\sigma_{\mathrm{dc}}=en_{\mathrm{e}}\mu_{\mathrm{e}}=\frac{n_{\mathrm{e}}e^2}{m_{\mathrm{e}}\nu_{\mathrm{en}}} \tag{6.1-4}$$

对于离子，由于质量较大，原则上讲不能忽略动量平衡方程(5.3-27)左边的项。但当放电气压较高时，由于中性粒子的拖拽力项占主导作用，也可以采用迁移-扩散近似来描述离子的输运过程，即

$$\boldsymbol{u}_{\mathrm{i}}=\mu_{\mathrm{i}}\boldsymbol{E}-D_{\mathrm{i}}\frac{\nabla n_{\mathrm{i}}}{n_{\mathrm{i}}} \tag{6.1-5}$$

其中，μ_{i} 和 D_{i} 分别为离子的迁移率和扩散系数

$$\mu_{\mathrm{i}}=\frac{e}{m_{\mathrm{i}}\nu_{\mathrm{in}}},\quad D_{\mathrm{i}}=\frac{T_{\mathrm{i}}}{m_{\mathrm{i}}\nu_{\mathrm{in}}} \tag{6.1-6}$$

这里，ν_{in} 为离子与中性粒子碰撞的动量输运频率。当放电气压较高时，ν_{in} 与离子的定向运动速度 $\boldsymbol{u}_{\mathrm{i}}$ 无关。

由式(6.1-2)和式(6.1-5)可以看出，电子的迁移方向与离子的迁移方向相反。此外，根据式(6.1-3)和式(6.1-6)，迁移率和扩散系数满足如下关系：

$$D_{\mathrm{e}}=\frac{T_{\mathrm{e}}}{e}\mu_{\mathrm{e}},\quad D_{\mathrm{i}}=\frac{T_{\mathrm{i}}}{e}\mu_{\mathrm{i}} \tag{6.1-7}$$

通常称式(6.1-7)为**爱因斯坦关系**，这是因为 1906 年爱因斯坦在研究分子运动论时发现，带电粒子的扩散系数与迁移率服从这个关系式。

由于离子的质量 m_{i} 远大于电子的质量 m_{e}，以及离子的温度 T_{i} 远小于电子的温度 T_{e}，因此有

$$\eta_{\mathrm{e}}\gg\eta_{\mathrm{i}},\quad D_{\mathrm{e}}\gg D_{\mathrm{i}} \tag{6.1-8}$$

即电子的迁移和扩散远大于离子的迁移和扩散。假设在某一时刻，等离子体在整个区域内保持准电中性。但由于电子的通量远大于离子的通量，这样在体区中将产生多余的正电荷，即产生电荷分离现象。这种电荷分离必然导致局域电场的出现，该电场将加速离子流动，而阻止电子的流动。最终达到平衡时，必然有电子的通量等于离子的通量，而且等离子体保持准电中性，即

$$n_e = n_i = n \tag{6.1-9}$$

$$n_e \boldsymbol{u}_e = n_i \boldsymbol{u}_i = \boldsymbol{\Gamma} \tag{6.1-10}$$

式(6.1-10)所对应的过程为**双极扩散**。在体区中，双极扩散近似条件和准电中性条件基本上都能满足，但靠近器壁表面有一个很薄的非电中性区，即鞘层，准电中性条件不再成立。

在双极扩散近似下，将式(6.1-2)、式(6.1-5)和式(6.1-9)、式(6.1-10)结合起来，可以得到电场与密度梯度的关系式

$$\boldsymbol{E}_a = \frac{D_i - D_e}{\mu_e + \mu_i} \frac{\nabla n}{n} \tag{6.1-11}$$

称这种电场为**双极电场**。由于 $D_e \gg D_i$，双极电场的方向与带电粒子密度梯度的方向相反。将 $\boldsymbol{E}_a$ 代入电子或离子的通量中，有

$$\boldsymbol{\Gamma} = -D_a \nabla n \tag{6.1-12}$$

其中，D_a 为双极扩散系数

$$D_a = \frac{\mu_i D_e + \mu_e D_i}{\mu_i + \mu_e} \tag{6.1-13}$$

可以看到，在双极扩散近似下带电粒子的通量正比于密度梯度，具有菲克(Fick)定律的形式。

由于 $\mu_e \gg \mu_i$，可以把双极扩散系数近似写成

$$D_a \approx D_i + \frac{\mu_i}{\mu_e} D_e \tag{6.1-14}$$

另外，再根据式(6.1-7)，有

$$\frac{\mu_i}{\mu_e} D_e = \frac{T_e}{T_i} D_i \tag{6.1-15}$$

将该式代入式(6.4-14)，可以把双极扩散系数改写为

$$D_a \approx (1 + T_e / T_i) D_i \tag{6.1-16}$$

可以看出，双极扩散系数主要取决于离子的扩散系数。对于非热平衡等离子体，由于 $T_e \gg T_i$，有

$$D_a \approx (T_e / T_i) D_i = \mu_i T_e / e \tag{6.1-17}$$

这时双极扩散系数正比于电子的温度和离子的迁移率。

6.2　双极扩散方程的解

对于电正性气体放电，在双极扩散近似下，可以把电子或离子的连续性方程式 (5.3-1)或式(5.3-2)改写为

$$\frac{\partial n}{\partial t}-D_a\nabla^2 n=\nu_{iz}n \tag{6.2-1}$$

其中，$\nu_{iz}=n_g k_{iz}$是电离频率，这里，k_{iz}是电离碰撞速率，n_g是背景气体密度。式(6.2-1)是一个标准型的非稳态扩散方程，其中D_a和ν_{iz}均与等离子体密度n无关。原则上讲，在给定初始条件和边界条件下，可以确定出该方程的解。下面我们只讨论稳态扩散过程。在这种情况下，可以把方程(6.2-1)改写为如下亥姆霍兹方程：

$$\nabla^2 n+\beta^2 n=0 \tag{6.2-2}$$

其中，$\beta^2=\nu_{iz}/D_a$。下面分别针对平板和圆柱两种几何位形来确定方程(6.2-2)的解析解。

1. 平板模型

假设等离子体位于两个无限大的平行板之间，两个平板的间距为L。在一维直角坐标系中，两个平板分别位于$z=L/2$和$z=-L/2$。这时方程(6.2-2)变为

$$\frac{d^2 n}{dz^2}+\beta^2 n=0 \tag{6.2-3}$$

这是一个二阶常微分方程。考虑到等离子体密度分布具有对称性，即$n(z)=n(-z)$，则方程(6.2-3)的解为

$$n(z)=n_0\cos\beta z \tag{6.2-4}$$

其中，n_0为中心处（$z=0$）的密度。根据式(6.1-11)，可以得到双极扩散电场为

$$E_a=-\frac{D_i-D_e}{\mu_e+\mu_i}\beta\tan\beta z \tag{6.2-5}$$

由于$D_i<D_e$，这表明双极电场指向平板(器壁)的表面$z=\pm L/2$。双极电场加速离子但阻止电子朝器壁表面运动。因此，在靠近器壁的表面上，会形成一个厚度为s的鞘层，如图 6-1 所示。由于鞘层的存在，在器壁处的电子密度几乎为零，而离子密度则不为零。不过，通常情况下，金属器壁具有吸收带电粒子的能力，使得离子在器壁处的密度远小于在体区中的密度。因此，可以近似地取

$$n\big|_{z=\pm l/2}\approx 0 \tag{6.2-6}$$

基于这个边界条件和式(6.2-4)，可以得到$\cos\left(\frac{\beta L}{2}\right)=0$，由此给出$\beta=\sqrt{\frac{\nu_{iz}}{D_a}}=\frac{\pi}{L}$。这样，可以把带电粒子的密度分布表示为

$$n(z)=n_0\cos\left(\frac{\pi z}{L}\right) \tag{6.2-7}$$

由于电离频率和双极扩散系数都是电子温度 T_e 的函数，因此利用 β 的表示式，可以确定出 T_e。可以看出，电子温度与等离子体的空间尺度(即 L)和气压有关。

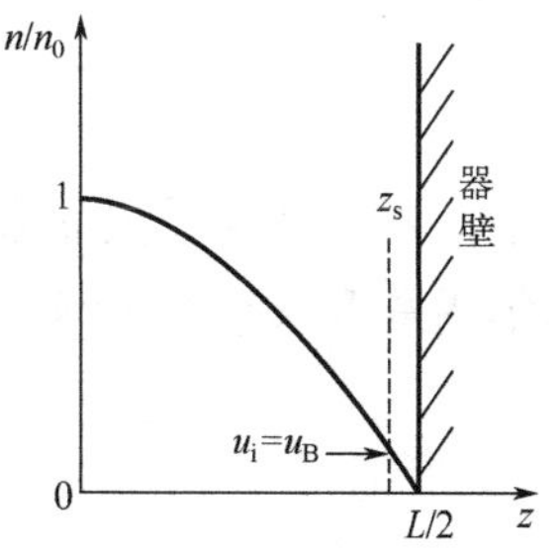

图 6-1　高气压下带电粒子密度分布示意图

在等离子体与鞘层的交界处($z_s = L'/2$)，假设离子的通量为

$$-D_a \frac{dn}{dz}\bigg|_{z=z_s} = n_s u_B \tag{6.2-8}$$

其中，n_s 为在鞘层边界处的等离子体密度；$z_s = L/2 - s$；$u_B = \sqrt{T_e / m_i}$ 为玻姆速度。将 n 的表示式 (6.2-7) 代入式 (6.2-8)，可以得到鞘层边界处的密度与中心处的密度之比

$$h_L = \frac{n_s}{n_0} = \frac{\pi D_a}{u_B L} \sin\left[\frac{(L/2 - s)\pi}{L}\right] \tag{6.2-9}$$

在一般情况下，$s \ll L/2$，因此有

$$h_L \approx \frac{\pi D_a}{u_B L} \tag{6.2-10}$$

引入离子的平均碰撞自由程 $\lambda_i = u_{T_i} / \nu_{in}$，其中 $u_{T_i} = \sqrt{T_i / m_i}$ 为离子的热速度。再利用式(6.1-17)，这样可以把密度之比 h_L 表示为

$$h_L \approx \frac{\pi \lambda_i}{L} \frac{u_B}{u_{T_i}} \tag{6.2-11}$$

其中，$u_B / u_{T_i} = (T_e / T_i)^{1/2}$。当放电气压较高时，有 $\lambda_i \ll L$，密度之比可以小于 1。在第 8 章介绍的整体模型中，我们将用到这个密度之比 h_L。

2. 圆筒模型

假设等离子体位于一个半径为 R、高度为 L 的圆筒内。在圆柱坐标系中，等离子体密度是径向变量 r 和轴向变量 z 的函数，即 $n = n(r, z)$。这时，可以把方程式 (6.2-2)表示为

$$\frac{d^2 n}{dr^2} + \frac{1}{r}\frac{dn}{dr} + \frac{d^2 n}{dz^2} + \beta^2 n = 0 \tag{6.2-12}$$

假设边界条件为

$$n\big|_{r=R} = 0, \quad n\big|_{z=\pm L/2} = 0 \tag{6.2-13}$$

可以采用分离变量法求解方程(6.2-12)，令 $n(r,z) = F(r)Z(z)$，有

$$\frac{d^2 F}{dr^2} + \frac{1}{r}\frac{dF}{dr} + \lambda^2 F = 0 \tag{6.2-14}$$

$$\frac{\mathrm{d}^2 Z}{\mathrm{d}z^2}+k^2 Z=0 \tag{6.2-15}$$

其中，$\lambda^2=\beta^2-k^2$ 及 k 为待定常数。式(6.2-14)和式(6.2-15)的本征解分别为零阶贝塞尔函数 $\mathrm{J}_0(\lambda r)$ 和 $\cos kz$。利用边界条件(6.2-13)，可以得到

$$k=\frac{m\pi}{L} \quad (m=1,\ 2,\ 3,\cdots) \tag{6.2-16}$$

$$\lambda=\frac{\chi_{0j}}{R} \quad (j=1,\ 2,\ 3,\cdots) \tag{6.2-17}$$

其中，χ_{0j} 为零阶贝塞尔函数的第 j 个零点。这里，我们仅取最低阶模式的本征函数（$j=m=1$），有

$$n(r,z)=n_0\mathrm{J}_0(\chi_{01}r/R)\cos(\pi z/L) \tag{6.2-18}$$

其中，$\chi_{01}=2.4048$。利用 $\beta=\sqrt{\dfrac{\nu_{\mathrm{iz}}}{D_{\mathrm{a}}}}$ 及式(6.2-16)和式(6.2-17)，由 $\beta^2=\lambda^2+k^2$，可以得到

$$\left(\frac{\chi_{01}}{R}\right)^2+\left(\frac{\pi}{L}\right)^2=\left(\frac{\nu_{\mathrm{iz}}}{D_{\mathrm{a}}}\right)^2 \tag{6.2-19}$$

由于电离频率 ν_{iz} 与电子温度有关，因此可以式(6.2-19)来确定电子温度。

在靠近圆筒的表面，同样也存在一个鞘层，其厚度为 s。在鞘层边界处 $r_{\mathrm{s}}=R-s$，离子的径向通量为

$$-D_{\mathrm{a}}\left.\frac{\partial n}{\partial r}\right|_{r=r_{\mathrm{s}}}=u_{\mathrm{B}}n(r_{\mathrm{s}},z) \tag{6.2-20}$$

其中，$n(r_{\mathrm{s}},z)$ 为鞘层边界处的等离子体密度。根据贝塞尔函数的递推关系式，可以得到

$$\left.\frac{\mathrm{dJ}_0(\chi_{01}r/R)}{\mathrm{d}r}\right|_{r=r_{\mathrm{s}}}\approx-\frac{\chi_{01}}{R}\mathrm{J}_1(\chi_{01}) \tag{6.2-21}$$

其中，利用了 $R\gg s$。将式(6.2-18)代入式(6.2-20)，并利用式(6.2-21)，可以得到径向边界处的密度与中心处的密度之比为

$$h_R=\frac{n(r_{\mathrm{s}},z)}{n(0,z)}\approx\frac{D_{\mathrm{a}}\chi_{01}\mathrm{J}_1(\chi_{01})}{u_{\mathrm{B}}R} \tag{6.2-22}$$

需要作如下两点说明。①尽管通过求解上述扩散方程，可以给出带电粒子密度的空间分布，但无法确定出中心处的密度 n_0，这需要额外的能量守恒方程才能确定出 n_0。我们将在第 7 章的整体模型中对此进行讨论。②对于离子而言，一般要求离

子与中性粒子的弹性碰撞自由程 $\lambda_{\rm i}$ 要远小于等离子体的空间尺度 L，即 $\lambda_{\rm i} \ll L$。在中低气压放电下，这个近似条件不成立。在 6.3 节中，我们将讨论中低气压放电下离子输运方程的解。

6.3　中低气压下输运方程的解

下面以一维稳态输运模型进行讨论，其中等离子体位于 $-L/2 \leqslant z \leqslant L/2$ 区间。在中低气压放电条件下，假设等离子体的准电中性条件仍成立，即 $n_{\rm e} \approx n_{\rm i} = n$。下面分别针对中等气压和极低气压两种放电情况进行讨论。

1. 中等气压情况

在中等气压放电情况下，离子的平均碰撞自由程与放电腔室的特征尺寸相当，即 $\lambda_{\rm i} \sim L$。在这种情况下，在体区中的离子运动不再受热运动支配，其速度分布类似于一个定向的束流分布，即

$$f_{\rm i}(\boldsymbol{v}) = n_{\rm i}\delta(\boldsymbol{v} - \boldsymbol{u}_{\rm i}) \tag{6.3-1}$$

根据式(5.3-21)，可以把离子受到的拖拽力表示为

$$\boldsymbol{R}_{\rm i} = mn_{\rm i}n_{\rm g}u_{\rm i}\sigma_{\rm in}\boldsymbol{u}_{\rm i} \equiv mn_{\rm i}\nu_{\rm in}\boldsymbol{u}_{\rm i} \tag{6.3-2}$$

其中，$\sigma_{\rm in}$ 为离子的动量输运截面；$\nu_{\rm in} = n_{\rm g}\sigma_{\rm in}u_{\rm i} = u_{\rm i}/\lambda_{\rm i}$ 为对应的动量输运频率。当离子的能量(或流速)很低时，$\sigma_{\rm in}$ 几乎为一个常数，见图 3-5。可见，这时离子的动量输运频率不再是一个常数，它正比于离子的流速。对于非热平衡等离子体，由于离子的温度远小于电子的温度，因此可以忽略离子动量平衡方程中的压强梯度项。因此，有

$$en_{\rm i}\boldsymbol{E} - m_{\rm i}n_{\rm i}u_{\rm i}\boldsymbol{u}_{\rm i}/\lambda_{\rm i} = 0 \tag{6.3-3}$$

由此可以得到离子的流速与电场之间的关系式

$$u_{\rm i}^2 = \frac{e\lambda_{\rm i}E}{m_{\rm i}} \tag{6.3-4}$$

在这种情况下，我们假定等离子体仍满足准电中性条件，即 $n_{\rm e} = n_{\rm i} = n$，但不再满足双极扩散条件。

在中等气压条件下，可以忽略中性气体作用在电子上的拖拽力，这样作用在电子上的电场力与压强梯度力平衡，即

$$-enE - T_{\rm e}\frac{{\rm d}n}{{\rm d}z} = 0 \tag{6.3-5}$$

该式等价于等离子体密度为玻尔兹曼分布 $n = n_0\exp\left(\dfrac{eV}{T_{\rm e}}\right)$，其中 V 是电势，它与电

场之间的关系为 $E=-\mathrm{d}V/\mathrm{d}z$。将式(6.3-4)和式(6.3-5)结合，可以把离子的定向运动速度表示为

$$u_{\mathrm{i}}=u_{\mathrm{B}}\left(-\frac{\lambda_{\mathrm{i}}}{n}\frac{\mathrm{d}n}{\mathrm{d}z}\right)^{1/2} \tag{6.3-6}$$

在稳态情况下，离子的连续性方程为

$$\frac{\mathrm{d}}{\mathrm{d}z}(nu_{\mathrm{i}})=\nu_{\mathrm{iz}}n \tag{6.3-7}$$

将式(6.3-6)代入式(6.3-7)，可以得到如下关于密度 n 的非线性常微分方程：

$$u_{\mathrm{B}}\lambda_{\mathrm{i}}^{1/2}\frac{\mathrm{d}}{\mathrm{d}z}\left(-n\frac{\mathrm{d}n}{\mathrm{d}z}\right)^{1/2}=\nu_{\mathrm{iz}}n \tag{6.3-8}$$

为了便于求解方程(6.3-8)，我们分别引入无量纲的变量 ς，以及无量纲的函数 y 和 η

$$\varsigma=\frac{2z}{L},\quad y=\frac{n}{n_0},\quad \eta=-\frac{eV}{T_{\mathrm{e}}} \tag{6.3-9}$$

这样可以分别把方程(6.3-8)和玻尔兹曼分布表示为

$$\frac{\mathrm{d}}{\mathrm{d}\varsigma}\left(-y\frac{\mathrm{d}y}{\mathrm{d}\varsigma}\right)^{1/2}=\alpha y \tag{6.3-10}$$

$$y=\mathrm{e}^{-\eta} \tag{6.3-11}$$

其中，$\alpha=\left(\dfrac{L}{8\lambda_{\mathrm{i}}}\right)^{1/2}\dfrac{\nu_{\mathrm{iz}}L}{u_{\mathrm{B}}}$ 为无量纲常数。将式(6.3-11)代入方程(6.3-10)，并消去 y，可以得到

$$\frac{\mathrm{d}^2\eta}{\mathrm{d}\varsigma^2}-2\left(\frac{\mathrm{d}\eta}{\mathrm{d}\varsigma}\right)^2=2\alpha\left(\frac{\mathrm{d}\eta}{\mathrm{d}\varsigma}\right)^{1/2} \tag{6.3-12}$$

令 $\chi=\dfrac{\mathrm{d}\eta}{\mathrm{d}(\alpha^{2/3}\varsigma)}$，这样可以把式(6.3-12)变换为

$$\frac{\mathrm{d}\chi}{2\chi^{1/2}(1+\chi^{3/2})}=\mathrm{d}(\alpha^{2/3}\varsigma) \tag{6.3-13}$$

再令 $\chi=t^2$，可以进一步把式(6.3-13)改写成

$$\frac{\mathrm{d}t}{1+t^3}=\mathrm{d}(\alpha^{2/3}\varsigma) \tag{6.3-14}$$

注意，根据 χ 的定义式，可以看出它对应的是无量纲的电场。考虑到几何对称性，

χ 在 $\varsigma=0$ 处应为零，即 $t\big|_{\varsigma=0}=0$ 。对方程(6.3-14)两边积分，有

$$\frac{1}{6}\ln\left[\frac{(1+t)^3}{1+t^3}\right]+\frac{1}{\sqrt{3}}\arctan\frac{2t-1}{\sqrt{3}}=\alpha^{2/3}\varsigma+C_1 \tag{6.3-15}$$

即

$$\frac{1}{6}\ln\left[\frac{(1+\chi^{1/2})^3}{1+\chi^{3/2}}\right]+\frac{1}{\sqrt{3}}\arctan\frac{2\chi^{1/2}-1}{\sqrt{3}}=\alpha^{2/3}\varsigma+C_1 \tag{6.3-16}$$

另一方面，将 $\mathrm{d}(\alpha^{2/3}\varsigma)=\dfrac{\mathrm{d}\eta}{\chi}$ 代入方程(6.3-14)右端，有

$$\frac{t^2\mathrm{d}t}{1+t^3}=\mathrm{d}\eta \tag{6.3-17}$$

对式(6.3-17)完成积分后，可以得到

$$\frac{1}{3}\ln(1+\chi^{3/2})=\eta+C_2 \tag{6.3-18}$$

根据方程(6.3-16)和方程(6.3-18)，可以分别确定出无量纲的函数 η 、χ 与无量纲的变量 ς 之间的关系，其中 C_1 和 C_2 为两个待定的常数，由边界条件确定。

利用条件 $n\big|_{z=0}=n_0$ 和 $\dfrac{\mathrm{d}n}{\mathrm{d}z}\Big|_{z=0}=0$ ，即 $y\big|_{\varsigma=0}=1$ 和 $\chi\big|_{\varsigma=0}=0$ ，由方程(6.3-16)和式(6.3-18)，可以得到 $C_1=-\dfrac{\pi}{6\sqrt{3}}$ 及 $C_2=0$ 。这样利用式(6.3-18)，可以把方程(6.3-16)改写为

$$\alpha^{2/3}\varsigma=\frac{1}{2}\ln[y+(1-y^3)^{1/3}]+\frac{1}{\sqrt{3}}\arctan\frac{2(y^{-3}-1)^{1/3}-1}{\sqrt{3}}+\frac{\pi}{6\sqrt{3}} \tag{6.3-19}$$

通过数值求解该方程，就可以得到无量纲的等离子体密度 $y=n/n_0$ 随无量纲变量 $\varsigma=2z/L$ 的变化关系，即等离子体密度的空间分布。

在器壁表面上($\varsigma=1$)，等离子体密度为零($y=0$)，这样由方程(6.3-19)可以得到 $\alpha=\left(\dfrac{2\pi}{3\sqrt{3}}\right)^{3/2}\approx1.33$ ，即

$$\left(\frac{l}{8\lambda_{\mathrm{i}}}\right)^{1/2}\frac{\nu_{\mathrm{iz}}L}{u_{\mathrm{B}}}\approx1.33 \tag{6.3-20}$$

由于电离频率及玻姆速度都是电子温度的函数，所以由式(6.3-20)可以确定出电子温度 T_{e} 。当 $\alpha\approx1.33$ 时，可以用近似公式 $y^2\approx1-\varsigma^2$ ，或等价地用

$$n(x)\approx n_0[1-(2z/L)^2]^{1/2} \tag{6.3-21}$$

来表示等离子体密度的空间分布。图 6-2 显示了当 $\alpha \approx 1.33$ 时密度随 z 的变化行为，其中实线为式(6.3-19)给出的结果，而虚线为近似公式(6.3-21)给出的结果。

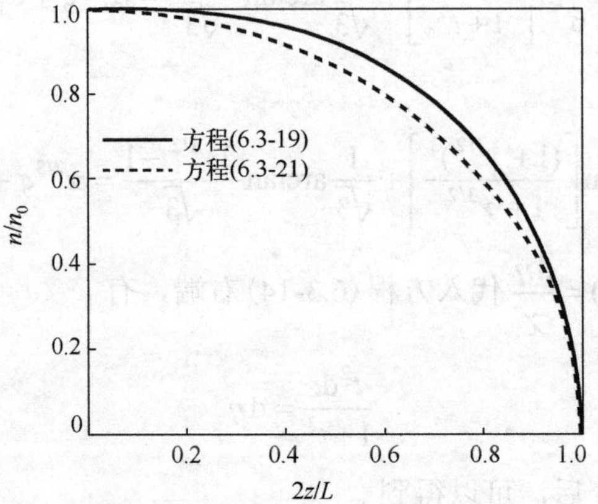

图 6-2　等离子体密度随 z 的变化

引入无量纲的离子速度 $w = u_{\mathrm{i}} / u_{\mathrm{B}}$，由式(6.3-6)可以得到

$$w = \left(\frac{2\lambda_{\mathrm{i}}}{L}\right)^{1/2}\left(-\frac{1}{y}\frac{\mathrm{d}y}{\mathrm{d}\varsigma}\right)^{1/2} \tag{6.3-22}$$

再利用式 $y = \mathrm{e}^{-\eta}$，有

$$\frac{\mathrm{d}y}{\mathrm{d}\varsigma} = -y\frac{\mathrm{d}\eta}{\mathrm{d}\varsigma} = -\alpha^{2/3} y\chi \tag{6.3-23}$$

将式(6.3-23)代入式(6.3-22)，有

$$\chi = \alpha^{-2/3}\left(\frac{L}{2\lambda_{\mathrm{i}}}\right)w^2 = \delta^{-2/3} w \tag{6.3-24}$$

其中，$\delta=\alpha\left(\frac{2\lambda_{\mathrm{i}}}{L}\right)^{3/2}$。式(6.3-24)给出了无量纲的电场与无量纲的离子速度之间的关系。假设在鞘层边界处，离子的速度等于玻姆速度，即 $w = 1$。这样，由式(6.3-24)给出鞘层边界处的电场为

$$\chi_{\mathrm{s}} = \delta^{-2/3} \tag{6.3-25}$$

将式(6.3-25)代入式(6.3-18)，并利用式 $y = \mathrm{e}^{-\eta}$，有

$$C_2 = \frac{1}{3}\ln(1+\delta^{-1}) + \ln y_{\mathrm{s}} \tag{6.3-26}$$

其中，$y_{\mathrm{s}} = n_{\mathrm{s}} / n_0$。另外，由于在 $z = 0$ 处，$C_2 = 0$。这样根据式(6.3-26)，可以得到等离子体密度在边缘处的值与中心处的值之比为

$$h_L = y_{\mathrm{s}} = (1+\delta^{-1})^{-1/3} \approx \delta^{1/3} \tag{6.3-27}$$

这里已假定$\delta \ll 1$。在一般情况下，这个条件是能满足的。根据粒子数平衡条件，单位时间内在体区中通过电离产生的离子(电子)个数等于在器壁上损失的离子个数，即

$$\nu_{\mathrm{iz}} n_0 \frac{L}{2} = u_{\mathrm{B}} n_{\mathrm{s}} \tag{6.3-28}$$

将式(6.3-28)与式(6.3-27)结合，最后得到鞘层边缘处的密度与中心处的密度之比为

$$h_L = \left(\frac{2\lambda_{\mathrm{i}}}{L}\right)^{1/2} \tag{6.3-29}$$

2. 极低气压情况

在非常低的气压放电情况下，离子与中性粒子的平均碰撞自由程要大于放电区域的几何尺寸，即$\lambda_{\mathrm{i}} \gg L$。这时离子不与中性粒子发生碰撞而直接流向器壁，因此离子的动量平衡方程为

$$n m_{\mathrm{i}} u_{\mathrm{i}} \frac{\mathrm{d}u_{\mathrm{i}}}{\mathrm{d}z} = enE \tag{6.3-30}$$

即离子的惯性力与受到的电场力平衡。将$E = -\mathrm{d}V/\mathrm{d}z$代入式(6.3-30)中，并进行积分，可以得到

$$u_{\mathrm{i}} = \left(\frac{2e}{m_{\mathrm{i}}}\right)^{1/2} (-V)^{1/2} \tag{6.3-31}$$

其中，利用了等离子体中心处的电势及离子速度为零的条件，即$V(0)=0$及$u_{\mathrm{i}}(0)=0$。

在稳态情况下，离子的连续性方程仍为式(6.3-7)，即

$$u_{\mathrm{i}} \frac{\mathrm{d}n}{\mathrm{d}z} + n \frac{\mathrm{d}u_{\mathrm{i}}}{\mathrm{d}z} = \nu_{\mathrm{iz}} n \tag{6.3-32}$$

这时电子的受力平衡方程仍为式(6.3-5)，即

$$\frac{\mathrm{d}n}{\mathrm{d}z} = \frac{en}{T_{\mathrm{e}}} \frac{\mathrm{d}V}{\mathrm{d}z} \tag{6.3-33}$$

将式(6.3-31)与式(6.3-33)代入方程(6.3-32)，有

$$\frac{e}{T_{\mathrm{e}}}(-V)^{1/2}\mathrm{d}V - \frac{1}{2}\frac{\mathrm{d}V}{(-V)^{1/2}} = \left(\frac{2e}{m_{\mathrm{i}}}\right)^{-1/2} \nu_{\mathrm{iz}} \mathrm{d}z \tag{6.3-34}$$

将该式两边进行积分，并利用$V(0)=0$，可以得到

$$-\frac{2e}{3T_{\mathrm{e}}}(-V)^{3/2} + (-V)^{1/2} = \left(\frac{2e}{m_{\mathrm{i}}}\right)^{-1/2} \nu_{\mathrm{iz}} z \tag{6.3-35}$$

再次利用式(6.3-31)，可以把式(6.3-35)改写为离子速度的方程

$$-\frac{1}{3u_{\mathrm{B}}^{2}}u_{\mathrm{i}}^{3}+u_{\mathrm{i}}=\nu_{\mathrm{iz}}z \tag{6.3-36}$$

这是一个关于离子漂移速度的三次代数方程[2]。

由于在鞘层边界处（$z=z_{\mathrm{s}}$）离子的速度为玻姆速度，即$u_{\mathrm{i}}\big|_{z=z_{\mathrm{s}}}=u_{\mathrm{B}}$，这样由方程(6.3-36)，可以得到

$$z_{\mathrm{s}}=\frac{2}{3}\frac{u_{\mathrm{B}}}{\nu_{\mathrm{iz}}} \tag{6.3-37}$$

在一般情况下，由于鞘层的厚度远小于等离子体的尺度，因此可以近似地取$z_{\mathrm{s}}\approx L/2$。这样，可以把方程(6.3-37)改写为

$$\frac{2}{3}\frac{u_{\mathrm{B}}}{\nu_{\mathrm{iz}}}=\frac{L}{2} \tag{6.3-38}$$

由该方程可以确定出电子温度T_{e}。根据式(6.3-31)，可以确定出鞘层边界处的电势为

$$V_{\mathrm{s}}=-\frac{m_{\mathrm{i}}}{2e}u_{\mathrm{B}}^{2}=-\frac{T_{\mathrm{e}}}{2e} \tag{6.3-39}$$

再根据玻尔兹曼分布，可以得到鞘层边界处的等离子体密度为

$$n_{\mathrm{s}}=n_{0}\exp\left(\frac{eV_{\mathrm{s}}}{T_{\mathrm{e}}}\right)\approx 0.606n_{0} \tag{6.3-40}$$

即鞘层边界处的密度与中心处的密度之比为

$$h_{L}\approx 0.606 \tag{6.3-41}$$

引入无量纲的变量$\varsigma=z/z_{\mathrm{s}}$和无量纲的函数$w=u_{\mathrm{i}}/u_{\mathrm{B}}$，可以把方程(6.3-36)化成一个标准的一元三次代数方程

$$w^{3}+pw+q=0 \tag{6.3-42}$$

其中，$p=-3$和$q=2\varsigma$。由于$\varDelta=\left(\frac{q}{2}\right)^{2}+\left(\frac{p}{3}\right)^{3}=\varsigma^{2}-1\leqslant 0$，方程(6.3-42)有三个不等的实根，它们分别为

$$\begin{cases}w_{1}=2r^{1/3}\cos\theta\\ w_{2}=2r^{1/3}\cos\left(\theta+\dfrac{2\pi}{3}\right)\\ w_{3}=2r^{1/3}\cos\left(\theta+\dfrac{4\pi}{3}\right)\end{cases} \tag{6.3-43}$$

其中，$r=\sqrt{-\left(-\dfrac{p}{3}\right)^3}=1$，$\theta=\dfrac{1}{3}\arccos\left(-\dfrac{q}{2r}\right)=\dfrac{1}{3}\arccos(-\varsigma)$。考虑到当 $\varsigma=0$ 时，有 $w=0$，以及当 $\varsigma=1$ 时，有 $w=1$，因此方程(6.3-38)的解应为 $w_3=2r^{1/3}\cos\left(\theta+\dfrac{4\pi}{3}\right)$，即

$$u_{\mathrm{i}}(\varsigma)=2u_{\mathrm{B}}\cos\left[\frac{4\pi}{3}+\frac{1}{3}\arccos(-\varsigma)\right] \tag{6.3-44}$$

利用式(6.3-44)，可以进一步确定出电势及密度的空间分布

$$\frac{eV(\varsigma)}{T_{\mathrm{e}}}=-\frac{u_{\mathrm{i}}^2(\varsigma)}{2u_{\mathrm{B}}^2} \tag{6.3-45}$$

$$\frac{n(\varsigma)}{n_0}=\exp\left(\frac{eV(\varsigma)}{T_{\mathrm{e}}}\right) \tag{6.3-46}$$

图 6-3 显示了无量纲的密度 n/n_0 随 ς 的变化情况。可以看出，与高气压或中等气压情况不同(图 6-1 及图 6-2)，在低气压情况下密度随 ς 的变化比较平缓，在鞘层边界处的值为 $0.606n_0$。

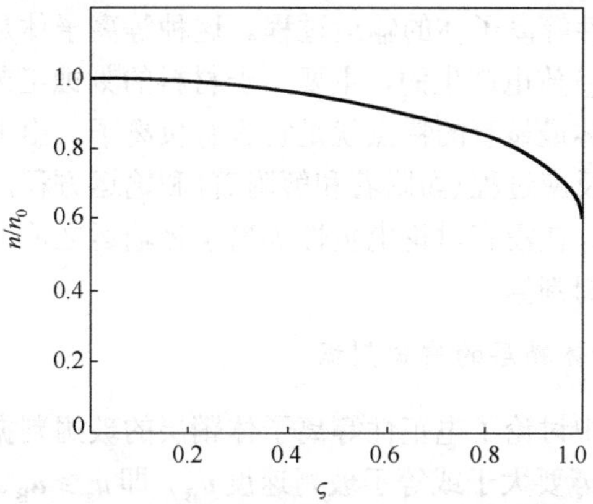

图 6-3　低气压等离子体密度随 ς 的变化

3. 密度比率的经验公式

根据前面的讨论结果可以看到，在不同的放电气压下等离子体密度在边缘处的值与在中心处的值之比是不一样的。例如，对于放电区域为平行板几何，在低气压、中等气压及高气压下，这个密度比率分别为 $h_L=0.606$，$\left(\dfrac{2\lambda_{\mathrm{i}}}{L}\right)^{1/2}$ 及 $\dfrac{\pi D_{\mathrm{a}}}{u_{\mathrm{B}}L}$，其中 L 是放电区域的尺度，λ_{i} 是离子碰撞自由程，D_{a} 是双极扩散系数。在整体模型中(见第

8 章)，在确定粒子数守恒及能量守恒时，要经常用到这个密度比率。因此，如果能给出一个适用于任何放电气压下的密度比率公式是非常有用的。对于平行板几何，Lee 和 Lieberman 给出了如下经验公式[3]：

$$h_L \approx 0.86\left[3+\frac{L}{2\lambda_{\mathrm{i}}}+\left(\frac{0.86Lu_{\mathrm{B}}}{\pi D_{\mathrm{a}}}\right)^2\right]^{-1/2} \tag{6.3-47}$$

在低气压下($\lambda_{\mathrm{i}} \gg L$)，式(6.3-47)方括号中的第一项起主导作用；在中等气压下，方括号中的第二项起主导作用；在高气压下($\lambda_{\mathrm{i}} \ll L$)，方括号中的第三项起主导作用。对于柱状几何，有

$$h_R \approx 0.8\left[4+\frac{R}{\lambda_{\mathrm{i}}}+\left(\frac{0.86Ru_{\mathrm{B}}}{\chi_{01}\mathrm{J}_1(\chi_{01})D_{\mathrm{a}}}\right)^2\right]^{-1/2} \tag{6.3-48}$$

其中，R 为圆柱的半径；χ_{01} 为零阶贝塞尔函数的第一个零点。

6.4　电负性等离子体的输运

本节将讨论电负性等离子体的输运过程。这种等离子体是由亲电子较强的分子气体(如 O_2、CF_4、Cl_2)放电产生的，主要用于材料的刻蚀工艺。与电正性等离子体相比，电负性等离子体最显著的特点就是它含有负离子。由于负离子的存在，需要引入与负离子相关的反应过程(如附着和解附着)和输运方程，使得电负性等离子体的输运过程较为复杂。在没有讨论电负性等离子体输运之前，我们先介绍一下电负性等离子体鞘层的玻姆判据。

1. 电负性等离子体鞘层的玻姆判据

我们曾在第 1 章中讨论了电正性等离子体鞘层的玻姆判据。根据该判据，要求离子进入鞘层的速度 u_{s} 要大于或等于玻姆速度 u_{B}，即 $u_{\mathrm{s}} \geqslant u_{\mathrm{B}}$。在有负离子存在的情况下，可以期望玻姆判据的形式将发生变化。Riemann 根据无碰撞等离子体的动理学理论[4]，推导出一个广义的玻姆判据，其表示式为

$$\frac{eT_{\mathrm{e}}}{m_{\mathrm{i}}}\int_0^{\infty}\frac{1}{v^2}f_+(v)\mathrm{d}v \leqslant T_{\mathrm{e}}\frac{\mathrm{d}(n_{\mathrm{e}}+n_-)}{\mathrm{d}V}\Big|_{V=0} \tag{6.4-1}$$

其中，$f_+(v)$ 为鞘层边界处的正离子速度分布函数；n_- 为负离子的密度分布。在鞘层边界处电势为零，即 $V=0$。假设正离子是冷的，即 $f_+(v)$ 为具有定向运动速度 u_{s} 的束分布

$$f_+(v) = n_{+\mathrm{s}}\delta(v-u_{\mathrm{s}}) \tag{6.4-2}$$

其中，n_{+s} 为正离子在预鞘层-鞘层边界处的密度。将式(6.4-2)代入式(6.4-1)，可以得到

$$n_{+s}\frac{eT_e}{m_i u_s^2}\leqslant T_e\frac{\mathrm{d}(n_e+n_-)}{\mathrm{d}V}\Big|_{V=0} \tag{6.4-3}$$

很容易验证，当负离子密度为零，且电子密度为玻尔兹曼分布时，由式(6.4-3)可以得到$u_s\geqslant u_B$，即电正性等离子体鞘层的玻姆判据，见式(1.4-28)。

假设电子和负离子的密度分布均为玻尔兹曼分布，即

$$n_e=n_{es}\exp(eV/T_e),\quad n_-=n_{-s}\exp(eV/T_-) \tag{6.4-4}$$

且等离子体满足准电中性条件

$$n_{+s}=n_{es}+n_{-s}=n_{es}(1+\alpha_s) \tag{6.4-5}$$

其中，n_{es} 和 n_{-s} 分别为电子和负离子在预鞘层-鞘层处的密度；$\alpha_s=n_{-s}/n_{es}$ 为鞘层边界处的负离子与电子的密度比率，即电负度，它是衡量等离子体电负性程度的一个物理量。定义电子温度与负离子温度之比为 $\gamma=T_e/T_-$，这样由式(6.4-4)和式(6.4-5)，有

$$n_e+n_-=\frac{n_{+s}}{(1+\alpha_s)}[\exp(eV/T_e)+\alpha_s\exp(\gamma eV/T_e)] \tag{6.4-6}$$

将式(6.4-6)代入式(6.4-3)，可以得到

$$u_s\geqslant u_B\left(\frac{1+\alpha_s}{1+\alpha_s\gamma}\right)^{1/2}\equiv u_B^* \tag{6.4-7}$$

这就是电负性等离子体鞘层的玻姆判据，u_B^* 为电负性等离子体的有效玻姆速度。在一般情况下，负离子的温度远小于电子的温度，$\gamma\gg1$，因此有 $u_B^*\ll u_B$。

在如下讨论中，我们取 $u_s=u_B^*$，且假设在等离子体中心区的电势为 V_p。当正离子从等离子体中心运动到预鞘层-鞘层边界时，根据能量守恒方程 $\frac{1}{2}m_i u_s^2=eV_p$，可以得到

$$\frac{eV_p}{T_e}=\frac{1}{2}\frac{1+\alpha_s}{1+\alpha_s\gamma} \tag{6.4-8}$$

借助于等离子体电势，可以把等离子体中心区的电子密度 n_{e0} 及负离子密度 n_{-0} 分别表示为

$$n_{e0}=n_{es}\exp\left(-\frac{eV_p}{T_e}\right),\quad n_{-0}=n_{-s}\exp\left(-\gamma\frac{eV_p}{T_e}\right) \tag{6.4-9}$$

引入 $\alpha_0=n_{-0}/n_{e0}$，由式(6.4-8)和式(6.4-9)可以得到

$$\alpha_s = \alpha_0 \exp\left[\frac{1}{2}\frac{1+\alpha_s}{1+\alpha_s\gamma}(1-\gamma)\right] \tag{6.4-10}$$

对于给定的 α_0 和 γ，通过数值求解式(6.4-10)，就可以确定出 α_s 的值。再由式(6.4-8)，可以确定出等离子体势。对于给定的 $\gamma=20$，图 6-4(a)和(b)分别显示了在鞘层边界处的电负度 α_s 及等离子体电势 eV_p/T_e 随中心处的电负度 α_0 的变化[2]。从该图可以看出以下规律。

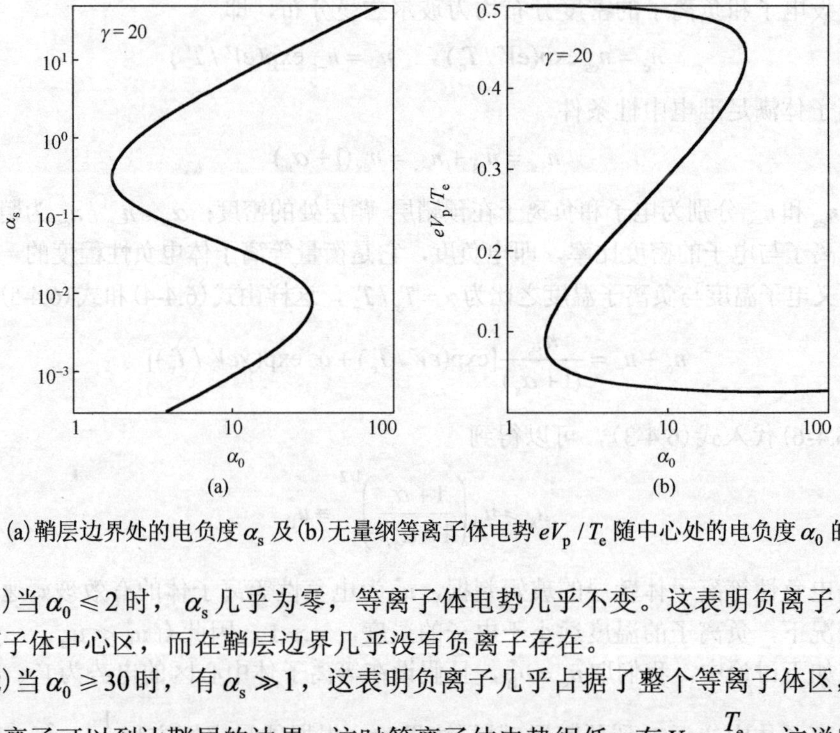

图 6-4 (a)鞘层边界处的电负度 α_s 及(b)无量纲等离子体电势 eV_p/T_e 随中心处的电负度 α_0 的变化[2]

(1)当 $\alpha_0 \leqslant 2$ 时，α_s 几乎为零，等离子体电势几乎不变。这表明负离子只存在于等离子体中心区，而在鞘层边界几乎没有负离子存在。

(2)当 $\alpha_0 \geqslant 30$ 时，有 $\alpha_s \gg 1$，这表明负离子几乎占据了整个等离子体区，且大部分负离子可以到达鞘层的边界。这时等离子体电势很低，有 $V_p \approx \dfrac{T_e}{2e}$，这说明从等离子体中心区到预鞘层-鞘层处电势降几乎为零，由此导致电子密度几乎是均匀的。此外，正离子到达鞘层边界处的速度也很小，为 $u_s \approx \sqrt{T_e/m_i}$。

(3)在中间区($2 \leqslant \alpha_0 \leqslant 30$)，对于每一个 α_0 的值，α_s 及 V_p 都有三重值。Sheridan 等采用流体力学进行数值模拟研究[5]，也发现了类似的多重取值现象。

2. 电负性等离子体的输运

下面以一维稳态输运模型进行讨论，并假定等离子体是由电子、一种正离子和一种负离子组成，放电区间位于 $|z| \leqslant L/2$。由于对称性，在如下讨论中我们只考虑 $0<z<L/2$ 的区间。在强电负性的情况下，可以把电负性气体放电的区域分成三部

分：①电负性区域$(0<z<L_1/2)$，即$n_e=n_{e0}$；②电正性区域（$L_1/2<z<d/2$），即$n_e=n_+$；③鞘层区（$d/2<z<L/2$），即$n_e<n_+$，其中$z=L_1/2$为电负性鞘层的边界，而$z=d/2$为电正性鞘层的边界，如图 6-5 所示。在低气压放电情况下，对电负性区域和电正性区域进行分析时，需要采用不同的迁移-扩散模型，而且在边界$z=L_1/2$和$z=d/2$处的玻姆速度也不同，前者为u_B^*，见式(6.4-7)，而后者为u_B。

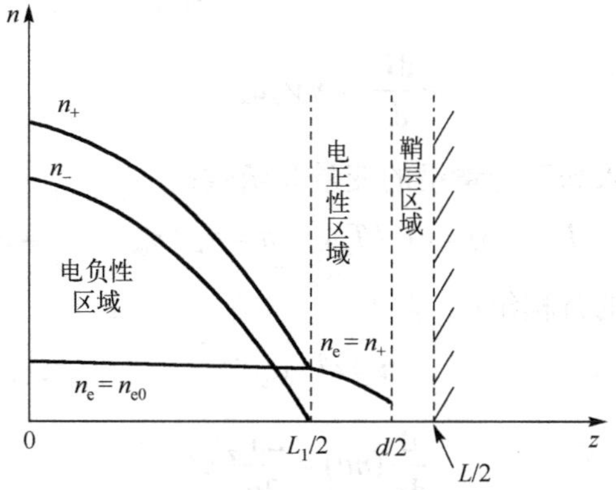

图 6-5　电负性等离子体中带电粒子密度分布示意图

与前面的讨论一样，仍假设电子和负离子的密度服从玻尔兹曼分布，见式(6.4-4)。此外，还假设等离子体满足准电中性条件，即

$$n_+=n_e+n_- \tag{6.4-11}$$

对于正离子，根据连续性方程和动量平衡方程，有

$$\frac{\mathrm{d}}{\mathrm{d}z}(n_+u_+)=\nu_{iz}n_e \tag{6.4-12}$$

$$en_+E-n_+m_i\nu_{in}u_+=0 \tag{6.4-13}$$

这里已假设作用在正离子上的电场力与中性气体的拖拽力平衡，忽略了压强力的影响。在方程(6.4-12)和方程(6.4-13)中，ν_{iz}和ν_{in}分别为电离频率及正离子与中性粒子的弹性碰撞频率。在体区中通过电离产生的正离子数应等于流出电负性区域边界处的正离子数，即

$$\nu_{iz}n_{e0}\frac{L_1}{2}=u_B^*n_{+s} \tag{6.4-14}$$

其中，n_{+s}为电负性区域边界处正离子的密度；u_B^*由式(6.4-7)给出。实际上，式(6.4-14)是一个近似表示式，因为在体区中有负离子存在，会发生正负离子的结合过程，使得体区中正离子数变少。

将电场用电势表示$E=-\mathrm{d}V/\mathrm{d}z$，并利用式(6.4-4)，可以将方程(6.4-11)～方

程 (6.4-13) 改写为

$$n_+ = n_{es}\exp\left(\frac{eV}{T_e}\right) + n_{-s}\exp\left(\gamma\frac{eV}{T_e}\right) \tag{6.4-15}$$

$$\frac{d}{dz}(n_+u_+) = \nu_{iz}n_{es}\exp\left(\frac{eV}{T_e}\right) \tag{6.4-16}$$

$$-e\frac{dV}{dz} = m_i\nu_{in}u_+ \tag{6.4-17}$$

为便于数值求解，引入如下无量纲的变量和函数：

$$\varsigma = 2z/L_1, \quad \eta = eV/T_e, \quad n = n_+/n_{es}, \quad u = u_+/u_B \tag{6.4-18}$$

可以得到如下无量纲的方程组：

$$n = e^{\eta} + \alpha_s e^{\gamma\eta} \tag{6.4-19}$$

$$\frac{d}{d\varsigma}(nu) = \frac{L_1\nu_{iz}}{2u_B}e^{\eta} \tag{6.4-20}$$

$$\frac{d\eta}{d\varsigma} = -\frac{L_1\nu_{in}}{2u_B}u \tag{6.4-21}$$

其中，$\alpha_s = n_{-s}/n_{es}$，由式 (6.4-10) 确定。方程 (6.4-19)～方程 (6.4-21) 为一阶非线性常微分方程组，只有知道了边界条件，才能确定它们的解。由于在等离子体中心处 ($\varsigma=0$)，离子的流速为 0 和电势为 V_p，则有如下边界条件：

$$u(0)=0, \quad \eta(0)=\eta_p, \quad n(0)=e^{\eta_p}+\alpha_s e^{\gamma\eta_p} \tag{6.4-22}$$

其中，η_p 为无量纲的等离子体势，由式 (6.4-8) 给出

$$\eta_p = \frac{1}{2}\frac{1+\alpha_s}{1+\alpha_s\gamma} \tag{6.4-23}$$

下面再分别确定出方程 (6.4-20) 和方程 (6.4-21) 中的参数 $\frac{L_1\nu_{iz}}{2u_B}$ 和 $\frac{L_1\nu_{in}}{2u_B}$。利用 $n_{+s} = n_{es} + n_{-s}$ 及 $n_{e0} = n_{es}e^{-\eta_p}$，可以把式 (6.4-14) 改写为

$$\frac{L_1\nu_{iz}}{2u_B} = \frac{(1+\alpha_s)^{3/2}}{(1+\alpha_s\gamma)^{1/2}}e^{\eta_p} \tag{6.4-24}$$

再假设正离子的温度与负离子的温度近似相等，即 $T_+ \approx T_-$，并利用离子的平均碰撞自由程的定义式 $\lambda_i = u_{T_i}/\nu_{in}$，有

$$\frac{L_1\nu_{in}}{2u_B} = \frac{1}{2\sqrt{\gamma}}\frac{L_1}{\lambda_i} \tag{6.4-25}$$

这样就把参数 $\dfrac{L_1\nu_{iz}}{2u_B}$ 和 $\dfrac{L_1\nu_{in}}{2u_B}$ 用 η_p、α_s、γ 及 L_1/λ_i 来表示。

对于给定的 α_0、γ 及 L_1/λ_i，通过数值方法求解方程(6.4-19)～方程(6.4-21)，就可以确定出带电粒子密度及电势的空间分布，其中 α_s 由式(6.4-10)确定。图 6-6(a)和(b)分别显示了当 $\alpha_0=1$ 和 $\alpha_0=5$ 时带电粒子密度的空间分布，其中 $\gamma=20$ 和 $L_1/\lambda_i=10$。可以看出，当电负度很低时($\alpha_0=1$)，负离子被约束在体区，在 $z=L_1/2$ 处几乎不存在负离子；当电负度较高时($\alpha_0=5$)，负离子占据了大部分放电区域，而且电子密度几乎是平直分布的。

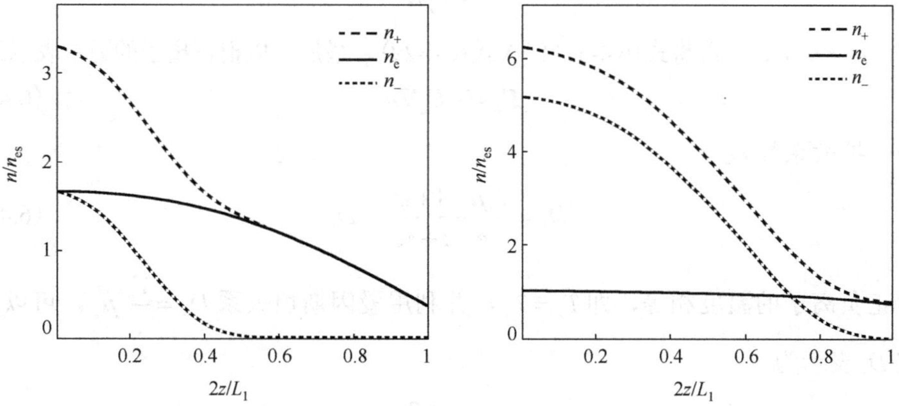

(a) $\alpha_0=1$　　　　(b) $\alpha_0=5$

图 6-6　电负性等离子体中的带电粒子密度分布

在前面的讨论中，我们忽略了正离子动量平衡方程中的压强梯度项 $\nabla(nT_i)$，见方程(6.4-17)，也就是说忽略了正离子的扩散效应。下面我们再考虑正离子的扩散效应对密度分布的影响。在迁移扩散近似下，正离子通量为

$$\boldsymbol{\Gamma}_+ = n_+\mu_+\boldsymbol{E} - D_+\nabla n_+ \tag{6.4-26}$$

其中，$\mu_+=\dfrac{e}{m_i\nu_{in}}$ 和 $D_+=\dfrac{T_+}{m_i\nu_{in}}$ 分别为正离子的迁移率和扩散系数。与上面的讨论一样，对于电子和负离子的密度分布，仍假设为玻尔兹曼分布，即

$$-en_e\boldsymbol{E} - T_e\nabla n_e = 0 \tag{6.4-27}$$

$$-en_-\boldsymbol{E} - T_-\nabla n_- = 0 \tag{6.4-28}$$

将式(6.4-26)与式(6.4-27)联立，消去电场 $\boldsymbol{E}$ 后，有

$$\boldsymbol{\Gamma}_+ = -n_+\frac{T_e\mu_+}{e}\frac{\nabla n_e}{n_e} - D_+\nabla n_+ \tag{6.4-29}$$

将式(6.4-27)和式(6.4-28)分别乘以 n_- 和 n_e，然后两式相减，可以得到

$$\frac{\nabla n_-}{n_-}=\gamma\frac{\nabla n_e}{n_e} \tag{6.4-30}$$

这里，$\gamma=T_e/T_i$。另外，根据准电中性条件 $n_+=n_e+n_-$，有

$$\nabla n_+=\nabla n_e+\nabla n_- \tag{6.4-31}$$

将式(6.4-30)与式(6.4-31)结合，消去 ∇n_-，可以得到 ∇n_e 与 ∇n_+ 的关系式

$$\nabla n_e=\frac{1}{1+\gamma\alpha}\nabla n_+ \tag{6.4-32}$$

其中，$\alpha=n_-/n_e$。再将式(6.4-32)代入式(6.4-29)，最后可以把正离子的通量表示为

$$\boldsymbol{\Gamma}_+=-D_a\nabla n_+ \tag{6.4-33}$$

其中，扩散系数 D_a 为

$$D_a=\frac{T_e\mu_+}{e}\frac{1+\alpha}{1+\gamma\alpha}+D_+ \tag{6.4-34}$$

假设正负离子的温度相等，即 $T_+=T_-$，并利用爱因斯坦关系 $D_+=\dfrac{T_+}{e}\mu_+$，可以进一步把 D_a 表示为

$$D_a=\frac{1+\gamma+2\gamma\alpha}{1+\gamma\alpha}D_+ \tag{6.4-35}$$

下面考虑一维输运过程。将正离子的通量 $\Gamma_+=n_+u_+=-D_a\dfrac{dn_+}{dz}$ 代入连续性方程(6.4-12)，有

$$-\frac{d}{dz}\left(D_a\frac{dn_+}{dz}\right)=\nu_{iz}n_e \tag{6.4-36}$$

注意，这是一个非线性扩散方程，因为双极扩散系数 D_a 依赖于负离子密度与电子密度的比率 α，而且该方程的右边也与电子密度有关。对式(6.4-30)两边进行积分，可以得到

$$\frac{n_e}{n_{e0}}=\left(\frac{n_-}{n_{-0}}\right)^{1/\gamma} \tag{6.4-37}$$

其中，n_{e0} 和 n_{-0} 分别是放电中心处的电子密度和负离子密度。将方程(6.4-36)与方程(6.4-37)联立，并利用准电中性条件，即可以借助于数值积分方法求出带电粒子密度的空间分布。

下面采用一种近似的方法求解方程(6.4-37)。由图 6-6(b)可以看出，在强电负

性的情况下，电子密度几乎是空间均匀的。因此，可以把方程(6.4-36)右边的 n_e 用 n_{e0} 来代替。此外，将 D_a 中的 $\alpha = n_- / n_e$ 近似地用 $\alpha_0 = n_{-0} / n_{e0}$ 来代替，即 $D_a \approx D_{a0}$。这样，有

$$-D_{a0}\frac{d^2 n}{dz^2} = \nu_{iz} \tag{6.4-38}$$

其中，$n = n_+ / n_{e0}$。利用 $n\big|_{z=0} = 1+\alpha_0$ 及 $\frac{dn}{dz}\big|_{z=0} = 0$，对方程(6.4-38)积分两次，可以得到

$$n = -\frac{1}{2}\frac{\nu_{iz}}{D_{a0}}z^2 + (1+\alpha_0) \tag{6.4-39}$$

这是一个抛物线形状的分布。假设在 $z = L_1 / 2$ 处负离子密度为零，即 $n = 1$，则由式(6.4-39)可以得到

$$\alpha_0 = \frac{1}{2}\frac{\nu_{iz}}{D_{a0}}\left(\frac{L_1}{2}\right)^2 \tag{6.4-40}$$

对于给定的 α_0、ν_{iz} 及 D_{a0}，由式(6.4-40)可以确定 L_1 的值。利用式(6.4-39)和式(6.4-40)，可以把正离子的密度表示为

$$\frac{n_+}{n_{e0}} = \alpha_0\left(1 - \frac{4z^2}{L_1^2}\right) + 1 \qquad (|z| \leqslant L_1 / 2) \tag{6.4-41}$$

根据式(6.4-37)，可以得到电子密度 n_e 满足的非线性代数方程

$$\frac{n_e}{n_{e0}} = \alpha_0^{-1/\gamma}\left[\alpha_0\left(1 - \frac{4z^2}{L_1^2}\right) + 1 - \frac{n_e}{n_{e0}}\right]^{1/\gamma} \tag{6.4-42}$$

特别是当 $\gamma \gg 1$ 时，有 $n_e \approx n_{e0}$，$n_- \approx n_+ - n_{e0}$，即电子密度几乎为均匀分布的，这与图 6-6(b)显示的模拟结果是一致的。

对于射频容性耦合氧气放电，图 6-7 显示了由一维 PIC/MCC 模拟方法给出的电子(e)、氧负离子(O^-)和氧分子离子(O_2^+)的密度空间分布，其中两个平行板电极之间的间隙为 2.25cm，射频电源的频率为 13.56MHz，电压幅值为 250V，放电气压为 200mTorr。在模拟过程中，所考虑的碰撞反应类型如表 6-1 所示，其中所用到的碰撞截面和反应速率分别由文献[6]～[8]给出。尽管在一个射频周期内，带电粒子密度随时间是变化的，但当放电达到稳定时，周期平均的带电粒子密度分布几乎是不变的。从图 6-7 可以看出，正如前面的解析模型所描述的那样，在体区中正负离子密度几乎完全相等，而电子密度很低，且几乎为常数；在鞘层区，负离子的密度为零。由于放电气压较高，放电产生的是一种强电负性等离子体。

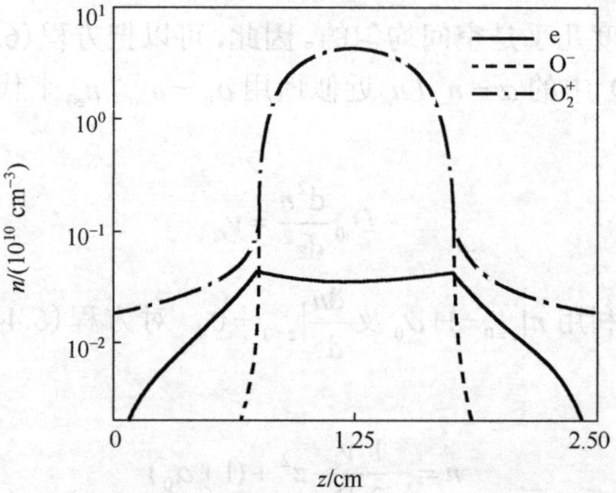

图 6-7　电子、氧负离子和氧分子离子的密度空间分布

表 6-1　氧气放电中的碰撞反应类型

#	反应式	碰撞过程	参考文献
1	$e+O_2 \longrightarrow O_2+e$	弹性散射	[6]
2	$e+O_2\ (r=0) \longrightarrow O_2+e\ (r>0)$	转动激发	[6]
3	$e+O_2(v=0) \longrightarrow O_2+e\ (v=1)$	振动激发	[6]
4	$e+O_2(v=0) \longrightarrow O_2+e\ (v=2)$	振动激发	[6]
5	$e+O_2(v=0) \longrightarrow O_2+e\ (v=3)$	振动激发	[6]
6	$e+O_2(v=0) \longrightarrow O_2+e\ (v=4)$	振动激发	[6]
7	$e+O_2 \longrightarrow e+O_2(a^1\Delta_g)$	亚稳态激发(0.98eV)	[6]
8	$e+O_2 \longrightarrow e+O_2(b^1\Sigma_g)$	亚稳态激发(1.63eV)	[6]
9	$e+O_2 \longrightarrow O^-+O$	解离附着(4.2eV)	[6]
10	$e+O_2 \longrightarrow e+O_2$	激发(4.5eV)	[6]
11	$e+O_2 \longrightarrow e+O\ (^3P)+O\ (^3P)$	解离(6.0eV)	[6]
12	$e+O_2 \longrightarrow e+O\ (^3P)+O\ (^1D)$	解离(8.4eV)	[6]
13	$e+O_2 \longrightarrow e+O\ (^1D)+O\ (^1D)$	解离(10.0eV)	[6]
14	$e+O_2 \longrightarrow e+O+O\ (3p^3P)$	解离激发(14.7eV)	[6]
15	$e+O_2^+ \longrightarrow O\ (^3P)+O(^1D)$	解离重组	[6]
16	$e+O_2 \longrightarrow e+O_2^+ +e$	电离(12.06eV)	[7]
17	$e+O^- \longrightarrow O+2e$	电子碰撞解附着	[7]
18	$O^-+O_2(a^1\Delta_g) \longrightarrow O_3+e$	联合解附着	[8]
19	$O^-+O_2 \longrightarrow O+O_2+e$	解附着	[7]
20	$O^-+O_2 \longrightarrow O^-+O_2$	散射	[7]
21	$O^-+O_2^+ \longrightarrow O+O_2$	相互中和	[7]
22	$O_2^++O_2 \longrightarrow O_2+O_2^+$	电荷交换	[7]
23	$O_2^++O_2 \longrightarrow O_2^++O_2$	散射	[7]

6.5　磁化等离子体的输运

在一些实际应用中，通常在放电腔室中施加一个静磁场，来约束带电粒子的运动行为。考虑一个均匀的静磁场 $\boldsymbol{B}_0$，其方向沿着 z 轴的方向，即 $\boldsymbol{B}_0 = B_0\mathrm{e}_z$。考虑电正性气体放电，并忽略带电粒子动量平衡方程左边的惯性项和对流项，这样可以分别把电子和离子的动量平衡方程表示为

$$-en_\mathrm{e}(\boldsymbol{E} + \boldsymbol{u}_\mathrm{e} \times \boldsymbol{B}_0) - T_\mathrm{e}\nabla n_\mathrm{e} - m_\mathrm{e} n_\mathrm{e} \nu_\mathrm{en} \boldsymbol{u}_\mathrm{e} = 0 \tag{6.5-1}$$

$$en_\mathrm{i}(\boldsymbol{E} + \boldsymbol{u}_\mathrm{i} \times \boldsymbol{B}_0) - T_\mathrm{i}\nabla n_\mathrm{i} - m_\mathrm{i} n_\mathrm{i} \nu_\mathrm{in} \boldsymbol{u}_\mathrm{i} = 0 \tag{6.5-2}$$

其中，已经假设了带电粒子的温度为常数。

假设放电腔室是一个半径为 R、长度为 L 的石英管，两端为金属平板。选取圆柱坐标系 (r,θ,z)，由于所考虑的问题具有轴对称性，这样所有的物理量均与角向变量 θ 无关，且电场 $\boldsymbol{E}$ 只有径向分量 E_r 和轴向分量 E_z。将电子的动量平衡方程(6.5-1)沿着三个坐标轴方向进行分解，有

$$-en_\mathrm{e}(E_r + u_{\mathrm{e}\theta}B_0) - T_\mathrm{e}\frac{\partial n_\mathrm{e}}{\partial r} - m_\mathrm{e} n_\mathrm{e} \nu_\mathrm{en} u_{\mathrm{e}r} = 0 \tag{6.5-3}$$

$$en_\mathrm{e} u_{\mathrm{e}r} B_0 - m_\mathrm{e} n_\mathrm{e} \nu_\mathrm{en} u_{\mathrm{e}\theta} = 0 \tag{6.5-4}$$

$$-en_\mathrm{e}E_z - T_\mathrm{e}\frac{\partial n_\mathrm{e}}{\partial z} - m_\mathrm{e} n_\mathrm{e} \nu_\mathrm{en} u_{\mathrm{e}z} = 0 \tag{6.5-5}$$

利用 6.1 节引入的电子迁移率 μ_e 和扩散系数 D_e，可以分别得到电子通量 $\boldsymbol{\Gamma}_\mathrm{e} = n\boldsymbol{u}_\mathrm{e}$ 的径向分量和轴向分量为

$$\Gamma_{\mathrm{e}r} = -\mu_{\mathrm{e}\perp} nE_r - D_{\mathrm{e}\perp}\frac{\partial n}{\partial r} \tag{6.5-6}$$

$$\Gamma_{\mathrm{e}z} = -\mu_{\mathrm{e}//} nE_z - D_{\mathrm{e}//}\frac{\partial n}{\partial z} \tag{6.5-7}$$

其中，$\mu_{\mathrm{e}//} = \mu_\mathrm{e}$ 和 $D_{\mathrm{e}//} = D_\mathrm{e}$ 分别为电子的纵向迁移率和扩散系数；$\mu_{\mathrm{e}\perp}$ 和 $D_{\mathrm{e}\perp}$ 分别为电子的横向迁移率和扩散系数

$$\mu_{\mathrm{e}\perp} = \frac{\mu_\mathrm{e}}{1+\alpha_\mathrm{e}^2}, \quad D_{\mathrm{e}\perp} = \frac{D_\mathrm{e}}{1+\alpha_\mathrm{e}^2} \tag{6.5-8}$$

式中，μ_e 和 D_e 分别为无磁场情况下的电子迁移率和扩散系数；$\alpha_\mathrm{e} = \omega_\mathrm{ce}/\nu_\mathrm{en}$，这里，$\omega_\mathrm{ce} = eB_0/m_\mathrm{e}$ 为电子的回旋频率。

由方程(6.5-2)，类似地可以得到离子通量 $\boldsymbol{\Gamma}_\mathrm{i} = n\boldsymbol{u}_\mathrm{i}$ 的径向分量和轴向分量为

$$\Gamma_{ir}=\mu_{i\perp}nE_r-D_{i\perp}\frac{\partial n}{\partial r} \tag{6.5-9}$$

$$\Gamma_{iz}=\mu_{i//}nE_z-D_{i//}\frac{\partial n}{\partial z} \tag{6.5-10}$$

其中，$\mu_{i//}=\mu_i$ 及 $D_{i//}=D_i$ 为离子的纵向迁移率和扩散系数；$\mu_{i\perp}$ 和 $D_{i\perp}$ 分别为离子的横向迁移率和扩散系数

$$\mu_{i\perp}=\frac{\mu_i}{1+\alpha_i^2},\quad D_{i\perp}=\frac{D_i}{1+\alpha_i^2} \tag{6.5-11}$$

式中，μ_i 和 D_i 为无磁场情况下的离子迁移率和扩散系数；$\alpha_i=\omega_{ci}/\nu_{in}$，这里，$\omega_{ci}=eB_0/m_i$ 为离子的回旋频率。

由双极扩散近似条件，即 $\Gamma_{er}=\Gamma_{ir}$ 及 $\Gamma_{ez}=\Gamma_{iz}$，可以得到双极电场为

$$E_r=-\frac{(D_{e\perp}-D_{i\perp})}{(\mu_{e\perp}+\mu_{i\perp})}\frac{1}{n}\frac{\partial n}{\partial r},\quad E_z=\frac{(D_{e//}-D_{i//})}{(\mu_{e//}+\mu_{i//})}\frac{1}{n}\frac{\partial n}{\partial z} \tag{6.5-12}$$

将 E_r 和 E_z 的表示式分别代入式(6.5-6)和式(6.5-7)，可以得到双极扩散通量为

$$\Gamma_{er}=-\frac{(\mu_{e\perp}D_{i\perp}+D_{e\perp}\mu_{i\perp})}{(\mu_{e\perp}+\mu_{i\perp})}\frac{\partial n}{\partial r}\equiv-D_{a\perp}\frac{\partial n}{\partial r} \tag{6.5-13}$$

$$\Gamma_{ez}=-\frac{(\mu_{e//}D_{i//}+D_{e//}\mu_{i//})}{(\mu_{e//}+\mu_{i//})}\frac{\partial n}{\partial z}\equiv-D_{a//}\frac{\partial n}{\partial z} \tag{6.5-14}$$

其中，$D_{a\perp}$ 和 $D_{a//}$ 分别为横向和纵向的双极扩散系数。在一般情况下，有 $\alpha_e\gg1$，$\alpha_i\ll1$，如磁化感性耦合放电和螺旋波放电。因此，可以把带电粒子的横向输运系数近似为

$$\mu_{e\perp}\approx\mu_e\alpha_e^{-2},\ D_{e\perp}\approx D_e\alpha_e^{-2},\ \mu_{i\perp}\approx\mu_i,\ D_{i\perp}\approx D_i \tag{6.5-15}$$

另外，考虑到 $T_e\gg T_i$，有 $\mu_{e\perp}D_{i\perp}\gg\mu_{i\perp}D_{e\perp}$，这样可以把横向双极扩散系数近似表示为

$$D_{a\perp}\approx\frac{D_i}{1+\delta_B} \tag{6.5-16}$$

其中

$$\delta_B\approx\frac{m_e\omega_{ce}^2}{m_i\nu_{in}\nu_{en}} \tag{6.5-17}$$

由此可以看出，随着磁场的增加，δ_B 增加，导致横向扩散系数下降，但纵向扩散系数不受磁场的影响。此外，横向扩散主要是来自于离子运动的贡献，这是因为电子的横向运动受到了磁场的约束。

借助于上面的双极扩散通量，可以得到带电粒子的稳态扩散方程为

$$-D_{a\perp}\frac{1}{r}\frac{\partial}{\partial r}\left(r\frac{\partial n}{\partial r}\right)-D_{a//}\frac{\partial^2 n}{\partial z^2}=\nu_{iz}n \tag{6.5-18}$$

其中，$0<r<R$ 及 $-L/2<z<L/2$。令 $n(r,z)=F(r)Z(z)$，对方程(6.5-18)进行分离变量，可以得到

$$\frac{1}{r}\frac{\mathrm{d}}{\mathrm{d}r}\left(r\frac{\mathrm{d}F}{\mathrm{d}r}\right)+\frac{\nu_{iz}-k^2}{D_{a\perp}}F=0 \tag{6.5-19}$$

$$\frac{\mathrm{d}^2 Z}{\mathrm{d}z^2}+\frac{k^2}{D_{a//}}Z=0 \tag{6.5-20}$$

假设在放电管两端（$z=\pm L/2$）等离子体为零，则可以把 n 近似地表示为

$$n(r,z)=\sum_{n=1}^{\infty}C_n \mathrm{J}_0(\beta_n r)\cos\left(\frac{n\pi}{L}z\right) \tag{6.5-21}$$

其中

$$\frac{k_n}{\sqrt{D_{a//}}}=\frac{n\pi}{L},\quad \beta_n^2=\frac{\nu_{iz}-k_n^2}{D_{a\perp}} \tag{6.5-22}$$

系数 C_n 可以由管壁处（$r=R$）的边界条件来确定。由于 β_n 的值依赖于磁场 B_0，因此纵向磁场将影响等离子体密度的径向分布。

6.6　中性粒子的扩散

在气体放电中，除了产生电子和离子外，还要产生大量的处于激发态或亚稳态的中性粒子，通常称它们为活性基团或活性粒子。活性粒子的产生主要来自于电子与中性分子的解离碰撞、解离附着碰撞以及解离电离碰撞等反应过程。对于材料表面的等离子体处理工艺，这些活性粒子起着重要的作用，它们是材料刻蚀和薄膜沉积的前驱反应物。

假设活性粒子的密度为 n_A，背景气体分子的密度为 $n_g=n_B$，且活性粒子和背景气体分子的温度相等，均为 T_g。由于活性粒子不受电磁场的作用，因此在稳态下它的动量平衡方程为

$$-T_g\nabla n_A - M_R\nu_{AB}n_A\boldsymbol{u}_A=0 \tag{6.6-1}$$

式(6.6-1)左边第二项为背景气体对活性粒子运动产生的摩擦力，其中，ν_{AB} 为活性粒子与背景气体分子的碰撞频率；M_R 为活性粒子和背景气体分子的约化质量；$\boldsymbol{u}_A$ 为活性粒子的流动速度。由式(6.6-1)可以得到活性粒子的通量为

$$\boldsymbol{\Gamma}_A=n_A\boldsymbol{u}_A=-D_{AB}\nabla n_A \tag{6.6-2}$$

其中，$D_{AB}=T_g/(M_R\nu_{AB})$为活性粒子的扩散系数。

下面采用硬球模型估算活性粒子与背景气体分子的碰撞截面和碰撞频率。设活性粒子与背景气体分子的半径分别为r_A和r_B，则它们的碰撞截面为

$$\sigma_{AB}=\pi(r_A+r_B)^2 \tag{6.6-3}$$

在一般情况下，分子之间的碰撞截面大约为$10^{-15}\ \text{cm}^2$。对应的碰撞频率为

$$\nu_{AB}=n_B\sigma_{AB}u_{AB} \tag{6.6-4}$$

其中，$u_{AB}=\sqrt{8T_g/(\pi M_R)}$为粒子之间相对运动的平均热速度。这样可以把扩散系数D_{AB}表示为

$$D_{AB}=\frac{\pi}{8}u_{AB}\lambda_{AB} \tag{6.6-5}$$

其中，$\lambda_{AB}=\dfrac{1}{n_B\sigma_{AB}}$为活性粒子的碰撞自由程。

在电子与中性气体分子的解离碰撞反应中，单位时间单位体积内活性粒子的产生率为$k_{diss}n_en_B$，其中n_e为电子密度，k_{diss}为解离反应速率系数。利用式(6.6-2)，可以把稳态情况下活性粒子的扩散方程表示为

$$-D_{AB}\nabla^2 n_A=k_{diss}n_en_B \tag{6.6-6}$$

考虑到活性粒子扩散到器壁表面上时会与表面产生复合反应(sticking reaction)，方程(6.6-6)的边界条件为[1]

$$\Gamma_{AS}=\frac{\beta}{2(2-\beta)}n_{AS}u_{AB} \tag{6.6-7}$$

其中，n_{AS}为活性粒子在表面上的密度；β为表面的复合系数，它表示一个分子入射到器壁表面上的损失概率。

先考虑空间一维情况，且放电区域在$-L/2\leqslant z\leqslant L/2$。方程(6.6-6)变为

$$-D_{AB}\frac{d^2n_A}{dz^2}=k_{diss}n_en_B \tag{6.6-8}$$

在如下讨论中，假设电子密度和背景气体的密度均匀。对方程(6.6-8)积分两次，可以得到

$$n_A(z)=\frac{k_{diss}n_en_BL^2}{8D_{AB}}\left(1-\frac{4z^2}{L^2}\right)+n_{AS} \tag{6.6-9}$$

这是一个抛物线型的密度分布。根据式(6.6-2)和式(6.6-7)，有

$$-D_{AB}\frac{dn_A}{dz}\Big|_{z=L/2}=\frac{\beta}{2(2-\beta)}n_{AS}u_{AB} \tag{6.6-10}$$

将式(6.6-9)代入式(6.6-10)的左边，可以得到表面上活性粒子的密度为

$$n_{AS}=\frac{2-\beta}{\beta}\frac{k_{diss}n_en_BL}{u_{AB}} \tag{6.6-11}$$

利用式(6.6-11)，可以把式(6.6-9)改写为

$$n_{\mathrm{A}}(z)=k_{\mathrm{diss}}n_{\mathrm{e}}n_{\mathrm{B}}\left[\frac{L^2}{8D_{\mathrm{AB}}}\left(1-\frac{4z^2}{L^2}\right)+\frac{2-\beta}{\beta}\frac{L}{u_{\mathrm{AB}}}\right] \tag{6.6-12}$$

由此可以得到放电中心处的活性粒子密度为

$$n_{\mathrm{A}}(0)=k_{\mathrm{diss}}n_{\mathrm{e}}n_{\mathrm{B}}\left[\frac{L^2}{8D_{\mathrm{AB}}}+\frac{2-\beta}{\beta}\frac{L}{u_{\mathrm{AB}}}\right] \tag{6.6-13}$$

将式(6.6-12)两边进行积分，并除以 L，可以得到活性粒子的平均密度为

$$\overline{n}_{\mathrm{A}}=\frac{1}{L}\int_{-L/2}^{L/2}n_{\mathrm{A}}(z)\mathrm{d}z=k_{\mathrm{diss}}n_{\mathrm{e}}n_{\mathrm{B}}\left[\frac{L^2}{12D_{\mathrm{AB}}}+\frac{2-\beta}{\beta}\frac{L}{u_{\mathrm{AB}}}\right] \tag{6.6-14}$$

在第 8 章介绍整体模型时，将用到活性粒子在壁表面上的损失速率系数 k_{s}，其定义式为

$$2\Gamma_{\mathrm{A}}\big|_{z=L/2}=k_{\mathrm{s}}\overline{n}_{\mathrm{A}}L \tag{6.6-15}$$

式(6.6-15)左边为活性粒子在两个器壁表面上损失粒子的总通量，其中已经利用了粒子通量分布的对称性条件 $\Gamma_{\mathrm{A}}(-L/2)=\Gamma_{\mathrm{A}}(L/2)$。对式(6.6-8)两边积分一次，有

$$-D_{\mathrm{AB}}\frac{\mathrm{d}n_{\mathrm{A}}}{\mathrm{d}z}=(k_{\mathrm{diss}}n_{\mathrm{e}}n_{\mathrm{B}})z \tag{6.6-16}$$

由此得到

$$\Gamma_{\mathrm{A}}(L/2)=\left(k_{\mathrm{diss}}n_{\mathrm{e}}n_{\mathrm{B}}\right)L/2 \tag{6.6-17}$$

这样，根据式(6.6-15)和式(6.6-17)以及式(6.6-14)，可以把 k_{s} 表示为

$$k_{\mathrm{s}}=\frac{2\Gamma_{\mathrm{A}}\big|_{z=l/2}}{\overline{n}_{\mathrm{A}}L}=\left[\frac{L^2}{12D_{\mathrm{AB}}}+\frac{2-\beta}{\beta}\frac{L}{u_{\mathrm{AB}}}\right]^{-1} \tag{6.6-18}$$

对于三维情况，例如放电腔室为一个半径为 R 和高度为 L 的圆筒，可以用 Λ 和 $2V/A$ 来代替式(6.6-18)右边分母中的 $L^2/12$ 和 L，有

$$k_{\mathrm{s}}=\left[\frac{\Lambda^2}{D_{\mathrm{AB}}}+\frac{2-\beta}{\beta u_{\mathrm{AB}}}\frac{2V}{A}\right]^{-1} \tag{6.6-19}$$

其中，$V=\pi R^2L$ 为放电腔室的体积；$A=2\pi R^2+2\pi RL$ 为放电腔室的面积；Λ 为扩散长度，由式(6.2-19)给出，即

$$\Lambda=\sqrt{\left(\frac{\chi_{01}}{R}\right)^2+\frac{\pi^2}{L^2}} \tag{6.6-20}$$

式中，χ_{01} 为零阶贝塞尔函数的第一个零点。由式(6.6-19)可以看出，活性粒子的表面损失速率依赖于扩散系数 D_{AB}、平均热速度 u_{AB}、表面复合系数 β 及放电腔室的几何尺寸。尽管式(6.6-19)不是严格推导出来的，但已经证明，它能够比较准确地估算出表面损失速率系数[9]。

6.7 本 章 小 结

为了便于讨论等离子体的输运特性，本章假设了等离子体是稳态的，即等离子体中所有物理量都不随时间变化，而且等离子体满足准电中性条件。对于大多数放电实验，这些假设基本上是近似满足的。无论是直流放电，还是射频或微波放电，当放电经过一段时间后等离子体的宏观状态都可以达到稳定，即带电粒子密度和温度等宏观物理量基本不随时间变化。此外，等离子体在放电腔室中的大部分区域也基本满足准电中性条件，即单位体积内正负电荷的密度相等。当然，在靠近电极和器壁附近的鞘层区中，准电中性条件不再满足。不过，本章讨论的内容主要是针对体区中的等离子体输运过程。关于靠近电极或器壁的鞘层特性，将在第 7 章进行讨论。

本章分别针对电正性等离子体、电负性等离子体和磁化等离子体，建立了相应的输运方程，并给出了这些输运方程的解析解或半解析解，以及讨论了它们的输运特性。

(1) 在高气压放电情况下，即当带电粒子的碰撞自由程远小于放电腔室的特征尺寸时，可以采用迁移扩散近似方法描述正负电荷的输运过程，见 6.2 节，其中带电粒子的通量由两部分组成：一部分是电场产生的定向迁移，另一部分是密度梯度产生的扩散。所谓的**双极扩散近似**，就是要求在空间中任意一点正负电荷的通量相等。借助于双极扩散近似方法，无须通过求解泊松方程来确定等离子体中的静电场，而是利用正负电荷通量相等这一条件确定出双极电场，其中双极电场正比于带电粒子的密度梯度，见式(6.1-11)。在通常的等离子体数值模拟中，所需要的大部分模拟时间都耗费在求解泊松方程上，因此采用双极扩散近似方法，可以极大地节约等离子体的模拟时间。

对于电正性气体放电，如果再假设带电粒子的温度为常数，这样由双极扩散近似方法给出的密度扩散方程是一个线性方程，通过求解该方程的本征解和本征值，可以确定出带电粒子密度和电子温度。对于平行板位形的等离子体，带电粒子密度为对称的余弦分布，见式(6.2-7)。对于圆筒位形的等离子体，可以把带电粒子密度用轴向上的余弦函数和径向上的零阶贝塞尔函数两者的乘积来表示，见式(6.2-18)。如果再假设离子在鞘层边界处的速度为玻姆速度，可以进一步确定出鞘层边缘处与中心处密度的比值 h_L 和 h_R。在整体模型中，将用到这两个密度比值，见第 8 章的讨论内容。

(2) 对于中等气压的电正性气体放电，即带电粒子的碰撞自由程与放电腔室的特征尺寸相当，由于带电粒子不能在放电腔室中进行充分的扩散，迁移扩散近似方法不再适用。这时可以忽略中性气体对电子的拖拽力，电子密度分布由玻尔兹曼关系给出，见式(6.3-6)。对于离子，中性气体的拖拽力等于电场力，而且其动量输运频率正比于漂移速度。在这种情况下，离子的连续性方程为一个二阶非线性常微分方程，见式(6.3-8)。通过适当的变量和函数代换，可以解析地求解这个非线性方程，并且可以用一个抛物线形式的密度分布来逼近它的解，见式(6.3-21)。

(3) 对于低气压的电正性气体放电，即带电粒子的碰撞自由程大于放电腔室的特征尺度，可以忽略中性气体对电子和离子的拖拽力，其中对于电子，电场力等于压强力；而对于离子，其电场力等于惯性力。由于要考虑放电，在离子的连续性方程中必须考虑电离碰撞的源项。这样，离子的漂移速度满足一个非齐次的三次代数方程，见式(6.3-36)。通过求解该代数方程，可以给出离子漂移速度和等离子体密度的解析表达式，见式 (6.3-44) 和式(6.3-46)。在低气压情况下，等离子体密度的空间分布比较平缓。

(4) 对于低气压下电负性气体放电，由于负离子的存在，需要修改鞘层的玻姆判据，电负性等离子体的玻姆速度 u_B^* 小于电正性等离子体的玻姆速度 u_B。在低气压放电条件下，可以假设等离子体满足准电中性条件，而且电子密度和负离子的密度均为玻尔兹曼分布；对于正离子，电场力与中性气体的拖拽力相等。将离子的连续性方程、动量平衡方程和电中性条件联立，可以自洽地确定带电粒子密度的空间分布。在低电负性的情况下，负离子只能分布在放电中心的区域，在鞘层边界处负离子的密度几乎为零。在高电负性的情况下，负离子几乎分布在整个放电区，而电子密度远小于正离子和负离子的密度，且几乎为平直分布。

(5) 对磁化等离子体，带电粒子在平行于磁场方向的输运不受影响，但在垂直于磁场方向上的输运将受到约束，在垂直方向上的迁移率和扩散系数变小。在双极扩散近似下，同样有横向双极扩散系数变小。对于一些用于材料表面处理的磁化等离子体，通常施加的外磁场不是太高，这样电子可以被磁化，而离子不被磁化。因此，通过施加磁场可以调节带电粒子在垂直磁场方向上的分布，从而可以改善等离子体的均匀性。例如，若施加的外磁场沿着放电腔室的轴向，那么通过调节外磁场的大小和空间分布，就可以改善等离子体的径向均匀性，这将有利于材料表面的等离子体处理工艺。

习　题　6

6.1　当离子的温度很低时，可以认为离子仅沿着电场方向做定向漂移。推导出这种情况下的双极扩散系数。

6.2　假设稳态的电正性等离子体位于宽度为 L 的两个无限大平行板之间，且进行双极扩散，双极扩散系数 D_a 为常数，而且离子在鞘层边界处的速度等于玻姆速度 u_B。证明：在鞘层边界处的等离子体密度 n_s 与两个平行板中心处的密度 n_0 之比为

$$\frac{n_s}{n_0}=\left[1+\left(\frac{u_B L}{\pi D_a}\right)^2\right]^{-1/2}$$

6.3　假设电正性等离子体位于宽度为 L 的两个无限大平板之间，在任意时刻 t 带电粒子密度 n 服从如下一维双极扩散方程：

$$\frac{\partial n}{\partial t}-D_{\mathrm{a}}\frac{\partial^2 n}{\partial z^2}=\nu_{\mathrm{iz}}n$$

其中，D_{a} 和 ν_{iz} 分别为双极扩散系数和电离碰撞频率，它们均为常数。假设该方程的初始条件和边界条件分别为 $n(z,t)\big|_{t=0}=n_0(1-4z^2/L^2)$ 和 $n(z,t)\big|_{z=\pm L/2}=0$，其中带电粒子的初始密度 n_0 为常数。求解该扩散方程在任意时刻的解。

6.4 假设稳态的电正性等离子体位于半径为 R、高度为 L 的圆筒内，试分别确定出等离子体中双极电场的径向和轴向分量。

6.5 根据 6.3 节讨论的内容，确定低气压电正性等离子体中电场的表示式。

6.6 推导高气压条件下的稳态电负性等离子体中双极电场的表示式，其中电负性等离子体是由一种正离子、一种负离子和电子组成的，正、负离子和电子的温度分别为 T_+、T_- 和 T_{e}，且都是常数。此外，正、负离子和电子与中性粒子的动量输运频率分别为 ν_+、ν_- 和 ν_{e}。

参考文献

[1] Lieberman M A, Lichtenberg A J. Principles of Plasma Discharges and Materials Processing. Hoboken, New Jersey: John Wiley & Sons, Inc., 2005.

[2] Chabert P, Braithwaite N S J. Physics of Radio-Frequency Plasmas. Cambridge: Cambridge University Press, 2011; [中译本]帕斯卡·夏伯特, 尼古拉斯·布雷斯韦特. 射频等离子体物理学. 王友年, 徐军, 宋远红, 译. 北京: 科学出版社, 2015.

[3] Lee C, Lieberman M A. Global model of Ar, O_2, Cl_2, and Ar/O_2 high-density plasma discharges. J. Vac. Sci. Technol., 1995, 13(2): 368-380.

[4] Riemann K U. The Bohm criterion and sheath formation. J. Phys. D: Appl. Phys., 1991, 24(4): 493.

[5] Sheridan T E, Chabert P, Boswell R W. Positive ion flux from a low-pressure electronegative discharge. Plasma Sources Sci. Technol., 1999, 8(3): 457.

[6] Vahedi V, Surendra M. A Monte Carlo collision model for the particle-in-cell method: applications to argon and oxygen discharges. Comput. Phys. Commun., 1995, 87(1/2): 179-198.

[7] Gudmundsson J T, Kawamura E, Lieberman M A. A benchmark study of a capacitively coupled oxygen discharge of the oopd1 particle-in-cell Monte Carlo code. Plasma Sources Sci. Technol.,2013, 22(3): 035011.

[8] Bronold F X, Matyash K, Tskhakaya D, et al. Radio-frequency discharges in oxygen: I. Particle-based modelling. J. Phys. D: Appl. Phys., 2007, 40: 6583.

[9] Chantry P J. A simple formula for diffusion calculations involving wall reflection and low density. J. Appl. Phys., 1987, 62(4): 1141-1148.

第 7 章　射频鞘层模型

在第 6 章中讨论稳态等离子体输运时，为了简化问题的讨论，我们忽略了鞘层的存在。实际上，只要等离子体与固体表面接触，就会有鞘层存在。除了在 1.4 节中介绍的悬浮鞘层外，在施加功率电极或接地电极的表面上也存在着鞘层，而且这种情况下鞘层厚度远大于悬浮鞘层的厚度。

对于直流放电，会在阴极表面形成一个稳态的离子鞘层，鞘层的厚度与施加的直流电压有关，即电压越大，鞘层越厚。在施加电压的一瞬间，电子会被排斥在鞘层之外，而离子在鞘层中均匀地分布。离子在鞘层电场的加速下，以一定的能量轰击阴极的表面，并诱导出二次电子发射。实际上，直流辉光放电正是通过电极发射出来的初始二次电子来维持的，因为初始二次电子与中性粒子碰撞时，会造成中性气体分子雪崩式的电离。

对于射频容性耦合放电，会在两个电极的表面形成一个瞬时变化的射频鞘层，即鞘层的边界和鞘层电场都是随时间振荡变化的。射频鞘层的时空演化特性不仅决定轰击到基片(或电极)上的离子能量分布和离子通量，而且也影响等离子体从射频电源中吸收的能量，即影响等离子体的加热机制。此外，对于射频感性耦合放电、螺旋波放电及微波电子回旋共振放电，为了控制入射到基片上的离子能量和通量，通常也在基片台下方施加一个射频偏压电源，这样也会在基片台上方形成一个容性耦合的偏压鞘层。射频鞘层不仅影响着射频功率的耦合和等离子体的状态参数，而且也对材料表面的处理工艺起着调控作用。

我们先在 7.1 节中介绍直流鞘层的特性，并给出直流鞘层的 Child 定律，即离子流密度与鞘层电势降之间的关系。在 7.2 节和 7.3 节，针对平行板电极的容性耦合放电，采用两种不同的离子密度空间分布模型，即均匀离子密度和非均匀离子密度分布，分别推导出瞬时电子鞘层的电势降、鞘层的直流电势降、鞘层厚度及鞘层电容等物理量的解析表示式。在 7.4 节中，将介绍由电子鞘层边界振荡产生的随机加热效应，推导出随机加热功率密度的解析表示式。在大多数射频放电中，接地电极的面积要远大于功率电极的面积，这样会在功率电极上形成自偏压，见 7.5 节的讨论。当射频电源的频率与离子的振荡频率相当时，需要考虑离子在鞘层中的瞬时运动，因此我们将在 7.6 节中介绍瞬时离子鞘层模型。在 7.7 节中，将首先介绍离子能量分布的解析模型，然后采用数值方法对离子能量分布进行模拟。最后在 7.8 节中介绍由高频电源和低频电源共同调制的双频鞘层的瞬时演化特性。

7.1 直流鞘层

在没有介绍射频鞘层之前，本节先介绍一下直流鞘层的特性，分别对直流鞘层的电场、电势降及鞘层厚度等物理量进行讨论。

1. 离子阵鞘层模型

考虑在电极上施加一个很高的直流负电压($-V_0$)。在施加负电压的瞬间，由于电子的质量很轻，很容易受到鞘层电场的排斥。为此，我们假设：电子完全被排斥在鞘层外部，而离子在鞘层内均匀分布，其密度为 n_0，形成一个厚度为 s_0 的离子阵(ion matrix)，如图 7-1 所示。

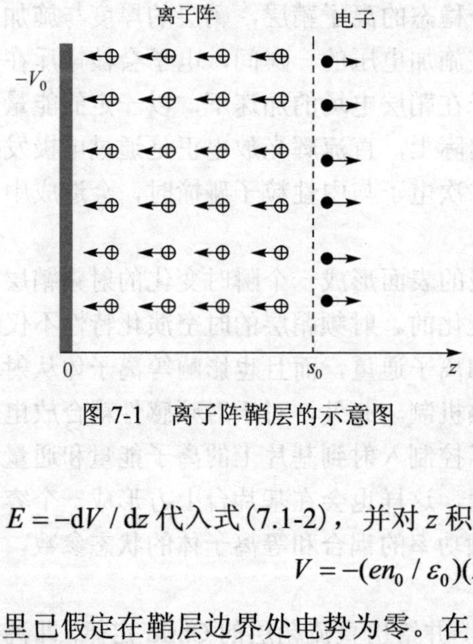

图 7-1　离子阵鞘层的示意图

在这种情况下，鞘层电场 E 满足的方程为

$$\frac{dE}{dz}=\frac{e}{\varepsilon_0}n_0 \tag{7.1-1}$$

将式(7.1-1)两边对 z 进行积分，并考虑到在鞘层边界 $z=s_0$ 电场为零，有

$$E=\frac{en_0}{\varepsilon_0}(z-s_0) \tag{7.1-2}$$

将 $E=-dV/dz$ 代入式(7.1-2)，并对 z 积分，可以得到电势的表示式为

$$V=-(en_0/\varepsilon_0)(z^2/2-s_0z+s_0^2/2) \tag{7.1-3}$$

这里已假定在鞘层边界处电势为零。在电极表面处 $z=0$，利用 $V=-V_0$，可以得到鞘层厚度为

$$s_0=\left(\frac{2\varepsilon_0V_0}{en_0}\right)^{1/2}=\lambda_{De}\left(\frac{2eV_0}{T_e}\right)^{1/2} \tag{7.1-4}$$

其中，$\lambda_{De}=\sqrt{\frac{\varepsilon_0T_e}{n_0e^2}}$ 为电子的德拜长度。在通常情况下，离子鞘层的厚度是电子德拜长度的数十倍。

2. Child 鞘层

离子阵鞘层模型过于简化，因为离子不断地入射到电极表面并被吸收，将导致鞘层内的离子密度的空间分布不再保持均匀。下面考虑非均匀密度分布对鞘层的影响。由于在鞘层内电子密度很低，不会产生明显的电离过程，因此根据第 5 章介绍的流体力学模型可知，在稳态情况下离子的通量是连续的，即

$$en_{\mathrm{i}}(z)u_{\mathrm{i}}(z)=J_0 \tag{7.1-5}$$

其中，J_0 为恒定离子电流密度。对于低气压放电，可以不考虑离子与中性粒子之间的碰撞效应。这样，当离子进入鞘层的初始动能远小于鞘层的电势能时，可以把离子的能量守恒方程简化为

$$\frac{1}{2}m_{\mathrm{i}}u_{\mathrm{i}}^2=-eV \tag{7.1-6}$$

将式(7.1-5)与式(7.1-6)联立，可以得到在鞘层内任意一点的离子密度为

$$n_{\mathrm{i}}(z)=\frac{J_0}{\sqrt{-2eV/m_{\mathrm{i}}}} \tag{7.1-7}$$

再将式(7.1-7)将代入泊松方程

$$\frac{\mathrm{d}^2V}{\mathrm{d}z^2}=-\frac{e}{\varepsilon_0}n_{\mathrm{i}}(z) \tag{7.1-8}$$

并完成积分，可以得到

$$(-V)^{3/4}=\frac{3}{2}(J_0/\varepsilon_0)^{1/2}\left(\frac{2e}{m_{\mathrm{i}}}\right)^{-1/4}(s-z) \tag{7.1-9}$$

其中，s 是鞘层厚度。利用 $V\big|_{z=0}=-V_0$，可以得到如下关系式：

$$J_0=\frac{4}{9}\varepsilon_0\left(\frac{2e}{m_{\mathrm{i}}}\right)^{1/2}\frac{V_0^{3/2}}{s^2} \tag{7.1-10}$$

这个式子就是著名的 Child 定律，它给出离子流密度、电压及鞘层厚度三者之间的关系，也称为空间电荷限流定律。

将 $J_0=en_0u_{\mathrm{B}}$ 代入式(7.1-10)，其中 $u_{\mathrm{B}}=\sqrt{T_{\mathrm{e}}/m_{\mathrm{i}}}$ 为玻姆速度，可以得到鞘层厚度与电压之间的关系为

$$s=\frac{\sqrt{2}}{3}\lambda_{\mathrm{De}}\left(\frac{2eV_0}{T_{\mathrm{e}}}\right)^{3/4} \tag{7.1-11}$$

将式(7.1-11)与式(7.1-4)比较，可以看到 Child 鞘层的厚度比离子阵鞘层的厚度大 $\frac{\sqrt{2}}{3}\left(\frac{2eV_0}{T_{\mathrm{e}}}\right)^{1/4}$ 倍。在 Child 鞘层模型中，由于鞘层内的离子不断地被电极表面所吸收，为了保持离子通量的连续性，必须要求鞘层外的离子来补充，这就导致了鞘层边界向外扩展，即鞘层厚度变宽。

将式(7.1-10)代入式(7.1-9)，消去 J_0 后可以得到鞘层电势 V 随空间变量 z 的变化关系

$$V=-V_0\left(\frac{s-z}{s}\right)^{4/3} \tag{7.1-12}$$

利用 $E=-\mathrm{d}V/\mathrm{d}z$，可以得到鞘层电场随变量 z 的变化为

$$E=-\frac{4V_0}{3s}\left(\frac{s-z}{s}\right)^{1/3}\equiv E_0\left(\frac{s-z}{s}\right)^{1/3} \tag{7.1-13}$$

其中，$E_0=-4V_0/(3s)$ 是电极表面上的电场。将式(7.1-12)代入式(7.1-7)，可以得到在鞘层内离子密度随变量 z 的变化为

$$n_{\mathrm{i}}(z)=n_0\left[\frac{2eV_0}{T_{\mathrm{e}}}\left(\frac{s-z}{s}\right)^{4/3}\right]^{-1/2} \tag{7.1-14}$$

可以看到，在电极表面上($z=0$)离子密度为

$$n_{\mathrm{i}}(0)=n_0\left(\frac{2eV_0}{T_{\mathrm{e}}}\right)^{-1/2}\ll n_0 \tag{7.1-15}$$

即电极表面的离子密度远小于鞘层边界处($z=s$)的密度 n_0。

7.2　均匀离子密度的射频鞘层

考虑一个射频电源施加在平板金属电极上，其中电极的面积为 A。施加在电极上的射频电流为

$$I(t)=-I_0\sin\omega t \tag{7.2-1}$$

其中，ω 为射频电源的角频率；I_0 为射频电流的幅值。施加射频电源后，会在电极表面形成一个随时间瞬时变化的鞘层，鞘层的瞬时厚度为 $s(t)$。为了能够解析地得到瞬时鞘层电场和瞬时鞘层厚度的表示式，本节采用一个非常简单的鞘层模型[1]，即在鞘层区，电子密度 n_{e} 为零，而离子密度恒定，为 $n_{\mathrm{i}}=n_0$；在等离子体区，电子密度等于离子密度，即 $n_{\mathrm{e}}=n_{\mathrm{i}}=n_0$，如图 7-2 所示。在这种情况下，鞘层电场 $E(z,t)$ 服从的方程为

$$\frac{\partial E(z,t)}{\partial z}=\frac{e}{\varepsilon_0}n_0,\quad z<s(t) \tag{7.2-2}$$

对式(7.2-2)进行积分，并假设在瞬时鞘层边界处($z=s$)的电场为零，可以得到

$$E(z,t)=\frac{en_0}{\varepsilon_0}[z-s(t)] \tag{7.2-3}$$

将 $E=-\mathrm{d}V/\mathrm{d}z$ 代入式(7.2-3)，并从 $z=s(t)$ 到 $z=0$ 进行积分，可以得到瞬时鞘层电势降为

$$V_{\mathrm{sh}}(t)\equiv V-V_{\mathrm{p}}=-\frac{en_0}{2\varepsilon_0}s^2(t) \qquad (7.2\text{-}4)$$

其中，V 是电极上($z=0$)的电势；V_{p} 是鞘层边界处的电势，也是等离子体电势。

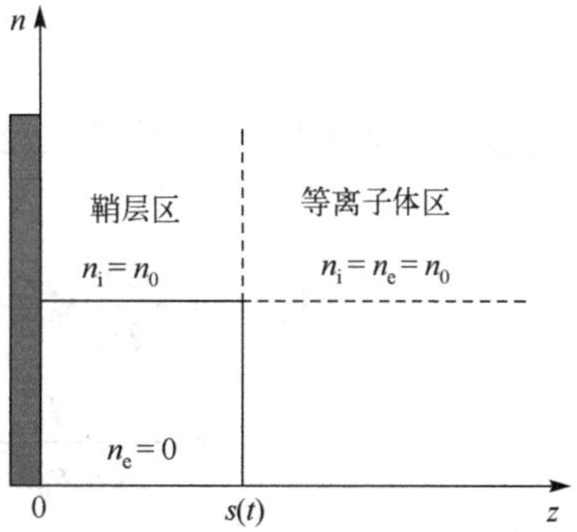

图 7-2　均匀离子密度分布的鞘层模型示意图

对于射频放电等离子体，总的电流密度 J 来自于三部分贡献：电子的传导电流密度 J_{e}、离子的传导电流密度 J_{i} 和位移电流密度 J_{d}。在鞘层区，由于已假设电子的密度为零，所以电子的传导电流密度为零。在一般情况下，如果射频电源的频率不是太低，那么鞘层区中的位移电流密度要远大于离子的传导电流密度。因此，可以把鞘层区中的电流密度近似地写成

$$J\approx J_{\mathrm{d}}=\varepsilon_0\frac{\partial E}{\partial t} \qquad (7.2\text{-}5)$$

将式(7.2-3)代入式(7.2-5)，得到

$$J=-en_0\frac{\mathrm{d}s}{\mathrm{d}t} \qquad (7.2\text{-}6)$$

在电极表面上，利用电流平衡条件，即外界施加的射频电流应等于流过鞘层的总电流，

$$-en_0A\frac{\mathrm{d}s}{\mathrm{d}t}=-I_0\sin\omega t \qquad (7.2\text{-}7)$$

对式(7.2-7)进行积分，可以得到瞬时鞘层厚度为

$$s(t)=\overline{s}-s_0\cos\omega t \qquad (7.2\text{-}8)$$

其中，$\overline{s}$ 为积分常数；

$$s_0=\frac{I_0}{en_0\omega A} \qquad (7.2\text{-}9)$$

可见，鞘层边界以余弦的形式随时间振荡，振荡频率与射频电源的频率相同，振幅为 s_0。

在上面的推导中，为了数学上简化处理，我们假设了在鞘层中电子密度为零，即没有电子流到电极表面。但在实际的射频放电中，等离子体中的电子必须流到电极表面，这样每个周期流向电极的正负电荷才能相等。只有在某时刻当鞘层塌缩时，电子才能够流到电极上。由式(7.2-8)可以看出，如果

$$\overline{s}=s_0=\frac{I_0}{en_0\omega A} \tag{7.2-10}$$

鞘层就会在 $t=0$ 时刻塌缩。将式(7.2-8)和式(7.2-10)代入式(7.2-4)，瞬时鞘层电势降变为

$$\begin{aligned} V_{\text{sh}}(t) &= -\frac{en_0}{2\varepsilon_0}s_0^2(1-\cos\omega t)^2 \\ &= -\frac{I_0^2}{2en_0\varepsilon_0\omega^2A^2}\left(\frac{3}{2}-2\cos\omega t+\frac{1}{2}\cos 2\omega t\right) \end{aligned} \tag{7.2-11}$$

可以看出，在 $t=0$ 时，鞘层电势降为零，即鞘层塌缩；在 $\omega t=\pi$ 时，鞘层电势降最大，为 $V_{\text{sh}}(\omega t=\pi)=-V_0$，其中，

$$V_0=\frac{2en_0s_0^2}{\varepsilon_0}=\frac{2I_0^2}{en_0\varepsilon_0\omega^2A^2} \tag{7.2-12}$$

利用式(7.2-12)，可以进一步把瞬时鞘层电势降表示为

$$\begin{aligned} V_{\text{sh}}(t) &= -V_0\left(\frac{3}{8}-\frac{1}{2}\cos\omega t+\frac{1}{8}\cos 2\omega t\right) \\ &\equiv -V_{\text{dc}}+V_1\cos\omega t+V_2\cos 2\omega t \end{aligned} \tag{7.2-13}$$

该式表明，瞬时鞘层电势降分别由直流分量、基频分量和二次谐波分量组成，其中 $V_{\text{dc}}=3V_0/8$，$V_1=V_0/2$ 及 $V_2=-V_0/8$。高次谐波的出现是由鞘层电势降对外界电流的非线性响应引起的。

对于由一对平行板电极构成的射频容性耦合放电，如果两个电极的面积完全相等，那么靠近这两个电极表面的射频鞘层是完全对称的，但随时间的变化却是反相位的。设两个电极分别为 a 和 b，那么对应的鞘层的瞬时厚度分别为

$$s_{\text{a}}(t)=s_0(1-\cos\omega t),\quad s_{\text{b}}(t)=s_0(1+\cos\omega t) \tag{7.2-14}$$

即 a 鞘层向外扩展，b 鞘层向内塌缩；反之，b 鞘层向外扩展，a 鞘层向内塌缩。两个鞘层的瞬时电势降分别为

$$V_{\text{sh}}^{(\text{a})}(\omega t)=-V_0\left(\frac{3}{8}-\frac{1}{2}\cos\omega t+\frac{1}{8}\cos 2\omega t\right) \tag{7.2-15}$$

$$V_{\text{sh}}^{(\text{b})}(\omega t)=-V_0\left(\frac{3}{8}+\frac{1}{2}\cos\omega t+\frac{1}{8}\cos 2\omega t\right) \tag{7.2-16}$$

由于假设体区中的等离子体是均匀的，在体区电势为常数，只有在两个鞘层区才有电势降。这样，两个鞘层的总电势降(也是两个电极之间的电势降)为

$$\begin{aligned} V(t) &= V_{\rm sh}^{(a)}(\omega t) - V_{\rm sh}^{(b)}(\omega t) \\ &= V_0 \cos\omega t \end{aligned} \tag{7.2-17}$$

可见，尽管单个鞘层的瞬时电势降有直流分量和二次谐波，但两个鞘层的总电势降只有基频成分，因为两个鞘层产生的二次谐波相互抵消。

根据式(7.2-14)，可以看到两个鞘层的瞬时厚度之和为常数，即

$$s(t) = s_{\rm a}(t) + s_{\rm b}(t) = 2s_0 \equiv s_{\rm m} \tag{7.2-18}$$

利用式(7.2-9)和式(7.2-12)，有

$$s_{\rm m} = 2\sqrt{\frac{\varepsilon_0 V_0}{2en_0}} = \lambda_{\rm De}\left(\frac{2eV_0}{T_{\rm e}}\right)^{1/2} \tag{7.2-19}$$

其中，$\lambda_{\rm De}$ 为电子的德拜长度。可以看出，由式(7.2-19)给出的射频鞘层的厚度与离子阵鞘层的厚度完全一样，见式(7.1-4)。其实这并不奇怪，因为对于目前的容性鞘层模型，尽管施加的是射频电压，但在鞘层内部没有电子存在，而且离子是均匀分布的，这与离子阵鞘层模型的假设一致。

对于平行板电极的容性耦合放电，可以分别将两个鞘层等效为两个电容 $C_{\rm a}$ 和 $C_{\rm b}$。由于这两个鞘层是对称的，因此它们的电容值相等，且总电容 $C_{\rm s}$ 可以由两个鞘层的总电压降与电流的关系来确定

$$I = C_{\rm s}\frac{{\rm d}V}{{\rm d}t} \tag{7.2-20}$$

将式(7.2-17)代入式(7.2-20)，并利用 $I = -I_0 \sin\omega t$，可以得到射频鞘层的总电容为

$$C_{\rm s} = \frac{I_0}{\omega V_0} \tag{7.2-21}$$

再利用 V_0 及 s_0 的表示式，可以进一步把 $C_{\rm s}$ 表示为

$$C_{\rm s} = \frac{\varepsilon_0 A}{2s_0} = \frac{\varepsilon_0 A}{s_{\rm m}} \tag{7.2-22}$$

这相当于一个处于真空状态下的平板电容器的电容，其中两个平板的间隙为 $s_{\rm m}$，平板的面积为 A。

7.3　非均匀离子密度的射频鞘层

1988 年，Lieberman 提出了一个更接近真实情况的射频鞘层模型[2]，认为在鞘层中离子密度不再是一个恒定的常数，而是从离子鞘层的边界处 $(z=0)$ 到电极表面是逐渐下降的，如图 7-3 所示。这里为了讨论方便，把坐标原点取在等离子体与最

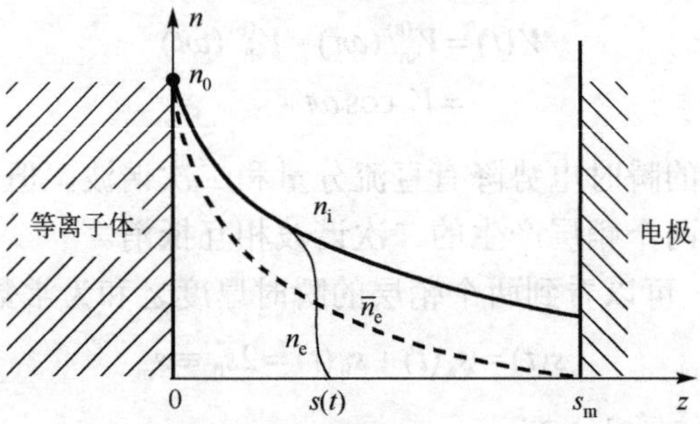

图 7-3　非均匀离子密度的鞘层模型示意图

大鞘层厚度的交界处。对于电子密度，服从阶梯分布

$$n_\mathrm{e}(z,t)=\begin{cases}n_\mathrm{i}(z), & z<s(t)\\ 0, & z>s(t)\end{cases} \tag{7.3-1}$$

其中，$s(t)$ 为电子鞘层的瞬时边界；$n_\mathrm{i}(z)$ 为离子密度。在图 7-3 中，s_m 为鞘层的最大厚度，n_0 是体区的等离子体密度，$\bar{n}_\mathrm{e}$ 为时间平均的电子密度。此外，还做如下假设。

(1) 由于离子的质量远大于电子的质量，因此离子只能响应时间平均的电场，而电子则响应瞬时变化的电场。

(2) 由于放电气压较低，因此不考虑离子穿越鞘层时与中性粒子的弹性碰撞和电荷交换碰撞。

(3) 由于鞘层电场较强，即作用在离子上的电场力远大于压强力，因此可以忽略后者。

(4) 由于鞘层中电子的能量和密度都很低，不考虑电子碰撞引起的气体电离。

(5) 由于鞘层的厚度远小于电极的半径，因此可以采用空间一维的鞘层模型，即假设带电粒子密度和电场仅在垂直于电极表面的方向上变化。

在上述假定下，根据离子在鞘层中的连续性方程和动量平衡方程，可以分别得到粒子数和能量平衡方程，即

$$n_\mathrm{i}(z)u_\mathrm{i}(z)=n_0u_\mathrm{B} \tag{7.3-2}$$

$$\frac{1}{2}m_\mathrm{i}u_\mathrm{i}^2(z)=\frac{1}{2}m_\mathrm{i}u_\mathrm{B}^2-e\overline{V}(z) \tag{7.3-3}$$

其中，$\overline{V}(z)$ 为时间平均的电势；u_B 为玻姆速度。将式(7.3-2)和式(7.3-3)联立，可以得到离子密度为

$$n_\mathrm{i}(z)=\frac{n_0}{\sqrt{1-2e\overline{V}(z)/T_\mathrm{e}}} \tag{7.3-4}$$

时间平均的电势 $\overline{V}(z)$ 可以由时间平均的电场 $\overline{E}(z)$ 来确定，即

$$\overline{E}(z)=-\frac{\mathrm{d}\overline{V}(z)}{\mathrm{d}z} \tag{7.3-5}$$

下面根据式(7.3-1)～式(7.3-5)，来确定瞬时的鞘层电势降和鞘层厚度等物理量。

由式(7.3-1)可以知道，在 $z<s(t)$ 的区域内，等离子体满足准电中性条件，净电荷密度为零，即 $\rho=0$；在 $s(t)<z<s_{\mathrm{m}}$ 的区间内，仅有离子存在，净电荷密度为 $\rho=en_{\mathrm{i}}(z,t)$。因此，鞘层电场 $E(z,t)$ 满足的方程为

$$\frac{\partial E(z,t)}{\partial z}=\begin{cases}\dfrac{e}{\varepsilon_0}n_{\mathrm{i}}(z), & s(t)<z\leqslant s_{\mathrm{m}}\\ 0, & z<s(t)\end{cases} \tag{7.3-6}$$

将该方程两边进行积分，有

$$E(z,t)=\begin{cases}\dfrac{e}{\varepsilon_0}\displaystyle\int_{s(t)}^{z}n_{\mathrm{i}}(\varsigma)\mathrm{d}\varsigma, & s(t)<z\leqslant s_{\mathrm{m}}\\ 0, & z<s(t)\end{cases} \tag{7.3-7}$$

与 7.2 节一样，这里也忽略鞘层内传导电流的贡献，因此鞘层内的总电流为电子鞘层边界的瞬时振荡所产生的位移电流，即

$$I_{\mathrm{d}}(t)=-en_{\mathrm{i}}(s)A\frac{\mathrm{d}s}{\mathrm{d}t} \tag{7.3-8}$$

根据电流平衡条件，I_{d} 应等于外界施加的射频电流 $I_{\mathrm{RF}}(t)=-I_0\sin\omega t$，即

$$-en_{\mathrm{i}}(s)A\frac{\mathrm{d}s}{\mathrm{d}t}=-I_0\sin\omega t \tag{7.3-9}$$

其中，A 为电极的面积。对式(7.3-9)进行积分，有

$$\int_0^{s(t)}n_{\mathrm{i}}(\varsigma)\mathrm{d}\varsigma=\frac{I_0}{e\omega A}(1-\cos\omega t) \tag{7.3-10}$$

结合式(7.3-7)和式(7.3-10)，可以把瞬时电场表示为

$$E(z,t)=\begin{cases}\dfrac{e}{\varepsilon_0}\displaystyle\int_0^{z}n_{\mathrm{i}}(\varsigma)\mathrm{d}\varsigma-\dfrac{I_0}{\varepsilon_0\omega A}(1-\cos\omega t), & s(t)<z\leqslant s_{\mathrm{m}}\\ 0, & z<s(t)\end{cases} \tag{7.3-11}$$

由于仅当 $z>s(t)$ 时，瞬时鞘层电场才不为零，所以对其在 $(-\phi,\ \phi)$ 内进行平均后，有

$$\overline{E}(z)=\frac{1}{2\pi}\int_{-\phi}^{\phi}E(z,\omega t)\mathrm{d}(\omega t) \tag{7.3-12}$$

其中，$\phi=\phi(z)$，它是当 $z=s(t)$ 时的相位角。将式(7.3-11)代入式(7.3-12)，可以得到

$$\overline{E}(z)=\frac{e}{\pi\varepsilon_0}\phi\int_0^{z}n_{\mathrm{i}}(\varsigma)\mathrm{d}\varsigma-\frac{I_0}{\pi\varepsilon_0\omega A}(\phi-\sin\phi) \tag{7.3-13}$$

当 $s(t)=z$，$\omega t=\phi$ 时，把式(7.3-10)代入式(7.3-13)，进而得到

$$\overline{E}(\phi)=-\frac{I_0}{\varepsilon_0\pi\omega A}(\phi\cos\phi-\sin\phi) \tag{7.3-14}$$

再将式(7.3-14)与式(7.3-5)结合，可以得到平均电势满足的方程为

$$\frac{\mathrm{d}\overline{V}(z)}{\mathrm{d}z}=\frac{I_0}{\varepsilon_0\omega\pi A}(\phi\cos\phi-\sin\phi) \tag{7.3-15}$$

借助于 $s(t)=z$，$\omega t=\phi$，可以把方程(7.3-9)改写为

$$\frac{\mathrm{d}\phi}{\mathrm{d}z}=\frac{e\omega A}{I_0\sin\phi}n_{\mathrm{i}}(z) \tag{7.3-16}$$

将式(7.3-4)代入方程(7.3-16)，有

$$\frac{\mathrm{d}\phi}{\mathrm{d}z}=\frac{1}{s_0\sin\phi}(1-2e\overline{V}/T_{\mathrm{e}})^{-1/2} \tag{7.3-17}$$

其中，$s_0=\dfrac{I_0}{en_0\omega A}$。方程(7.3-15)和方程(7.3-17)构成了一套自洽的封闭方程组，它们是射频鞘层的物理基础。通过求解这两个方程，就可以得到平均电势、鞘层厚度及离子密度等物理量。

1. 鞘层平均电势

将方程(7.3-15)和方程(7.3-17)两边分别相除，有

$$(1-2e\overline{V}/T_{\mathrm{e}})^{-1/2}\frac{\mathrm{d}\overline{V}(z)}{\mathrm{d}\phi}=\frac{I_0^2}{e\pi\varepsilon_0 n_0\omega^2A^2}\sin\phi(\phi\cos\phi-\sin\phi) \tag{7.3-18}$$

注意，在离子鞘层完全扩张的边界处（$z=0$），有 $\phi=0$ 及 $\overline{V}=0$。再将上式两边进行积分，并可以得到

$$(1-2e\overline{V}/T_{\mathrm{e}})^{1/2}=1-H\left(\frac{3}{8}\sin2\phi-\frac{1}{4}\phi\cos2\phi-\frac{1}{2}\phi\right) \tag{7.3-19}$$

其中

$$H=\frac{I_0^2}{\pi\varepsilon_0 n_0 T_{\mathrm{e}}\omega^2A^2}=\frac{1}{\pi}\frac{s_0^2}{\lambda_{\mathrm{De}}^2} \tag{7.3-20}$$

由式(7.3-19)可以得到平均电势 $\overline{V}$ 随相位角 ϕ 的变化关系式

$$\frac{e\overline{V}}{T_{\mathrm{e}}}=\frac{1}{2}-\frac{1}{2}\left[1-H\left(\frac{3}{8}\sin2\phi-\frac{1}{4}\phi\cos2\phi-\frac{1}{2}\phi\right)\right]^2 \tag{7.3-21}$$

在电极表面处（$z=s_{\mathrm{m}}$），有 $\phi=\pi$，$\overline{V}=-V_{\mathrm{dc}}$，其中

$$-\frac{eV_{dc}}{T_e}=\frac{1}{2}-\frac{1}{2}\left(1+\frac{3\pi H}{4}\right)^2 \tag{7.3-22}$$

在一般情况下，$s_0 \gg \lambda_{De}$，有 $H \gg 1$。这样，可以把上式近似为

$$\frac{eV_{dc}}{T_e}\approx\frac{9\pi^2}{32}H^2 \tag{7.3-23}$$

其中，V_{dc} 为鞘层的直流电势降。

2. *鞘层厚度*

再将式(7.3-19)代入式(7.3-17)，并分别对 z 和 ϕ 进行积分，其中积分的起点分别为 $z=0$ 和 $\phi=0$，可以得到

$$\frac{z}{s_0}=(1-\cos\phi)+\frac{1}{4}H\left(-\frac{2}{3}\phi\cos^3\phi-\phi\cos\phi-\frac{11}{9}\sin^3\phi+\frac{5}{3}\sin\phi\right) \tag{7.3-24}$$

再利用三角公式

$$\sin 3\phi=3\sin\phi-4\sin^3\phi,\quad \cos 3\phi=4\cos^3\phi-3\cos\phi$$

可以进一步把式(7.3-24)改写为

$$\frac{z}{s_0}=(1-\cos\phi)+\frac{1}{8}H\left(-\frac{1}{3}\phi\cos 3\phi-3\phi\cos\phi+\frac{11}{18}\sin 3\phi+\frac{3}{2}\sin\phi\right) \tag{7.3-25}$$

因为在电极表面上，有 $z=s_m$ 和 $\phi=\pi$，所以可以得到离子鞘层的最大厚度为

$$\frac{s_m}{s_0}=2+\frac{5\pi}{12}H\approx\frac{5\pi}{12}H \tag{7.3-26}$$

将式(7.3-20)代入，有

$$s_m=\frac{5}{12}\frac{s_0^3}{\lambda_{De}^2} \tag{7.3-27}$$

可以看出，对于非均匀离子密度鞘层，鞘层最大厚度 s_m 正比于 s_0 的 3 次幂。而对于 7.2 节介绍的均匀离子密度鞘层，s_m 正比于 s_0。

将式(7.3-23)与式(7.3-26)结合，消去 H，并利用式(7.3-27)，有

$$\left(\frac{eV_{dc}}{T_e}\right)^{1/2}=\frac{3}{4\sqrt{2}}\frac{s_0^2}{\lambda_{De}^2} \tag{7.3-28}$$

再将 s_0 用 s_m 表示，可以得到离子鞘层最大厚度与鞘层的直流电势降之间的关系为

$$s_m=\frac{5}{12}\left(\frac{4}{3}\right)^{3/2}\lambda_{De}\left(\frac{2eV_{dc}}{T_e}\right)^{3/4} \tag{7.3-29}$$

将式(7.3-29)两边平方，并利用 $J_{i0}=en_0u_B$，可以得到如下射频鞘层的 Child 定律：

$$J_{i0}=\kappa_i\varepsilon_0\left(\frac{2e}{m_i}\right)^{1/2}\frac{V_{dc}^{3/2}}{s_m^2} \tag{7.3-30}$$

其中，$\kappa_i=2\times\left(\frac{5}{12}\right)^2\times\left(\frac{4}{3}\right)^3\approx 0.82$。与直流鞘层的 Child 定律相比，见式(7.1-10)，两者的形式几乎相同，只是把系数 $\kappa_i=4/9\approx 0.44$ 换成了 0.82。也就是说，与直流鞘层相比，射频鞘层变厚，其原因是：在现在的情况下，在离子鞘层中电子密度不为零(图 7-3)，从而降低了离子鞘层中的空间电荷效应。

3. 离子密度

将式(7.3-19)代入式(7.3-4)，可以得到鞘层内的离子密度分布为

$$n_i(z)=n_0\left[1-H\left(\frac{3}{8}\sin 2\phi-\frac{1}{4}\phi\cos 2\phi-\frac{1}{2}\phi\right)\right]^{-1} \tag{7.3-31}$$

在电极表面($z=s_m$, $\phi=\pi$)，离子密度为

$$n_i(s_m)=n_0\left[1+\frac{3\pi}{4}H\right]^{-1}\approx\frac{4n_0}{3\pi H}\ll n_0 \tag{7.3-32}$$

可以看到，在电极表面离子密度非常低。

4. 鞘层瞬时电势降

在式(7.3-10)中，取 $s(t)=z$ 及 $\omega t=\phi$ (瞬时电子鞘层边界)，有

$$\int_0^z n_i(\varsigma)\mathrm{d}\varsigma=\frac{I_0}{e\omega A}(1-\cos\phi) \tag{7.3-33}$$

将式(7.3-33)代入式(7.3-11)，可以把瞬时电场表示为

$$E(z,t)=\begin{cases}\dfrac{I_0}{\varepsilon_0\omega A}(\cos\omega t-\cos\phi), & s(t)<z\leqslant s_m\\ 0, & z<s(t)\end{cases} \tag{7.3-34}$$

利用 $E=-\mathrm{d}V/\mathrm{d}z$，并将式(7.3-34)对 z 进行积分，可以把瞬时鞘层电势降表示为

$$V_{sh}(t)=\int_{s(t)}^{s_m}E(z,t)\mathrm{d}z \tag{7.3-35}$$

将式(7.3-35)中的积分变量改变为 ϕ，有

$$V_{sh}(t)=\frac{I_0}{\varepsilon_0\omega A}\int_{\omega t}^{\pi}(\cos\omega t-\cos\phi)(\mathrm{d}z/\mathrm{d}\phi)\mathrm{d}\phi \tag{7.3-36}$$

根据式(7.3-17)和式(7.3-19)，有

$$\frac{\mathrm{d}z}{\mathrm{d}\phi}=s_0\sin\phi\left[1-H\left(\frac{3}{8}\sin 2\phi-\frac{1}{4}\phi\cos 2\phi-\frac{1}{2}\phi\right)\right] \tag{7.3-37}$$

将式(7.3-37)代入式(7.3-36)，经过烦琐的积分和三角函数变换，最后可以得到

$$\begin{aligned}V_{\mathrm{sh}}(t)=&\frac{\pi H}{4}\frac{T_{\mathrm{e}}}{e}(4\cos\omega t+\cos 2\omega t+3)\\&+\frac{\pi H^2}{4}\frac{T_{\mathrm{e}}}{e}\left(\frac{15}{16}\pi+\frac{5}{3}\pi\cos\omega t+\frac{3}{8}\omega t+\frac{1}{3}\omega t\cos 2\omega t+\frac{1}{48}\omega t\cos 4\omega t\right)\\&-\frac{\pi H^2}{4}\frac{T_{\mathrm{e}}}{e}\left(\frac{5}{18}\sin 2\omega t+\frac{25}{576}\sin 4\omega t\right)\end{aligned} \tag{7.3-38}$$

其中，$0<\omega t<\pi$。与 7.2 节得到的结果相似，在 $V_{\mathrm{sh}}(t)$ 中存在着高次谐波。可以把 $V_{\mathrm{sh}}(t)$ 展开成傅里叶级数的形式[2]

$$V_{\mathrm{sh}}(t)=\sum_{k=0}^{\infty}a_k\cos(k\omega t) \tag{7.3-39}$$

其中

$$a_0=\frac{\pi H}{4}\frac{T_{\mathrm{e}}}{e}\left(3+\frac{9\pi}{8}H\right) \tag{7.3-40}$$

$$a_1=\frac{\pi H}{2}\frac{T_{\mathrm{e}}}{e}\left[2+H\left(\frac{5\pi}{6}-\frac{1024}{675\pi}\right)\right] \tag{7.3-41}$$

$$a_2=\frac{\pi H}{2}\frac{T_{\mathrm{e}}}{e}\left(\frac{1}{2}+\frac{\pi H}{12}\right) \tag{7.3-42}$$

$$a_3=-\frac{\pi H}{2}\frac{T_{\mathrm{e}}}{e}\left(\frac{1024}{3675\pi}H\right) \tag{7.3-43}$$

可以看到，$|a_1|\gg|a_2|\gg|a_3|$，即 $k>1$ 的高阶谐波分量很小。如果只保留基频，可以把式(7.3-39)写成

$$V_{\mathrm{sh}}(t)\approx a_0+a_1\cos\omega t \tag{7.3-44}$$

对于由两个对称的平行板电极(电极 a 和电极 b)构成的容性耦合放电系统，由于两个鞘层的电势降随时间的变化是反相位的，因此两个电极之间的电势降为

$$V=V_{\mathrm{sh}}^{(\mathrm{a})}(\omega t)-V_{\mathrm{sh}}^{(\mathrm{b})}(\omega t)\approx V_0\cos\omega t \tag{7.3-45}$$

其中，V_0 为射频电压的幅值

$$V_0=2a_1\approx\pi H^2\frac{T_{\mathrm{e}}}{e}\left(\frac{5\pi}{6}-\frac{1024}{675\pi}\right) \tag{7.3-46}$$

将式(7.3-20)代入，可以得到射频电压的幅值与电流幅值之间的关系

$$V_0 \approx 2.135 \frac{I_0^4}{\pi \varepsilon_0^2 \omega^4 e n_0^2 T_e A^4} \tag{7.3-47}$$

可见，在给定等离子体密度和电子温度下，电压的幅值正比于电流幅值的四次方。

利用式(7.3-22)和式(7.3-46)，可以得到鞘层直流电势降V_{dc}与射频电压幅值V_0之间的关系

$$V_{dc} \approx 0.412 V_0 \tag{7.3-48}$$

根据 7.2 节的讨论结果，我们知道，对于均匀离子密度的鞘层模型，鞘层的直流电势降为$V_{dc} = 3V_0/8 = 0.375V_0$。可见，与均匀离子密度鞘层模型相比，非均匀离子密度鞘层的直流电势降变大。

5. *鞘层电容*

对于这种非均匀离子密度鞘层，也可以等效成一个电容器，其电容C_{sh}可以由定义式(7.2-21)给出

$$C_{sh} = -\frac{I_0}{a_1 \omega} \approx 1.226 \frac{\varepsilon_0 A}{s_m} \tag{7.3-49}$$

对于由两个对称的平行板电极构成的容性耦合放电系统，它的两个鞘层也是对称的，因此两个鞘层的电容相等，且是串联的。两个鞘层的总电容为

$$C = \frac{1}{2} C_{sh} = 0.613 \frac{\varepsilon_0 A}{s_m} \tag{7.3-50}$$

在鞘层最大厚度s_m一定的情况下，非均匀离子密度鞘层电容是均匀离子密度鞘层电容的 0.613 倍，见式(7.2-22)。利用关系式$C = I_0/(\omega V_0)$及式(7.3-50)，也可以把电流幅值I_0和电压幅值V_0之间的关系表示为

$$I_0 = 0.613 \frac{\omega \varepsilon_0 A}{s_m} V_0 \tag{7.3-51}$$

它与式(7.3-47)等价。

本节的非均匀鞘层模型和 7.2 节的均匀鞘层模型均假设鞘层是电流源驱动的。根据以上讨论可知，在射频电流驱动下，射频鞘层电压高次谐波成分的电压幅值很低，因此鞘层的非线性相对较弱。对于实际的容性放电，通常采用电压源驱动，会在射频鞘层及等离子体区产生强的高次谐波，尤其是在接地电极和功率电极面积不等的放电中。我们将在第 9 章中讨论这个问题。

7.4　射频鞘层振荡产生的随机加热

从 7.2 节和 7.3 节的讨论已经看到，如果在一个平板金属电极上施加一个射频电

源，那么就会在电极表面形成一个随时间振荡的射频鞘层。从等离子体区运动过来的电子可以与振荡的鞘层边界发生“碰撞”，电子的动能要发生改变，即电子与射频鞘层要交换能量。当电子在鞘层边界处的速度分布函数为麦克斯韦分布时，其低速电子多，而高速电子少。如果在一个射频周期内对所有速度分布的电子进行统计平均，那么电子从鞘层电场中得到的净能量就会大于零，即电子被射频电场加热。通常称这种加热现象为**随机加热**[1,2]。电子从射频鞘层电场中获得能量后，被反弹回到体区，会进一步增强气体的电离过程。当入射的电子速度较高时，它可以穿过鞘层势垒，并损失其能量。

可以采用硬壁(hard wall)模型来描述射频鞘层与电子的碰撞，其中鞘层边界相当于一面移动的墙壁，而电子像一个小球，以一定的速度向墙壁的方向运动(沿着 z 轴的负方向)，并与壁墙发生弹性碰撞，如图 7-4 所示。设在碰撞前后电子的入射速度和反射速度分别为 v 和 v_r，射频鞘层的移动速度为 $u_s(t)$。根据动量守恒定律和能量守恒定律，有

$$-m_e v + M_s u_s = m_e v_r + M_s u_s' \tag{7.4-1}$$

$$\frac{1}{2}m_e v^2 + \frac{1}{2}M_s u_s^2 = \frac{1}{2}m_e v_r^2 + \frac{1}{2}M_s u_s'^2 \tag{7.4-2}$$

其中，M_s 为墙壁的质量。将式(7.4-1)与式(7.4-2)联立，可以得到

$$v_r = v + (u_s' + u_s)$$

由于 $M_s \gg m_e$，所以可以认为在碰撞前后硬壁(鞘层边界)的速度变化很小，即 $u_s' \approx u_s$，由此可以得到电子的反射速度为

$$v_r \approx v + 2u_s \tag{7.4-3}$$

注意 v_r 的方向沿着 z 的正向，即与电极表面的法线方向一致。

在鞘层边界处，如果假设电子的速度分布为 $f_s(-v,t)$，其中负号表示电子是朝着鞘层边界运动，即运动方向与坐标轴的正向相反。那么在时间间隔 dt 和速度间隔 dv 内，单位面积上与鞘层边界碰撞的电子个数为

$$(v + u_s) f_s(-v,t)\,dv\,dt \tag{7.4-4}$$

其中，速度分布函数满足归一化条件

$$\int_{-\infty}^{\infty} f_s(v,t)\,dv = n_s(t) \tag{7.4-5}$$

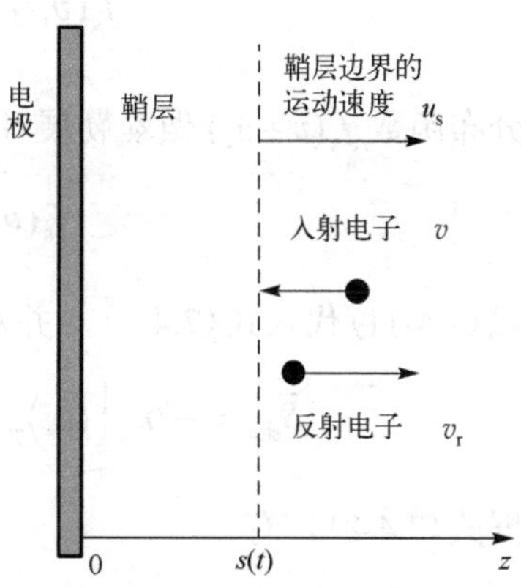

图 7-4　电子与射频鞘层碰撞示意图

这里，$n_s(t)$ 为鞘层边界处的电子密度。借助于式(7.4-4)，可以得到在单位时间内单

位面积上碰撞引起的电子动能改变(或功率转移)为

$$\mathrm{d}S_{\mathrm{stoc}}=\frac{1}{2}m_{\mathrm{e}}(v_{\mathrm{r}}^2-v^2)(v+u_{\mathrm{s}})f_{\mathrm{s}}(-v,t)\mathrm{d}v \tag{7.4-6}$$

利用式(7.4-3)，并对式(7.4-6)进行积分，有

$$\begin{aligned}S_{\mathrm{stoc}}&=2m_{\mathrm{e}}u_{\mathrm{s}}\int_{-u_{\mathrm{s}}}^{-\infty}(v+u_{\mathrm{s}})^2f_{\mathrm{s}}(-v,t)\mathrm{d}v\\&=-2m_{\mathrm{e}}u_{\mathrm{s}}\int_0^{\infty}v^2f_{\mathrm{s}}(v+u_{\mathrm{s}},t)\mathrm{d}v\end{aligned} \tag{7.4-7}$$

式(7.4-7)中的积分下限表明，只有当入射电子的速度v大于鞘层边界的移动速度u_{s}时，电子才有可能与鞘层边界碰撞。

下面以离子密度均匀分布的鞘层模型为例进行讨论。这样有，$n_{\mathrm{s}}(t)=n_0$，其中n_0为体区的等离子体密度。对于均匀离子密度的鞘层模型，根据式(7.2-8)，鞘层边界的移动速度为

$$u_{\mathrm{s}}=\frac{\mathrm{d}s}{\mathrm{d}t}=u_0\sin\omega t \tag{7.4-8}$$

其中，$u_0=\omega s_0$为鞘层边界移动速度的幅值。将s_0的表示式代入式(7.4-8)，有

$$u_0=\frac{I_0}{en_0A} \tag{7.4-9}$$

此外，由于鞘层边界随时间振荡，所以边界处的电子速度分布函数f_{s}也随时间变化。但在一般情况下，由于$v>u_{\mathrm{s}}$，可以近似地忽略鞘层振荡对电子分布函数的影响，并假设f_{s}为麦克斯韦分布，即

$$f_{\mathrm{s}}(v,t)=n_0\left(\frac{m_{\mathrm{e}}}{2\pi T_{\mathrm{e}}}\right)^{1/2}\exp\left(-\frac{m_{\mathrm{e}}v^2}{2T_{\mathrm{e}}}\right) \tag{7.4-10}$$

对分布函数$f_{\mathrm{s}}(v+u_{\mathrm{s}})$做泰勒展开，并只保留到一阶小项，有

$$f_{\mathrm{s}}(v+u_{\mathrm{s}})\approx f_{\mathrm{s}}(v)+u_{\mathrm{s}}\left.\frac{\mathrm{d}f_{\mathrm{s}}}{\mathrm{d}v}\right|_{u_{\mathrm{s}}=0} \tag{7.4-11}$$

将式(7.4-11)代入式(7.4-7)，并对一个射频周期$T=\omega/2\pi$内进行平均，有

$$\overline{S}_{\mathrm{stoc}}=-2m_{\mathrm{e}}\left[\langle u_{\mathrm{s}}\rangle_T\int_0^{\infty}v^2f_{\mathrm{s}}(v)\mathrm{d}v+\langle u_{\mathrm{s}}^2\rangle_T\int_0^{\infty}v^2\left.\frac{\mathrm{d}f_{\mathrm{s}}}{\mathrm{d}v}\right|_{u_{\mathrm{s}}=0}\mathrm{d}v\right] \tag{7.4-12}$$

根据式(7.4-8)，有

$$\langle u_{\mathrm{s}}\rangle_T=0,\quad \langle u_{\mathrm{s}}^2\rangle_T=\frac{1}{2}u_0^2 \tag{7.4-13}$$

这样，可以把式(7.4-12)写成

$$\overline{S}_{\mathrm{stoc}} = -m_{\mathrm{e}} u_0^2 \int_0^{\infty} v^2 \frac{\mathrm{d}f_{\mathrm{s}}}{\mathrm{d}v}\bigg|_{u_{\mathrm{s}}=0} \mathrm{d}v = \frac{1}{2} m_{\mathrm{e}} n_0 u_0^2 \overline{v}_{\mathrm{e}} \tag{7.4-14}$$

其中，$\overline{v}_{\mathrm{e}} = \sqrt{\dfrac{8T_{\mathrm{e}}}{\pi m_{\mathrm{e}}}}$ 是电子的平均热速度。可以看出，当速度分布函数为麦克斯韦分布时（$\mathrm{d}f_{\mathrm{s}} / \mathrm{d}v < 0$），电子从射频鞘层电场中获得的净能量大于零。把 u_0 的表示式代入上式，最后可以得到

$$\overline{S}_{\mathrm{stoc}} = \frac{1}{2} \frac{m_{\mathrm{e}} \overline{v}_{\mathrm{e}}}{e^2 n_0} J_0^2 \tag{7.4-15}$$

其中，$J_0 = I_0/A$ 为施加的射频电流密度。

我们在第 3 章和第 4 章已分别提到，在等离子体区中电子从射频电场中吸收的能量是通过欧姆加热来实现的。欧姆加热的功率密度为

$$p_{\mathrm{ohm}} = \frac{1}{2} \mathrm{Re}(\boldsymbol{J} \cdot \boldsymbol{E}^*) \tag{7.4-16}$$

利用欧姆定律 $\boldsymbol{J} = \sigma_{\mathrm{p}} \boldsymbol{E}$，有

$$p_{\mathrm{ohm}} = \frac{1}{2} \mathrm{Re}\left(\frac{1}{\sigma_{\mathrm{p}}}\right) |\boldsymbol{J}|^2 \tag{7.4-17}$$

其中，σ_{p} 为等离子体的复电导率，见式(3.2-13)。当射频电源的角频率 ω 远小于电子与中性粒子碰撞的平均动量输运频率 ν_{en} 时，有

$$\sigma_{\mathrm{p}} \approx \sigma_{\mathrm{dc}} = \frac{e^2 n_0}{m_{\mathrm{e}} \nu_{\mathrm{en}}} \tag{7.4-18}$$

将式(7.4-18)代入式(7.4-17)，并利用 $|\boldsymbol{J}|^2 = J_0^2$，可以得到

$$p_{\mathrm{ohm}} = \frac{1}{2} \frac{m_{\mathrm{e}} \nu_{\mathrm{en}}}{e^2 n_0} J_0^2 \tag{7.4-19}$$

将式(7.4-19)乘以等离子体区的宽度 $D = 2d$（其中 d 为等离子体的半宽度），即可以得到单位面积上电子通过欧姆加热机制吸收的功率密度

$$\overline{S}_{\mathrm{ohm}} = \frac{1}{2} \frac{m_{\mathrm{e}} \nu_{\mathrm{en}} D}{e^2 n_0} J_0^2 \tag{7.4-20}$$

根据式(7.4-15)和式(7.4-20)，可以得到欧姆加热的功率密度与随机加热的功率密度之比为

$$\frac{\overline{S}_{\mathrm{ohm}}}{\overline{S}_{\mathrm{stoc}}} = \frac{\nu_{\mathrm{en}} D}{\overline{v}_{\mathrm{e}}} \tag{7.4-21}$$

由于电子的平均动量输运频率 ν_{en} 正比于放电气压 p，所以当放电气压很低时，等离

子体中的电子欧姆加热功率远小于鞘层的随机加热功率，即 $\bar{S}_{\text{ohm}} \ll \bar{S}_{\text{stoc}}$。在一般情况下，可以引入一个有效碰撞频率

$$\nu_{\text{eff}} = \nu_{\text{en}} + \bar{v}_{\text{e}} / D \tag{7.4-22}$$

把单位面积上等离子体吸收的总功率密度表示为

$$\bar{S} = \bar{S}_{\text{ohm}} + \bar{S}_{\text{stoc}} = \frac{1}{2}\frac{m_{\text{e}}\nu_{\text{eff}}D}{e^2 n_0} J_0^2 \tag{7.4-23}$$

在上面的讨论中，假设了离子密度是均匀分布的。对于非均匀的离子密度分布情况，电子鞘层边界的移动速度不再像式(7.4-8)那么简单，而且鞘层边界处的电子密度也是瞬时变化的，因此计算随机加热功率密度的过程较为复杂。经过一些烦琐的推导，可以得到这种情况下的随机加热功率为[1]

$$\bar{S}_{\text{stoc}} = \frac{3\pi}{32} H m_{\text{e}} n_0 \bar{v}_{\text{e}} u_0^2 \tag{7.4-24}$$

与均匀离子密度鞘层模型的结果相比，见式(7.4-14)，非均匀离子密度鞘层模型给出的结果大了 $3\pi H/16$ 倍。利用式(7.4-9)和式(7.3-20)及式(7.3-46)，可以进一步把式(7.4-24)表示为

$$\bar{S}_{\text{stoc}} \approx 0.22\left(\frac{m_{\text{e}}}{e}\right)^{1/2}\left(\frac{T_{\text{e}}}{e}\right)^{1/2} \varepsilon_0 \omega^2 V_0 \tag{7.4-25}$$

其中，V_0 是施加在两个电极之间的射频电压幅值。

7.5　射频鞘层的直流自偏压

根据 7.2 节的讨论可知，对于一个容性耦合放电系统，尽管单个鞘层的电势降中包含有直流分量，但如果两个平行板电极完全对称，则两个电极之间的直流电压降为零，见式(7.2-17)。实际上，对于大多数射频放电装置，接地电极的面积要大于驱动电极(施加电源的电极)的面积，这样形成的两个射频鞘层不再对称，如图 7-5 所示。对于给定的射频电流幅值，由于鞘层的直流电压降反比于电极的面积平方，也就是说，电极面积小的鞘层，其直流电压降大；反之电极面积大的鞘层，电压降小。因此，对于两个非对称的鞘层，它们的直流电压降之差不再为零。这样，两个电极之间就会产生一个直流自偏压 V_{bias}，即

$$V_1 - V_2 = V_{\text{bias}} + V_0 \cos\omega t \tag{7.5-1}$$

其中，V_1 和 V_2 为两个电极上的电压降。下面将采用 7.2 节介绍的均匀离子密度鞘层模型来确定 V_{bias}[3]。

假设两个平行板的面积分别为 A_1 和 A_2，且 $A_1 \neq A_2$。尽管两个鞘层不再对称，但根

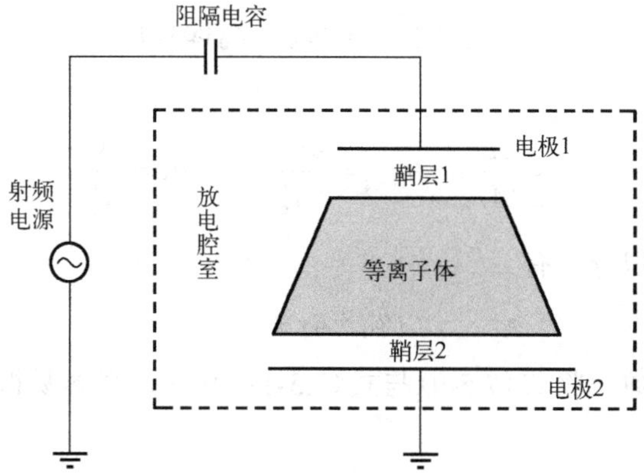

图 7-5　非对称鞘层示意图

据电流连续性条件，在任意时刻流经两个鞘层的电流应该大小相等，相位相反，即

$$I_1(t) = -I_2(t) \tag{7.5-2}$$

与 7.2 节所作的假设一样，由于鞘层内没有电子密度，所以电子的传导电流为零。另外假设射频电源的角频率 ω 远大于离子的振荡频率 ω_{pi}，则也可以忽略离子传导电流的贡献。这样，在鞘层中只有位移电流有贡献，可以把式(7.5-2)改写为

$$A_1 e n_0 \frac{ds_1}{dt} = -A_2 e n_0 \frac{ds_2}{dt} \tag{7.5-3}$$

其中，$s_1(t)$ 和 $s_2(t)$ 分别为两个鞘层的瞬时厚度。根据式(7.2-4)，两个鞘层的电势降分别为

$$V_1(t) = -\frac{en_0}{2\varepsilon_0} s_1^2(t) \tag{7.5-4}$$

$$V_2(t) = -\frac{en_0}{2\varepsilon_0} s_2^2(t) \tag{7.5-5}$$

再分别将式(7.5-4)和式(7.5-5)代入式(7.5-1)，有

$$-\frac{en_0}{2\varepsilon_0} s_1^2 + \frac{en_0}{2\varepsilon_0} s_2^2 = V_{dc} + V_0 \cos\omega t \tag{7.5-6}$$

将方程(7.5-3)与方程(7.5-6)联立求解，即可以确定出两个鞘层的瞬时厚度。

为了便于讨论，引入无量纲变量 $\tau = \omega t$ 和无量纲函数

$$\varsigma_1(\tau) = \frac{s_1(\tau)}{\lambda_{De}}, \qquad \varsigma_2(\tau) = \frac{s_2(\tau)}{\lambda_{De}} \tag{7.5-7}$$

这样可以分别把方程(7.5-3)与方程(7.5-6)约化为

$$\alpha \frac{d\varsigma_1}{d\tau} = -\frac{d\varsigma_2}{d\tau} \tag{7.5-8}$$

$$-\varsigma_1^2+\varsigma_2^2=2(\eta_{\text{bias}}+\eta_0\cos\tau) \tag{7.5-9}$$

其中

$$\alpha=\frac{A_1}{A_2}，\quad \eta_{\text{bias}}=\frac{eV_{\text{bias}}}{T_{\text{e}}}，\quad \eta_0=\frac{eV_0}{T_{\text{e}}} \tag{7.5-10}$$

对方程(7.5-8)进行积分，有

$$\alpha\varsigma_1+\varsigma_2=\varsigma_0 \tag{7.5-11}$$

其中，ς_0为待定常数。将式(7.5-9)与式(7.5-11)联立，很容易得到ς_1和ς_2的解析表示式

$$\varsigma_1=\frac{\alpha}{\alpha^2-1}\varsigma_0-\frac{1}{\alpha^2-1}\sqrt{\varsigma_0^2+2(\alpha^2-1)(\eta_{\text{bias}}+\eta_0\cos\tau)} \tag{7.5-12}$$

$$\varsigma_2=-\frac{1}{\alpha^2-1}\varsigma_0+\frac{\alpha}{\alpha^2-1}\sqrt{\varsigma_0^2+2(\alpha^2-1)(\eta_{\text{bias}}+\eta_0\cos\tau)} \tag{7.5-13}$$

如果在某一时刻鞘层塌缩，电子入射到电极上，这样才能使两个电极与等离子体构成一个回路。由式(7.5-12)可以看出，仅当$\tau=0$时，鞘层1才有可能塌缩，因此有

$$\frac{\alpha}{\alpha^2-1}\varsigma_0-\frac{1}{\alpha^2-1}\sqrt{\varsigma_0^2+2(\alpha^2-1)(\eta_{\text{bias}}+\eta_0)}=0 \tag{7.5-14}$$

由于鞘层1和鞘层2随时间变化是反相位的，因此只有当$\tau=\pi$时，鞘层2才有可能塌缩，因此有

$$-\frac{1}{\alpha^2-1}\varsigma_0+\frac{\alpha}{\alpha^2-1}\sqrt{\varsigma_0^2+2(\alpha^2-1)(\eta_{\text{bias}}-\eta_0)}=0 \tag{7.5-15}$$

将式(7.5-14)与式(7.5-15)联立，可以得到无量纲的直流自偏压η_{bias}和常数ς_0

$$\eta_{\text{bias}}=\frac{\alpha^2-1}{\alpha^2+1}\eta_0，\quad \varsigma_0=2\alpha\sqrt{\frac{\eta_0}{\alpha^2+1}} \tag{7.5-16}$$

假设电极1的面积小于电极2的面积，即$A_1<A_2$，$\alpha<1$，则直流自偏压为负值。尤其是当$A_1\ll A_2$时，有

$$\eta_{\text{bias}}\approx-\eta_0 \tag{7.5-17}$$

上述估算射频偏压的物理模型过于简单。实际上，对于容性耦合放电，射频鞘层与等离子体区是紧密耦合的，鞘层的厚度及电压降等参数可以通过随机加热影响等离子体的参数(如等离子体密度和电子温度)；反过来，等离子体的状态参数又要影响鞘层的特性。在一般情况下，需要采用 PIC/MCC 模型或流体力学模型自洽地模拟容性耦合放电过程。

在感性耦合放电中，通常在基片台下方施加一个射频偏压电源，用来调控入射

到基片上的离子能量，等离子体的状态参数主要由连接线圈的射频功率(感性功率)来确定，其中放电的侧壁接地，见第 12 章的介绍。可以看到，对于这种放电系统，偏压电极的面积远小于接地的腔室侧壁面积。因此，在偏压电极上方形成的射频鞘层较厚，而靠近侧壁的鞘层较薄，甚至可以忽略。下面我们估算一下这种情况下的直流自偏压[4]。

在通常情况下，施加的射频偏压电源的频率较低，如 2MHz。另一方面，感性耦合等离子体的密度较高，一般要比容性耦合等离子体密度高1～2个量级。因此，在这种情况下，离子的振荡频率 ω_{pi} 有可能与射频偏压电源的角频率 ω 相当，即 $\omega \sim \omega_{pi}$，这样必须考虑离子传导电流对射频鞘层的影响。为方便讨论，假设在鞘层中离子的传导电流密度 J_i 为常数，即

$$J_i = en_0 u_B \tag{7.5-18}$$

其中，u_B 为玻姆速度。此外，在鞘层塌缩过程中，电子传导电流也需要考虑。在鞘层中，电子的传导电流密度 J_e 与鞘层电势降有关，由玻尔兹曼关系给出

$$J_e = -J_{e0} \exp\left(\frac{eV}{T_e}\right) \tag{7.5-19}$$

其中，$J_{e0} = \dfrac{1}{4} en_0 \overline{v}_e$。因此，考虑了电子和离子的传导电流后，电流平衡条件为

$$J_i - J_{e0} \exp\left(\frac{eV}{T_e}\right) + J_d = J_0 \cos \omega t \tag{7.5-20}$$

其中，J_0 为偏压电源的电流密度。由于阻隔电容的存在，回路中的直流分量被阻隔，所以要求在一个射频周期内流到每个电极上的平均净电流为零，即

$$\frac{1}{2\pi}\int_0^{2\pi} \exp(eV/T_e)\mathrm{d}(\omega t) = J_i / J_{e0} = \sqrt{\frac{2\pi m_e}{m_i}} \tag{7.5-21}$$

其中，在一个射频周期内位移电流的平均值为零。

假设电极表面上的电势为

$$V = V_{bias} + V_0 \sin \omega t \tag{7.5-22}$$

其中，V_0 为偏压电源的电压幅值；V_{bias} 为待求的直流自偏压。将式(7.5-22)代入式(7.5-21)，并利用贝塞尔函数的积分公式

$$\frac{1}{2\pi}\int_0^{2\pi} \exp(\chi \sin\theta)\mathrm{d}\theta = \mathrm{I}_0(\chi) \tag{7.5-23}$$

经过一些运算后，可以得到直流自偏压为

$$V_{bias} = \frac{T_e}{e}\left[\frac{1}{2}\ln\left(\frac{2\pi m_e}{m_i}\right) - \ln I_0(\chi)\right] \tag{7.5-24}$$

其中，$I_0(\chi)$为虚宗量贝塞尔函数，$\chi = eV_0 / T_e$。式(7.5-24)右边的第一项为悬浮电势。在一般的情况下，有$V_0 \gg T_e / e$，即$\chi \gg 1$。利用虚宗量贝塞尔函数的渐近表示式

$$\mathrm{I}_0(\chi) \approx \frac{1}{\sqrt{2\pi\chi}} \mathrm{e}^{\chi} \quad (\chi \gg 1) \tag{7.5-25}$$

可以把式(7.5-24)改写为

$$V_{\text{bias}} = -V_0 + \frac{T_e}{2e}\left[\ln\left(\frac{2\pi m_e}{m_i}\right) + \ln\left(\frac{2\pi e V_0}{T_e}\right)\right] \tag{7.5-26}$$

根据式(7.5-26)，可以计算出eV_{bias} / T_e随eV_0 / T_e的变化，如图 7-6 所示。可以看到，当不考虑施加的射频偏压时，V_{bias}的值接近悬浮电势$V_f = \dfrac{T_e}{2e}\ln\left(\dfrac{2\pi m_e}{m_i}\right)$，而当$V_0 \gg T_e/e$时，$V_{\text{bias}}$的值接近射频偏压的幅值$V_0$。

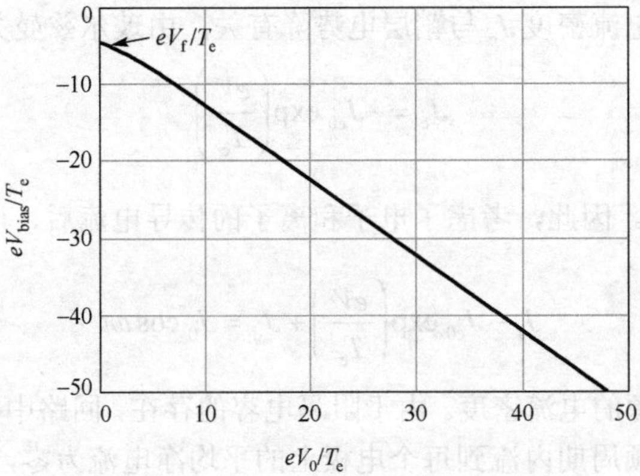

图 7-6　直流自偏压随射频电压幅值的变化

7.6　瞬时离子鞘层

在前面几节的讨论中，我们一直认为离子的振动频率ω_{pi}远小于射频电源的角频率ω，并由此假定离子在鞘层中的运动不响应瞬时鞘层电场，只受到时间平均的鞘层电场作用。对于施加射频偏压的感性耦合等离子体，当偏压电源的频率不是太高时，离子的振荡频率有可能与偏压电源的角频率相当，这时必须考虑离子运动对瞬时鞘层电场的响应。下面分无碰撞鞘层和碰撞鞘层两种情况进行讨论。

1. *无碰撞鞘层*

对于放电气压较低的情况，可以忽略离子在鞘层中与中性粒子的碰撞效应。此

外，由于鞘层电场较强，可以忽略鞘层中离子的热压强力。在如下讨论中，仍采用空间一维的鞘层模型，其中偏压电极位于 $z=0$ 处，等离子体位于 $z>s_m$ 的区域，s_m 为鞘层的最大厚度。在瞬时鞘层电场 $E(z,t)=-\dfrac{\partial V}{\partial z}$ 的作用下，离子在鞘层中的密度 n_i 和流速 u_i 分别由如下连续性方程和动量平衡方程确定：

$$\frac{\partial n_i}{\partial t}+\frac{\partial}{\partial z}(n_i u_i)=0 \tag{7.6-1}$$

$$\frac{\partial u_i}{\partial t}+u_i\frac{\partial u_i}{\partial z}=-\frac{e}{m_i}\frac{\partial V}{\partial z} \tag{7.6-2}$$

其中，瞬时鞘层电势 V 由泊松方程确定

$$\frac{\partial^2 V}{\partial z^2}=\frac{e}{\varepsilon_0}(n_e-n_i) \tag{7.6-3}$$

电子密度 n_e 由玻尔兹曼关系确定

$$n=n_0\exp\left(\frac{eV}{T_e}\right) \tag{7.6-4}$$

这里，n_0 和 T_e 分别为体区的等离子体密度和电子温度。

仅靠上述方程还不能完全确定出鞘层随时间的演化行为，还必须知道边界条件。在瞬时鞘层的边界处，即 $z=s(t)$ 处，假定等离子体满足准电中性条件，有

$$n_e\Big|_{z=s(t)}=n_i\Big|_{z=s(t)} \tag{7.6-5}$$

且电势为零

$$V\Big|_{z=s(t)}=0 \tag{7.6-6}$$

此外，假设离子在瞬时鞘层边界处的速度为玻姆速度，即

$$u_i\Big|_{z=s(t)}=u_B \tag{7.6-7}$$

在鞘层的另一侧，即电极的表面上，假定电势是 V_s，即

$$V\Big|_{z=0}=V_s(t) \tag{7.6-8}$$

在实际的射频感性耦合放电实验中，通常采用电流源驱动偏压电极。对于这种驱动方式，电极表面上的电势 V_s 由电流平衡条件确定

$$I_i-I_e+I_d=I_0\sin\omega t \tag{7.6-9}$$

其中，I_0 为驱动电流的幅值；I_i、I_e 及 I_d 分别为离子电流、电子电流及位移电流。在现在的情况下，离子电流 I_i 是瞬时变化的，其表示式为

$$I_i(t)=en_i(0,t)u_i(0,t)A \tag{7.6-10}$$

其中，$n_{\mathrm{i}}(0,t)$和$u_{\mathrm{i}}(0,t)$分别为电极表面上的离子密度和流速；A是电极的面积。电子电流I_{e}由玻尔兹曼分布给出

$$I_{\mathrm{e}}(t)=\frac{1}{4}en_0\overline{v}_{\mathrm{e}}A\exp\left[\frac{eV_{\mathrm{s}}(t)}{T_{\mathrm{e}}}\right] \tag{7.6-11}$$

位移电流I_{d}的表示式为

$$I_{\mathrm{d}}(t)=\frac{\mathrm{d}Q_{\mathrm{s}}}{\mathrm{d}t}=\frac{\mathrm{d}(C_{\mathrm{s}}V_{\mathrm{s}})}{\mathrm{d}t} \tag{7.6-12}$$

其中，Q_{s}为流到电极表面上的电荷量；$C_{\mathrm{s}}=\varepsilon_0 A/s(t)$是瞬时鞘层的电容。一旦确定了表面电势，就可以由下式计算偏压电源的功率：

$$P_{\mathrm{bias}}=\frac{1}{T}\int_0^T V_{\mathrm{s}}(t)I_0\sin\omega t\mathrm{d}t \tag{7.6-13}$$

方程(7.6-1)～(7.6-4)构成了一套封闭的自洽方程组。利用该方程组及边界条件(7.6-5)～(7.6-8)和电流平衡条件(7.6-9)，借助于适当的数值计算方法就可以完全确定射频等离子体鞘层的时空演化特性。在上述鞘层模型中，输入参数分别为等离子体密度n_0、电子温度T_{e}、偏压电流的频率$f=\omega/(2\pi)$及幅值I_0等。输出量分别为鞘层电势V、鞘层电场E、离子密度n_{i}的时空分布以及鞘层厚度$s(t)$、表面电势V_{s}和离子电流密度$J_{\mathrm{i}}(t)$等。

可以采用数值方法求解上述射频鞘层动力学的方程组[5]。具体求解方法如下：首先选择适当的初始条件，并采用四阶龙格-库塔(Runge-Kutta)法求解电流平衡方程(7.6-9)，可以获得电极上的瞬时电势与鞘层厚度之间的变化关系；其次采用追赶法求解泊松方程(7.6-3)；采用空间上的二阶有限差分和时间上的显式差分格式求解离子的流体动力学方程(7.6-1)和方程(7.6-2)。通过反复迭代，直至得到的解收敛为止。在如下讨论中，以氩等离子体为例，其中等离子体密度为$n_0=3\times10^{11}\,\mathrm{cm}^{-3}$，电子温度为$T_{\mathrm{e}}=3\mathrm{eV}$，电极面积为$A=325\mathrm{cm}^2$。

引入偏压电源的角频率与离子的振荡频率的比率$\beta=\omega/\omega_{\mathrm{pi}}$。图7-7显示了在不同的比率$\beta$下入射到电极上的离子通量$\varGamma_{\mathrm{i}}(t)=en_{\mathrm{i}}(0,t)u_{\mathrm{i}}(0,t)$随时间的变化，其中$\varGamma_0=en_0u_{\mathrm{B}}$，偏压电源的功率为$p_{\mathrm{bias}}=50\ \mathrm{W}$。可以看出，对于较大的比率$\beta=5$，离子通量随时间变化的振幅很小，也就是说，当偏压电源的角频率大于离子的振荡频率时，鞘层电场对离子运动的调制效应较弱。随着β值的减小，离子通量随时间变化的振幅变大，这表明离子的运动明显受到低频鞘层电场的调制。

图7-8(a)和(b)分别显示了对于不同的偏压功率，电极上的瞬时电势V_{s}和瞬时鞘层厚度$s(t)$随时间的变化关系，其中$\beta=0.2$。从图7-8可以看出，尽管表面电势和瞬时鞘层厚度随时间做周期变化，但它们不是一个简单的正弦波形，而且当电势的绝对值达到峰值时，鞘层厚度也达到最大值，两者的最大值都随偏压功率的增加而变大。此外，还可以看到在表面电势中明显存在一个直流自偏压。

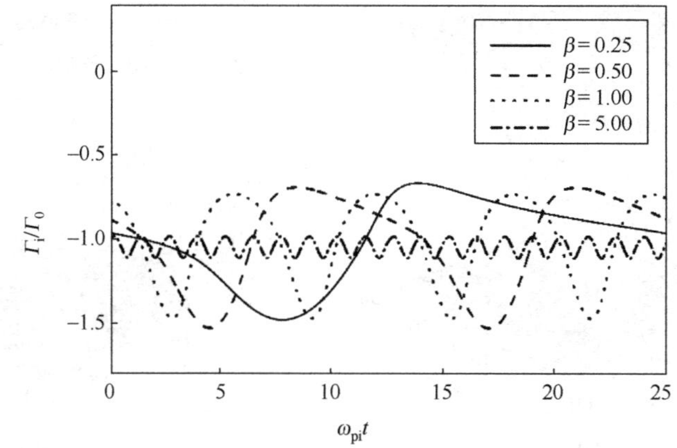

图 7-7　不同的比率下入射到电极上的离子通量

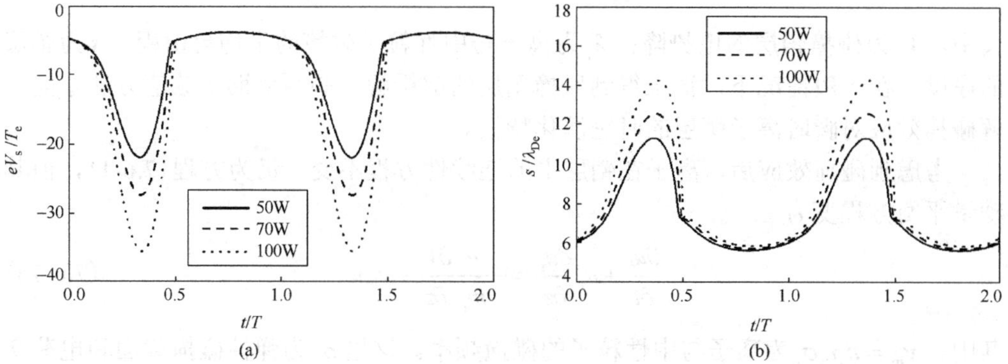

图 7-8　在不同的偏压功率下，(a) 电极上的瞬时电势及 (b) 瞬时鞘层厚度随时间的变化

图 7-9 (a) 和 (b) 分别给出了射频鞘层中离子密度 $n_i(z,t)$ 和鞘层电势 $V(z,t)$ 的时空分布，其中偏压功率为 $p_{bias}=50W$，频率比率为 $\beta=0.25$。可以看出，与鞘层电势相比，离子密度随时间的变化较为平缓，这是因为离子惯性较大。从鞘层边界处到电极表面，离子密度基本上呈抛物线的形式下降，但鞘层电势在靠近电极表面处快速下降。

2. 碰撞鞘层

当放电气压较高时，离子碰撞自由程可以与鞘层厚度相当，离子在穿越鞘层时要与中性粒子发生弹性碰撞和电荷交换碰撞，并损失能量。气压越高，离子能量损失越大。在高气压极限下，鞘层电场对离子的作用力可以与碰撞产生的阻尼力达到平衡，由此 Lieberman 推导出稳态离子碰撞鞘层的 Child 定律[1]

$$J_i=\frac{2}{3}\left(\frac{5}{3}\right)^{3/2}\varepsilon_0\left(\frac{2e\lambda_i}{\pi m_i}\right)^{1/2}\frac{V_0^{3/2}}{s^{5/2}} \tag{7.6-14}$$

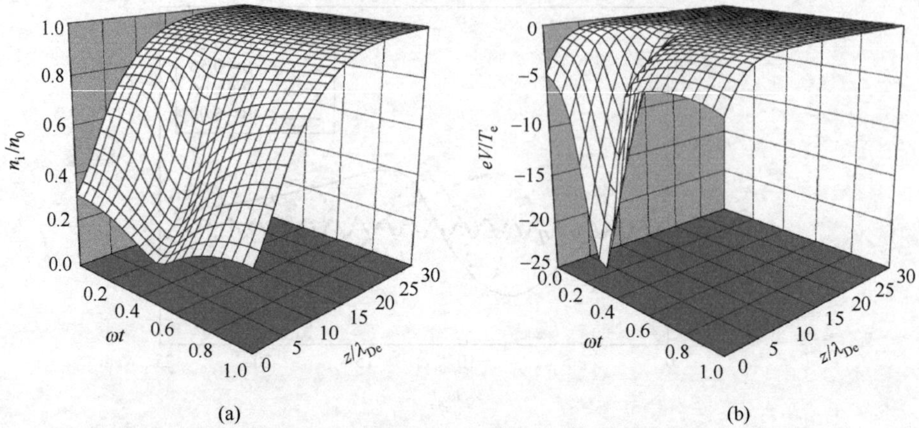

图 7-9　射频鞘层中(a)离子密度和(b)鞘层电势的时空分布

其中，V_0为碰撞鞘层的电势降；λ_i为离子与中性粒子碰撞的平均自由程；s为鞘层的厚度。在一般情况下，很难得到碰撞鞘层的解析解，必须借助于数值方法才能了解碰撞效应对瞬时离子鞘层的时空演化特性。

考虑到碰撞效应后，离子在鞘层中的连续性方程不变，仍为方程(7.6-1)，但其动量平衡方程变为

$$\frac{\partial u_i}{\partial t}+u_i\frac{\partial u_i}{\partial z}=-\frac{e}{m_i}\frac{\partial V}{\partial z}-\nu_{in}u_i \tag{7.6-15}$$

其中，$\nu_{in}=n_g u_i \sigma_t$为离子与中性粒子的碰撞频率。这里$\sigma_t$为弹性碰撞截面和电荷交换截面之和，$n_g$为中性气体密度。由于离子在鞘层中的运动速度远大于其热速度，所以碰撞频率ν_{in}不是正比于其热速度，而是正比于流速u_i。

原则上讲，考虑了碰撞效应后，离子进入鞘层的速度不再是玻姆速度u_B，但在实际的数值计算中，所模拟的空间尺度l足够大，可以跨越预鞘层。因此，在数值模拟中，仍假设离子进入模拟区的速度为零，即

$$u_i\big|_{z=l}=0 \tag{7.6-16}$$

而且在边界处电势为零，以及等离子体满足准电正性条件，即

$$V\big|_{z=l}=0,\quad n_i\big|_{z=l}=n_0 \tag{7.6-17}$$

而在鞘层和预鞘层的边界处$z=s(t)$，电子密度与离子密度相等，即

$$n_i\big|_{z=s}=n_e\big|_{z=s}=n_0 \tag{7.6-18}$$

该式被用于确定鞘层的瞬时厚度$s(t)$。此外，与无碰撞情况一样，仍采用电流平衡条件确定电极上的电势V_s，见式(7.6-9)。

下面仍以氩等离子体为例进行讨论[6]。图 7-10(a)和(b)分别显示了在不同的等

离子体密度 n_0 情况下，电极表面的电势幅值 V_0 及在一个射频周期内鞘层的平均厚度 $\bar{s}$ 随气压的变化行为，其中射频偏压功率为 $p_{\text{bias}} = 20\text{W}$，频率为 $f = 13.56\text{MHz}$，电子温度为 $T_e = 3\text{eV}$。可以看出，气压对电压幅值 V_0 影响较小，平均鞘层厚度则是随着气压的增加而下降。

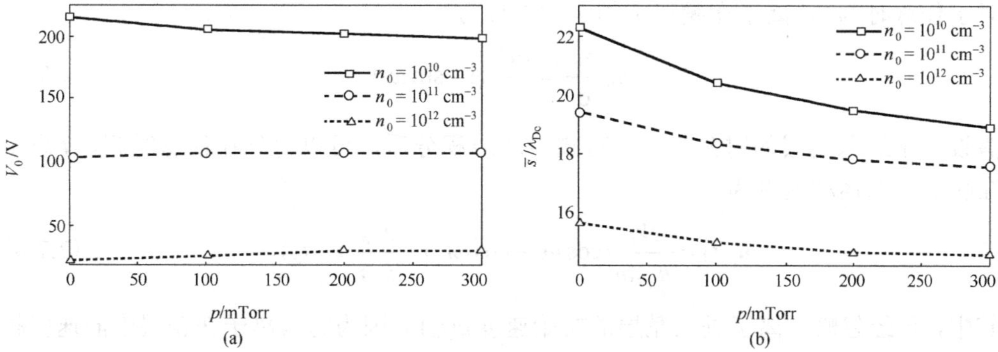

图 7-10　在不同的等离子体密度情况下，(a) 电极表面上电势的幅值和 (b) 平均鞘层厚度随气压的变化

7.7　离子能量分布

在半导体芯片刻蚀工艺中，入射基片表面的离子能量分布是重要的物理量，它们直接影响到材料的刻蚀率和选择性。当一定能量的离子入射到材料表面上时，将与表面层的原子发生碰撞，并把能量转移给原子。原子得到能量后可以与其他原子进行碰撞，形成一系列的级联碰撞运动，造成材料表面的损伤；或者可以克服表面势垒的约束，被溅射出去，这就是所谓的物理刻蚀。当然，在实际的刻蚀工艺中，还同时伴有一些复杂的表面化学反应过程，入射离子起着辅助化学刻蚀的作用。无论是纯物理刻蚀，还是离子辅助化学刻蚀，材料的刻蚀率依赖于入射离子的能量分布。在过去几十年中，人们对入射到基片上的离子能量分布进行大量的理论研究，包括解析方法[7]和数值模拟方法[5,6]。同时，在实验上人们可以利用离子能量-质量分析仪或离子减速场能量分析仪对入射到基片上的离子能量分布进行测量[8]。

对于射频鞘层，由于鞘层电场随时间变化，因此离子在射频鞘层中的运动要受到射频周期的调制。在一个射频周期内，不同时刻入射到基片表面上的离子能量是不同的。下面先采用一个简单的射频鞘层模型对离子的能量分布进行定性的分析。考虑一个射频偏压鞘层，其中负的直流自偏压 $-V_{\text{dc}}$ 的幅值近似地等于射频偏压的幅值，见 7.5 节。这样，可以把基片表面上的电势表示为

$$V(t) = -V_0 + V_0 \sin \omega t \tag{7.7-1}$$

为了简化理论分析，假设鞘层电场是空间均匀的，而且鞘层厚度s是固定不变的。根据式(7.7-1)，可以把鞘层电场表示为

$$E(t) = -\frac{V}{s} = \frac{V_0}{s}(1 - \sin\omega t) \tag{7.7-2}$$

对于任意时刻t，离子在鞘层中的运动方程为

$$m_{\rm i}\frac{{\rm d}u_{\rm i}}{{\rm d}t} = \frac{eV_0}{s}(1 - \sin\omega t) \tag{7.7-3}$$

假设离子进入鞘层的时刻为t_0，对式(7.7-3)积分后，可以得到在任意时刻，t离子在鞘层中的运动速度为

$$u_{\rm i}(t) = \frac{eV_0}{m_{\rm i}s\omega}(\cos\omega t - \cos\omega t_0) + \frac{eV_0}{m_{\rm i}s}(t - t_0) \tag{7.7-4}$$

其中，已经忽略了离子进入鞘层的初始速度$u(t_0)$，因为它与离子在鞘层中的速度相比是一个小量。

假设离子入射到基片表面上的时刻为$t_{\rm f}$，则鞘层的厚度为

$$s = \int_{t_0}^{t_{\rm f}} u_{\rm i}(t){\rm d}t \tag{7.7-5}$$

将式(7.7-4)代入式(7.7-5)，完成积分后，有

$$s = \frac{eV_0}{m_{\rm i}s\omega}\left[-(t_{\rm f} - t_0)\cos\omega t_0 + \frac{1}{\omega}(\sin\omega t_{\rm f} - \sin\omega t_0) + \frac{1}{2}\omega(t_{\rm f} - t_0)^2\right] \tag{7.7-6}$$

在如下讨论中，我们假设离子穿越鞘层的时间$(t_{\rm f} - t_0)$远大于射频的周期$2\pi/\omega$，即$\omega(t_{\rm f} - t_0) \gg 1$。因此，由式(7.7-6)可以得到

$$s^2 \approx \frac{eV_0}{m_{\rm i}\omega}\left[\frac{1}{2}\omega(t_{\rm f} - t_0)^2 - (t_{\rm f} - t_0)\cos\omega t_0\right] \tag{7.7-7}$$

根据式(7.7-4)，可以得到入射到基片上的能量为

$$\begin{aligned} E_{\rm i} &= \frac{1}{2}m_{\rm i}u_{\rm i}^2(t_{\rm f}) \\ &= \frac{1}{2m_{\rm i}}\left(\frac{eV_0}{s\omega}\right)^2[(\cos\omega t_{\rm f} - \cos\omega t_0) + \omega(t_{\rm f} - t_0)]^2 \end{aligned} \tag{7.7-8}$$

考虑到条件$\omega(t_{\rm f} - t_0) \gg 1$，可以把式(7.7-8)近似地写成

$$\begin{aligned} E_{\rm i} \approx &\frac{1}{m_{\rm i}}\left(\frac{eV_0}{s\omega}\right)^2\left[\frac{1}{2}\omega^2(t_{\rm f} - t_0)^2 - \omega(t_{\rm f} - t_0)\cos\omega t_0\right] \\ &+ \frac{1}{m_{\rm i}}\left(\frac{eV_0}{s\omega}\right)^2\omega(t_{\rm f} - t_0)\cos\omega t_{\rm f} \end{aligned} \tag{7.7-9}$$

利用式(7.7-7)，可以进一步把 E_{i} 表示为

$$E_{\mathrm{i}}=eV_0+\frac{1}{m_{\mathrm{i}}}\left(\frac{eV_0}{s\omega}\right)^2\omega(t_{\mathrm{f}}-t_0)\cos\omega t_{\mathrm{f}} \tag{7.7-10}$$

实际上，式(7.7-7)右边括号内的第二项也是一个小量。如果把这一项也忽略掉，有

$$t_{\mathrm{f}}-t_0=\sqrt{\frac{2m_{\mathrm{i}}s^2}{eV_0}} \tag{7.7-11}$$

再把式(7.7-11)代入式(7.7-10)，最后可以得到 E_{i} 的表示式为

$$E_{\mathrm{i}}=eV_0+\frac{1}{2}\Delta E_{\mathrm{i}}\cos(\omega t_0+\varphi_0) \tag{7.7-12}$$

其中

$$\varphi_0=\omega\sqrt{\frac{2m_{\mathrm{i}}s^2}{eV_0}},\qquad \Delta E_{\mathrm{i}}=\frac{2eV_0}{s\omega}\sqrt{\frac{2eV_0}{m_{\mathrm{i}}}} \tag{7.7-13}$$

由式(7.7-13)可以看到，入射到基片表面上的离子能量与离子进入鞘层时鞘层电势降的相位 ωt_0 有关，而且 E_{i} 以 eV_0 为中心作余弦振荡，能量的扩展宽度为 ΔE_{i}。

在 t_0 时刻单位面积上进入鞘层的离子数 $\mathrm{d}N_{\mathrm{i}}(t_0)$，应等于单位能量间隔内 $\mathrm{d}E_{\mathrm{i}}$ 并具有能量分布为 $f(E_{\mathrm{i}})$ 的离子数，即 $\mathrm{d}N_{\mathrm{i}}(t_0)=f(E_{\mathrm{i}})\mathrm{d}E_{\mathrm{i}}$。由此，可以得到离子的能量分布为

$$f(E_{\mathrm{i}})=\frac{\mathrm{d}N_{\mathrm{i}}(t_0)}{\mathrm{d}E_{\mathrm{i}}}=\varGamma_{\mathrm{i}}\left|\frac{\mathrm{d}E_{\mathrm{i}}}{\mathrm{d}t_0}\right|^{-1} \tag{7.7-14}$$

其中，离子通量 $\varGamma_{\mathrm{i}}=\mathrm{d}N_{\mathrm{i}}/\mathrm{d}t_0$ 是个常数。将式(7.7-12)两边对 t_0 求导，并利用 $\sin\theta=\sqrt{1-\cos^2\theta}$，有

$$\begin{aligned}\frac{\mathrm{d}E_{\mathrm{i}}}{\mathrm{d}t_0}&=-\frac{1}{2}\Delta E_{\mathrm{i}}\omega\sin(\omega t_0+\varphi_0)\\&=-\frac{1}{2}\Delta E_{\mathrm{i}}\omega[1-\cos^2(\omega t_0+\varphi_0)]^{1/2}\end{aligned} \tag{7.7-15}$$

再利用

$$\cos(\omega t_0+\varphi_0)=\frac{2(E_{\mathrm{i}}-eV_0)}{\Delta E_{\mathrm{i}}} \tag{7.7-16}$$

最后得到离子的能量分布为

$$f(E_{\mathrm{i}})=\frac{2\varGamma_{\mathrm{i}}}{\Delta E_{\mathrm{i}}\omega}\left[1-\frac{4}{(\Delta E_{\mathrm{i}})^2}(E_{\mathrm{i}}-eV_0)^2\right]^{-1/2} \tag{7.7-17}$$

这里要求 $E_1 \leqslant E_i \leqslant E_2$，其中 $E_1 = eV_0 - \frac{1}{2}\Delta E_i$，$E_2 = eV_0 + \frac{1}{2}\Delta E_i$。可以看出，当 $E_i = E_1$ 或 $E_i = E_2$ 时，分布函数有两个尖锐的峰。也就是说，$f(E_i)$ 为一个对称的双峰分布函数，见图 7-11。根据式(7.7-13)，可以看到，当偏压电源的角频率 ω 增加时，两个能峰的宽度 ΔE_i 变窄，两个峰逐渐向中间靠拢。当角频率 ω 足够高时，能量分布就变成类似于直流情况下的单峰分布。

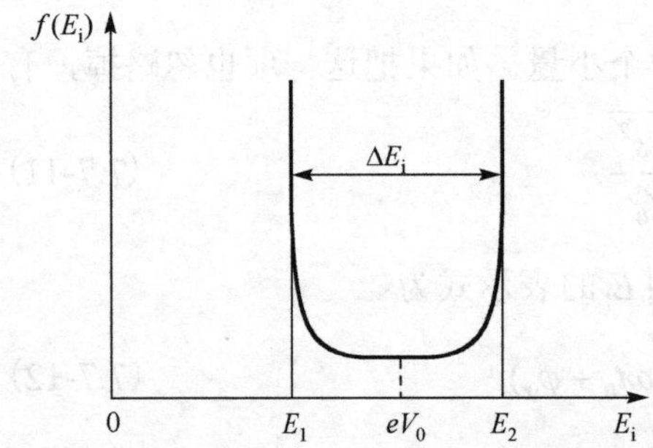

图 7-11　射频鞘层情况下的离子能量分布

由于上面采用的鞘层模型过于简单，只能定性地描述离子能量分布的特征。在实际情况下，鞘层电场并不是空间均匀的，而且鞘层厚度也是随时间瞬时变化的。因此，离子的能量分布中的双峰并不是对称的，但仍具有双峰分布的特征，这是因为双峰对应鞘层电势降的最大值和最小值，在这两个峰值能量附近轰击到电极表面的离子数达到极大值。

在一般情况下，需要采用数值方法来确定离子的能量分布。如果不考虑碰撞效应，通过数值求解鞘层模型的方程，见 7.6 节，可以分别计算出单位面积上进入鞘层的离子数，以及单位能量间隔内入射到基片上的离子数，从而确定出离子的能量分布函数 $f(E_i)$。图 7-12 显示了对于不同的频率比值 $\beta = \omega / \omega_{pi}$ 氩离子的能量分布[5]，其中所用到的参数与图 7-7 相同。可以看到离子能量分布中的双峰不是对称的，其中低能峰高，高能峰低，而且随着频率比值的增加，双峰向中间移动。Kawamura 等采用 PIC/MCC 方法也模拟出了类似的离子能量分布[7]。

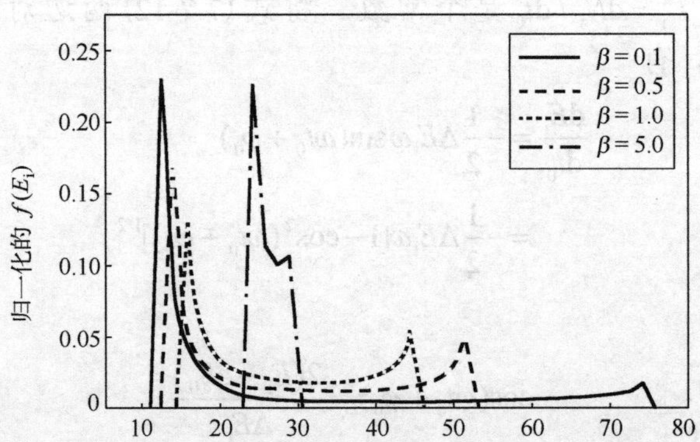

图 7-12　不同的频率比值下，离子能量分布的数值模拟结果[5]

图 7-13 显示了在不同的偏压功率下氩离子的能量分布，其中 $\beta = 0.25$[5]。可以

看出，随着偏压功率的增加，高能峰朝高能区移动，而低能峰几乎不动。这种变化规律与 Edelberg 和 Aydil 的实验测量结果基本一致[8]。

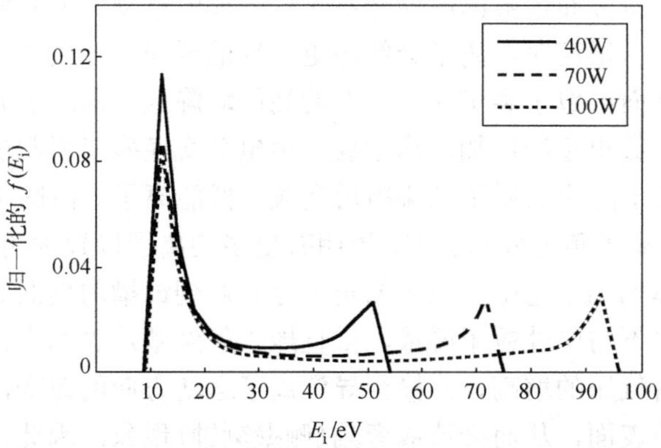

图 7-13　不同的偏压功率下，离子能量分布的数值模拟结果[5]

当放电气压较高时，离子在穿越鞘层时要与中性粒子发生频繁的弹性碰撞和电荷交换碰撞。碰撞效应不仅影响离子的能量分布，还要影响它的角分布。尤其是电荷交换碰撞，对离子的能量分布影响较大。利用 7.6 节介绍的碰撞鞘层模型，并与离子蒙特卡罗方法进行耦合，就可以计算碰撞鞘层的离子能量分布和角度分布[6]。仍以氩气放电为例，图 7-14(a)和(b)分别显示了气压对离子能量分布和角度分布的影

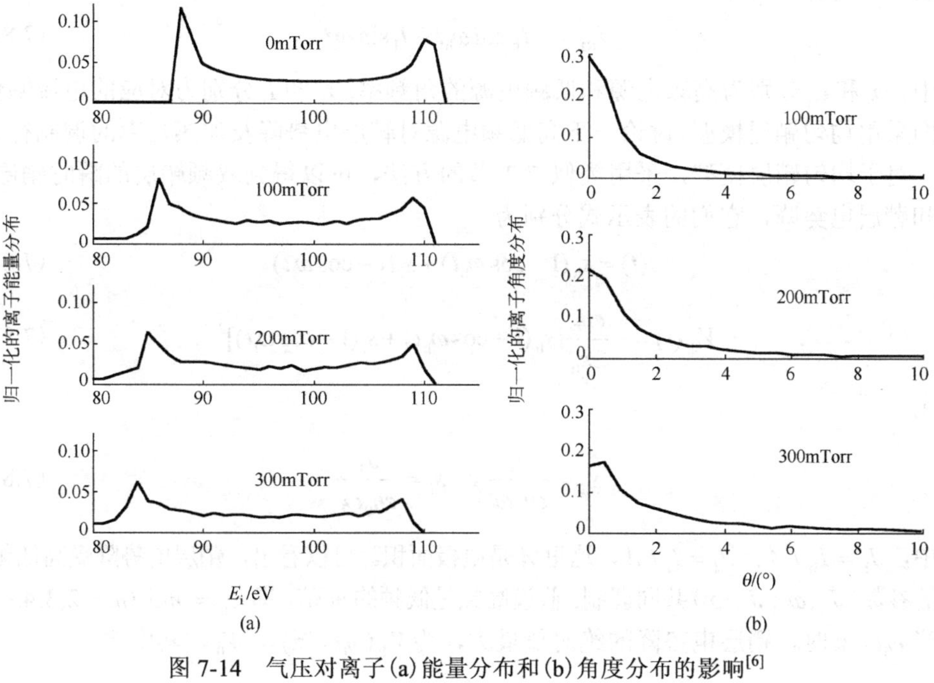

图 7-14　气压对离子(a)能量分布和(b)角度分布的影响[6]

响，其中等离子体密度为 $n_0 = 10^{10}\text{cm}^{-3}$，电子温度为 $T_e = 3\text{eV}$，射频电源的频率为 $f = 13.56\text{MHz}$，功率为 50W，电极面积为 325cm^2。从图 7-14(a)可以看出，随着放电气压的升高，能量分布函数的高能峰不仅朝低能区移动，而且峰的高度也逐渐降低。这是因为当气压增高时，离子会经历更多次的碰撞后才到达电极，使具有高能量的离子减少，从而导致了离子能量分布的高能峰降低。同时也看到，随着气压升高，低能离子的个数也逐渐增加，这主要是由电荷交换碰撞引起的。因为在电荷交换碰撞中，原来处于静止的原子在碰撞后变成了低能离子。由图 7-14(b)可以看出，随着气压的升高，离子角度分布变宽，说明有更多的离子以较大角度入射到电极上。在实际的等离子体刻蚀工艺中，离子的角度分布对刻蚀槽的剖面影响很大。当气压较低时，离子几乎不与中性粒子碰撞，垂直地入射到基片表面上，从而产生各向异性刻蚀剖面。随着气压的增高，碰撞会导致离子运动方向的改变，使更多的离子以大角度轰击基片的表面，从而会造成旁刻(侧壁刻蚀)现象。因此，对于等离子体刻蚀工艺，通常要求放电气压较低，一般在几个毫托到几十毫托。

7.8 双频容性耦合鞘层

在一些介质材料刻蚀工艺中，通常采用双频电源来驱动容性耦合放电，其中高频电源用于控制等离子体的密度，而低频电源用于控制入射到基片上的离子能量。假设双频电源的电流为

$$I_{\text{RF}} = -I_{\text{h}} \sin \omega_{\text{h}} t - I_{\text{l}} \sin \omega_{\text{l}} t \tag{7.8-1}$$

其中，ω_{h} 和 ω_{l} 分别为高频电源和低频电源的角频率；I_{h} 和 I_{l} 分别为对应的电流幅值。下面采用均匀鞘层模型，讨论一下高低频电源对鞘层电势降及加热功率的调制行为。

对于均匀鞘层模型，采用类似 7.2 节的方法，可以得到双频鞘层的瞬时鞘层边界和鞘层电势降，它们的表示式分别为

$$s(t) = s_{\text{h}}(1-\cos\omega_{\text{h}} t) + s_{\text{l}}(1-\cos\omega_{\text{l}} t) \tag{7.8-2}$$

$$V_{\text{sh}}(t) = -\frac{en_0}{2\varepsilon_0}[s_{\text{h}}(1-\cos\omega_{\text{h}} t) + s_{\text{l}}(1-\cos\omega_{\text{l}} t)]^2 \tag{7.8-3}$$

其中

$$s_{\text{h}} = \frac{J_{\text{h}}}{en_0\omega_{\text{h}}},\quad s_{\text{l}} = \frac{J_{\text{l}}}{en_0\omega_{\text{l}}} \tag{7.8-4}$$

式中，$J_{\text{h}} = I_{\text{h}}/A$，$J_{\text{l}} = I_{\text{l}}/A$，这里 A 是电极面积。可以看出，鞘层电势降受高低频电源的参数($J_{\text{h}},\omega_{\text{h}}; J_{\text{l}},\omega_{\text{l}}$)共同调制。假设高频是低频的 m 倍，即 $\omega_{\text{h}} = m\omega_{\text{l}}$ $(m = 2,3,4,\cdots)$，则当 $\omega_{\text{l}} t = \pi$ 时，鞘层电势降的绝对值最大，为 $V_{\text{sh}}(\omega_{\text{l}} t = \pi) = -V_0$，其中

$$V_0=\frac{2en_0}{\varepsilon_0}\overline{s}^2 \tag{7.8-5}$$

其中，$\overline{s}=s_{\mathrm{h}}+s_{\mathrm{l}}$ 为双频鞘层的平均厚度。将式(7.8-5)代入式(7.8-3)，可以把双频鞘层的瞬时电势降表示为

$$V_{\mathrm{sh}}(t)=-V_0[\alpha_{\mathrm{h}}(1-\cos\omega_{\mathrm{h}}t)+\alpha_{\mathrm{l}}(1-\cos\omega_{\mathrm{l}}t)]^2 \tag{7.8-6}$$

其中，α_{h} 和 α_{l} 为两个比例系数

$$\alpha_{\mathrm{h}}=s_{\mathrm{h}}/\overline{s},\quad \alpha_{\mathrm{l}}=s_{\mathrm{l}}/\overline{s} \tag{7.8-7}$$

取 $\omega_{\mathrm{h}}=30\omega_{\mathrm{l}}$ 及 $I_{\mathrm{h}}=10I_{\mathrm{l}}$，图 7-15 显示了双频鞘层电势降在一个低频周期内的振荡行为。显然，双频鞘层随时间的振荡为一个包络线，其中低频电源的频率决定了包络线的形状，包络线内部的振荡个数由高低频电源的频率比决定。

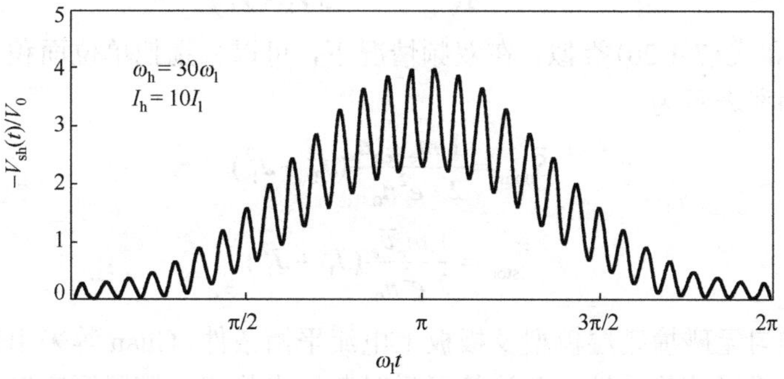

图 7-15　双频鞘层电势降随时间的振荡

可以将式(7.8-3)进一步改写为

$$\begin{aligned}V_{\mathrm{sh}}(t)=&-\frac{en_0}{4\varepsilon_0}s_{\mathrm{h}}^2(3-4\cos\omega_{\mathrm{h}}t+\cos 2\omega_{\mathrm{h}}t)\\&-\frac{en_0}{4\varepsilon_0}s_{\mathrm{l}}^2(3-4\cos\omega_{\mathrm{l}}t+\cos 2\omega_{\mathrm{l}}t)\\&-\frac{en_0}{2\varepsilon_0}s_{\mathrm{h}}s_{\mathrm{l}}(1-\cos\omega_{\mathrm{h}}t-\cos\omega_{\mathrm{l}}t+\cos\omega_{\mathrm{h}}t\cos\omega_{\mathrm{l}}t)\end{aligned} \tag{7.8-8}$$

可以看出，在双频鞘层电势降中出现了高低频的二次谐波 $\cos 2\omega_{\mathrm{h}}t$ 和 $\cos 2\omega_{\mathrm{l}}t$。

对于两个对称的平行电极，由于两个鞘层随时间的变化是反相位的，所以可以把电极之间的电势降表示为

$$V(t)=V_{\mathrm{h}}\cos\omega_{\mathrm{h}}t+V_{\mathrm{l}}\cos\omega_{\mathrm{l}}t \tag{7.8-9}$$

其中

$$V_{\mathrm{h}}=\frac{2en_0}{\varepsilon_0}\overline{s}s_{\mathrm{h}},\quad V_{\mathrm{l}}=\frac{2en_0}{\varepsilon_0}\overline{s}s_{\mathrm{l}} \tag{7.8-10}$$

分别为高、低频电压的幅值。与单频情况类似，在双频情况下，两个电极之间的电势降为高、低频两个一次谐波之和，高阶谐波消失。

将式(7.8-10)与式(7.8-4)联立，可以得到高、低频电源的电压、电流及频率之间的关系式

$$f_1 \frac{V_1}{J_1} = f_{\mathrm{h}} \frac{V_{\mathrm{h}}}{J_{\mathrm{h}}} \tag{7.8-11}$$

将式(7.8-8)对低频周期进行时间平均，可以得到双频鞘层的平均电势降为

$$\overline{V}_{\mathrm{sh}} = -\frac{en_0}{\varepsilon_0}\left[\frac{3}{4}(s_{\mathrm{h}}^2 + s_1^2) + s_{\mathrm{h}} s_1\right] \tag{7.8-12}$$

利用式(7.8-10)，可以把 $\overline{V}_{\mathrm{sh}}$ 用 V_{h} 和 V_1 表示

$$\overline{V}_{\mathrm{sh}} = -\frac{3}{8}\left(V_{\mathrm{h}} + V_1 - \frac{2}{3}\frac{V_{\mathrm{h}} V_1}{V_{\mathrm{h}} + V_1}\right) \tag{7.8-13}$$

与式(7.4-15)和式(7.4-20)类似，在双频情况下，可以分别把单位面积上的欧姆加热和随机加热功率表示为

$$\overline{S}_{\mathrm{ohm}} = \frac{1}{2}\frac{m_{\mathrm{e}} \nu_{\mathrm{en}} d}{e^2 n_0}(J_{\mathrm{h}}^2 + J_1^2) \tag{7.8-14}$$

$$\overline{S}_{\mathrm{stoc}} = \frac{1}{2}\frac{m_{\mathrm{e}} \overline{v}_{\mathrm{e}}}{e^2 n_0}(J_{\mathrm{h}}^2 + J_1^2) \tag{7.8-15}$$

利用非均匀无碰撞鞘层模型及极板上电流平衡条件，Guan 等采用数值方法研究了双频鞘层的瞬时演化特性，并计算了瞬时鞘层电势降、鞘层厚度以及离子能量分布[9]。对于氩等离子体，图 7-16 显示了低频电源的频率对瞬时鞘层电势降的调制行

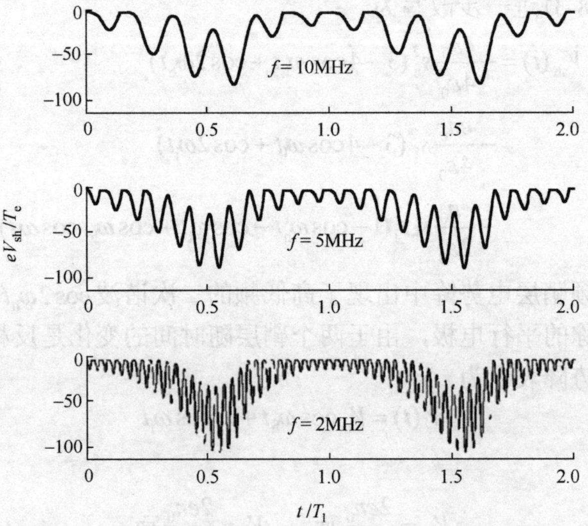

图 7-16　不同低频频率下双频鞘层的瞬时电势降[9]

为，其中高频电源的频率和功率分别为 60MHz 和 300W，低频电源的功率为 900W，等离子体密度为 $5\times10^{11}cm^{-3}$，电子温度为 3eV，以及两个电极之间的间隙为 30mm。可以看出，瞬时鞘层电压降的变化呈现出包络线的形式，与图 7-15 相似。随着低频电源频率的降低，鞘层电压降和鞘层厚度的峰值均增加。

可以看到，与单频情况下呈“双峰”的离子能量分布不同，在双频情况下离子的能量分布呈现“多峰”结构，如图 7-17 所示，这是因为在一个低频周期内双频鞘层电压降有多个振荡。除此之外，还可看到随着低频频率的降低，离子能量分布变宽。实验上已经观察到低频频率对离子能量分布的这种调制行为[10]。

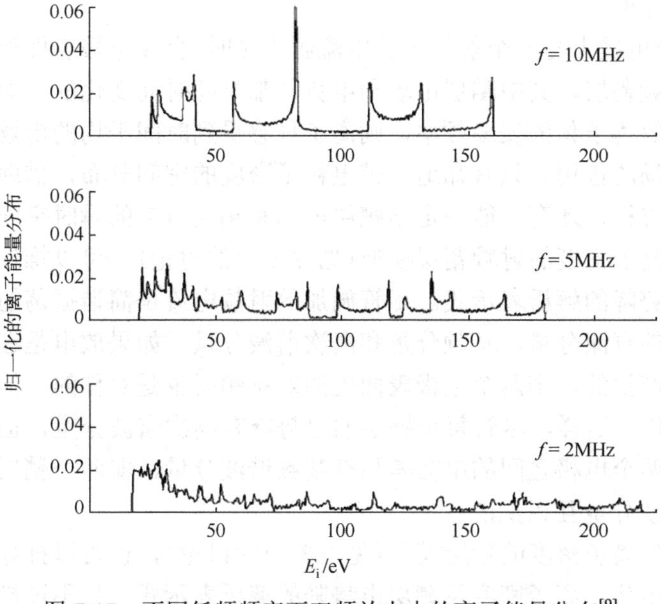

图 7-17　不同低频频率下双频放电中的离子能量分布[9]

7.9　本 章 小 结

在低气压气体放电过程中，电极或器壁与等离子体之间存在一个非电中性的区域，即鞘层。鞘层的特性主要取决于施加在电极上的电压或电流波形，如电压的幅值和频率。当然，鞘层的性质还依赖于放电气压、气体的种类等其他因素。本章详细介绍了电极表面附近的鞘层特性，并推导出一些物理量(如鞘层电场、鞘层电势及鞘层厚度等)的解析表示式。由于本章不考虑具体的放电过程，所以在讨论鞘层的特性时，需要对带电粒子密度的空间分布作一些简化，如电子密度的阶梯型分布。下面对本章的内容作小结与讨论。

(1) 当一个负的直流高电压施加在金属电极上时，会在电极表面形成一个离子鞘层。在施加电压的一瞬间，电子被排斥出鞘层区，形成一个均匀的离子阵鞘层，其中鞘层厚度正比于直流电压的1/2次幂。均匀离子鞘层存在的时间尺度为$\tau_{\rm pi}=1/\omega_{\rm pi}$，其中$\omega_{\rm pi}$为离子等离子体的振荡频率。当$t>\tau_{\rm pi}$时，由于离子受鞘层电场的加速，要朝着电极表面运动并损失，因此鞘层内部的离子密度分布不再是均匀的。为了维持离子流密度的连续性，等离子体区的离子要穿越鞘层边界不断地流进鞘层内部，即鞘层边界不断地向等离子体区扩展，最终形成一个稳定的 Child 鞘层，即离子流密度正比于直流电压的 3/2 次幂，反比于鞘层厚度。当选取离子进入鞘层边界的速度为玻姆速度时，由此给出的 Child 鞘层的厚度正比于直流电压的 3/4 次幂，远大于离子阵鞘层的厚度。

(2)当金属电极上与一个射频正弦电流源连接时，会在电极表面形成一个随时间瞬时变化的射频鞘层，其中鞘层电场和电势降都是随时间变化的。如果电源的角频率远大于离子等离子体的振荡频率，则离子只感受到时间平均的电场作用，而电子则受到瞬时电场的作用。只有知道了带电粒子密度的空间分布，借助于求解泊松方程和电流平衡方程，才有可能确定出鞘层电场和鞘层电势的瞬时空间分布。

对于均匀离子密度的射频鞘层模型(见 7.2 节的讨论)，可以推导出射频电场、电势和鞘层电势降的解析表示式。尽管施加的射频电流是简谐振荡的，但鞘层的电势降却包含负的直流分量、基频分量和高次谐波分量。如果放电是在两个对称的平行板电极之间产生的，则两个电极表面处的射频鞘层也是对称的，但它们的瞬时电势降相差π相位。这样，尽管每个鞘层的电势降有高次谐波分量，但由于两个电极是对称的，则两个电极之间的电势差只有基频谐波分量，即两个鞘层电势降的直流分量和高次谐波分量互相抵消。

对于非均匀离子密度的鞘层模型(见 7.3 节的讨论)，也可以推导出无碰撞射频鞘层的电场、电势、离子密度及鞘层电势降的解析表示式，只不过推导过程复杂一些。在这种情况下，射频鞘层电势降同样含负的直流分量、基频分量和高次谐波分量，而且离子流密度与直流电势降之间的关系也满足所谓的射频 Child 定律，而且其厚度要大于直流鞘层的厚度。同样，如果放电是由两个对称的平行板电极维持的，则两个鞘层也是对称的，它们的瞬时电势降相差π相位。这时，两个电极之间的电势降有高次谐波分量，但其幅值与基频的幅值相比很小，可以忽略。

如果放电是由两个不对称的平行板电极维持的(见 7.5 节的讨论)，则两个射频鞘层是不对称的，其中面积大的电极附近的鞘层薄，而面积小的电极附近的鞘层厚。而且，两个电极之间存在直流自偏压，其中直流自偏压的大小和正负与两个电极的面积之比有关，见式(7.5-16)。对于带有射频偏压的感性耦合放电，如果偏压电极的面积远小于腔室接地的面积，则可以在偏压电极上面形成一个射频偏压鞘层，其中负的直流自偏压的大小基本上与偏压电极的面积无关。如果施加的射频偏压幅值不是太低，则直流自偏压的大小近似地等于射频偏压的幅值。

在解析的射频鞘层模型中，需要假设在鞘层内部电子密度为零，而且离子运动只受到时间平均的鞘层电场作用，以及假设带电粒子与中性粒子是无碰撞的。比较真实的情况是，电子在鞘层内部的密度分布服从玻尔兹曼分布。当离子等离子体的振荡频率与射频电源的角频率相当时，离子要受到瞬时鞘层电场的作用。此外，当放电气压不是太低时，也需要考虑鞘层中离子与中性粒子的弹性碰撞和电荷交换碰撞效应。如果考虑了这些因素，则必须采用数值方法研究射频鞘层的特性，见 7.6 节的讨论。

(3) 射频鞘层与直流鞘层最大的不同是射频鞘层边界是随时间振荡的，而直流鞘层边界(厚度)是固定的。从体区中过来的电子可以与振荡的射频鞘层边界进行“碰撞”，并从鞘层中得到能量，即产生随机加热。理论上，随机加热不同于欧姆加热，它不直接通过电子与中性粒子的碰撞过程沉积能量，因此也称这种随机加热为无碰撞加热。需要强调的是，这里称随机加热为无碰撞加热，是指在电子与射频鞘层电场交换能量时不考虑电子与中性粒子的碰撞。当气压较低时，可以忽略碰撞效应对这种能量交换过程的影响。但是值得注意的是，这种随机加热依赖于电子速度的随机化，即电子速度分布函数接近于麦克斯韦分布，而电子与中性粒子碰撞在电子速度的随机化过程中扮演着重要角色。如果没有电子与中性粒子的碰撞过程，长时间尺度下，电子速度将与外界电源的射频场锁相，从而导致电子净吸收功率为零。也就是说，在低气压下，只有当气压达到一定的值时，碰撞效应使得电子速度随机化，随机加热功率的值才最大；当继续增加气压时，随机加热功率下降，而欧姆加热功率上升。

(4) 一旦确定出射频鞘层电场，就可以研究离子在鞘层中的加速运动以及离子入射到电极(基片)表面上的能量分布。离子能量分布是等离子体处理工艺中的一个重要物理量，尤其是对晶圆的刻蚀工艺，它直接决定了材料刻蚀的选择性。对于低气压射频鞘层，离子能量分布具有两个峰，即高能峰和低能峰，其中射频电压的幅值越高，高能峰越向高能区移动；射频电压的频率越低，两个能峰的距离越大。当气压较高时，离子与中性粒子的碰撞效应导致高能峰的位置向低能区移动。

最后需要强调一下，本章没有考虑具体的放电过程，而是在给定等离子体密度的情况下，孤立地研究鞘层的特性。在实际的低气压放电中，鞘层与等离子体区是作为一个整体，两者相互影响。由射频鞘层边界振荡产生的随机加热效应维持了放电，随机加热效率越大，等离子体密度越高；反过来，等离子体密度越高，鞘层厚度就会越薄。除了随机加热维持放电外，由电极表面发生的二次电子也可以维持放电，这是因为二次电子经过鞘层加速后变成高能电子，它们进入体区后也会增强气体的电离。采用一些数值模拟方法，如粒子模拟方法、流体力学模拟方法或混合模拟方法，可以把鞘层和等离子体区作为一个整体来自洽地模拟。

习　题　7

7.1　利用式(7.1-13)给出的高电压直流鞘层电场的表示式，并假设离子进入鞘层的初始速度为零，证明：离子穿越鞘层的时间为$\tau_{\mathrm{i}} = 3s/u_0$，其中$u_0 = \sqrt{2eV_0/m_{\mathrm{i}}}$为离子在鞘层中的特征速度。

7.2　考虑碰撞效应后，可以认为作用在离子上的电场力与中性气体的拖拽力达到平衡，即

$$eE = m_{\mathrm{i}}\nu_{\mathrm{in}}u_{\mathrm{i}}$$

其中，$\nu_{\mathrm{in}} = u_{\mathrm{i}}/\lambda_{\mathrm{i}}$为离子与中性粒子的碰撞频率，这里$\lambda_{\mathrm{i}}$为离子的碰撞自由程。利用离子流密度的连续性方程$n_{\mathrm{i}}u_{\mathrm{i}} = n_{\mathrm{s}}u_{\mathrm{s}}$及上式，并假设鞘层内的电子密度为零，确定出鞘层电场、电势的空间分布以及 Child 定律，其中n_{s}和u_{s}分别为鞘层边界处的离子密度和流速。

7.3　根据 7.2 节介绍的均匀离子密度鞘层模型，确定离子在鞘层中的瞬时运动轨迹。

7.4　根据式(7.3-4)和式(7.3-19)，确定在射频鞘层中离子密度的空间分布$n_{\mathrm{i}}(z)$及它在电极表面上的值$n_{\mathrm{i}}(0)$。

7.5　根据式(7.4-7)，不做任何近似，直接计算鞘层的随机加热功率密度S_{stoc}，并与式(7.4-14)进行比较，其中鞘层边界处的电子速度分布函数为麦克斯韦分布，见式(7.4-10)。

7.6　根据均匀离子密度的射频鞘层模型，证明：可以把由式(7.4-15)给出的随机加热功率密度表示为

$$\overline{S}_{\mathrm{stoc}} = \frac{1}{4}\frac{\varepsilon_0 m_{\mathrm{e}}\overline{v}_{\mathrm{e}}}{e}\omega^2 V_0$$

并与非均匀离子密度的鞘层模型给出的结果进行比较。

7.7　根据式(7.5-12)和式(7.5-13)，计算两个无量纲瞬时鞘层的平均厚度$\langle\varsigma_1(\tau)\rangle$和$\langle\varsigma_2(\tau)\rangle$随电极面积比率$\alpha$的变化，其中$\eta_0 = 100$。

参 考 文 献

[1]　Lieberman M A, Lichtenberg A J. Principles of Plasma Discharges and Materials Processing. Hoboken, New Jersey: John Wiley & Sons, Inc., 2005.

[2]　Lieberman M A. Analytical solution for capacitive RF sheath. IEEE Trans. Plasma Sci., 1988, 16(6): 638-644.

[3] Meijer P M, Goedheer W J. Calculation of the auto-bias voltage for RF frequencies well above the ion-plasma frequency. IEEE Trans. Plasma Sci., 1991, 19(2): 170-175.

[4] Chabert P, Braithwaite N S J. Physics of Radio-Frequency Plasmas. Cambridge: Cambridge University Press, 2011; [中译本]帕斯卡·夏伯特, 尼古拉斯·布雷斯韦特. 射频等离子体物理学. 王友年, 徐军, 宋远红, 译. 北京: 科学出版社, 2015.

[5] Dai Z L, Wang Y N, Ma T C. Spatiotemporal characteristics of the collisionless rf sheath and the ion energy distributions arriving at rf-biased electrodes. Phys. Rev. E, 2002, 65: 036403.

[6] Dai Z L, Wang Y N. Simulations of ion transport in a collisional radio-frequency plasma sheath. Phys. Rev. E, 2004, 69: 036403.

[7] Kawamura E, Vahedi V, Lieberman M A, et al. Ion energy distributions in rf sheaths; Review, analysis and simulation. Plasma Sources Sci. Technol., 1999, 8(3): R45.

[8] Edelberg E A, Aydil E S. Modeling of the sheath and the energy distribution of ions bombarding rf-biased substrates in high density plasma reactors and comparison to experimental measurements. J. Appl. Phys., 1999, 86(9): 4799-4812.

[9] Guan Z Q, Dai Z L, Wang Y N. Simulations of dual rf-biased sheaths and ion energy distributions arriving at a dual rf-biased electrode. Phys. Plasmas, 2005, 12(12): 123502.

[10] Li X S, Bi Z H, Chang D L, et al. Modulating effects of the low-frequency source on ion energy distributions in a dual frequency capacitively coupled plasma. Appl. Phys. Lett., 2008, 93: 031504.

第 8 章 低温等离子体的整体模型

与玻尔兹曼方程相比，等离子体流体力学方程组中的变量已经从 7 个减少到 4 个，即 3 个空间变量和 1 个时间变量。可以借助适当的数值方法，对流体力学方程组和麦克斯韦方程组进行数值求解，从而能够确定出放电腔室中的等离子体密度、电子温度及电磁场的空间分布。然而，如果放电气体的成分过于复杂，放电腔室的尺寸过大，这将使得数值求解流体力学方程组的时间过长。在一些情况下，人们只想知道外部放电参数(气压、功率、频率、气体组分等)是如何影响等离子体状态参数的，而不是关注等离子体状态参数的空间分布行为。

本章介绍一种能够对等离子体状态参数进行整体描述的物理模型，即整体模型(global model)。它是通过对等离子体流体力学方程进行空间平均得到的，而且是由粒子数平衡方程和能量平衡方程构成的。整体模型特别适用于描述化学组分复杂的工艺气体放电，能够快速地模拟出带电粒子及各种活性基团的状态参量随外部放电条件的变化行为。在 8.1 节中，将针对由电子和一种正离子构成的电正性等离子体，建立稳态的粒子数守恒方程和能量守恒方程。在 8.2 节中，假设稳态的电负性等离子体是由电子、一种正离子和一种负离子构成的，并分别建立正离子、负离子和激发态粒子的粒子数守恒方程。在 8.3 节中，针对由多种组分构成的工艺等离子体，介绍整体模型的一般形式。在 8.4 节中，针对电正性气体和电负性气体的脉冲放电，采用整体模型分析粒子密度和电子温度在脉冲开启和关闭阶段的变化情况。

8.1 电正性等离子体的整体模型

本节先介绍描述电正性气体放电的整体模型。为简单起见，假设等离子体是由电子和一种正离子构成的。先考虑一维几何模型[1]，如图 8-1 所示，其中两个平行板之间的距离为 L，它们分别位于 $z = L/2$ 和 $z = -L/2$。两个平板之间的放电区被分成等离子体区和鞘层区，其中每个鞘层的厚度为 s。在等离子体区，等离子体密度 n_e 与离子密度 n_i 满足准电中性条件

$$n_e = n_i = n \tag{8.1-1}$$

从放电中心处($z = 0$)开始，离子分别向两个平板方向流动。下面分别建立整体模型中粒子数守恒方程和能量守恒方程。

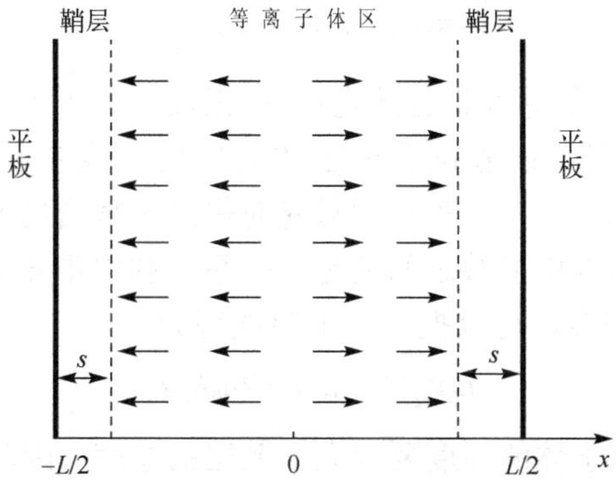

图 8-1　两个平行板间的等离子体示意图

1. 粒子数守恒方程

在稳态放电情况下，根据式(5.3-2)，离子的连续性方程变为

$$\frac{\mathrm{d}\Gamma}{\mathrm{d}z} = \nu_{\mathrm{iz}} n \tag{8.1-2}$$

其中，$\Gamma = nu$ 为离子的通量，这里，u 为离子的流速；$\nu_{\mathrm{iz}} = n_{\mathrm{g}} k_{\mathrm{iz}}$ 为电离频率，n_{g} 为中性气体密度，k_{iz} 为电离碰撞速率。将式(8.1-2)对空间变量 z 积分，并引入空间平均密度

$$\bar{n} = \frac{1}{L'} \int_{-L'/2}^{L'/2} n \mathrm{d}z \tag{8.1-3}$$

可以得到

$$\frac{1}{L'} \int_{-L'/2}^{L'/2} \frac{\mathrm{d}\Gamma}{\mathrm{d}z} \mathrm{d}z = \nu_{\mathrm{iz}} \bar{n} \tag{8.1-4}$$

其中，$L' = L - 2s$ 为等离子体的厚度。由于电离碰撞频率与等离子体密度无关，这里可以近似地认为它是一个常数。由于对称性，离子通量在等离子体中心 $z = 0$ 处为零，且有 $\Gamma(z) = -\Gamma(-z)$。这样，方程(8.1-4)左边的积分为

$$\frac{1}{L'} \int_{-L'/2}^{L'/2} \frac{\mathrm{d}\Gamma}{\mathrm{d}z} \mathrm{d}z = \frac{2}{L'} \int_{0}^{L'/2} \mathrm{d}\Gamma = \frac{2}{L'} \Gamma_{\mathrm{s}} \tag{8.1-5}$$

其中，Γ_{s} 为流向等离子体与鞘层交界处的离子通量。最后，可以把方程(8.1-4)表示为

$$\bar{n} \nu_{\mathrm{iz}} L' = 2\Gamma_{\mathrm{s}} \tag{8.1-6}$$

该方程左边是产生离子的源项，来自于等离子体区的气体电离；右边为离子的损失项，为流出两个鞘层边界的离子通量。方程(8.1-6)即为整体模型中的粒子数守恒方程，即在等离子体中产生的粒子数等于流向器壁上的粒子数。

由第 1 章的讨论可知，在鞘层边界处的离子通量为 $\Gamma_{\mathrm{s}} = n_{\mathrm{s}} u_{\mathrm{B}}$，其中 n_{s} 为鞘层边界处的等离子体密度，$u_{\mathrm{B}} = \sqrt{T_{\mathrm{e}} / m_{\mathrm{i}}}$ 为玻姆速度。这样，可以把式(8.1-6)改写为

$$\bar{n}\nu_{\mathrm{iz}}(L-2s)=2n_{\mathrm{s}}u_{\mathrm{B}} \tag{8.1-7}$$

对于无电极的气体放电(如感性耦合放电)，如果放电气压不是太高，即为低气压放电或中等气压放电，则可以假设等离子体的平均密度 $\bar{n}$ 近似地等于放电中心处($z=0$)的密度 n_0，即 $\bar{n}=n_0$。这种近似只能对等离子体密度的数值估算带来一定的误差，但不影响密度与放电参数之间的定标关系。利用第 6 章引入的轴向密度比率 $h_L=n_{\mathrm{s}}/n_0$，见式(6.3-47)，可以把式(8.1-7)改写为

$$n_0\nu_{\mathrm{iz}}(L-2s)=2n_0h_Lu_{\mathrm{B}} \tag{8.1-8}$$

在大多数情况下，等离子体的厚度要远大于鞘层的厚度，因此也可以把式(8.1-8)近似地改写成

$$k_{\mathrm{iz}}/u_{\mathrm{B}}=\frac{2h_L}{n_{\mathrm{g}}L} \tag{8.1-9}$$

其中，利用了 $\nu_{\mathrm{iz}}=n_{\mathrm{g}}k_{\mathrm{iz}}$。由于电离碰撞速率和玻姆速度只依赖于电子温度，因此式(8.1-9)的左端只是电子温度的函数，右端只与中性气体密度(气压 p)和放电区域的尺寸相关，这表明电子温度只与放电气压和放电装置的尺寸有关，与放电功率和放电频率无关，即 $T_{\mathrm{e}}=T_{\mathrm{e}}(p,L)$。注意，这是在忽略了鞘层厚度的前提下得到上述结论的。实际上，鞘层的厚度在一定程度上要受到放电功率或电压(电流)的影响。

2. 能量守恒方程

在稳态放电情况下，可以把一维等离子体流体力学方程中的电子能量平衡方程(5.3-28)表示为

$$-\frac{\mathrm{d}Q_{\mathrm{e}}}{\mathrm{d}z}+J_{\mathrm{e}}E-p_{\mathrm{e,coll}}=0 \tag{8.1-10}$$

其中，Q_{e} 为电子的能流密度；J_{e} 为电子电流密度；E 为电场；$p_{\mathrm{e,coll}}$ 为电子与中性粒子碰撞所损失的功率密度。假设电子温度是空间均匀的，将式(8.1-10)对 z 积分，并取 $\bar{n}=n_0$，这样可以得到

$$p_{\mathrm{abs}}=p_{\mathrm{loss}} \tag{8.1-11}$$

其中，$p_{\mathrm{abs}}=p_{\mathrm{ohm}}=\dfrac{2}{L'}\displaystyle\int_0^{L'}J_{\mathrm{e}}E\mathrm{d}z$ 为单位时间单位体积内电子从体区电场中获得的功率密度，即通过欧姆加热吸收的功率密度，见式(3.2-17)；p_{loss} 为损失掉的功率密度，它由两部分构成，一部分是流出等离子体的电子功率密度 p_{out}，另一部分是电子在体区中与中性粒子碰撞所损失掉的功率密度 p_{V}，即

$$p_{\mathrm{loss}}=p_{\mathrm{out}}+p_{\mathrm{V}} \tag{8.1-12}$$

根据式(1.4-10)，有

$$p_{\mathrm{out}}=\frac{2}{L'}\int_0^{L'/2}\frac{\mathrm{d}Q_{\mathrm{e}}}{\mathrm{d}z}\mathrm{d}z=\frac{2}{L'}Q_{\mathrm{out}}\approx\frac{2}{L}(2T_{\mathrm{e}}+e\Delta V_{\mathrm{s}})\Gamma_{\mathrm{s}} \tag{8.1-13}$$

其中，ΔV_{s} 为鞘层电势降。对于悬浮鞘层，$\Delta V_{\mathrm{s}}=-V_{\mathrm{s}}$，其中 V_{s} 为悬浮电势，见式 (1.4-21)；对于射频鞘层，$\Delta V_{\mathrm{s}}=V_{\mathrm{dc}}$，其中 V_{dc} 为射频鞘层的直流电势降，见式 (7.3-23)。根据式(5.4-23)，可以把 p_{V} 表示为

$$p_{\mathrm{V}}=\frac{2}{L'}\int_0^{L'/2}p_{\mathrm{e,coll}}\,\mathrm{d}z=n_0n_{\mathrm{g}}\left(k_{\mathrm{en}}\frac{3m_{\mathrm{e}}}{M}T_{\mathrm{e}}+\varepsilon_{\mathrm{ex}}k_{\mathrm{ex}}+\varepsilon_{\mathrm{iz}}k_{\mathrm{iz}}\right) \tag{8.1-14}$$

其中，k_{en}、k_{ex} 和 k_{iz} 分别为弹性碰撞速率、激发碰撞速率和电离碰撞速率；$\varepsilon_{\mathrm{ex}}$ 和 $\varepsilon_{\mathrm{iz}}$ 分别为对应的激发和电离碰撞阈值能量。利用式(8.1-13)和式(8.1-14)，可以把式(8.1-12)改写为

$$p_{\mathrm{loss}}=\frac{2}{L}(2T_{\mathrm{e}}+e\Delta V_{\mathrm{s}})\Gamma_{\mathrm{s}}+n_0n_{\mathrm{g}}\left(k_{\mathrm{en}}\frac{3m_{\mathrm{e}}}{M}T_{\mathrm{e}}+\varepsilon_{\mathrm{ex}}k_{\mathrm{ex}}+\varepsilon_{\mathrm{iz}}k_{\mathrm{iz}}\right) \tag{8.1-15}$$

利用式 $2\Gamma_{\mathrm{s}}/L\approx n_0\nu_{\mathrm{iz}}=n_0n_{\mathrm{g}}k_{\mathrm{iz}}$，见式(8.1-8)，可以把电子的功率损失表示为

$$p_{\mathrm{loss}}=\frac{2}{L}h_Ln_0u_{\mathrm{B}}\varepsilon_{\mathrm{eff}} \tag{8.1-16}$$

其中

$$\varepsilon_{\mathrm{eff}}=\varepsilon_{\mathrm{iz}}+\varepsilon_{\mathrm{ex}}\frac{k_{\mathrm{ex}}}{k_{\mathrm{iz}}}+\frac{k_{\mathrm{en}}}{k_{\mathrm{iz}}}\left(\frac{3m_{\mathrm{e}}}{M}T_{\mathrm{e}}\right)+2T_{\mathrm{e}}+e\Delta V_{\mathrm{s}} \tag{8.1-17}$$

为单个电子的有效能量损失。由于碰撞反应系数和 ΔV_{s} 只是电子温度的函数，这样 $\varepsilon_{\mathrm{eff}}$ 也只是电子温度的函数。

对于电子吸收的功率 p_{abs}，可以通过求解电磁场方程和电流平衡方程来确定。一般情况下，p_{abs} 是电子密度的函数，我们将在第 10 章和第 11 章讨论这个问题。由式 (8.1-16)代入式(8.1-11)，可以得到

$$n_0=\frac{Lp_{\mathrm{abs}}}{2h_Lu_{\mathrm{B}}\varepsilon_{\mathrm{eff}}} \tag{8.1-18}$$

由此式就可以确定出电子密度随吸收功率及放电气压的变化。

实际上，电子除了在体区通过欧姆加热机制从电场中吸收能量外，还可以通过与振荡的射频鞘层边界相互作用产生随机加热吸收能量。因此，在一般情况下，可以把电子从射频电源中吸收的功率密度表示为 $p_{\mathrm{abs}}=p_{\mathrm{ohm}}+p_{\mathrm{stoc}}$，其中 p_{stoc} 为随机加热功率，见 7.4 节的讨论。此外，还要强调一下，电子流到器壁表面的功率密度并不是 p_{out}，而是 $p_{\mathrm{wall}}=2T_{\mathrm{e}}\Gamma_{\mathrm{s}}$，这是因为电子在穿越鞘层时要把它携带的一部分功率密度用于克服鞘层的约束，见 1.4 节的讨论。

很容易把一维模型推广到三维情况。设一个三维放电腔室的体积为 V，粒子损失的有效表面积为 A_{eff}。用 V/A_{eff} 取代两个平板之间的半间隔 $L/2$，则可以把粒子

数守恒方程表示为

$$n_0 n_g k_{iz} = n_0 u_B \frac{A_{eff}}{V} \tag{8.1-19}$$

对于一个半径为 R 、高度为 L 的圆筒形放电腔室，其体积为 $V = \pi R^2 L$ ，有效面积为[2]

$$A_{eff} = 2\pi R^2 h_L + 2\pi RLh_R \tag{8.1-20}$$

其中， h_R 为径向鞘层边缘处的密度与中心处的密度之比，见式(6.3-48)。在三维情况下，方程(8.1-11)的形式不变，只是把电子的功率损失 p_{loss} 改写为

$$p_{loss} = n_0 n_g \left(k_{en} \frac{3m_e}{M} T_e + \varepsilon_{ex} k_{ex} + \varepsilon_{iz} k_{iz} \right) + n_0 u_B (2T_e + e\Delta V_s) \frac{A_{eff}}{V} \tag{8.1-21}$$

特别是，在稳态放电情况下，利用式(8.1-19)，可以把电子的功率损失表示为

$$p_{loss} = n_0 u_B \varepsilon_{eff} \frac{A_{eff}}{V} \tag{8.1-22}$$

这样，可以把稳态情况下的粒子数平衡方程和能量平衡方程分别表示为

$$n_0 n_g k_{iz} V = n_0 u_B A_{eff} \tag{8.1-23}$$

$$p_{abs} V = n_0 u_B \varepsilon_{eff} A_{eff} \tag{8.1-24}$$

式(8.1-23)和式(8.1-24)的物理意义非常明显，它们的左边分别为单位时间内等离子体区产生的带电粒子数和吸收的功率，而右边分别为单位时间内损失的带电粒子数和损失的功率。利用这两个式子，可以分别确定出电子的温度和等离子体密度。

3. 高气压放电情况

在高气压放电情况下，等离子体扩散效应明显，而其密度分布是空间不均匀的，不能假设 $\bar{n} = n_0$ 。下面仍以一维模型为例进行讨论。这时稳态的连续性方程仍为方程(8.1-2)，但带电粒子的通量由双极扩散近似条件给出，即

$$\Gamma = -D_a \frac{dn}{dz} \tag{8.1-25}$$

其中，D_a 为双极扩散系数，见式(6.1-13)。将式(8.1-25)代入稳态的连续性方程(8.1-2)中，可以得到等离子体密度和带电粒子通量的空间分布

$$n(z) = n_0 \cos\left(\frac{\pi z}{L}\right) \tag{8.1-26}$$

$$\Gamma(z) = \frac{\pi n_0 D_a}{L} \sin\left(\frac{\pi z}{L}\right) \tag{8.1-27}$$

见 6.2 节的讨论。将式(8.1-2)从 $z = 0$ 到 $z = L/2$ 进行积分，有

$$\Gamma(L/2) = \nu_{\rm iz}\int_0^{l/2} n(z){\rm d}z \tag{8.1-28}$$

式(8.1-28)左边为单位时间流到器壁上的离子数，而右边为在半个体区中单位时间内产生的离子数。分别将式(8.1-26)和式(8.1-27)代入式(8.1-28)，完成积分后可以得到

$$\frac{\pi D_{\rm a}}{L} = \frac{L}{\pi}\nu_{\rm iz} \tag{8.1-29}$$

根据式(6.1-6)和式(6.1-17)，可以得到非热平衡等离子体($T_{\rm e} \gg T_{\rm i}$)的双极扩散系数为

$$D_{\rm a} = \frac{T_{\rm e}}{m_{\rm i}\nu_{\rm in}} \tag{8.1-30}$$

其中，$\nu_{\rm in} = n_{\rm g}k_{\rm in}$ 为离子的动量转移频率，这里 $k_{\rm in}$ 为对应的转移速率，它只是离子温度 $T_{\rm i}$ 的函数；$m_{\rm i}$ 为离子的质量。将式(8.1-30)代入式(8.1-29)，并利用 $\nu_{\rm iz} = n_{\rm g}k_{\rm iz}$，可以得到

$$n_{\rm g}L = \frac{\pi u_{\rm B}}{\sqrt{k_{\rm iz}k_{\rm in}}} \tag{8.1-31}$$

这就是高气压情况下的粒子数守恒方程。

在高气压情况下，电子的损失总功率密度为

$$\begin{aligned} p_{\rm loss} &= \frac{2}{L}(2T_{\rm e} + e\Delta V_{\rm f})\Gamma(L/2) \\ &\quad + n_{\rm g}\left(k_{\rm en}\frac{3m_{\rm e}}{M}T_{\rm e} + \varepsilon_{\rm ex}k_{\rm ex} + \varepsilon_{\rm iz}k_{\rm iz}\right)\frac{2}{L}\int_0^{L/2} n(z){\rm d}z \end{aligned} \tag{8.1-32}$$

利用式(8.1-28)及 $\nu_{\rm iz} = n_{\rm g}k_{\rm iz}$，消去式(8.1-32)右边第二项中的积分，可以得到

$$p_{\rm loss} = \frac{2}{L}\varepsilon_{\rm eff}\Gamma(L/2) \tag{8.1-33}$$

再利用 $p_{\rm loss} = p_{\rm abs}$ 及 $\Gamma(L/2) = \frac{\pi}{L}D_{\rm a}n_0$，由此可确定出中心处的等离子体密度

$$n_0 = \frac{L^2 p_{\rm abs}}{2\pi\varepsilon_{\rm eff}D_{\rm a}} \tag{8.1-34}$$

该结果与式(8.1-18)相似。

采用类似的方法，也可以建立高气压情况下的圆柱形等离子体的整体模型，即给出粒子数守恒方程和能量守恒的关系式(见习题 8.2)。关于求解圆柱形等离子体在双极扩散近似下的输运方程，可以参考 6.2 节的讨论内容。

此外，在本节的讨论中我们假设电离频率 $\nu_{\rm iz}$ 是电子温度的函数，并且空间均匀。

在实际的某些中、高气压的平板放电中，当电子的能量弛豫长度远小于电极间隙时，电离可能发生在鞘层边缘，因此电离频率在空间上差别较大。另外，除了电子造成的电离外，某些中性成分(如激发态原子)之间也存在电离碰撞，如彭宁(Penning)电离和多步电离，这将使得放电的整体模型变得更加复杂，本节不作详细讨论。关于多成分的整体模型将在8.3节讨论。

8.2　电负性等离子体的整体模型

为便于理解主要的物理过程，在如下讨论中我们假设电负性等离子体只包含电子、一种正离子和一种负离子，以及一种处于激发态的中性粒子(简称活性粒子)。下面分低气压放电和高气压放电两种情况进行讨论。

1. 低气压放电

下面仍以稳态放电为例进行讨论，且假设放电腔室的几何仍为一个圆筒形，其中半径为R，高度为l。正离子、负离子及活性粒子的一维连续性方程分别为[2]

$$\nabla \cdot \boldsymbol{\Gamma}_+ = k_{iz} n_g n_e - k_{rec} n_+ n_- \tag{8.2-1}$$

$$\nabla \cdot \boldsymbol{\Gamma}_- = k_{att} n_g n_e - k_{rec} n_+ n_- - k_{det} n_* n_- \tag{8.2-2}$$

$$\nabla \cdot \boldsymbol{\Gamma}_* = k_{ex*} n_g n_e \tag{8.2-3}$$

其中，$\boldsymbol{\Gamma}_+$、$\boldsymbol{\Gamma}_-$及$\boldsymbol{\Gamma}_*$分别为正离子、负离子及活性粒子的通量；n_e、n_+、n_-、n_*及n_g分别为电子密度、正离子密度、负离子密度、活性粒子密度及处于基态的中性粒子密度，k_{iz}、k_{rec}、k_{att}、k_{det}及k_{ex*}分别为电子与中性粒子的电离碰撞速率、正负离子的复合碰撞速率、电子与中性粒子的附着碰撞速率、负离子与活性粒子的解附着碰撞速率，以及电子与活性粒子的激发碰撞速率。将方程(8.2-1)～方程(8.2-3)对体区进行平均，并假设在鞘层边界处负离子的通量为零，可以得到如下粒子数平衡方程

$$k_{iz} n_g \bar{n}_e - k_{rec} \bar{n}_+ \bar{n}_- = \Gamma_{+s} \frac{A_{eff}}{V} \tag{8.2-4}$$

$$k_{att} n_g \bar{n}_e - k_{rec} \bar{n}_+ \bar{n}_- - k_{det} n_* \bar{n}_- = 0 \tag{8.2-5}$$

$$k_{ex*} n_g \bar{n}_e = \Gamma_{*s} \frac{A_{eff}}{V} \tag{8.2-6}$$

其中，Γ_{+s}和Γ_{*s}分别为正离子和活性粒子在鞘层边界处的通量；V和A_{eff}分别为等离子体的体积和有效表面积。在上面的平均中，我们假设了$\overline{n_+ n_-} \approx \bar{n}_+ \bar{n}_-$。

对于活性粒子，可以把它在表面上的通量表示为

$$\Gamma_{*s} = \frac{1}{4} \beta_* n_* v_* \tag{8.2-7}$$

其中，β_* 为活性粒子在器壁上的损失概率；v_* 为活性粒子的平均热速度。将式(8.2-7)代入式(8.2-6)，可以得到活性粒子的密度为

$$n_* = \frac{4k_{\text{ex}*}V}{\beta_* v_* A_{\text{eff}}} n_{\text{g}} \overline{n}_{\text{e}} \tag{8.2-8}$$

再将 n_* 代入负离子数的平衡方程(8.2-5)中，有

$$k_{\text{att}} n_{\text{g}} \overline{n}_{\text{e}} - k_{\text{rec}} \overline{n}_+ \overline{n}_- - k_* n_{\text{g}} \overline{n}_{\text{e}} \overline{n}_- = 0 \tag{8.2-9}$$

其中，k_* 为一个三阶反应速率

$$k_* = \frac{4k_{\text{ex}*} k_{\text{det}} V}{\beta_* v_* A_{\text{eff}}} \tag{8.2-10}$$

由第 7 章的讨论可以知道，对于强电负性等离子体（$\overline{\alpha} = \overline{n}_- / \overline{n}_{\text{e}} \gg 1$），体区中的电子密度几乎是均匀的，即 $\overline{n}_{\text{e}} \approx n_{\text{e}0}$。这样，可以把式(8.2-4)及式(8.2-9)改写为

$$k_{\text{iz}} n_{\text{g}} n_{\text{e}0} = k_{\text{rec}} \overline{n}_+ \overline{n}_- + \Gamma_{+\text{s}} \frac{A_{\text{eff}}}{V} \tag{8.2-11}$$

$$k_{\text{att}} n_{\text{g}} n_{\text{e}0} = k_{\text{rec}} \overline{n}_+ \overline{n}_- + k_* n_{\text{g}} n_{\text{e}0} \overline{n}_- \tag{8.2-12}$$

此外，电子密度 $n_{\text{e}0}$ 由准电中性条件确定，即

$$n_{\text{e}0} = n_+ - n_- \tag{8.2-13}$$

由于电离碰撞速率 k_{iz} 和附着碰撞速率 k_{att} 依赖于电子温度 T_{e}，因此方程(8.2-11)～方程(8.2-13)必须与电子的能量平衡方程进行耦合。根据式(8.1-21)及式(8.1-11)，有如下能量平衡方程：

$$p_{\text{abs}} = n_{\text{e}0} n_{\text{g}} \left(k_{\text{en}} \frac{3m_{\text{e}}}{M} T_{\text{e}} + \varepsilon_{\text{ex}} k_{\text{ex}} + \varepsilon_{\text{iz}} k_{\text{iz}} \right) + (2T_{\text{e}} + e\Delta V_{\text{s}}) \Gamma_{+\text{s}} \frac{A_{\text{eff}}}{V} \tag{8.2-14}$$

这样，对于给定放电腔室尺寸、工作气压、放电功率，以及重粒子碰撞的速率（k_{rec} 和 k_*），利用式(8.2-11)～式(8.2-14)，就完全可以确定出 $n_{\text{e}0}$、$\overline{n}_+$ 以及 $\overline{n}_-$ 和 T_{e}。

下面针对强电负性等离子体，即 $\overline{n}_- \gg n_{\text{e}0}$ 或 $\overline{n}_+ \approx \overline{n}_-$，分如下两种极端情况进行讨论。

(1) 当体损失项占主导地位时，即忽略表面损失项，由式(8.2-11)、式(8.2-12)及式(8.2-14)可以得到

$$k_{\text{iz}} n_{\text{g}} n_{\text{e}0} = k_{\text{rec}} \overline{n}_+ \overline{n}_- \tag{8.2-15}$$

$$k_{\text{att}} n_{\text{g}} n_{\text{e}0} = k_{\text{rec}} \overline{n}_+ \overline{n}_- \tag{8.2-16}$$

$$p_{\text{abs}} = n_{\text{e}0} n_{\text{g}} \left(k_{\text{en}} \frac{3m_{\text{e}}}{M} T_{\text{e}} + \varepsilon_{\text{ex}} k_{\text{ex}} + \varepsilon_{\text{iz}} k_{\text{iz}} \right) \tag{8.2-17}$$

将式(8.2-15)与式(8.2-16)相减，有

$$k_{\mathrm{iz}} = k_{\mathrm{att}} \tag{8.2-18}$$

由于电离碰撞速率 k_{iz} 是电子温度的函数，由此式(8.2-18)可以确定出电子的温度。利用 $\bar{n}_+ \approx \bar{n}_-$，由式(8.2-16)可以确定出负离子的密度

$$\bar{n}_- \approx \left(\frac{k_{\mathrm{att}} n_{\mathrm{g}} n_{\mathrm{e0}}}{k_{\mathrm{rec}}}\right)^{1/2} \tag{8.2-19}$$

可以看到，这时负离子密度依赖于中性气体密度和电子密度。由式(8.2-17)，可以确定出电子的密度为

$$n_{\mathrm{e0}} = \frac{p_{\mathrm{abs}}}{n_{\mathrm{g}}\left(k_{\mathrm{en}}\dfrac{3m_{\mathrm{e}}}{M}T_{\mathrm{e}} + \varepsilon_{\mathrm{ex}} k_{\mathrm{ex}} + \varepsilon_{\mathrm{iz}} k_{\mathrm{iz}}\right)} \tag{8.2-20}$$

注意，电离碰撞速率和激发碰撞速率均与电子密度无关，而电子吸收功率 p_{abs} 依赖于电子密度。

(2)当粒子的表面损失项占主导地位时，即忽略所有的体损失项，由式(8.2-11)、式(8.2-12)及式(8.2-14)可以得到

$$k_{\mathrm{iz}} n_{\mathrm{g}} n_{\mathrm{e0}} = \Gamma_{+\mathrm{s}} \frac{A_{\mathrm{eff}}}{V} \tag{8.2-21}$$

$$k_{\mathrm{att}} n_{\mathrm{g}} n_{\mathrm{e0}} = k_* n_{\mathrm{g}} n_{\mathrm{e0}} \bar{n}_- \tag{8.2-22}$$

$$p_{\mathrm{abs}} = (2T_{\mathrm{e}} + e\Delta V_{\mathrm{s}}) \Gamma_{+\mathrm{s}} \frac{A_{\mathrm{eff}}}{V} \tag{8.2-23}$$

由式(8.2-22)可以得到负离子的密度为

$$\bar{n}_- = \frac{k_{\mathrm{att}}}{k_*} \tag{8.2-24}$$

可以看到,这时负离子密度与中性气体密度和电子密度无关。将式(8.2-21)与式(8.2-23)联合，有

$$n_{\mathrm{e0}} = \frac{p_{\mathrm{abs}}}{(2T_{\mathrm{e}} + e\Delta V_{\mathrm{s}}) k_{\mathrm{iz}} n_{\mathrm{g}}} \tag{8.2-25}$$

利用 $\Gamma_{+\mathrm{s}} = \bar{n}_+ u_{\mathrm{B}}$，以及 $\bar{n}_+ = n_{\mathrm{e0}}(1+\bar{\alpha})$ 和 $\bar{\alpha} = \bar{n}_- / n_{\mathrm{e0}}$，由式(8.2-21)可以得到

$$\frac{k_{\mathrm{iz}}}{u_{\mathrm{B}}} = (1+\bar{\alpha}) \frac{A_{\mathrm{eff}}}{n_{\mathrm{g}} V} \tag{8.2-26}$$

再由式(8.2-24)和式(8.2-25)得到 $\bar{\alpha}$ 的表示式，并代入式(8.2-26)，就可以得到一个关于电子温度的封闭方程。

2. 高气压

为简单起见，这里以平板模型为例进行讨论，其中平板的厚度为L。从等离子体中心处（$z=0$）到器壁表面（$z=L/2$）存在三个不同的区域，即电负性区域（$0<z<L_1/2$）、电正性区域（$L_1/2<z<d/2$）及鞘层区域（$d/2<z<L/2$），见图 6-5。假设电负性足够强，在电负性区间内电子密度近似为常数，即$n_e \approx n_{e0}$。在这种情况下，正离子密度满足双极扩散方程

$$-D_a \frac{d^2 n_+}{dz^2} = k_{iz} n_g n_{e0} - k_{rec} n_+ n_- \tag{8.2-27}$$

其中，$n_- \approx n_+ - n_{e0}$。根据式(6.4-35)，在强电负性下，有$D_a \approx 2D_+$。即使作了强电负性假设，但由于非线性复合碰撞项的存在，也很难得到方程(8.2-27)的解析解。下面做进一步的近似处理，即在求解正离子密度空间分布时，忽略复合碰撞过程的影响，即

$$-D_a \frac{d^2 n_+}{dz^2} = k_{iz} n_g n_{e0} \tag{8.2-28}$$

该方程的解为[见式(6.4-41)]

$$n_+ = n_{e0}[\alpha_0(1-4z^2/L_1^2)+1] \quad (|z| \leqslant L_1/2) \tag{8.2-29}$$

其中，α_0为放电中心处的负离子密度与电子密度的比值，为已知输入参数。然后，再将式(8.2-29)代入方程(8.2-27)，并对z积分，可以得到

$$k_{iz} n_g n_{e0} = \frac{16 D_+ \alpha_0}{L_1^2} n_{e0} + \frac{2}{3} k_{rec} n_{e0}^2 \alpha_0 \left(\frac{4\alpha_0}{5} + 1 \right) \tag{8.2-30}$$

由于负离子在器壁上的损失几乎为零，这样根据式(8.2-2)，可以得到负离子的粒子数平衡方程为

$$\int_0^{d/2} k_{att} n_g n_e dz - \int_0^{d/2} k_{rec} n_+ n_- dz - \int_0^{d/2} k_{det} n_* n_e n_- dz = 0 \tag{8.2-31}$$

根据式(8.2-3)，并利用式(8.2-7)，可以得到激发态的粒子密度n_*表示为

$$n_* = 2d \frac{k_{ex*} n_g n_{e0}}{\beta_* v_*} \tag{8.2-32}$$

将式(8.2-29)及式(8.2-32)代入式(8.2-31)，并利用$n_- \approx n_+ - n_{e0}$和$n_e \approx n_{e0}$，完成式(8.2-31)的积分后，可以得到

$$k_{att} n_g n_{e0} \frac{d}{2} = n_{e0}^2 \alpha_0 \left[\frac{8}{15} k_{rec} \alpha_0 + \frac{2}{3}(k_{rec} + k_* n_g) \right] \frac{L_1}{2} \tag{8.2-33}$$

其中，$k_* = 2d \dfrac{k_{ex*} k_{det} n_{e0}}{\beta_* v_*}$为三阶反应速率。

单位时间内离开电负性区域的正离子数与在电正性区域内电离过程产生的正离子数之和应等于流过电正性等离子体–鞘层边界的正离子数，即

$$\frac{8D_+\alpha_0}{L_1}n_{e0}+\frac{k_{iz}(d-L_1)}{2}n_{e0}=u_B n_+(d/2) \tag{8.2-34}$$

根据 6.2 节的讨论可知，正离子在电正性区域的扩散方程的解为

$$n_+(z)=n_{e0}\cos[\beta(z-L_1/2)] \tag{8.2-35}$$

其中，$\beta^2=\nu_{iz}/D_a^{(+)}$，这里 $D_a^{(+)}\approx D_+T_e/T_i$ 为电正性等离子体的双极扩散系数。这样，可以把式(8.2-34)改写为

$$\frac{8D_+\alpha_0}{L_1}n_{e0}+\frac{k_{iz}(d-L_1)}{2}n_{e0}=u_B n_{e0}\cos\left[\frac{\beta(d-L_1)}{2}\right] \tag{8.2-36}$$

在现在的模型中，α_0、T_e 和 L_1 为三个待定的参数。当气体种类和 n_g、d 及 n_{e0} 已知时，联立式(8.2-30)、式(8.2-33)和式(8.2-36)，就可以确定出这三个待定的参数。

在通常情况下，可以采用迭代方法来数值求解上面三个式子。先给电子温度赋予一个初始值(如 $T_e=3\text{ eV}$)，利用式(8.2-33)和式(8.2-36)，可以确定出 α_0 和 L_1，并把它们代入式(8.2-30)，求出 T_e。然后，再进行循环迭代，直至电子温度的值收敛为止。

在上面介绍的整体模型中，作了过多的假设和简化，如假设电负性等离子体中只有一种正离子和负离子，以及处于强电负性状态和极端情况下的粒子损失等。对于实际的电负性气体放电，无论是其内部(或表面上)发生的碰撞反应，还是带电粒子的种类，都是非常复杂的。因此，上面介绍的内容只能对电负性等离子体的状态作定性分析。

8.3 多成分等离子体的整体模型

对于材料刻蚀和薄膜沉积工艺，通常使用一些电负性气体，如 O_2、Cl_2、SF_6 及 CF_4 等，甚至一些混合气体，如 Cl_2/Ar 及 CF_4/O_2/Ar 等。对于这类气体放电，它的组分非常复杂，除了电子外，还有不同的正离子和负离子，以及一些活性的中性基团。以 CF_4 气体放电为例，它产生的正离子有 CF_3^+、CF_2^+、CF^+、F_2^+、F^+ 以及 C^+，负离子有 CF_3^-、F_2^- 及 F^-。如果想要对这种等离子体的状态参量随外部放电参数(如放电功率、气压及腔室尺寸等)的变化规律进行定量的模拟和分析，则需要建立较为完整的整体模型，不仅包括各种粒子在体区中的碰撞反应过程，还要包括粒子在表面上的损失和产生[3-9]。

在一般情况下，假设等离子体是由电子和不同种类的正离子、负离子及活性粒子(处于受激态)构成的，其中带电粒子满足准电中性条件

$$n_e = \sum_j n_+^{(j)} - \sum_j n_-^{(j)} \tag{8.3-1}$$

这里，n_e 是电子密度；$n_+^{(j)}$ 是第 j 类正离子的密度；$n_-^{(j)}$ 是第 j 类负离子的密度。此外，假设不同种类的正负离子温度都相同，均为 T_+，且远小于电子温度 T_e。本节将介绍整体模型的一般表示式，它既可以适用于电正性气体放电，也适用于电负性气体或混合气体放电。此外，这种模型不仅适用低气压放电，也适用于大气压放电，以及脉冲放电。整体模型分别是由不同种类的粒子数平衡方程和能量平衡方程构成的。在如下讨论中，我们仍假设放电腔室是一个高为 L、半径为 R 的圆筒。

1. 粒子数平衡方程

对于第 j 类粒子(可以是正离子、负离子或活性粒子)，在任意时刻其粒子数平衡方程为

$$\frac{\mathrm{d}n^{(j)}}{\mathrm{d}t} = \sum_r k_r^{(j)} n_{r1} n_{r2} - \sum_l k_l^{(j)} n_{l1} n_{l2} - k_s^{(j)} n^{(j)} \tag{8.3-2}$$

式(8.3-2)左边为在单位时间单位体积内第 j 类粒子数的变化率，右边三项分别为第 j 类粒子的体产生项、体损失项及表面损失项，其中 $k_{+r}^{(j)}$ 和 $k_{+l}^{(j)}$ 分别为引起第 j 类粒子产生和损失的体碰撞反应速率；(n_{r1}, n_{r2})和(n_{l1}, n_{l2})为对应的二体碰撞中反应物的密度；$k_s^{(j)}$ 为表面损失速率。对于正离子、负离子及活性粒子，这些二体碰撞反应和表面损失是不一样的，下面分别进行介绍。

1) 正离子

对于正离子的体产生项，分别来自于电子与中性粒子和活性粒子的电离碰撞反应，以及中性粒子与正离子的电荷交换碰撞反应，如

$$\mathrm{e + AB \longrightarrow e + e' + A + B^+}$$

$$\mathrm{e + A \longrightarrow e + e' + A^+}$$

$$\mathrm{e + A^* \longrightarrow e + e' + A^+}$$

$$\mathrm{A^+ + B \longrightarrow A + B^+}$$

对于电子与中性粒子的电离碰撞反应，产生项为 $k_{iz}^{(j)} n_g n_e$，其中 $k_{iz}^{(j)}$ 为产生第 j 类正离子的电离碰撞速率。

对于正离子的体损失项，分别来自于正离子与负离子的复合碰撞反应，以及正离子与中性粒子的电荷交换碰撞反应

$$\mathrm{A^+ + B^- \longrightarrow A + B^*}$$

$$\mathrm{A^+ + B \longrightarrow A + B^+}$$

对应的损失项为 $k_{rec}^{(j)} n_-^{(m)} n_+^{(j)}$，其中 $k_{rec}^{(j)}$ 为损失第 j 类正离子的复合碰撞反应速率。只

有当等离子体密度较高时，这种复合碰撞效应才起明显作用。

对于正离子的表面损失项，其表面损失速率的表示式为

$$k_{+s}^{(j)} = u_{B,j}^{*} \frac{A_{eff}^{(j)}}{V} \tag{8.3-3}$$

其中，$u_{B,j}^{*}$ 为电负性等离子体中第 j 类正离子进入鞘层的玻姆速度，见式(6.4-7)；$A_{eff}^{(j)}$ 为第 j 类正离子的有效损失面积

$$A_{eff}^{(j)} = 2\pi R^2 h_L^{(j)} + 2\pi RL h_R^{(j)} \tag{8.3-4}$$

其中，$h_L^{(j)}$ 和 $h_R^{(j)}$ 分别是轴向和径向鞘层边界处与中心处的离子密度比

$$h_L^{(j)} = \frac{0.86}{1+\alpha}\left[3+\frac{L}{2\lambda_i}+\left(\frac{0.86Lu_B^{(j)}}{\pi D_a^{(j)}}\right)^2\right]^{-1/2} \tag{8.3-5}$$

$$h_R^{(j)} = \frac{0.8}{1+\alpha}\left[4+\frac{R}{\lambda_i}+\left(\frac{0.80Ru_B^{(j)}}{\chi_{01}J_1(\chi_{01})D_a^{(j)}}\right)^2\right]^{-1/2} \tag{8.3-6}$$

这里，α 是负离子密度与电子密度比。在式(8.3-5)和式(8.3-6)中，$D_a^{(j)}$ 为电负性等离子体的双极扩散系数，见式(6.4-35)。对于电正性气体放电，式(8.3-5)和式(8.3-6)中的 $\alpha=0$。

2) 负离子

在电负性气体放电中，由于负离子被约束在体区中，因此在方程(8.3-2)中没有负离子的表面损失项。对于负离子的体产生项，主要是来自于低能电子与中性粒子的附着碰撞反应及解离附着碰撞等

$$e + A \longrightarrow A^-$$

$$e + AB \longrightarrow A^- + B$$

对应的产生项为 $k_{att}^{(j)} n_g n_e$，其中 $k_{att}^{(j)}$ 为产生第 j 类负离子的附着碰撞反应速率。对于负离子的体损失项，主要来自于负离子与正离子的复合碰撞反应、负离子与中性粒子的复合解附着(associative detachment)碰撞反应、正负离子的电荷转移碰撞反应，以及负离子与电子的解附着碰撞反应等

$$A^- + B^+ \longrightarrow A + B$$

$$A^- + B \longrightarrow AB + e$$

$$A^- + B^+ \longrightarrow A^+ + B^-$$

$$A^- + e \longrightarrow A + e + e'$$

对于复合碰撞反应，对应的损失项为 $k_{rec}^{(j)} n_+^{(m)} n_-^{(j)}$，其中 $k_{rec}^{(j)}$ 为损失第 j 类负离子的复合碰撞速率。

3）活性粒子

对于活性粒子，其体产生项主要来自于电子与中性分子的解离碰撞反应、解离附着碰撞反应和解离电离碰撞反应；电子与负离子的解附着碰撞反应；中性粒子的激发碰撞反应等

$$\mathrm{e+AB \longrightarrow A^* + B^*}$$

$$\mathrm{e+AB \longrightarrow A^* + B^-}$$

$$\mathrm{e+AB \longrightarrow A^* + B^+ + e + e'}$$

$$\mathrm{e+A^- \longrightarrow A^* + e + e'}$$

$$\mathrm{e+AB^- \longrightarrow AB^* + e + e'}$$

$$\mathrm{A+B \longrightarrow A^* + B}$$

活性粒子的损失项主要来自于活性粒子与电子的退激碰撞反应和激发碰撞反应等

$$\mathrm{A^* + e \longrightarrow A + e}$$

$$\mathrm{A^*}(m)+\mathrm{e} \longrightarrow \mathrm{A^*}(n)+\mathrm{e}$$

其中，n 和 m 为受激粒子的能级，且 $n>m$。

对于活性粒子的表面损失项，其速率系数由式(6.6-19)给出，即

$$k_{\mathrm{s}}^{(j)}=\left[\frac{\Lambda^2}{D^{(j)}}+\frac{(2-\beta)}{\beta v_{\mathrm{j}}}\frac{V}{A}\right]^{-1} \tag{8.3-7}$$

其中，$D^{(j)}$ 是第 j 类活性粒子的扩散系数，其表达式为

$$D^{(j)}=\frac{T_{\mathrm{g}}\lambda_j}{v_j M_{\mathrm{R}}^{(j)}} \tag{8.3-8}$$

式中，$v_j=\left(\dfrac{8T_{\mathrm{g}}}{\pi M_{\mathrm{R}}^{(j)}}\right)^{1/2}$ 是活性粒子的平均热速度；T_{g}、$M_{\mathrm{R}}^{(j)}$ 和 λ_j 分别是活性粒子的温度、折合质量和平均自由程。在式(8.3-7)中，β 是中性粒子在器壁上的损失系数，包括腔室表面上的退激发过程、原子复合生成分子等；Λ 是活性粒子的扩散长度，其表达式由式(6.6-20)给出。

2. 能量平衡方程

在前面的讨论中，我们仅考虑了电子从电源吸收的功率密度以及损失的功率密度，忽略了离子损失的功率密度。实际上，当离子在穿越鞘层时，要被鞘层电场加速，并以一定的能量入射到器壁(或电极)上，从而造成等离子体的能量损失。也就是说，等离子体从电源中吸收能量的一部分被离子损失掉。对于具有多种离子成分的电负性等离子体，电子和离子在器壁上的能流密度分别为

$$Q_{\mathrm{e,wall}}=2T_{\mathrm{e}}\sum_j \Gamma_{\mathrm{wall}}^{(j)}=\varepsilon_{\mathrm{e}}\sum_j n_{+\mathrm{s}}^{(j)}u_{\mathrm{B},j}^{*} \tag{8.3-9}$$

$$Q_{j,\text{wall}} = \sum_j e(V_\text{p} + \Delta V_\text{s})\Gamma_\text{wall}^{(j)} = \sum_j \varepsilon_j n_{+\text{s}}^{(j)} u_{\text{B},j}^* \tag{8.3-10}$$

其中，$n_{+\text{s}}^{(j)}$ 为鞘层边界处正离子的密度；$\varepsilon_\text{e} = 2T_\text{e}$ 为每个电子在器壁损失的平均动能；$\varepsilon_j = e(V_\text{p} + \Delta V_\text{s})$ 为每个正离子在器壁损失的平均动能；ΔV_s 为鞘层的电势降；V_p 为电负性等离子体的预鞘层电势降

$$V_\text{p} = \frac{1}{2}\frac{(1+\alpha_\text{s})}{(1+\gamma_-\alpha_\text{s})}T_\text{e} \tag{8.3-11}$$

这样，等离子体流到器壁上所损失的功率密度为

$$Q_\text{wall} = Q_\text{e,wall} + Q_{j,\text{wall}} = \sum_j (\varepsilon_\text{e} + \varepsilon_j) n_{+\text{s}}^{(j)} u_{\text{B},j}^* \tag{8.3-12}$$

在任意时刻 t，等离子体的能量平衡方程为

$$\frac{\text{d}(3n_\text{e}T_\text{e}/2)}{\text{d}t} = p_\text{abs} - p_\text{V} - p_\text{s} \tag{8.3-13}$$

方程(8.3-13)左边为等离子体的热动能密度随时间的变化，这里忽略了离子热动能的贡献，因为它远小于电子的热动能。方程(8.3-13)右边的第一项为单位体积内等离子体从电源中吸收的总功率密度 p_abs。根据电源馈入的功率 P，可以确定出 $p_\text{abs} = P/V$。方程(8.3-13)右边的第二项为电子与中性粒子碰撞造成的功率损失，即

$$p_\text{V} = n_\text{e} \sum_j n_\text{g}^{(j)} \varepsilon_\text{T}^{(j)} k_\text{iz}^{(j)} \tag{8.3-14}$$

其中

$$\varepsilon_\text{T}^{(j)} = \frac{k_\text{el}^{(j)}}{k_\text{iz}^{(j)}}\frac{3m_\text{e}}{M^{(j)}}T_\text{e} + \varepsilon_\text{iz}^{(j)} + \sum_l \varepsilon_{\text{ex},l}^{(j)} \frac{k_{\text{ex},l}^{(j)}}{k_\text{iz}^{(j)}} \tag{8.3-15}$$

其中，$n_\text{g}^{(j)}$ 和 $M^{(j)}$ 分别是第 j 类中性粒子的密度和质量；m_e 是电子质量；$k_\text{el}^{(j)}$、$k_\text{iz}^{(j)}$ 和 $k_{\text{ex},l}^{(j)}$ 为电子与第 j 类中性粒子的弹性碰撞、电离碰撞及激发碰撞的反应速率；l 为激发能级；$\varepsilon_\text{iz}^{(j)}$ 和 $\varepsilon_{\text{ex},l}^{(j)}$ 分别为对应的电离和能级 l 对应的激发阈值能量。方程(8.3-13)右边的第三项为电子和正离子流到器壁上引起的功率损失

$$p_\text{s} = \sum_j n_+^{(j)} (\varepsilon_j + \varepsilon_\text{e}) k_\text{s}^{(j)} \tag{8.3-16}$$

其中，$k_\text{s}^{(j)}$ 为式(8.3-3)所定义的第 j 类正离子在器壁表面的损失系数。

由上面介绍的内容可以看出，在整体模型计算中，最为关键的任务是确定参加碰撞反应的粒子种类及反应类型，以及对应的反应速率系数，因为它们直接影响模拟结果的合理性。对于一些反应性气体放电，其碰撞反应过程非常复杂，如对于 O_2 放电，其碰撞反应多达 136 个[5]。一般情况下，需要从不同的文献和数据库中来搜

集这些碰撞反应系数。但需要注意的是，对于同一种气体放电，不同的文献给出的反应过程和反应速率系数是不一样的。因此，在筛选这些反应速率系数时需要细心地鉴别和对比。

基于上述的整体模型，下面对氧气放电进行了模拟，其中放电腔室为半径为 $R=15$ cm 和高度为 $L=30$ cm 的圆筒形。在模拟中，考虑的带电粒子为电子、氧分子离子(O_2^+)、氧原子离子(O^+)和氧负离子(O^-)[9,10]。图 8-2(a)～(d)分别显示了在三种不同电源功率下的电子密度、正离子密度($n_+=n_{O^+}+n_{O_2^+}$)、电负度($\alpha=n_-/n_e$)和电子温度随放电气压的变化，其中取中性气体的温度为 600K。可以看出，电子密度和正离子密度随着气压的增加先增加后下降，而电子温度随气压的增加单调下降，而且功率对电子温度的影响不大；当气压较高时，电子与中性粒子的附着碰撞过程占主导地位，从而导致了电子密度的下降。

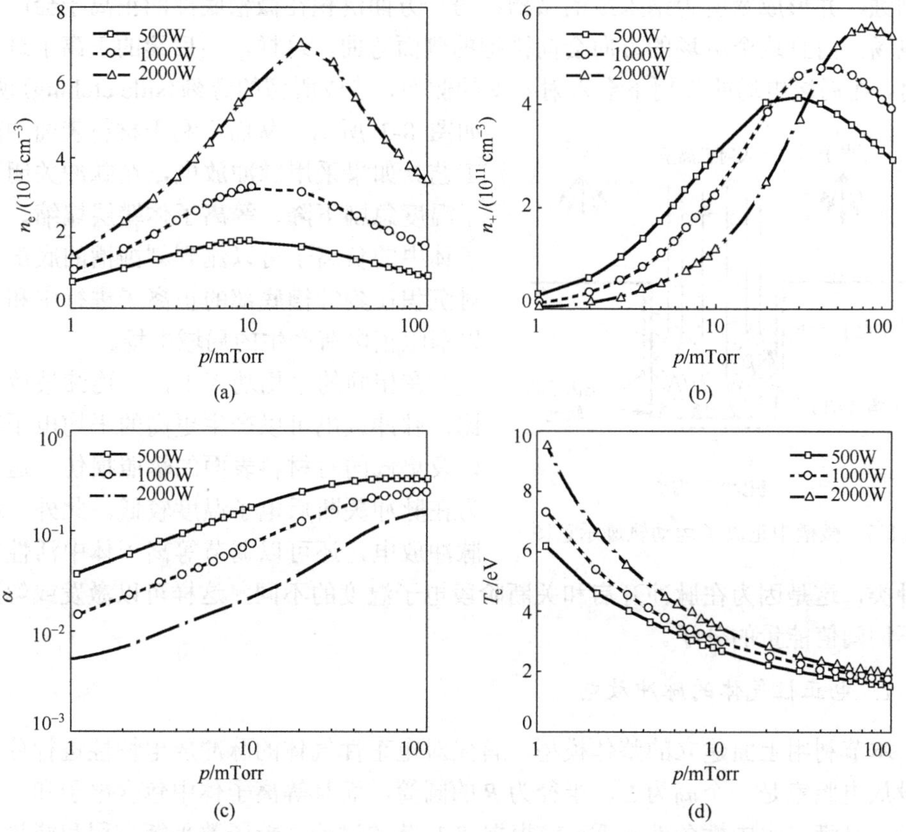

图 8-2　氧气放电中(a)电子密度、(b)正离子密度、(c)电负度和(d)电子温度随放电气压的变化

值得注意的是，为简化讨论，本节假设等离子体吸收功率等于电源的输出功率。而在实际放电中，射频匹配网络和等离子体自身性质导致实际沉积到等离子体中的功率与

电源输出的功率不同，沉积效率依赖于具体的加热原理。例如，感性放电中，等离子体从驱动线圈的电源中吸收的功率效率很高，通常为75%甚至更高，因此可以将电源功率近似为等离子体的吸收功率。感性放电一般气压较低，等离子体密度高，鞘层薄，因此本节介绍的整体模型在感性放电中有较好的应用，并且可以与实验吻合。但是容性放电中，鞘层的作用显著，等离子体功率吸收效率远低于感性放电，所以在考虑吸收功率时，还需要针对具体放电参数并结合加热机制，具体分析和计算吸收功率。

8.4　脉冲放电的特性

脉冲放电技术已经广泛地应用于材料表面处理工艺。例如，在低电导率的介质材料刻蚀工艺中，等离子体中的正离子在鞘层电场的作用下，一方面对材料表面进行刻蚀，并形成宽度为纳米级的微槽；另一方面沉积在微槽底部的正离子会产生局域电场，而且这个电场的方向会向微槽的侧面弯曲。这样，当后续的正离子进入微槽时，在局域电场的作用下会入射到槽的侧面，造成所谓的旁刻(side etching)现象，如图 8-3 所示，从而不利于材料表面的刻蚀工艺。如果采用脉冲放电，在脉冲关闭后电子温度急剧下降、等离子体鞘层塌缩，等离子体中的负离子可以流到刻蚀槽的底部，并对沉积在刻蚀槽底部的正离子进行中和，可以消除正电荷产生的局域电场。

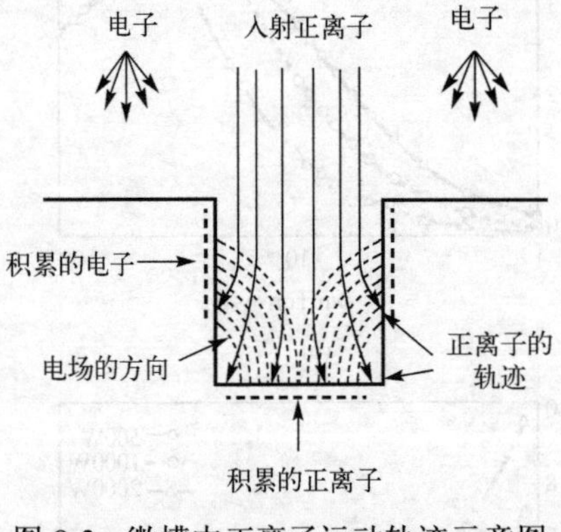

图 8-3　微槽中正离子运动轨迹示意图

在相同的平均功率下，与连续波放电相比，脉冲放电可以产生更高的平均电子密度以及更低的对材料表面的辐照损伤，这是因为在脉冲关断后电子温度较低。此外，利用脉冲放电，还可以调节等离子体中活性粒子的种类，这是因为在脉冲开启和关断阶段电子温度的不同，这样可以激发或解离具有不同阈值能量的分子。

1. 电正性气体的脉冲放电

本节利用上面建立的整体模型，首先对电正性气体的脉冲放电特性进行分析。假设放电腔室是一个高为 L、半径为 R 的圆筒，而且等离子体中包含电子和一种正离子，且满足电中性条件 $n_e = n_i$。根据 8.1 节的讨论，粒子数平衡方程和能量平衡方程分别为

$$\frac{dn_e}{dt} = n_e n_g k_{iz} - n_e u_B \frac{A_{eff}}{V} \tag{8.4-1}$$

$$\frac{\mathrm{d}}{\mathrm{d}t}\left(\frac{3n_{\mathrm{e}}T_{\mathrm{e}}}{2}\right)=\frac{P_{\mathrm{abs}}}{V}-p_{\mathrm{loss}} \tag{8.4-2}$$

其中，n_{e} 和 n_{g} 分别为电子和中性粒子的密度；T_{e} 为电子温度；k_{iz} 为电离速率系数；u_{B} 为玻姆速度；$V=\pi R^2 L$ 为腔室的体积；A_{eff} 为粒子损失的有效面积，见式(8.1-20)。在方程(8.4-2)中，P_{abs} 为电子从脉冲电源中吸收的功率，$p_{\mathrm{loss}}=p_{\mathrm{V}}+p_{\mathrm{s}}$ 为等离子体损失的总功率密度

$$p_{\mathrm{loss}}=n_{\mathrm{e}}n_{\mathrm{g}}\left(k_{\mathrm{en}}\frac{3m_{\mathrm{e}}}{M}T_{\mathrm{e}}+\varepsilon_{\mathrm{ex}}k_{\mathrm{ex}}+\varepsilon_{\mathrm{iz}}k_{\mathrm{iz}}\right)+\left(\frac{5T_{\mathrm{e}}}{2}+e\Delta V_{\mathrm{s}}\right)n_{\mathrm{e}}u_{\mathrm{B}}\frac{A_{\mathrm{eff}}}{V} \tag{8.4-3}$$

在一些实际的脉冲放电中，通常对电源的输出电压或电流进行脉冲调制，并根据不同的需求，可以设计出不同形式的脉冲调制信号，如矩形脉冲、梯形脉冲、高斯脉冲等。为了便于讨论，这里我们假设对电源的输出功率进行脉冲调制，而且采用理想的矩形脉冲，即可以把 P_{abs} 表示为

$$P_{\mathrm{abs}}=\begin{cases}P_0, & 0\leqslant t\leqslant\eta\tau\\ 0, & \eta\tau<t\leqslant\tau\end{cases} \tag{8.4-4}$$

其中，τ 和 η 分别为脉冲周期和脉冲占空比；P_0 为脉冲功率。

利用方程(8.4-1)和式(8.4-3)，从方程(8.4-2)中消去 $\mathrm{d}n_{\mathrm{e}}/\mathrm{d}t$，可以把电子的能量平衡方程变为

$$\frac{1}{T_{\mathrm{e}}}\frac{\mathrm{d}T_{\mathrm{e}}}{\mathrm{d}t}=\frac{P_{\mathrm{abs}}}{W_{\mathrm{e}}}-\left(\frac{2\varepsilon_{\mathrm{T}}}{3T_{\mathrm{e}}}+1\right)n_{\mathrm{g}}k_{\mathrm{iz}}-\frac{2}{3}\left(1+\frac{e\Delta V_{\mathrm{s}}}{T_{\mathrm{e}}}\right)u_{\mathrm{B}}\frac{A_{\mathrm{eff}}}{V} \tag{8.4-5}$$

其中，$W_{\mathrm{e}}=3n_{\mathrm{e}}T_{\mathrm{e}}V/2$ 为等离子体的热动能；ε_{T} 为每产生一个电子-离子对所造成的能量损失(见 5.4 节的讨论)

$$\varepsilon_{\mathrm{T}}=\frac{3m_{\mathrm{e}}T_{\mathrm{e}}}{M}k_{\mathrm{en}}/k_{\mathrm{iz}}+\varepsilon_{\mathrm{ex}}k_{\mathrm{ex}}/k_{\mathrm{iz}}+\varepsilon_{\mathrm{iz}} \tag{8.4-6}$$

引入电离频率 $\nu_{\mathrm{iz}}=n_{\mathrm{g}}k_{\mathrm{iz}}$ 和损失频率 $\nu_{\mathrm{loss}}=u_{\mathrm{B}}A_{\mathrm{eff}}/V$，可以分别把方程(8.4-1)和方程(8.4-5)改写为

$$\frac{1}{n_{\mathrm{e}}}\frac{\mathrm{d}n_{\mathrm{e}}}{\mathrm{d}t}=\nu_{\mathrm{iz}}-\nu_{\mathrm{loss}} \tag{8.4-7}$$

$$\frac{1}{T_{\mathrm{e}}}\frac{\mathrm{d}T_{\mathrm{e}}}{\mathrm{d}t}=\frac{P_{\mathrm{abs}}}{W_{\mathrm{e}}}-\left(\frac{2}{3}\frac{\varepsilon_{\mathrm{T}}}{T_{\mathrm{e}}}+1\right)\nu_{\mathrm{iz}}-\frac{2}{3}\left(1+\frac{e\Delta V_{\mathrm{s}}}{T_{\mathrm{e}}}\right)\nu_{\mathrm{loss}} \tag{8.4-8}$$

下面针对不同的脉冲阶段，讨论电子密度和电子温度随时间变化的特征。

1)脉冲开启阶段($0<t<\eta\tau$)

在脉冲开启阶段，可以忽略带电粒子在器壁上的损失。这样可以把方程(8.4-7)

和方程(8.4-8)近似为

$$\frac{1}{n_{\mathrm{e}}}\frac{\mathrm{d}n_{\mathrm{e}}}{\mathrm{d}t}\approx\nu_{\mathrm{iz}} \tag{8.4-9}$$

$$\frac{1}{T_{\mathrm{e}}}\frac{\mathrm{d}T_{\mathrm{e}}}{\mathrm{d}t}\approx\frac{P_0}{W_{\mathrm{e}}}-\frac{2}{3}\left(1+\frac{e\Delta V_{\mathrm{s}}}{T_{\mathrm{e}}}\right)\nu_{\mathrm{iz}} \tag{8.4-10}$$

由方程(8.4-9)可以得到

$$n_{\mathrm{e}}(t)=n_{\mathrm{e\,min}}\exp\left[\int_0^t\nu_{\mathrm{iz}}(t')\mathrm{d}t'\right] \tag{8.4-11}$$

其中，$n_{\mathrm{e\,min}}$ 为初始电子密度，它的值很小。可见在脉冲开启阶段，电子密度会迅速升高。在脉冲刚开启的初始时刻（$t=0^+$），由于初始电子温度非常低，电离频率几乎为零，这时可以进一步忽略方程(8.4-10)右边的第二项，由此可以得到

$$T_{\mathrm{e}}(t)\approx T_{\mathrm{emin}}+\frac{2P_0}{3V}\int_0^t\frac{\mathrm{d}t'}{n_{\mathrm{e}}(t')} \tag{8.4-12}$$

其中，T_{emin} 为电子的初始温度，几乎为零。由于初始时刻电子密度也很低，所以电子温度比电子密度上升得更迅速。但随着电子温度的上升，方程(8.4-10)右边的第二项变得重要。当电子温度达到最大值 T_{emax} 时，有 $\mathrm{d}T_{\mathrm{e}}/\mathrm{d}t=0$。考虑到 $\varepsilon_{\mathrm{T}}/T_{\mathrm{e}}\gg1$，由式(8.4-8)可以得到

$$\nu_{\mathrm{iz}}\approx\frac{P_0}{Vn_{\mathrm{e}}\varepsilon_{\mathrm{T}}} \tag{8.4-13}$$

由式(8.4-13)即可以确定出 T_{emax}。当电子温度达到最大值 T_{emax} 后，随着电子密度的进一步上升，电子温度会逐渐下降到一个稳定的值，设为 $T_{\mathrm{e}\infty}$。由于 ν_{loss} 随电子温度的变化缓慢，可以设它为一个常数，即 $\nu_{\mathrm{loss}}=\nu_\infty$，其中，

$$\nu_\infty=\frac{u_{\mathrm{B}\infty}A_{\mathrm{eff}}}{V},\quad u_{\mathrm{B}\infty}=\sqrt{T_{\mathrm{e}\infty}/m_{\mathrm{i}}} \tag{8.4-14}$$

利用式(8.4-13)和式(8.4-14)，可以把方程(8.4-7)改写为

$$\frac{\mathrm{d}n_{\mathrm{e}}}{\mathrm{d}t}=(n_{\mathrm{e}\infty}-n_{\mathrm{e}})\nu_\infty \tag{8.4-15}$$

其中，$n_{\mathrm{e}\infty}$ 为脉冲开启阶段等离子体进入稳态的电子密度

$$n_{\mathrm{e}\infty}=\frac{P_0}{\nu_\infty\varepsilon_{\mathrm{T}}V} \tag{8.4-16}$$

这样可以把方程(8.4-15)的解表示为

$$n_{\mathrm{e}}=n_{\mathrm{e\,min}}\mathrm{e}^{-\nu_\infty t}+n_{\mathrm{e}\infty}(1-\mathrm{e}^{-\nu_\infty t})\quad(0<t<\eta\tau) \tag{8.4-17}$$

可以看出，在脉冲开启的初期，电子密度是上升的；当脉冲开启的时间足够长，即 $\nu_\infty t \gg 1$ 时，电子密度将达到一个稳定的值 $n_{e\infty}$。需要说明一点，电子密度能够到达一个稳定值，其前提是电子温度也能达到一个稳定的值，这在长脉冲情况下才成立。

2) 脉冲关断阶段 ($t > \eta\tau$)

当脉冲刚刚关断时，电子温度要迅速下降，导致电离频率远小于表面损失频率，即 $\nu_{iz} \ll \nu_{loss}$，这时可以把方程(8.4-7)和方程(8.4-8)近似为

$$\frac{dn_e}{dt} \approx -\nu_{loss} n_e \tag{8.4-18}$$

$$\frac{dT_e}{dt} = -\nu_{loss}\left(\frac{1}{3} + \frac{2e\Delta V_s}{3T_e}\right)T_e \tag{8.4-19}$$

对于悬浮鞘层，$e\Delta V_s / T_e$ 与电子温度无关，且为大于零的正数，见式(1.4-31)。令

$$\alpha = \frac{1}{3} + \frac{2e\Delta V_s}{3T_e} \tag{8.4-20}$$

这样可以把方程(8.4-19)改写为

$$\frac{dT_e}{dt} = -\alpha \nu_\infty T_e^{3/2} / T_\infty^{1/2} \tag{8.4-21}$$

其中，是利用了式(8.4-14)定义 ν_∞ 的。对方程(8.4-21)两边进行积分，并利用 $T_e\big|_{t=\eta\tau} = T_{e\infty}$，

$$T_e = T_\infty[1 + 0.5\alpha\nu_\infty(t - \eta\tau)]^{-2} \quad (\eta\tau < t < \tau) \tag{8.4-22}$$

然后，将方程(8.4-18)和方程(8.4-19)结合，并消去 ν_{loss} 后可以得到

$$\frac{d\ln n_e}{dt} = \frac{1}{\alpha}\frac{d\ln T_e}{dt} \tag{8.4-23}$$

对式(8.4-23)两边进行积分，并利用 $n_e\big|_{t=\eta\tau} = n_{e\infty}$ 及 $T_e\big|_{t=\eta\tau} = T_{e\infty}$，最后可以得到电子密度随时间的变化关系

$$n_e = n_{max}[1 + 0.5\alpha\nu_\infty(t - \eta\tau)]^{-2/\alpha} \quad (\eta\tau < t < \tau) \tag{8.4-24}$$

可以看出，在脉冲关断以后，电子密度和电子温度都随时间快速地下降，但电子温度下降的速度更快一些。

下面针对氩气的脉冲放电，采用数值方法求解方程(8.4-7)和方程(8.4-8)。选取的输入参数如下：脉冲电源的最大功率为 $P_0 = 500$W、脉冲周期为 $\tau = 1\times10^{-3}$s、脉冲占空比为 $\eta = 0.3$、放电腔室的高度和半径分别为 $L = 7.5$cm 及 $R = 15$cm、气压和中性气体温度分别为 $p = 10$mTorr 及 $T_g = 600$K。在数值计算时，可以选取一个初始电子密度 n_{emin} 和初始电子温度 T_{emin} 的值，但当放电达到稳定时，所得到的结果与初始

值的选取无关。为了简化分析，这里只考虑电子与氩原子的弹性、激发和电离等三个碰撞反应，不考虑电子与不同激发态原子的碰撞反应。对于 k_{en}、k_{ex} 及 k_{iz} 三个碰撞反应速率，采用如下拟合公式[2]：

$$\begin{cases} k_{\mathrm{en}} = 2.336\times 10^{-8} T_{\mathrm{e}}^{1.609} \exp[0.0618(\ln T_{\mathrm{e}})^2 - 0.1171(\ln T_{\mathrm{e}})^3] \quad (\mathrm{cm^3/s}) \\ k_{\mathrm{ex}} = 2.48\times 10^{-8} T_{\mathrm{e}}^{0.33} \exp[-12.78/T_{\mathrm{e}}] \quad (\mathrm{cm^3/s}) \\ k_{\mathrm{iz}} = 2.34\times 10^{-8} T_{\mathrm{e}}^{0.59} \exp[-17.44/T_{\mathrm{e}}] \quad (\mathrm{cm^3/s}) \end{cases} \tag{8.4-25}$$

其中，电子温度是以 eV 为单位；氩原子的激发和电离阈值能量分别为 $\varepsilon_{\mathrm{ex}} = 12.4\mathrm{eV}$ 及 $\varepsilon_{\mathrm{iz}} = 15.76\mathrm{eV}$。由于现在考虑的是低气压放电，选取在有效损失面积 A_{eff} 中的两个边缘密度与中心密度的比例 h_L 和 h_R 的形式如下：

$$h_L \approx 0.86\left(3+\frac{L}{2\lambda_{\mathrm{i}}}\right)^{-1/2} \tag{8.4-26}$$

$$h_R \approx 0.8\left(4+\frac{R}{\lambda_{\mathrm{i}}}\right)^{-1/2} \tag{8.4-27}$$

其中，λ_{i} 为氩离子与氩原子的碰撞自由程，其形式为[2]

$$\lambda_{\mathrm{i}} = \frac{1}{n_{\mathrm{g}}\sigma_{\mathrm{i}}} \approx \frac{1}{330p} \quad (p\ \text{以Torr为单位}) \tag{8.4-28}$$

对于中性气体的密度，可以由理想气体的状态方程确定，即 $n_{\mathrm{g}} = p/k_{\mathrm{B}}T_{\mathrm{g}}$。图 8-4(a)和(b)分别显示了电子密度和电子温度随时间的变化，可以看出，正如前面分析的那样，在脉冲开启的初始时刻，电子密度和电子温度都迅速上升，但电子温度上升得更快，有一个尖锐的峰值，大约为 10.64eV。然后，电子温度迅速下降到一个稳定

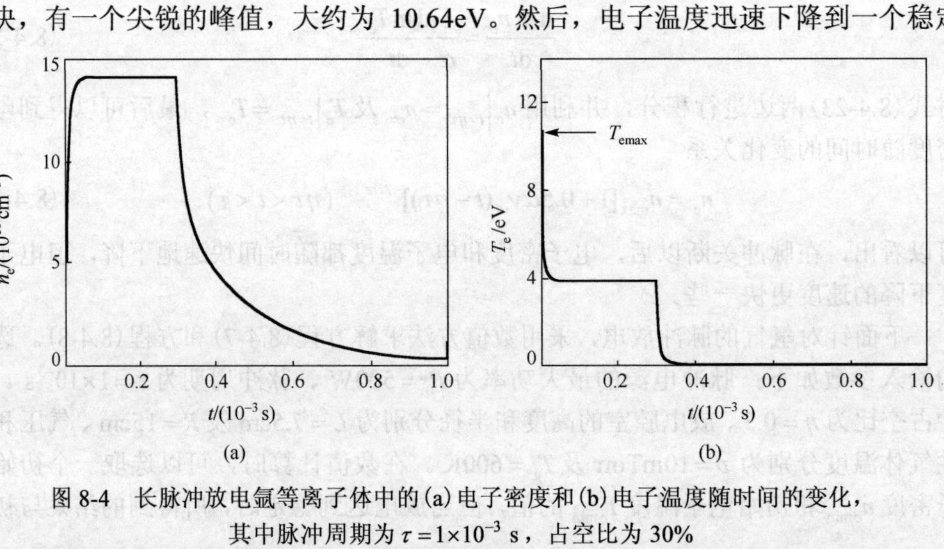

图 8-4　长脉冲放电氩等离子体中的(a)电子密度和(b)电子温度随时间的变化，其中脉冲周期为 $\tau = 1\times 10^{-3}$ s，占空比为 30%

的值，大约为 4eV，同时电子密度也到达一个稳定的值，大约为$1.404\times10^{11}cm^{-3}$。当放电关闭时($t=0.3\times10^{-3}s$)，电子密度和电子温度都迅速下降，但电子温度下降得更快。

对于相同的脉冲功率和气压，如果脉冲周期的长度不一样，则电子密度和电子温度随时间的变化趋势也是不同的。当脉冲周期较小时，电子密度几乎不存在稳态阶段，即在脉冲开启阶段，电子密度随着时间而不断增长，一直到脉冲关断时开始迅速下降，见图 8-5(a)。此外，与长脉冲情况相比，电子密度在短脉冲开启阶段增长得相对缓慢。随着短脉冲的开启，电子温度一开始也是迅速增长，然后到一个最大值后才开始缓慢下降，一直到脉冲关闭时才迅速下降，见图 8-5(b)，但下降到一定的值后又开始缓慢下降，这一点与长脉冲情况不同。

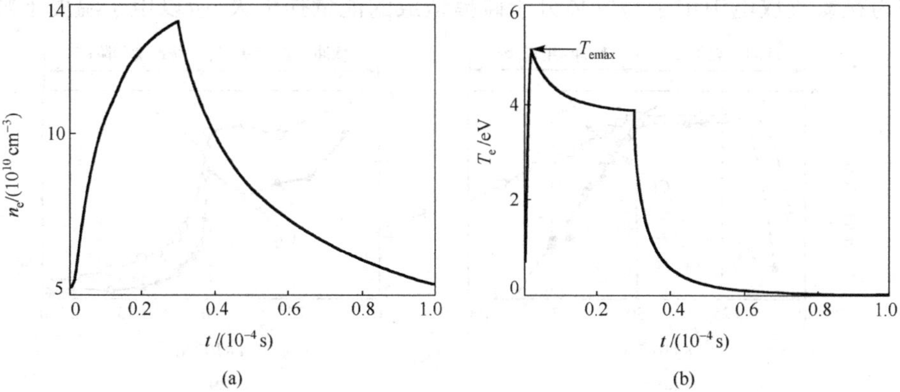

图 8-5　短脉冲放电氩等离子体中的(a)电子密度和(b)电子温度随时间的变化，其中脉冲周期为$\tau=1\times10^{-4}$ s

脉冲开启瞬间，电子温度迅速出现峰值，之后逐渐下降趋于平缓，其原因如下：当方波脉冲功率突然开启时，功率由 0 跳变到一个较大的数值，导致平均每个电子的平均热动能(或电子温度)很高，即电子温度快速出现远高于稳态的峰值。随着放电的进行，电子数密度逐渐升高，每个电子平均热动能下降，当密度达到稳态时，电子温度也趋于稳态。可以预见，通过控制功率波形，例如采用梯形波或者阶梯型矩形波，这种电子温度过冲现象可以得到控制。

Ashida 等曾采用一个包含激发态的氩气放电整体模型，模拟了不同的脉冲宽度对电子密度、电子温度和激发态原子密度随时间的变化规律[11]。实际上，激发态原子密度随时间变化的特征与电子密度随时间变化的特征非常相似，只是在脉冲关断后激发态原子密度下降较为迅速。

2. 电负性气体的脉冲放电

利用整体模型，还可以模拟电负性气体的脉冲放电特征。对于高密度等离子体，在脉冲开启阶段，由于电子密度较高，而且负离子被鞘层电势约束在体区。但当脉冲关闭以后，鞘层势垒将塌缩，负离子将向器壁或基片扩散。正如本节开头所提到的那样，由此形成的负离子流可以对刻蚀槽底部沉积的正离子进行中和。

针对脉冲调制（$\tau = 10^{-4}$ s，$\eta = 0.5$）的射频感性耦合氯气和氩气放电，Ahn 等分别采用朗缪尔平面探针和光致解吸附的方法测量了电子密度、电子温度和负离子密度随时间的变化[12]。图 8-6(a)和(b)分别显示电子密度和电子温度随时间的变化，其中氩气放电的气压和脉冲功率为 6mTorr 和 200W，而氯气放电的气压和脉冲功率为 8mTorr 和 400W。可以看到，在脉冲开启阶段，电子密度和电子温度随时间的变化都存在一个近似平稳阶段，这与前面的理论描述是一致的。在脉冲关断后，氯气放电中电子密度和电子温度均比氩气放电中电子密度和电子温度下降得快，这主要是因为在氯气放电中电子与气体分子碰撞造成的能量损失大，所以电子温度下降快。

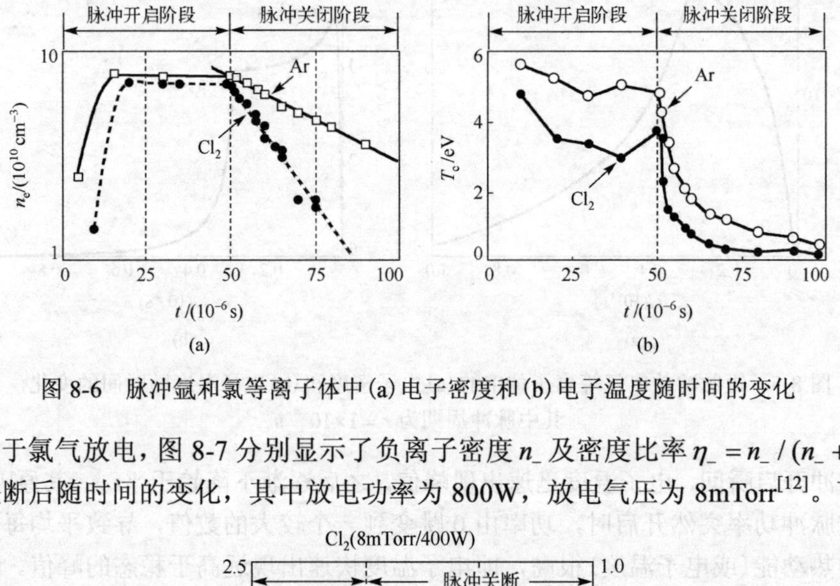

图 8-6　脉冲氩和氯等离子体中(a)电子密度和(b)电子温度随时间的变化

对于氯气放电，图 8-7 分别显示了负离子密度 n_- 及密度比率 $\eta_- = n_- / (n_- + n_e)$ 在脉冲关断后随时间的变化，其中放电功率为 800W，放电气压为 8mTorr[12]。可以看

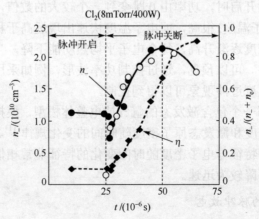

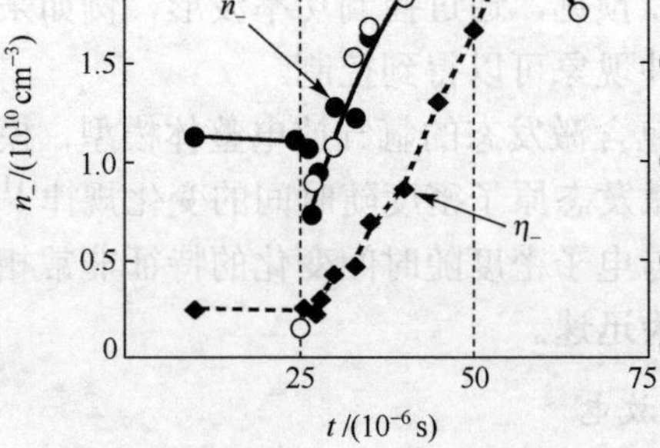

图 8-7　脉冲氯等离子体中负离子密度及密度比率随时间的变化

到，在脉冲关断的初始阶段负离子密度不是下降，而是快速上升，在 25μs 左右达到一个最大值，然后才开始下降。这主要是因为在脉冲关断的初始阶段，氯等离子体中的电子温度下降得非常迅速，见图 8-6(b)，由此导致了电子的附着碰撞速率增加，使得负离子密度上升。在脉冲关断的后半阶段，负离子密度有下降的趋势，但 Ahn 等给出的实验数据不多。

Malyshev 等也对脉冲调制的射频感性耦合氯气放电中的电子密度、负离子密度及电子温度随时间的变化进行了测量[13]，其中实验测量到的电子密度和电子温度随时间的变化趋势基本上与前面的理论分析一致。

下面对脉冲关断后的负离子密度随时间变化的特征进行定性的理论描述。为简单起见，假设电负性等离子体中只有电子和一种正离子及负离子，且满足电中性条件，即

$$n_{\mathrm{e}} + n_{-} = n_{+} \tag{8.4-29}$$

其中，n_{e}、n_{-} 及 n_{+} 分别为电子、负离子及正离子的密度。正负离子的粒子数守恒方程分别为

$$\frac{\mathrm{d}n_{+}}{\mathrm{d}t} = k_{\mathrm{iz}} n_{\mathrm{g}} n_{\mathrm{e}} - k_{\mathrm{rec}} n_{-} n_{+} - \nu_{\mathrm{loss}} n_{+} \tag{8.4-30}$$

$$\frac{\mathrm{d}n_{-}}{\mathrm{d}t} = k_{\mathrm{att}} n_{\mathrm{e}} n_{\mathrm{g}} - k_{\mathrm{rec}} n_{+} n_{-} \tag{8.4-31}$$

其中，k_{iz}、k_{att} 和 k_{rec} 分别为电离碰撞、附着碰撞和复合碰撞反应速率；ν_{loss} 是正离子在器壁表面上的损失频率。在脉冲关断后，电离碰撞反应速率几乎为零，此外由于正离子密度快速下降，所以复合碰撞反应的速率也很小，可以把方程(8.4-30)近似为

$$\frac{\mathrm{d}n_{+}}{\mathrm{d}t} \approx -\nu_{\mathrm{loss}} n_{+} \tag{8.4-32}$$

为了便于分析，取脉冲关断的时刻为时间的起点，即 $t=0$。对于脉冲关断情况，电子温度在脉冲关断后先迅速下降，然后缓慢下降，见图 8-4(b)。因此，可以假设在脉冲关断后的大部分时间内电子温度近似保持恒定，即认为 ν_{loss} 是一个常数。这样，由方程(8.4-32)可以得到

$$n_{+}(t) = n_{+}(0)\mathrm{e}^{-\nu_{\mathrm{loss}} t} \tag{8.4-33}$$

利用 $n_{\mathrm{e}} = n_{+} - n_{-}$ 及式(8.4-33)，可以把方程(8.4-31)改写为

$$\frac{\mathrm{d}n_{-}}{\mathrm{d}t} + k_{\mathrm{att}} n_{\mathrm{g}} n_{-} = k_{\mathrm{att}} n_{\mathrm{g}} n_{+}(0)\mathrm{e}^{-\nu_{\mathrm{loss}} t} - k_{\mathrm{rec}} n_{+}(0)\mathrm{e}^{-\nu_{\mathrm{loss}} t} n_{-} \tag{8.4-34}$$

经过适当的变换，可以得到方程(8.4-34)的解为

$$\tilde{n}_-(t) = e^{\kappa(t)-\nu_{att}t} + \frac{\nu_{att}}{\nu_{rec}}\frac{n_g}{n_-(0)}[e^{-\nu_{att}t} - e^{\kappa(t)-\nu_{att}t}] \tag{8.4-35}$$

其中，$\tilde{n}_-(t) = n_-(t)/n_-(0)$ 为负离子的约化密度；$\nu_{att} = k_{att}n_g$ 和 $\nu_{rec} = k_{rec}n_g$ 分别为附着碰撞频率和复合碰撞频率，函数 $\kappa(t)$ 的表示式如下：

$$\kappa(t) = \frac{\nu_{rec}}{\nu_{loss} - \nu_{att}}\frac{n_+(0)}{n_g}[e^{-(\nu_{loss}-\nu_{att})t} - 1] \tag{8.4-36}$$

显然，负离子密度随时间的变化依赖于损失频率、附着碰撞频率、复合碰撞频率、正负离子的初始密度及中性粒子的密度。

我们选取 $\nu_{att} = 1.6\times10^4 s^{-1}$、$\nu_{rec} = 9\times10^6 s^{-1}$、$n_+(0)/n_g = 10^{-3}$ 和 $n_-(0)/n_g = 0.2\times10^{-3}$，而损失频率 ν_{loss} 的值分别为 $1\times10^4 s^{-1}$、$2\times10^4 s^{-1}$ 及 $4\times10^4 s^{-1}$。图 8-8 显示了在脉冲关闭后负离子密度随时间的变化特征。可以看出，在脉冲刚关断时负离子密度随时间逐渐增加，而且损失频率越小，负离子密度上升得越明显。当负离子密度达到一个最大值后，开始下降，峰值对应的时间随着损失频率的减小而向后延迟。

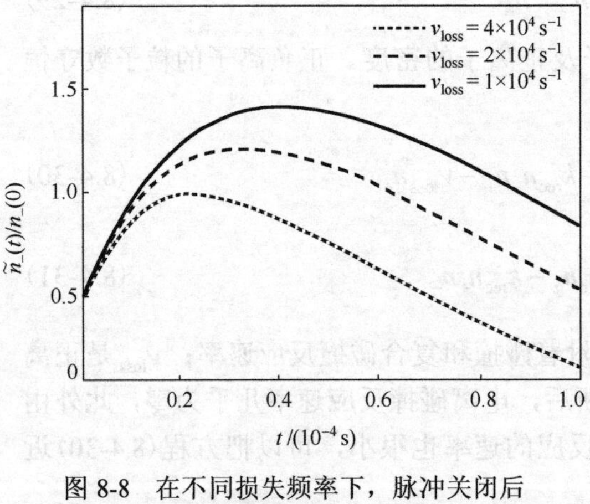

图 8-8 在不同损失频率下，脉冲关闭后负离子密度随时间的变化

Thorsteinsson 和 Gudmundsson 采用一个完整的整体模型，对 Ar/Cl_2 混合气体的脉冲放电进行了较为详细的模拟，并显示了不同种类的带电粒子密度、激发态粒子密度和电子温度随时间的变化，模拟结果基本上与前面整体模型得到的结果一致[14]。

8.5 本 章 小 结

本章所介绍的整体模型是从全局或整体(global)的角度来考虑气体放电中的粒子数守恒和能量守恒。这种模型不仅适用于稳态放电，也适应于脉冲放电，而且可以考虑粒子在体区中的复杂碰撞反应以及表面反应。特别是对于稳态放电，这种模型可以直观地给出等离子体的状态参量(如电子密度、电子温度)与放电参数(如功率、气压)之间的变换关系。本章的重点内容是整体模型的建立及其在脉冲放电中的应用。

(1) 8.1 节针对稳态的电正性等离子体，分别对一维离子连续性方程和电子能量平衡方程进行空间平均，推导出整体模型中两个最基本的方程，即粒子数守恒方程和电子能量守恒方程，见方程(8.1-8)和方程(8.1-11)。在粒子数守恒方程中，体区中电离碰撞产生的离子数等于在器壁上损失的离子数，由此可以确定出电子温度随放电气压和放电腔室尺度的变化关系。在能量守恒方程中，电子从电源中吸收的功率密度等于损失的功率密度，其中损失功率密度包括电子在体区的碰撞过程所损失的功率密度和在表面损失的功率密度。由能量守恒方程，可以给出等离子体密度随放电功率的变化关系。此外，还把上述整体模型推广到圆柱形等离子体，其中引入了有效损失面积。

(2) 8.2 节针对稳态的低气压电负性等离子体，假设是由电子、正离子、负离子和激发态的粒子组成的，并分别建立了正负离子和激发态粒子的粒子数守恒方程以及电子的能量平衡方程。由于正负离子之间的复合碰撞，粒子数守恒方程是非线性的，所以，为了得到其解析解，不得不做一些简化处理。此外，还介绍了高气压情况下的电负性等离子体的整体模型。

(3) 8.3 节给出了整体模型的一般形式，它包含了不同种类的正离子、负离子和激发态粒子的粒子数平衡方程以及电子的能量平衡方程，而且粒子数密度和电子温度可以是稳态的，也可以是随时间变化的。这套完整的整体模型方程组可以用于分子气体或混合气体放电过程的模拟，但需要输入大量的化学反应速率数据。

(4) 8.4 节将整体模型应用到脉冲放电，分析了带电粒子密度和电子温度随时间变化的特征。对于电正性气体放电，在脉冲开启的初始阶段电子密度和电子温度都随时间呈上升趋势，但电子温度上升得较为迅速；在脉冲关闭的初始阶段电子密度和电子温度都随时间下降，同样电子温度下降得更为迅速；当脉冲开启时间足够长时(长脉冲)，电子密度和电子温度随时间的变化会出现一个平稳的阶段。对于电负性气体放电，电子密度和电子温度随时间的变化行为与电正性气体相似，但在脉冲关闭的初始阶段负离子的密度不是下降，而是上升。

需要强调一点，整体模型是建立在等离子体的电中性条件基础之上的，因此它只适用于对体区等离子体状态参数的模拟。对于带有射频偏压的感应耦合放电或螺旋波放电，也可以将整体模型与偏压鞘层模型进行耦合，构成一种简单的“混合模型”，其中由整体模型模拟得到的等离子体状态参数可以作为偏压鞘层模型的边界值，而由偏压鞘层模型得到的随机加热功率密度可以耦合到电子的能量守恒方程中[10]。这样，借助于这种混合模拟，不仅可以模拟体区中的电子密度和电子温度等状态参数，而且还可以模拟入射到基片上的离子能量和通量。

习　题　8

8.1　对于低气压氩气放电，假设放电腔室为一个圆筒，其半径和高度分别为 $R=10\text{cm}$ 和 $L=8\text{cm}$，放电功率为 $P_{\text{abs}}=1000\text{W}$，放电气压为 $p=10\text{mTorr}$，中性气体温度为 300K。利用式(8.1-23)和式(8.1-24)，估算出电子密度和电子温度的值，其中电子与氩原子的弹性、激发和电离碰撞速率由式(8.4-25)给出，密度比率 h_R 和 h_L 由式(8.4-26)和式(8.4-27)给出。

8.2 对于高气压电正性气体放电，如果放电腔室为一个半径为 R 和高度为 L 的圆筒，试根据 6.2 节介绍的双极扩散方程的解，分别推导出整体模型的粒子数守恒方程和电子能量守恒方程。

8.3 对于高气压氯气放电，假设 $\alpha_0 \gg 1$，$L_1 \approx d$，而且复合过程是离子的主要损失渠道。根据式(8.2-33)，估算出 α_0 的近似值，其中给定

$$n_{e0} = 2\times10^9\,\text{cm}^{-3},\quad n_g = 5\times10^{12}\,\text{cm}^{-3},\quad T_e = 3\text{eV}$$

$$k_{att} = 3.69\times10^{-10}\exp[-1.68/(T_e/\text{eV}) + 1.467/(T_e/\text{eV})^2]\quad (\text{cm}^3/\text{s})$$

$$k_{rec} = 5.1\times10^{-8}\,\text{cm}^3/\text{s}$$

8.4 证明：方程(8.4-34)的解为式(8.4-35)。

参考文献

[1] Chabert P, Braithwaite N S J. Physics of Radio-Frequency Plasmas. Cambridge: Cambridge University Press, 2011; [中译本]帕斯卡·夏伯特，尼古拉斯·布雷斯韦特. 射频等离子体物理学. 王友年，徐军，宋远红，译. 北京：科学出版社, 2015.

[2] Lieberman M A, Lichtenberg A J. Principles of Plasma Discharges and Materials Processing. Hoboken, New Jersey: John Wiley & Sons, Inc., 2005.

[3] Lee C, Lieberman M A. Global model of Ar, O_2, Cl_2, and Ar/O_2 high - density plasma discharges. J. Vac. Sci. Technol., 1995, 13(2): 368-380.

[4] Thorsteinsson E G, Gudmundsson J T. A global (volume averaged) model of a Cl_2/Ar discharge: I. Continuous power. J. Phys. D: Appl. Phys., 2010, 43(11): 115201.

[5] Toneli D A, Pessoa R S, Roberto M, et al. On the formation and annihilation of the singlet molecular metastables in an oxygen discharge. J. Phys. D: Appl. Phys., 2015, 48(32): 325202.

[6] Kemaneci E, Booth J P, Chabert P, et al. A computational analysis of the vibrational levels of molecular oxygen in low-pressure stationary and transient radio-frequency oxygen plasma. Plasma Sources Sci. Technol., 2016, 25(2): 025025.

[7] Yang W, Zhao S X, Wen D Q, et al. F-atom kinetics in SF_6/Ar inductively coupled plasmas. J. Vac. Sci. Technol. A, 2016, 34(3): 031305.

[8] Toneli D A, Pessoa R S, Roberto M, et al. A global model study of low pressure high density CF_4 discharge. Plasma Sources Sci. Technol., 2019, 28(2): 025007.

[9] Kim S, Lieberman M A, Lichtenberg A J, et al. Improved volume-averaged model for steady and

pulsed-power electronegative discharges. J. Vac. Sci. Technol. A, 2006, 24(6): 2025-2040.

[10] Wen D Q, Zhang Y R, Lieberman M A, et al. Ion energy and angular distribution in biased inductively coupled Ar/O_2 discharges by using a hybrid model. Plasma Processes Polym., 2017, 14: 1600100.

[11] Ashida S, Lee C, Lieberman M A. Spatially averaged (global) model of time modulated high density argon plasmas. J. Vac. Sci. Technol. A, 1995, 13(5): 2498-2507.

[12] Ahn T H, Nakamura K, Sugai H. Negative ion measurements and etching in a pulsed-power inductively coupled plasma in chlorine. Plasma Sources Sci. Technol., 1996, 5(2): 139.

[13] Malyshev M V, Donnelly V M, Colonell J I, et al. Dynamics of pulsed-power chlorine plasmas. J. Appl. Phys., 1999, 86(9): 4813-4820.

[14] Thorsteinsson E G, Gudmundsson J T. A global (volume averaged) model of a Cl_2/Ar discharge: II. Pulsed power modulation. J. Phys. D: Appl. Phys., 2010, 43(11): 115202.

第 9 章 容性耦合等离子体

在放电腔室中放置一对平行板金属电极，并将射频电源施加在电极上，这样可以使气体放电在两个电极之间进行。由于这种放电装置类似于一个平行板电容器，因此这种等离子体称为容性耦合等离子体(capacitively coupled plasma，CCP)。平行板结构的 CCP 源是工业上最常用的低温等离子体源之一，主要用于微电子工业中的材料刻蚀和薄膜沉积工艺。

本章将采用一些简单的物理模型对容性耦合放电进行描述，并介绍放电过程中出现的一些物理现象。在 9.1 节中，我们首先对微电子工艺中使用的单频 CCP 源、双频 CCP 源和射频/直流 CCP 源进行简要介绍。在 9.2 节中，采用阶梯密度分布模型来描述具有“鞘层/等离子体/鞘层”结构的 CCP，并推导出两个电极间的瞬时电场和电势的解析表示式。在 9.3 节中，通过引入等离子体的电阻、电感以及鞘层电容，把 CCP 看作由这些电学元件构成的一个等效回路，并由此推导出等离子体的等效复阻抗。在 9.4 节中，采用整体模型对低气压放电情况下 CCP 的状态参数的定标规律进行分析，其中包括等离子体密度和鞘层厚度随电压和驱动频率的变化关系。在 9.5～9.8 节中，分别介绍 CCP 中的一些基本物理现象或效应，包括非线性等离子体串联共振现象、电非对称效应、电子反弹共振加热效应、电负性等离子体的辉光条纹现象。最后，9.9 节将介绍描述容性耦合放电的流体力学与蒙特卡罗方法耦合的二维混合模型，并以氮气放电为例进行模拟。

9.1 容性耦合等离子体源的概况

对于微电子工业中使用的 CCP 源，其腔室一般为一个圆筒，内部放置两个相互平行的圆形平板电极。对于材料刻蚀和薄膜沉积工艺，两个电极之间的距离在 1～3cm，而电极的直径为 20～40cm，其具体的尺寸取决于被处理工件(如晶圆)的尺寸。对于实际的等离子体工艺，上电极为“淋喷头”式，即按照一定的工艺要求，在上电极上分布一些直径为亚毫米量级的圆孔，工作气体通过这些小孔均匀地进入放电腔室。上下电极的边缘均套有绝缘环，以降低电场的边缘效应，使得等离子体密度在腔室径向上的分布较为均匀。此外，射频电源还要与一个匹配网络相连接。通过调节该匹配网络的阻抗，使射频电源的输出阻抗与匹配网络和等离子体构成的负载阻抗达到最佳耦合状态，最大限度地减少射频功率反射。

此外，CCP 源在光伏工业中也得到广泛应用，如沉积微晶硅薄膜和减反射薄膜。

这种 CCP 源的腔室为方形，而且尺寸较大，约为 2m×2m。本节只对具有圆筒形腔室结构的 CCP 源进行介绍。

1. 单频 CCP 源

单频 CCP 源最早出现在 20 世纪 70 年代。美国德州仪器公司的 Reinberg 基于这种等离子体源设计出了第一个平行板等离子体刻蚀机，并申请了专利[1]。后来经过不断改进，目前这种等离子体源已被广泛地应用在介质刻蚀和薄膜沉积等材料表面处理工艺中[2]。对于这种单频 CCP 源，其中一个电极接地(简称接地电极)，另一个电极与射频电源连接(简称功率电极)，见图 9-1。典型的放电频率为 13.56MHz。

由图 9-1 可以看出，对于具有平行板电极的容性耦合放电，两个电极之间呈现出一种“三明治”结构，即“鞘层/等离子体/鞘层”结构。在等离子体区，电场很弱，且满足准电中性条件；而在鞘层区，电场很强(指向电极)，电子的密度几乎为零，准电中性条件不再成立。在振荡的射频电压的驱动下，两个鞘层的边界和鞘层的电势降(或电场)也随时间振荡，但它们随时间变化的相位正好相反，即一个鞘层向等离子体区扩展，而另一个鞘层向电极塌缩。我们已对这种等离子体鞘层的特性进行了详细描述，见 7.2 节和 7.3 节。

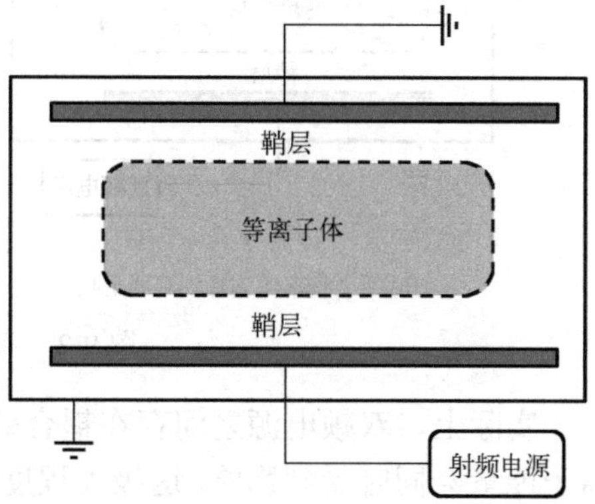

图 9-1　单频 CCP 源示意图

对于这种单频 CCP 源，当电源频率固定时，射频电源的电压或功率越高，等离子体密度就越高，但同时入射到晶圆上的离子能量也越高。过高的离子能量容易造成晶片的辐照损伤，这是刻蚀工艺所不希望看到的。因此，采用单频 CCP 源，无法独立控制等离子体的密度和轰击到晶圆上离子的能量。为了抑制离子对晶圆的辐照损伤，单频 CCP 源通常只能在低功率下放电，导致等离子体密度较低(10^8～$10^{10}cm^{-3}$)、轰击到晶圆上的离子通量较低，最终影响刻蚀的效率。

2. 双频 CCP 源

为了解决单频 CCP 源中的上述问题，人们在 20 世纪 90 年代提出了双频驱动放电的概念[3]，其中两个射频电源可以连接到同一电极或者分别连接到不同电极，如图 9-2 所示。频率较高的电源主要用于产生高密度等离子体，而频率较低的电源主要用来控制离子在鞘层中的运动特性，即入射到电极或基片上的离子能量。通过分别调节高低频电源的电压(功率)和频率，能够在一定程度上独立地控制入射到晶圆上的离子通量(与等离子体密度成正比)和离子能量。对于实际的等离子体刻蚀工艺，通常采用的频率组合为 27.2MHz/2MHz 或 60MHz/2MHz，如美国泛林(LAM)公司生产的介质刻蚀机就是采用 27.2MHz/2MHz 的双频驱动方式[4]，而日本东京电子(TEL)公司[5]和我国中微半导体设备(上海)股份有限公司(AMEC)则是采用 60MHz/2MHz 的双频驱动方式[6]，但两者的双频电源施加方式不一样。目前，这种双频 CCP 源已经广泛地应用在介质材料的刻蚀工艺中。

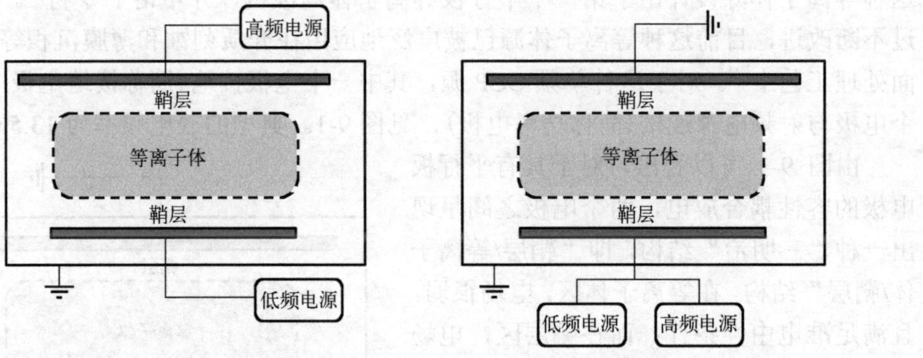

(a) 两个频率源施加到不同电极　　(b) 两个频率源施加到同一电极

图 9-2　双频 CCP 源示意图

实际上，双频电源之间存在耦合效应，即改变低频电压时，等离子体的密度和离子能量会同时受到影响，这极大程度地限制了双频 CCP 对离子通量和能量的独立控制。实验结果表明[7]，在 60MHz/2MHz 双频放电中，当高频功率较低和低频功率较高时，双频电源的功率对等离子体密度的影响是相互耦合的。因此在双频 CCP 放电中，只有在一定的参数范围内才能近似地实现对离子的通量和能量的独立控制。比如，当高频电源的频率 f_h 远大于低频电源的频率 f_v，即 $f_h \gg f_v$，而且低频电源的功率不是太高时，高低频源才有可能解耦。

对于等离子体增强化学气相沉积(PECVD)工艺，通常也是采用双频容性耦合放电产生等离子体，只不过在这种等离子体工艺中，高频电源的频率一般为 13.56MHz，而低频电源的频率只有几十至几百千赫兹。其中高频电源用于维持放电，控制薄膜的沉积速率，而低频电源用于控制轰击到薄膜表面上的离子能量，增强薄膜与基体的附着能力。

3. 射频/直流 CCP 源

在介质材料刻蚀工艺中，由于介质不是一个良导体，高能定向运动的正离子会在刻蚀槽底部积累，而低能各向同性的电子则在刻蚀槽边缘与侧壁处积累。这样就会在刻蚀槽内部产生局域充电现象，并形成具有较大横向分量的局域电场。在这种局域电场的作用下，后续入射的正离子的运动轨迹会发生偏转，并轰击到刻蚀槽的侧壁，形成所谓的旁刻现象。旁刻现象的出现，对实现器件的各向异性刻蚀非常不利。

为了降低刻蚀槽底部的正电荷积累，Lai 等提出通过某种方式朝着晶圆表面输送高能定向运动的电子，使其有足够的能量克服鞘层势垒而到达刻蚀槽的底部，进而中和累积在那里的正离子[8]。由此，他们提出了射频/直流 CCP 源，即在晶圆的对面电极(上电极)上施加一个额外的负直流电压，如图 9-3 所示。这样，可以在靠近上电极表面处形成一个直流鞘层，等离子体中的离子在直流鞘层电场的作用下轰击到上电极表面，诱导出二次电子。二次电子在直流鞘层电场的加速作用下，朝着晶圆表面入射。Lai 等通过实验证实了这种直流/射频 CCP 源可以有效地抑制局部充电效应，并获得很好的刻蚀槽剖面。同时，随着直流源的引入，刻蚀效率也得到了明显的提高。目前这种等离子体源技术已引起了工业界和学术领域广泛的研究兴趣，并在东京电子公司的成品刻蚀机中得到了应用[9]。

然而，尽管施加直流电压可以抑制刻蚀槽的充电现象，但过高的直流偏压将会导致有效放电区域缩小，等离子体密度降低[10]，这对提高材料的刻蚀率是不利的。因此在实际应用中，需要合理地匹配直流电源的电压、射频电源的功率及放电间隙。特别是采用双频叠加直流放电，不仅可以产生高能电子束，同时又能在一定程度上提高等离子体密度[11]。

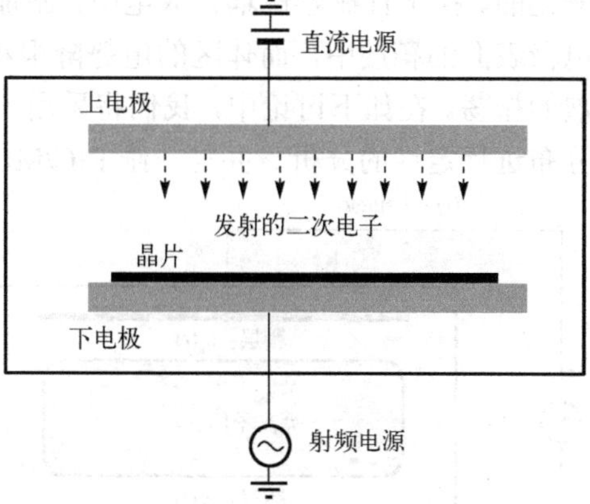

图 9-3　射频/直流 CCP 源示意图

在实际的等离子体刻蚀工艺中，也可以采用脉冲调制射频放电的方法来抑制刻蚀槽的充电现象[12]。在脉冲关闭后，射频鞘层会塌缩，等离子体中的负离子会进入刻蚀槽的底部，中和积累的正电荷。此外，对于脉冲调制的射频放电，通过调节脉冲宽度和占空比，还可以有效地调控等离子体中的电子能量分布，以及中性基团的种类和浓度。目前，这种脉冲调制的射频放电技术已经在等离子体刻蚀工艺中得到广泛的应用。

9.2　电极间的瞬时电势分布

在容性耦合放电中，如果放电频率不是太高且电极半径不是太大，即射频波在等离子体中的波长远小于电极的直径，则可以忽略射频电流产生的环向磁场。在这种情况下，通常采用静电模型(即静电近似)来确定放电腔室中的电场分布。假设在任意时刻 t，腔室中某一位置的电场为 $\boldsymbol{E}(\boldsymbol{r},t)$，它遵从如下方程：

$$\nabla\cdot\boldsymbol{E}=\rho/\varepsilon_0 \tag{9.2-1}$$

其中，ρ 是净电荷密度；ε_0 是真空中的介电常量。这种电场由两部分构成，一部分是由射频电源产生的射频电场，另一部分是由等离子体中正负电荷分离产生的静电场。在圆柱坐标系(r,ϕ,z)中，电场只有两个分量，即径向分量E_r和轴向分量E_z。如果电极的直径远大于放电的间隙，则可以忽略电场的径向分量，即认为电场垂直于电极的表面。

在静电近似下，可以引入电势$V(\boldsymbol{r},t)$来描述电场，它与电场的关系为

$$\boldsymbol{E} = -\nabla V \tag{9.2-2}$$

将式(9.2-2)代入方程(9.2-1)，可以得到电势满足的泊松方程

$$\nabla^2 V = -\rho / \varepsilon_0 \tag{9.2-3}$$

注意，对于容性耦合放电，尽管我们采用静电近似，但电场和电势仍是随时间变化的。在平行板容性耦合放电中，施加在两个电极上的射频电压主要降在靠近两个电极表面的鞘层中，而体区的电势降很小，但电势(也称等离子体势)较大，且呈现强烈的振荡。在如下讨论中，我们将采用一种简单的物理模型对两个电极间的瞬时电势分布进行定性的分析，并与一维 PIC/MCC 方法得到的数值模拟结果进行比较。

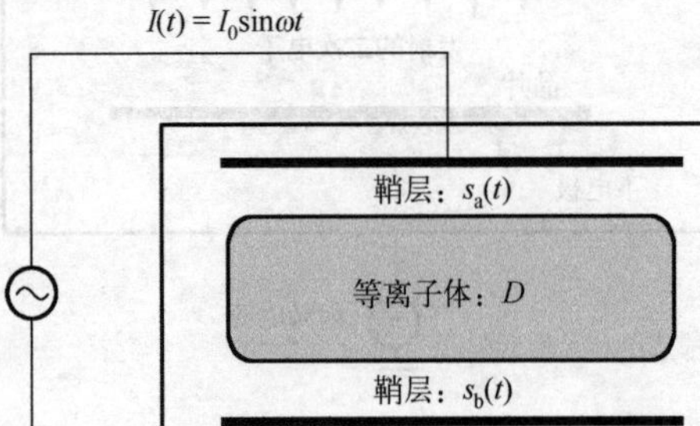

图 9-4　对称的单频容性耦合放电示意图

本节考虑两个电极面积相等的单频 CCP，如图 9-4 所示，它由“鞘层/等离子体/鞘层”所构成。下面利用第 7 章介绍的一维鞘层模型，推导出两个电极之间的瞬时电势的解析表示式。为了便于讨论，作如下假设。

(1) 两个电极之间的间隙为L，驱动电极位于$z=0$处，接地电极位于$z=L$处；等离子体区的厚度为D，两个鞘层的瞬时厚度分别为$s_a(t)$和$s_b(t)$。

(2) 在等离子体区，电子密度n_e和离子密度n_i近似相等，即满足准电中性条件$n_i = n_e = n_0$；在鞘层区，离子密度仍为常数$n_i = n_0$，而电子密度为零，即$n_e = 0$。这样，方程(9.2-1)为

$$\frac{\partial E}{\partial z} = \begin{cases} n_0/\varepsilon_0, & (\text{鞘层区}) \\ 0, & (\text{等离子体区}) \end{cases} \tag{9.2-4}$$

(3) 射频电流为$I(t) = -I_0 \sin\omega t$，其中I_0为射频电流的幅值，ω为角频率。根据第 7 章的讨论，两个鞘层的瞬时厚度分别为

$$s_a(t) = s_0(1-\cos\omega t), \quad s_b(t) = s_0(1+\cos\omega t) \tag{9.2-5}$$

其中，$s_0=\dfrac{I_0}{en_0\omega A}$ 为鞘层厚度的幅值，这里 A 为电极的面积。

在鞘层 a 内（$0<z<s_{\rm a}$），根据方程(9.2-4)，可以得到瞬时电场为

$$E_{\rm a}(z,t)=\frac{en_0}{\varepsilon_0}[z-s_{\rm a}(t)] \tag{9.2-6}$$

这里，已假定在鞘层与等离子体交界处电场为零，即等离子体区的电场为零。再利用 $E=-\dfrac{\partial V}{\partial z}$，可以得到鞘层 a 内瞬时变化的电势为

$$V_{\rm a}(z,t)=-\frac{en_0}{\varepsilon_0}\left[\frac{z^2}{2}-s_{\rm a}(t)z\right]+V(t) \tag{9.2-7}$$

其中，$V(t)$ 为施加到功率电极上的电势，即两个电极之间的电势差是一个待定量。

由于在等离子体区（$s_{\rm a}<z<s_{\rm a}+D$）的电场为零，在该区域内的电势与空间变量无关。在式(9.2-7)中，取 $z=s_{\rm a}$，可以得到等离子体区的电势为

$$V_{\rm p}(t)=\frac{en_0}{2\varepsilon_0}s_{\rm a}^2+V(t) \tag{9.2-8}$$

这里，我们已假定等离子体区的电势分布是空间均匀的。利用式(9.2-8)，可以把鞘层 a 内的电势分布表示为

$$V_{\rm a}(z,t)=-\frac{en_0}{2\varepsilon_0}[z-s_{\rm a}(t)]^2+V_{\rm p}(t) \tag{9.2-9}$$

在鞘层 b 内（$s_{\rm a}+D<z<L$），由方程(9.2-4)可以得到瞬时鞘层电场为

$$E(z,t)=\frac{en_0}{\varepsilon_0}[z-z_{\rm b}(t)] \tag{9.2-10}$$

其中，$z_{\rm b}(t)$ 为鞘层 b 的瞬时边界

$$z_{\rm b}(t)=L-s_{\rm b}(t)=L-s_0(1+\cos\omega t) \tag{9.2-11}$$

对式(9.2-10)进行积分，可以得到鞘层 b 内的电势分布为

$$V_{\rm b}(z,t)=-\frac{en_0}{\varepsilon_0}\left[\frac{z^2}{2}-z_{\rm b}(t)z+\frac{z_{\rm b}^2(t)}{2}\right]+V_{\rm p}(t) \tag{9.2-12}$$

利用接地电极处（$z=L$）电势为零的条件，由式(9.2-12)和式(9.2-11)，可以得到等离子体电势为

$$V_{\rm p}(t)=\frac{en_0}{2\varepsilon_0}[L-z_{\rm b}(t)]^2=\frac{V_0}{4}(1+\cos\omega t)^2 \tag{9.2-13}$$

其中，$V_0=2en_0s_0^2/\varepsilon_0$。由式(9.2-13)可以看到：①等离子体电势大于或等于零，其最大值为 V_0（当 $\omega t=0$ 时），最小值为 0（当 $\omega t=\pi$ 时）；②等离子体电势随时间不是

简谐变化的，存在着二次谐波；③等离子体电势对射频周期的平均值为$3V_0/8$。在射频放电中，由于等离子体区的电势起伏强烈，这会对通常的静电探针测量造成一定的干扰。尤其是在甚高频(大于13.56MHz)放电情况下，这种干扰更为严重。

将式(9.2-13)分别代入式(9.2-9)及式(9.2-12)，可以得到两个电极之间的瞬时电势分布

$$V(z,t)=\begin{cases}-\dfrac{V_0}{4}\left[\dfrac{z^2}{s_0^2}-2\dfrac{z}{s_0}(1-\cos\omega t)\right]+V_0\cos\omega t, & (0<z<s_\mathrm{a})\\ \dfrac{V_0}{4}(1+\cos\omega t)^2, & (s_\mathrm{a}<z<L-s_\mathrm{b})\\ -\dfrac{V_0}{4}\dfrac{(L-z)^2}{s_0^2}+\dfrac{V_0}{2}\dfrac{(L-z)}{s_0}(1+\cos\omega t), & (L-s_\mathrm{b}<z<L)\end{cases}\tag{9.2-14}$$

其中，s_a和s_b都是随时间变化的，见式(9.2-5)。根据以上式子，很容易证明施加在两个电极之间的电压为$V(t)=V_0\cos\omega t$，而且完全降在两个鞘层中，这与7.2节的结论完全一致。

在上面的讨论中，我们利用简单的鞘层模型给出了电势时空演化的解析表示式，其中假定了电子密度是一种阶梯式的空间分布。在实际射频放电过程中，电场或电势与带电粒子密度是相互影响的，这一点可以从前几章建立的理论模型中看出。因此，严格地计算等离子体中的电势分布，需要采用 PIC/MCC 方法或流体力学方法。图9-5(a)和(b)显示了在一个射频周期内三个不同时刻($\omega t=0,\pi/2,\pi$)两个电极之间的电势分布，其中图9-5(a)是由式(9.2-14)给出的结果，图9-5(b)是由一维PIC/MCC模拟方法给出的结果。在数值模拟中，我们以氩气放电为例，其中放电频率为13.56MHz，

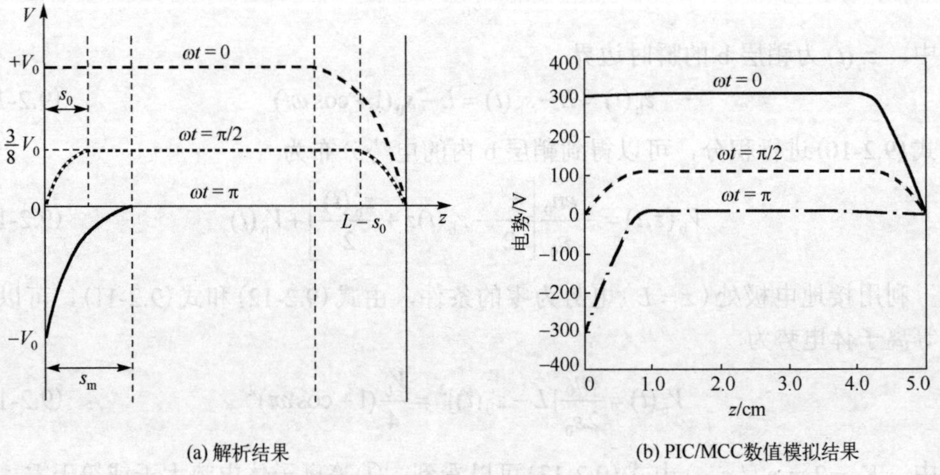

(a) 解析结果　　(b) PIC/MCC数值模拟结果

图 9-5　电极间的瞬时电势分布

射频电压为 300V，工作气压为 20mTorr，电极间隙为 5cm。关于 PIC/MCC 模拟方法，我们已在第 3 章进行了介绍。可以看到，解析结果与数值模拟结果在整体上符合得较好。

在实验上，可以根据斯塔克(Stark)效应，并利用激光诱导荧光光谱法来测量鞘层电场的瞬时变化。图 9-6 显示了利用这种方法测量出的容性射频鞘层电场在不同时刻的空间分布[13]，其中工作气体为氪气，放电频率为 13.56MHz，气压为 10Pa，功率为 8W。图中的线条为 PIC/MCC 方法的计算结果，离散点为实验测量数据。可以看出，随着时间的增加，鞘层先扩展后坍缩，对应的鞘层电场也是振荡变化的，即先增强后减弱，而且实验测量结果与数值计算结果定性符合得较好。

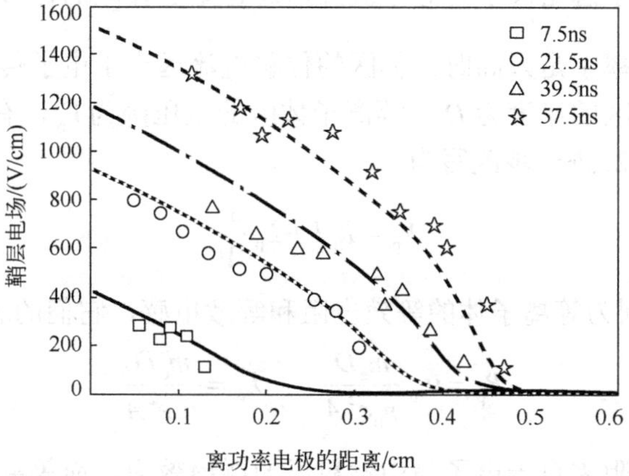

图 9-6　射频鞘层电场的时空演化。其中线条为数值计算结果，离散点为实验测量结果

9.3　容性耦合等离子体的等效回路模型

从整体上看，对于一个容性耦合放电系统，施加在两个电极之间的射频电压与流经等离子体的电流之间存在着一种特殊的关系。从下面的讨论中将看到，这种特殊的关系可以通过等离子体的复阻抗联系起来。本节将采用一个等效回路模型来确定放电的等效复阻抗，其中等效回路是由电阻、电感及电容等电子元件构成。前面已经看到，两个电极之间的区域是由两个鞘层区和一个等离子体区构成。在如下讨论中，我们仍假设两个电极是对称的，即它们的面积相等。下面先确定出等离子体区和鞘层区的等效电子元件的表达式。

1. 等离子体区

在等离子体区，由于离子质量较重，可以近似地认为是静止的，即只考虑电子的运动。对于电子的动量平衡方程，见 5.3 节，如果忽略电子的压强及对流项，有

$$m_e \frac{du_e}{dt} = -eE_p - m_e \nu_{en} u_e \tag{9.3-1}$$

其中，m_e 为电子的质量；u_e 为电子的迁移速度；E_p 为等离子体区的电场；ν_{en} 为电子与中性粒子碰撞的平均动量输运频率。假设等离子体密度是空间均匀的，即满足 $n_e = n_i = n_0$。引入等离子体电流 $I = -en_0 u_e A$，这里 A 为电极面积。这样，可以把方程(9.3-1)改写为

$$\frac{dI}{dt} = \frac{n_0 e^2 A}{m_e} E_p - \nu_{en} I \tag{9.3-2}$$

需要说明，这里除了忽略离子传导电流外，还忽略了体区的位移电流 $I_d = A\varepsilon_0 \dfrac{\partial E}{\partial t}$。这是因为当放电频率不是太高时，体区的位移电流远小于电子传导电流。

假设等离子体区的厚度为 D，等离子体区的电压降为 V_p，有 $E_p = V_p / D$。这样又可以把方程(9.3-2)进一步改写为

$$V_p = R_p I + L_p \frac{dI}{dt} \tag{9.3-3}$$

其中，R_p 和 L_p 分别为等离子体的等效电阻和等效电感，它们的表达式分别为

$$R_p = \nu_{en} \frac{m_e D}{n_0 e^2 A}, \quad L_p = \frac{m_e D}{n_0 e^2 A} \tag{9.3-4}$$

显然，等离子体电阻来自于电子与中性粒子的碰撞效应，而等离子体电感来自于电子的惯性运动。由式(9.3-4)还可以看到，等离子体电感和电阻之间的关系为 $L_p = R_p / \nu_{en}$。式(9.3-3)表明，可以把等离子体区等效为一个电阻和电感的串联，所以等离子体区的电压降 V_p 为电阻上的电压降 $R_p I$ 和电感上的电压降 $L_p \dfrac{dI}{dt}$ 之和。

等效回路模型的主要优点是，一旦知道了等离子体电阻 R_p，就可以直接确定耗散在电阻上的功率，即等离子体吸收的欧姆加热功率。将等离子体区的电压与射频电流相乘，并对射频周期 $T_{rf} = 2\pi / \omega$ 进行平均，可以把等离子体吸收的欧姆加热功率表示为

$$P_{ohm} = \left\langle I(t) V_p(t) \right\rangle_{T_{rf}} = \frac{1}{2} R_p I_0^2 \tag{9.3-5}$$

其中，I_0 为射频电流的幅值；右边的因子 1/2 源自射频电流的平方对射频周期的平均。

2. 鞘层区

我们已在第 7 章对容性耦合等离子体的射频鞘层进行了详细的讨论，并分别给出了鞘层电势降、鞘层厚度及鞘层电容等物理量。如果两个鞘层是对称的，则两个

鞘层的电容相等。对于均匀离子密度鞘层模型，见 7.2 节的介绍，两个对称鞘层的总电容为

$$C_s = \frac{\varepsilon_0 A}{s_m} \tag{9.3-6}$$

其中，s_m 是鞘层最大厚度

$$s_m = 2s_0 = \frac{2I_0}{en_0\omega A} \tag{9.3-7}$$

根据 7.4 节的讨论，当射频鞘层向外扩张时，鞘层边界要与从体区中流出来的电子发生“碰撞”，一部分电子可以从射频鞘层电场中获得能量(被加热)；而当射频鞘层塌缩时，另一部分电子会损失能量(被冷却)。从整体上看，被加热的电子数量大于被冷却的电子数量，导致出现体区电子被加热的统计效果，这就是随机加热机制。根据式(7.4-15)，可以得到两个鞘层产生的随机加热功率为

$$P_{stoc} = 2\overline{S}_{stoc}A = \frac{1}{2}R_s I_0^2 \tag{9.3-8}$$

其中，R_s 为随机加热电阻

$$R_s = 2\frac{m_e \overline{v}_e}{e^2 n_0 A} \tag{9.3-9}$$

其中，$\overline{v}_e = \sqrt{8T_e / \pi m_e}$ 为电子的平均热速度。式(9.3-9)表明，对于均匀离子密度鞘层模型，随机加热电阻只依赖于等离子体的参数(即等离子体密度和电子温度)，与射频电流或电压的幅值无关。

对于非均匀离子密度的鞘层模型，见 7.3 节的介绍，两个鞘层的总电容为

$$C_s = 0.613\frac{\varepsilon_0 A}{s_m} \tag{9.3-10}$$

其中，鞘层的最大厚度为

$$s_m = \frac{5}{12\lambda_{De}^2}\left(\frac{I_0}{en_0\omega A}\right)^3 \tag{9.3-11}$$

式中，λ_{De} 为电子的德拜长度。再根据由式(7.4-25)给出的非均匀离子密度鞘层模型下的随机加热功率，可以把随机加热电阻表示为

$$R_s = 0.88\left(\frac{m_e T_e}{e^2}\right)^{1/2}\frac{\varepsilon_0\omega^2 V_0}{I_0^2} \tag{9.3-12}$$

其中，电流幅值与电压幅值之间的关系为

$$I_0 = C\omega V_0 = 0.613\frac{\varepsilon_0\omega V_0 A}{s_{\mathrm{m}}} \tag{9.3-13}$$

可以看出，对于非均匀离子密度的鞘层模型，随机加热电阻依赖于射频电流或电压的幅值，这一点与均匀离子密度鞘层模型给出的结果不同。

这样，对均匀或非均匀离子密度鞘层模型，我们都可以把两个对称的射频鞘层等效为一个电容 C_{s} 和一个电阻 R_{s}，但这两种模型下的电容和电阻是不同的。

3. 等效回路

根据上面得到的结果，我们可以将一个对称的容性耦合放电系统等效为一个由 C_{s}、R_{s}、R_{p} 及 L_{p} 串联的等效回路，如图 9-7 所示。这里需要说明一下，对于实际的放电过程，为了使得放电稳定，放电系统还要包括一个外部的匹配网络，它由两个电容与一个电感线圈组成。另外，还要考虑外界匹配网络产生的耗散电阻和杂散电容等因素。为了简化讨论，抓住主要的物理因素，在如下讨论中我们忽略外界匹配网络带来的影响。

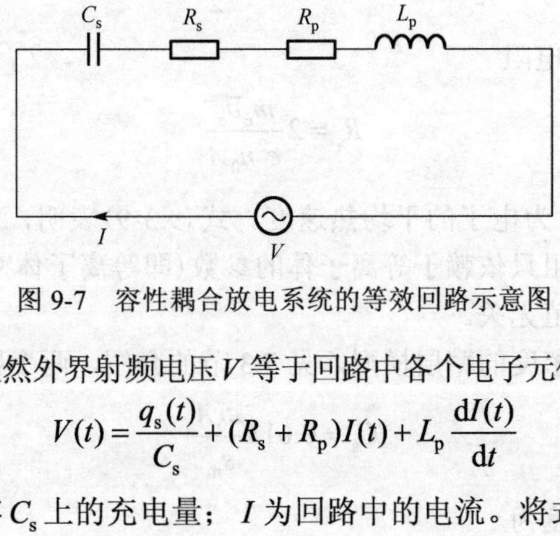

图 9-7　容性耦合放电系统的等效回路示意图

根据图 9-7，很显然外界射频电压 V 等于回路中各个电子元件上的电压降之和，即

$$V(t) = \frac{q_{\mathrm{s}}(t)}{C_{\mathrm{s}}} + (R_{\mathrm{s}} + R_{\mathrm{p}})I(t) + L_{\mathrm{p}}\frac{\mathrm{d}I(t)}{\mathrm{d}t} \tag{9.3-14}$$

其中，q_{s} 为鞘层电容 C_{s} 上的充电量；I 为回路中的电流。将式(9.3-14)两边对时间变量 t 求导，并利用 $I = \mathrm{d}q_{\mathrm{s}}/\mathrm{d}t$，有

$$\frac{\mathrm{d}V(t)}{\mathrm{d}t} = \frac{I(t)}{C_{\mathrm{s}}} + (R_{\mathrm{s}} + R_{\mathrm{p}})\frac{\mathrm{d}I(t)}{\mathrm{d}t} + L_{\mathrm{p}}\frac{\mathrm{d}^2 I(t)}{\mathrm{d}t^2} \tag{9.3-15}$$

假设射频电压和回路中的电流随时间都是简谐变化的，即 $V(t) \sim V_0 \mathrm{e}^{-\mathrm{i}\omega t}$ 及 $I(t) \sim I_0 \mathrm{e}^{-\mathrm{i}\omega t}$，即可以得到射频电压与电流之间的关系式

$$I = V/Z \tag{9.3-16}$$

其中，Z 为放电的复阻抗

$$\frac{1}{Z} = \frac{-\mathrm{i}\omega C_{\mathrm{s}}}{1 - \omega^2 C_{\mathrm{s}} L_{\mathrm{p}} - \mathrm{i}\omega C_{\mathrm{s}}(R_{\mathrm{s}} + R_{\mathrm{p}})} \tag{9.3-17}$$

由式(9.3-17)可以看到，当$1-\omega^2 C_s L_p = 0$时，回路表现为纯阻性，将发生 LC 串联共振，其中共振频率 ω_{res} 为

$$\omega_{res} = \sqrt{\frac{1}{C_s L_p}} \tag{9.3-18}$$

可见，共振频率的大小是由等离子体体区的电感 L_p 和鞘层区的电容 C_s 决定的，即这种共振是由等离子体与振荡鞘层的相互作用引起的。利用式(9.3-4)给出的 L_p 和式(9.3-10)给出的 C_s，可以把共振频率表示为

$$\omega_{res} = \omega_{pe}\sqrt{\frac{s_m}{0.613D}} \tag{9.3-19}$$

该式清楚地表明：串联共振频率是由电子等离子体频率 ω_{pe}、鞘层最大厚度 s_m 和等离子体厚度 D 这三个物理量决定的。在一般情况下，串联共振频率要远大于电源的驱动频率，但远小于电子等离子体频率。

尽管在一般情况下串联共振频率远大于电源的驱动频率，但在某些特殊的情况下，这种共振条件可以得到满足。例如，对于低功率放电，等离子体密度较低，即电子等离子体频率 ω_{pe} 较小，此时串联共振频率可以低于 100MHz。此外，根据定标关系，$s_m \sim 1/\omega$，可以通过提高放电频率来实现串联共振条件。由式(9.3-17)可以看出，在串联共振条件下，复阻抗的值变小，电路表现为纯阻性，导致回路中的电流变大。对于低射频电压，可以通过选择合适的串联共振频率，来提高等离子体从射频电场中吸收的功率，从而维持或增强放电[14]。

9.4 定 标 关 系

对于容性耦合放电，等离子体的状态参数(如电子的密度和温度)是由外界控制参数确定的，如电源的频率和电压、放电气压以及腔室的几何参数(如电极的间隙)等。因此，掌握等离子体的状态参数随外界放电参数的变化规律，对于指导等离子体实验及等离子体工艺都具有重要的意义。本节将利用整体模型来确定容性耦合放电中电子密度、电子温度、鞘层厚度及平均鞘层电势降等物理量随外界放电参数变化的定标关系，并采用一维 PIC/MCC 数值模拟对这种定标关系进行验证。根据 8.1 节的讨论可知，整体模型是由粒子平衡方程和能量平衡方程构成的。下面，我们分别将这两个平衡方程应用到容性耦合放电系统中。

1. 粒子数平衡方程

对于平行板电极的容性耦合放电，假设放电间隙为 L，则等离子体的厚度为 $D = L - s_m$。在稳态放电情况下，根据式(8.1-8)，有如下粒子数平衡方程：

$$n_0 n_g k_{iz}(L - s_m) = 2n_0 h_L u_B \tag{9.4-1}$$

其中，n_0 为等离子体密度；n_g 为中性气体密度，它与放电气压 p 成正比；$k_{iz} = k_{iz0}\exp(-\varepsilon_{iz}/T_e)$ 为电离速率，它只是电子温度 T_e 的函数；$u_B = \sqrt{T_e/m_i}$ 为玻姆速度；h_L 为轴向鞘层边界与中心的密度比率，见式(6.3-47)。如果放电间隙远大于鞘层厚度，即 $L \gg s_m$，则可以把式(9.4-1)改写为

$$k_{iz}/u_B = 2h_L/(n_g L) \tag{9.4-2}$$

式(9.4-2)左边只是电子温度的函数，而右边在低气压放电情况下只是放电气压和放电间隙的函数。在这种近似下，电子温度只与放电气压和放电间隙有关，而与放电频率和放电功率无关。如果提高放电气压和放电间隙，则 k_{iz}/u_B 的值将随之下降。由于 k_{iz}/u_B 随电子温度的变化主要取决于 k_{iz} 的指数因子 $\exp(-\varepsilon_{iz}/T_e)$，这说明随着放电气压和放电间隙的增加，电子温度下降。这从物理上很容易理解：气压升高，电子与中性粒子的碰撞更加频繁，损失掉的能量更多；放电间隙增加，电极间的电场变弱，导致电子的吸收功率变弱。

对于工业上使用的容性耦合放电装置，放电间隙较小，一般不能忽略式(9.4-1)中的鞘层厚度。由 9.3 节的讨论可知，鞘层厚度 s_m 与射频电流的幅值有关，见式(9.3-7)和式(9.3-11)。在低气压放电下，随着射频电流(或功率)的增加，鞘层变厚，导致有效放电区域变小，即产生的粒子个数变少。另外，由于两个电极的表面是固定的，在表面上损失掉的粒子个数(或通量)是不变的。这样，为了使放电处于稳定状态，即产生的粒子数等于损失掉的粒子数，则必须提高电离率。根据 $k_{iz} = k_{iz0}\exp(-\varepsilon_{iz}/T_e)$ 可知，只有当电子温度上升时，才有可能提高气体的电离率。因此，增加放电功率(或电流)，可以使得电子温度上升。不过，电子温度对放电功率的依赖性不是太强。

2. 能量平衡方程

在稳态放电情况下，电子的功率平衡方程为

$$P_{abs} = P_{loss} \tag{9.4-3}$$

其中，P_{abs} 为电子从射频电场中吸收的总功率；P_{loss} 为电子损失的总功率。在一般情况下，P_{abs} 包括欧姆加热功率和随机热功率，即

$$P_{abs} = P_{ohm} + P_{stoc} \tag{9.4-4}$$

在低气压放电条件下，鞘层的随机加热占主导地位，即可以忽略欧姆加热对吸收功率的贡献，此时 $P_{abs} \approx P_{stoc} = 2\overline{S}_{stoc}A$。这样，利用非均离子密度鞘层模型给出的 $\overline{S}_{stoc}$，见式(7.4-25)，有

$$P_{abs} \approx 0.44\left(\frac{m_e T_e}{e^2}\right)^{1/2} \varepsilon_0 \omega^2 V_0 A \tag{9.4-5}$$

根据式(8.1-16)，电子损失的总功率为

$$P_{\text{loss}} \approx 2n_0 u_{\text{B}} \varepsilon_{\text{eff}} A \tag{9.4-6}$$

其中，ε_{eff} 为单个电子的有效能量损失，它包括体区中电子与中性粒子碰撞时所损失的能量，以及在两个电极上所损失的能量，见式(8.1-17)。

根据能量平衡方程，并利用式(9.4-5)和式(9.4-6)，可以将等离子体密度表示为

$$n_0 = \left[0.22\frac{\varepsilon_0(m_{\text{e}}m_{\text{i}})^{1/2}}{e\varepsilon_{\text{eff}}}\right]V_0\omega^2 \tag{9.4-7}$$

式(9.4-7)右边方括号内的因子只与电子的有效能量损失 ε_{eff} (即电子温度)和放电气压有关，而与等离子体密度无关，见式(8.1-17)。由此可以看出，在低气压放电条件下，等离子体密度正比于放电频率的平方和电压的幅值。也就是说，增加放电频率可以显著提高等离子体的密度。正是基于这个关系式，目前工业上使用的容性耦合放电的等离子体刻蚀机都是采用甚高频放电，如 27.12MHz 和 60MHz。图 9-8 显示了采用一维 PIC/MCC 模型得到的放电中心处的电子密度，其中放电气体为氩气，电压为 300V，电极的间隙为 5cm。可以看出，电子密度随频率的变化呈近似抛物线形式，即 $n \sim f^2$，这与定标关系是一致的。

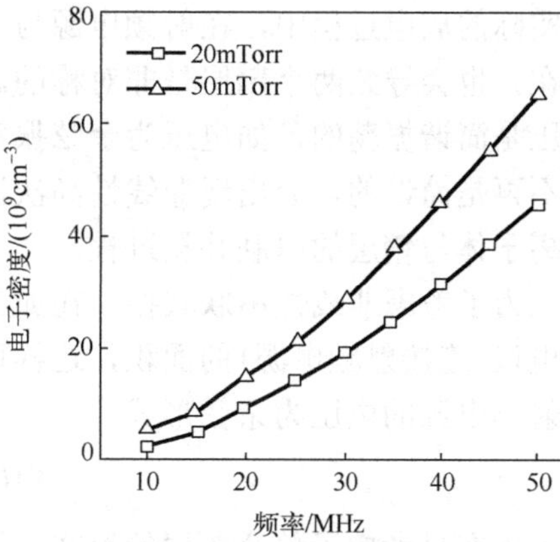

图 9-8　容性耦合氩等离子体中电子密度随放电频率的变化

根据式(9.3-11)和式(9.3-13)，可以把鞘层厚度表示为

$$s_{\text{m}} = \left(\frac{5\times(0.613)^3}{12}\frac{\varepsilon_0^2}{eT_{\text{e}}}\right)^{1/4} V_0^{3/4} n_0^{-1/2} \tag{9.4-8}$$

再利用式(9.4-7)，消去等离子体密度，则可以得到鞘层厚度与放电频率和电压幅值的关系

$$s_{\text{m}} = \left(\frac{5\times(0.613)^3}{12}\frac{\varepsilon_0^2}{eT_{\text{e}}}\right)^{1/4}\left[0.22\frac{\varepsilon_0(m_{\text{e}}m_{\text{i}})^{1/2}}{e\varepsilon_{\text{eff}}}\right]^{-1/2}\frac{V_0^{1/4}}{\omega} \tag{9.4-9}$$

可见，射频鞘层的厚度与放电频率成反比，即频率越高，鞘层越薄。此外，鞘层的厚度与 $V_0^{1/4}$ 成正比，即它对电压的依赖性较弱。

根据射频鞘层的 Child 定律，见式(7.3-30)，可以得到鞘层电势降的直流分量随频率的定标关系式为

$$V_{\text{dc}} \sim s_{\text{m}}^{4/3} \sim 1/\omega^{4/3} \tag{9.4-10}$$

即电源的频率越高，鞘层电势降的直流分量就越低。另外，我们知道，鞘层的平均电势降为负，即 $\overline{V}=-V_{dc}$。这样离子穿越鞘层时，将受到鞘层电场的加速。在低气压放电条件下，离子穿越鞘层后获得的能量为

$$E_{ion}=eV_{dc}\sim 1/\omega^{4/3} \tag{9.4-11}$$

这表明，放电的频率越高，离子从鞘层中获得的能量就越低。

9.5　非线性串联共振现象

在前面的讨论中，我们一直假定两个鞘层是对称的，即两个电极的面积相等。根据 7.2 节的讨论可知，在单个鞘层的电压降中存在着非线性高次谐波。然而，对于两个对称鞘层，由于各自的电压降随时间变化是反相位的，所以总电压降中两个鞘层的高次谐波相互抵消。对于实际的等离子体工艺腔室，由于腔室侧壁接地，即使两个平板电极的面积完全相等，也很难保证两个鞘层是完全对称的。除此之外，在实际的放电过程中，在射频电源与电极之间还要施加匹配网络。这种匹配网络的存在，也会导致两个鞘层是非对称的。对于两个非对称鞘层，即使驱动放电的射频电压是简谐振荡的，如电压为余弦振荡的波形，但两个电极之间的电流随时间的变化不再是简谐的，会出现非线性高次谐波。这种非线性高次谐波的出现，将会影响等离子体与鞘层的串联共振过程。

为了考虑非线性串联共振，在如下讨论中，我们假设接地电极的面积远大于功率电极(连接射频电源)的面积，这样可以忽略厚度很小的接地电极表面的鞘层。假设射频电源的电压为余弦形式

$$V(t)=V_0\cos\omega t \tag{9.5-1}$$

由于现在只考虑了单个鞘层的存在，通过鞘层的射频电流不再是简单的正弦形式，而是有高次非线性谐波存在。对于功率电极表面的鞘层，我们仍采用如 7.2 节介绍的均匀鞘层模型来描述。根据式(7.2-4)，鞘层的瞬时电势降为

$$V_s(t)=-\frac{en_0}{2\varepsilon_0}s^2(t) \tag{9.5-2}$$

其中，$s(t)$ 为鞘层的瞬时厚度，是一个待定的量。假设功率电极的有效面积为 A，则瞬时鞘层电荷量为

$$Q_s(t)=en_0s(t)A \tag{9.5-3}$$

将式(9.5-2)与式(9.5-3)联立，很容易得到鞘层电势降与鞘层电荷之间的非线性关系

$$V_s(t)=-\frac{Q_s^2(t)}{2\varepsilon_0 en_0A^2} \tag{9.5-4}$$

如果把射频鞘层等效为一个电容，Q_s 就是鞘层电容上的瞬时充电电量。由于流经鞘层内的电流守恒，因此有如下关系式：

$$\frac{dQ_s}{dt}=I+I_e-I_i \tag{9.5-5}$$

式(9.5-5)左边为鞘层中的位移电流；右边分别为总电流 I、电子传导电流 I_e 和离子传导电流 I_i。对于电子传导电流，其表示式为

$$I_e=\frac{1}{4}en_0\overline{v}_eA\exp\left(\frac{eV_s}{T_e}\right) \tag{9.5-6}$$

对于均匀鞘层模型，离子电流为 $I_i=en_0u_BA$，其中 u_B 为玻姆速度。将 V_s、I_i 和 I_e 的表达式代入方程(9.5-5)，有

$$\frac{dQ_s}{dt}=I-en_0u_BA+\frac{1}{4}en_0\overline{v}_eA\exp\left(-\frac{Q_s^2}{2\varepsilon_0n_0T_eA^2}\right) \tag{9.5-7}$$

这是一个非线性微分方程。

与先前的假定一样，仍不考虑主等离子体区的离子传导电流及位移电流的贡献，总电流为 $I=-en_0u_eA$，其中 u_e 为电子的定向流动速度。如果把鞘层产生的随机加热效应包括进来，可以把方程(9.3-2)修改为

$$\frac{dI}{dt}=\frac{e^2n_0}{m_e}AE_p-\nu_{eff}I \tag{9.5-8}$$

其中，$\nu_{eff}=\nu_{en}+\overline{v}_e/D$ 为有效碰撞频率。与 9.3 节的做法一样，将等离子体区的电场 E_p 用电势降 V_p 来表示，即 $E_p=V_p/D$，其中 D 为等离子体的有效厚度。此外，在实际的放电装置中，通常要在射频电源与电极之间放置一个阻隔电容 C_B，其作用是阻隔回路中电流的直流分量。考虑鞘层的电势降 V_s 及阻隔电容的电势降 V_B，可以把等离子体区的电势降表示为 $V_p=V-V_s-V_B$。这样，可以把方程(9.5-8)改写为

$$\frac{dI}{dt}=\frac{1}{L_p}\left(V+\frac{Q_s^2}{2\varepsilon_0en_0A^2}-V_B\right)-\frac{R_p}{L_p}I \tag{9.5-9}$$

其中，$L_p=\dfrac{m_eD}{e^2n_0A}$ 为等离子体电感；$R_p=\nu_{eff}L_p$ 为等离子体电阻。利用阻隔电容，可以把 V_B 满足的方程写成

$$I=C_B\frac{dV_B}{dt} \tag{9.5-10}$$

图 9-9 为这种放电系统的等效回路示意图，其中射频鞘层用一个等效二极管、恒流源和电容的并联来表示。

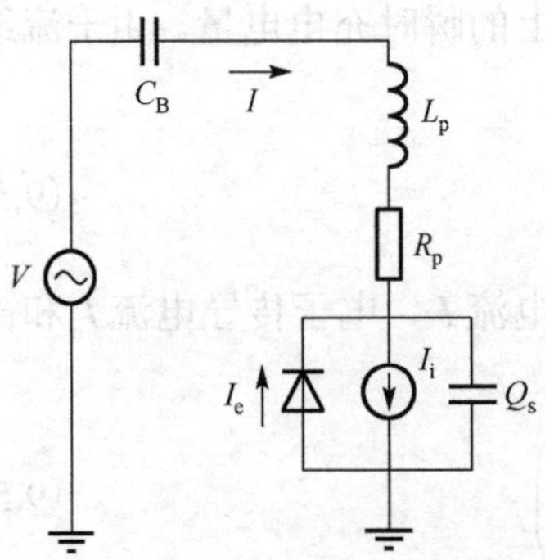

图 9-9 非对称容性耦合放电的等效回路示意图

方程(9.5-7)、方程(9.5-9)及方程(9.5-10)构成了一套封闭的非线性方程组。在给定的放电参数下，通过数值求解这套方程组，就可以分析非线性容性耦合放电的串联共振行为。为了便于数值求解，引入无量纲变量$\phi=\omega t$和无量纲电荷密度σ_s、无量纲电流i、无量纲阻隔电压降$\tilde{V}_B$及无量纲鞘层电势降$\tilde{V}_s$

$$\sigma_s=\frac{Q_s}{Q_0}, \quad i=\frac{I}{I_0}, \quad \tilde{V}_B=\frac{V_B}{V_0}, \quad \tilde{V}_s=-\frac{\sigma_s^2}{4} \tag{9.5-11}$$

其中，$Q_0=en_0l_sA$，$I_0=en_0\omega l_sA$，这里$l_s=(\varepsilon_0V_0/2en_0)^{1/2}$为平均鞘层厚度。这样，可以把方程(9.5-7)、方程(9.5-9)及方程(9.5-10)约化为如下无量纲的方程：

$$\frac{d\sigma_s}{d\phi}=i-i_{i0}+i_{e0}\exp\left(-\frac{\sigma_s^2}{4\tau_e}\right) \tag{9.5-12}$$

$$\frac{di}{d\phi}=\gamma^2\left(\cos\phi+\frac{\sigma_s^2}{4}-\tilde{V}_B\right)-\delta i \tag{9.5-13}$$

$$\frac{d\tilde{V}_B}{d\phi}=\beta i \tag{9.5-14}$$

其中，$i_{i0}=u_B/u_s$，$i_{e0}=\overline{v}_e/4u_s$，$\tau_e=T_e/eV_0$，$\beta=l_B/2l_s$，$\gamma^2=2\omega_{pe}^2l_s/(D\omega^2)$及$\delta=\nu_{eff}/\omega$都是无量纲的常数，这里$u_s=l_s\omega$为鞘层边界的振荡速度，$l_B=\varepsilon_0A/C_B$为阻隔电容的间隙。

在如下计算中，取$f=13.56\text{MHz}$，$V_0=300\text{V}$，$T_e=3\text{eV}$，$n_0=10^9\text{cm}^{-3}$，$A=(5.7\times5.7\pi)\text{ cm}^2$，$d=5.7\text{cm}$，$l_B=0.0027\text{cm}$。考虑放电气体为氩气，电子与氩原子碰撞的平均动量输运频率为$\nu_{en}=n_nk_{en}$，其中取动量输运速率为常数$k_{en}=10^7\text{cm}^{-3}\cdot\text{s}^{-1}$，中性气体密度依赖于放电气压，由理想气态方程确定。图 9-10(a)和(b)分别是在放电气压为 5mTorr 的情况下，无量纲的鞘层电势降V_s/V_0和无量纲的电流I/I_0在两个射频周期内随时间的变化行为，图中那些小的振荡峰来自于等离子体自激发的非线性串联共振效应。如果对鞘层电压降或电流进行傅里叶频谱分析，就会发现在它们的频谱中存在着高次谐波分量。

Mussenbrock 等通过数值计算发现，这种等离子体自激发产生的非线性串联共振效应会增强等离子体从射频电场中吸收的功率[15,16]。这表明，计算非对称容性耦合鞘层产生的随机加热时，必须要考虑这种非线性串联共振效应。

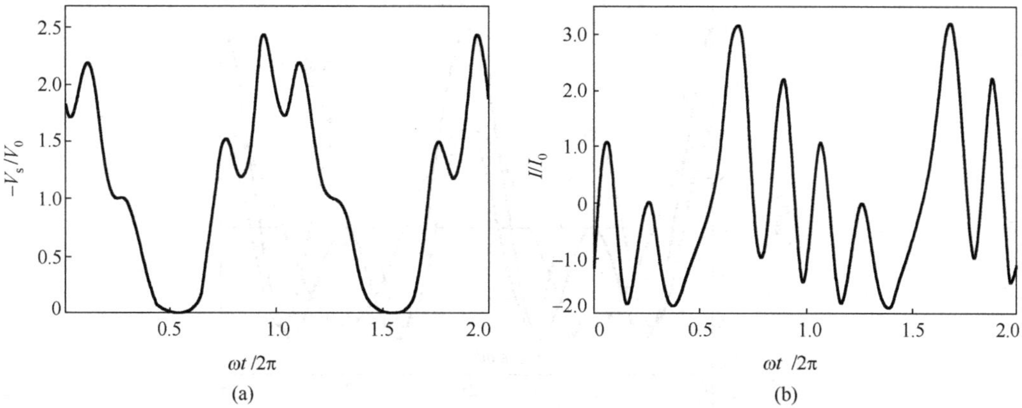

图 9-10　(a)鞘层电势降及(b)电流随时间的非线性振荡

9.6　电非对称效应

根据 7.5 节的讨论可知，对于单频容性耦合放电，当接地电极的面积 A_g 与功率电极的面积 A_p 不相等时，将会在两个电极之间产生一个直流自偏压 V_{dc}，其中 V_{dc} 的大小取决于两个电极的面积之比，见式(7.5-16)。尤其是当 $A_g \gg A_p$ 时，有 $V_{dc} = -V_0$，其中 V_0 为施加的射频电压幅值；当 $A_g = A_p$ 时，直流自偏压消失。这种直流自偏压的出现，是由腔室几何(电极)的非对称效应引起的。

在 2008 年，德国波鸿鲁尔大学的 Heil 等提出了另外一种产生直流自偏压的方法，称为电非对称方法[17]。在该方法中，采用一个基频电源和它的偶次谐波电源共同驱动放电，且两个电源的电压幅值相等，即施加在电极上的射频电压为

$$V_{RF}(t) = V_0(\cos\omega t + \cos 2\omega t) \tag{9.6-1}$$

其中，$\omega = 2\pi f$ 为角频率；V_0 为电压的幅值。对于余弦函数 $\cos\omega t$ 和 $\cos 2\omega t$，它们随时间变化的周期分别为 T 和 $T/2$，其中 $T = 1/f$ 为射频周期。从图 9-11 可以看出，对于这两个余弦函数，它们随时间振荡的波形都是对称的，即其波形峰值的大小相等，符号相反。但是，对于这两个余弦函数之和 $\cos\omega t + \cos 2\omega t$，其波形正负峰值的绝对值大小不再相等。对于一个具有对称电极的容性耦合放电，如果驱动放电的电压波形的峰值不是对称的，则必然导致在两个电极之间存在直流自偏压。可见，这种直流自偏压的出现是由电压波形峰值的非对称效应引起的，与腔室几何的非对称性无关，因此称它为“电非对称性效应”(electrical asymmetry effect, EAE)。

下面利用射频鞘层模型，进一步分析电非对称效应产生的直流自偏压与电压峰值之间的关系。为简单起见，我们以一维鞘层模型为例进行讨论，其中选取 z 轴的零点在电极的表面上。假设鞘层的瞬时厚度为 $s = s(t)$，在 $s < z < 0$ 的鞘层区域内离

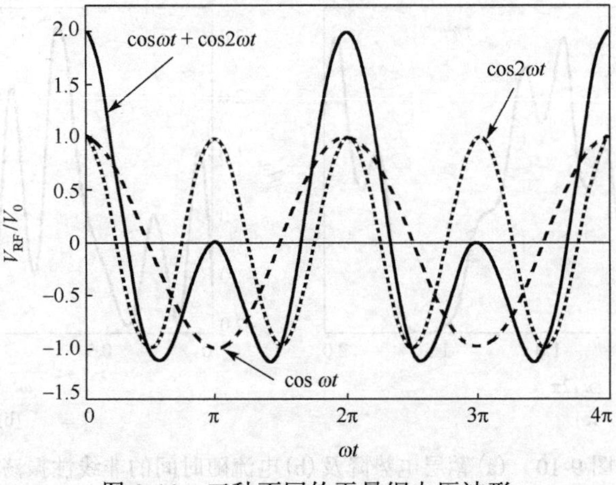

图 9-11　三种不同的无量纲电压波形

子的密度为 $n_{\rm i}(z)$，电子密度为零。根据泊松方程，可以得到鞘层的瞬时电势降为

$$V_{\rm sh}=-\frac{e}{\varepsilon_0}\int_0^s\int_z^s n_{\rm i}(z'){\rm d}z'{\rm d}z=-\frac{e}{\varepsilon_0}\int_0^s n_{\rm i}(z)z{\rm d}z \tag{9.6-2}$$

该鞘层的瞬时电荷量为

$$Q_{\rm s}=eA\int_0^s n_{\rm i}(z){\rm d}z \tag{9.6-3}$$

其中，A 是电极的面积。假设鞘层的最大厚度为 $s_{\rm m}$，由式(9.6-2)和式(9.6-3)，可以分别得到鞘层的最大电势降 $V_{\rm m}$ 和最大电荷量 $Q_{\rm m}$

$$V_{\rm m}=-\frac{e}{2\varepsilon_0}s_{\rm m}^2\overline{n}_{\rm s}I_{\rm s} \tag{9.6-4}$$

$$Q_{\rm m}=e\overline{n}_{\rm s}s_{\rm m}A \tag{9.6-5}$$

其中

$$\overline{n}_{\rm s}=\frac{1}{s_{\rm m}}\int_0^{s_{\rm m}} n_{\rm i}(z){\rm d}z \tag{9.6-6}$$

为离子在鞘层中的平均密度。在式(9.6-4)中，$I_{\rm s}$ 是一个无量纲的积分常数

$$I_{\rm s}=2\int_0^1 p_{\rm s}(\varsigma)\varsigma{\rm d}\varsigma \tag{9.6-7}$$

其中，$p_{\rm s}(\varsigma)=n_{\rm i}(\varsigma)/\overline{n}_{\rm s}$，$\varsigma=z/s_{\rm m}$。$I_{\rm s}$ 的值与离子密度的空间分布有关，而与离子密度的大小无关。例如，对于均匀离子密度鞘层模型，即 $n_{\rm i}=n_0$，有 $I_{\rm s}=1$；对于线性分布，即 $n_{\rm i}=n_0z/s_{\rm m}$，有 $I_{\rm s}=4/3$；对于抛物线分布，即 $n_{\rm i}=n_0z^2/s_{\rm m}^2$，有 $I_{\rm s}=3/2$。在一般情况下，可以认为 $I_{\rm s}$ 的取值在 1～1.5[17]。

据式(9.6-4)和式(9.6-5)，可以把鞘层的最大电势降V_{m}用鞘层的最大电荷量Q_{m}来表示，即

$$V_{\mathrm{m}} = -\frac{1}{2\varepsilon_0 e\bar{n}_{\mathrm{s}}}\left(\frac{Q_{\mathrm{m}}}{A}\right)^2 \frac{I_{\mathrm{s}}}{\bar{n}_{\mathrm{s}}} \tag{9.6-8}$$

根据电荷守恒，功率鞘层和接地鞘层的最大电荷量应该相等。假设功率电极和接地电极的面积分别为A_{p}和A_{g}，这样对应的两个鞘层的最大电势降分别为

$$V_{\mathrm{mp}} = -\frac{1}{2\varepsilon_0 e}\left(\frac{Q_{\mathrm{m}}}{A_{\mathrm{p}}}\right)^2 \frac{I_{\mathrm{sp}}}{\bar{n}_{\mathrm{sp}}} \tag{9.6-9}$$

$$V_{\mathrm{mg}} = \frac{1}{2\varepsilon_0 e}\left(\frac{Q_{\mathrm{m}}}{A_{\mathrm{g}}}\right)^2 \frac{I_{\mathrm{sg}}}{\bar{n}_{\mathrm{sg}}} \tag{9.6-10}$$

其中，接地鞘层的最大电势降V_{mg}为正，而功率鞘层的最大电势降V_{mp}为负，这是因为在两个鞘层中的积分方向是相反的。引入对称因子

$$\varepsilon = \left|\frac{V_{\mathrm{mg}}}{V_{\mathrm{mp}}}\right| = c_{\mathrm{gp}}\left(\frac{A_{\mathrm{p}}}{A_{\mathrm{g}}}\right)^2 \frac{\bar{n}_{\mathrm{sp}}}{\bar{n}_{\mathrm{sg}}} \tag{9.6-11}$$

其中，$c_{\mathrm{gp}} = I_{\mathrm{sg}} / I_{\mathrm{sp}}$。这样有

$$V_{\mathrm{mg}} = -\varepsilon V_{\mathrm{mp}} \tag{9.6-12}$$

由于自偏压的存在，两个鞘层中的平均离子密度是不同的，但由于积分常数I_{sg}和I_{sp}对离子密度大小的依赖性很弱，所以这里可以取c_{gp}为 1。

把每个鞘层的最大电压降解离成两部分，即表示成直流自偏压V_{dc}和射频电压的最大值之和

$$V_{\mathrm{mg}} = V_{\mathrm{dc}} + V_{\mathrm{m1}}, \quad V_{\mathrm{mp}} = V_{\mathrm{dc}} + V_{\mathrm{m2}} \tag{9.6-13}$$

其中要求$V_{\mathrm{m1}} > V_{\mathrm{m2}}$。将式(9.6-13)与式(9.6-12)联立，可以分别得到直流自偏压和功率鞘层的最大电势降

$$V_{\mathrm{dc}} = -\frac{V_{\mathrm{m1}} + \varepsilon V_{\mathrm{m2}}}{1+\varepsilon} \tag{9.6-14}$$

$$V_{\mathrm{mp}} = -\frac{V_{\mathrm{m1}} - V_{\mathrm{m2}}}{1+\varepsilon} \tag{9.6-15}$$

可见，直流自偏压是由施加的射频电压的极值$V_{\mathrm{m1,2}}$和对称因子ε决定的。$V_{\mathrm{m1,2}}$的值完全由施加的电压波形所决定，而ε的值不仅取决于两个电极的面积之比，还取决于两个鞘层的平均离子密度之比。

如果施加的射频电压为一个简谐波形，例如$V_{\mathrm{RF}}=V_0\cos\omega t$，有$V_{\mathrm{m1}}=V_0$和$V_{\mathrm{m2}}=-V_0$，则对应的直流自偏压为

$$V_{\mathrm{dc}}=-\frac{1-\varepsilon}{1+\varepsilon}V_0 \tag{9.6-16}$$

在这种情况下，如果两个电极是对称的（$A_{\mathrm{p}}=A_{\mathrm{g}}$），那么两个鞘层中离子的平均密度相等，因此有$\varepsilon=1$及$V_{\mathrm{dc}}=0$。也就是说，对于简谐电压波形驱动的放电，如果两个电极是对称的，则没有直流自偏压存在，这与 7.2 节得到的结论是一致的。

如果施加的射频电压波形是由一个基频分量和一个二倍频分量构成的，见式(9.6-1)，则当电压取极值时，有

$$\sin\varphi_{\mathrm{m}}+2\sin 2\varphi_{\mathrm{m}}=0 \tag{9.6-17}$$

其中，$\varphi=\omega t$。方程(9.6-17)有两个解

$$\varphi_{\mathrm{m1}}=2n\pi\quad(n=0,\pm1,\pm2,\cdots),\quad \varphi_{\mathrm{m2}}=\arccos(-1/4) \tag{9.6-18}$$

对应的两个电压极值为

$$V_{\mathrm{m1}}=2V_0,\quad V_{\mathrm{m2}}=-\frac{9}{8}V_0 \tag{9.6-19}$$

这样，对应的直流自偏压为

$$V_{\mathrm{dc}}=-\frac{2-9\varepsilon/8}{1+\varepsilon}V_0 \tag{9.6-20}$$

可见，在这种情况下，即使取对称因子为 1，直流自偏压也不为零

$$V_{\mathrm{dc}}=-\frac{7}{16}V_0 \tag{9.6-21}$$

在式(9.6-1)中，电压的两个谐波分量的初始相位相同。如果两个谐波的初始相位不同，相差一个角度Θ，即总的射频电压波形为

$$V_{\mathrm{rf}}(t)=V_0[\cos(\omega t+\Theta)+\cos 2\omega t] \tag{9.6-22}$$

那么，可以通过改变相位角Θ的值来调控总电压的波形，见图 9-12。从图 9-12(a)可以看出，当$\Theta=0$时，有$V_{\mathrm{m1}}>|V_{\mathrm{m2}}|$，而当$\Theta=\dfrac{\pi}{2}$时，有$V_{\mathrm{m1}}<|V_{\mathrm{m2}}|$。根据式(9.6-14)，如果取$\varepsilon=1$，有$V_{\mathrm{dc}}=-0.5(V_{\mathrm{m1}}+V_{\mathrm{m2}})$。由此可以进一步得到：当$\Theta=0$时，$V_{\mathrm{dc}}<0$；而当$\Theta=\dfrac{\pi}{2}$时，$V_{\mathrm{dc}}>0$。从图 9-12(b)可以看出，当$\Theta=\pm\dfrac{\pi}{4}$时，$V_{\mathrm{m1}}=|V_{\mathrm{m2}}|$，这表明在$\varepsilon=1$的情况下，自偏压为零。

对于不同的Θ值，根据式(9.6-22)，就可以计算出电压的峰值。图 9-13 显示了V_{m1}和V_{m2}随Θ的变化趋势以及在$\varepsilon=1$的情况下所对应的直流自偏压V_{dc}。可以看出，

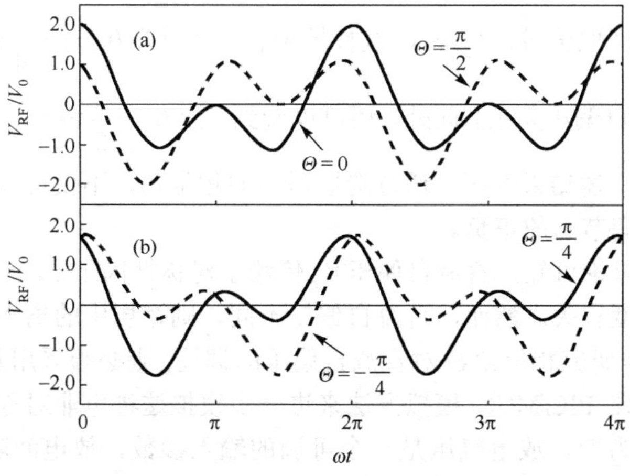

图 9-12　相位角 Θ 对电压波形的影响

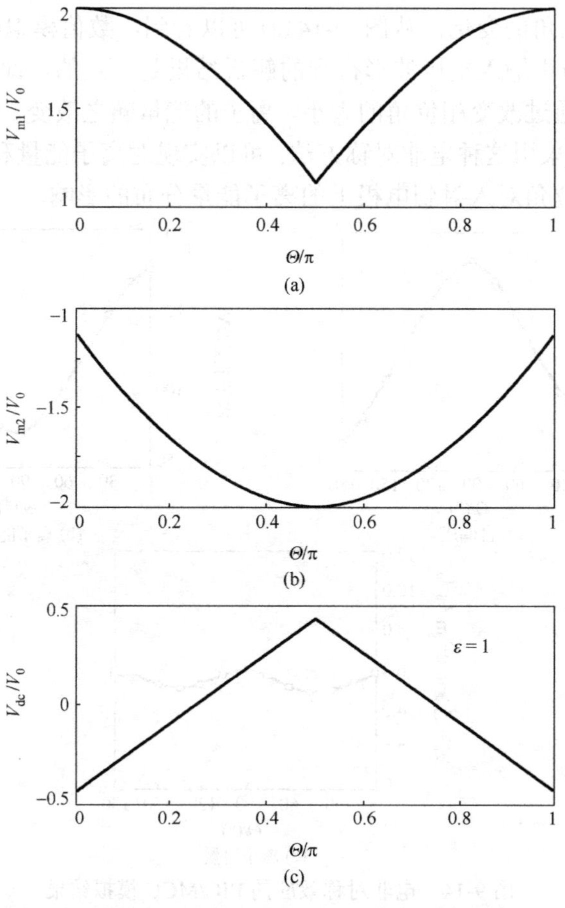

图 9-13　相位角 Θ 对射频电压峰值 V_{m1} 和 V_{m2} 以及直流自偏压 V_{dc}（$\varepsilon=1$）的影响

当 Θ 在 0 和 $\frac{\pi}{2}$ 之间取值时，V_{dc} 随 Θ 线性地增长，而且当 $0<\Theta<\frac{\pi}{4}$ 时，自偏压为负；当 $\frac{\pi}{4}<\Theta<\frac{\pi}{2}$ 时，自偏压为正。此外，还可以看到，当 Θ 在 $\frac{\pi}{2}$ 和 π 之间取值时，V_{dc} 随 Θ 线性地下降。上述结果表明，通过选取适当的相位角，不仅可以调控直流自偏压的大小，还可以调节它的正负。

根据上面的讨论可知，直流自偏压 V_{dc} 依赖于对称性因子 ε，而 ε 又与两个鞘层中离子的平均密度有关。然而，直流自偏压不同，则鞘层中的离子密度也会不同。因此，要想自洽地研究相位角 Θ 对直流自偏压的调控，则必须采用数值模拟的方法。下面我们采用一维 PIC/MCC 模拟方法来进一步模拟这种电非对称效应。为简单起见，以氩气放电为例，放电气压是一个可调的输入参数，放电间隙为 $L=3\text{cm}$。在模拟中所采用的射频电压由式(9.6-22)给出，其中电压的幅值为300V，放电频率 $f=\omega/2\pi$ 为 13.56MHz。图 9-14(a)～(c)分别显示了自偏压、入射到电极上的离子能量和通量随相位角的变化。从图 9-14(a)可以看到，数值模拟给出的自偏压随相位角的变化趋势与由输入电压波形得到的解析结果是一致的。此外，由图 9-14(b)和(c)可以看出，通过改变相位角的大小，离子的能量随之改变，但离子的通量几乎保持不变。这说明采用这种电非对称方法，可以实现对离子能量和通量的独立调控。图 9-15 显示了相位角对入射到电极上的离子能量分布的影响。

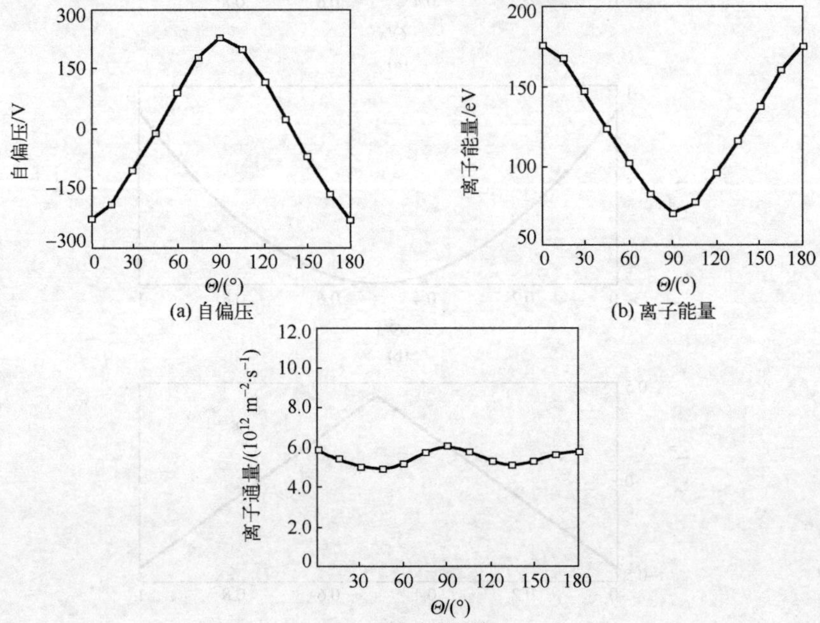

(a) 自偏压　　(b) 离子能量

(c) 离子通量

图 9-14　电非对称效应的 PIC/MCC 模拟结果

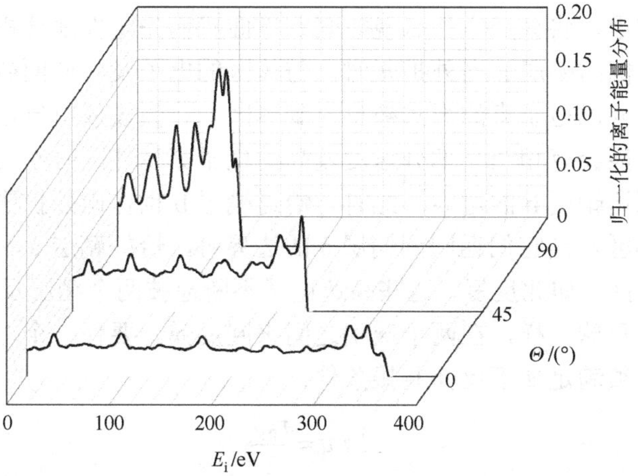

图 9-15　相位角对离子能量分布的影响

这种电非对称效应已被实验所证实[18,19]。Schulze 等针对电非对称性的氩气放电[18]，分别测量了直流自偏压和入射到电极上的离子能量分布，发现两者随相位角的变化趋势与理论模型预测的结果一致。Schüngl 等针对电非对称的氧气放电[19]，也对直流自偏压进行了测量，并采用一维 PIC/MCC 方法进行相应的数值模拟，发现实验测量结果与数值模拟结果基本吻合。与传统的双频放电相比，由于这种电非对称效应可以更好地独立调控入射到基片上的离子能量和通量，从而这种驱动放电的方式有望应用到工业等离子体源中。

9.7　电子反弹共振加热

在射频容性耦合放电中存在着两种加热机制，一种是欧姆加热，另一种是随机加热。其中欧姆加热主要来自于体区中电子与中性粒子的碰撞效应，而随机加热则来自于电子与射频鞘层的“碰撞”效应。我们已在第 3 章和第 7 章对这两种加热方式进行了讨论。射频电场的能量正是通过这两种加热方式转移给等离子体中的电子，并用于维持气体放电。在低气压放电情况下(几毫托到几十毫托)，随机加热占主导地位；而在高气压放电下，欧姆加热占主导地位。在随机加热过程中，电子被一个向外扩展的射频鞘层边界“反弹”后，可以从射频鞘层电场中获得能量，并形成高能电子束。当高速电子被反射到体区中，并与中性粒子碰撞时，可以进一步增强气体的电离。

我们在 7.4 节讨论鞘层的随机加热过程时，考虑的是体区中的电子与单个射频鞘层的相互作用。然而，对于由一对平行板电极构成的容性耦合放电，在每个电极附近各存在着一个随时间振荡的射频鞘层。如果这两个振荡的鞘层协同起来与体区中的电子相互作用，将会产生什么现象呢？下面我们先定性地分析一下这个问题。

考虑当某一侧的鞘层 a 向外扩张时，与体区的电子发生迎面碰撞，这些电子被鞘层电场加速，并以电子束的形式被反射到体区中。假设放电气压不是很高，被反射的电子束中可能会有相当一部分速度较高的电子穿越体区时不与中性粒子发生碰撞，而是直接到达鞘层 b 的边界。此时，恰逢鞘层 b 也在向外扩张，因此它们又被鞘层 b 反弹回体区。当它们返回到鞘层 a 的边界时，恰好鞘层 a 又在向外扩张，它们又被反射到体区。如此反复，这些高速电子不断地被两个鞘层反弹，如图 9-16 所示，就像一个乒乓球一样，在两个球拍之间来回反弹。要使一个电子能够在两个鞘层之间反弹，必须满足如下反弹共振条件：

$$L / v = \frac{\tau_{RF}}{2} \tag{9.7-1}$$

其中，$\tau_{RF} = 1/f$ 为射频周期，这里 f 为放电频率；L 为放电间隙(即两个平板电极的间距)；v 是电子的特征速度。这个式子表明，只有当电子在两个鞘层之间的运动时间 v/L 近似等于半个射频周期 τ_{RF} 时，电子才能在两个鞘层中做反弹运动。在每次电子与鞘层的相互作用中，电子从鞘层电场中得到能量，即电子被加热，因此称这种双鞘层协同作用产生的加热为**电子反弹共振加热**。反弹共振电子可以增强气体的电离，提高等离子体的密度。

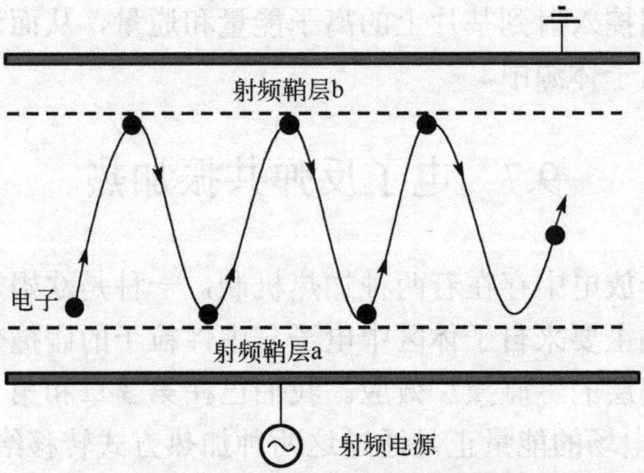

图 9-16　电子反弹共振示意图

尽管放电气压很低，但这些高速电子不能无休止地在两个鞘层之间来回反弹。它们在多次反弹后总会与中性粒子发生碰撞，并损失能量，变成低速电子。此外，这些反弹共振电子的能量高到一定程度时，可以摆脱鞘层势垒的约束，轰击到电极表面上并损失掉。

尽管 Wood 早在 1991 年就采用 PIC/MCC 模拟方法，揭示了扩展的射频鞘层可以产生高能电子束，而且这些电子束能够在两个鞘层之间反弹共振很多个周期[20]，但这一现象没有得到实验证实和系统的理论研究。在 2011 年，刘永新等首次在双频容性耦合氩气放电中观察到这种电子反弹共振效应，并采用 PIC/MCC 模拟方法对其中的物理机制进行了深入的研究[21]。在该双频放电实验中，高频电源的频率固定为 60MHz，低频电源的频率为 2MHz，而且两个电源均施加在上电极，下电极连同腔室侧壁一起接地。上电极的直径为 21cm，下电极的直径为 15cm。两极板之间的距离可调，调节范围为 1.5～6cm。实验上分别采用悬浮静电双探针和发射光谱测量放电中心处的离子密度和光谱强度，并与一维 PIC/MCC 的模拟结果进行比较，如图 9-17 所示。其中高低频电源的功率分别为 50W 和 150W，放电气压为 0.7Pa（对于数值模拟，取气压为 1.3Pa）。可以看到，随着放电间隙的减小，等离子体密度首先下降，这与电子密度的定标关系是一致的。然而当放电间隙降低到 3cm 以下时，等离子体密度有一个明显的增加；当间隙为 $L_{\text{BRH}} = 2\text{cm}$ 时（称该间隙为共振间隙），等离子体密度达到极大值。这是由于当 $L = L_{\text{BRH}}$ 时，鞘层扩张产生的电子束穿过体等离子体区的时间正好等于半个高频周期 $\tau_{\text{RF}}/2$，与反弹共振条件对应。随着间隙的继续降低，等离子体密度陡降。对于等离子体密度，实验测量结果与模拟结果基本符合，不过模拟给出的共振间隙为 2.25cm，稍微大于实验上观测到的共振间隙，这是因为实验上两个电极尺寸有限，并且不对称，而一维 PIC/MCC 模型无法模拟这种电极的非对称效应。

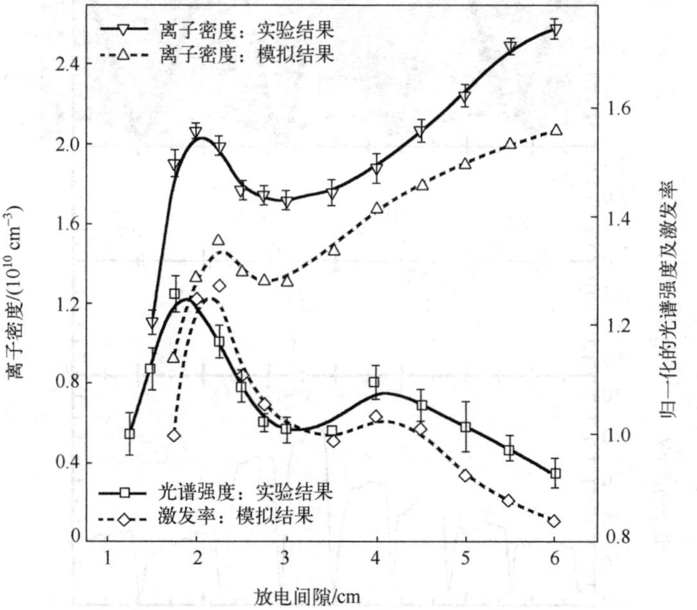

图 9-17　放电中心的氩离子密度以及光谱强度随间隙的变化

从图 9-17 还可以看出，光强（实验）和激发率（模拟）随着间隙的增加，大体上都是下降的，这是由于电子温度随着放电间隙的增加而减小。当放电间隙在 2cm 附近时，实验上测得的光强和粒子模拟给出的激发率都存在明显的峰值，该峰值与密度的峰值相对应，只是稍微向小间隙移动。另外需要注意的是，放电间隙为 4cm 时，实验测得的等离子体光强和模拟存在的电子激发率都出现一个明显的次峰，该峰的出现与共振加热的二次谐振有关。

为了进一步揭示反弹共振加热的物理图像，图 9-18(a)～(c)分别显示了由数值模拟给出的电离率的时空分布，以及鞘层振荡速度和电子能量随时间的变化，其中气压为 1.3Pa，共振间隙 $L_{\mathrm{BRH}}=2.25\mathrm{cm}$，其余参数与图 9-17 相同。比较图 9-18(a)和(b)，可以看到最强的电离率(黑色)与最大鞘层振荡速度相对应。这是因为当鞘层振荡速度最大时，体区的电子被鞘层强烈反弹，并以电子束的形式返回到体区，从而引起气体的强烈电离。在模拟上，通过数值跟踪大量电子的运动轨迹，发现有大约 1%的电子能够在两个鞘层边界之间像乒乓球一样被来回反弹多个射频周期。一个典型的共振电子的轨迹如图 9-18(a)中点线所示。从图 9-18(a)和(c)可以看出，在 0 ～ 2.4 个高频周期内，这个电子会从每次与扩张鞘层的相互作用中获得能量，因此它的能量持续地增加，直到接近 50eV。

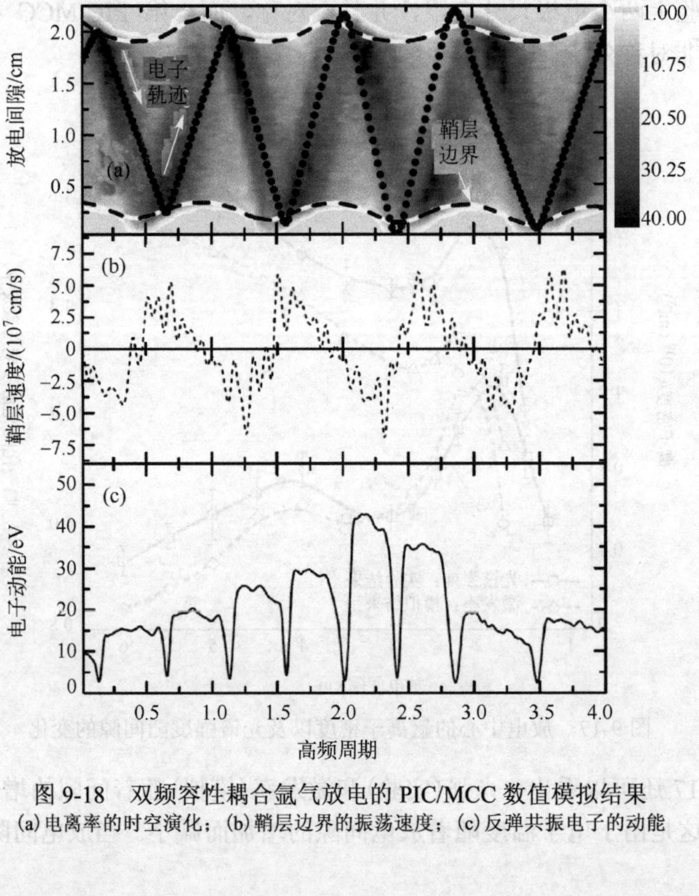

图 9-18　双频容性耦合氩气放电的 PIC/MCC 数值模拟结果

(a)电离率的时空演化；(b)鞘层边界的振荡速度；(c)反弹共振电子的动能

上述电子的反弹共振加热效应受到放电气压和高低频电源功率的影响。尤其是当放电气压较高时，这种反弹共振加热效应将会变弱，这是因为较高的气压增加了反弹共振电子与中性粒子的碰撞机会。图 9-19 显示了在不同的气压下，放电中心处离子密度的实验测量结果[22]，其中工作气体为氩气，模拟中所用到的参数与图 9-17 相同。可以看到，随着气压的升高，离子密度中的共振峰逐渐变弱。当气压为 2.6Pa 时，共振峰基本消失。对于电负性气体放电，如氧气，实验上也观察到了类似的电子反弹共振加热现象[23,24]。

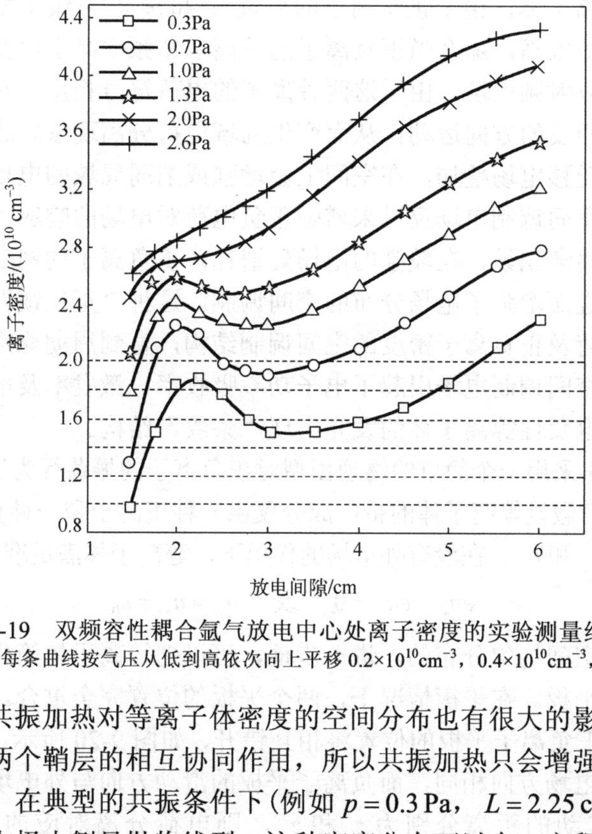

图 9-19　双频容性耦合氩气放电中心处离子密度的实验测量结果
图中每条曲线按气压从低到高依次向上平移 $0.2\times10^{10}\text{cm}^{-3}$，$0.4\times10^{10}\text{cm}^{-3}$，…

此外，反弹共振加热对等离子体密度的空间分布也有很大的影响，这是因为反弹共振加热需要两个鞘层的相互协同作用，所以共振加热只会增强两电极中心区域的等离子体密度。在典型的共振条件下(例如 $p=0.3\,\text{Pa}$，$L=2.25\,\text{cm}$)，等离子体密度的径向分布在电极内侧呈抛物线型，这种密度分布可以在一定程度上抵消由边缘效应带来的等离子体密度的不均匀性。

9.8　正负离子的振荡行为及条纹现象

在前面的讨论中，我们一直以氩气放电为例对容性放电中的物理问题进行阐述。众所周知，氩气是一种电正性气体，其放电所产生的等离子体是由电子和正离子组成的。对于一些等离子体表面处理工艺，如半导体芯片的刻蚀及薄膜沉积工艺，通常采用一些电负性气体(如 CF_4、O_2 及 Cl_2 等)或混合气体(如 CF_4/Ar)进行放电。对于这种电负性气体放电，它所产生的等离子体不仅包含电子和正离子，还包含负离子，尤其是强电负性气体放电，体区中的负离子的密度远大于电子的密度。因此，它是一种主要由正负离子组成的“离子-离子”等离子体。

对于电正性等离子体，由于电子的质量 m_e 远小于离子的质量 m_i，即 $m_e \ll m_i$，所以我们在前面讨论等离子体的一些基本性质时(如等离子体振荡)，一般认为在外界射频电场的作用下，正离子是静止的，而电子能够瞬时响应外电场并随之运动。但对于电负性等离子体，由于正负离子的质量 m_+ 和 m_- 在量级上相当，如果外界射频电源的频率不是太高，那么当正负离子的等离子体频率高于电源的激励频率时，正负离子也会响应射频电场。由于这两种离子的电荷符号相反，它们在外界射频电场的作用下，向相反的方向运动，从而产生局域电荷分离现象。这种电荷分离所产生的电场与体区迁移电场叠加，在空间上会增强或削弱局域的电场，产生空间调制的电场分布。该空间调制电场反过来增强正负电荷对电场的响应，使正负离子在较弱的空间电场处逐渐积累，在较强的电场处消耗。正负离子的密度空间起伏(梯度)逐渐变得显著，进而增强了电场分布的空间调制。这种“正反馈”机制会逐渐地增强电场、空间电荷及正负离子密度的空间调制结构，直到周期稳定的空间调制电场分布建立起来。空间调制电场引起了电子功率吸收率、激发率及电离率的空间调制结构，最终导致电负性等离子体的发光出现“条纹”结构。

下面，我们先采用一个简单的物理模型对正负离子的振荡行为进行初步分析[25]。为简单起见，我们假设等离子体的带电成分仅由一种正离子和一种负离子组成，而对应的密度分别为 n_+ 和 n_-。在没有外电场的作用下，等离子体满足准电中性条件，即

$$en_+ - en_- = 0 \quad \text{或} \quad n_+ = n_- = n_0 \tag{9.8-1}$$

而且正负离子是空间均匀分布的。进一步地，可以把等离子体简化为一个正离子平板和一个负离子平板。在平衡情况下，两个平板的位置完全重合。一旦受到外界射频电场的作用，正负离子平板的位置将相互错开，如图 9-20 所示，其中正离子平板的滑动方向与外电场方向相同，而负离子平板的滑动方向与外电场方向相反。假设正负电荷平板移动的距离分别为 z_+ 和 z_-，则电荷分离对应的净电荷量分别为 $en_+(z_+ - z_-)$ 和 $en_-(z_- - z_+)$。这种净电荷将产生一个内部自洽电场

$$E_{\text{int}} = \frac{en}{\varepsilon_0}(z_+ - z_-) \tag{9.8-2}$$

这种内部自洽电场要阻止正负离子平板的进一步位移，试图使它们恢复到原来的平衡位置。但由于惯性的影响，正负离子平板达到平衡位置时，还要各自朝着相反的方向运动。这样，又产生相反方向的内部自洽电场。此外，在正负离子平板的移动过程中，它们还要受到中性气体分子拖曳力的作用。

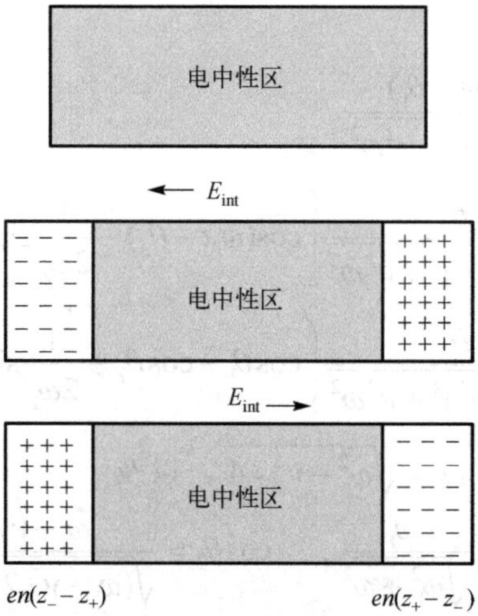

图 9-20　正负离子平板滑动示意图

假设施加的外界射频电场为一个空间均匀场，其表示式为

$$E_{\text{rf}}(t) = E_0 \cos \omega t \tag{9.8-3}$$

其中，E_0 为外电场的幅值；ω 为角频率。这样，正负离子的运动方程分别为

$$m_+ \frac{\mathrm{d}^2 z_+}{\mathrm{d}t^2} = eE_0 \cos \omega t - \frac{e^2 n}{\varepsilon_0}(z_+ - z_-) - m_+ \nu \frac{\mathrm{d}z_+}{\mathrm{d}t} \tag{9.8-4}$$

$$m_- \frac{\mathrm{d}^2 z_-}{\mathrm{d}t^2} = -eE_0 \cos \omega t - \frac{e^2 n}{\varepsilon_0}(z_- - z_+) - m_- \nu \frac{\mathrm{d}z_-}{\mathrm{d}t} \tag{9.8-5}$$

其中，ν 为正负离子与中性粒子碰撞的动量输运频率。可以看到，这两个方程是相互耦合的。为了便于求解，引入正负离子平板的相对位移 $z = z_+ - z_-$，以及约化质量 $\mu = \dfrac{m_+ m_-}{m_+ + m_-}$，可以把上面两个方程简化成一个方程

$$\frac{\mathrm{d}^2 z}{\mathrm{d}t^2} + \nu \frac{\mathrm{d}z}{\mathrm{d}t} + \omega_{\text{p}}^2 z = \beta \cos \omega t \tag{9.8-6}$$

其中，$\beta = eE_0 / \mu$，ω_{p} 为约化振荡频率

$$\omega_{\text{p}} = \sqrt{\frac{e^2 n}{\mu \varepsilon_0}} = \sqrt{\omega_+^2 + \omega_-^2} \tag{9.8-7}$$

式中，$\omega_+ = \sqrt{e^2 n / (\varepsilon_0 m_+)}$ 和 $\omega_- = \sqrt{e^2 n / (\varepsilon_0 m_-)}$ 分别为正负离子的振荡频率。

从数学上看，方程(9.8-6)是一个带有阻尼的强迫振动方程。假设在 $t = 0$ 时刻，正负离子均处于平衡位置，有 $z|_{t=0} = 0$ 和 $\dfrac{\mathrm{d}z}{\mathrm{d}t}\Big|_{t=0} = 0$。根据这种初始条件，可以得到

方程(9.8-6)的解析解

$$
\begin{aligned}
z(t)=&\frac{\beta\cos(\omega t-\theta_1)}{\sqrt{(\omega_{\mathrm{p}}^2-\omega^2)^2+\nu^2\omega^2}}\\
&-\frac{\beta}{\sqrt{(\omega_{\mathrm{p}}^2-\omega^2)^2+\nu^2\omega^2}}\left[\cos(\omega_2 t-\theta_2)-\frac{1}{2\omega_2}\sin(\omega_2 t-\theta_2)\right]\mathrm{e}^{-\nu t/2}\\
&-\frac{\beta}{\sqrt{(\omega_{\mathrm{p}}^2-\omega^2)^2+\nu^2\omega^2}}\left(\cos\theta_1-\cos\theta_2-\frac{1}{2\omega_2}\sin\theta_2\right)\mathrm{e}^{-\omega_1 t}
\end{aligned}
\tag{9.8-8}
$$

其中，$\omega_1=(\omega_{\mathrm{p}}^2-\omega^2)/\nu$，$\omega_2=\sqrt{\omega_{\mathrm{p}}^2-\nu^2/4}$，以及

$$
\cos\theta_1=\frac{\omega_1}{\sqrt{\omega_1^2+\omega^2}},\quad \cos\theta_2=\frac{\omega_1-\nu/2}{\sqrt{(\omega_1-\nu/2)^2+\omega_2^2}}
\tag{9.8-9}
$$

在稳态情况下（$t\to\infty$），式(9.8-8)右边的后两项趋于零，因此有

$$
z(t)=\beta\frac{\cos(\omega t-\theta_1)}{\sqrt{(\omega_{\mathrm{p}}^2-\omega^2)^2+\nu^2\omega^2}}\equiv A\cos(\omega t-\theta_1)
\tag{9.8-10}
$$

其中，A为正负离子平板的相对位移的振幅。可以看出，当电源的驱动频率与离子的约化振荡频率相等，即$\omega=\omega_{\mathrm{p}}$时，振幅最大，为$A_{\max}=\beta/(\nu\omega)$，且$\cos\theta_1=0$。这说明，这种“离子-离子”等离子体与外界射频电场的相互作用处于一种共振状态。由于正负离子的质量较大，在一般情况下，有$\omega_{\mathrm{p}}\sim \mathrm{MHz}$。因此，只有当电源的驱动频率在MHz范围时，才能发生这种共振作用。

根据前面的讨论可知，在共振状态下，正负离子平板的相对位移的振幅最大，其值为$A_{\max}=eE_0/(\mu\nu\omega)$。可见，最大振幅反比于射频电源的驱动频率，即频率越低，振幅越大。将式(9.8-10)代入式(9.8-2)，可以得到稳态情况下的内部自洽电场为

$$
E_{\mathrm{int}}=\frac{enA}{\varepsilon_0}\cos(\omega t-\theta_1)
\tag{9.8-11}
$$

同样，在共振状态下，自洽电场的幅值也最大，为$E_{\max}=\omega_{\mathrm{p}}^2E_0/(\nu\omega)$。

在电负性气体的击穿初期，正负离子的密度都很低，不会产生上述共振现象。只有当放电进行到一定的阶段后，正负离子的密度达到临界值$n_{\mathrm{c}}=\mu\varepsilon_0\omega^2/e^2$时，才会出现共振现象（$\omega=\omega_{\mathrm{p}}$）。在电负性等离子体中，尽管体区的电子密度很低，但总有一些电子存在。尤其是由于鞘层边缘处的随机加热效应，一些高速电子进入体区后引起气体分子的电离和激发，并产生正离子。同时，在共振状态下，内部局域电场较强会进一步增强等离子体的吸收功率和气体的电离与激发。另外，高速电子与分子碰撞后失去能量而变成低能电子，这些低能电子再与分子进行附着碰撞，从而产生负离子。也就是说，在共振状态下，等离子体中的正负离子密度将同时升高。

为了定量地描述上述共振状态下发生的物理过程，以下以 CF_4 放电为例，采用一维 PIC/MCC 模型进行数值模拟，其中电源的驱动频率为 8MHz，电压为 300V，放电气压为 100Pa，放电间隙为1.5cm[26]。对于这种气体放电，主要的带电粒子为 CF_3^+、CF_3^-、F^- 及电子。图 9-21 显示了在稳态放电情况下，不同带电粒子密度和电场的空间分布。可以看出：①CF_3^+ 和 F^- 的密度相当，电子密度比 CF_3^+ 密度低大致两个数量级，因此，这种等离子体基本上是由一种正离子（CF_3^+）和一种负离子（F^-）构成的等离子体；②CF_3^+ 和 F^- 的密度呈现“木梳状”的空间分布(即分层现象)，两者的密度空间调制结构完全一致；③体区电场强的地方，对应的正负离子密度高。这些结果与上面的分析是一致的。

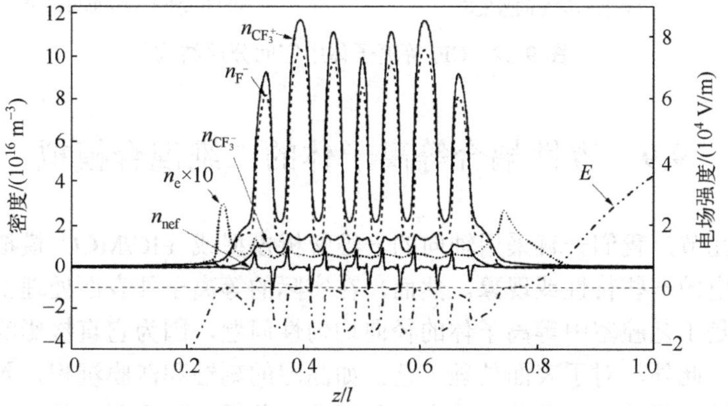

图 9-21　CF_4 等离子体中带电粒子密度及电场空间分布的 PIC/MCC 模拟结果

在 2016 年，刘永新等首次在实验上观察到了 CF_4 等离子体中的辉光条纹现象，并与 PIC/MCC 数值模拟结果进行了比较[25]，见图 9-22(a)和(b)，其中放电参数与图 9-21 完全相同。实验上采用增强型电荷耦合设备(ICCD)相机来测量时空分辨的发射光谱，它对应于气体分子的激发率，见图 9-22(a)，其中上半周期给出的是靠近接地电极的激发强区，而下半周期给出的是靠近功率电极的激发强区；数值模拟给出的是 CF_4 分子的电离率，见图 9-22(b)。可以看出，无论是激发率还是电离率，都显示出明显的空间分层结构。由于实验上等效接地电极和功率电极是不对称的，所以测量出来的激发率在上下两个半周期稍微有些不对称。

数值模拟还表明[26]，对于这种 CF_4 等离子体，这种条纹结构对电源驱动频率最为敏感。对于上述放电参数，当驱动频率为 f = 18MHz 时，对应于出现分层结构的临界离子密度 n_c。当 f < 18MHz 时，等离子体中会出现明显的分层结构，即正负离子密度分布具有相似的空间调制结构；而当 f > 18MHz 时，体区正负离子密度的最大值和最小值相当，即分层结构消失。

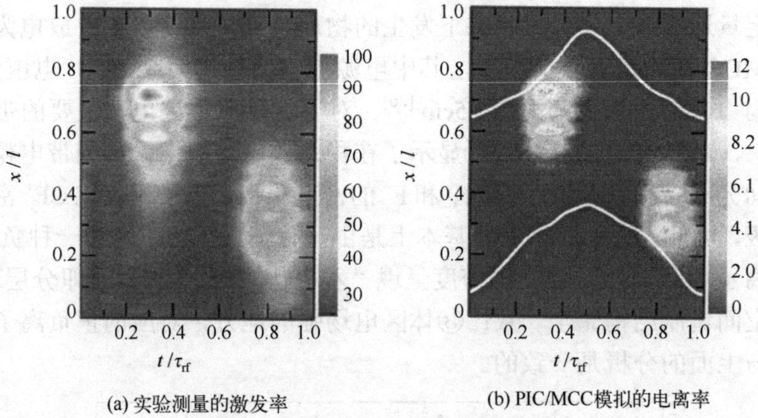
x / l
t / τrf
(a) 实验测量的激发率
(b) PIC/MCC模拟的电离率

图 9-22　CF_4 等离子体中空间分层结构

9.9　容性耦合等离子体的二维混合模拟

在前面几节，我们一直采用轴向的一维解析模型或 PIC/MCC 模拟方法来讨论容性耦合放电的一些特性或现象。然而，在实际的等离子体表面处理工艺中，人们更多关注的是工艺腔室中等离子体的径向均匀性问题，因为它直接影响到表面处理工艺的质量。此外，对于表面处理工艺，如晶圆的刻蚀和薄膜沉积，入射到晶圆上的离子和中性粒子的能量及角度分布也是影响工艺质量的重要参数。本节将对容性耦合放电的二维流体/蒙特卡罗碰撞(MCC)混合模拟方法进行详细介绍，并以氮气放电为例，将模拟结果与实验测量结果进行比较。

这种混合模拟方法是由四个模块构成的，即静电场模块、流体力学模块、电子蒙特卡罗模块和离子蒙特卡罗模块，如图 9-23 所示，其中前三个模块是相互耦合的，而第四个模块与前三个模块是单向耦合的。在给定的输入参数下，如腔室参数(几何尺寸、材料属性)、电源参数(放电频率和功率)及工艺气体参数(气体种类、气压等)，借助于前三个模块，就可以模拟出放电腔室中的静电场、带电粒子密度、活性粒子密度以及电子温度的空间分布。此外，还可以模拟出电子的能量分布以及电子与中性粒子的碰撞反应速率等。再将由前三个模块模拟出的电场和中性粒子密度输入离子蒙特卡罗模块中，就可以模拟出入射到基片(或电极)上的离子能量分布和角度分布。

1. 静电场模块

如果驱动放电的电源频率不是太高且放电腔室的直径不是太大，则尽管等离子体中的射频电场是随时间变化的，仍可以采用静电近似模型来计算。引入静电势 V，

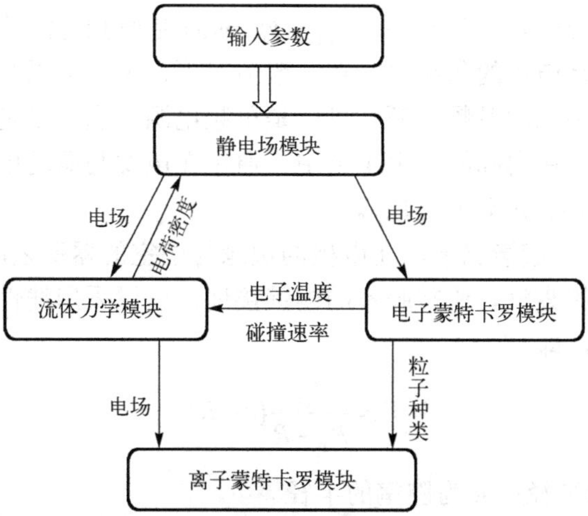

图 9-23　CCP 的流体/蒙特卡罗碰撞混合模拟流程图

可以把静电场 $\boldsymbol{E}$ 用电势来表示，即 $\boldsymbol{E}=-\nabla V$。如模拟的区域包含放电腔室内部的等离子体以及面向等离子体的介质材料，则电势由泊松方程确定

$$\nabla^2 V=-\frac{\rho}{\varepsilon_{\mathrm{r}}\varepsilon_0} \tag{9.9-1}$$

其中，$\rho=e(n_+-n_--n_{\mathrm{e}})$ 为电荷密度；n_+、n_- 及 n_{e} 分别为正离子、负离子及电子的密度，由后面的流体力学模块给出；ε_0 为真空介电常量；ε_{r} 为相对介电常量，在等离子体中 $\varepsilon_{\mathrm{r}}=1$。面向等离子体的介质材料，可以是包围电极的介质环，也可以是器壁上的介质材料。对于面向等离子体的金属材料，可视为一个等势体。

考虑到放电腔室具有轴对称性，可以在柱坐标系 (r,θ,z) 中求解泊松方程 (9.9-1)，即电场和电势仅是径向变量 r 和轴向变量 z 的函数。

对于泊松方程的边界条件，主要分以下三种情况：①对称性条件；②电极/导体壁边界；③出流边界。下面分别进行介绍。

(1) 对称性条件：考虑到电场和电势的空间分布具有轴对称性，这样在放电腔室的对称轴处，有

$$\frac{\partial V}{\partial r}\Big|_{r=0}=0 \tag{9.9-2}$$

(2) 电极/导体壁边界：可以把电极和导体器壁看作理想导体。如果它们接地，则有

$$V\big|_{\Sigma}=0 \tag{9.9-3}$$

如果在电极上连接射频电源，则有

$$V\big|_{\Sigma}=V_{\mathrm{RF}}(t) \tag{9.9-4}$$

其中，Σ 为电极或导体器壁的表面；$V_{\mathrm{RF}} = V_0 \cos\omega t$ 是射频电源的输出电压，这里 V_0 是电压的幅值，ω 是电压的角频率。在一般情况下，电源可以是直流电源、连续波的射频电源或脉冲调制的射频电源；可以是单频电源，也可以是双频电源或多频电源。需要说明的是，在实际的放电工艺中，通常在电源与驱动电极之间连接一个外部匹配网络，这样 $V|_{\Sigma}$ 并不等于 V_{RF}。

(3) 出流边界：一般情况下，在电极的边缘与腔室的器壁之间留有环形出流口，用于排除放电产生的废气。通常腔室的侧壁接地，可以采用线性插值的方法来确定出流口的电势分布，即

$$V = \frac{V_{\mathrm{RF}}}{R_{\mathrm{d}} - R}(r - R) \tag{9.9-5}$$

其中，R_{d} 为电极的半径；R 为腔室的半径。

2. 流体力学模块

流体力学模块的总体思想是：将等离子体看作是一种带电流体，并用流体力学方程描述电子、正离子、负离子及中性基团的宏观运动状态。通过求解流体力学方程组，可以确定出带电粒子和中性基团的密度分布以及流场分布，其中电子温度由电子蒙特卡罗碰撞模块给出，而离子温度为恒定值。此外，在流体力学模块中，认为背景气体是均匀分布的，其密度和温度恒定。

1) 电子的流体力学方程

设电子的密度为 n_{e}，流速为 $\boldsymbol{u}_{\mathrm{e}}$，则电子的连续性方程为

$$\frac{\partial n_{\mathrm{e}}}{\partial t} + \nabla \cdot (n_{\mathrm{e}} \boldsymbol{u}_{\mathrm{e}}) = S_{\mathrm{e}} \tag{9.9-6}$$

方程右侧为电子产生或损失的源项，其表达式为

$$S_{\mathrm{e}} = \sum_{\mathrm{a}} k_{\mathrm{a}} n_1 n_2 - \sum_{\mathrm{b}} k_{\mathrm{b}} n_1 n_{\mathrm{e}} \tag{9.9-7}$$

其中，k_{a} 和 k_{b} 代表碰撞速率系数；下角标 a 表示产生电子的碰撞过程，如电离碰撞、反附着碰撞等；下角标 b 表示损失电子的碰撞过程，如复合碰撞、附着碰撞等；密度 n_1 和 n_2 为发生碰撞的各粒子密度。

考虑到电子的质量很小，通常忽略电子动量平衡方程中速度随时间的加速项以及对流项。对于碰撞所产生的阻力项，由于低温等离子体的电离度很低，只考虑电子与中性粒子之间的弹性碰撞。因此，可以采用漂移扩散近似来确定电子的通量

$$\boldsymbol{\Gamma}_{\mathrm{e}} = n_{\mathrm{e}} \boldsymbol{u}_{\mathrm{e}} = -\frac{1}{m_{\mathrm{e}} \nu_{\mathrm{en}}} \nabla (n_{\mathrm{e}} T_{\mathrm{e}}) - \frac{e n_{\mathrm{e}}}{m_{\mathrm{e}} \nu_{\mathrm{en}}} \boldsymbol{E} \tag{9.9-8}$$

其中，m_{e} 为电子质量；ν_{en} 为电子弹性碰撞频率，对于混合气体放电过程，电子与

中性粒子的弹性碰撞频率为 $\nu_{\text{en}}=\sum_{j=1}n_{gj}k_{ej}$，这里 n_{gj} 为第 j 类背景气体的密度，k_{ej} 为电子与第 j 类中性粒子的弹性碰撞速率系数；T_e 为电子温度，由后面的电子蒙特卡罗碰撞模块给出；$\boldsymbol{E}$ 为静电场，由前面的静电场模块给出。

假设电子的速度服从麦克斯韦分布，则单位时间内入射到器壁上的通量为 $\Gamma_e=\frac{1}{4}n_e\overline{v}_e$，其中 $\overline{v}_e=\sqrt{8T_e/(\pi m_e)}$ 为电子的平均热速度。考虑电子在器壁处的反射，通常选取反射系数 $\Theta=0.25$。对于低气压放电，如果电压值较低，可以忽略二次电子的影响。因此，电子通量沿器壁或电极方向的分布可以写成

$$\Gamma_{er}=\pm\frac{n_e u_t}{4}(1-\Theta),\qquad \Gamma_{ez}=\pm\frac{n_e u_t}{4}(1-\Theta) \tag{9.9-9}$$

式中，符号选取需要参考坐标轴方向，沿坐标轴方向为正，逆坐标轴方向为负。

2) 正负离子的流体力学方程

假设正负离子的密度为 $n_\pm$、流速为 $\boldsymbol{u}_\pm$，则对应的连续性方程为

$$\frac{\partial n_\pm}{\partial t}+\nabla\cdot(n_\pm\boldsymbol{u}_\pm)=S_\pm \tag{9.9-10}$$

其中，$S_\pm=\sum_{\text{a}}k_{\text{a}}n_1n_2-\sum_{\text{b}}k_{\text{b}}n_1n_\pm$ 为正负离子产生或损失的源项。正负离子的流速由如下动量平衡方程确定

$$\frac{\partial n_\pm m_\pm\boldsymbol{u}_\pm}{\partial t}+\nabla\cdot(n_\pm m_\pm\boldsymbol{u}_\pm\boldsymbol{u}_\pm)=\pm Z_\pm e n_\pm\boldsymbol{E}-\nabla p_\pm-\boldsymbol{M}_\pm \tag{9.9-11}$$

其中，$m_\pm$ 为正负离子的质量；$p_\pm=n_\pm T_\pm$ 为正负离子的热压强，这里 $T_\pm$ 为正负离子的温度；$Z_\pm$ 为正负离子所带的电荷数；$\boldsymbol{M}_\pm$ 为正负离子与中性粒子弹性碰撞时单位时间内转移的动量密度

$$\boldsymbol{M}_\pm=\sum_n\frac{m_\pm m_n}{m_\pm+m_n}\nu_{\pm n}n_\pm\boldsymbol{u}_\pm \tag{9.9-12}$$

式中，m_n 为第 n 类中性粒子的质量；$\nu_{\pm n}$ 为正负离子与第 n 类中性粒子的弹性碰撞频率。在一般情况下，由于负离子要受到器壁和功率电极处的鞘层电场的排斥，其流动速度很低，因此可以忽略动量平衡方程中的惯性项和对流项。对于正离子，由于受到鞘层电场加速，所以不能忽略动量平衡方程中的惯性项和对流项。

由于正负离子可以充分地把其动能转移给中性粒子，因此通常假设正负离子的温度等于中性粒子的温度，这样无须求解正负离子的能量守恒方程。

当放电达到稳态时，在壁面处正负离子密度以及离子流恒定，即沿壁面方向导数为零。对于正负离子密度，有

$$\nabla_r n_{\pm} = 0, \quad \nabla_z n_{\pm} = 0 \tag{9.9-13}$$

对于正负离子流通量，也有类似的边界条件

$$\nabla_r (n_{\pm} u_{\pm}) = 0, \quad \nabla_z (n_{\pm} u_{\pm}) = 0 \tag{9.9-14}$$

3）活性粒子的流体方程

在气体放电过程中，背景气体分子在电子及正负离子的碰撞下可以解离成大量的活性基团。活性粒子的扩散速度为

$$\boldsymbol{u}_{\mathrm{n}} = -D_{\mathrm{n}} \frac{\nabla n_{\mathrm{n}}}{n_{\mathrm{n}}} \tag{9.9-15}$$

其中，n_{n} 为活性粒子的密度；D_{n} 为活性粒子的扩散系数。这样，活性粒子的连续性方程为

$$\frac{\partial n_{\mathrm{n}}}{\partial t} - D_{\mathrm{n}} \nabla^2 n_{\mathrm{n}} = S_{\mathrm{n}} \tag{9.9-16}$$

其中，$S_{\mathrm{n}} = \sum_{\mathrm{a}} k_{\mathrm{a}} n_1 n_2 - \sum_{\mathrm{b}} k_{\mathrm{b}} n_1 n_{\mathrm{n}}$ 为活性粒子产生和损失的源项。

考虑到活性粒子在器壁或电极表面上的附着效应，其边界条件为

$$\Gamma_{\mathrm{n}}\big|_{\Sigma} = \frac{\beta}{1-\beta/2} \frac{n_{\mathrm{n}} \overline{v}_{\mathrm{n}}}{4} \tag{9.9-17}$$

其中，β 为附着系数；$\overline{v}_{\mathrm{n}}$ 为活性粒子的平均热速度。对于活性粒子的温度，通常认为其等同于背景气体的温度，如室温。

由于等离子体流体力学模型为一组非线性偏微分方程，传统的解析方法无法实现对其求解，所以需要采用数值方法。由于模型涉及多个时间尺度，方程的刚性也不尽相同，而数值方法的选择和使用往往会影响数值计算的结果，所以选择适当的数值方法对流体力学方程组进行快速的求解，从而获得等离子体状态参数是非常重要且富于挑战的。

在数值求解流体力学模型过程中，需要选择合适的方法对方程组进行时间和空间上的离散。对于空间的离散方法，主要包括有限元法、有限差分法和有限体积法等。有限元法是一种高效、常用的空间数值离散方法，其基本原理是将连续的求解区域离散为一组单元的组合体，把求解域上待求的未知函数用每个单元内假设的近似函数分片表示，而近似函数则可以由未知场函数和它的导数在单元各节点上的数值插值来表示，这样就可以将一个连续的无限自由度问题变成为离散的有限自由度问题。有限差分法以泰勒级数展开为基础，是一种较为灵活、简单、通用性强的差分方法。

3. 电子蒙特卡罗碰撞模块

下面介绍的电子 MCC 模拟方法分为两部分：①电子在电场作用下的加速运动

过程；②电子与中性粒子的碰撞过程。这里不需要通过跟踪电子运动过程来确定电子密度的空间分布(它由流体力学模块给出)，因此在模拟中，不是采用第 3 章介绍的宏粒子跟踪技术，而是跟踪真实的电子运动过程，只不过跟踪的电子个数相对较少。通常称这些被跟踪的电子为电子群。通过电子 MCC 方法，首先模拟出电子的速度分布函数或能量分布函数，然后在此基础上计算出电子与中性粒子的碰撞速率系数，以及电子的平均能量。

1) 电子的运动方程

首先在直角坐标系中跟踪电子的加速过程，然后通过坐标变换，把电子的运动规律转换到圆柱坐标系中。在直角坐标系中，电子的运动方程为

$$m_e \frac{dv_x}{dt} = -eE_x, \quad m_e \frac{dv_y}{dt} = -eE_y, \quad m_e \frac{dv_z}{dt} = -eE_z \tag{9.9-18}$$

及

$$\frac{dx}{dt} = v_x, \quad \frac{dy}{dt} = v_y, \quad \frac{dz}{dt} = v_z \tag{9.9-19}$$

在方程(9.9-18)中，电场 $\boldsymbol{E}$ 是通过静电场模块给出的，而不是像在 PIC/MCC 方法中由离散在网格上的宏粒子密度确定的。因此在混合模型中，电子运动的时间推动方法与 PIC/MCC 模型采用的方法不一样。为了提高模拟效率，每个电子每次运动的时间步长都不相同。时间步长的计算公式为

$$\Delta t = \min(\alpha/f, \beta\Delta x/v, d\varepsilon/(Ev), \Delta t_c, \Delta t_s) \tag{9.9-20}$$

式(9.9-20)右边第一项表示电子每次运动的时间步长不超过一个射频周期的 α 倍，其中 $\alpha = 0.01$；第二项表示电子每次运动的距离不超过一个网格长度 Δx 的 β 倍，其中 $\beta = 0.2$，v 为电子速度的绝对值；第三项表示每次推动电子时，其能量变化不超过 $d\varepsilon$，其中 $d\varepsilon = 0.1\ \text{eV}$；在第四项中，$t_c = t_{c0} - \ln\varsigma/\nu_{max}$ 为伪碰撞方法预测的电子下一次与中性粒子发生碰撞的时间，其中，t_{c0} 为已经发生的碰撞所对应的时间，ν_{max} 为电子和中性粒子碰撞频率的最大值，ς 为处于 (0, 1) 范围内的随机数；最后一项 Δt_s 为电子到达统计时刻的时间。

2) 电子与中性粒子的碰撞

电子一方面在电场的作用下做加速运动，另一方面又要与中性粒子发生碰撞。这里采用第 3 章介绍的 MCC 方法来确定电子与中性粒子的碰撞过程，这些碰撞过程包括弹性碰撞、电离碰撞、激发碰撞、附着碰撞及解附着碰撞等。具体的细节不再重复。

3) 碰撞反应速率和电子温度

通过追踪电子群的运动过程，即可统计得到在不同时刻、不同空间位置处的电子能量分布函数

$$f(\varepsilon,r,z,t)=\frac{\Delta N(r,z,t)}{N\Delta\varepsilon} \tag{9.9-21}$$

其中，$\varepsilon=m_{\mathrm{e}}v^2/2$ 为电子的动能；N 为跟踪的总电子数；$\Delta\varepsilon$ 为能量间隔；ΔN 为在能量间隔 $\Delta\varepsilon$ 内的电子数。这里的分布函数 $f(\varepsilon,r,z,t)$ 对能量积分是归一化的。

一旦确定出时间和空间分布的电子能量分布函数，就可以计算出时空坐标依赖的碰撞反应速率和电子的平均动能，它们的表示式如下：

$$k_j(r,z)=\int_0^\infty f(\varepsilon,r,z)\times(2\varepsilon/m_{\mathrm{e}})^{1/2}\sigma_j(\varepsilon)\mathrm{d}\varepsilon \tag{9.9-22}$$

$$\overline{\varepsilon}(r,z)=\int_0^\infty f(\varepsilon,r,z)\varepsilon\mathrm{d}\varepsilon \tag{9.9-23}$$

其中，$\sigma_j(\varepsilon)$ 为第 j 类电子与中性粒子的碰撞截面，如弹性碰撞截面、积分碰撞截面、电离碰撞截面等。需要说明的是，对于低气压放电产生的等离子体，电子的热动能 $3T_{\mathrm{e}}/2$ 远大于其定向运动的动能 $m_{\mathrm{e}}u_{\mathrm{e}}^2/2$。因此可以近似地认为，$\overline{\varepsilon}\approx 3T_{\mathrm{e}}/2$，即电子温度为

$$T_{\mathrm{e}}(r,z,t)\approx\frac{2\overline{\varepsilon}(r,z,t)}{3} \tag{9.9-24}$$

一旦根据式(9.9-27)计算出电子与中性粒子的弹性碰撞反应速率 k_{en}，就可以确定出对应的弹性碰撞频率 $\nu_{\mathrm{en}}=n_{\mathrm{g}}k_{\mathrm{en}}$，其中 n_{g} 为背景气体的密度。

4. 离子蒙特卡罗模块

离子蒙特卡罗模块的功能是模拟入射到基片上的正离子的能量分布和角度分布，为模拟刻蚀工艺(如刻蚀率和刻蚀槽剖面等)提供输入参数。离子蒙特卡罗模块与前面介绍的静电场模块和流体/电子蒙特卡罗碰撞模块是单向耦合的，即由静电场模块和流体/电子蒙特卡罗碰撞模块向离子蒙特卡罗模块提供电场和中性粒子密度的时空分布数据，随后由离子蒙特卡罗模块模拟离子在给定电场中的加速和碰撞过程。离子蒙特卡罗模块的模拟结果直接输出，不再需要与流体/电子蒙特卡罗碰撞模块进行耦合。

与电子蒙特卡罗碰撞模拟方法类似，为了消除统计误差，在离子蒙特卡罗模拟方法中，同样需要追踪大量的离子，为10^4～10^6个。在一个周期内，这些正离子被均匀地撒在鞘层区域的边缘，其初始速度满足温度为 T_{i} 的麦克斯韦分布。随后，根据牛顿方程模拟离子在电磁场中的运动过程，并采用随机抽样的方法模拟离子与中性粒子的碰撞过程。当所有的正离子都通过鞘层区域并到达基片上时，计算停止，最终通过统计得到离子的能量分布与角度分布。

对于从上边界进入鞘层模拟区域的离子，可以采用一维的牛顿方程描述其运动

$$\frac{\mathrm{d}^2z(t)}{\mathrm{d}t^2}=\frac{qE(z,t)}{M} \tag{9.9-25}$$

其中，q 为离子所带电荷；M 为离子的质量；$E(z,t)$ 为随时间和空间变化的电场分布，在一维情况下有 $E(z,t)=-\dfrac{\partial V(z,t)}{\partial z}$，这里 $V(z,t)$ 为随时间和空间变化的电势分布。

离子通过与中性粒子发生弹性散射和电荷交换碰撞，其运动轨迹会发生改变。可以采用与 PIC/MCC 模型类似的伪碰撞方法，来确定离子与中性粒子的碰撞过程。首先，定义能量为 ε 的离子发生第 j 种碰撞反应的碰撞频率

$$\nu_j = n_n \sigma_j \left(\frac{2\varepsilon}{m_{\mathrm{i}}}\right)^{1/2} \tag{9.9-26}$$

其中，n_n 表示靶粒子的数密度；σ_j 为第 j 种碰撞反应的截面。然后，在整个能量范围内，找到总碰撞频率的最大值

$$\nu_{\max} = \max_{\varepsilon}\left[\sum_{j=1}^{N_{\text{type}}} \nu_j\right] \tag{9.9-27}$$

并求得最大碰撞概率(包括实际发生的碰撞和伪碰撞)

$$P_{\max} = 1 - \exp(-\nu_{\max}\Delta t) \tag{9.9-28}$$

其中，N_{type} 表示碰撞类型的数量。通过计算 $N = N_{\text{total}} \times P_{\max}$，可以得到发生碰撞或伪碰撞的离子数 N，其中 N_{total} 为该时刻某种离子的总数。

最后，通过产生随机数 $\xi \in [0,1]$，来判断离子所发生的碰撞类型。如果抽取的随机数满足 $\sum_{j=1}^{i-1} \nu_j / \nu_{\max} \leqslant \xi < \sum_{j=1}^{i} \nu_j / \nu_{\max}$，则表示会发生第 i 类碰撞；如果 $\sum_{j=1}^{N_{\text{type}}} \nu_j \Big/ \nu_{\max} \leqslant \xi$，则表示会发生伪碰撞。对于发生伪碰撞的离子，直接将其跳过，离子的信息无须更新；对于其他碰撞类型，则需要对离子的能量和角度信息进一步修正。

5. 氮气放电的混合模拟

在氮气放电中，可以发生不同类型的碰撞反应[27, 28]，例如，电子与重粒子之间的碰撞(R1～R27)，包括弹性碰撞(R1)、转动激发碰撞(R2)、振动激发碰撞(R3～R11)、电激发碰撞(R12～R23)、解离碰撞(R24)和电离碰撞(R25～R27)等，见表 9-1；重粒子之间的碰撞(R28～R40)，包括电荷交换碰撞(R28)、激发转移碰撞以及辐射衰减(R39 和 R40)等，见表 9-2。通过这些碰撞过程，氮气放电不仅可以产生电子、氮离子(N^+)和氮分子离子(N_2^+)，还可以产生一些处于激发态的氮分子，如 $N_2(A^3\Sigma_u^+)$、$N_2(B^3\Pi_g)$ 和 $N_2(a'^1\Sigma_u^-)$。图 9-24 显示了电子与氮原子和氮分子之间的不同类型的碰撞截面[29]，这些截面被用于电子蒙特卡罗碰撞模块中，并由式(9.9-22)计算出对应的反应速率。

表 9-1　氮气放电中电子与氮分子和氮原子的碰撞反应

序号	反应式	阈值能量/eV
R1	$e+N \longrightarrow e+N_2$	0.00
R2	$e+N_2 \longrightarrow e+N_2(R)$	0.02
R3	$e+N_2 \longrightarrow e+N_2(\upsilon=0)$	0.29
R4	$e+N_2 \longrightarrow e+N_2(\upsilon=1)$	0.291
R5	$e+N_2 \longrightarrow e+N_2(\upsilon=2)$	0.59
R6	$e+N_2 \longrightarrow e+N_2(\upsilon=3)$	0.88
R7	$e+N_2 \longrightarrow e+N_2(\upsilon=4)$	1.17
R8	$e+N_2 \longrightarrow e+N_2(\upsilon=5)$	1.47
R9	$e+N_2 \longrightarrow e+N_2(\upsilon=6)$	1.76
R10	$e+N_2 \longrightarrow e+N_2(\upsilon=7)$	2.06
R11	$e+N_2 \longrightarrow e+N_2(\upsilon=8)$	2.35
R12	$e+N_2 \longrightarrow e+N_2(A)$	6.17
R13	$e+N_2 \longrightarrow e+N_2(A^3\Sigma_u{}^+)$	7.00
R14	$e+N_2 \longrightarrow e+N_2(B)$	7.35
R15	$e+N_2 \longrightarrow e+N_2(W^3\Delta_u)$	7.36
R16	$e+N_2 \longrightarrow e+N_2(A^3\Sigma_u{}^+)$	7.80
R17	$e+N_2 \longrightarrow e+N_2(B'^3\Pi_u{}^-)$	8.16
R18	$e+N_2 \longrightarrow e+N_2(a')$	8.40
R19	$e+N_2 \longrightarrow e+N_2(a^1\Pi_g)$	8.55
R20	$e+N_2 \longrightarrow e+N_2(\omega^1\Delta_u)$	8.89
R21	$e+N_2 \longrightarrow e+N_2(C^3\Pi_u)$	11.03
R22	$e+N_2 \longrightarrow e+N_2(E^3\Sigma_g{}^+)$	11.87
R23	$e+N_2 \longrightarrow e+N_2(a''^1\Sigma_g{}^+)$	12.25
R24	$e+N_2 \longrightarrow e+N+N$	13.00
R25	$e+N_2 \longrightarrow 2e+N_2^+$	15.60
R26	$e+N_2 \longrightarrow 2e+N+N^+$	18.00
R27	$e+N \longrightarrow 2e+N^+$	14.54

表 9-2　氮气放电中重粒子之间的碰撞反应及反应速率

序号	反应式	反应速率/($cm^3 \cdot s^{-1}$)
R28	$N_2^+ +N \longrightarrow N_2+N^+$	$7.2\times10^{-13}\exp(T_{gas}/300.0)$
R29	$N_2(A)+N_2(a') \longrightarrow N_2^+ +N_2+e$	1.0×10^{-12}
R30	$N_2(A)+N \longrightarrow N_2+N$	2.0×10^{-12}
R31	$N_2(A)+N_2 \longrightarrow N_2+N_2$	3.0×10^{-18}

续表

序号	反应式	反应速率/($cm^3 \cdot s^{-1}$)
R32	$N_2(A)+N_2(A) \longrightarrow N_2(B)+N_2$	7.7×10^{-11}
R33	$N_2(B)+N_2 \longrightarrow N_2+N_2$	1.5×10^{-12}
R34	$N_2(B)+N_2 \longrightarrow N_2(A)+N_2$	2.85×10^{-11}
R35	$N_2(a')+N_2(a') \longrightarrow N_2^++N_2+e$	5.0×10^{-11}
R36	$N_2(a')+N_2 \longrightarrow N_2(B)+N_2$	1.9×10^{-13}
R37	$N+N+N_2 \longrightarrow N_2(B)+N_2$	$8.27\times10^{-34}\exp(500.0/T_{gas})$ ($cm^6 \cdot s^{-1}$)
R38	$N+N+N \longrightarrow N_2+N$	1.0×10^{-32} ($cm^6 \cdot s^{-1}$)
R39	$N_2(B) \longrightarrow N_2(A)+h\nu$	2.0×10^{5} (s^{-1})
R40	$N_2(a') \longrightarrow N_2+h\nu$	1.0×10^{2} (s^{-1})

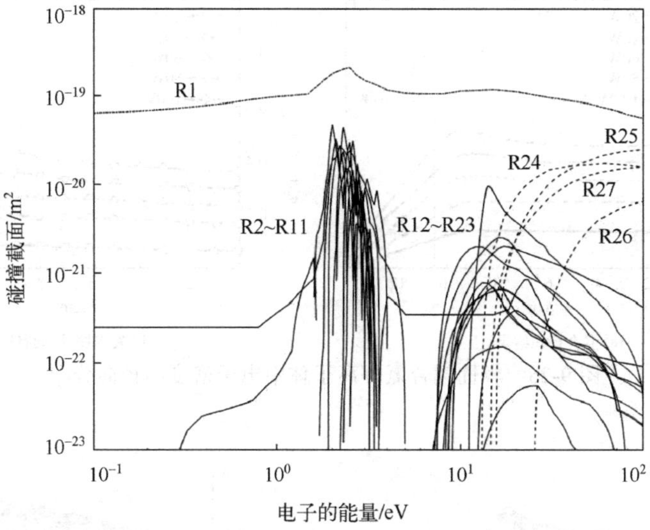

图 9-24　电子与氮原子和氮分子的碰撞截面

考虑 CCP 放电腔室为一个半径为 14cm 的圆筒，上下有两个平行的金属电极，电极之间的间隙为 3cm，如图 9-25 所示。两个电极为圆盘状，电极的半径为 10.4cm，其中上电极与频率为 60MHz 的射频电源连接，下电极和腔室的侧壁接地。图 9-25 给出的腔室几何尺寸与实际放电装置一致。对于氮气放电，固定放电气压为 30Pa，放电功率可变。为了验证上述混合模型的可靠性，采用空间可分辨的发卡探针(即微波共振探针)对氮气放电中电子密度的空间分布进行了测量，并与混合模型的结果进行了对比。图 9-26 显示了在不同的放电功率下，电子密度的径向分布($z=1.5$cm)。可以看到，模拟结果在量级上和变化趋势上都与实验结果符合得较好。

图 9-27(a)和(b)进一步显示了具有空间分辨的电子能量分布函数(EEPF)，其中所用的模拟参数与图 9-26 的参数相同。可以看出，振动激发碰撞(R3～R11)造成的

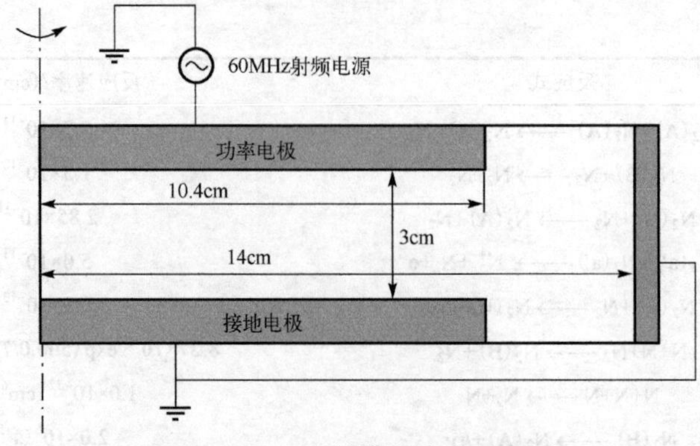

图 9-25　CCP 的模拟腔室示意图

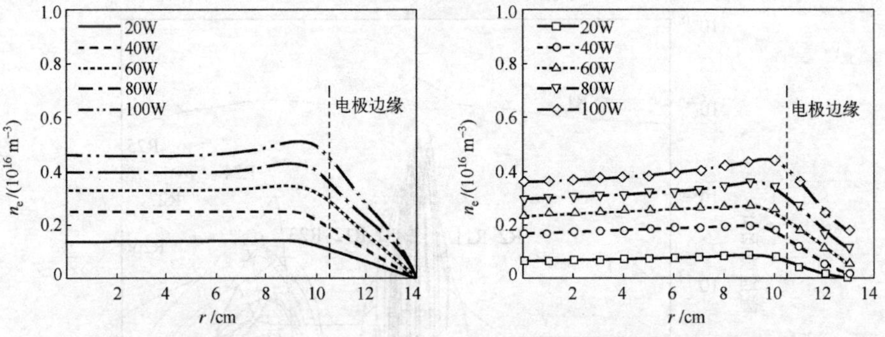

(a) 混合模拟结果　　(b) 发卡探针诊断结果

图 9-26　容性耦合氮等离子体中电子密度的径向分布

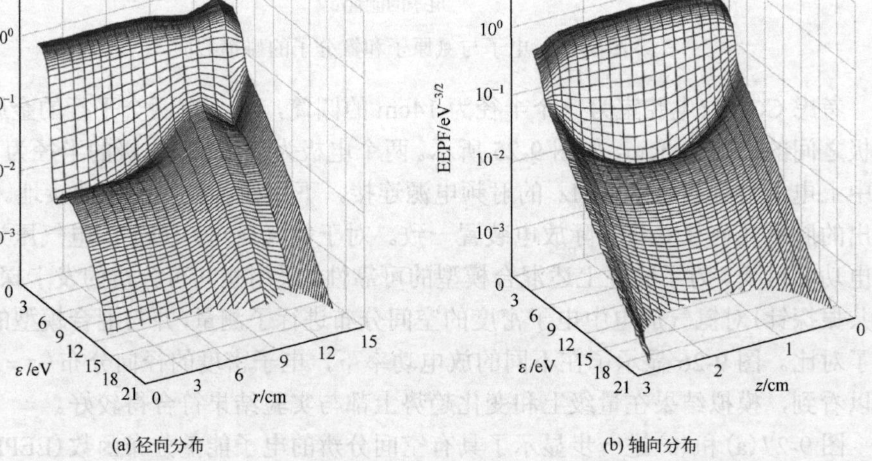

(a) 径向分布　　(b) 轴向分布

图 9-27　容性耦合氮气等离子体中具有空间分辨的电子能量分布函数

电子能量损失，使能量分布函数在能量为 3eV 左右出现一个凹陷，尤其是在放电腔室的中心区域电子能量损失尤为明显。1992 年 Turner 和 Hopkins 在容性耦合氮气等离子体实验中[30]，采用朗缪尔静电探针对电子能量分布函数进行测量，就观察到这种凹陷现象。由图 9-27(a)可以看出，由于电极的边缘效应和侧壁鞘层的存在，电子能量分布函数在 $z=10.4\text{cm}$ 和 $z=14\text{cm}$ 各出现一个峰值。图 9-27(b)表明，在体区中主要是低能电子，而高能电子较少。这是因为在容性耦合放电中，电子主要是在鞘层边缘处受到随机碰撞加热。

9.10　本章小结

由于平行板容性耦合放电装置的结构简单，而且可以产生大面积均匀的等离子体，这种等离子体源已被广泛地应用在微电子、光伏和平板显示等领域。在过去几十年里，人们对容性耦合等离子体开展了大量的理论分析、数值模拟和实验诊断等方面的研究，这些研究有助于加深对容性耦合等离子体物理特性的认识，也有助于射频容性耦合等离子体技术在工业上的应用。下面，对本章介绍的主要内容进行小结。

(1)平行板容性耦合等离子体具有“鞘层/等离子体/鞘层”结构，其中两个鞘层的厚度和电势降随时间的变化是反相位的。对于均匀离子密度鞘层模型，射频电源的电压完全降落在两个鞘层中，等离子体区的电势(即等离子体电势)与空间变量无关，但随时间是瞬时变化的。

(2)可以把容性耦合等离子体看作是由电阻 R_p、电感 L_p 和电容 C_s 构成的等效回路，其中电阻来自于体区的欧姆加热和振荡鞘层的随机加热效应，电感来自于体区的电子惯性效应，而电容来自于两个鞘层的电压振荡。如果两个射频鞘层是对称的，则等离子体可以与鞘层发生线性串联共振行为，其中共振频率为 $\omega_\text{res}=1/\sqrt{C_\text{s}L_\text{p}}$。如果两个射频鞘层是不对称的，则可以发生非线性串联共振行为。这种非线性共振现象会导致回路中的电流出现高次谐波，并且可以增强电子的加热功率。需要说明一下，上述结论是在均匀等离子体密度假设下得到的。在实际放电中，由于等离子体密度是非均匀的，即使两个电极是对称的，也会在回路电流中出现微弱的非线性共振现象，这已被 PIC/MCC 模拟结果所证实。

(3)借助于整体模型，可以对低气压放电情况下容性耦合等离子体的状态参数进行定标分析。结果表明，等离子体密度正比于放电频率的平方($n_0\sim\omega^2V_0^{1/2}\sim\omega^2$)、入射到电极上的离子能量反比于放电频率的 4/3 次幂($E_\text{ion}=eV_\text{dc}\sim1/\omega^{4/3}$)，即放电频率越高，等离子体密度越高，而离子能量越低。

(4)利用电非对称效应(EAE)，可以对入射到电极上的离子通量和离子能量进行独立的控制，即在 $0\sim\pi$ 范围内改变基频电压与二倍频电压波形之间的相位，离子通量几乎保持不变，而离子能量先下降后上升。这种 EAE 效应已经被实验所证实。

(5)当放电气压较低时，通过调节放电间隙和放电频率，可以在平行板容性耦合放电中观察到电子反弹共振加热(BRH)现象，即电子像乒乓球一样在两个鞘层之间进行反弹，并被两个鞘层协同加热。当发生电子反弹共振加热时，等离子体密度有显著提高。

(6)对于电负性气体放电，当放电频率低于正负离子的等离子体振荡频率时，会在两个电极之间产生正负离子分布的空间调制现象，即射频辉光条纹现象。这种分层现象是一种自组织行为，属于电负性等离子体放电不稳定性的一种。由于离子的质量较大，则这种分层现象只能在低频放电下产生。对于双频电源驱动的容性耦合电负性气体放电，如果高频电源的功率不是太高，则也可以产生分层现象[31]。

(7)采用流体/电子 MCC/离子 MCC 混合模型，对容性耦合氮气等离子体放电进行二维模拟。在该混合模型中，详细考虑了电子与氮分子之间的弹性、振动激发、转动激发、电激发以及电离等碰撞过程，此外还考虑了重粒子之间的不同碰撞过程。利用该混合模拟，不仅可以模拟出电子密度、电子温度、重粒子密度及其他物理量的二维空间分布，还可以模拟出具有空间分辨的电子能量分布以及入射到电极上的离子能量分布。

需要说明一下，本章所介绍的内容都是基于静电理论模型。这种静电模型只适用于放电频率不是太高且放电腔室不是太大的情况，即要求等离子体中电磁波的波长远大于放电腔室的半径。在第 10 章中，我们将介绍甚高频容性耦合放电中的电磁效应。

参考文献

[1] 张海洋，等. 等离子体蚀刻及其在大规模集成电路制造中的应用. 北京：清华大学出版社，2018.

[2] Lieberman M A, Lichtenberg A J. Principles of Plasma Discharges and Materials Processing. Hoboken, New Jersey: John Wiley & Sons, Inc., 2005.

[3] Goto H H, Löwe H D, Ohmi T. Dual excitation reactive ion etcher for low energy plasma processing. J. Vac. Sci. Technol. A, 1992, 10(5): 3048-3054.

[4] http://www.lamresearch.com/. [2022-06-01].

[5] http://www.tel.com.[2022-06-01].

[6] http://www.amec- inc.com.[2022-06-01].

[7] Liu J, Wen D Q, Liu Y X, et al. Experimental and numerical investigations of electron density in low-pressure dual-frequency capacitively coupled oxygen discharges. J Vac. Sci. Technol. A, 2013, 31(6): 061308.

[8] Lai Y, Hwang C, Wang A, et al. Proceedings of the International Symposium on Dry Process. Nagoya: Institute of Electrical Engineers of Japan, 2006.

[9] Yamaguchi T, Komuro T, Koshimizu C, et al. Direct current superposed dual-frequency capacitively coupled plasmas in selective etching of SiOCH over SiC. J. Phys. D: Appl. Phys., 2012, 45(2): 025203.

[10] Zhang Q Z, Jiang W, Zhao S X, et al. Surface-charging effect of capacitively coupled plasmas driven by combined dc/rf sources. J. Vac. Sci. Technol. A, 2010, 28(2): 287-292.

[11] Zhang Q Z, Liu Y X, Jiang W, et al. Heating mechanism in direct current superposed single-frequency and dual-frequency capacitively coupled plasmas. Plasma Sources Sci. Technol., 2013, 22(2): 025014.

[12] Jang J K, Taka H W, Yang K C, et al. Etch damage reduction of ultra low-k dielectric by using pulsed plasmas. ECS Transactions,2019, 89: 79.

[13] Schulze J, Heil B G, Luggenhölscher D, et al. Stochastic heating in asymmetric capacitively coupled RF discharges. J. Phys. D: Appl. Phys., 2008, 41(19): 195212.

[14] Chabert P, Braithwaite N S J. Physics of Radio-Frequency Plasmas. Cambridge: Cambridge University Press, 2011; [中译本]帕斯卡・夏伯特，尼古拉斯・布雷斯韦特. 射频等离子体物理学. 王友年，徐军，宋远红，译. 北京：科学出版社, 2015.

[15] Mussenbrock T, Brinkmann R P, Lieberman M A, et al. Enhancement of Ohmic and stochastic heating by resonance effects in capacitive radio frequency discharges: A theoretical approach. Phys. Rev. Lett., 2008, 101(8): 085004.

[16] Lieberman M A, Lichtenberg A J, Kawamura E, et al. The effects of nonlinear series resonance on Ohmic and stochastic heating in capacitive discharges. Phys. of Plasmas, 2008, 15(6): 063505.

[17] Heil B G, Czarnetzki U, Brinkmann R P, et al. On the possibility of making a geometrically symmetric RF-CCP discharge electrically asymmetric. J. Phys. D: Appl. Phys., 2008, 41(16): 165202.

[18] Schulze J, Schüngel E, Czarnetzki U. The electrical asymmetry effect in capacitively coupled radio frequency discharges – measurements of dc self bias, ion energy and ion flux. J. Phys. D: Appl. Phys., 2009, 42(9): 092005.

[19] Schüngel E, Zhang Q Z, Iwashita S, et al. Control of plasma properties in capacitively coupled oxygen discharges via the electrical asymmetry effect. J. Phys. D: Appl. Phys., 2011, 44(28): 285205.

[20] Wood B P. Sheath Heating in Low Pressure Capacitive Radio Frequency Discharges. Berkeley: University of California, 1991.

[21] Liu Y X, Zhang Q Z, Jiang W, et al. Collisionless bounce resonance heating in dual-frequency capacitively coupled plasmas. Phys. Rev. Lett., 2011, 107(5): 055002.

[22] Liu Y X, Zhang Q Z, Jiang W, et al. Experimental validation and simulation of collisionless bounce-resonance heating in capacitively coupled radio-frequency discharges. Plasma Sources Sci. Technol., 2012, 21(3): 035010.

[23] Liu Y X, Zhang Q Z, Liu J, et al. Effect of bulk electric field reversal on the bounce resonance heating in dual-frequency capacitively coupled electronegative plasmas. Appl. Phys. Lett., 2012, 101(11): 114101.

[24] Liu Y X, Zhang Q Z, Liu J, et al. Electron bounce resonance heating in dual-frequency capacitively coupled oxygen discharges. Plasma Sources Sci. Technol., 2013, 22(2): 025012.

[25] Liu Y X, Schüngel E, Korolov I, et al. Experimental observation and computational analysis of striations in electronegative capacitively coupled radio-frequency plasmas. Phys. Rev. Letts., 2016, 116(25): 255002.

[26] Liu Y X, Korolov I, Schüngel E. et al. Striations in electronegative capacitively coupled radio-frequency plasmas: analysis of the pattern formation and the effect of the driving frequency. Plasma Sources Sci. Technol., 2017, 26(5): 055024.

[27] Liang Y S, Liu Y X, Zhang Y R, et al. Fluid simulation and experimental validation of plasma radial uniformity in 60 MHz capacitively coupled nitrogen discharges. J. Appl. Phys., 2015, 117(8): 083301.

[28] Liang Y S, Liu Y X, Zhang Y R, et al. Investigation of voltage effect on reaction mechanisms in capacitively coupled N_2 discharges. J. Appl. Phys., 2020, 127(13): 133301.

[29] https://fr.lxcat.net/home/. [2022-06-01].

[30] Turner M M, Hopkins M B. Anomalous sheath heating in a low pressure rf discharge in nitrogen. Phys. Rev. Lett., 1992, 69(24): 3511-3514.

[31] Wang X K, Wang X Y, Liu Y X, et al. Striations in dual-low-frequency (2/10 MHz) driven capacitively coupled CF_4 plasmas. Plasma Sources Sci. Technol., 2022, 31(6): 064002.

第 10 章　甚高频容性耦合等离子体中的电磁效应

在第 9 章中，我们采用静电近似模型对射频容性耦合放电进行描述，即忽略了射频电流产生的磁场。这种静电近似模型只适用于放电腔室的径向尺寸不是太大、放电频率不是太高的情况，比如频率小于或等于 13.56MHz。然而，现在的半导体晶片刻蚀工艺要求使用甚高频(大于 13.56MHz)电源来驱动放电，因为这种甚高频容性放电的主要优点是，可以获得更高的等离子体密度以及更低的离子能量，见 9.4 节定标关系。等离子体密度越高，晶圆的刻蚀率也越高；离子能量越低，晶圆的辐照损伤也越低。这两点正是芯片刻蚀工艺一直追求的目标。另外，在集成电路制造工艺中，被处理的晶圆尺寸越来越大，从先前的 6 英寸(in, 1in=2.54cm)、8 英寸，到现在主流的 12 英寸。在未来的集成电路制造工艺中，被处理的晶圆尺寸可能更大，这就要求放电腔室的尺寸或电极的尺寸也越大。此外，在当前太阳能薄膜电池的部分制备工艺中，也采用甚高频等离子体增强化学气相沉积(plasma enhanced chemical vapor deposition，PECVD)技术，如放电频率为 40MHz、等离子体工艺腔室的特征尺寸可以达到 2m。

由此出现的问题是：放电频率的提高与腔室尺寸的增大是否兼容？下面将看到，在甚高频驱动的大尺寸腔室的容性耦合放电中，将会产生驻波效应，从而严重影响等离子体的均匀性。本章将分别介绍驻波效应产生的机理以及抑制驻波效应的方法。在 10.1 节，首先采用传输线模型对驻波现象进行定性的分析，推导出等离子体中电磁波波长与放电频率的定标关系式。在 10.2 节，把等离子体看作一个密度均匀分布的平板，并通过求解麦克斯韦方程组，推导出电磁场空间分布的解析表示式，并分析放电频率对电磁场空间分布的影响。在 10.3 节，介绍基于电磁模型和等离子体流体力学模型的自洽模拟方法，以及电磁效应对等离子体密度空间分布的影响。在 10.4 节，简要介绍实验中观察到的驻波效应。在 10.5 节，利用电磁传输线模型和射频鞘层模型，分析甚高频容性耦合放电中非线性高次谐波产生的机理以及它与驻波效应之间的关系，并介绍实验中观察到的非线性驻波现象。在 10.6 节，介绍几种抑制驻波效应的方法。最后，在 10.7 节对本章内容进行小结。

10.1　传输线模型分析

考虑容性耦合放电发生在两个几何对称的平行板电极之间，其中甚高频电源施加在其中一个电极上，另一个电极和腔室的侧壁接地，如图 10-1 所示[1]。随着驱动频率的提高，射频波的波长将变短。当射频波在等离子体中的波长λ与放电腔室的直径相当时，就会在容性耦合放电腔室中产生径向分布的驻波。当射频电流馈入电极下表面中心点时，激起的电磁波先沿着电极下表面与腔室底面之间的通道向腔室边缘传播，经腔室侧壁反射后沿径向朝电极中心传播。由于电源的角频率ω通常小于电子等离子体频率ω_{pe}，所以电磁波不能穿过等离子体，而只能沿着鞘层与等离子体的边界向内传播。以这种方式传播的电磁波，通常称为表面波。特别是当驱动频率足够高时，从腔室边缘处向中心处传播的行波会发生相长干涉，从而形成驻波。在低气压容性耦合放电中，驻波效应会增强电极中心处的功率沉积，导致等离子体密度的最大值出现在电极中心处。甚至在一些特定的放电参数下，还会出现多波节的驻波现象。驻波效应会对等离子体的均匀性产生破坏性的影响，不利于大面积半导体晶片的处理工艺。

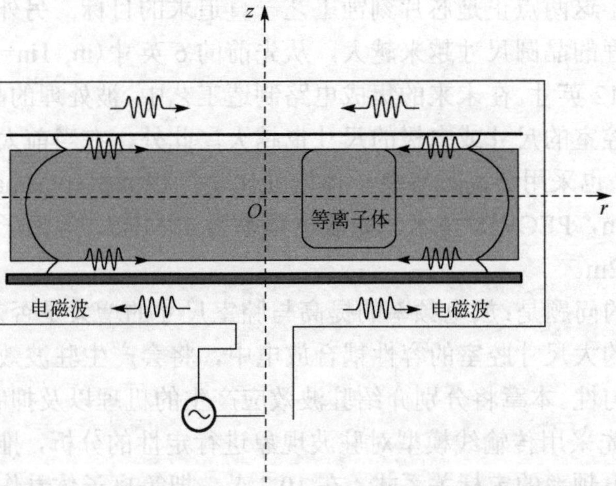

图 10-1　甚高频容性放电腔室中电磁波的传播示意图

在甚高频容性放电中，除了驻波效应外，还可能出现其他电磁效应，如趋肤效应及电磁边缘效应。当驱动频率较高时，电磁波在等离子体中的穿透深度较小，这会导致腔室中心处的等离子体密度较低，而边缘处的密度较高，这就是所谓的趋肤效应。此外，在甚高频放电情况下，边缘处的等离子体介电常量发生突变，也会引起边缘处的等离子体密度升高，这就是所谓的电磁边缘效应。在较高气压和较高密度的等离子体中，电磁边缘效应会与趋肤效应共存，共同增强径向边缘处的等离子体密度。而在较低的气压下，当驱动频率足够高时，边缘效应会变弱，此时等离子体密度的径向分布主要是由驻波效应主导。

本节为了简化讨论，假设等离子体是准电中性的，在等离子体和上下电极之间分别存在一个鞘层，如图 10-2 所示，其中等离子体的厚度为$D = 2d$，每个鞘层的厚

度为 s。此外，假设电极的直径 $2R$ 远大于放电的间隙 $L=2l=2(d+s)$。在这种情况下，可以忽略电极的边缘效应，认为电场只有轴向分量 $\boldsymbol{E}_z$，磁场只有角向分量 B_θ，而且所有的物理量只依赖于径向变量 r，与轴向变量 z 无关。此外，假设电磁场随时间是简谐变化的，即随时间的振荡可表示为 $\mathrm{e}^{-\mathrm{i}\omega t}$，其中 ω 为电源的角频率。关于电磁场中的非线性高次谐波效应，我们将在 10.5 节中讨论。根据麦克斯韦方程组，可以得到

$$\begin{cases} -\dfrac{\mathrm{d}E_z}{\mathrm{d}r}=\mathrm{i}\omega B_\theta \\ \dfrac{1}{r}\dfrac{\mathrm{d}}{\mathrm{d}r}(rB_\theta)=\mu_0 J_{\mathrm{T}} \end{cases} \tag{10.1-1}$$

其中，J_{T} 为流过两个电极之间的总电流密度，包括传导电流密度和位移电流密度。引入上电极（$z=l$）与中心处（$z=0$）之间的电势降 $V=lE_z$，根据式(10.1-1)，可以得到

$$\frac{1}{r}\frac{\mathrm{d}}{\mathrm{d}r}\left(r\frac{\mathrm{d}V}{\mathrm{d}r}\right)=-\mathrm{i}(\omega\mu_0 l)J_{\mathrm{T}} \tag{10.1-2}$$

这就是所谓的线性传输线方程，即把电磁场用电极之间的电压和电流密度来表示。

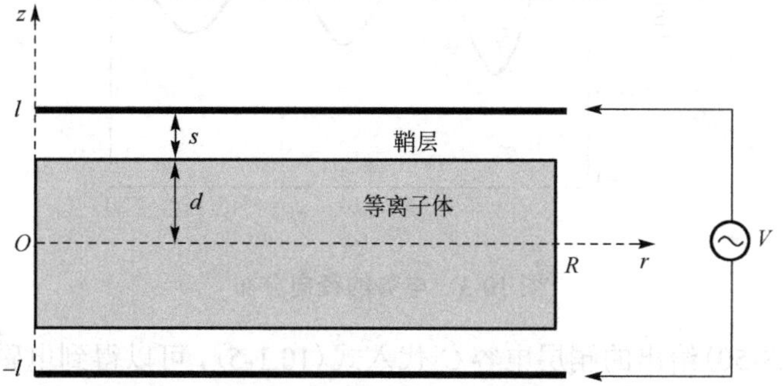

图 10-2　轴对称均匀等离子体平板模型示意图

对于平行板容性耦合放电，两个电极之间的电压 V_{ab} 主要是降落在两个鞘层中，即 $V_{ab}=2V$，而且总电流 $I=AJ_{\mathrm{T}}$ 与 V_{ab} 之间的关系为

$$I=-\mathrm{i}\omega C_{\mathrm{s}}V_{ab}=-\mathrm{i}2\omega C_{\mathrm{s}}V \tag{10.1-3}$$

其中，A 为电极的面积；C_{s} 是两个鞘层的总电容，见 7.2 节和 7.3 节的讨论。将式(10.1-3)代入方程(10.1-2)，可以得到

$$\frac{\mathrm{d}^2V}{\mathrm{d}r^2}+\frac{1}{r}\frac{\mathrm{d}V}{\mathrm{d}r}+k^2V=0 \tag{10.1-4}$$

其中，k 为等离子体中电磁波的波数，

$$k = k_0 \left(\frac{2lC}{\varepsilon_0 A} \right)^{1/2} \tag{10.1-5}$$

这里，$k_0 = \omega / c$为电磁波在真空中的波数。方程(10.1-4)是一个典型的零阶贝塞尔方程，其解为

$$V(r) = V_0 \mathrm{J}_0(kr) \tag{10.1-6}$$

如果令$E_0 = V_0 / 2l$，可以把电场表示为$E_z(r) = E_0 \mathrm{J}_0(kr)$，这个解与麦克斯韦方程组的解等价。可以看出，当$kr \ll 1$时，可以近似地把电势写成

$$V(r) \approx V_0 (1 - k^2 r^2 / 4) \tag{10.1-7}$$

也就是说，当电极的半径R远小于电磁波的波长$\lambda = 2\pi / k$时，电势在径向上几乎是均匀分布的。反之，电势在径向上是非均匀的，且呈现出具有多波节结构的驻波形式，如图 10-3 所示。

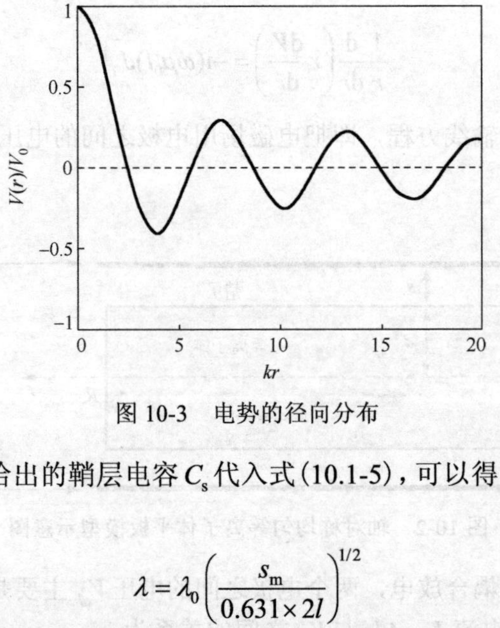

图 10-3　电势的径向分布

将由式(7.3-50)给出的鞘层电容C_s代入式(10.1-5)，可以得到电磁波在等离子体中传播时的波长

$$\lambda = \lambda_0 \left(\frac{s_m}{0.631 \times 2l} \right)^{1/2} \tag{10.1-8}$$

其中，$\lambda_0 = 2\pi / k_0$为电磁波在真空中传播时的波长；s_m为鞘层的最大厚度，见式(7.3-29)。由于鞘层的厚度远小于两个电极之间的间距，则电磁波在等离子体中传播时的波长远小于真空情况下的波长。在一般情况下，对于射频放电产生的等离子体，λ / λ_0的值为$1/5 \sim 1/3$。

对于给定的电极间隙，由式(10.1-8)给出的电磁波的波长只依赖于鞘层的最大厚度s_m。对于非均匀离子密度鞘层模型，鞘层的最大厚度由式(9.4-9)给出，其中$s_m \sim V_0^{1/4} \omega^{-1}$。将$s_m$的表示式代入式(10.1-8)，可以得到如下电磁波波长的定标关系式

$$\lambda / \lambda_0 = \alpha l^{-1/2} \omega^{-1/2} V_0^{1/8} \tag{10.1-9}$$

其中，常数 α 只与电子温度有关

$$\alpha = 0.984 \left(\frac{e \varepsilon_{\text{eff}}^2}{m_e m_i T_e} \right)^{1/8} \tag{10.1-10}$$

可以看出，随着放电频率和放电间隙的增加，电磁波的波长变短。式(10.1-9)也表明，增加电压会产生相反的效应，这是因为随着电压增加，鞘层变厚，这使得等离子体的厚度变小，波长变长。另外需要说明一下，上述结果是建立在无碰撞鞘层模型的基础之上，因此只适用于低气压放电情况。

对于氩气放电(气压在 10～100mTorr)，Chabert 和 Braithwaite 基于传输线模型、鞘层模型和整体模型[1]，对等离子体中电磁波的波长进行了数值分析，并给出了如下波长的定标关系式：

$$\lambda / \lambda_0 \approx 40 l^{-1/2} f^{-2/5} V_0^{1/10} \tag{10.1-11}$$

其中，波长和放电间隙的单位是 m、频率的单位是 Hz，以及电压的单位是 V。如果取 $f = 27.12\text{MHz}$，$l = 5\text{cm}$ 和 $V_0 = 200\text{V}$，则由式(10.1-11)可以估算出 $\lambda / \lambda_0 \approx 0.32$。

10.2　电磁模型分析

Lieberman 等最早通过求解麦克斯韦方程组，对甚高频容性耦合等离子体中的驻波效应开展了理论研究[2]。在他们的理论研究中，假设等离子体是准电中性的，在等离子体和上下电极之间分别存在一个鞘层，如图 10-2 所示，其中等离子体的厚度为 $2d$，每个鞘层的厚度为 s。甚高频电源施加在两个电极之间，电压波形为余弦形式。为了简化讨论，假设鞘层为真空，即没有带电粒子存在，把等离子体视为一个均匀的介质平板。

考虑到放电腔室具有柱对称性，在柱坐标系 (r,θ,z) 中，电场只有径向分量 E_r 和轴向分量 E_z，而磁场只有角向分量 B_θ。电磁场满足如下麦克斯韦方程组：

$$\begin{cases} \nabla \times \boldsymbol{E} = -\dfrac{\partial \boldsymbol{B}}{\partial t} \\ \nabla \times \boldsymbol{B} = \mu_0 \boldsymbol{J} + \mu_0 \varepsilon_0 \dfrac{\partial \boldsymbol{E}}{\partial t} \end{cases} \tag{10.2-1}$$

其中，在等离子体区，电流密度为等离子体中的传导电流，即 $\boldsymbol{J} = \boldsymbol{J}_p$；而在鞘层区，由于没有电子存在，所以传导电流密度为零，即 $\boldsymbol{J} = 0$。为讨论方便，假设电磁场及电流密度随时间都是简谐变化的，即对于任意的物理量 $\boldsymbol{A}(\boldsymbol{r},t)$，有 $\boldsymbol{A}(\boldsymbol{r},t) = \boldsymbol{A}(\boldsymbol{r},\omega) \mathrm{e}^{-\mathrm{i}\omega t}$，其中 ω 为电源的角频率。这样，可以把方程(10.2-1)改写为

$$\begin{cases}\nabla\times\boldsymbol{E}=\mathrm{i}\omega\boldsymbol{B}\\ \nabla\times\boldsymbol{B}=\mu_0\boldsymbol{J}-\dfrac{\mathrm{i}\omega}{c^2}\boldsymbol{E}\end{cases}\tag{10.2-2}$$

其中，c为真空中的光速。由于驱动电源的频率较高，可以忽略等离子体平板中离子的运动，即只考虑电子运动对电流密度的贡献。在射频电场作用下，通过求解电子的运动方程，可以把传导电流密度表示为

$$\boldsymbol{J}_{\mathrm{p}}(\boldsymbol{r},\omega)=\sigma_{\mathrm{p}}\boldsymbol{E}(\boldsymbol{r},\omega)\tag{10.2-3}$$

其中，σ_{p}为等离子体电导率，见式(3.2-13)。借助于式(10.2-2)和式(10.2-3)，可以得到电磁场各分量E_r、E_z及B_θ满足的方程

$$\begin{cases}\left(\dfrac{\partial E_r}{\partial z}-\dfrac{\partial E_z}{\partial r}\right)=\mathrm{i}\omega B_\theta\\ -\dfrac{\partial B_\theta}{\partial z}=-\mathrm{i}\dfrac{\omega}{c^2}\kappa E_r\\ \dfrac{1}{r}\dfrac{\partial}{\partial r}(rB_\theta)=-\mathrm{i}\dfrac{\omega}{c^2}\kappa E_z\end{cases}\tag{10.2-4}$$

其中，κ为介电函数。在鞘层区，$\kappa=1$；在等离子体区，$\kappa=\varepsilon_{\mathrm{p}}$，其中$\varepsilon_{\mathrm{p}}$为等离子体的介电函数

$$\varepsilon_{\mathrm{p}}=1-\frac{\sigma_{\mathrm{p}}}{\mathrm{i}\varepsilon_0\omega}=1-\frac{\omega_{\mathrm{pe}}^2}{\omega(\omega+\mathrm{i}\nu_{\mathrm{en}})}\tag{10.2-5}$$

式中，ν_{en}为电子与中性粒子的碰撞频率；$\omega_{\mathrm{pe}}=\sqrt{e^2n/\varepsilon_0m_{\mathrm{e}}}$为电子等离子体频率，这里$n$是等离子体密度。根据方程(10.2-4)，消去电场的两个分量，可以得到磁场B_θ满足的二阶偏微分方程

$$\frac{\partial}{\partial r}\left[\frac{1}{\kappa}\frac{1}{r}\frac{\partial(rB_\theta)}{\partial r}\right]+\frac{\partial}{\partial z}\left[\frac{1}{\kappa}\frac{\partial B_\theta}{\partial z}\right]+k_0^2B_\theta=0\tag{10.2-6}$$

其中，$k_0=\omega/c$为电磁波在真空中的波数。

假设两个平板电极为理想导体，则在两个电极上，电场的径向分量为零，即$E_r\big|_{z=\pm l}=0$。根据方程(10.2-4)，可以得到对应的磁场边界条件为

$$\frac{\partial B_\theta}{\partial z}\Big|_{z=\pm l}=0\tag{10.2-7}$$

此外，磁场B_θ及电场的径向分量E_r在鞘层与等离子体的交界面$z=\pm d$处必须连续，即

$$E_{\mathrm{s}r}\big|_{z=\pm d}=E_{\mathrm{p}r}\big|_{z=\pm d},\quad B_{\mathrm{s}\theta}\big|_{z=\pm d}=B_{\mathrm{p}\theta}\big|_{z=\pm d}\tag{10.2-8}$$

其中，下标“s”及“p”分别表示鞘层和等离子体。

尽管这里假设等离子体是准电中性的，但对于等离子体密度的空间均匀性并没有限制。下面我们分“均匀密度”和“非均匀密度”两种情况，来讨论电磁场的空间分布。

1. 均匀密度情况

由于两个鞘层是对称的，在下面的讨论中，只考虑 $0<z<l$ 区域中的电磁场空间分布。对于均匀分布的等离子体，根据方程(10.2-6)和边界条件(10.2-7)及连续性条件(10.2-8)，可以分别得到电磁场空间分布的解析表达式[3](详细求解过程，见附录E)。在鞘层区($z<l-d$)，有

$$\begin{cases} E_{sr} = D_0 \dfrac{c^2\alpha_0}{\mathrm{i}\omega}\cosh(\alpha_\mathrm{p} d)\sinh[\alpha_0(z-l)]\mathrm{J}_1(kr) \\ E_{sz} = -D_0 \dfrac{c^2 k}{\mathrm{i}\omega}\cosh(\alpha_\mathrm{p} d)\cosh[\alpha_0(z-l)]\mathrm{J}_0(kr) \\ B_{s\theta} = D_0\cosh(\alpha_\mathrm{p} d)\cosh[\alpha_0(z-l)]\mathrm{J}_1(kr) \end{cases} \tag{10.2-9}$$

在等离子体区($0<z<d$)，有

$$\begin{cases} E_{pr} = D_0 \dfrac{c^2\alpha_\mathrm{p}}{\mathrm{i}\omega\varepsilon_\mathrm{p}}\cosh(\alpha_0 s)\sinh(\alpha_\mathrm{p} z)\mathrm{J}_1(kr) \\ E_{pz} = -D_0 \dfrac{c^2 k}{\mathrm{i}\omega\varepsilon_\mathrm{p}}\cosh(\alpha_0 s)\cosh(\alpha_\mathrm{p} z)\mathrm{J}_0(kr) \\ B_{p\theta} = D_0\cosh(\alpha_0 s)\cosh(\alpha_\mathrm{p} z)\mathrm{J}_1(kr) \end{cases} \tag{10.2-10}$$

其中，D_0 为常数；k 为射频波沿着径向传播的波数。在以上表示式中，α_0 和 α_p 是两个待定的参数，其中 $(\mathrm{Re}\alpha_0)^{-1}$ 和 $(\mathrm{Re}\alpha_\mathrm{p})^{-1}$ 分别为电磁波在鞘层区和等离子体区轴向的衰减长度。k、α_0 和 α_p 三者满足如下关系式：

$$k^2 = \alpha_0^2 + k_0^2 \tag{10.2-11}$$

$$k^2 = k_0^2\varepsilon_\mathrm{p} + \alpha_\mathrm{p}^2 \tag{10.2-12}$$

$$\alpha_\mathrm{p}\cosh(\alpha_0 s)\sinh(\alpha_\mathrm{p} d) + \alpha_0\varepsilon_\mathrm{p}\cosh(\alpha_\mathrm{p} d)\sinh(\alpha_0 s) = 0 \tag{10.2-13}$$

其中，式(10.2-13)为色散关系，由连续性条件(10.2-8)给出。这里需要说明一下，由于介电函数 κ 在等离子体与鞘层的交界处($z=d$)不连续，所以轴向电场在该处也不连续。

由式(10.2-9)和式(10.2-10)可以看出，电磁场在径向上都呈振荡式的变化，其中在轴线上($r=0$)轴向电场 E_z 取值最大，而径向电场 E_r 和磁场 B_θ 为零。这里的轴

向电场为容性电场，而径向电场为感性电场，磁场为涡旋场。下面将看到，放电频率和等离子体密度对这两个电场的取值和径向分布影响较大。

在一般情况下，需要采用数值方法才能得到色散方程(10.2-13)的根，进而确定出k、α_0和α_p的值。在如下讨论中，为了简化计算，我们做如下近似。

(1)由于鞘层中没有等离子体存在，即处于真空状态，所以可以假设电磁场在鞘层的衰减长度远大于鞘层的厚度，即$|\alpha_0 s|\ll 1$。这样可以把式(10.2-13)近似为

$$\alpha_p \sinh(\alpha_p d) + \alpha_0^2 \varepsilon_p s \cosh(\alpha_p d) = 0 \tag{10.2-14}$$

(2)对于低气压放电，可以假设电源的频率远大于碰撞频率，即

$$\nu_{en} \ll \omega \ll \omega_{pe} \tag{10.2-15}$$

这样，可以把等离子体介电函数近似为

$$\varepsilon_p \approx -\frac{\omega_{pe}^2}{\omega^2} \quad (|\varepsilon_p| \gg 1) \tag{10.2-16}$$

(3)对于低密度等离子体，可以认为电磁场在等离子体中的穿透深度远大于等离子体的厚度，即$|\alpha_p d|\ll 1$。这样，可以把式(10.2-14)进一步简化为

$$\alpha_p^2 d + \alpha_0^2 \varepsilon_p s = 0 \tag{10.2-17}$$

将式(10.2-17)与式(10.2-11)，式(10.2-12)及式(10.2-16)联立，可以得到k、α_0和α_p的解析表达式

$$\alpha_0 = k_0 (d/s)^{1/2}, \quad \alpha_p = k_0(\omega_p^2/\omega^2 + d/s)^{1/2}, \quad k = k_0(1+d/s)^{1/2} \tag{10.2-18}$$

(4)对于高密度等离子体，可以认为$|\alpha_p d|\gg 1$。这样，又可以把式(10.2-14)改写为

$$\alpha_p + \alpha_0^2 \varepsilon_p s = 0 \tag{10.2-19}$$

将式(10.2-19)与式(10.2-11)，式(10.2-12)及(10.2-16)联立，有

$$\alpha_0 = k_0\sqrt{\delta/s}, \quad \alpha_p = 1/\delta, \quad k = k_0(1+\delta/s)^{1/2} \tag{10.2-20}$$

其中，$\delta = c/\omega_p$为电磁场在等离子体中的衰减长度，即趋肤深度。

根据式(10.2-18)和式(10.2-20)，可以得到射频波在低密度和高密度等离子体中传播时的波长，它们分别为

$$\lambda = \lambda_0(1+d/s)^{-1/2} \quad (\text{低密度}) \tag{10.2-21}$$

$$\lambda = \lambda_0(1+\delta/s)^{-1/2} \quad (\text{高密度}) \tag{10.2-22}$$

其中，$\lambda_0 = 2\pi/k_0$为射频波在真空中的波长。可以看出，对于给定的鞘层厚度，在低密度情况下，射频波的波长与等离子体的厚度有关，即等离子体越厚，波长越短；

在高密度情况下，波长与趋肤深度δ有关，即等离子体密度越高，趋肤深度越小，波长越长。

下面通过数值求解式(10.2-9)和式(10.2-10)，进一步分析放电频率和等离子体密度对电磁场空间分布的影响。在数值计算中，取$d=2\text{cm}$，$s=0.4\text{cm}$，$R=50\text{cm}$，放电频率$f=\omega/(2\pi)$分别为13.56MHz、40.7MHz、80MHz及120MHz，并用$D_0c^2\alpha_0/(\mathrm{i}\omega)$来归一化电场。图10-4(a)和(b)分别显示了在低密度情况下($n=10^9\text{cm}^{-3}$)归一化的轴向电场$|E_z|$和径向电场$|E_r|$在鞘层边缘处($z=2\text{cm}$)随径向位置r的变化。首先比较图10-4(a)和(b)，可以看出，在低密度情况下，径向电场远远小于轴向电场，这时总电场的分布是由轴向电场决定的。由图10-4(a)可以看出，当电源频率较低时，如13.56MHz，轴向电场的值较低，而且其在径向上的分布几乎是均匀的；随着频率的增加，轴向电场在径向上的分布变得不均匀，即中心高，边缘低，呈现出明显的驻波效应。特别是当频率为120MHz时，轴向电场呈现出第一个波节，大约位于$r=39\text{cm}$处。

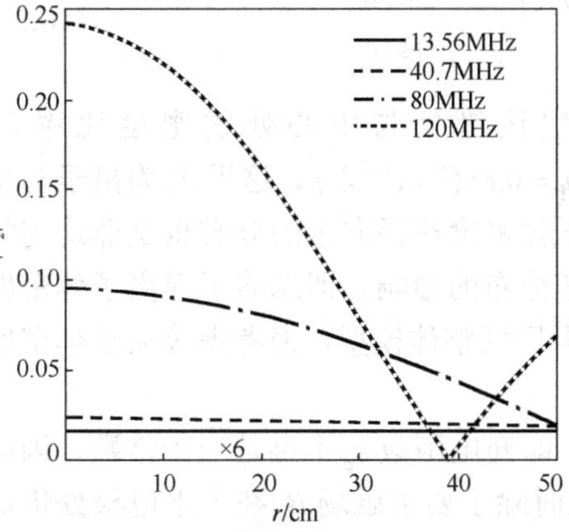

(a) 轴向电场

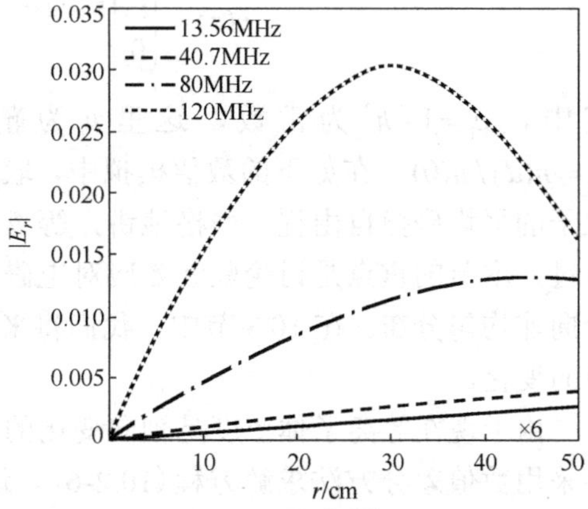

(b) 径向电场

图10-4　低密度情况下($n=10^9\text{cm}^{-3}$)，在鞘层边缘处($z=2\text{cm}$)射频电场随径向位置r的变化

图10-5(a)和(b)分别显示了在高密度情况下($n=5\times10^{11}\text{cm}^{-3}$)，在鞘层边缘处($z=2\text{cm}$)归一化的轴向电场$|E_z|$和径向电场$|E_r|$随径向位置$r$的变化。可以看出，与低密度情况相反，在高密度情况下，径向电场远大于轴向电场($r=0$点除外)，这时总电场的分布是由径向电场决定的。由图10-5(b)可以看出，靠近边缘处的电场增强，而中心处的电场减弱。

2. 非均匀密度情况

在低气压放电条件下，离子沿着轴向的迁移速度要远大于其热速度，因此等离子体密度在轴向上是非均匀的，假设其形式为[4]

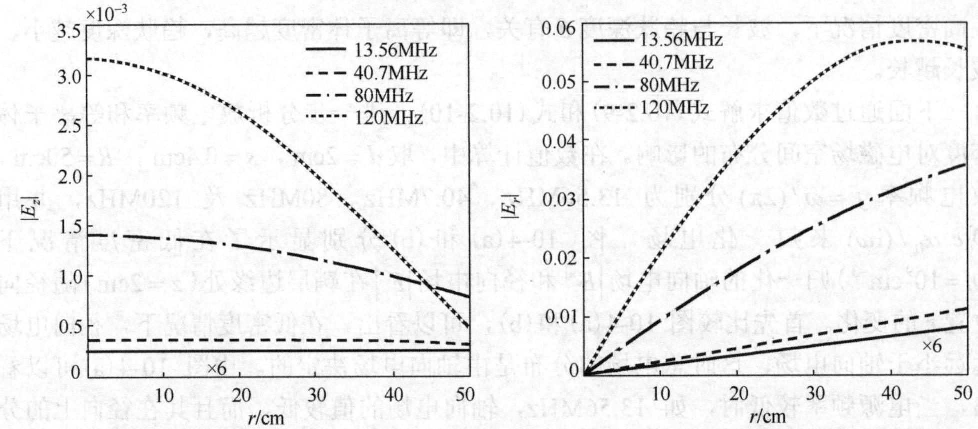

(a) 轴向电场　　(b) 径向电场

图 10-5　高密度情况下（$n=5\times10^{11}\,\text{cm}^{-3}$），在鞘层边缘处（$z=2\text{cm}$）射频电场随径向位置 r 的变化

$$n(z)=\begin{cases} n_0[1-c_1(z/d)^2]^{1/2}, & |z|\leqslant d \\ 0, & |z|>d \end{cases} \tag{10.2-23}$$

其中，$c_1=1-h_1^2$ 为常数，这里 h_1 为鞘层边缘处与中心处的密度比率，即 $h_1=n(d)/n(0)$。在如下的数值模拟中，取 $h_1=0.86(3+d/\lambda_\text{i})$，这里 λ_i 为离子与中性粒子的平均碰撞自由程。严格地讲，等离子体密度在径向上的分布也是非均匀的。不过，本节的重点是讨论驻波效应对电磁场分布的影响，即忽略了等离子体密度的径向非均匀分布。在 10.3 节中，我们将采用局域整体模型，来考虑等离子体密度的径向变化。

由于现在等离子体密度是轴向变化的，即介电函数 ε_p 不再是一个常数，因此需要采用数值差分方法求解方程(10.2-6)。这时除了要求磁场 B_θ 在上下电极处仍满足边界条件(10.2-7)外，还要求通过等离子体的所有射频电流都能到达电极上，即在 $r=R$ 处的磁场为

$$B_\theta\big|_{r=R}=\frac{\mu_0 I_0}{2\pi R} \tag{10.2-24}$$

其中，I_0 为射频电流的幅值，为输入参数。此外，在数值计算中，采用的是完整的等离子体介电函数表达式，即式(10.2-5)。

在数值计算中，输入参数的取值分别为 $R=50\text{cm}$，$d=2\text{cm}$，$s=0.2\text{cm}$，$n_0=10^{10}\,\text{cm}^{-3}$，$\nu_\text{en}=200$ MHz 及 $I_0=1\text{A}$。图 10-6(a)～(d)分别显示在不同的电源频率下，在鞘层边缘处（$z=2\text{cm}$）轴向电场 $|E_z|$ 的径向变化，并比较了均匀密度分布和非均匀密度分布带来的差异。可以看出，在频率较低的情况下，如 13.56MHz 和 50MHz，两种密度分布模型给出的轴向电场分布几乎相同；但在频率较高的情况下，

如 100MHz 和 150MHz，在两种密度分布下得到的电场分布有着明显的差异，其中非均匀密度模型给出的驻波效应更显著一些，而且两者的驻波节点位置也略有些差异。

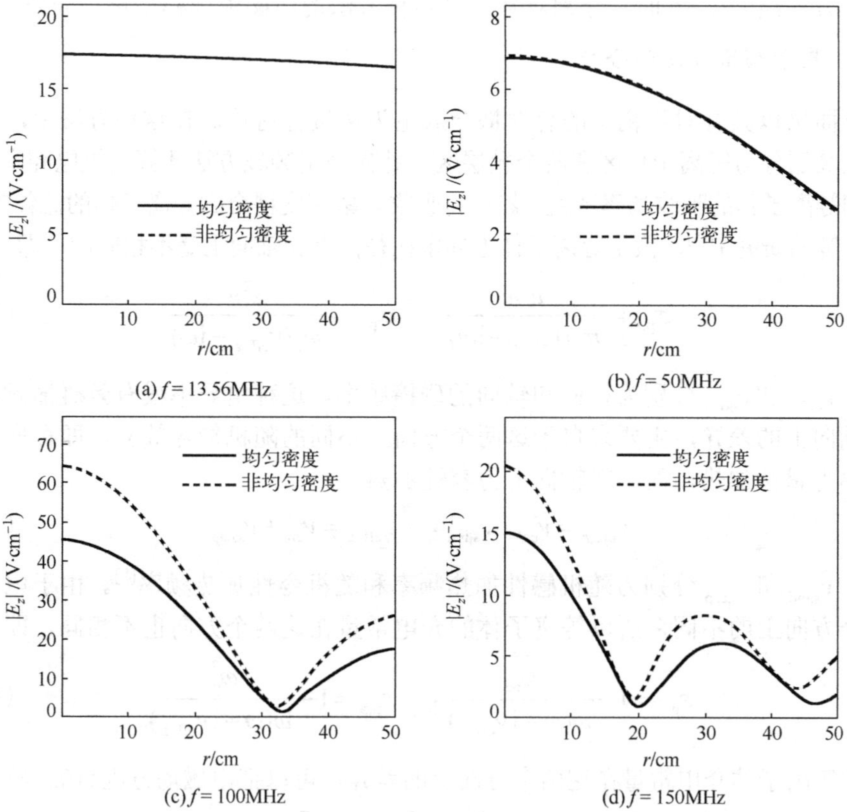

(a) f = 13.56MHz　(b) f = 50MHz　(c) f = 100MHz　(d) f = 150MHz

图 10-6　两种密度分布模型下的轴向电场在鞘层边界处（$z = 2$cm）的径向分布

尽管借助于上述均匀或非均匀密度模型，可以定性地分析放电频率对射频电磁场空间分布的影响，但这种理论模型是不自洽的，因为其设定了等离子体密度分布和鞘层厚度。在实际的射频放电过程中，等离子体密度和射频电场是相互影响的，例如电场强的地方，等离子体密度一般较高。此外，鞘层厚度也不是一个常数，它主要依赖于放电频率和电压，见定标关系式(9.4-10)。因此，需要采用自洽的理论模型才能更为精确地描述甚高频容性耦合放电中的驻波效应。

10.3　流体力学模型分析

在本节中，将采用电磁流体模型，即将麦克斯韦电磁场方程与等离子体流体方程相结合，来研究驻波效应和等离子体的输运现象。在这种电磁流体模型分析中，通常采用两种方法求解电磁场，一种是采用频域的方法[5,6]，即假定电磁场随时间是简谐变化的，如 10.2 节的做法；另一种是时域的方法，即采用时域有限差分求解麦克斯韦方程组[7,8]。下面，分别对基于这两种方法的电磁流体模型进行介绍。

1. *基于频域方法的分析*

下面仍以具有对称鞘层的容性耦合放电为例进行讨论。在这种方法中，仍然将放电区域划分为等离子体区和两个鞘层区，并先采用频域方法计算出放电腔室中的电磁场和等离子体的吸收功率密度，然后将吸收功率密度耦合到等离子体的流体方程中。在 Lee 等的研究中[5]，假定等离子体电导率在径向上和轴向上是不相同的，即

$$\sigma_{\mathrm{p},r}=\frac{e^2 n}{m_{\mathrm{e}}(\nu_{\mathrm{eff},r}-\mathrm{i}\omega)},\quad \sigma_{\mathrm{p},z}=\frac{e^2 n}{m_{\mathrm{e}}(\nu_{\mathrm{eff},z}-\mathrm{i}\omega)} \tag{10.3-1}$$

其中，$\nu_{\mathrm{eff},r}$ 和 $\nu_{\mathrm{eff},z}$ 分别为径向和轴向的碰撞频率。这种电导率或有效碰撞频率在径向和轴向上的差异，主要来自于这两个方向上不同的随机加热效应，即径向上的随机加热为感性加热，而其在轴向上为容性加热

$$\nu_{\mathrm{eff},r}=\nu_{\mathrm{en}}+\nu_{\mathrm{s,ind}},\quad \nu_{\mathrm{eff},z}=\nu_{\mathrm{en}}+\nu_{\mathrm{s,cap}} \tag{10.3-2}$$

其中，$\nu_{\mathrm{s,ind}}$ 和 $\nu_{\mathrm{s,cap}}$ 分别为随机感性加热频率和随机容性加热频率[5]。由于电导率在这两个方向上的不同，所以等离子体的介电常量在这两个方向也不相同，即

$$\varepsilon_{\mathrm{p},r}=1-\frac{\omega_{\mathrm{pe}}^2}{\omega(\omega+\mathrm{i}\nu_{\mathrm{eff},r})},\quad \varepsilon_{\mathrm{p},z}=1-\frac{\omega_{\mathrm{pe}}^2}{\omega(\omega+\mathrm{i}\nu_{\mathrm{eff},z})} \tag{10.3-3}$$

考虑到等离子体介电常量在这两个方向上的差异，可以把电磁场方程(10.2-6)改写为

$$\frac{\partial}{\partial r}\left[\frac{1}{\kappa_{\mathrm{p},r}}\frac{1}{r}\frac{\partial(rB_\theta)}{\partial r}\right]+\frac{\partial}{\partial z}\left[\frac{1}{\kappa_{\mathrm{p},z}}\frac{\partial B_\theta}{\partial z}\right]+k_0^2 B_\theta=0 \tag{10.3-4}$$

其中，在等离子体区，有 $k_{\mathrm{p},r}=\varepsilon_{\mathrm{p},r}$ 和 $k_{\mathrm{p},z}=\varepsilon_{\mathrm{p},z}$；在鞘层区，$k_{\mathrm{p},r}=k_{\mathrm{p},z}=s_0/s(r)$，这里 s_0 为真空鞘层的厚度，$s(r)$ 由 Child 定律确定，见式(7.3-29)。

一旦由方程(10.3-4)计算出磁场 B_θ，就可以进一步确定出径向电场 E_r 和轴向电场 E_z，见式(10.2-4)。则电子吸收的功率密度为

$$p_{\mathrm{e,abs}}(r,z)=\frac{1}{2}\mathrm{Re}\,\sigma_{\mathrm{p},r}\,|E_r|^2+\frac{1}{2}\mathrm{Re}\,\sigma_{\mathrm{p},z}\,|E_z|^2 \tag{10.3-5}$$

注意，在现在的分析中，已经通过有效碰撞频率把随机加热效应包含进来了。在 Lee 等的计算中[5]，是将吸收的总功率作为输入参数。通过把式(10.3-5)在整个放电腔室内进行体积分，就可以得到电子吸收的总功率为

$$P_{\mathrm{e,abs}} = 2\pi\int_0^R r\mathrm{d}r\int_{-d}^{d} p_{\mathrm{e,abs}}(r,z)\mathrm{d}z \tag{10.3-6}$$

其中，$d = l - s_0$ 为等离子体区厚度的一半。

下面采用二维流体模型来确定等离子体密度及电子温度。以电正性气体放电为例，假定等离子体满足准电中性条件 $n_{\mathrm{i}} = n_{\mathrm{e}} = n$，且采用双极扩散近似 $\boldsymbol{\Gamma}_{\mathrm{i}} = \boldsymbol{\Gamma}_{\mathrm{e}} = \boldsymbol{\Gamma}_{\mathrm{a}}$，见 6.1 节。离子的连续性方程为

$$\frac{\partial n}{\partial t} + \nabla\cdot\boldsymbol{\Gamma}_{\mathrm{a}} = n_{\mathrm{g}} n k_{\mathrm{iz}} \tag{10.3-7}$$

其中，k_{iz} 为电离系数；n_{g} 为中性气体的密度；双极扩散通量 $\boldsymbol{\Gamma}_{\mathrm{a}}$ 为

$$\boldsymbol{\Gamma}_{\mathrm{a}} = -D_{\mathrm{a}}\nabla n, \quad D_{\mathrm{a}} = D_{\mathrm{i}}(1 + T_{\mathrm{e}}/T_{\mathrm{i}}) \tag{10.3-8}$$

式中，D_{i} 为离子的扩散系数；T_{e} 和 T_{i} 分别为电子温度和离子温度。在双极扩散近似下，电子的能量平衡方程为

$$\frac{\partial}{\partial t}\left(\frac{3}{2}nT_{\mathrm{e}}\right) = -\nabla\cdot\boldsymbol{Q}_{\mathrm{e}} - e\boldsymbol{E}_{\mathrm{a}}\cdot\boldsymbol{\Gamma}_{\mathrm{a}} - p_{\mathrm{e,coll}} + p_{\mathrm{e,abs}} \tag{10.3-9}$$

其中，

$$\boldsymbol{Q}_{\mathrm{e}} = -\frac{5}{2}\frac{nT_{\mathrm{e}}}{m_{\mathrm{e}}\nu_{\mathrm{en}}}\nabla T_{\mathrm{e}} + \frac{5}{2}T_{\mathrm{e}}\boldsymbol{\Gamma}_{\mathrm{a}} \tag{10.3-10}$$

为电子的能流密度矢量；$\boldsymbol{E}_{\mathrm{a}} \approx -T_{\mathrm{e}}\nabla n/n$ 为双极电场；$p_{\mathrm{e,coll}} = nn_{\mathrm{g}}k_{\mathrm{iz}}\varepsilon_{\mathrm{T}}$ 为电子与中性粒子碰撞所损失的能量。在等离子体-鞘层的交界面 $(|z| = d)$ 及腔室的侧壁（$r = R$）上，离子通量和电子能量密度为

$$\boldsymbol{\Gamma}_{\mathrm{a}}\cdot\boldsymbol{e}_{\mathrm{n}} = nu_{\mathrm{B}}, \quad \boldsymbol{Q}_{\mathrm{e}}\cdot\boldsymbol{e}_{\mathrm{n}} = T_{\mathrm{e}}\boldsymbol{e}_{\mathrm{n}}\cdot\boldsymbol{\Gamma}_{\mathrm{a}} \tag{10.3-11}$$

其中，$\boldsymbol{e}_{\mathrm{n}}$ 为垂直于表面的单位矢量；u_{B} 为离子的玻姆速度。

Lee 等以氩气放电为例，采用商业软件 COMSOL 数值求解了上述微分方程[5]。模拟的区域如图 10-7 所示，其中腔室的半径为 $R = 20\mathrm{cm}$，两个电极之间的间隙为 $2l = 4.8\mathrm{cm}$，真空鞘层的厚度为 $s_0 = 0.4\mathrm{cm}$。图 10-8 显示了在不同的放电频率下，在两电极中平面处（$z = 0$）等离子体密度及电极之间的电势差随径向位置 r 的变化情况，其中放电气压和功率分别为 150mTorr 和 40W。从图 10-8(a)可以看出，当放电频率为 13.56MHz 时，除了在侧壁边缘处外，密度几乎不随 r 变化；随着频率的增加，等离子体中心处的密度逐渐增高，即驻波效应变得明显，而且边缘效应几乎消失。从图 10-8(b)可以看出，随着放电频率的增加，两个电极间的电势差不再是一个常数，尤其是当频率为 100MHz 时，腔室中心处的电势差大于边缘处。这里没有给出频率为 13.56MHz 的电势差，因为它几乎是一条直线。

借助于流体力学模型，Lee 等还观察到了所谓的电磁波传播的“截止”现象。

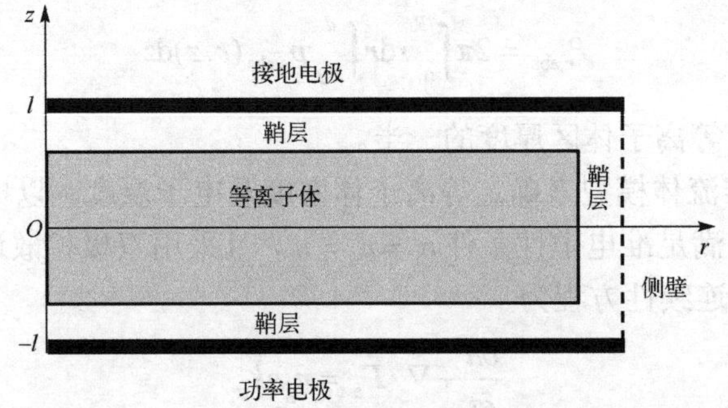

图 10-7　模拟区域示意图

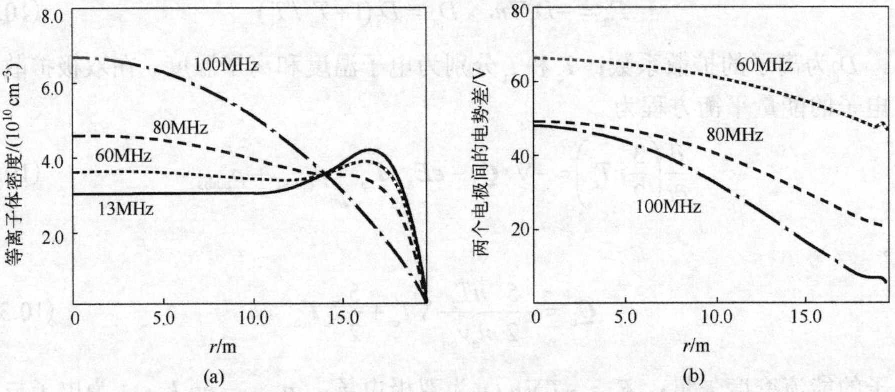

图 10-8　等离子体密度及电极间的电势差随径向位置的变化

在高频和高气压情况下，当放电功率较低时，电磁波很难从放电腔室的径向边缘处传到中心处，导致放电中心处的等离子体密度几乎为零。图 10-9 显示了在放电频率为 200MHz、功率为 40W、放电气压为 150mTorr 的情况下，等离子体密度的二维空间分布[5]。很显然，电磁波仅能在电极边缘传播，而且传播的厚度约为 $2\delta_{\mathrm{p}}$，其中 $\delta_{\mathrm{p}}=c/\omega_{\mathrm{pe}}$。在这个薄层内，电磁波的角频率满足如下条件：

$$\omega_{\mathrm{res}}\leqslant\omega\leqslant\omega_{\mathrm{pe}} \tag{10.3-12}$$

其中，ω_{res} 为等离子体的串联共振频率，见式(9.3-18)。注意，这是一种“截止”现象，其并不是由趋肤效应造成的。因为趋肤效应通常出现在高密度的等离子体中，而“截止”现象主要发生在低密度的等离子体中。

此外，Kawamura 等将上述理论模型推广到双频放电情况下[6]，例如双频电源的频率为 2MHz/60MHz。模拟结果表明，低频电源可以在一定程度上改善等离子体密度的径向均匀性，即可以在一定程度上抑制驻波效应。我们将在 10.6 节详细介绍抑制驻波效应的不同方法。

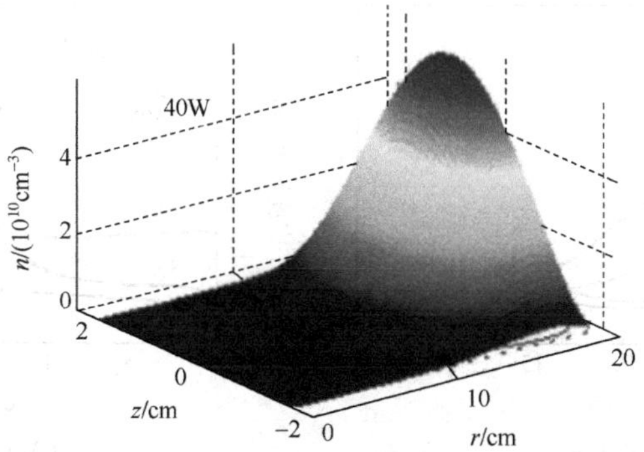

图 10-9　等离子体密度的二维空间分布(电磁波传播的“截止”现象)

2. 基于时域方法的分析

在时域分析方法中，可以采用时域有限差分(finite difference time domain，FDTD)方法直接求解全波麦克斯韦方程组[7,8]。在柱坐标系中，可以把麦克斯韦方程组(10.2-1)写成如下分量的形式：

$$\frac{\partial E_r}{\partial z}-\frac{\partial E_z}{\partial r}=-\frac{\partial B_\theta}{\partial t} \tag{10.3-13}$$

$$-\frac{\partial B_\theta}{\partial z}=\mu_0 J_r+\mu_0\varepsilon_0\frac{\partial E_r}{\partial t} \tag{10.3-14}$$

$$\frac{1}{r}\frac{\partial (rB_\theta)}{\partial r}=\mu_0 J_z+\mu_0\varepsilon_0\frac{\partial E_z}{\partial t} \tag{10.3-15}$$

其中，等离子体电流 $\boldsymbol{J}$ 包含电子传导电流和离子传导电流，可以由等离子体的流体力学方程组来确定。通过数值求解方程(10.3-13)～(10.3-15)，可以确定出射频等离子体中的电场和磁场，进而确定出等离子体的功率吸收密度 $p_{\mathrm{e,abs}}=(E_rJ_r+E_zJ_z)$。然后，再将 $p_{\mathrm{e,abs}}$ 代入等离子体流体力学方程组中，进行双向耦合，进而模拟出等离子体密度、电子温度等物理量。

基于这种求解电磁场的方法，Yang 和 Kushner 利用他们开发的 HPEM 程序，针对刻蚀工艺的等离子体腔室，模拟了双频容性耦合 Ar 放电及 Ar/CF_4 混合气体放电中的驻波效应[7]。数值结果表明，驻波效应不仅与高频电源的频率有关，还依赖于气体的组分比。图 10-10(a)和(b)分别显示了 Ar 和 Ar/CF_4 放电中，高频频率对电子密度的影响，其中低频电源的频率为 10MHz，高低频电源的功率均为 300W，放电气压为 50mTorr。可以看出，在电正性 Ar 气放电中，随着高频频率的增加，电子密度逐渐由“边缘峰”向“中心峰”分布转变；而在 Ar/CF_4(组分比为 9/1)的混合气体放电中，随着高频频率的增加，电子密度径向分布逐渐由“边缘峰”转变为“中间峰”(峰值在电极中心和径向边缘的中间位置)。

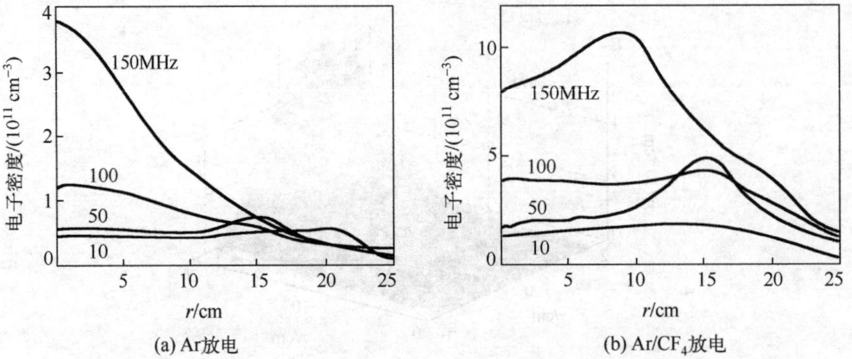

图 10-10　双频容性耦合放电中高频电源频率对电子密度的影响

10.4　驻波效应的实验观察

早在 2004 年，Satake 等[9]对甚高频容性耦合放电中电极上的电势分布进行了实验测量。研究结果表明，当射频电源的频率为 100MHz 时，驱动电极表面上的电势分布呈现出明显的驻波效应，如图 10-11(b)所示，其中放电气体为氩气，气压为 13Pa。我们知道，容性耦合放电是由两个平板电极之间的电压维持的，而电极表面的电压呈现驻波效应，必将导致等离子体密度的不均匀分布。

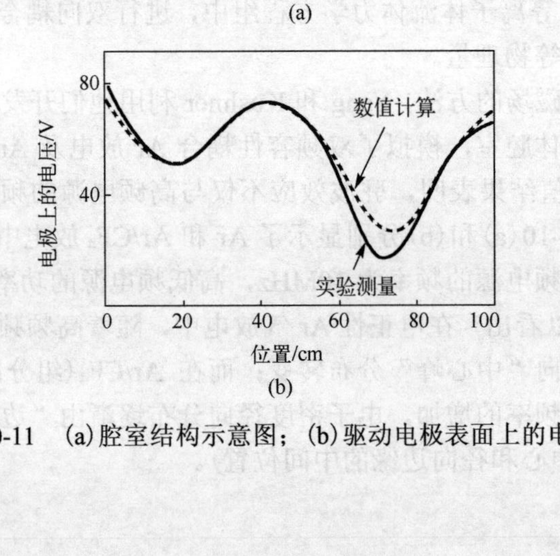

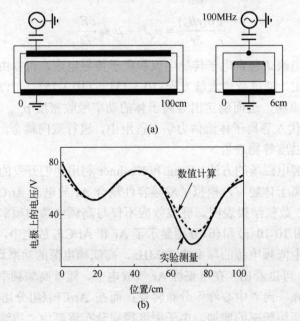

图 10-11　(a)腔室结构示意图；(b)驱动电极表面上的电势分布

在甚高频电源驱动的容性耦合放电中，体区的等离子体电势随时间呈现快速的振荡，这对通常的静电朗缪尔探针测量会产生严重的射频干扰。因此，对甚高频容性耦合等离子体的状态参数进行定量测量一直是一个难题。相对于等离子体而言，全悬浮双探针及其电路系统处于“悬浮”状态，因此可以有效地避免等离子体中的射频干扰对测量过程的影响。Liu 等采用这种全悬浮双探针，在圆柱形腔室中，测量了甚高频容性耦合氩气放电中离子密度的空间分布[10,11]，系统地分析了放电频率、放电功率及放电气压对离子密度径向分布的影响。需要注意的是，这种探针只能测量离子密度的空间分布，而无法获得电子密度以及电子的能量。实验测量结果表明，在放电频率较高、射频功率较低的情况下，驻波效应使得离子密度的径向分布呈现出多波节的结构[10]，见图 10-12，其中放电气压为 5Pa，放电功率为 60W。随着频率的增加，驻波效应变得明显，如在 220MHz 的情况下，在等离子体密度的径向分布中出现了双波节的结构。

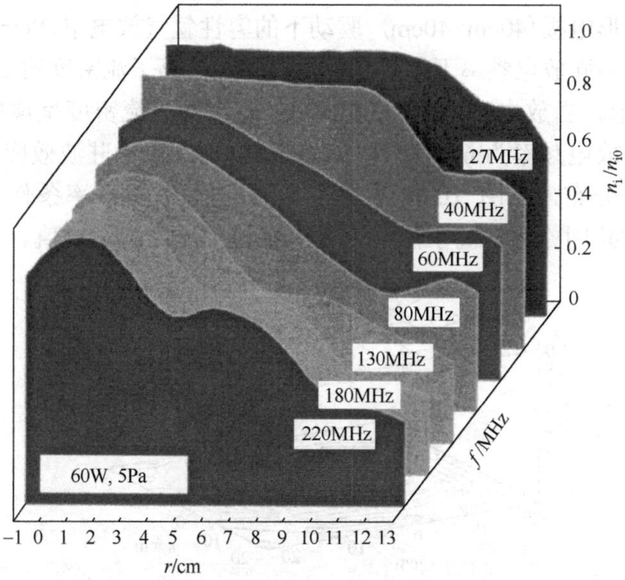

图 10-12　不同放电频率下等离子体密度的径向分布

图 10-13(a)和(b)显示了放电频率分别为 130MHz 和 200MHz 时，在不同的放电气压下，氩离子密度的径向分布情况[11]，其中放电功率为 60W，两个电极直径为 21cm，电极间隙为 3cm，腔室的直径为 28cm，侧壁和下电极接地。可以看出，在低气压下，如 5Pa，驻波效应非常明显，离子密度的径向分布呈现多波节结构。随着气压升高，驻波效应逐渐变弱。在两种放电频率下，当气压分别升高到 40Pa 和 30Pa 时，腔室中心处的离子密度几乎为零，等离子体局域在电极的边缘处，即出现了电磁波的“截止”带现象，这与 Lee 等的模拟结果[5]是一致的。

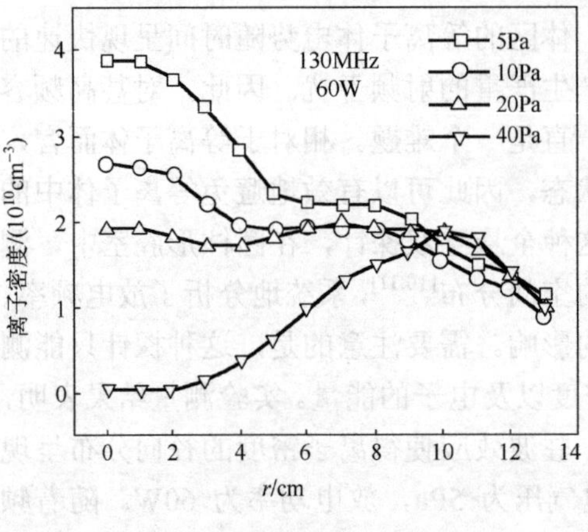

(a) 130MHz (b) 200MHz

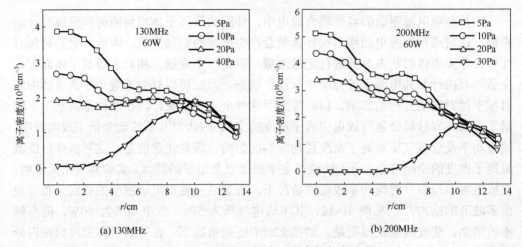

图 10-13 不同气压下离子密度的径向分布

在大面积方形电极(40cm×40cm) 驱动下的容性氩气放电中，Perret 等采用阵列平面电探针测量了不同放电频率下入射到电极表面上的离子流密度的二维空间分布[12]，如图 10-14 所示。当放电频率为 13.56MHz 时，离子流密度呈现出均匀分布，见图 10-14(a)；当放电频率为 60MHz 和 81.36MHz 时，由于驻波效应，离子流密度呈现出“中心峰”分布，见图 10-14(b)和(c)。此外，在高功率条件下，由于趋肤效应和边缘效应的共同作用，离子流密度在电极边角处出现了峰值。

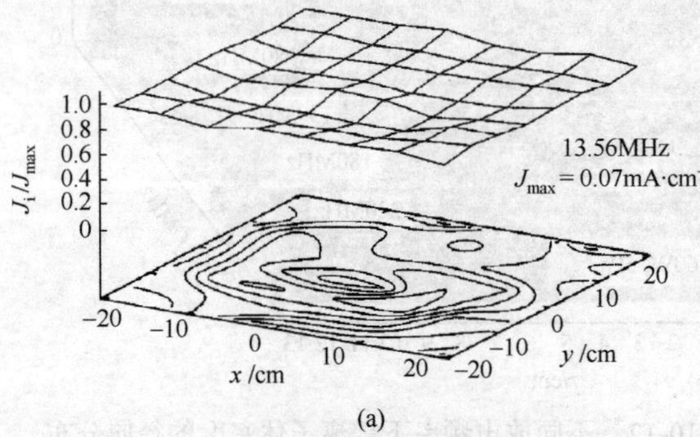

(a)

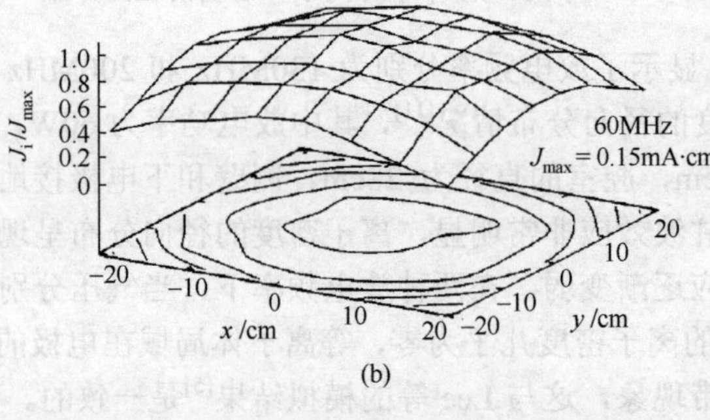

(b)

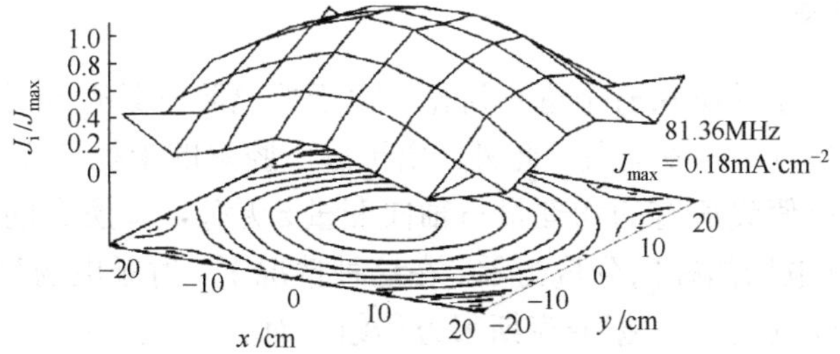

(c)

图 10-14　不同频率下入射到电极上的离子流密度的空间分布

10.5　甚高频容性耦合放电中的非线性高次谐波

在上面各节的讨论中，我们始终假定两个平板电极是完全对称的。但对于实际的放电腔室，由于腔室侧壁接地，很难保证有效接地电极的面积与功率电极的面积相等。对于这种非对称电极放电，两个鞘层也是不对称的。在 9.5 节中我们已经看到，对于非对称鞘层，鞘层与等离子体之间的相互作用会导致非线性串联共振现象的产生，从而激发出高次谐波。另外，我们知道在甚高频放电条件下，驻波基本上是以表面波的形式沿着鞘层与等离子体的交界面向腔室中心传播。因此，在鞘层与等离子体的交界面上，非线性串联共振将会对驻波效应产生一定的影响，即高次谐波会激发出非线性驻波效应[13]。下面，利用电磁场的传输线模型、电子的动力学模型和非线性鞘层模型，来定量地分析甚高频容性耦合放电中的高次谐波现象。

我们以图 10-15 所示的放电腔室结构为例进行讨论，其中腔室的半径为 R_2，连接射频电源的下电极的半径为 R_1。由于接地电极(包括上电极和腔室的侧壁)的面积远大于功率电极的面积，所以可以忽略接地鞘层的厚度，即采用单鞘层模型。假设等离子体的厚度为 D，功率鞘层的厚度为 s，其中后者由鞘层模型确定。施加的射频电压为余弦波形，即 $V(t)=V_0\cos\omega t$，其中 V_0 为电压的幅值，ω 为角频率。此外，在外界回路中还串接一个阻隔电容 C_B 和一个电阻 R_B。

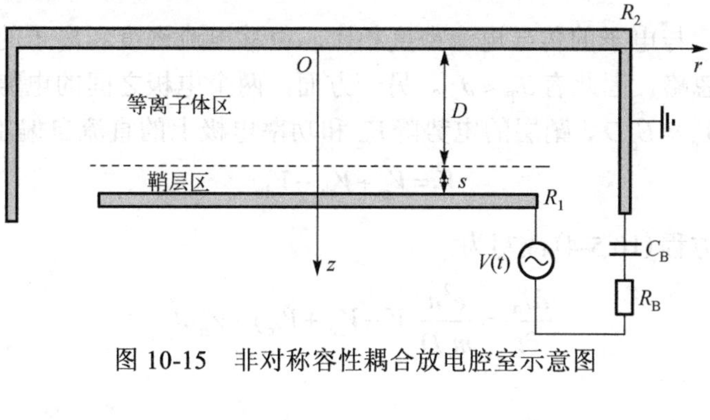

图 10-15　非对称容性耦合放电腔室示意图

1. 传输线模型

下面将在柱坐标系(r,θ,z)中进行讨论。由于放电腔室具有轴对称性，可以假设所有的物理量均与方位角θ无关。此外，由于放电腔室的半径R_2远大于放电的间隙$L=D+s$，还可以假设所有的物理量与轴向变量z无关，即所有的物理量只是径向变量r的函数，且电场的径向分量为零。在这种情况下，射频电场只有轴向分量E_z，而磁场只有角向分量B_θ。根据麦克斯韦方程组，有

$$\begin{cases} -\dfrac{\partial E_z}{\partial r}=-\dfrac{\partial B_\theta}{\partial t} \\ \dfrac{1}{r}\dfrac{\partial}{\partial r}(rB_\theta)=\mu_0 J_{\mathrm{T}} \end{cases} \tag{10.5-1}$$

其中，J_{T}为总电流密度，包括等离子体的传导电流密度和位移电流密度。引入两电极间的电势降$V=E_zL$，根据式(10.5-1)，可以得到如下含时的传输线方程

$$\frac{1}{r}\frac{\partial}{\partial r}\left(r\frac{\partial V}{\partial r}\right)=\mu_0 L\frac{\partial J_{\mathrm{T}}}{\partial t} \tag{10.5-2}$$

2. 电子动力学模型

在等离子体区，假设只有一种正离子和电子，且满足准电中性条件，即电子密度与离子密度相等。在轴向上电子的动量平衡方程为

$$nm_{\mathrm{e}}\frac{\partial u}{\partial t}=-enE_{\mathrm{p}}-nm_{\mathrm{e}}\nu_{\mathrm{eff}}u \tag{10.5-3}$$

其中，n是等离子体密度；u是电子在轴向上的运动速度；E_{p}为轴向上的等离子体电场，$\nu_{\mathrm{eff}}=\nu_{\mathrm{en}}+\nu_{\mathrm{stoc}}$为电子的有效碰撞频率，它包括体区的欧姆加热效应和鞘层振荡的随机加热效应。在等离子体区，电子的电流密度为$J_{\mathrm{e}}=-enu$。由于等离子体密度是时间的慢变函数，所以可以将方程(10.5-3)改写为

$$\frac{\partial J_{\mathrm{e}}}{\partial t}=\frac{e^2n}{m_{\mathrm{e}}}E_{\mathrm{p}}-\nu_{\mathrm{eff}}J_{\mathrm{e}} \tag{10.5-4}$$

在等离子体区，与电子的传导电流密度相比，位移电流密度和离子的传导电流密度均很小，可以忽略，因此有$J_{\mathrm{T}}\approx J_{\mathrm{e}}$。另一方面，两个电极之间的电势降$V$等于等离子体的电势降$V_{\mathrm{p}}=E_{\mathrm{p}}D$、鞘层的电势降$V_{\mathrm{sh}}$和功率电极上的直流自偏压$-V_{\mathrm{dc}}$之和，即

$$V=V_{\mathrm{p}}+V_{\mathrm{sh}}-V_{\mathrm{dc}} \tag{10.5-5}$$

这样，可以把方程(10.5-4)改写为

$$\frac{\partial J_{\mathrm{T}}}{\partial t}=\frac{e^2n}{m_{\mathrm{e}}D}(V-V_{\mathrm{sh}}+V_{\mathrm{dc}})-\nu_{\mathrm{eff}}J_{\mathrm{T}} \tag{10.5-6}$$

3. 非线性鞘层模型

在驱动电极表面，总电流密度 J_{T} 应该等于离子传导电流密度 J_{i0}、电子传导电流密度 $-J_{\mathrm{e0}}\mathrm{e}^{eV_{\mathrm{s}}/T_{\mathrm{e}}}$ 和位移电流密度 $\dfrac{\partial\sigma_{\mathrm{s}}}{\partial t}$ 之和，即

$$J_{\mathrm{T}}=J_{\mathrm{i0}}-J_{\mathrm{e0}}\mathrm{e}^{eV_{\mathrm{sh}}/T_{\mathrm{e}}}+\frac{\partial\sigma_{\mathrm{s}}}{\partial t} \tag{10.5-7}$$

其中，$\sigma_{\mathrm{s}}=\varepsilon_0 E_{\mathrm{s}}$ 为面电荷密度，这里 E_{s} 为电极表面上的电场；V_{sh} 为鞘层电势降；$J_{\mathrm{i0}}=enu_{\mathrm{B}}$；$J_{\mathrm{e0}}=\dfrac{1}{4}en\overline{v}_{\mathrm{e}}$，这里 $\overline{v}_{\mathrm{e}}=\sqrt{\dfrac{8T_{\mathrm{e}}}{\pi m_{\mathrm{e}}}}$。对于非均匀无碰撞鞘层模型，根据 7.3 节得到的鞘层电势降的解析表示式，可以拟合出 σ_{s} 与 V_{sh} 关系式为[14]

$$V_{\mathrm{sh}}=0.8H\frac{\sigma_{\mathrm{s}}^2}{\varepsilon_0 en} \tag{10.5-8}$$

其中，因子 H 由式(7.3-20)确定，即

$$H=\left(\frac{32eV_{\mathrm{dc}}}{9\pi^2 T_{\mathrm{e}}}\right)^{1/2} \tag{10.5-9}$$

在实际计算中，电极表面的直流自偏压 V_{dc} 由下式确定

$$\int_0^{R_1}\left\langle J_{\mathrm{T}}(r,t)\right\rangle_{T_{\mathrm{RF}}}2\pi r\mathrm{d}r=0 \tag{10.5-10}$$

其中，$\left\langle J_{\mathrm{T}}(r,t)\right\rangle_{T_{\mathrm{RF}}}$ 表示将总电流对一个射频周期 $T_{\mathrm{RF}}=2\pi/\omega$ 进行平均。

对于给定的等离子体密度 n、电子温度 T_{e}、射频电压的幅值 V_0 及频率 $f=\omega/(2\pi)$，利用上述方程可以计算出等离子体中的电场 E_{p}、磁场 B_θ 以及总电流密度 J_{T}。尽管输入的电压为一个简谐波形，但由于鞘层的非线性动力学行为，由上述模型计算得到的等离子体中的电磁场、电压和电流密度随时间的变化是非线性的，即有高次谐波存在。为了更清楚地显示这些高次谐波，我们把计算出来的磁场进行傅里叶级数展开，即

$$B_\theta(r,t)=\sum_{m=0}B_{\theta,m}(r)\sin(m\omega t) \tag{10.5-11}$$

其中，$B_{\theta,m}$ 为磁场的 m 次谐波的傅里叶分量。图 10-16(a)和(b)分别显示了放电频率为 13.56MHz 和 100MHz 时，氩等离子体中磁场各阶谐波分量的空间分布[13]，其中放电气压为 3Pa，放电功率为 80W。图中线条为数值模拟结果，数据点为磁探针测量结果，可以看出两者符合得较好。为了更清晰地展现谐波磁场的空间结构，我们将磁场的各阶谐波分量按照其径向最大值进行了归一化。当放电频率为 13.56MHz

时，磁场的各阶谐波都表现出相似的特征：$B_{\theta,m}$ 在极板中心处(r=0)最小，并随着径向位置 r 的增大呈现出线性增长的规律，见图 10-16(a)。当放电频率为 100MHz 时，基频磁场 $B_{\theta,1}$ 随 r 的变化也表现出类似的规律，见图 10-16(b)，但高次谐波($m\geqslant2$)磁场的最大值出现在电极中心与径向边缘之间的位置，且随着谐波次数的增加，$B_{\theta,m}$ 的最大值向腔室中心处移动。

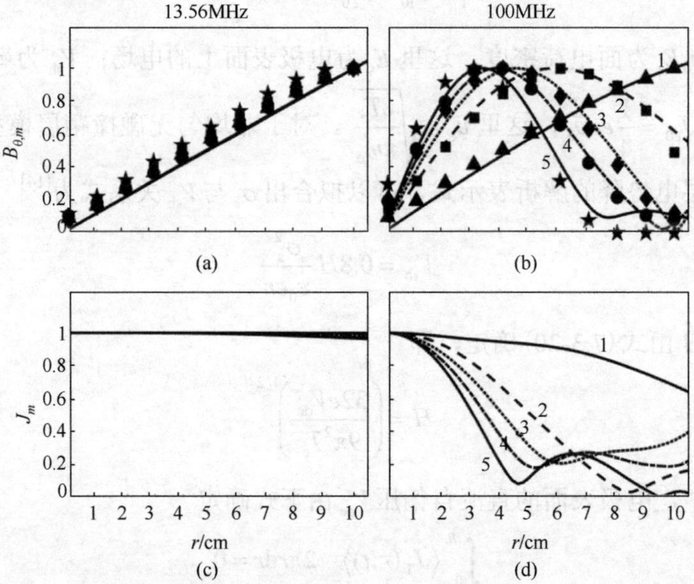

图 10-16　氩等离子体中磁场和电流密度的各阶谐波分量的空间分布

根据安培定理可知，谐波电流密度 J_m 正比于谐波磁场的空间变化率 $\mathrm{d}B_{\theta,m}/\mathrm{d}r$。图 10-16(c)和(d)表明，在放电频率为 13.56MHz 的情况下，两个电极之间电流密度的所有谐波几乎是径向均匀分布的；在放电频率为 100MHz 的情况下，电流密度的高次谐波在径向上呈现出非均匀分布，且集中在腔室中心处。由于电流密度正比于等离子体密度，因此可以推测出，在甚高频放电情况下，高次谐波将会导致放电中心处的等离子体密度增强，即出现驻波效应。

图 10-17(a)和(b)分别显示了不同放电频率和不同放电气压下，实验测量的等离子体密度的径向分布。从图 10-17(a)可以看到，随着放电频率的增大，等离子体密度呈现出显著的“中心峰”分布，表明驻波效应逐渐起主导作用，这就验证了上述推测。随着放电气压的降低，驻波效应也明显增强，见图 10-17(b)。

4. 等离子体输运模型

尽管上述理论模型可以成功地描述电磁场的高次谐波现象，但在理论上是不自洽的，因为采用的是均匀等离子体密度模型，即不能从理论上给出高次谐波对等离

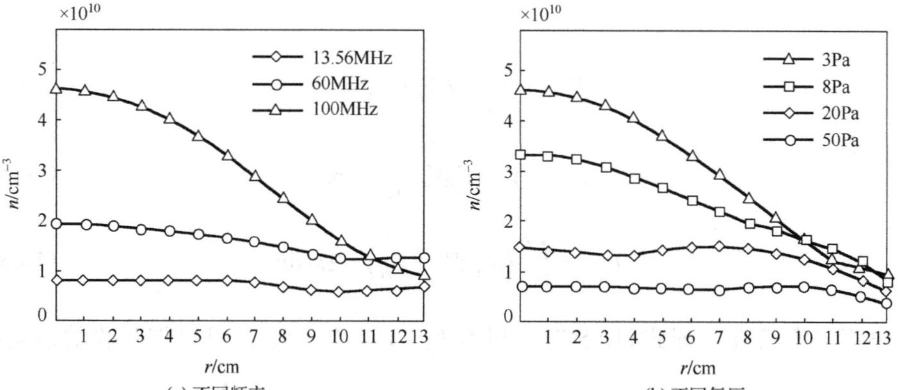

(a) 不同频率　　(b) 不同气压

图 10-17　氩气放电中电子密度的径向分布

子体密度分布的影响。在如下讨论中，我们将上面介绍的非线性传输线模型进一步与等离子体输运模型进行耦合，分析高次谐波效应对沉积功率密度和等离子体密度空间分布的影响[15,16]。假设等离子体是准电中性的，且等离子体密度 n 服从双极扩散方程，即方程(10.3-7)。由于我们只关注径向上的驻波效应，因此不考虑物理量在轴向上的变化。对方程(10.3-7)进行轴向平均，可以得到

$$\frac{\partial n}{\partial t}+\frac{1}{r}\frac{\partial(r\Gamma_{ar})}{\partial r}=nn_g k_{iz}-\frac{2nu_B}{D} \tag{10.5-12}$$

式(10.5-12)右边第二项为单位时间内流到上下电极上的离子数，即离子的损失项。方程(10.5-12)的边界条件为 $\Gamma_{ar}\big|_{r=0}=0$ 及 $\Gamma_{ar}\big|_{r=R_2}=nu_B$。另外，由于电离率和玻姆速度依赖于电子温度，因此还需要给出轴向平均的电子能量平衡方程。根据方程 (10.3-9)，可以得到

$$\frac{\partial(3nT_e/2)}{\partial t}+\frac{1}{r}\frac{\partial(rQ_{er})}{\partial r}=-eE_{ar}\Gamma_{ar}+p_{e,abs}-p_{e,coll}-\frac{p_{out}}{D} \tag{10.5-13}$$

其中，Q_{er} 是电子的径向能流矢量密度，见式(10.3-10)。方程(10.5-13)右边的第一项为双极电场对电子的加热功率密度，其中 E_{ar} 为双极电场的径向分量，见式 (6.1-11)；第二项 $p_{e,abs}=\langle J_T(r,t)V_p(r,t)\rangle_{T_{RF}}/D$ 为电子吸收功率密度，其中电流密度 J_T 及等离子体电势 V_p 由前面的模型和鞘层模型确定；第三项 $p_{e,coll}$ 为体区中电子与中性粒子碰撞所损失的功率密度，见式 (5.4-23)；第四项为电子流出鞘层边界的功率密度，其中 $p_{out}=(2T_e+eV_{sh})nu_B$。方程(10.5-13)的边界条件为 $Q_{er}\big|_{r=0}=0$ 及 $Q_{er}\big|_{r=R_2}=5T_e\Gamma_{ar}/2$。

需要说明一下，等离子体从射频电源中吸收的总功率 P_T 应等于电子吸收的功率 $P_{e,abs}$ 与离子吸收的功率 $P_{i,sh}$ 之和，再减去电子穿越鞘层时所损失的功率 $P_{e,sh}$，即

$$P_T=P_{e,abs}+P_{i,sh}-P_{e,sh} \tag{10.5-14}$$

其中，

$$P_{\mathrm{e,abs}} = \int_0^{R_1} \left\langle J_{\mathrm{e}} V_{\mathrm{p}} \right\rangle_{T_{\mathrm{RF}}} 2\pi r \mathrm{d}r \tag{10.5-15}$$

$$P_{\mathrm{i,sh}} = \int_0^{R_1} \left\langle J_{\mathrm{i0}} V_{\mathrm{sh}} \right\rangle_{T_{\mathrm{RF}}} 2\pi r \mathrm{d}r \tag{10.5-16}$$

$$P_{\mathrm{e,sh}} = \int_0^{R_1} \left\langle J_{\mathrm{e0}} \mathrm{e}^{eV_{\mathrm{sh}}/T_{\mathrm{e}}} V_{\mathrm{sh}} \right\rangle_{T_{\mathrm{RF}}} 2\pi r \mathrm{d}r \tag{10.5-17}$$

利用电流平衡条件，即式(10.5-7)，以及 $V_{\mathrm{p}} = V - V_{\mathrm{sh}} + V_{\mathrm{dc}}$ ，可以把吸收的总功率表示为

$$P_{\mathrm{T}} = \int_0^{R_1} \left\langle J_{\mathrm{T}} V \right\rangle_{T_{\mathrm{RF}}} 2\pi r \mathrm{d}r \tag{10.5-18}$$

其中，认为在一个射频周期内，位移电流对吸收功率的贡献为零。

将上面的等离子体输运方程与传输线模型联立，就可以自洽地模拟非线性驻波效应对等离子体密度空间分布的影响，其中非线性高次谐波效应包含在电子的吸收功率中。对于氩气放电，图 10-18 显示了不同的高次谐波对等离子体密度径向分布的影响[15]，并与实验结果进行了比较，其中放电频率为 $f = 100\mathrm{MHz}$ 、功率为 $P_{\mathrm{tot}} = 90\mathrm{W}$ 、气压为 $p = 3\mathrm{Pa}$ 。由图 10-18 可以看出，如果在电子的吸收功率中只考虑一次谐波的贡献，则等离子体的密度最小。随着谐波次数的增加，腔室中心处的等离子体密度也有所增加。当所考虑的谐波次数达到 4 次时，再增加谐波的次数，等离子体密度的空间分布几乎不变。此外，包含高次谐波效应的模拟结果与实验测量结果，在变化趋势上符合得也很好。因此，模拟结果表明，等离子体密度中的驻波效应来自于电磁场的高次谐波的贡献。

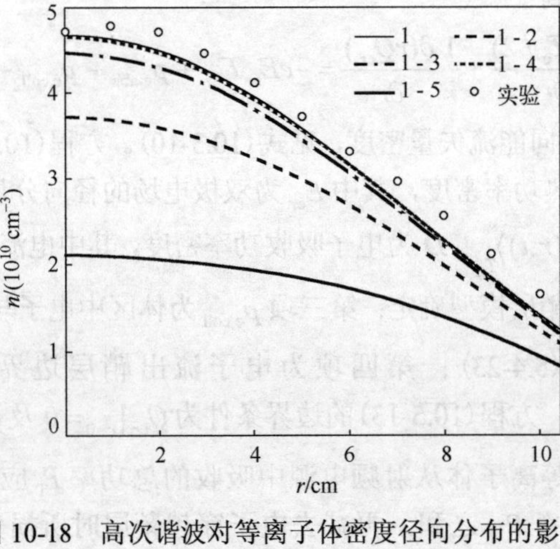

图 10-18　高次谐波对等离子体密度径向分布的影响

当然，上面建立的等离子体输运模型也有不足之处：由于采用的是径向一维输运模型，不能模拟电极的边缘效应，所以给出的等离子体密度在电极边缘处一直都是下降的。只有采用完整的二维输运模型，才可以模拟边缘效应对等离子体密度径向分布的影响。

10.6　驻波效应的抑制方法

从前面几节的讨论可以看出，驻波效应可以引起不均匀的等离子体径向分布，这已成为下一代大面积甚高频 CCP 反应器所面临的重要难题。在过去的二十多年，人们提出了不同的方法来抑制驻波效应，改善等离子体的径向均匀性。一般可以将这些方法分为三类：①特殊电极结构抑制方法；②双频电源抑制方法；③电非对称效应(EAE)抑制方法。

1. 特殊电极结构抑制方法

早在 2003 年，Sansonnens 及其合作者基于真空条件下电磁场的数值模拟结果[17]，发现如果将平行板电极中的一个电极用具有一定曲率的“高斯透镜形”电极来代替，就可以有效改善轴向电场的径向均匀性，见图 10-19。随后，他们在实验上证实了这一预测[18]，如图 10-20 所示，其中实线为模拟结果，数据点为实验测量结果。可以看到，对于传统的平行板电极，当射频频率为 13MHz 时，轴向电场的径向分布比较均匀。然而，随着射频频率的增加，由于驻波效应的存在，电场的径向不均匀

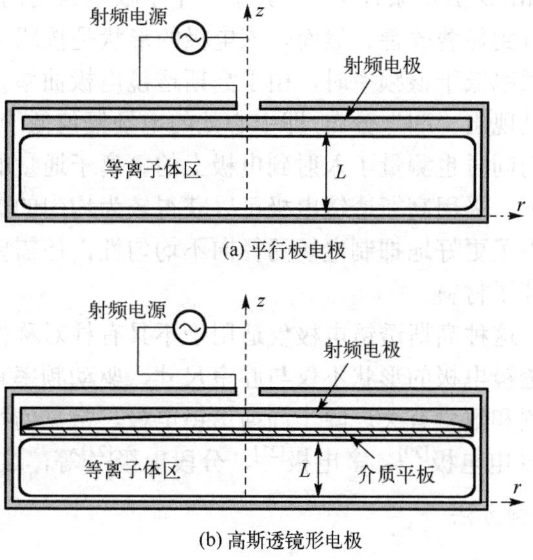

图 10-19　射频放电腔室的电极结构

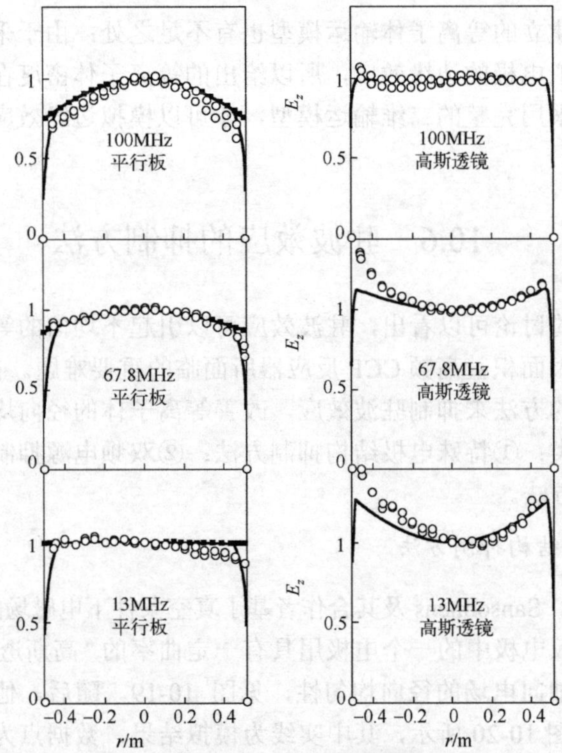

图 10-20　不同频率下的轴向电场的径向分布
左列为平行板电极；右列为高斯透镜电极

性变得明显。在 100MHz 放电条件下，当其中一个平板电极用高斯透镜电极代替时，电场的径向均匀性得到显著改善。然而，该电极的形状是按照频率为 100MHz 的参数设计的，当工作频率低于该频率时，由于高斯透镜电极曲率“过补偿”，高斯透镜电极间的电场会呈现出“凹”分布，即中心处的电场幅值低于边缘处的电场幅值。对于氩气放电，他们同时也测量了入射到电极上的氩离子通量的径向分布，并发现在相同的放电频率下，采用高斯透镜电极可以获得较为均匀的离子通量径向分布。在实际的放电中，为了更好地抑制电场的径向不均匀性，还需要在高斯透镜电极与介质板之间填充高分子材料。

需要说明的是，这种高斯透镜电极仅适用于不具有柱对称性的腔室结构。在方形结构的腔室中，透镜电极的形状不仅与腔室尺寸、驱动频率有关，还与电极上射频功率馈入点的位置和数量有关。除了高斯透镜电极，常见的特殊结构电极还有：阶梯电极[19]、分段导电电极[20]、多电极[21]、分段电极[22]等，这里不再一一叙述。

2. 双频电源抑制方法

可以在电极上施加两个射频电源，其中一个为高频电源，另一个为低频电源。

通过控制低频电源的电压(或功率)，也可以调节等离子体的均匀性。Bera 等[23]采用二维电磁模型研究了双频(180MHz/60MHz)放电中，不同高低频电源功率组合对等离子体均匀性的影响。当放电由 180MHz 的电源主导时，驻波效应变得显著，等离子体密度峰值出现在径向中心处；当放电由 60MHz 的电源主导时，等离子体密度的峰值出现在径向边缘处；随着 60MHz 电源功率的增加以及 180MHz 电源功率的降低，边缘效应变得越来越强，等离子体密度逐渐变得均匀。实际上，60MHz 已属于甚高频，远高于实际刻蚀工艺中采用的低频电源的频率(小于 13.56MHz)。因此，这种双频电源控制等离子体均匀性的方法并不适用于等离子体的刻蚀工艺。

在实验方面，Zhao 等在一个对称电极的 CCP 腔室中，采用发卡探针对双频(100MHz/4MHz)容性耦合氩气放电中离子密度的径向分布进行了测量[24]，其中高频电压为 50V，放电气压为 8Pa。结果表明，当高低频电源同时施加在下电极上时，可以通过调节低频电源的电压幅值 ϕ_L 来改善离子密度的径向均匀性，即随着低频电压的增加，离子密度的径向分布变得较为均匀，见图 10-21(a)。然而，当高频电源施加在下电极、低频电源施加在上电极上时，离子密度的径向分布几乎不受低频电压的影响，见图 10-21(b)。也就是说，低频电源所起的作用紧密依赖于高低频电源的施加方式。实际上，在双频放电中，高频电源主要控制等离子体密度，而低频电源主要控制鞘层特性，如鞘层的厚度、电势降等。当高低频电源同时施加在下电极时，上电极与器壁共同构成接地电极，其有效面积远大于功率电极的面积，因此功率电极的鞘层厚度要远大于接地电极的鞘层厚度。这时，低频鞘层所起的作用较为明显，它在一定程度上削弱了高频鞘层振荡产生的电子加热效应，导致放电腔室中心处等离子体密度降低。当高低频电源分别施加在不同的电极上时，两个电极上的

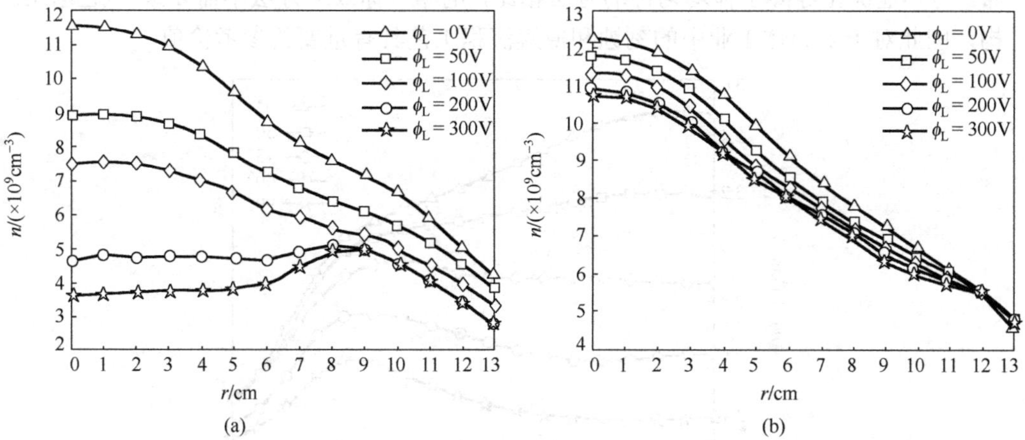

图 10-21　不同低频电压下，等离子体密度径向分布的实验测量结果

(a)高低频电压同时施加在下电极，其中上电极和器壁接地；

(b)高频电压施加在下电极，而低频电源施加在上电极

鞘层振荡特性相对独立，即低频鞘层对高频鞘层的影响较弱，因此很难削弱高频鞘层振荡产生的电子加热效应。

3. 电非对称效应抑制方法

在 9.5 节中已经看到，等离子体串联共振(PSR)可以激发出一系列非线性高次谐波，而这些高次谐波引起的非线性驻波将进一步增强等离子体密度径向分布的不均匀性。根据第 9 章的讨论，我们知道产生非线性串联共振的根源是放电腔室的几何非对称性，它使得功率电极上的自偏压过高。另外，利用电非对称效应也可以调节电极上的自偏压或放电的对称性。也就是说，我们可以利用电非对称效应来抑制几何非对称性产生的自偏压过高的现象，削弱非线性串联共振所激发的高次谐波，从而改善等离子体密度的径向均匀性。Zhao 等针对低气压氩气放电中，电非对称效应与非线性驻波之间的相互作用机制开展了实验研究[25]，其中基频(30MHz)电压的幅值与二次谐波(60MHz)电压的幅值均为 30V、相位角为Θ，放电气压为 4Pa。在该实验中，利用高频磁探针测量了谐波磁场的径向分布，并发现随着相位角从0°增加到90°，磁场的高次谐波分量逐渐变弱。图 10-22 显示了不同的相位角条件下，发卡探针测量到的两极板中平面上等离子体密度的径向分布[25]。可以看到，当$\Theta=0°$时，电非对称性效应与几何非对称性效应相互叠加，导致功率电极上的自偏压为负，且绝对值最大，由此激发出较强的非线性驻波，进而导致等离子体密度呈现显著的“中心峰”分布。随着Θ的增加，放电的几何非对称性逐渐被电非对称性补偿，电极上的自偏压逐渐由负值转变为正值，非线性驻波激发逐渐减弱，等离子体的均匀性逐渐得到改善。当$\Theta=90°$时，自偏压达到极大值，等离子体密度呈现出“边缘峰”分布。与其他优化等离子体均匀性的方法相比，电非对称效应方法不需要改变腔室的结构，因此对于半导体工业中的刻蚀和薄膜沉积工艺具有重要的参考价值。

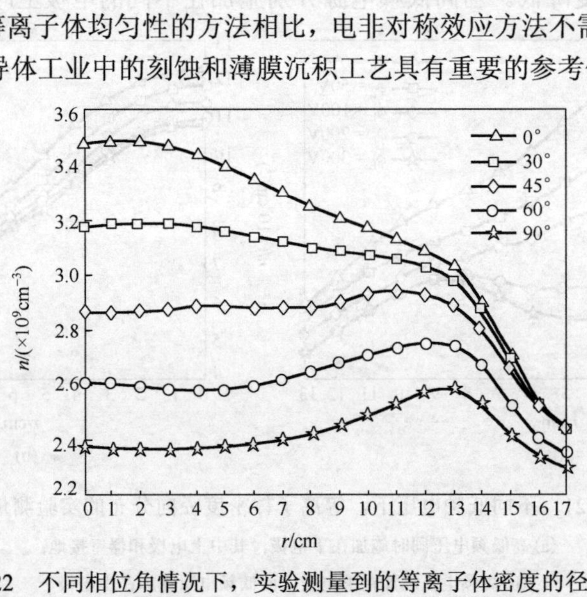

图 10-22　不同相位角情况下，实验测量到的等离子体密度的径向分布

10.7 本章小结

对于甚高频驱动的大面积 CCP 放电，电磁效应对等离子体均匀性的影响是一个不能回避的问题。本章采用不同的理论模型对驻波现象及产生的机理进行了详细分析，讨论了抑制驻波效应的方法。下面，对本章得到的结果进行简要总结。

(1) 基于线性传输线模型和鞘层模型，给出了等离子体中电磁波波长与放电频率、放电间隙及电压幅值之间的定标关系：频率越高、间隙越大，波长越短；电压幅值越高，波长越长。

(2) 基于均匀密度分布的等离子体平板模型，通过求解麦克斯韦方程组，推导出电磁场空间分布的解析表示式。解析表示式同时包含了电磁场的驻波效应和趋肤效应。当等离子体密度较低时，驻波效应占主导地位，即腔室中心处的电场较强。放电频率越高，驻波效应越明显。当等离子体密度较高时，趋肤效应占主导地位，即电极边缘处的电场较强。放电频率越高，趋肤效应越明显。

(3) 采用电磁流体力学模型，可以自洽地模拟甚高频放电中驻波效应及其对等离子体密度径向分布的影响。在低气压放电条件下，放电频率越高，腔室中心处的密度越高。当电压和频率较高时，如果放电功率较低，在等离子体中会出现电磁波传播的“截止”现象，即径向边缘的等离子体密度较高，而中心处的密度较低，甚至为零。产生“截止”现象的原因是，在这种放电条件下，电磁波不能朝等离子体内部传播。“截止”现象不属于趋肤效应，因为两者发生时的等离子体密度不同。

(4) 采用静电悬浮双探针，可以测量甚高频 CCP 中等离子体密度的径向分布。实验上不仅观察到驻波效应和“截止”现象，甚至还观察到了多波节驻波现象，并且与理论分析和数值模拟方法得到的结果定性地一致。

(5) 采用磁探针测量方法，并结合非线性传输线模型、电子动力学模型和鞘层模型，对射频磁场中的高次谐波现象进行了分析。在低频放电情况下(如 13.56MHz)，射频磁场中的一次谐波分量占主导地位，高次谐波分量很小。但在高频放电情况下(如 100MHz)，在磁场中出现了高次谐波分量，而且随着谐波次数的增加，磁场谐波分量的峰值朝着腔室中心移动。此外，实验测量和数值模拟都揭示了等离子体密度中的驻波效应，源于电磁场的非线性高次谐波的贡献。

(6) 实验上可以采用不同的方法来抑制等离子体中驻波效应的产生。这些抑制方法包括：①特殊电极结构方法，如高斯透镜电极方法、梯形电极方法等；②双频放电方法，其中高频电源用于维持放电，而低频电源用于抑制驻波效应；③电非对称效应方法，其中通过调节两个倍频电源的相位差，可以改善等离子体的径向均匀性。

参 考 文 献

[1] Chabert P, Braithwaite N. Physics of Radio-Frequency Plasmas. Cambridge: Cambridge University Press, 2011; [中译本]帕斯卡·夏伯特, 尼古拉斯·布雷斯韦特. 射频等离子体物理学. 王友年, 徐军, 宋远红, 译. 北京: 科学出版社, 2015.

[2] Lieberman M A, Booth J P, Chabert P, et al. Standing wave and skin effects in large area, high frequency capacitive discharges. Plasma Sources Sci. Technol., 2002, 11: 283.

[3] Chabert P, Raimbault J L, Levif P, et al. Inductive heating and E to H transitions in capacitive discharges. Phys. Rev. Lett., 2005, 95(20): 205001.

[4] Liu J K, Zhang Y R, Zhao K, et al. Simulations of electromagnetic effects in large-area high-frequency capacitively coupled plasmas with symmetric electrodes: Different axial plasma density profiles. Phys. Plasmas, 2020, 27(2): 023502.

[5] Lee I, Graves D B, Lieberman M A. Modeling electromagnetic effects in capacitive discharges. Plasma Sources Sci. Technol., 2008, 17(1): 015018.

[6] Kawamura E, Lieberman M A, Graves D B. Fast 2D fluid-analytical simulation of ion energy distributions and electromagnetic effects in multi-frequency capacitive discharges. Plasma Sources Sci. Technol., 2014, 23(6): 064003.

[7] Yang Y, Kushner M J. Modeling of dual frequency capacitively coupled plasma sources utilizing a full-wave Maxwell solver: I. Scaling with high frequency. Plasma Sources Sci. Technol., 2010, 19(5): 055011.

[8] Yang Y, Kushner M J. Modeling of dual frequency capacitively coupled plasma sources utilizing a full-wave Maxwell solver: II. Scaling with pressure, power and electronegativity. Plasma Sources Sci. Technol., 2010, 19(5): 055012.

[9] Satake K, Yamakoshi H, Noda M. Experimental and numerical studies on voltage distribution in capacitively coupled very high-frequency plasmas. Plasma Sources Sci. Technol., 2004, 13(3): 436.

[10] Liu Y X, Gao F, Liu J, et al. Experimental observation of standing wave effect in low-pressure very-high-frequency capacitive discharges. J. Appl. Phys., 2014, 116(4): 043303.

[11] Liu Y X, Liang Y S, Wen D Q, et al. Experimental diagnostics of plasma radial uniformity and comparisons with computational simulations in capacitive discharges. Plasma Sources Sci. Technol., 2015, 24(2): 025013.

[12] Perret A, Chabert P, Booth J P, et al. Ion flux nonuniformities in large-area high-frequency capacitive discharges. Appl. Phys. Lett., 2003, 83(2): 243-245.

[13] Zhao K, Wen D Q, Liu Y X, et al. Observation of nonlinear standing waves excited by

plasma-series-resonance-enhanced harmonics in capacitive discharges. Phys. Rev. Lett., 2019, 122(18): 185002.

[14] 温德奇. 容性耦合等离子体的电磁效应及相关问题的理论研究和数值模拟. 大连: 大连理工大学, 2018.

[15] Zhou F J, Zhao K, Wen D Q, et al. Simulation of nonlinear standing wave excitation in very-high-frequency asymmetric capacitive discharges: roles of radial plasma density profile and rf power. Plasma Sources Sci. Technol., 2021, 30(12): 125017.

[16] Liu J K, Kawamura E, Lieberman M A, et al. Nonlinear harmonic excitations in collisional, asymmetrically-driven capacitive discharges. Plasma Sources Sci. Technol.,2021, 30(4): 045017.

[17] Sansonnens L, Schmitt J. Shaped electrode and lens for a uniform radio-frequency capacitive plasma. Appl. Phys. Lett., 2003, 82(2): 182-184.

[18] Schmidt H, Sansonnens L, Howling A A, et al. Improving plasma uniformity using lens-shaped electrodes in a large area very high frequency reactor. J. Appl. Phys., 2004, 95(9): 4559-4564.

[19] Sung D, Volynets V, Hwang W, et al. Frequency and electrode shape effects on etch rate uniformity in a dual-frequency capacitive reactor. J. Vac. Sci. Technol. A, 2012, 30(6): 061301.

[20] Yang Y, Kushner M J. Graded conductivity electrodes as a means to improve plasma uniformity in dual frequency capacitively coupled plasma sources. J. Phys. D: Appl. Phys., 2010, 43(15): 152001.

[21] Jung P G, Hoon S S, Wook C C, et al. On the plasma uniformity of multi-electrode CCPs for large-area processing. Plasma Sources Sci. Technol., 2013, 22(5): 055005.

[22] Yang Y, Kushner M J. 450 mm dual frequency capacitively coupled plasma sources: Conventional, graded, and segmented electrodes. Appl. Phys., 2010, 108(11): 113306.

[23] Bera K, Rauf S, Collins K, et al. Control of plasma uniformity in a capacitive discharge using two very high frequency power sources. J. Appl. Phys., 2009, 106(3): 033301.

[24] Zhao K, Liu Y X, Kawamura E, et al. Experimental investigation of standing wave effect in dual-frequency capacitively coupled argon discharges: role of a low-frequency source. Plasma Sources Sci. Technol., 2018, 27(5): 055017.

[25] Zhao K, Su Z X, Liu J R, et al. Suppression of nonlinear standing wave excitation via the electrical asymmetry effect. Plasma Sources Sci. Technol., 2020, 29(12): 124001.

第 11 章　柱状线圈感性耦合等离子体

在容性耦合放电中，射频电源的功率是通过两个平行板电极馈入等离子体中的。当放电频率不是太高时(如 13.56MHz)，可以获得较为均匀的大面积等离子体，但等离子体密度较低，一般低于 $10^{10}cm^{-3}$。当采用甚高频电源驱动放电时，尽管可以提高等离子体密度，但由于驻波效应的存在，等离子体密度的均匀性将受到影响，这也在一定程度上限制了 CCP 源的应用范围。

本章和第 12 章所介绍的感性耦合放电是一种无电极放电，即射频电源与放电腔室外侧的线圈连接，电源的能量通过石英窗耦合到放电腔室中。感性耦合放电主要是由线圈电流来维持的，一般在低气压(1～50mTorr)条件下运行。此外，感性耦合放电的频率一般小于或等于 13.56MHz。尽管感性耦合放电在低气压和低频条件下进行，但仍可以获得较高的等离子体密度，一般在 10^{10}～$10^{12}cm^{-3}$。因此，感性耦合等离子体(inductively coupled plasma，ICP)源是一种高密度的等离子体源。

根据射频线圈的形状不同，可以把感性耦合放电分为两种类型，即柱状线圈感性耦合放电和平面线圈感性耦合放电。本章仅对柱状线圈 ICP 的电磁特性和电子动理学行为进行介绍，尤其是重点介绍这种感性耦合放电的电阻、电感以及射频电源与等离子体的耦合过程。关于平面线圈 ICP 的电磁特性，我们将在第 12 章进行介绍。

11.1　感性耦合等离子体源概述

感性耦合放电的历史远长于容性耦合放电的历史。早在 1884 年，德国物理化学家 Hittorf 在真空石英管外缠绕一个线圈，并用莱顿瓶向线圈提供电流来激励玻璃管内的气体放电[1]，这就是最早观察到的“无电极的环形放电”现象。当时人们对这种放电的机理并不清楚，不确定这种放电是容性耦合放电还是感性耦合放电。经过五十多年的理论和实验研究，人们已基本弄清了这种放电机理。当 ICP 源在低射频功率条件下运行时，等离子体的产生和电子加热主要是由驱动线圈间或者驱动线圈与接地器壁间的电势差所产生的静电场维持，这种放电模式称为容性耦合模式(capacitive mode, E 模式)，等离子体密度低和发光强度弱是 E 模式放电的主要特征。与之相反，当 ICP 源在高射频功率条件下运行时，由射频线圈中的驱动电流产生的感应电磁场所主导的放电模式称为感性耦合模式(inductive mode, H 模式)，等离子体密度高和发光强度强是 H 模式放电的主要特征。当逐渐从低到高或者逐渐从高到低调节射频功率时，ICP 放电模式会发生转换，并且在往返调节功率时可能会出现

“回滞现象”。这种随射频功率改变而发生的放电模式转换及回滞现象是 ICP 的基本特征。

当 ICP 源在 E 模式下运行时，等离子体通常具有较厚的鞘层及较高的鞘层电势，这使得鞘层内的离子会获得较高的能量，进而对石英窗造成较大的离子轰击损伤。在 H 模式下，等离子体的鞘层极薄，即可以忽略离子对石英窗的轰击损伤。因此，对于绝大多数工业应用，都要求 ICP 处于稳定的 H 模式放电状态。但在感性耦合放电的启辉阶段，几乎不可避免地要经历模式转换过程。为了减少 E 模式放电带来的影响，可以采用法拉第屏蔽的方式，有效地降低放电中的容性成分，但这会造成启辉困难以及功率耦合效率降低等问题。

柱状线圈 ICP 源的主要用途之一是材料表面处理，如材料表面的刻蚀和薄膜的沉积。这是一种远端等离子体源，它有两个腔室，即放电腔室和工艺腔室，如图 11-1 所示。其中，放电腔室为一个长直圆形石英管。连接射频电源的线圈缠绕在石英管的外面，线圈的外侧被一个金属罩包围起来，以防止射频电磁场的泄漏[2]。等离子体从石英管的下方扩散到置有基片台的工艺腔室，其中基片台连接另一个电源。通常称连接线圈的射频电源为主电源，频率一般为 13.56MHz，其功能是控制等离子体的密度；连接基片台的电源为偏压电源，频率为 13.56MHz 或更低，其功能是控制入射到基片上的离子能量。为了实现功率耦合的最大化，通常要在射频电源与线圈之间连接一个由两个可调电容组成的匹配网络，使得整个负载的阻抗为 50Ω。由于受到石英管径向尺寸的限制，这种带有偏压电源的柱状线圈 ICP 源很难形成大面积的均匀等离子体，使得具有这种几何形状的 ICP 源在材料表面处理工艺方面的应用受到一定的限制。

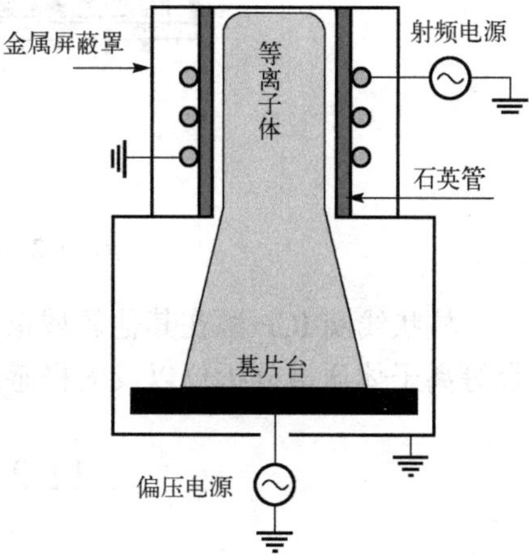

图 11-1　柱状线圈 ICP 源示意图

柱状线圈 ICP 源的另一个重要用途是射频负离子源，它已经成为国际热核聚变实验堆计划的首选负离子源[3]。ICP 负氢离子源主要由三个区域构成，分别是放电区、扩散区和引出区，如图 11-2 所示。①放电区一般由石英或陶瓷管包围，其外侧缠绕多匝与射频电源连接的线圈，射频电源的频率一般为 1MHz，功率为 100kW 左右，工作气压在 mTorr 范围。射频功率通过介质筒在等离子体内产生感应电场，进而激发氢气放电，产生等离子体。②扩散区与放电区相比有更大的真空室，等离子体通过充分扩散使得电子得到冷却。通过在扩散区的末端安装过滤磁场，可以阻止放电区产生的高能电子进入引出区。③引出区由三个电极系统构成，包括等离子体栅极、引出栅极及接地栅极。由于等离子体的产生区与等离子体栅极的距离较远，在等离子体栅极附近，电子温度可降低到 1eV 左右。为了提高负氢离子的产额，工程上要在等离子体栅极的表面覆盖一层铯，用于降低金属表面的电子逸出功。放电产生的负氢离子，经栅极之间的电势差加速后被引出来。

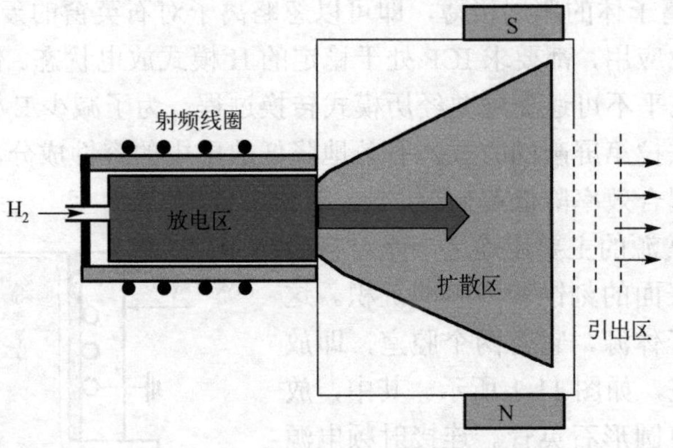

图 11-2　ICP 负氢离子源源示意图

柱状线圈 ICP 源在其他领域也有重要的用途，如射频等离子体推进器、感应耦合等离子体质谱分析仪以及无极感应等离子体光源等。

11.2　趋 肤 效 应

对于感性耦合放电，射频电流产生的感应电场透过石英窗穿透到等离子体内部。等离子体中的带电粒子(主要是电子)在感应电场的作用下，做加速运动，并从感应电场中吸收能量，从而引起感应电场的衰减。对于高密度等离子体，射频感应电场在等离子体中穿透的特征尺度要远小于等离子体的几何尺度，也就是说感应电场的强度从等离子体边缘向内部逐渐衰减。通常称这种现象为趋肤效应。

当放电气压较高时，等离子体中的电子主要是通过与中性粒子碰撞的方式从感应电场中吸收能量，即欧姆加热，此时对应的趋肤深度为经典趋肤深度。当放电气压较低时，电子主要是通过随机加热(或无碰撞加热)的方式从感应电场中吸收能量，此时对应的趋肤深度为反常趋肤深度。

本节以无偏压的柱状线圈 ICP 为例进行讨论，并假设放电处于 H 模式。此外，还假设等离子体是均匀分布的，其密度为 n_0。这种假设基本上是合理的，因为射频电磁场随时间变化的特征尺度远小于等离子体空间输运的特征时间尺度。由于本节重点关注的是电磁场在等离子体中的穿透行为，而且在高密度情况下，电磁场在石英窗附近衰减得很快，因此在如下讨论中可以把等离子体看作一个宽度为 h 的平板，其中感应电场的方向垂直于等离子体平板，如图 11-3 所示。在这种情况下，感应电

场只在垂直于石英窗表面的方向变化。由麦克斯韦方程组，可以得到射频电场 E 所满足的波动方程为

$$\frac{\partial^2 E}{\partial z^2} = \mu_0 \frac{\partial J_p}{\partial t} + \mu_0 \varepsilon_0 \frac{\partial^2 E}{\partial t^2} \tag{11.2-1}$$

其中，$J_p = -en_0 u$ 为电流密度，这里 u 为电子沿着电场方向的迁移速度。

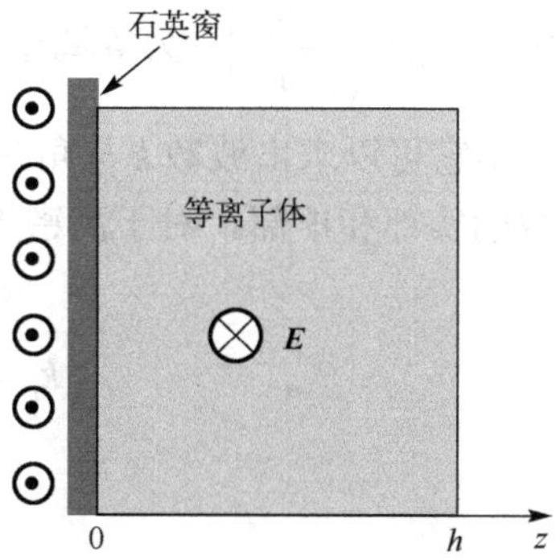

图 11-3　等离子体平板示意图

1. 经典趋肤深度

根据第 5 章介绍的等离子体流体力学模型，电子的运动速度满足的方程为

$$\frac{\partial u}{\partial t} = -\frac{e}{m_e} E - \nu_{en} u \tag{11.2-2}$$

其中，ν_{en} 为电子与中性粒子的弹性碰撞频率。将 z 轴的坐标原点选在石英窗的内表面上，且 z 轴指向等离子体的内部。假设射频电源的波形为正弦或余弦形式，可以把射频电场和电子迁移速度分别表示为

$$E(z,t) = E_0 e^{i(kz-\omega t)}, \quad u(z,t) = u_0 e^{i(kz-\omega t)} \tag{11.2-3}$$

其中，k 为电磁波在等离子体中的波数；E_0 和 u_0 分别为电场和迁移速度的幅值。将式(11.2-3)代入式(11.2-2)，可以得到电流密度为

$$J_p = \sigma_p E \tag{11.2-4}$$

其中，σ_p 为等离子体的复电导率

$$\sigma_p = \frac{e^2 n_0}{m_e(\nu_{en} - i\omega)} \tag{11.2-5}$$

式(11.2-4)即为熟知的欧姆定律，它给出了电流密度与电场之间的线性关系。原则上讲，欧姆定律只适用于放电气压较高的情况，因为这时电流密度与电场在空间变化上是局域对应关系。而在低气压放电中，电流密度与电场在空间上的变化不再是一一对应的局域关系，这时需要采用动理学方法来确定电流密度，见 4.6 节的讨论。

将式(11.2-3)代入式(11.2-1)，并利用式(11.2-4)，可以得到如下色散关系

$$k^2 = \frac{\omega^2}{c^2} \varepsilon_p \tag{11.2-6}$$

其中，c 为真空中的光速；ε_p 为等离子体的介电函数

$$\varepsilon_p = 1 + \frac{i\sigma_p}{\varepsilon_0 \omega} = 1 - \frac{\omega_{pe}^2}{\omega(\omega + i\nu_{en})} \tag{11.2-7}$$

其中，$\omega_{\text{pe}}=\left(\dfrac{e^2 n_0}{\varepsilon_0 m_{\text{e}}}\right)^{1/2}$ 为等离子体的电子振荡频率。方程(11.2-6)是一个复的代数方程，由它可以求出波数 k 与角频率 ω 之间的关系。令 $k=k_{\text{r}}+\mathrm{i}k_{\text{i}}$，其中 k_{r} 和 k_{i} 分别为波数的实部和虚部。对于高密度等离子体，即 $\omega\ll\omega_{\text{pe}}$，可以得到

$$k_{\text{r}}=\frac{\omega_{\text{pe}}}{c}\left[\frac{-1+\sqrt{1+\nu_{\text{en}}^2/\omega^2}}{2(1+\nu_{\text{en}}^2/\omega^2)}\right]^{1/2} \tag{11.2-8}$$

$$k_{\text{i}}=\frac{\omega_{\text{pe}}}{c}\left[\frac{1+\sqrt{1+\nu_{\text{en}}^2/\omega^2}}{2(1+\nu_{\text{en}}^2/\omega^2)}\right]^{1/2} \tag{11.2-9}$$

可见，波数的实部和虚部均依赖于频率的比值 ν_{en}/ω。

根据式(11.2-9)，可以引入电场在等离子体中穿透的特征尺度(即经典趋肤深度) $\delta_{\text{p}}=k_{\text{i}}^{-1}$。在低气压放电情况下($\nu_{\text{en}}\ll\omega$)，有

$$\delta_{\text{p}}\approx\frac{c}{\omega_{\text{pe}}} \tag{11.2-10}$$

这时 δ_{p} 与碰撞频率 ν_{en} 无关，因此其称为无碰撞趋肤深度或惯性趋肤深度。相反，在高气压放电情况下($\omega\ll\nu_{\text{en}}$)，有

$$\delta_{\text{p}}\approx\frac{c}{\omega_{\text{pe}}}\sqrt{\frac{2\nu_{\text{en}}}{\omega}} \tag{11.2-11}$$

这时 δ_{p} 依赖于碰撞频率，称为碰撞趋肤深度或阻性趋肤深度。在上述两种情况下，δ_{p} 都反比于等离子体的电子振荡频率 ω_{pe}，即 $\delta_{\text{p}}\sim n_0^{-1/2}$。这表明等离子体密度越高，则趋肤深度越小。

借助于趋肤深度，可以把等离子体中的感应电场表示为

$$E(z,t)=E_0\mathrm{e}^{-z/\delta_{\text{p}}}\mathrm{e}^{\mathrm{i}(k_{\text{r}}z-\omega t)} \tag{11.2-12}$$

在感应电场的作用下，等离子体中的电子做加速运动，并从电场中吸收能量。由此，可以得到在一个射频周期内单位面积上电子吸收的平均功率，即欧姆加热功率为

$$S_{\text{ohm}}=\frac{1}{2}\int_0^h \operatorname{Re}(J_{\text{p}}E^*)\mathrm{d}z\approx\frac{|E_0|^2}{4}\delta_{\text{p}}\operatorname{Re}\sigma_{\text{p}} \tag{11.2-13}$$

这里已经利用了 $\delta_{\text{p}}\ll h$，这表明电磁场的能量主要是在趋肤层内被电子吸收。利用等离子体电导率的表示式(11.2-5)，有

$$S_{\text{ohm}}=\frac{e^2|E_0|^2}{4m_{\text{e}}}\frac{\delta_{\text{p}}n_0\nu_{\text{en}}}{\nu_{\text{en}}^2+\omega^2} \tag{11.2-14}$$

可见，欧姆加热功率依赖于电子与中性粒子的弹性碰撞频率。在低气压极限下，即 $\nu_{en} \ll \omega$ 时，$S_{ohm} \sim \nu_{en} / \omega^2$。也就是说，在低气压情况下，欧姆加热效应非常弱。

2. 反常趋肤深度

对于感性耦合放电，通常都是在低气压下运行。这时，无碰撞加热或随机加热占主导地位。只有借助于动理学理论，即通过求解玻尔兹曼方程，见 4.6 节，才能对无碰撞加热过程进行严格的分析。下面，我们采用一种近似的方法进行分析。

对于处在感性放电模式的 ICP，在石英窗的内表面附近存在一个很薄的悬浮鞘层和一个厚度为 δ_e 的趋肤层，如图 11-4 所示，其中鞘层电势为 $V_f(z)$，δ_e 为反常趋肤深度。当等离子体区中的热电子沿着轴向朝石英窗运动时，其会被悬浮鞘层的势垒反射。如果热电子穿过趋肤层的时间 $\tau = \delta_e / u_z$ 远小于射频周期 $T = 2\pi / \omega$，则电子在趋肤层内几乎不与中性粒子发生碰撞，而被射频电场加热，即垂直于 z 轴方向的速度净增量不为零，$\Delta u \neq 0$。也就是说，电子在穿越趋肤层时，可以从感应电场中获得能量。

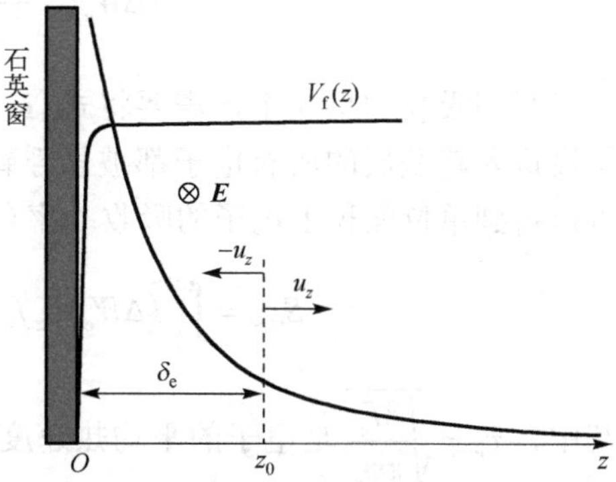

图 11-4　无碰撞加热区域示意图

当放电气压很低时，可以忽略方程(11.2-2)中的碰撞项，并对该方程进行积分，得到

$$\Delta u_y = -\frac{e}{m_e}\int_{t_1}^{t_2} E_y \mathrm{d}t \tag{11.2-15}$$

其中，t_1 和 t_2 分别是电子进入趋肤层和离开趋肤层的时刻；下标“y”表示电子的速度分量 u_y 和电场 E_y 均垂直于纸面。当热电子在趋肤层中运动时，它在 t 时刻的轴向位置为 $z = u_z(t - t_1)$。由于在悬浮鞘层以外的区域，电子在 z 轴方向上不受电场力的作用，这里假设 u_z 近似为常数。这样，可以把感应电场表示为[4]

$$E_y = E_0 \mathrm{e}^{-u_z|t|/\delta_e} \sin(\omega t + \phi_0) \tag{11.2-16}$$

其中，ϕ_0 为入射电子进入趋肤层的初始相位。根据图 11-4，显然有 $t_1 = -z_0 / u_z$ 和 $t_2 = z_0 / u_z$，其中 z_0 为电子进入趋肤层的初始位置。把式(11.2-16)代入式(11.2-15)，可以得到

$$\Delta u = -\frac{eE_0}{m_e}\int_{-z_0/u_z}^{z_0/u_z} \mathrm{e}^{-|t|/\tau} \sin(\omega t + \phi_0)\mathrm{d}t \tag{11.2-17}$$

其中，$\tau = \delta_e / u_z$。由于式(11.2-17)的被积函数中有一个指数因子，它的值随积分变

量 t 的增加很快趋于零，因此可以把积分上下限中的 z_0 看作无穷，即 $z_0 \to \infty$。这样，很容易完成对式(11.2-17)的积分，有

$$\Delta u = -\frac{eE_0}{m_e}\frac{2\tau\sin\phi_0}{1+(\tau\omega)^2} \tag{11.2-18}$$

可见，电子速度的增量依赖于初始相位 ϕ_0。对所有可能的初始相位进行平均，可以得到每个电子获得的平均动能为

$$\langle \Delta W_e \rangle = \frac{(eE_0)^2}{m_e}\frac{\delta_e^2 u_z^2}{(u_z^2+\delta_e^2\omega^2)^2} \tag{11.2-19}$$

为了得到吸收的总功率，需要将式(11.2-19)对电子速度分布函数 $f_0(u_z)$ 进行平均。假设进入趋肤层的所有电子都被悬浮鞘层反射，而且 $f_0(u_z)$ 为麦克斯韦分布，这样可以得到单位面积上电子的吸收功率(即随机加热功率)为

$$S_{\text{stoc}} = \int_0^\infty \langle \Delta W_e \rangle u_z f_0(u_z)\mathrm{d}u_z = \frac{n_0\delta_e^2(eE_0)^2}{m_e\overline{v}_e}\Gamma(\alpha) \tag{11.2-20}$$

其中，$\overline{v}_e = \sqrt{\dfrac{8T_e}{\pi m_e}}$ 是电子的平均热速度；$\alpha = \dfrac{4\delta_e^2\omega^2}{\pi\overline{v}_e^2}$；$\Gamma(\alpha)$ 为一个积分常数，由下式给出：

$$\Gamma(\alpha) = \frac{1}{\pi}\int_0^\infty \frac{x\mathrm{e}^{-x}}{(x+\alpha)^2}\mathrm{d}x \tag{11.2-21}$$

对于不同的 α 取值范围，Vahedia 等根据式(11.2-21)的数值计算结果，给出如下拟合表示式[4]：

$$\Gamma(\alpha) = \begin{cases} \pi/2, & 10^{-4} \leqslant \alpha \leqslant 0.03 \\ 1/(8\pi\alpha), & 0.03 \leqslant \alpha \leqslant 10 \\ 1/(\pi\alpha^2), & 10 \leqslant \alpha \end{cases} \tag{11.2-22}$$

对于低气压放电，射频电场的能量几乎都是通过这种无碰撞加热机制被等离子体吸收。类似于欧姆加热功率，见式(11.2-14)，这里可以引入一个随机加热频率 ν_{stoc} 来描述这种加热功率，其定义为

$$S_{\text{stoc}} = \frac{(eE_0)^2}{4m_e}n_0\delta_e\frac{\nu_{\text{stoc}}}{\omega^2+\nu_{\text{stoc}}^2} \tag{11.2-23}$$

将式(11.2-23)与式(11.2-20)相等，可以得到 ν_{stoc} 满足的方程为

$$\frac{\nu_{\text{stoc}}}{\omega^2+\nu_{\text{stoc}}^2} = \frac{4\delta_e}{\overline{v}_e}\Gamma(\alpha) \tag{11.2-24}$$

另外，如果在色散关系式(11.2-6)中用随机加热频率ν_{stoc}取代ν_{en}，则可以得到反常趋肤深度$\delta_{\text{e}}^{-1}=k_{\text{i}}$，即

$$\delta_{\text{e}}^{-1}=\frac{\omega_{\text{pe}}}{c}\left[\frac{1+\sqrt{1+\nu_{\text{stoc}}^{2}/\omega^{2}}}{2(1+\nu_{\text{stoc}}^{2}/\omega^{2})}\right]^{1/2} \tag{11.2-25}$$

令式(11.2-24)和式(11.2-25)联立，可以确定出随机加热频率ν_{stoc}和反常趋肤深度δ_{e}。下面分三种不同的情况进行讨论。

(1) 当射频电源的角频率ω远小于电子穿越无碰撞趋肤层的频率$\overline{v}_{\text{e}}/\delta_{\text{e}}$时，即$\alpha \ll 1$，并假设$\omega \ll \nu_{\text{stoc}}$，由式(11.2-24)和式(11.2-25)可以得到

$$\nu_{\text{stoc}}=\frac{\overline{v}_{\text{e}}}{2\pi\delta_{\text{e}}},\quad \delta_{\text{e}}=\left(\frac{c^{2}}{\omega_{\text{pe}}^{2}}\frac{\overline{v}_{\text{e}}}{\pi\omega}\right)^{1/3} \tag{11.2-26}$$

可以看出，这时反常趋肤深度对等离子体密度的依赖关系为$\delta_{\text{e}}\sim n_{0}^{-1/3}$。

(2) 当射频电源的角频率与电子穿越无碰撞趋肤层的频率相当时，即α～1，并假设$\nu_{\text{stoc}}\leqslant\omega$，由式(11.2-24)和式(11.2-25)可以得到

$$\nu_{\text{stoc}}=\frac{2\pi\overline{v}_{\text{e}}}{\delta_{\text{e}}},\quad \delta_{\text{e}}=\frac{c}{\omega_{\text{pe}}} \tag{11.2-27}$$

可以看到，在这种情况下得到的反常趋肤深度δ_{e}与前面得到的无碰撞情况下的经典趋肤深度δ_{p}一样，见式(11.2-10)。

(3) 当射频电源的角频率远大于电子穿越无碰撞趋肤层的频率时，即$\alpha \gg 1$，并假设$\nu_{\text{stoc}}\ll\omega$，由式(11.2-24)和式(11.2-25)可以得到

$$\nu_{\text{stoc}}=\frac{\pi}{4\omega^{2}}\left(\frac{\overline{v}_{\text{e}}}{\delta_{\text{e}}}\right)^{3},\quad \delta_{\text{e}}=\frac{c}{\omega_{\text{pe}}} \tag{11.2-28}$$

注意，在这种情况下给出的随机加热频率仅对低气压放电有效。然而，在这种情况下，电子既不能被碰撞加热，也不能被无碰撞加热，这在实际的感性放电中很难实现。

上面讨论的无碰撞加热效应仅在低气压放电情况下有效。在一般气压情况下，还需要考虑欧姆加热效应。下面唯象地引入一个有效碰撞频率ν_{eff}，它同时包含欧姆加热效应和无碰撞加热效应

$$\nu_{\text{eff}}=\nu_{\text{en}}+\nu_{\text{stoc}} \tag{11.2-29}$$

其中，ν_{stoc}由式(11.2-26)给出。对于氩等离子体，图 11-5 给出了电子有效碰撞频率与弹性碰撞频率随放电气压的变化情况，其中电源角频率为$\omega=2\pi\times13.56\text{MHz}$，电子温度为$T_{\text{e}}=2\text{eV}$，背景气体温度为$T_{\text{g}}=0.02\text{eV}$。可以看出，在低气压下有效碰撞频率$\nu_{\text{eff}}$远大于弹性碰撞频率$\nu_{\text{en}}$，而在高气压下两者接近。

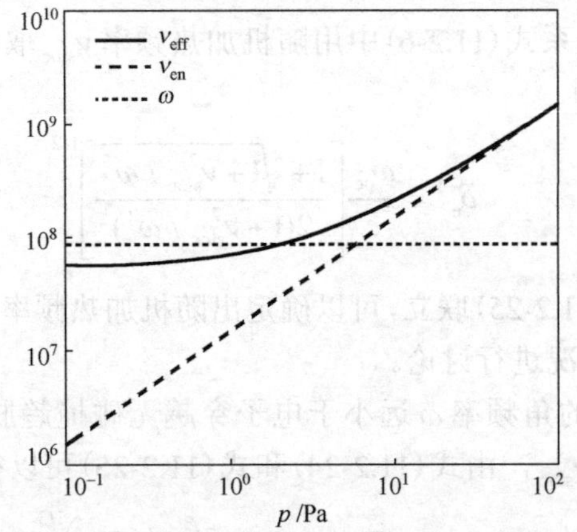

图 11-5 氩等离子体中电子有效碰撞频率和弹性碰撞频率随放电气压的变化

11.3 一维电磁模型

下面，只讨论感性耦合放电模式(即 H 模式)下电磁场的径向分布特性。对于这种放电模式，在柱状线圈中流动的射频电流 I_{RF} 会激励出一个射频磁场 $\boldsymbol{B}_{RF}$。由法拉第电磁感应定律可以知道，这个射频磁场要进一步感应出沿着环向的涡旋电场。正是这个涡旋电场维持石英管中的气体放电，并在等离子体中产生环向流动的等离子体极化电流 I_p。对于低压放电条件下的高密度等离子体，由于等离子体极化电流仅在靠近石英窗的趋肤层内流动，而且等离子体感抗远大于其阻抗，这样，等离子体极化电流与线圈电流的方向相反，如图 11-6 所示。也就是说，这时等离子体是一种抗磁介质。等离子体中的电磁场是由线圈电流和等离子体极化电流共同产生的，其中线圈电流是“因”，而等离子体极化电流是“果”。

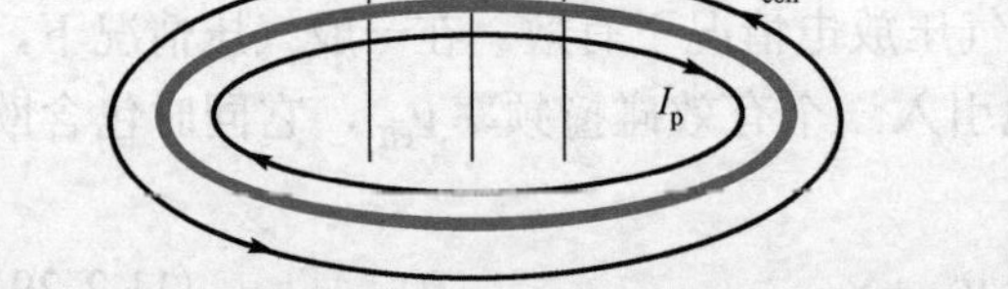

图 11-6 线圈电流与等离子体极化电流示意图

尽管在 11.2 节中，我们分析了射频波在等离子体中的穿透行为，但只把等离子体看作是一个平板，没有考虑放电腔室的实际几何位形。本节将针对柱状放电腔室，采用电磁模型[2]分析等离子体中电磁场的空间分布特征。下面考虑一个内外半径分别为 r_0 和 r_c、高度为 h 的石英管，管内充满密度为 n_0 的均匀等离子体。石英管的外侧均匀地缠绕 N 匝射频线圈，其中射频电流的幅值和角频率分别为 I_{coil} 和 ω，如图 11-7 所示。为了简化问题的讨论，这里假设石英管的内半径远小于它的高度，即 $r_0 \ll h$。在这种情况下，可以采用一维电磁场模型来分析电磁场的径向变化，即假设电磁场的空间分布只依赖于径向变量r，与轴向变量z和角向变量θ无关，而且电场只有E_θ分量，磁场只有B_z分量。

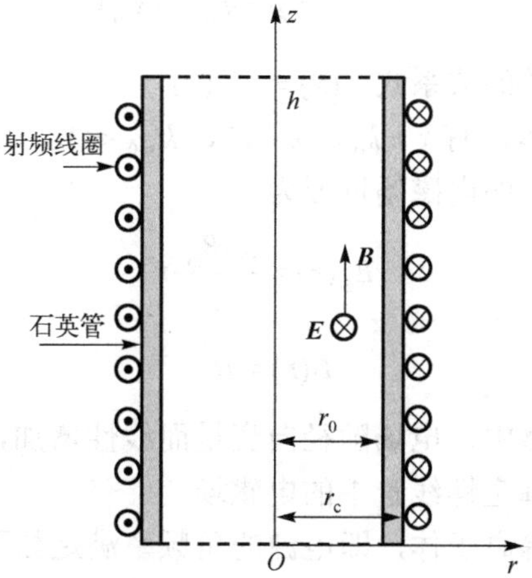

图 11-7 无限长直圆柱形放电管示意图

1. 等离子体中的电磁场

假设电磁场随时间是简谐变化的，即$E_\theta(r,t)=E_\theta(r)\mathrm{e}^{-\mathrm{i}\omega t}$，$B_z(r,t)=B_z(r)\mathrm{e}^{-\mathrm{i}\omega t}$。根据麦克斯韦方程组，可以得到$E_\theta(r)$和$B_z(r)$满足的方程为

$$\frac{1}{r}\frac{\mathrm{d}}{\mathrm{d}r}(rE_\theta)=\mathrm{i}\omega B_z \tag{11.3-1}$$

$$\frac{\mathrm{d}B_z}{\mathrm{d}r}=\mathrm{i}\varepsilon_0\mu_0\omega\kappa E_\theta \tag{11.3-2}$$

其中，κ为相对极化率。在等离子体区$\kappa=\varepsilon_\mathrm{p}$，其中$\varepsilon_\mathrm{p}$为等离子体的介电函数，见式(11.2-7)；在石英窗区，$\kappa=\varepsilon_\mathrm{t}$，其中$\varepsilon_\mathrm{t}$为石英管的相对介电常量；在屏蔽罩区，$\kappa=1$。将这两个方程联立，消去$E_\theta$后，可以得到关于$B_z$的方程

$$\frac{\mathrm{d}^2B_z}{\mathrm{d}r^2}+\frac{1}{r}\frac{\mathrm{d}B_z}{\mathrm{d}r}+k_0^2\kappa B_z=0 \tag{11.3-3}$$

其中，$k_0=\omega/c$为电磁波在真空中的波数。这是一个典型的零阶贝塞尔方程。下面分别确定它在等离子体区和石英窗区的解。

(1) 在等离子体区中($r<r_0$)，方程(11.3-3)的解为

$$B_z(r)=B_{z0}\frac{\mathrm{J}_0(kr)}{\mathrm{J}_0(kr_0)} \tag{11.3-4}$$

其中，B_{z0}为等离子体边缘处的磁场；$k=k_0\sqrt{\varepsilon_\mathrm{p}}$为电磁波在等离子体中的复波数。

根据式(11.3-2)，可以得到等离子体的感应电场为

$$E_\theta(r)=\frac{\mathrm{i}kB_{z0}}{\varepsilon_0\mu_0\omega\varepsilon_\mathrm{p}}\frac{\mathrm{J}_1(kr)}{\mathrm{J}_0(kr_0)} \tag{11.3-5}$$

其中，利用了贝塞尔函数的关系式 $\mathrm{J}_1(x)=-\mathrm{J}_0'(x)$。

对于低密度等离子体，有 $k\approx k_0$，$\varepsilon_\mathrm{p}\approx 1$，$k_0r_0\ll 1$，$\mathrm{J}_0(kr)\approx 1$ 和 $\mathrm{J}_1(kr)\approx kr/2$。这样，可以把等离子体中的电磁场近似为

$$E_\theta(r)\approx\frac{\mathrm{i}\omega B_{z0}}{2}r \tag{11.3-6}$$

$$B(r)\approx B_{z0} \tag{11.3-7}$$

可见，在低密度等离子体中，电场随径向变量而线性增加，而磁场几乎是均匀的。实际上，这相当于一个真空螺线管中的电磁场。

对于低气压高密度等离子体，即电源的角频率满足如下关系式：

$$\omega\gg\nu_\mathrm{en},\quad \omega\ll\omega_\mathrm{pe} \tag{11.3-8}$$

这样，可以把等离子体的介电函数近似为

$$\varepsilon_\mathrm{p}\approx 1-\frac{\omega_\mathrm{pe}^2}{\omega^2}\left(1-\mathrm{i}\frac{\nu_\mathrm{en}}{\omega}\right)\approx-\frac{\omega_\mathrm{pe}^2}{\omega^2} \tag{11.3-9}$$

在这种情况下，波数 k 是一个纯虚数，即 $k\approx\mathrm{i}/\delta_\mathrm{p}$，其中 $\delta_\mathrm{p}=c/\omega_\mathrm{pe}$ 为无碰撞趋肤深度。利用如下贝塞尔函数的关系式：

$$\mathrm{J}_m(\mathrm{i}x)=\mathrm{i}^m\mathrm{I}_m(x) \tag{11.3-10}$$

其中，x 为实变量；$\mathrm{I}_m(x)$ 为修正贝塞尔函数，可以把等离子体中的电磁场近似为

$$E_\theta(r)=\mathrm{i}cB_{z0}\frac{\omega}{\omega_\mathrm{pe}}\frac{\mathrm{I}_1(r/\delta_\mathrm{p})}{\mathrm{I}_0(r_0/\delta_\mathrm{p})} \tag{11.3-11}$$

$$B_z(r)=B_{z0}\frac{\mathrm{I}_0(r/\delta_\mathrm{p})}{\mathrm{I}_0(r_0/\delta_\mathrm{p})} \tag{11.3-12}$$

在高密度情况下，$r_0\gg\delta_\mathrm{p}$，有

$$\mathrm{I}_0(r_0/\delta_\mathrm{p})\approx\mathrm{I}_1(r_0/\delta_\mathrm{p})\approx\frac{1}{\sqrt{2\pi r_0/\delta_\mathrm{p}}}\mathrm{e}^{r_0/\delta_\mathrm{p}}\gg 1$$

因此，当 $r\to 0$ 时，有 $E_\theta(r)\approx 0$ 和 $B_z(r)\approx 0$；当 $r\to r_0$ 时，有

$$E_\theta(r)=\mathrm{i}cB_{z0}\frac{\omega}{\omega_\mathrm{pe}}\mathrm{e}^{-(r_0-r)/\delta_\mathrm{p}} \tag{11.3-13}$$

$$B_z(r)=B_{z0}\mathrm{e}^{-(r_0-r)/\delta_\mathrm{p}} \tag{11.3-14}$$

即电磁场穿过石英窗进入等离子体内部后，呈指数形式快速衰减，这与 11.2 节的分析是一致的。

(2) 在石英管壁中 ($r_0 < r < r_c$)，电磁波的波数 k 为实数。由于这种情况下，$kr_0 \ll 1$，则可以认为管壁中的磁场近似为常数，即

$$B_z(r) \approx B_{z0} \tag{11.3-15}$$

再利用法拉第电场定律的积分形式 $\oint_l E_\theta(r) 2\pi \mathrm{d}r = \mathrm{i}\omega \iint B_z(r) \mathrm{d}S$，其中圆形积分路径分别沿着石英管的内壁和外壁，可以得到石英管外壁处的电场为

$$E_\theta(r_c) = E_\theta(r_0)\frac{r_0}{r_c} + \mathrm{i}\omega B_{z0}\left(\frac{r_c^2 - r_0^2}{2r_c}\right) \tag{11.3-16}$$

下面，再确定等离子体边缘处的磁场 B_{z0}。利用安培环路定理，分别沿着图 11-8 (a) 和 (b) 中环路 1 和 2 进行积分，可以分别得到在石英管壁中流动的位移电流和线圈的总电流

$$I_t = \frac{h}{\mu_0}[B_{z0} - B_z(r_c)] \tag{11.3-17}$$

$$NI_{coil} = \frac{h}{\mu_0} B_z(r_c) \tag{11.3-18}$$

这里已假设远离线圈的地方磁场为零。由于已假设了石英管壁中的磁场均匀，这等价于要求石英管壁中的位移电流 I_t 近似为零，否则磁场不是均匀的。将式(11.3-17) 与式(11.3-18) 联立，并利用 $I_t = 0$，则可以得到

$$B_{z0} = \frac{N\mu_0 I_{coil}}{h} \tag{11.3-19}$$

借助于式(11.3-19)，最后可以把等离子体中的电磁场写成

$$E_\theta(r) = \frac{\mathrm{i}k}{\varepsilon_0 \omega \varepsilon_p} \frac{NI_{coil}}{h} \frac{\mathrm{J}_1(kr)}{\mathrm{J}_0(kr_0)} \tag{11.3-20}$$

$$B_z(r) = \frac{N\mu_0 I_{coil}}{h} \frac{\mathrm{J}_0(kr)}{\mathrm{J}_0(kr_0)} \tag{11.3-21}$$

至此，已完全确定出等离子体中的电磁场。下面，将根据电磁场的这种解析表示式，确定系统的电阻与电感。

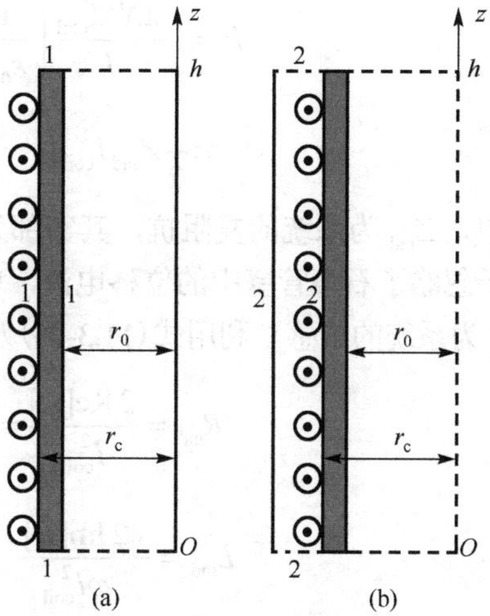

图 11-8　(a) 石英管和 (b) 线圈中电流的安培环路积分示意图

2. 感性电阻和电感

在感性耦合放电中，当射频电源与线圈连接时，会在线圈周围产生电磁场，并通过石英窗把电磁能耦合到等离子体中。根据电磁场理论，电磁场能量守恒方程为[5]

$$-\oint_{\Sigma}\boldsymbol{S}\cdot\mathrm{d}\boldsymbol{\Sigma}=\frac{\mathrm{d}W}{\mathrm{d}t}+\int_V \boldsymbol{J}_{\mathrm{p}}\cdot\boldsymbol{E}\mathrm{d}V \tag{11.3-22}$$

式(11.3-22)的左边为单位时间内从表面Σ上流入区域内部的电磁能，即输入功率，其中$\boldsymbol{S}=\boldsymbol{E}\times\boldsymbol{B}/\mu_0$是电磁能流密度矢量。式(11.3-22)右边第一项为区域内部电磁场能量W随时间的变化率，其中$W=\frac{1}{2}\int_V\left(\varepsilon_0E^2+\frac{1}{\mu_0}B^2\right)\mathrm{d}V$为体积$V$内包含的电磁能；右边第二项为电场对等离子体传导电流所做的功，其中$\boldsymbol{J}_{\mathrm{p}}=\sigma_{\mathrm{p}}\boldsymbol{E}$为传导电流密度。对于柱状线圈 ICP，电磁能流是从石英管的外表面流进等离子体中的。

由于电磁场随时间是简谐变化的，可以引入如下复功率[2]

$$\widetilde{P}=-\frac{1}{2\mu_0}\int_{\Sigma}(\boldsymbol{E}\times\boldsymbol{B}^*)\cdot\mathrm{d}\boldsymbol{\Sigma}=-\frac{1}{2\mu_0}E_\theta(r_{\mathrm{c}})B_z^*(r_{\mathrm{c}})\times2\pi r_{\mathrm{c}}h \tag{11.3-23}$$

其中，因子$1/2$来自于对射频周期的平均；符号“*”表示复共轭。利用式(11.3-16)和$B_z(r_{\mathrm{c}})=B_{z0}$，可以把复功率改写为

$$\widetilde{P}=-\frac{\pi r_{\mathrm{c}}h}{\mu_0}\left[E_\theta(r_0)\frac{r_0}{r_{\mathrm{c}}}+\mathrm{i}\omega B_{z0}\left(\frac{r_{\mathrm{c}}^2-r_0^2}{2r_{\mathrm{c}}}\right)\right]B_{z0} \tag{11.3-24}$$

再利用式(11.3-19)和式(11.3-20)，最后得到

$$\begin{aligned}\widetilde{P}&=-\frac{\pi N^2I_{\mathrm{coil}}^2}{h}\left[\frac{\mathrm{i}kr_0}{\varepsilon_0\omega\varepsilon_{\mathrm{p}}}\frac{\mathrm{J}_1(kr_0)}{\mathrm{J}_0(kr_0)}+\mathrm{i}\frac{1}{2}\omega\mu_0(r_{\mathrm{c}}^2-r_0^2)\right]\\&\equiv\frac{1}{2}Z_{\mathrm{ind}}I_{\mathrm{coil}}^2\end{aligned} \tag{11.3-25}$$

其中，Z_{ind}为系统的复阻抗，其实部为系统的感性电阻R_{ind}，虚部为系统的电抗X_{ind}。由于忽略了石英管壁中的位移电流，电抗的本质就是一个感抗，即$X_{\mathrm{ind}}=-\omega L_{\mathrm{ind}}$，其中$L_{\mathrm{ind}}$为系统的电感。利用式(11.3-25)及$k=k_0\sqrt{\varepsilon_{\mathrm{p}}}$，可以分别得到$R_{\mathrm{ind}}$和$L_{\mathrm{ind}}$的表示式

$$R_{\mathrm{ind}}=\frac{2\,\mathrm{Re}[\widetilde{P}]}{I_{\mathrm{coil}}^2}=\frac{2\pi k_0r_0N^2}{h\varepsilon_0\omega}\mathrm{Re}\left[-\frac{\mathrm{i}}{\sqrt{\varepsilon_{\mathrm{p}}}}\frac{\mathrm{J}_1(kr_0)}{\mathrm{J}_0(kr_0)}\right] \tag{11.3-26}$$

$$\begin{aligned}L_{\mathrm{ind}}&=-\frac{2\,\mathrm{Im}[\widetilde{P}]}{\omega I_{\mathrm{coil}}^2}\\&=L_{\mathrm{coil}}\left(1-\frac{r_0^2}{r_{\mathrm{c}}^2}\right)+\frac{2N^2\pi k_0r_0}{\varepsilon_0\omega^2h}\mathrm{Im}\left[\frac{\mathrm{i}}{\sqrt{\varepsilon_{\mathrm{p}}}}\frac{\mathrm{J}_1(kr_0)}{\mathrm{J}_0(kr_0)}\right]\end{aligned} \tag{11.3-27}$$

其中

$$L_{\text{coil}}=\frac{\mu_0\pi r_{\text{c}}^2N^2}{h} \tag{11.3-28}$$

为真空螺线管的电感。当石英管壁很薄时，式(11.3-27)右边的第一项为零，即这一项来自于石英管厚度的贡献。

对于低密度情况，由于$|k|\approx k_0$及$k_0r_0\ll 1$，贝塞尔函数$\mathrm{J}_0(kr_0)$和$\mathrm{J}_1(kr_0)$有如下近似表示式：

$$\mathrm{J}_0(kr_0)\approx 1-\frac{k^2r_0^2}{4},\quad \mathrm{J}_1(kr_0)\approx\frac{kr_0}{2}\left(1-\frac{k^2r_0^2}{8}\right) \tag{11.3-29}$$

由此得到

$$\frac{\mathrm{J}_1(kr_0)}{\mathrm{J}_0(kr_0)}\approx\frac{k_0r_0\sqrt{\varepsilon_{\text{p}}}}{2}\left(1+\frac{k_0^2r_0^2\varepsilon_{\text{p}}}{8}\right) \tag{11.3-30}$$

这样，可以把感性电阻和电感分别写成

$$R_{\text{ind}}=\frac{\pi N^2k_0^2r_0^2}{h\varepsilon_0\omega}\mathrm{Re}\left[-\mathrm{i}\left(1+\frac{k_0^2r_0^2\varepsilon_{\text{p}}}{8}\right)\right] \tag{11.3-31}$$

$$L_{\text{ind}}=L_{\text{coil}}\left(1-\frac{r_0^2}{r_{\text{c}}^2}\right)+\frac{N^2\pi k_0^2r_0^2}{\varepsilon_0\omega^2h}\mathrm{Im}\left[\mathrm{i}\left(1+\frac{k_0^2r_0^2\varepsilon_{\text{p}}}{8}\right)\right] \tag{11.3-32}$$

根据式(11.2-7)，可以把低密度和低气压条件下($\omega\gg\omega_{\text{pe}}$, $\omega\gg\nu_{\text{en}}$)的等离子体介电常量近似为

$$\varepsilon_{\text{p}}\approx 1+\mathrm{i}\frac{\omega_{\text{pe}}^2}{\omega^2}\frac{\nu_{\text{en}}}{\omega} \tag{11.3-33}$$

将式(11.3-33)分别代入式(11.3-31)和式(11.3-32)，有

$$R_{\text{ind}}\approx\frac{e^2n_0\nu_{\text{en}}}{8hm_{\text{e}}}\pi r_0^4\mu_0^2N^2 \tag{11.3-34}$$

$$L_{\text{ind}}\approx L_{\text{coil}} \tag{11.3-35}$$

可以看出，在这种情况下，感性电阻正比于等离子体密度和碰撞频率(气压)，电感为真空螺线管的电感。

对于低气压高密度($\omega\ll\omega_{\text{pe}}$, $\omega\gg\nu_{\text{en}}$)的情况，利用$k\approx\mathrm{i}/\delta_{\text{p}}$，$r_0/\delta_{\text{p}}\gg 1$以及修正贝塞尔函数的性质，可以得到

$$R_{\text{ind}}=\frac{2\pi k_0r_0N^2}{h\varepsilon_0\omega}\mathrm{Re}\left[\frac{1}{\sqrt{\varepsilon_{\text{p}}}}\right] \tag{11.3-36}$$

$$L_{\text{ind}} = L_{\text{coil}}\left(1-\frac{r_0^2}{r_c^2}\right)+\frac{2N^2\pi k_0 r_0}{\varepsilon_0\omega^2 h}\text{Im}\left[-\frac{1}{\sqrt{\varepsilon_p}}\right] \tag{11.3-37}$$

在这种情况下，可以把等离子体介电函数近似为

$$\varepsilon_p \approx -\frac{\omega_{pe}^2}{\omega^2}+\mathrm{i}\frac{\omega_{pe}^2}{\omega^2}\frac{\nu_{en}}{\omega} \tag{11.3-38}$$

由此得到

$$\frac{1}{\sqrt{\varepsilon_p}} \approx \frac{\nu_{en}}{2\omega_{pe}}-\mathrm{i}\frac{\omega}{\omega_{pe}} \tag{11.3-39}$$

将式(11.3-39)分别代入式(11.3-36)和式(11.3-37)，有

$$R_{\text{ind}} \approx \frac{\pi r_0 \nu_{en}}{h\varepsilon_0 c\omega_{pe}}N^2 \equiv \frac{\pi r_0}{\sigma_{dc}\delta_p h}N^2 \tag{11.3-40}$$

$$L_{\text{ind}} \approx L_{\text{coil}}\left(1-\frac{r_0^2}{r_c^2}\right) \tag{11.3-41}$$

其中，$\sigma_{dc}=\dfrac{e^2 n_0}{m_e \nu_{en}}$为直流电导率。式(11.3-40)和式(11.3-41)表明，在高密度和低气压情况下，随着等离子体密度的增加，感性电阻下降，而电感近似为常数。此外，式(11.3-40)还表明，等离子体电流仅在厚度为δ_p的趋肤层内流动。

3. 等离子体电流

利用等离子体中电场E_θ的表示式及传导电流密度$J_p=\sigma_p E_\theta$，可以得到流经等离子体的传导电流为

$$I_p = \frac{\mathrm{i}\sigma_p N I_{\text{coil}}}{\varepsilon_0\omega\varepsilon_p}\left[\frac{1}{\mathrm{J}_0(kr_0)}-1\right] \tag{11.3-42}$$

注意，I_p也是一个复数，它依赖于等离子体密度。需要说明一下，上式也可以利用安培环路积分得到。

在低气压下，可以把等离子体电导率近似为$\sigma_p \approx \dfrac{\mathrm{i}e^2 n_0}{m_e\omega}$。对于低密度情况，利用$\varepsilon_p \approx 1$和$\mathrm{J}_0(kr_0)\approx 1-\dfrac{k^2 r_0^2}{4}$，可以得到

$$I_p \approx -\frac{e^2 n_0}{m_e}\frac{\mu_0 r_0^2}{4}N I_{\text{coil}} \tag{11.3-43}$$

说明一下，利用式(11.3-6)给出的电场近似表示式，也可以推出式(11.3-43)。对于高密度情况，利用 $\varepsilon_{\mathrm{p}} \approx -\dfrac{\omega_{\mathrm{pe}}^2}{\omega^2}$ 和 $\mathrm{J}_0(kr_0) = I_0(r_0/\delta_{\mathrm{p}}) \gg 1$，可以把式(11.3-42)近似地表示为

$$I_{\mathrm{p}} \approx -NI_{\mathrm{coil}} \tag{11.3-44}$$

可见在高密度情况下，等离子体电流与线圈电流的大小相等，但方向相反。这说明，当等离子体密度很高时，等离子体电流只能在趋肤层内流动，而且达到一个饱和值。

4. 等离子体电阻

由于石英窗是一个无损介质，而且在上面的分析中也没有考虑线圈自身的趋肤效应，因此等离子体吸收的功率应该等于系统吸收的功率。由此，可以定义等离子体电阻 R_{p}，它由下式来确定：

$$R_{\mathrm{p}} = \frac{2\,\mathrm{Re}[\tilde{P}]}{|I_{\mathrm{p}}|^2} \tag{11.3-45}$$

利用式(11.3-26)，可以进一步把等离子体电阻表示为

$$R_{\mathrm{p}} = R_{\mathrm{ind}} \frac{I_{\mathrm{coil}}^2}{|I_{\mathrm{p}}|^2} \tag{11.3-46}$$

在低气压和低密度情况下，利用式(11.3-34)和式(11.3-43)，可以得到

$$R_{\mathrm{p}} \approx \frac{2\pi}{\sigma_{\mathrm{dc}} h} \tag{11.3-47}$$

由于直流电导率 σ_{dc} 正比于等离子体密度 n_0，当等离子体密度很低时，等离子体电阻很大，这一点与系统的阻抗 R_{ind} 不同。

在低气压和高密度情况下，利用式(11.3-40)和式(11.3-44)，可以得到

$$R_{\mathrm{p}} \approx \frac{\pi r_0}{\sigma_{\mathrm{dc}} \delta_{\mathrm{p}} h} \tag{11.3-48}$$

在这种情况下，等离子体电阻随密度的增加而下降，这与 R_{ind} 随密度的变化趋势是一致的。这是因为随着密度的增加，趋肤层厚度减小，而直流电导率 σ_{dc} 变大。

5. 等离子体电感

在等离子体的电流通道中，既有等离子体电阻 R_{p}，又有等离子体电感 L_{p}，其中 L_{p} 来自于电子的惯性，并可以表示为

$$L_{\mathrm{p}} = \frac{R_{\mathrm{p}}}{\nu_{\mathrm{en}}} \tag{11.3-49}$$

此外，流经等离子体的电流环也可以产生一个储能电感 $L_{\rm mp}$，并可以由如下公式计算：

$$L_{\rm mp}=\frac{1}{|I_{\rm p}|}\int_0^{r_0}B_z(r)2\pi r{\rm d}r \tag{11.3-50}$$

其中，$B_z(r)$ 和 $I_{\rm p}$ 分别由式(11.3-21)和式(11.3-42)确定。下面，分别在高低电子密度极限下比较一下惯性电感和储能电感的值。

对于低密度情况，利用式(11.3-47)给出的 $R_{\rm p}$，可以得到等离子体的惯性电感为

$$L_{\rm p}\approx\frac{2\pi m_{\rm e}}{e^2n_0h} \tag{11.3-51}$$

由于在低密度等离子体中，磁场几乎是均匀分布的，因此利用 $B_{z0}=\dfrac{\mu_0NI_{\rm coil}}{h}$ 以及由式(11.3-43)给出的 $I_{\rm p}$，可以得到

$$L_{\rm mp}\approx\frac{4\pi m_{\rm e}}{he^2n_0} \tag{11.3-52}$$

可以看出，在这种情况下，储能电感是惯性电感的两倍。

在低气压高密度情况下，等离子体电流在一个很窄的区域层内流动。根据式(11.3-48)，可以把等离子体的惯性电感表示为

$$L_{\rm p}\approx\frac{\pi r_0}{\nu_{\rm en}\sigma_{\rm dc}\delta_{\rm p}h} \tag{11.3-53}$$

根据式(11.3-14)给出的磁场和 $I_{\rm p}\approx -NI_{\rm coil}$，完成式(11.3-50)的积分后，可以得到储能电感为

$$L_{\rm mp}\approx\frac{2\pi\mu_0\delta_{\rm p}r_0}{h} \tag{11.3-54}$$

其中利用了 $\delta_{\rm p}\ll r_0$。利用 $\delta_{\rm p}=c/\omega_{\rm pe}$，很容易证明：在这种情况下，储能电感也是惯性电感的两倍。需要说明一下，一些文献假设在这种情况下石英管内部的磁场是均匀的，给出的储能电感为[2,6,7]

$$L_{\rm mp}=\frac{\mu_0\pi r_0^2}{h} \tag{11.3-55}$$

这显然是不合适的，因为在高密度情况下，磁场在趋肤层之外几乎为零。

6. *功率耦合效率*

在射频感性耦合放电中，由于射频线圈自身有一定的电阻，它会耗散一部分射频电源的功率。借助于上面给出的感性电阻，可以分析纯感性耦合放电的功率耦合效率。设线圈的电阻为 $R_{\rm coil}$，它耗散的功率为

$$P_{\text{coil}} = \frac{1}{2} R_{\text{coil}} I_{\text{coil}}^2 \tag{11.3-56}$$

根据式(11.3-26)，可以得到等离子体吸收的功率为

$$P_{\text{abs}} = \frac{1}{2} R_{\text{ind}} I_{\text{coil}}^2 \tag{11.3-57}$$

利用这两个功率，我们定义射频电源的感性功率耦合效率为

$$\varsigma = \frac{P_{\text{abs}}}{P_{\text{abs}} + P_{\text{coil}}} = \left(1 + \frac{R_{\text{coil}}}{R_{\text{ind}}}\right)^{-1} \tag{11.3-58}$$

利用线圈的电感 L_{coil}，可以把由式(11.3-26)给出的 R_{ind} 改写为

$$R_{\text{ind}} = \frac{2\omega L_{\text{coil}}}{k_0 r_0} \frac{r_0^2}{r_c^2} \text{Re}\left[-\frac{\text{i}\text{J}_1(kr_0)}{\sqrt{\varepsilon_\text{p}}\,\text{J}_0(kr_0)}\right] \tag{11.3-59}$$

引入线圈的品质因子 $Q = \omega L_{\text{coil}} / R_{\text{coil}}$，这样可以把功率耦合效率改写为

$$\varsigma = \left[1 + X\left(\frac{2}{Q}\frac{r_c^2}{r_0^2}\right)\right]^{-1} \tag{11.3-60}$$

其中

$$X = k_0 r_0 \left(4\,\text{Re}\left[\frac{-\text{i}\text{J}_1(kr_0)}{\sqrt{\varepsilon_\text{p}}\,\text{J}_0(kr_0)}\right]\right)^{-1} \tag{11.3-61}$$

它只依赖于等离子体密度和放电气压，与线圈的参数无关。由式(11.3-61)可以看出，对于给定的线圈品质因子，当 X 最小时，功率转换效率最大。

对于低气压和低密度等离子体，利用式(11.3-34)给出的电阻，有

$$\varsigma = \left(1 + \frac{8}{Q}\frac{r_c^2 \delta_\text{p}^2}{r_0^4}\frac{\omega}{\nu_{\text{en}}}\right)^{-1} \tag{11.3-62}$$

由于 δ_p^2 反比于等离子体密度 n_0，所以这种情况下功率耦合效率较低。如果适当地增加放电功率，由于等离子体密度升高，这将有助于功率耦合效率的提高。对于低气压和高密度等离子体，利用式(11.3-40)，有

$$\varsigma = \left(1 + \frac{k_0 r_0}{Q}\frac{r_c^2}{r_0^2}\frac{\omega_{\text{pe}}}{\nu_{\text{en}}}\right)^{-1} \tag{11.3-63}$$

在这种情况下，功率耦合效率也依赖于等离子体密度，只不过依赖程度较弱，因为 ω_{pe} 正比于 $n_0^{1/2}$。由于碰撞频率 ν_{en} 正比于放电气压，所以在以上两种情况下，提高放电气压，有助于增加功率耦合效率，这已经被实验所证实[8]。

11.4　变压器模型

对于感性耦合放电，可以把射频线圈和等离子体看作一个变压器，其中等离子体被看成变压器的次级线圈，线圈和等离子体通过各自产生的电磁场耦合在一起。这种感性耦合放电的变压器模型最早是由 Piejak 等提出的[9]。下面采用变压器模型，分别确定出互感耦合系数以及系统的总电阻和总电感。

1. 互感耦合系数

设线圈的电阻和电感分别为 R_{coil} 和 L_{coil}，它们可以由实验测量得到，也可以从理论模型估算出来。例如，对于半径为 r_{c}、长度为 h 的螺线管，可以由式(11.3-28)给出线圈的电感。根据 11.3 节的讨论，可以把等离子体看作由电阻 R_{p}、惯性电感 L_{p} 以及储能电感 L_{mp} 构成的系统。线圈和等离子体构成的回路如图 11-9 所示[2]，其中 I_{RF} 和 V_{RF} 分别为流经线圈的射频电流和线圈两端的射频电压降，M 为线圈和等离子体之间的互感系数。

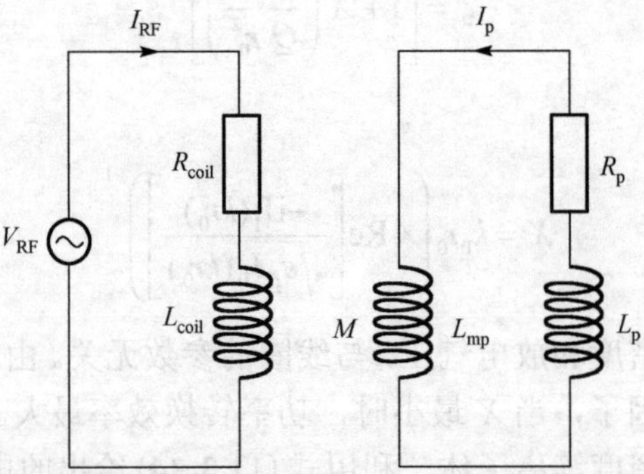

图 11-9　感性耦合放电的变压器模型示意图

假设流经线圈的电流随时间是简谐变化的，则可以把射频电流表示为

$$I_{\mathrm{RF}}(t)=I_{\mathrm{coil}}\mathrm{e}^{-\mathrm{i}\omega t} \tag{11.4-1}$$

其中，ω 为射频电流的角频率；I_{coil} 为射频电流的幅值，设为实数。对于上述回路模型，由基尔霍夫定律，有

$$V_{\mathrm{RF}}=L_{\mathrm{coil}}\frac{\mathrm{d}I_{\mathrm{RF}}}{\mathrm{d}t}+R_{\mathrm{coil}}I_{\mathrm{RF}}+M\frac{\mathrm{d}I_{\mathrm{p}}}{\mathrm{d}t} \tag{11.4-2}$$

$$V_{\mathrm{p}}=L_{\mathrm{mp}}\frac{\mathrm{d}I_{\mathrm{p}}}{\mathrm{d}t}+M\frac{\mathrm{d}I_{\mathrm{RF}}}{\mathrm{d}t}=-I_{\mathrm{p}}R_{\mathrm{p}}-L_{\mathrm{p}}\frac{\mathrm{d}I_{\mathrm{p}}}{\mathrm{d}t} \tag{11.4-3}$$

其中，V_{p} 为等离子体的电压降。这里考虑了线圈与等离子体之间的互感造成的回路

电压降，如 $M\dfrac{dI_p}{dt}$ 和 $M\dfrac{dI_{RF}}{dt}$。可以把等离子体电流 I_p 也写成类似于式(11.4-1)的形式，这样可以把微分方程式(11.4-2)和式(11.4-3)转化为代数方程组

$$V_{RF}=-i\omega L_{coil}I_{coil}+R_{coil}I_{coil}-i\omega MI_p \tag{11.4-4}$$

$$V_p=-i\omega L_{mp}I_p-i\omega MI_{coil}=-I_pR_p+i\omega L_pI_p \tag{11.4-5}$$

在上述回路中，互感系数 M 是未知量。考虑到 M 是一个实数，由方程(11.4-5)，可以得到

$$M=\sqrt{R_p^2+\omega^2(L_p+L_{mp})^2}\,\frac{|I_p|}{\omega I_{coil}} \tag{11.4-6}$$

为了定量地描述线圈与等离子体的耦合程度，可以引入变压器的互感耦合效率

$$\eta_M=\frac{M^2}{L_{coil}L_{mp}} \tag{11.4-7}$$

根据 11.3 节介绍的电磁模型，可以知道等离子体电流 I_p、电阻 R_p，以及惯性电感 L_p 和储能电感 L_{mp} 等都是等离子体密度的函数，因此互感系数 M 也是等离子体密度的函数。

在低气压($\nu_{en}\ll\omega$)放电条件下，等离子体电阻要远小于等离子体感抗，即 $R_p\ll\omega L_p$。这样，可以把互感耦合系数近似为

$$\eta_M\approx\frac{(L_p+L_{mp})^2}{L_{coil}L_{mp}}\frac{|I_p|^2}{I_{coil}^2} \tag{11.4-8}$$

对于低密度和高密度两种极限情况，利用 11.3 节给出的 L_p、L_{mp} 及 I_p 的近似表示式，可以分别得到互感耦合系数为

$$\eta_M\approx\left(\frac{3r_0^2}{4r_c\delta_p}\right)^2\quad(\text{低密度极限}) \tag{11.4-9}$$

$$\eta_M\approx\frac{9\delta_p r_0}{2r_c^2}\quad(\text{高密度极限}) \tag{11.4-10}$$

很明显，在低密度情况下，互感耦合系数随着密度的增加而增加；相反，在高密度情况下，互感耦合系数随密度的增加而减小。对于 $r_0=6\text{cm}$，$r_0=8\text{cm}$，如果分别取等离子体密度为 $n_0=10^9\text{cm}^{-3}$ 和 $n_0=10^{12}\text{cm}^{-3}$，则对应的互感耦合系数分别为 $\eta_M\approx0.04$ 和 $\eta_M\approx0.897$。这说明，在低密度情况下耦合系数低，而在高密度情况下耦合系数高。此外，由式(11.4-9)和式(11.4-10)还可以看出，在这两种情况下的耦

合系数都反比于r_c^2。因此，为了得到较好的耦合效果，通常要求介质窗的厚度要足够薄。但在实际的放电过程中，如果石英窗的厚度过薄，则石英窗在真空压力下很容易破裂。

2. 系统的总电阻和总电感

下面把线圈和等离子体看作一个系统，并且设总电阻和总电感分别为R_s和L_s。这样，可以把图 11-9 显示的耦合回路简化成一个由R_s和L_s构成的单一回路。这时，可以把回路端的电压降表示为

$$V_{RF} = (R_s - i\omega L_s) I_{coil} \tag{11.4-11}$$

另外，将式(11.4-4)与式(11.4-5)联立，并消去互感系数，有

$$V_{RF} = R_{coil} I_{coil} + R_p \frac{|I_p|^2}{I_{coil}} - i\omega \left[L_{coil} - (L_p + \omega L_{mp}) \frac{|I_p|^2}{I_{coil}} \right] I_{coil} \tag{11.4-12}$$

比较式(11.4-11)和式(11.4-12)的右端，可以分别得到R_s和L_s的表示式

$$R_s = R_{coil} + R_p \frac{|I_p|^2}{I_{coil}^2} \tag{11.4-13}$$

$$L_s = L_{coil} - (L_{mp} + L_p) \frac{|I_p|^2}{I_{coil}^2} \tag{11.4-14}$$

利用关系式$R_p |I_p|^2 = R_{ind} I_{coil}^2$，可以把式(11.4-13)改写为

$$R_s = R_{coil} + R_{ind} \tag{11.4-15}$$

可以看出，对于电阻，变压器模型与电磁模型可以完美地匹配；对于电感，$L_s \neq L_{ind}$。不难估算，对于低气压放电，L_s在低密度和高密度两种情况下的表示式分别为

$$L_s \approx L_{coil} \left(1 - \frac{3}{8} \frac{r_0^4}{r_c^2 \delta_p^2} \right) \quad \text{（低密度极限）} \tag{11.4-16}$$

$$L_s \approx L_{coil} \left(1 - \frac{3\delta_p r_0}{r_c^2} \right) \quad \text{（高密度极限）} \tag{11.4-17}$$

对于$r_0 = 6\text{cm}$，$r_0 = 8\text{cm}$，如果分别取等离子体密度为$n_0 = 10^9\,\text{cm}^{-3}$和$n_0 = 10^{12}\,\text{cm}^{-3}$，可以分别得到$L_s \approx 0.95 L_{coil}$和$L_s \approx 0.7 L_{coil}$。可见，在低密度极限下，$L_s \to L_{coil}$。

3. 匹配网络

在实际的放电过程中，为了使射频电源与放电系统达到理想的匹配，通常在射

频电源与线圈之间施加一个外部匹配网络。对于感性耦合放电，匹配网络是由两个可调电容 C_1 和 C_2 构成的，如图 11-10 所示。在一般情况下，射频电源的内部输出阻抗为 50Ω。这样，为了达到理想匹配，要求负载的总阻抗也为 50Ω，总电抗为零。

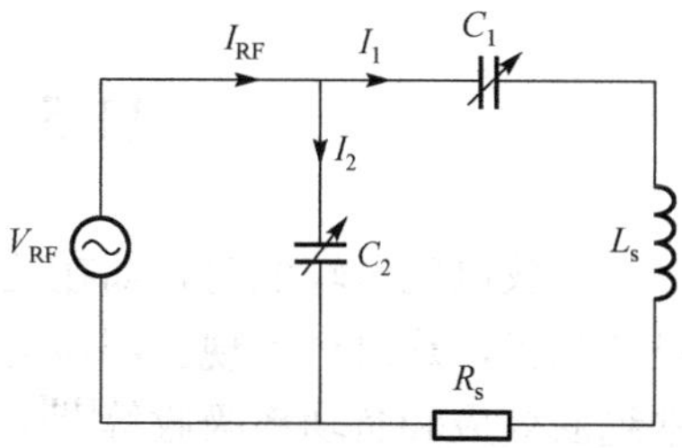

图 11-10　感性耦合放电与匹配网络的等效示意图

设射频电源的输出电压和电流分别为 V_{RF} 和 I_{RF}，系统(线圈和等离子体)的电感和电阻分别为 L_s 和 R_s，流经两个支路的电流分别为 I_1 和 I_2。根据基尔霍夫定律，有

$$V_{RF}=\frac{q_2}{C_2} \tag{11.4-18}$$

$$\frac{q_2}{C_2}=\frac{q_1}{C_1}+R_sI_1+L_s\frac{dI_1}{dt} \tag{11.4-19}$$

$$I_{RF}=I_1+I_2 \tag{11.4-20}$$

其中，q_1 和 q_2 分别为两个可调电容上的充电量。分别将式(11.4-18)和式(11.4-19)两边对时间求导一次，并利用 $\frac{dq_1}{dt}=I_1$ 和 $\frac{dq_2}{dt}=I_2$，可以得到

$$-i\omega V_{RF}=\frac{I_2}{C_2} \tag{11.4-21}$$

$$\frac{I_2}{C_2}=\frac{I_1}{C_1}-i\omega R_sI_1-\omega^2L_sI_1 \tag{11.4-22}$$

这里已假定所有的物理量随时间变化都是简谐的。将式(11.4-20)～式(11.4-22)联立，消去 I_1 和 I_2，可以得到系统的复阻抗为

$$Z=\frac{V_{RF}}{I_{RF}}=\frac{i}{\omega C_2}-\frac{i}{\omega C_2}\frac{1}{1+C_2/C_1-i\omega C_2R_s-\omega^2C_2L_s} \tag{11.4-23}$$

当系统达到理想匹配时，有 $\mathrm{Re}Z=50\ \Omega$ 和 $\mathrm{Im}Z=0$。由此可以得到

$$\frac{R_s}{(1+C_2/C_1-\omega^2C_2L_s)^2+(\omega C_2R_s)^2}=50 \tag{11.4-24}$$

$$\frac{1+C_2/C_1-\omega^2C_2L_s}{(1+C_2/C_1-\omega^2C_2L_s)^2+(\omega C_2R_s)^2}=1 \tag{11.4-25}$$

对于给定的 R_s 和 L_s，可以利用上面这两个方程，确定出两个可调电容 C_1 和 C_2 的值。

11.5　非局域电子动理学

当放电气压较低时，如在几毫托时，由于电子的碰撞自由程可以与放电腔室的尺寸相当，这时会呈现出明显的非局域电子动理学效应，如电子的无碰撞加热、反常趋肤效应和负功率吸收等[10]。对于这种非局域电子动理学效应，只有借助于动理学模型才能对其进行描述，如 PIC/MCC 模型或玻尔兹曼方程。本节采用一种混合模型，对柱状线圈感性耦合等离子体中的非局域动理学效应进行自洽地分析[11-13]，这种混合模型包括电子动理学模型(电子玻尔兹曼方程)、电磁模型和功率平衡模型。我们曾在 4.6 节中，利用动理学模型讨论了电子的无碰撞加热机制。

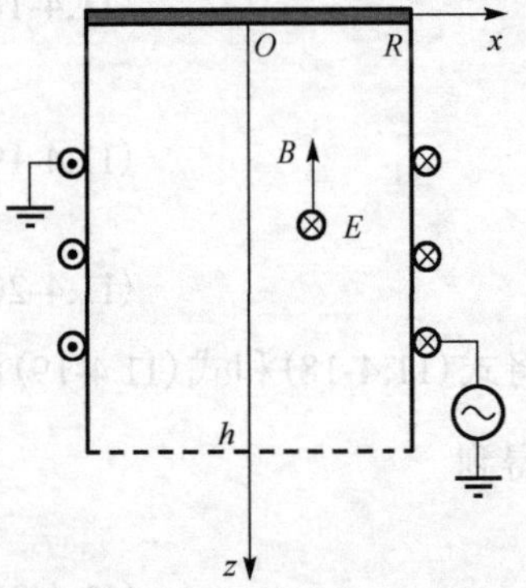

图 11-11　下端开口的柱状感性耦合等离子体腔室示意图

在 4.6 节中，我们曾假设石英管是无限长直的，但这里我们考虑的是一个有限长度的石英管，它的半径和长度分别为 R 和 h。在石英管的上端为金属平板，下端开口。此外，在石英管的内部充满密度为 n_0 的均匀等离子体，而其外侧均匀地缠绕 N 匝射频线圈，其中射频电流的幅值和角频率分别为 I_0 和 ω，见图 11-11。为了便于讨论，这里采用直角坐标系 (x,z) 来取代圆柱坐标系，其中 z 轴沿着石英管的轴向，x 轴沿着石英管的径向。在这种几何位形下，射频电场沿着 y 轴方向（$\boldsymbol{E}=E\boldsymbol{e}_y$），射频磁场沿着 z 轴方向（$\boldsymbol{B}=B\boldsymbol{e}_z$）。

1. 电磁模型

为了便于分析，忽略石英管壁的厚度，且假设电磁场随时间是简谐变化的。由麦克斯韦方程组，可以得到射频电场满足的二阶偏微分方程为

$$\frac{\partial^2 E}{\partial x^2}+\frac{\partial^2 E}{\partial z^2}+k_0^2E=-\mathrm{i}\omega\mu_0(J_{\mathrm{RF}}+J_{\mathrm{e}}) \tag{11.5-1}$$

其中，$k_0=\omega/c$ 为真空中电磁波的波数；J_{e} 为电子电流密度；J_{RF} 是流过线圈的射频电流密度，其表示式为

$$J_{\mathrm{RF}}=\frac{1}{2}I_{\mathrm{coil}}[\delta(x+R)-\delta(x-R)]\sum_{k=1}^{N}\delta(z-z_k) \tag{11.5-2}$$

其中，z_k 为第 k 匝线圈的轴向位置。电场满足的边界条件为

$$E(0,z)=0,\quad E(x,0)=0,\quad \frac{\partial E(x,z)}{\partial z}\Big|_{z=h}=0 \tag{11.5-3}$$

利用这种边界条件，可以把电场的空间分布表示为

$$E(x,z)=\sum_{n=-\infty}^{\infty}\sum_{m=0}^{\infty}E_{nm}\sin(q_m z)\mathrm{e}^{\mathrm{i}k_n x} \tag{11.5-4}$$

其中，$k_n=n\pi/2R$（$n=\pm1,\ \pm2,\ \pm3,\cdots$）；$q_m=(m+1/2)\pi/h\ (m=0,\ 1,\ 2,\cdots)$；$E_{nm}$ 为待定的系数。在低气压放电情况下，电子的运动是非局域的，因此把电子的电流密度表示为

$$J_{\mathrm{e}}(x,z)=\sum_{n=-\infty}^{\infty}\sum_{m=0}^{\infty}\sigma_n E_{nm}\sin(q_m z)\mathrm{e}^{\mathrm{i}k_n x} \tag{11.5-5}$$

其中，σ_n 是电导率，由电子的动理学方程确定。将式(11.5-2)、式(11.5-4)及式(11.5-5)代入方程(11.5-1)，可以得到

$$E_{mn}=-\frac{\mu_0\omega I_{\mathrm{coil}}\sin(n\pi/2)}{Rh(k_0^2-k_n^2-q_n^2+\mathrm{i}\mu_0\omega\sigma_n)}\sum_{k=1}^{N}\sin(q_m z_k) \tag{11.5-6}$$

再根据方程 $\nabla\times\boldsymbol{E}=-\dfrac{\partial\boldsymbol{B}}{\partial t}$，可以把感应磁场表示为

$$B(x,z)=\sum_{n=-\infty}^{\infty}\sum_{m=0}^{\infty}B_{nm}\sin(q_m z)\mathrm{e}^{\mathrm{i}k_n x} \tag{11.5-7}$$

其中，$B_{nm}=k_n E_{nm}/\omega$。

2. 电子动理学模型

关于柱状线圈 ICP 的电子动理学模型的建立，可以参考 4.6 节的介绍。这里，把之前的空间一维模型推广到空间二维模型。将电子的速度分布函数 f 做两项展开，即 $f=f_0+f_1$，其中 f_0 和 f_1 为各向同性分布函数和扰动分布函数，它们满足的方程分别为

$$-\frac{e}{m_{\mathrm{e}}}\left\langle(\boldsymbol{E}+\boldsymbol{v}\times\boldsymbol{B})\cdot\nabla_v f_1\right\rangle=\left\langle C(f_0)\right\rangle \tag{11.5-8}$$

$$\boldsymbol{v}\cdot\nabla_r f_1-\frac{e}{m_{\mathrm{e}}}\boldsymbol{E}\cdot\nabla_v f_0=\mathrm{i}(\omega+\mathrm{i}\nu_{\mathrm{en}})f_1 \tag{11.5-9}$$

在方程(11.5-8)中，括号 $\langle\cdots\rangle$ 表示将物理量分别对空间变量、时间变量以及速度的方位角进行平均；ν_{en} 为电子与中性粒子的弹性碰撞频率。令

$$f_1(x,z,\boldsymbol{v},t)=\sum_{n=-\infty}^{\infty}\sum_{m=1}^{\infty}F_{nm}(\boldsymbol{v})\sin(q_m z)\ \mathrm{e}^{\mathrm{i}k_n x} \tag{11.5-10}$$

并代入方程(11.5-9)，可以得到函数 $F_{nm}(\boldsymbol{v})$ 的表示式为

$$F_{nm}(v)=\frac{\mathrm{i}e}{m_{\mathrm{e}}}\frac{1}{\omega-k_n v_x+\mathrm{i}\nu_{\mathrm{en}}}\boldsymbol{E}_{nm}\cdot\frac{\partial f_0}{\partial v} \tag{11.5-11}$$

再将式(11.5-10)代入方程(11.5-8)，可以得到 f_0 满足如下准线性动理学方程：

$$-\frac{1}{\sqrt{\varepsilon}}\frac{\partial}{\partial\varepsilon}\left(D_{\mathrm{e}}\frac{\partial f_0}{\partial\varepsilon}\right)=S_{\mathrm{en}}^{(\mathrm{elas})}(f_0)+S_{\mathrm{en}}^{(\mathrm{iz})}(f_0)+S_{\mathrm{en}}^{(\mathrm{ex})}(f_0) \tag{11.5-12}$$

其中，$\varepsilon=m_{\mathrm{e}}v^2/2$ 为电子的动能；D_{e} 为能量扩散系数

$$D_{\mathrm{e}}=\frac{e}{4m_{\mathrm{e}}\omega}\varepsilon^{3/2}\sum_{n=-\infty}^{\infty}\sum_{m=1}^{\infty}\left|E_{nm}\right|^2\Psi\left(\frac{k_n v}{\omega},\frac{\nu_{\mathrm{en}}}{\omega}\right) \tag{11.5-13}$$

函数 Ψ 由式(4.6-22)给出。函数 f_0 也称为电子能量概率函数(electron energy probability function , EEPF)。方程(11.5-12)的右端为碰撞项，分别包括了电子与中性粒子的弹性碰撞、激发碰撞和电离碰撞效应。对于电子与中性粒子的弹性和非弹性碰撞项，已在 4.3 节中进行了介绍，它们的表示式分别为

$$S_{\mathrm{en}}^{(\mathrm{elas})}[f_0(\varepsilon)]=\frac{2m_{\mathrm{e}}}{M}\frac{1}{\sqrt{\varepsilon}}\frac{\partial}{\partial\varepsilon}[\varepsilon^{3/3}\nu_{\mathrm{en}}(\varepsilon)f_0(\varepsilon)] \tag{11.5-14}$$

$$S_{\mathrm{en}}^{(\mathrm{ex})}[f_0(\varepsilon)]=-\nu_{\mathrm{ex}}(\varepsilon)f_0(\varepsilon)+\sqrt{\frac{\varepsilon'}{\varepsilon}}\nu_{\mathrm{ex}}(\varepsilon')f_0(\varepsilon')\quad(\varepsilon'=\varepsilon+\varepsilon_{\mathrm{ex}}) \tag{11.5-15}$$

$$S_{\mathrm{en}}^{(\mathrm{iz})}[f_0(\varepsilon)]=-\nu_{\mathrm{iz}}(\varepsilon)f_0(\varepsilon)+4\sqrt{\frac{\varepsilon'}{\varepsilon}}\nu_{\mathrm{iz}}(\varepsilon')f_0(\varepsilon')\quad(\varepsilon'=2\varepsilon+\varepsilon_{\mathrm{iz}}) \tag{11.5-16}$$

其中，$\nu_{\mathrm{ex}}(\varepsilon)$ 和 $\nu_{\mathrm{iz}}(\varepsilon)$ 分别为激发和电离碰撞频率；$\varepsilon_{\mathrm{ex}}$ 和 $\varepsilon_{\mathrm{iz}}$ 分别为对应的碰撞阈值能量。在以上各式中，第 j 类碰撞频率 $\nu_j(\varepsilon)$ 由对应的碰撞截面 $\sigma_j(\varepsilon)$ 确定，即

$$\nu_j(\varepsilon)=n_{\mathrm{g}}\sigma_j(\varepsilon) \tag{11.5-17}$$

其中，n_{g} 为中性气体的密度，可以由理想气体的压强公式确定。$f_0(\varepsilon)$ 满足归一化条件

$$\int_0^{\infty}f_0(\varepsilon)\varepsilon^{1/2}\mathrm{d}\varepsilon=1 \tag{11.5-18}$$

借助于电子能量概率函数，可以分别把电子的动理学温度 T_{e} 和碰撞反应速率 k_j 表示为

$$T_{\mathrm{e}}=\frac{2}{3}\int_0^{\infty}f_0(\varepsilon)\varepsilon^{3/2}\mathrm{d}\varepsilon \tag{11.5-19}$$

$$k_j=\sqrt{\frac{2e}{m_{\mathrm{e}}}}\int_0^{\infty}\sigma_j(\varepsilon)f_0(\varepsilon)\varepsilon\mathrm{d}\varepsilon \tag{11.5-20}$$

通过数值求解方程(11.5-12)，就可以确定出电子能量概率函数随放电参数的变化规律，进而计算出电子温度和反应速率。

下面确定式(11.5-5)中的电导率 σ_n。等离子体中的电子在射频电场的作用下，沿着 y 轴方向做迁移运动，其对应的电流密度为

$$J_{\mathrm{e}}(x,z) = -en_0\int v_y f_1(x,z,v)\mathrm{d}^3v \tag{11.5-21}$$

将式(11.5-10)代入式(11.5-21)，并与式(11.5-5)比较，可以得到

$$\begin{aligned}\sigma_n &= -\frac{e^2n_0}{m_{\mathrm{e}}}\int\frac{v_y}{\omega-k_nv_x+\mathrm{i}\nu_{\mathrm{en}}}\frac{\partial f_0}{\partial v_y}\mathrm{d}^3v\\ &= -\frac{\mathrm{i}\pi e^2}{2m_{\mathrm{e}}\omega}\int_0^{\infty}\varepsilon^{3/2}\left[\varPhi\left(\frac{k_nv}{\omega},\frac{\nu_{\mathrm{en}}}{\omega}\right)-\mathrm{i}\varPsi\left(\frac{k_nv}{\omega},\frac{\nu_{\mathrm{en}}}{\omega}\right)\right]\frac{\partial f_0}{\partial\varepsilon}\mathrm{d}\varepsilon\end{aligned} \tag{11.5-22}$$

其中，函数 $\varPhi$ 由式(4.6-27)给出。

在放电气压较高的情况下，电子的碰撞自由程 λ_{en} 远小于放电腔室的特征尺寸 $L=2R$，此时可以认为电子的运动是局域的。在这种情况下，电子的电流密度与射频电场在空间中的变化是一一对应的，即满足如下欧姆定律：

$$J_{\mathrm{e}}(x,z) = \sigma E(x,z) \tag{11.5-23}$$

其中，σ 为局域运动情况下的电导率。在高气压下，有 $k_nv_x/\nu_{\mathrm{en}}\sim\lambda_{\mathrm{en}}/(2R)\ll1$，因此由式(11.5-22)可以得到

$$\sigma = -\frac{e^2n_0}{m_{\mathrm{e}}}\int\frac{v_y}{\omega+\mathrm{i}\nu_{\mathrm{en}}}\frac{\partial f_0}{\partial v_y}\mathrm{d}^3v \tag{11.5-24}$$

后面我们将通过数值计算来分析局域电导率和非局域电导率对等离子体密度和电子温度的影响。

3. 功率平衡模型

在上面的动理学模型中，等离子体密度 n_0 是一个待定的未知量，这可以由功率平衡模型来确定。由整体模型可以知道，电子从射频电场中吸收的总功率 P_{abs} 应等于它损失的总功率，即

$$P_{\mathrm{abs}} = n_0u_{\mathrm{B}}\varepsilon_{\mathrm{eff}}A_{\mathrm{eff}} \tag{11.5-25}$$

其中，u_{B} 为玻姆速度；$\varepsilon_{\mathrm{eff}}$ 和 A_{eff} 分别为单个电子的有效损失能量和损失面积，见式(8.1-17)和式(8.1-20)。电子从射频电源中吸收的总功率为

$$P_{\mathrm{abs}} = \int_0^h\int_0^R p_{\mathrm{abs}}(x,z)2\pi x\mathrm{d}x\mathrm{d}z \tag{11.5-26}$$

其中，$p_{\mathrm{abs}}(x,z)$ 为吸收功率密度

$$p_{\mathrm{abs}}(x,z) = \frac{1}{2}\mathrm{Re}[J_{\mathrm{e}}(x,z)E^*(x,z)] \tag{11.5-27}$$

电流密度和电场由式(11.5-4)和式(11.5-5)确定。这样，由式(11.5-25)就可以确定出等离子体密度。

对于给定的放电参数和腔室几何尺寸，将以上三个模型进行耦合，就可以通过数值方法确定电子的能量概率函数、吸收功率、电子温度及电子密度等物理量。由于上述模型给出的是一套非线性方程组，必须采用迭代的方法求解。具体求解方法如下：①先给出一个初始的等离子体密度n_0，由动理学模型确定出电子能量概率函数f_0、反应速率系数k_j、电子温度T_e和电导率σ_n；②将σ_n输入电磁模型中，确定出电子的吸收功率P_{abs}；③将P_{abs}、k_j及T_e耦合到功率平衡模型，确定出新的等离子体n_0；④判断收敛情况，即如果前后两次得到的n_0满足误差要求，则输出模拟结果，否则继续迭代求解。模拟流程如图 11-12 所示。需要说明一下，在给定其他参数的情况下，当线圈电流的幅值为I_{coil}时，根据式(11.5-26)就可以确定出吸收功率P_{abs}。因此，在如下讨论中，可以把P_{abs}作为一个输入参数。

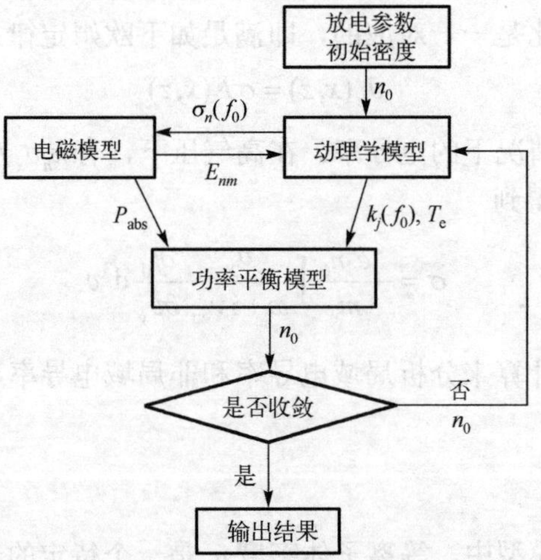

图 11-12　混合模型模拟流程图

下面以氩气放电为例进行说明，其中电子与氩原子的弹性和非弹性碰撞截面如图 3-4 所示。图 11-13(a)和(b)分别显示了在不同的放电频率下吸收功率密度和射频电场在$z = L/2$处随空间变量x的变化行为，其中选取$R = 6\text{cm}$、$L = 14\text{cm}$、$p = 0.3\text{Pa}$和$P_{abs} = 300\text{W}$。由图 11-13(a)可以看出，在放电频率较高的情况下(如 6MHz 和 13.56MHz)，等离子体中的射频电场呈现出非单调的变化行为，即反常趋肤效应，而且频率越高，射频电场在等离子体中的穿透深度越小。尽管由 11.2 节的唯象理论模型可以给出射频电场的反常趋肤效应，但给不出它在空间上的非单调变化行为。同样，图 11-13(b)表明：在较高放电频率情况下，吸收功率密度随空间变量的变化也是非单调的，其中正号表示电子从射频电场中获得能量，即正功率吸收，而负号表示电子把能量转移给射频电场，即负功率吸收。还需要说明一下，对于这种非单调变化行为的出现，除了要求放电频率较高外，还要求吸收功率较高以及放电气压较低。实际上，射频电场和吸收功率密度的这种空间上非单调的变化行为来自于电子的非局域动理学效应，这种现象最初是由 Godyak 和 Kolobov 在实验中观察到的[14]。

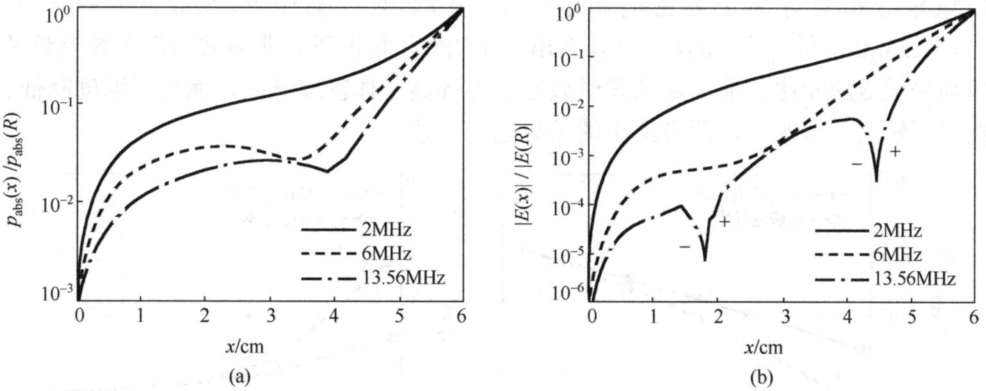

图 11-13　不同放电频率下，(a)吸收功率密度和(b)射频电场的空间变化

图 11-14(a)和(b)分别显示了放电气压（$R = 6\text{cm}$）和放电管半径（$p = 0.3\text{Pa}$）对归一化电子能量概率函数的影响，其中 $L = 14\text{cm}$，$f = 13.56\text{MHz}$ 和 $P_{abs} = 30\text{W}$。由图 11-14(a)可以看出，气压越低，电子能量概率函数中明显出现了高能电子尾，这是因为气压越低，电子的能量损失越小。在低气压 CCP 中，也存在类似的情况，见图 3-8。图 11-14(b)表明，当放电管的半径减小时，如 $R = 2\text{cm}$，电子能量概率函数在低能区出现一个凹陷（2～5eV），即低能电子减少。这是因为在低气压放电下，当放电管的半径较小时，电子有可能在放电管内做反弹运动，即从器壁的一侧反弹到另一侧，出现所谓的电子反弹共振加热(bounce-resonance heating，BRH)。

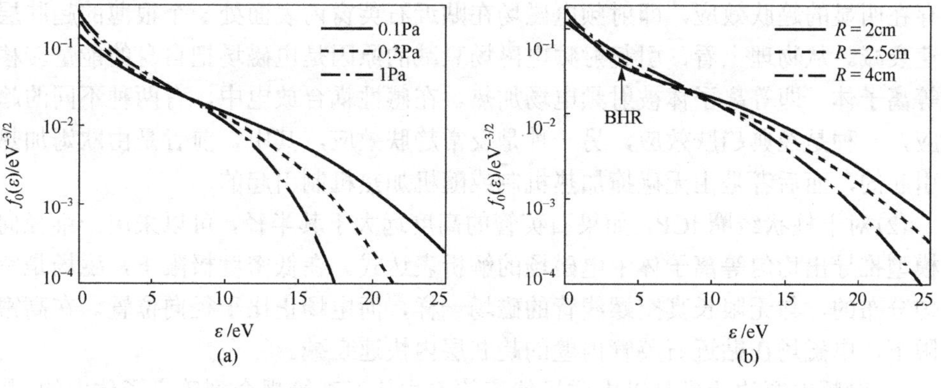

图 11-14　(a)放电气压和(b)放电管半径对归一化电子能量概率函数的影响

下面我们再看一下非局域电子动理学效应对等离子体宏观状态参数的影响。基于局域电导率和非局域电导率的表示式，分别见式(11.5-24)和式(11.5-22)，可以计算出两种情况下对应的电流密度和吸收功率。再根据功率平衡式(11.5-25)，可以进一步计算出等离子体密度 n_0 和电子温度 T_e。图 11-15(a)和(b)分别显示了局域和非局域电导率对等离子体密度和电子温度的影响，其中 $R=6\text{cm}$、$L=14\text{cm}$、$f=13.56\text{MHz}$ 和 $P_{abs}=30\text{W}$。可以看出，在低气压情况下，非局域动理学效应明显，即与局域效应相比，非局域动理学效应使得等离子体密度升高，而电子温度降低。在气压较高的情况下，两者给出的结果趋于一致。

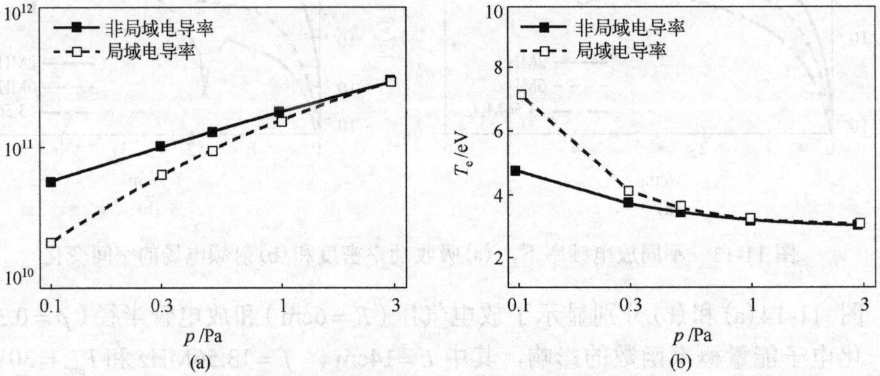

图 11-15　局域电导率和非局域电导率对(a)等离子体密度和(b)电子温度的影响

11.6　本 章 小 结

下面，小结一下本章得到的主要结果。

(1)由于 ICP 是一种高密度等离子体，因此射频电磁场在这种等离子体中穿透时存在明显的趋肤效应，即射频电磁场在贴近石英窗内表面处一个很薄的趋肤层内快速衰减。从物理上看，引起射频电磁场衰减的原因是电磁场把自身的能量转移给了等离子体，即等离子体被射频电场加热。在感性耦合放电中，有两种不同的趋肤效应，一种是经典趋肤效应，另一种是反常趋肤效应，其中，前者是由欧姆加热机制引起的，而后者是由无碰撞加热机制或随机加热机制引起的。

(2)对于柱状线圈 ICP，如果石英管的高度远大于其半径，可以采用一维径向电磁模型推导出均匀等离子体中电磁场的解析表达式。在低密度极限下，磁场是空间均匀分布的，与无限长真空螺线管的磁场一样，而电场正比于径向位置。在高密度极限下，电磁场在贴近石英管内壁的趋肤层内快速衰减。

(3)射频电源的能量是以电磁场能流的方式从石英管耦合到等离子体中的，其中一部分能量被等离子体吸收，另一部分能量被等离子体储存。通过引入等离子体吸收的复功率，可以确定出系统的感性电阻 R_{ind} 和电感 L_{ind}。对于低气压情况，在低密度极限下，R_{ind} 正比于等离子体密度 n_0，L_{ind} 近似为真空螺线管的电感 L_{coil}；在高密度极限下，$R_{\text{ind}} \sim n_0^{-1/2}$，$L_{\text{ind}} \approx L_{\text{coil}}(1-r_0^2/r_c^2)$。

(4)等离子体中的极化电流 I_{p} 与线圈电流 I_{coil} 反向。在低密度极限下，I_{p} 正比于等离子体密度；在高密度极限下，等离子体电流仅在趋肤层内流动，且 $I_{\text{p}}=-NI_{\text{coil}}$。

(5)在纯感性放电模式下，增大线圈的 Q 因子，有助于提高电源的功率耦合系数。在低密度情况下，功率耦合效率较低。在高密度情况下，增大放电气压，可以提高功率耦合效率。

(6)可以采用变压器模型来描述射频电源与等离子体的耦合过程，其中线圈为变压器的初级，而等离子体为变压器的次级，两者通过互感系数进行耦合。由变压器模型给出的系统总电阻与电磁模型完全匹配，但对于系统的电感，两者给出的结果有一定的差别。

(7)对于低气压感性耦合放电，非局域电子动理学效应比较明显，如射频电磁场呈现非单调的衰减及电子反弹共振加热等。

参 考 文 献

[1] Hittorf W. Over the electricity line of the gases. Ann. Physics, 1884, 21: 90.

[2] Chabert P, Braithwaite N. Physics of Radio-Frequency Plasmas. Cambridge: Cambridge University Press, 2011; [中译本]帕斯卡·夏伯特, 尼古拉斯·布雷斯韦特. 射频等离子体物理学. 王友年, 徐军, 宋远红, 译. 北京: 科学出版社, 2015.

[3] Speth E, Falter H D, Franzen P, et al. Overview of the RF source development programme at IPP Garching. Nucl. Fusion, 2006, 46(6): S220.

[4] Vahedi V, Lieberman M A, DiPeso G, et al. Analytic model of power deposition in inductively coupled plasma sources. J. Appl. Phys., 1995, 78(3): 1446.

[5] 王友年, 宋远红. 电动力学. 北京: 科学出版社, 2020.

[6] Lieberman M A, Lichtenberg A J. Principles of Plasma Discharges and Materials Processing. Hoboken, New Jersey: John Wiley & Sons, Inc., 2005.

[7] Franz G. Low Pressure Plasmas and Microstructuring Technology. Berlin Heidelberg: Springer-Verlag, 2009.

[8] Li H, Gao F, Wen D Q, et al. Investigation of the power transfer efficiency in a radio-frequency driven negative hydrogen ion source. J. Appl. Phys., 2019, 125(17): 173303.

[9] Piejak R B, Godyak V A, Alexandrovich B M. A simple analysis of an inductive RF discharge. Plasma Sources Sci. Technol., 1992, 1(3): 179.

[10] Godyak V. Hot plasma effects in gas discharge plasma. Phys. Plasmas, 2005, 12(5): 055501.

[11] Yang W, Wang Y N. Hybrid model of radio-frequency low-pressure inductively coupled plasma discharge with self-consistent electron energy distribution and 2D electric field distribution. Plasma Phys. Control. Fusion, 2021, 63(3): 035031.

[12] Yang W, Gao F, Wang Y N. Conductivity effects during the transition from collisionless to collisional regimes in cylindrical inductively coupled plasmas. Plasma Sci. Technol., 2022, 24(5): 055401.

[13] Yang W, Gao F, Wang Y N. Effects of chamber size on electron bounce-resonance-heating and power deposition profile in a finite inductive discharge. Phys. Plasmas, 2022, 29(6): 063503.

[14] Godyak V A, Kolobov V I. Negative Power Absorption in Inductively Coupled Plasma. Phys. Rev. Lett., 1997, 79(23): 4589.

第 12 章　平面线圈感性耦合等离子体

在金属或硅等半导体的刻蚀工艺中，通常使用平面线圈感性耦合等离子体(ICP)源。这种 ICP 源的放电腔室为一个金属圆筒，其中圆筒的侧面和底部接地，上端为介质窗(厚度约为 2cm)，其中连接射频电源的平面线圈放置在石英窗上表面，如图 12-1 所示。对于这种 ICP 源，腔室的高度要小于腔室的直径，即腔室具有扁平形的结构，这有利于产生大面积、径向均匀的等离子体。对于半导体芯片处理工艺，放电腔室的高度为 5～8cm，半径为 15～20cm。通常在放电腔室的底部放置一个基片台，并与一个射频偏压电源连接，偏压电源主要用于调控基片台表面的离子能量和角度分布。

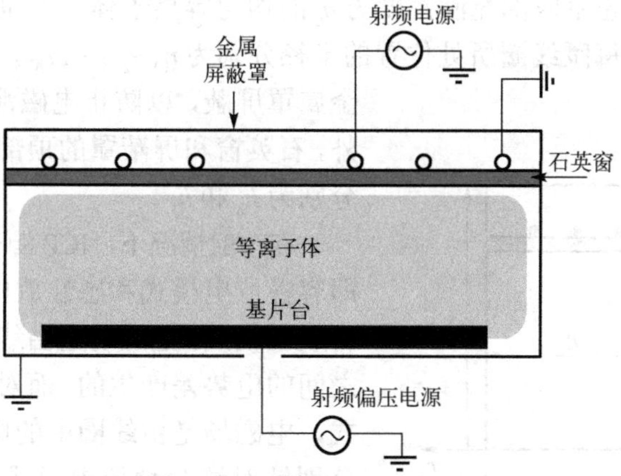

图 12-1　平面线圈 ICP 源示意图

对于平面线圈 ICP，等离子体的径向均匀性不仅依赖于腔室的高宽比，还依赖于线圈的位置和匝数，以及射频电源的功率和工作气压等参数。当放电腔室的半径较大时，线圈的长度也要相应地增加。当线圈的长度与射频波长相当时，会在线圈上产生驻波效应，从而导致等离子体的均匀性变差。Mishra 等提出了一种双频双线圈的 ICP 源[1]，其中外侧线圈的匝数较少，与频率较高的电源(如 13.56MHz)连接；内侧线圈的匝数较多，与频率较低(如 2MHz)的电源连接。实验表明，通过调节两个线圈上的射频功率比，可以有效地改善等离子体的径向均匀性。

由于这种放电腔室是一种偏平型结构，需要采用二维模型来分析电磁场的空间分布。在 12.1 节中，通过求解麦克斯韦方程组，可以分别确定出容性电磁场和感性电磁场空间分布的解析表达式。基于这种电磁场的解析表示式，在 12.2 节中，我们进一步推导出等离子体的容性吸收功率和感性吸收功率，以及容性电阻、感性电阻和电感的表示式。在 12.3 节中，将等效回路模型和整体模型进行耦合，讨论在两种放电模式下等离子体吸收功率、等离子体密度及功率耦合效率随线圈电流幅值的变化情况。在 12.4 节中，将整体模型、电磁模型以及偏压射频鞘层模型相结合，分析偏压电源对纯感性耦合放电过程的影响。在 12.5 节中采用二维流体力学模型的数值模拟方法，分析放电腔室的几何尺寸和线圈位置对等离子体密度径向分布的影响。最后，12.6 节为本章小结。

12.1　二维电磁模型

在本节的讨论中，将不考虑偏压电源的影响。由于放电腔室具有轴对称性，在圆柱坐标系 (r,θ,z) 中，所有的物理量(如电磁场、电流密度等)均与角向变量 θ 无关。考虑放电腔室是一个半径为 R、高度为 h_1 的圆筒，腔室的侧面和下底均为导体材料，顶部为石英窗。在腔室内部充满密度为 n_0 的均匀等离子体。N 匝圆形平面线圈放置在石英窗的上面，每匝线圈所处位置的半径分别为 $r_1, r_2, \cdots, r_N$，而且被一个圆筒形金属罩屏蔽，以防止电磁泄漏，见图 12-2。此外，石英窗和屏蔽罩的顶部距腔室底部的高度分别为 h_2 和 h_3。

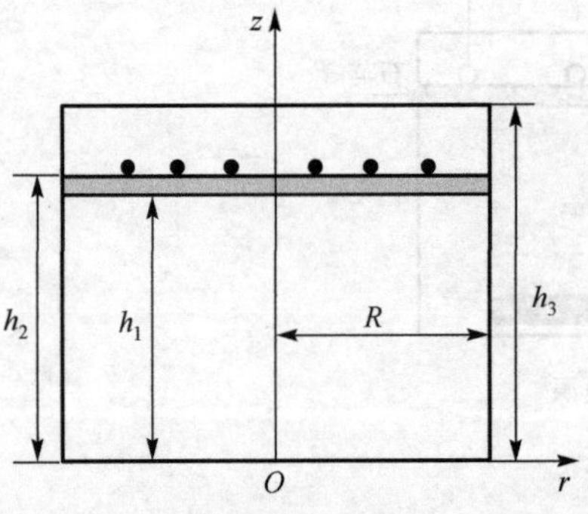

图 12-2　平面线圈 ICP 的模拟区域示意图

在一般情况下，ICP 源有两种放电模式[2,3]，即容性放电模式和感性放电模式。对于容性耦合放电模式，电磁场是由线圈两端或线圈与地之间的电势差产生的；而对于感性耦合放电模式，电磁场是由线圈中的电流产生的。下面，分别针对这两种放电模式给出电磁场的解析表示式。

1. *感性电磁场*

对于感性耦合放电模式，电场 $\boldsymbol{E}$ 是一个涡旋场，而且电场只有角向分量 E_θ，磁场有径向分量 B_r 和轴向分量 B_z，即

$$\boldsymbol{E}=(0,E_\theta,0),\quad \boldsymbol{B}=(B_r,0,B_z) \tag{12.1-1}$$

根据麦克斯韦方程组，可以得到感应电场满足如下二阶偏微分方程：

$$\frac{1}{r}\frac{\partial}{\partial r}\left(r\frac{\partial E_\theta}{\partial r}\right)-\frac{E_\theta}{r^2}+\frac{\partial^2 E_\theta}{\partial z^2}=\mu_0\frac{\partial J_\theta}{\partial t}+\mu_0\varepsilon_0\frac{\partial^2 E_\theta}{\partial t^2} \tag{12.1-2}$$

其中，J_θ 为角向电流密度。在等离子体区，$J_\theta=\sigma_{\mathrm{p}}E_\theta$，其中 σ_{p} 为等离子体电导率，

见式(11.2-5)；在石英窗内部和屏蔽罩区，$J_\theta = 0$。

假设电磁场及电子速度随时间都是简谐变化的，即 $E_\theta, u_\theta \sim \mathrm{e}^{-\mathrm{i}\omega t}$，其中 ω 为射频电源的角频率。在这种情况下，可以把方程(12.1-2)改写为

$$\frac{1}{r}\frac{\partial}{\partial r}\left(r\frac{\partial E_\theta}{\partial r}\right)-\frac{E_\theta}{r^2}+\frac{\partial^2 E_\theta}{\partial z^2}+\frac{\omega^2}{c^2}\kappa E_\theta = 0 \tag{12.1-3}$$

其中，κ 为相对极化率。在等离子体区 $\kappa=\varepsilon_{\mathrm{p}}$，其中 ε_{p} 为等离子体的介电函数，见式(11.2-7)；在石英窗区，$\kappa=\varepsilon_{\mathrm{t}}$，其中 ε_{t} 为石英窗的相对介电常量；在屏蔽罩区，$\kappa=1$。

方程(12.1-3)是一个二阶线性偏微分方程，可以采用熟知的分离变量法求解。由于放电腔室具有轴对称性，感性电场在腔室的轴线处为零，即 $E_\theta(0,z)=0$。另外，腔室的侧壁材料一般为导体，因此感性电场在腔室的侧壁处也为零，即 $E_\theta(R,z)=0$。基于这些条件，可以将电场的空间分布表示为

$$E_\theta = \sum_{m=1} \mathrm{J}_1(\lambda_m r) Z_m(z) \tag{12.1-4}$$

其中，$\mathrm{J}_1(\lambda_m r)$ 是一阶贝塞尔函数；常数 λ_m 由一阶贝塞尔函数的零点 $x_1^{(m)}$ 确定

$$\lambda_m = x_1^{(m)} / R \quad (m=1,2,3,\cdots) \tag{12.1-5}$$

将式(12.1-4)代入方程(12.1-3)，可以得到函数 $Z_m(z)$ 满足的方程为

$$\frac{\mathrm{d}^2 Z_m(z)}{\mathrm{d}z^2} - q_m^2 Z_m(z) = 0 \tag{12.1-6}$$

其中，q_m 的形式为

$$q_m = \begin{cases} \sqrt{\lambda_m^2 - k_0^2\varepsilon_{\mathrm{p}}} \equiv p_m & (\text{等离子体区}) \\ \sqrt{\lambda_m^2 - k_0^2\varepsilon_{\mathrm{t}}} \approx \lambda_m & (\text{石英窗区}) \\ \sqrt{\lambda_m^2 - k_0^2} \approx \lambda_m & (\text{屏蔽罩区}) \end{cases} \tag{12.1-7}$$

这里已假设 $\lambda_m \gg k_0\sqrt{\varepsilon_{\mathrm{t}}}$，其中 $k_0=\omega/c$ 为电磁波在真空中的波长，ε_{t} 的取值一般小于 10。下面针对不同的区域，来确定方程(12.1-6)的解。

(1)在等离子体区($0<z<h_1$)，考虑到腔室的底部为导体，电场在该处的边界条件为 $E_{1\theta}(r,0)=0$，即 $Z_m(0)=0$。这样，可以把等离子体区的感应电场表示为

$$E_{1\theta} = \sum_{m=1} A_m \mathrm{J}_1(\lambda_m r)\sinh(p_m z) \tag{12.1-8}$$

其中，A_m 为待定系数。利用方程 $\boldsymbol{B}=\frac{1}{\mathrm{i}\omega}\nabla\times\boldsymbol{E}$，可以得到对应的磁场分量为

$$B_{1r}=-\frac{1}{\mathrm{i}\omega}\sum_{m=1}p_m A_m \mathrm{J}_1(\lambda_m r)\cosh(p_m z) \tag{12.1-9}$$

$$B_{1z}=\frac{1}{\mathrm{i}\omega}\sum_{m=1}A_m\lambda_m \mathrm{J}_0(\lambda_m r)\sinh(p_m z) \tag{12.1-10}$$

在推导式(12.1-10)时，用到了贝塞尔函数的递推公式$\mathrm{J}_0(x)=\frac{1}{x}\frac{\mathrm{d}}{\mathrm{d}x}[x\mathrm{J}_1(x)]$。注意，在一般情况下$p_m$为复数，它依赖于等离子体密度$n_0$、电源的角频率$\omega$及碰撞频率$\nu_{\mathrm{en}}$。

(2)在石英窗区（$h_1<z<h_2$），电磁场的空间分布为

$$E_{2\theta}=\sum_{m=1}\mathrm{J}_1(\lambda_m r)(C_m\mathrm{e}^{\lambda_m z}+D_m\mathrm{e}^{-\lambda_m z}) \tag{12.1-11}$$

$$B_{2r}=-\frac{1}{\mathrm{i}\omega}\sum_{m=1}\lambda_m\mathrm{J}_1(\lambda_m r)(C_m\mathrm{e}^{\lambda_m z}-D_m\mathrm{e}^{-\lambda_m z}) \tag{12.1-12}$$

$$B_{2z}=\frac{1}{\mathrm{i}\omega}\sum_{m=1}\lambda_m\mathrm{J}_0(\lambda_m r)(C_m\mathrm{e}^{\lambda_m z}+D_m\mathrm{e}^{-\lambda_m z}) \tag{12.1-13}$$

其中，C_m和D_m为待定系数。

(3)在屏蔽罩区（$h_2<z<h_3$），考虑到屏蔽罩为导体，有边界条件$E_\theta(r,h_3)=0$，即$Z_m(h_3)=0$，由此可以得到对应的电磁场分布为

$$E_{3\theta}=\sum_{m=1}F_m\mathrm{J}_1(\lambda_m r)\sinh[\lambda_m(z-h_3)] \tag{12.1-14}$$

$$B_{3r}=-\frac{1}{\mathrm{i}\omega}\sum_{m=1}\lambda_m F_m\mathrm{J}_1(\lambda_m r)\cosh[\lambda_m(z-h_3)] \tag{12.1-15}$$

$$B_{3z}=\frac{1}{\mathrm{i}\omega}\sum_{m=1}\lambda_m F_m\mathrm{J}_0(\lambda_m r)\sinh[\lambda_m(z-h_3)] \tag{12.1-16}$$

其中，F_m为待定系数。

下面利用电磁场在石英窗上下表面处的衔接条件来确定以上各式中的待定系数。首先，在石英窗与等离子体的交界面上（$z=h_1$），电磁场满足如下衔接条件：

$$\begin{cases}E_{1\theta}(r,h_1)=E_{2\theta}(r,h_1)\\ B_{1r}(r,h_1)=B_{2r}(r,h_1)\end{cases} \tag{12.1-17}$$

将$E_{1\theta}$、$E_{2\theta}$、B_{1r}及B_{2r}的表示式分别代入式(12.1-17)，可以把系数C_m和D_m表示为

$$\begin{cases}C_m=A_m\dfrac{\lambda_m\sinh(p_m h_1)+p_m\cosh(p_m h_1)}{2\lambda_m\mathrm{e}^{\lambda_m h_1}}\\ D_m=A_m\dfrac{\lambda_m\sinh(p_m h_1)-p_m\cosh(p_m h_1)}{2\lambda_m\mathrm{e}^{-\lambda_m h_1}}\end{cases} \tag{12.1-18}$$

其次，在石英窗与屏蔽罩区的交界面上（$z=h_2$），电磁场满足如下衔接条件：

$$\begin{cases} E_{3\theta}(r,h_2)=E_{2\theta}(r,h_2) \\ B_{3r}(r,h_2)-B_{2r}(r,h_2)=\mu_0\alpha(r) \end{cases} \tag{12.1-19}$$

其中，$\alpha(r)=I_{\text{coil}}\sum_{k=1}^{N}\delta(r-r_k)$ 为面电流密度；I_{coil} 为线圈中的电流。将 $E_{2\theta}$、$E_{3\theta}$、B_{2r} 及 B_{3r} 的表示式分别代入式(12.1-19)，可以得到关于系数 C_m、D_m 及 F_m 的两个线性代数方程组。在消去系数 F_m 后，可以得到

$$\frac{\lambda_m(C_m e^{\lambda_m h_2}-D_m e^{-\lambda_m h_2})-\dfrac{i\omega\mu_0 I_{\text{coil}}}{N_{1m}^2}Q_m}{C_m e^{\lambda_m h_2}+D_m e^{-\lambda_m h_2}}=\lambda_m\frac{\cosh[\lambda_m(h_2-h_3)]}{\sinh[\lambda_m(h_2-h_3)]} \tag{12.1-20}$$

其中，$Q_m=\sum_{k=1}^{N}r_k J_1(\lambda_m r_k)$，$N_{1m}=\dfrac{R}{\sqrt{2}}J_2(\lambda_m R)$ 为一阶贝塞尔函数的模，这里 $J_2(x)$ 为二阶贝塞尔函数。一般情况下，如果屏蔽罩的高度不是太小，则有 $\lambda_m(h_3-h_2)>1$。这样，式(12.1-20)右边近似等于 $-\lambda_m$，由此可以得到系数 C_m 的表示式

$$C_m=\frac{i\omega\mu_0 I_{\text{coil}}}{2N_{1m}^2\lambda_m}Q_m e^{-\lambda_m h_2} \tag{12.1-21}$$

再将 C_m 代入式(12.1-18)，最后可以得到系数 A_m 的表示式

$$A_m=\frac{i\omega\mu_0 h_1 I_{\text{coil}}}{N_{1m}^2 H_m}Q_m e^{-\lambda_m(h_2-h_1)} \tag{12.1-22}$$

其中，H_m 是一个无量纲的量

$$H_m=h_1[\lambda_m\sinh(p_m h_1)+p_m\cosh(p_m h_1)] \tag{12.1-23}$$

一旦得到了系数 A_m，就完全确定了放电腔室中电磁场的空间分布。

可以看出，放电腔室中的电磁场依赖于参数 p_m。根据等离子体介电函数的表示式，见式(11.2-7)，可以把 p_m 表示为

$$p_m=\sqrt{\lambda_m^2-k_0^2\left(1-\frac{\omega_{\text{pe}}^2}{\omega(\omega+i\nu_{\text{en}})}\right)} \tag{12.1-24}$$

令 $\delta_m=1/\operatorname{Re}p_m$，它是一个反映电磁场衰减特征的物理量。对于低密度等离子体（$\omega_{\text{pe}}\ll\omega$），有 $p_m\approx\lambda_m$；而对于高密度等离子体（$\omega_{\text{pe}}\gg\omega$），有

$$p_m\approx\sqrt{\lambda_m^2+\frac{\omega_{\text{pe}}^2}{c^2}\frac{\omega}{\omega+i\nu_{\text{en}}}} \tag{12.1-25}$$

特别是在低气压下情况下（$\omega\gg\nu_{\text{en}}$），p_m 近似为实数，有

$$\delta_m \approx \delta_{\rm p} / \sqrt{\delta_{\rm p}^2 \lambda_m^2 + 1} \approx \delta_{\rm p} \tag{12.1-26}$$

其中，$\delta_{\rm p} = c / \omega_{\rm pe}$。可见，等离子体密度$n_0$越高，$\delta_m$的值越小。对于高密度等离子体，由于电磁场在石英窗下方的趋肤层内衰减很快，感应电场在等离子体中的穿透深度很小。

2. *容性电磁场*

对于容性耦合放电模式，磁场只有角向分量B_θ，而电场有径向分量E_r和轴向分量E_z，即

$$\boldsymbol{E} = (E_r, 0, E_z), \quad \boldsymbol{B} = (0, B_\theta, 0) \tag{12.1-27}$$

根据麦克斯韦方程组，可以得到B_θ满足的方程为

$$\frac{1}{r}\frac{\partial}{\partial r}\left(r\frac{\partial B_\theta}{\partial r}\right) - \frac{B_\theta}{r^2} + \frac{\partial^2 B_\theta}{\partial z^2} + \frac{\omega^2}{c^2}\kappa B_\theta = 0 \tag{12.1-28}$$

一旦确定出B_θ，就可以利用方程$\nabla \times \boldsymbol{B} = -{\rm i}\dfrac{\omega}{c^2}\kappa \boldsymbol{E}$确定出对应的$E_r$和$E_z$。由于侧壁为导体材料，所以在器壁上电场的切向分量应为零，即$E_z = 0$，这样可以把B_θ表示为

$$B_\theta = \sum_{m=1} {\rm J}_1(\alpha_m r) Z_m(z) \tag{12.1-29}$$

其中，$\alpha_m = x_0^{(m)} / R$，这里$x_0^{(m)}$为零阶贝塞尔函数的第m个零点。函数$Z_m(z)$满足如下方程：

$$\frac{{\rm d}^2 Z_m}{{\rm d}z^2} - s_m^2 Z_m(z) = 0 \tag{12.1-30}$$

其中

$$s_m = \begin{cases} \sqrt{\alpha_m^2 - k_0^2 \varepsilon_{\rm p}} \equiv \chi_m & (\text{等离子体区}) \\ \sqrt{\alpha_m^2 - k_0^2 \varepsilon_{\rm t}} \approx \alpha_m & (\text{石英窗区}) \\ \sqrt{\alpha_m^2 - k_0^2} \approx \alpha_m & (\text{屏蔽罩区}) \end{cases} \tag{12.1-31}$$

下面将看到，对于容性放电模式，由于边界条件的限制，我们只需确定等离子体区和石英窗区的电磁场分布即可。

在等离子体区$(0 < z < h_1)$，考虑到$E_{1r}(r, 0) = 0$，可以把容性电磁场表示为

$$B_{1\theta} = \sum_{m=1} T_m {\rm J}_1(\alpha_m r) \cosh(\chi_m z) \tag{12.1-32}$$

$$E_{1r} = -{\rm i}\frac{c^2}{\omega \varepsilon_{\rm p}} \sum_{m=1} T_m \chi_m {\rm J}_1(\alpha_m r) \sinh(\chi_m z) \tag{12.1-33}$$

$$E_{1z} = \mathrm{i}\frac{c^2}{\omega\varepsilon_{\mathrm{p}}}\sum_{m=1} T_m\alpha_m \mathrm{J}_0(\alpha_m r)\cosh(\chi_m z) \tag{12.1-34}$$

其中，T_m 为待定系数。在屏蔽罩区 $(h_1 < z < h_2)$，容性电磁场的表示式为

$$B_{2\theta} = \sum_{m=1} \mathrm{J}_1(\alpha_m r)(Y_m \mathrm{e}^{\alpha_m z} + U_m \mathrm{e}^{-\alpha_m z}) \tag{12.1-35}$$

$$E_{2r} = -\mathrm{i}\frac{c^2}{\omega\varepsilon_t}\sum_{m=1}\alpha_m \mathrm{J}_1(\alpha_m r)(Y_m \mathrm{e}^{\alpha_m z} - U_m \mathrm{e}^{-\alpha_m z}) \tag{12.1-36}$$

$$E_z = \mathrm{i}\frac{c^2}{\omega\varepsilon_t}\sum_{m=1}\alpha_m \mathrm{J}_0(\alpha_m r)(Y_m \mathrm{e}^{\alpha_m z} + U_m \mathrm{e}^{-\alpha_m z}) \tag{12.1-37}$$

其中，Y_m 和 U_m 是待定系数。

在等离子体与石英窗的交界面上（$z = h_1$），容性电场满足如下衔接条件：

$$\begin{cases} E_{1r}(r,h_1) = E_{2r}(r,h_1) \\ \varepsilon_{\mathrm{p}} E_{1z}(r,h_1) = \varepsilon_{\mathrm{t}} E_{2z}(r,h_1) \end{cases} \tag{12.1-38}$$

再将上面得到的容性电场的表示式代入式(12.1-38)，可以把系数 Y_m 和 U_m 表示为

$$\begin{cases} Y_m = T_m \dfrac{\varepsilon_{\mathrm{p}}\alpha_m \cosh(\chi_m h_1) + \varepsilon_{\mathrm{t}}\chi_m \sinh(\chi_m h_1)}{2\varepsilon_{\mathrm{p}}\alpha_m \mathrm{e}^{\alpha_m h_1}} \\ U_m = T_m \dfrac{\varepsilon_{\mathrm{p}}\alpha_m \cosh(\chi_m h_1) - \varepsilon_{\mathrm{t}}\chi_m \sinh(\chi_m h_1)}{2\varepsilon_{\mathrm{p}}\alpha_m \mathrm{e}^{-\alpha_m h_1}} \end{cases} \tag{12.1-39}$$

在石英窗与屏蔽罩区的交界面上（$z = h_2$），假设容性电场的径向分量为常数，即

$$E_{2r}(r,h_2) = E_0 \tag{12.1-40}$$

一般情况下，很难严格确定出 E_0 的值，这里认为它近似地由线圈两端的电压降 V_{coil} 来确定，即 $E_0 \approx V_{\mathrm{coil}}/R$，其中 $V_{\mathrm{coil}} \approx \omega L_{\mathrm{ind}} I_{\mathrm{coil}}$。将 E_{2r} 的表示式代入式(12.1-40)，两边同乘以 $r\mathrm{J}_1(\alpha_m r)$，积分后可以得到

$$\mathrm{i}\frac{L_{\mathrm{ind}} I_{\mathrm{coil}}\omega^2\varepsilon_{\mathrm{t}} R\Psi_m}{c^2\alpha_m N_{0m}^2} = Y_m \mathrm{e}^{\alpha_m h_2} - U_m \mathrm{e}^{-\alpha_m h_2} \tag{12.1-41}$$

其中，$N_{0m} = \frac{R}{\sqrt{2}}\mathrm{J}_1(\alpha_m R)$ 为零阶贝塞尔函数的模；$\Psi_m = \frac{1}{R^2}\int_0^R \mathrm{J}_1(\alpha_m r) r\mathrm{d}r$。需要说明一点，在推导式(12.1-41)时，用到了等式 $\int_0^R \mathrm{J}_1^2(\alpha_m r) r\mathrm{d}r = \int_0^R \mathrm{J}_0^2(\alpha_m r) r\mathrm{d}r$。将式(12.1-39)与式(12.1-41)联立，可以确定出系数 T_m 的最终表示式

$$T_m = \mathrm{i}\varepsilon_{\mathrm{p}}\frac{\omega^2 L_{\mathrm{ind}} h_1 R\Psi_m}{c^2 N_{0m}^2 G_m} I_{\mathrm{coil}} \tag{12.1-42}$$

其中，G_m 为一个无量纲的量

$$\begin{aligned} G_m &= h_1\chi_m \sinh(\chi_m h_1)\cosh[\alpha_m(h_2 - h_1)] \\ &\quad + h_1\alpha_m(\varepsilon_{\mathrm{p}} / \varepsilon_{\mathrm{t}})\cosh(\chi_m h_1)\sinh[\alpha_m(h_2 - h_1)] \end{aligned} \tag{12.1-43}$$

一旦知道了系数 T_m，就完全确定了放电腔室中的容性电磁场。

图 12-3 分别显示了在不同的轴向位置处感应电场 E_θ 的径向分布，其中腔室的几何参数分别为 $R=15\text{cm}$、$h_1=10\text{cm}$、$h_2=11.2\text{cm}$；射频线圈为 2 匝，其半径分别为 $r_1=6\text{cm}$ 和 $r_1=8\text{cm}$；射频电源的频率为 $f=13.56\text{MHz}$，电流的幅值为 $I_{\text{coil}}=10\text{A}$；电子与中性粒子的弹性碰撞频率为 $\nu_{\text{en}}/\omega=0.1$，等离子体密度为 $n_0=10^{12}\text{cm}^{-3}$；石英窗的介电常量为 $\varepsilon_{\mathrm{t}}=5$。可以看出，紧靠石英窗的上表面（$z=11.2\text{cm}$），感应电场的径向分布有两个尖锐的峰，其位置与两个线圈的位置相对应，而且电场较强，其峰值大约为 $1000\text{V}\cdot\text{m}^{-1}$；当轴向位置下降到石英窗的下表面时，即 $z=10\text{cm}$，感应电场的幅值下降很快，最大值约为 $300\text{V}\cdot\text{m}^{-1}$，而且电场的径向分布很平滑，没有出现尖锐的峰，类似于一个高斯型的分布；当轴向位置下降为 $z=8\text{cm}$ 时，感应电场更弱，其峰值约为 $65\text{V}\cdot\text{m}^{-1}$。显然，越接近放电腔室的底部，电磁场越弱。

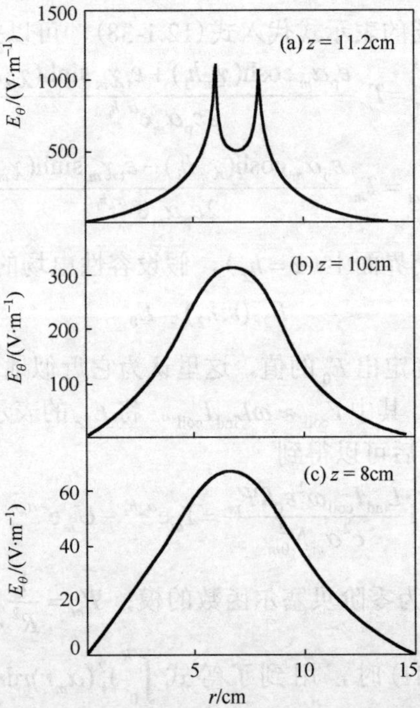

图 12-3　三个轴向位置处的感应电场的径向分布

利用磁探针也可以直接测量出感应耦合放电腔室中磁场的空间分布[4]。图 12-4 分别显示了 $z=8\text{cm}$ 处，轴向磁场和径向磁场分布的测量结果，并与解析结果进行了比较，其中氩气放电的射频功率为 120W、线圈为 4 匝、放电气压为 0.5Pa。从整体上看，实验测量结果与理论结果基本保持一致，但两者还是有一些差别，这些主要是由射频线圈和腔室结构的环向不对称性引起的。

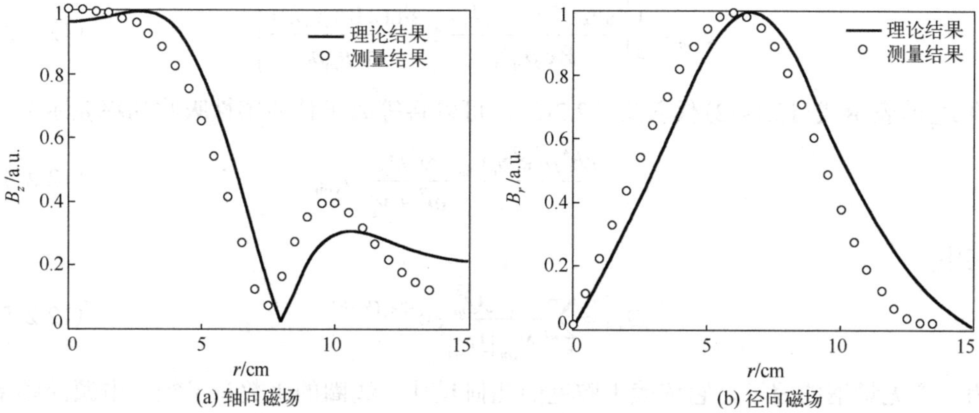

图 12-4　感应磁场的径向分布

12.2　电阻与电感

下面，利用 12.1 节得到的电磁场空间分布，进一步确定出系统的感性电阻、电感和容性电阻的表示式。

1. 感性电阻

射频电源的电磁能量是通过石英窗耦合到放电腔室中的，其消耗主要分为两部分：一部分用于等离子体的加热，另一部分用于系统存储的电磁能。由于电磁场随时间是简谐变化的，所以在一个周期内等离子体存储的平均电磁能为零，即在一个周期内从石英窗进入放电腔室中的平均电磁能全部转化为电场所做的功，即焦耳热。

由于离子较重，所以等离子体中的电流密度主要来自于电子的极化运动。对于感应耦合放电模式，可以得到一个射频周期内电子从射频电场中吸收的平均功率，即欧姆加热功率为

$$P_{\text{ind}} = \frac{1}{2}\int_0^{h_1}\int_0^R \text{Re}(J_{1\theta}E_{1\theta}^*)2\pi r\text{d}r\text{d}z \tag{12.2-1}$$

式(12.2-1)右边的因子 1/2 来自于功率密度对时间变量的平均。利用欧姆定律 $J_\theta = \sigma_\text{p} E_\theta$，并将 E_θ 的表示式(12.1-8)代入式(12.2-1)的右端，完成对空间变量 r 和 z 的积分后，可以得到

$$P_{\text{ind}} = \pi h_1 \operatorname{Re}\sigma_{\text{p}} \sum_m |A_m|^2 N_{1m}^2 g_{-m} \tag{12.2-2}$$

其中，g_{-m} 是一个无量纲的量

$$g_{\pm m} = \frac{1}{4}\left[\frac{\sinh(2\operatorname{Re} p_m h_1)}{\operatorname{Re} p_m h_1} \pm \frac{\sin(2\operatorname{Im} p_m h_1)}{\operatorname{Im} p_m h_1}\right] \tag{12.2-3}$$

将 A_m 的表示式(12.1-22)代入式(12.2-2)，可以将等离子体的感性吸收功率表示为

$$P_{\text{ind}} = \frac{\pi h_1^3 \mu_0^2 e^2 n_0 \nu_{\text{en}}}{m_{\text{e}}} \frac{\omega^2 D_{\text{ind}}}{\omega^2 + \nu_{\text{en}}^2} I_{\text{coil}}^2 \tag{12.2-4}$$

其中

$$D_{\text{ind}} = \sum_{m=1} \frac{g_{-m} Q_m^2}{N_{1m}^2 |H_m|^2} \mathrm{e}^{-2\lambda_m(h_2 - h_1)} \tag{12.2-5}$$

为一个无量纲的因子，它依赖于腔室的几何尺寸、线圈的匝数和半径、电源的频率及等离子体密度等参数。

根据感性吸收功率，可以得到等离子体的感性电阻为

$$R_{\text{ind}} = 2P_{\text{ind}} / I_{\text{coil}}^2 = \frac{2\pi h_1^3 \mu_0^2 e^2 n_0 \nu_{\text{en}}}{m_{\text{e}}} \frac{\omega^2 D_{\text{ind}}}{\omega^2 + \nu_{\text{en}}^2} \tag{12.2-6}$$

当 $\omega \gg \omega_{\text{pe}}$ 时，由于 $p_m \approx \lambda_m$，D_{ind} 与等离子体密度 n_0 和碰撞频率 ν_{en} 无关，由此可以得到

$$R_{\text{ind}} \sim \frac{\omega^2 \nu_{\text{en}}}{\omega^2 + \nu_{\text{en}}^2} n_0 \tag{12.2-7}$$

可见，在低密度情况下，感性电阻随等离子体密度的增加而线性增加，即 $R_{\text{ind}} \sim n_0$。此外，在低气压情况下($\nu_{\text{en}} \ll \omega$)，有 $R_{\text{ind}} \sim \nu_{\text{en}}$，即感性电阻正比于气压；相反，在高气压情况下($\nu_{\text{en}} \gg \omega$)，有 $R_{\text{ind}} \sim 1/\nu_{\text{en}}$，即感性电阻反比于气压。当 $\omega \ll \omega_{\text{pe}}$ 时，由于 $h_1 p_m \sim h_1/\delta_{\text{p}} \gg 1$，有 $D_{\text{ind}} \sim 1/\delta_{\text{p}}^3 \sim n_0^{-3/2}$。由此可见，对于高密度等离子体，感性电阻随密度的增加而下降，即 $R_{\text{ind}} \sim n_0^{-1/2}$。

图 12-5 显示了在三种不同的碰撞频率下等离子体感性电阻 R_{ind} 随等离子体密度的变化情况，其中所用到的参数与图 12-3 相同。可以看出，R_{ind} 随 n_0 的变化规律与上面的定性分析是一致的。此外，在高密度情况下，随着碰撞频率(放电气压)的增加，感性电阻也在增加。

2. 感性电感

利用坡印亭矢量 $\boldsymbol{S} = \frac{1}{\mu_0}\boldsymbol{E} \times \boldsymbol{B}$，可以计算出单位时间内从石英窗下表面流进等

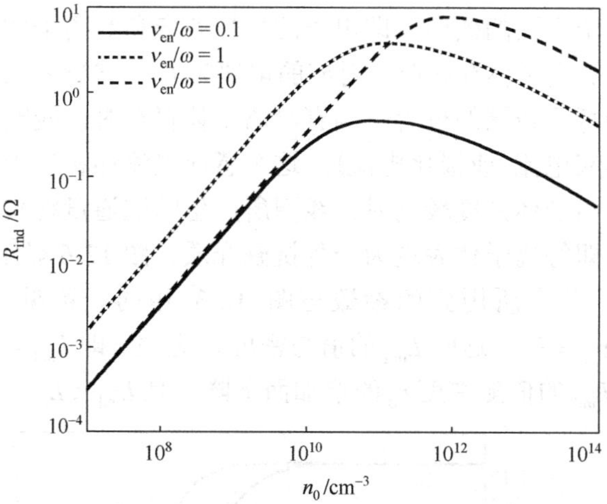

图 12-5　在三种不同的碰撞频率下，等离子体感性电阻随等离子体密度的变化

离子体中的电磁能量，即功率。由于电磁场随时间变化是简谐的，则可以引入如下复功率：

$$\widetilde{P} = -\frac{1}{2\mu_0}\int_{\Sigma}(\boldsymbol{E}\times\boldsymbol{B}^*)\cdot \mathrm{d}\boldsymbol{\Sigma} = \frac{1}{2\mu_0}\int_0^R (E_{1\theta}B_{1r}^*)\Big|_{z=h_1} 2\pi r\mathrm{d}r \tag{12.2-8}$$

将 $E_{1\theta}$ 和 B_{1r} 的表示式代入式(12.2-8)，经过一系列的复杂运算后可以得到

$$\widetilde{P} = -\mathrm{i}\pi\omega\mu_0 h_1 I_{\mathrm{coil}}^2 \sum_{m=1}\frac{Q_m^2 \varPsi_m}{N_{1m}^2 |H_m|^2}\mathrm{e}^{-2\lambda_m(h_2-h_1)} \tag{12.2-9}$$

其中，$\varPsi_m$ 是一个无量纲的复数因子

$$\varPsi_m = h_1 p_m^* \cosh(p_m^* h_1)\sinh(p_m h_1) \tag{12.2-10}$$

在式(12.2-9)中，因子 $(h_2 - h_1)$ 为石英窗的厚度，大约在 2cm。由于在一般情况下，$\lambda_{\mathrm{m}}(h_2 - h_1) > 1$（$m \geqslant 1$），所以式(12.2-9)的级数收敛速度很快。

根据复功率 $\widetilde{P}$，可以引入系统的复阻抗 $Z_{\mathrm{ind}} = 2\widetilde{P}/I_{\mathrm{coil}}^2$，其实部和虚部分别为电阻 R_{ind} 和电抗 X_{ind}，即 $Z_{\mathrm{ind}} = R_{\mathrm{ind}} + \mathrm{i}X_{\mathrm{ind}}$。对于纯感性耦合放电，可以把电抗 X_{ind} 用电感 L_{ind} 来表示，即 $X_{\mathrm{ind}} = -\omega L_{\mathrm{ind}}$。这样，可以把电感表示为

$$L_{\mathrm{ind}} = -\frac{2\,\mathrm{Im}\,\widetilde{P}}{\omega I_{\mathrm{coil}}^2} \tag{12.2-11}$$

将式(12.2-9)代入式(12.2-11)，可以得到

$$L_{\mathrm{ind}} = 2\pi\mu_0 h_1 \sum_{m=1}\frac{Q_m^2\,\mathrm{Re}\varPsi_m}{N_{1m}^2 |H_m|^2}\mathrm{e}^{-2\lambda_m(h_2-h_1)} \tag{12.2-12}$$

这种电感来自于两个方面的效应，即电子的惯性效应和等离子体的储能效应。在空载情况下，即没有等离子体存在时，对应的电感为L_0，它只依赖于腔室的几何尺寸以及线圈的匝数和每匝线圈的位置。当有等离子体存在时，线圈的电流会在等离子体中产生环向的感应电流(或极化电流)，这个感应电流环相当于一个次级线圈，可以储存磁能。当等离子体密度较高时，线圈所产生的磁通量将被等离子体电流所产生的磁通量抵消，即等离子体表现为一种抗磁介质。图 12-6 显示了L_{ind}随等离子体密度的变化情况，其中所用到的参数与图 12-3 相同。可见，在低密度情况下($\omega \gg \omega_{\text{pe}}$)，由于$p_m \approx \lambda_m$，这时$L_{\text{ind}}$的值与密度$n_0$无关，即$L_{\text{ind}} = L_0$；而在高密度情况下($\omega \ll \omega_{\text{pe}}$)，$L_{\text{ind}}$的值随密度$n_0$的增加而下降，且$L_{\text{ind}} < L_0$。

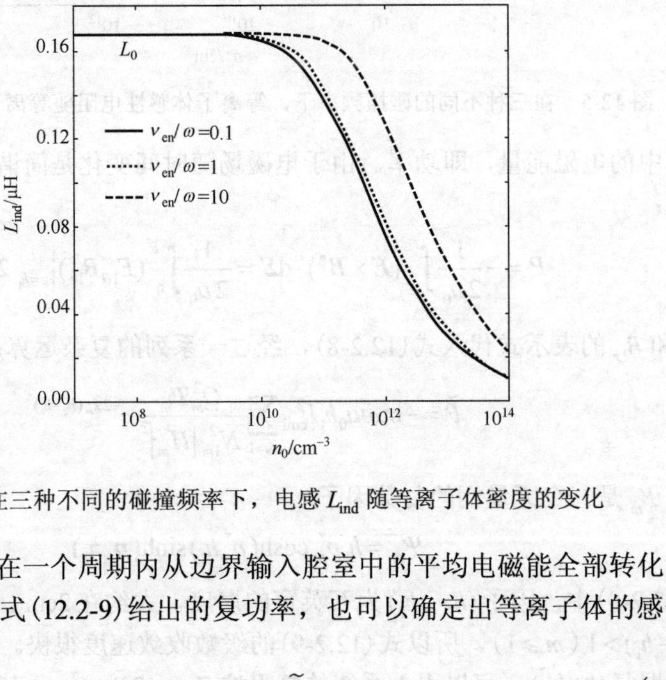

图 12-6 在三种不同的碰撞频率下，电感L_{ind}随等离子体密度的变化

前面已经提到，在一个周期内从边界输入腔室中的平均电磁能全部转化为等离子体的焦耳热。根据式(12.2-9)给出的复功率，也可以确定出等离子体的感性吸收功率，即

$$P_{\text{ind}} = \text{Re}\widetilde{P} \tag{12.2-13}$$

可以证明，由式(12.2-13)给出的感性吸收功率在形式上与式(12.2-4)完全相同。

3. 容性电阻

对于容性耦合放电模式，利用$\boldsymbol{J}=\sigma_{\text{p}}\boldsymbol{E}$，可以把等离子体的容性吸收功率表示为

$$P_{\text{cap}} = \frac{\text{Re}\sigma_{\text{p}}}{2}\int_0^{h_1}\int_0^R (|E_{1r}|^2 + |E_{1z}|^2) 2\pi r \text{d}r\text{d}z \tag{12.2-14}$$

将E_{1r}和E_{1z}的表示式代入式(12.2-14)，并完成对空间变量的积分，可以得到

$$P_{\text{cap}} = \frac{1}{2} R_{\text{cap}} I_{\text{coil}}^2 \tag{12.2-15}$$

其中，R_{cap} 为容性电阻

$$R_{\text{cap}} = \frac{2\pi h_1 L_{\text{ind}}^2 e^2 n_0 \nu_{\text{en}}}{m_{\text{e}}} \frac{\omega^2 D_{\text{cap}}}{\omega^2 + \nu_{\text{en}}^2} \tag{12.2-16}$$

式中，D_{cap} 是一个无量纲的因子

$$D_{\text{cap}} = \sum_{m=1} \frac{R^2 \Psi_m^2}{N_{0m}^2 |G_m|^2} [|h_1 p_m|^2 g_{-m} + |h_1 \alpha_m|^2 g_{+m}] \tag{12.2-17}$$

由于容性电场正比于电感 L_{ind}，见式(12.1-42)，也就是说线圈的电感越大，容性电场和容性吸收功率也越大。另外，根据 Q_m 的定义式可知，线圈的匝数 N 越多以及线圈的半径 r_k 越大，Q_m 的值越大，对应的电感也越大。因此，在一般情况下，平面线圈 ICP 的容性电场较高，会在石英窗下面形成一个较厚的容性射频鞘层。等离子体中的离子在鞘层电场的作用下被加速，并以较高的能量轰击石英窗表面，从而引起石英窗表面的溅射。溅射出来的粒子会对等离子体产生污染，这对半导体晶圆刻蚀和薄膜沉积工艺是非常不利的。为了降低这种容性耦合效应，可以在石英窗与等离子体之间放置一个金属法拉第屏蔽[5]。法拉第屏蔽可以极大地降低石英窗下表面附近的径向电势降或径向电场，但不影响感应电场。

当等离子体密度 n_0 很低时，即 $\omega_{\text{pe}} \ll \omega$，有 $p_m \approx \alpha_m$，这时 D_{cap} 与 n_0 无关，$R_{\text{cap}} \sim n_0$。当等离子体密度很高和放电气压很低时，即 $\omega_{\text{pe}} \gg \omega$ 及 $\omega \gg \nu_{\text{en}}$，有 $\chi_{\text{m}} \approx \omega_{\text{pe}} / c \equiv 1/\delta_{\text{p}}$，$h_1 / \delta_{\text{p}} \gg 1$，这时 $D_{\text{cap}} \sim \delta_{\text{p}}^3 \sim n_0^{-3/2}$，$R_{\text{cap}} \sim n_0^{-1/2}$。图 12-7 显示了容性吸收功率随等离子体密度的变化情况，其中所用到的参数与图 12-3 相同。可以看到，R_{cap} 随 n_0 的变化有一个峰值，碰撞频率越小，峰值越尖锐。

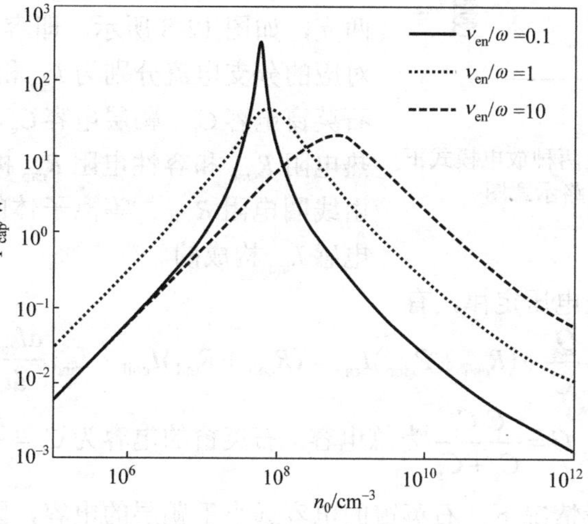

图 12-7　在三种不同的碰撞频率下容性吸收功率 P_{cap} 随等离子体密度的变化

本节基于电磁模型，分别得到了感性耦合等离子体的容性电阻 R_{cap}、感性电阻 R_{ind} 及电感 L_{ind} 的表示式，这些物理量均依赖于等离子体密度、放电气压(碰撞频率 ν_{en})及射频电源的频率。在 12.3 节中，我们将采用等效回路模型来描述感性耦合放电过程，其中本节得到的电阻和电感将作为等效回路中最基本的电学元件。

12.3　放电模式转换

对于 ICP，存在两种放电模式：在低功率下，放电为容性耦合模式(E 模式)，即放电是由线圈两端的电压维持的；而在高功率下，放电为感性耦合模式(H 模式)，即放电是由线圈电流产生的感性电场维持的。当射频功率从低往高变化时，放电模式会从容性耦合模式向感性耦合模式转换，即所谓的 E-H 放电模式转换。当放电模式发生转换时，等离子体密度及等离子体吸收功率等物理量要发生明显的变化。本节利用等效回路模型和整体模型，来分析当放电模式发生转换时，等离子体吸收功率、等离子体密度及功率耦合效率的变化行为。

1. 等效回路模型

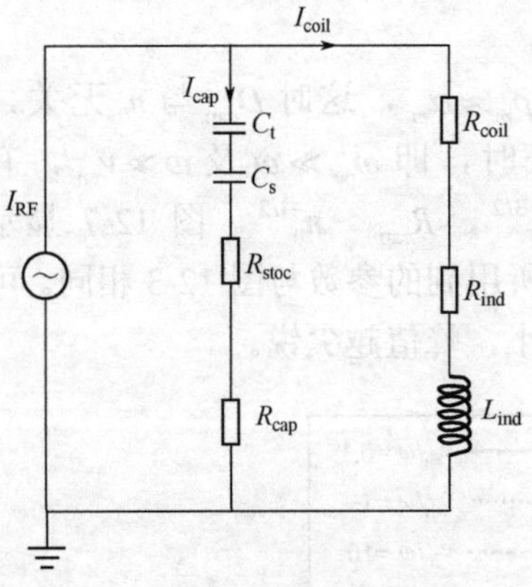

图 12-8　容性和感性两种放电模式下 ICP 的等效回路示意图

我们仍以平面线圈 ICP 为例，暂且不考虑外部匹配网络和偏压电源。由于考虑容性耦合效应的存在，所以石英窗下面要存在一个射频鞘层。可以把这个射频鞘层等效为一个电容 C_s 和一个电阻 R_{stoc}，其中 R_{stoc} 来自于鞘层振荡产生的随机加热效应。设射频电源的电流为 I_{RF}，它被分成两支，如图 12-8 所示，即容性分支和感性分支，对应的分支电流分别为 I_{cap} 和 I_{coil}。容性分支是由石英窗电容 C_t、鞘层电容 C_s、等离子体的随机加热电阻 R_{stoc} 和容性电阻 R_{cap} 构成的；感性分支是由线圈电阻 R_{coil}、等离子体的感性电阻 R_{ind} 和总电感 L_{ind} 构成的。

根据基尔霍夫电压定律，有

$$\frac{Q_s}{C}+(R_{cap}+R_{stoc})I_{cap}=(R_{coil}+R_{ind})I_{coil}+L_{ind}\frac{dI_{coil}}{dt} \tag{12.3-1}$$

其中，$I_{cap}=\frac{dQ_s}{dt}$，$C=\frac{C_sC_t}{C_s+C_t}$ 为总电容。石英窗的电容为 $C_t=\frac{\varepsilon_0\varepsilon_t}{A}$，其中 A 为石英窗的面积。在一般情况下，石英窗的电容远小于鞘层的电容，因此石英窗的电容占主要地位，即 $C\approx C_t$。将式(12.3-1)两边对时间微分一次，并假设射频电源的电流随时间的变化是简谐的，即 $I_{\mathrm{RF}}=I_0\mathrm{e}^{-\mathrm{i}\omega t}$ ，由此可以得到容性分支的电流为

$$I_{\mathrm{cap}}=-\frac{\mathrm{i}\omega(R_{\mathrm{coil}}+R_{\mathrm{ind}})+\omega^2L_{\mathrm{ind}}}{1/C-\mathrm{i}\omega(R_{\mathrm{cap}}+R_{\mathrm{stoc}})}I_{\mathrm{coil}} \tag{12.3-2}$$

其中，线圈电阻 R_{coil} 是一个输入参数。该式给出了容性电流 I_{cap} 与线圈电流 I_{coil} (即感性电流)之间的关系。

根据 12.2 节介绍的电磁模型，感性电阻 R_{ind} 、电感 L_{ind} 及容性电阻 R_{cap} 分别由式 (12.2-6)、式(12.2-12)和式(12.2-16)确定。对于均匀离子密度的鞘层模型，鞘层边界振荡产生的随机加热功率为

$$P_{\mathrm{stoc}}=\frac{1}{2}\frac{m_{\mathrm{e}}\overline{v}_{\mathrm{e}}}{e^2n_0A^2}\left|I_{\mathrm{cap}}\right|^2\equiv\frac{1}{2}R_{\mathrm{stoc}}\left|I_{\mathrm{cap}}\right|^2 \tag{12.3-3}$$

其中，$\overline{v}_{\mathrm{e}}=\sqrt{\dfrac{8T_{\mathrm{e}}}{\pi m_{\mathrm{e}}}}$ 为电子的平均热速度，见 7.4 节。由式(12.3-3)可以确定出随机加热电阻 R_{stoc} ，它只与等离子体密度和电子温度有关。需要说明一下，由于均匀离子密度的鞘层模型过于简单，所以这里只是用来定性地分析容性支路对放电模式的影响。严格地说，应该由非均匀离子密度的鞘层模型来确定随机加热电阻，见 7.3 节的讨论。

2. 整体模型

根据第 8 章介绍的整体模型，等离子体密度 n_0 和电子温度 T_{e} 可以由如下粒子数平衡方程和能量平衡方程来确定。粒子数平衡方程为

$$nn_{\mathrm{g}}k_{\mathrm{iz}}V=nu_{\mathrm{B}}A_{\mathrm{eff}} \tag{12.3-4}$$

其中，n_{g} 为背景气体的密度；k_{iz} 为氩的电离速率系数；u_{B} 为氩离子的玻姆速度；$A_{\mathrm{eff}}=2\pi Rh_1+2\pi R^2$ 和 $V=\pi R^2h_1$ 分别为放电腔室的表面积和体积；R 和 h_1 分别为腔室的半径和高度。

能量平衡方程为

$$P_{\mathrm{abs}}=P_{\mathrm{loss}} \tag{12.3-5}$$

该式的左端为等离子体的吸收功率，它包括感性吸收功率 P_{ind}、容性吸收功率 P_{cap} 和随机加热功率，即

$$P_{\mathrm{abs}}=P_{\mathrm{ind}}+P_{\mathrm{cap}}+P_{\mathrm{stoc}} \tag{12.3-6}$$

而式(12.3-5)的右端为损失功率，即 $P_{\mathrm{loss}}=nu_{\mathrm{B}}\varepsilon_{\mathrm{eff}}A_{\mathrm{eff}}$ ，其中 $\varepsilon_{\mathrm{eff}}$ 为每产生一个电子-离子对所损失的有效能量，即

$$\varepsilon_{\mathrm{eff}}=\varepsilon_{\mathrm{iz}}+\varepsilon_{\mathrm{ex}}\frac{k_{\mathrm{ex}}}{k_{\mathrm{iz}}}+\frac{k_{\mathrm{en}}}{k_{\mathrm{iz}}}\left(\frac{3m_{\mathrm{e}}}{M}T_{\mathrm{e}}\right)+2T_{\mathrm{e}}+e\Delta V_{\mathrm{s}} \tag{12.3-7}$$

其中，k_{en} 和 k_{ex} 分别为电子与中性粒子的弹性碰撞速率和激发碰撞速率；ε_{ex} 和 ε_{iz} 分别为激发碰撞和电离碰撞的阈值能量；ΔV_s 为鞘层的电势降。

在如下数值分析中，我们以氩气放电为例，所用到的参数为：腔室的半径为 $R = 15\text{cm}$、高度为 $h_1 = 10\text{cm}$、石英窗上表面的高度为 $h_2 = 11.2\text{cm}$；射频线圈为 2 匝，其半径分别为 $r_1 = 6\text{cm}$ 和 $r_1 = 8\text{cm}$；射频电源的频率为 $f = 13.56\text{MHz}$；放电气压为 $p = 1\text{Pa}$，中性气体温度为 $T_g = 0.03\text{eV}$；石英窗的相对介电常量为 $\varepsilon_t = 5$；悬浮鞘层电势为 $e\Delta V_s \approx 4.68T_e$。此外，根据实验测量，两匝铜线圈的电阻为 $R_{coil} = 0.209\Omega$。线圈的电流幅值 I_{coil} 是一个可变的输入参数。

图 12-9 显示了等离子体吸收的总功率 P_{abs} 随线圈电流 I_{coil} 的变化情况。可以看出，在上述放电参数和腔室几何及线圈参数下，当线圈电流小于 10A 时，吸收功率较低，这时放电是由线圈两端的电压维持的，即为容性耦合放电模式(E 模式)。当线圈电流大于 20A 时，吸收功率较高，这时放电是由流经线圈的电流维持的，即为感性耦合放电模式(H 模式)。当线圈的电流在 10～20A 时，吸收功率突然升高，这时发生了从 E 向 H 的模式转换。

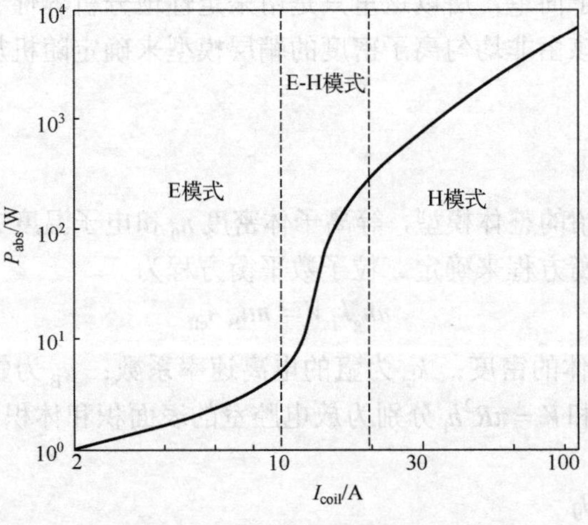

图 12-9　等离子体吸收的总功率随线圈电流的变化

图 12-10 显示了等离子体密度 n_0 随线圈电流的变化情况。与吸收功率的变化情况类似，在容性耦合放电模式下，等离子体密度较低，而在感性放电模式下，等离子体密度较高。当放电从 E 模式向 H 模式转换时，等离子体密度也是突然升高。在气体放电过程中，可以观察到等离子体光强在放电模式转换前后的变化：对于 E 模式放电，光强较弱；反之，对于 H 模式放电，光强较强[6,7]。

图 12-11 显示了在三种不同的放电频率下(2MHz、13.56MHz、60MHz)，等离子体密度随线圈电流的变化情况。可以看出，随着放电频率的增加，放电模式转换

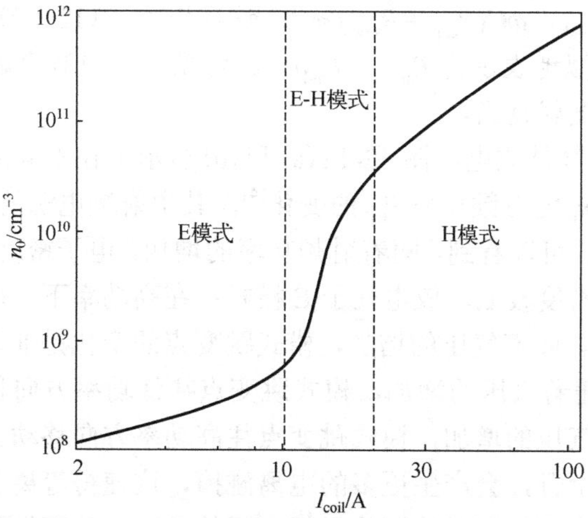

图 12-10　等离子体密度随线圈电流的变化

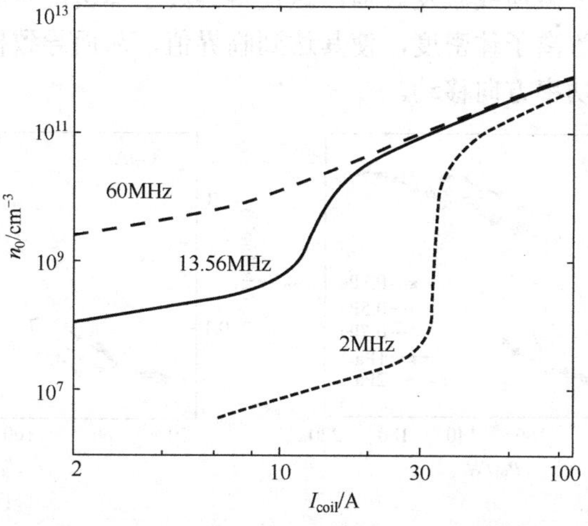

图 12-11　不同的放电频率下感性耦合等离子体密度随线圈电流的变化

趋于平缓，如当放电频率为 60MHz 时，几乎没有放电模式转换。此外，还可以看到，在 H 放电模式下，当放电频率从 13.56MHz 升高到 60MHz 时，等离子体密度几乎不变；但在 E 放电模式下，放电频率对等离子体密度的影响较为明显。这是因为在 H 放电模式下，随着放电频率的增大，趋肤效应变得显著，趋肤层的厚度逐渐减小。当放电频率增加到一定值时，趋肤层的厚度非常小，感应电场仅存在于等离子体的表面。在大多数的感性耦合放电中，通常选取放电频率不高于 13.56MHz，其原因就在这里。

在通常情况下，感性分支的电阻远小于其感抗，容性分支的电阻远小于其容抗，

即 $(R_{\text{coil}}+R_{\text{ind}})\ll\omega L_{\text{ind}}$，$\omega C(R_{\text{cap}}+R_{\text{stoc}})\ll 1$。这样根据式(12.3-2)和式(12.3-3)，可以把随机加热功率近似地表示为 $P_{\text{stoc}}\sim L_{\text{ind}}^2\omega^4$。可见，放电频率越高，容性吸收功率越高，等离子体密度就越高。

对于氧/氩混合气体放电，图 12-12(a)和(b)显示了在不同的放电气压下，实验测量到的电子密度 n_0 随射频功率 P_{RF} 的变化[4]，其中射频电源的频率为 13.56MHz，氧气的比率为 40%。可以看到，随着射频功率的增加，电子密度发生了明显的跳变。在低功率下，电子密度较低，放电处于 E 模式；在高功率下，电子密度较高，放电处于 H 模式。此外，随着气压的增加，模式跳变点的变化是非单调的，即当气压较低时(0.3～2Pa)，随着气压的增加，模式跳变点往低功率方向移动；而当气压较高时(2～9Pa)，随着气压的增加，模式跳变点往高功率方向移动。这是因为当气压较低时，随着气压的上升，会产生更多的电离碰撞，这使得等离子体密度有所升高，即在更低的射频功率下就可以达到临界等离子体密度，从而导致模式跳变点随着气压的增加向低功率方向移动。而当气压上升到一定值时，如果再继续升高气压，会产生较多的分子解离碰撞或激发碰撞，这使得等离子体密度有所下降，即需要更高的射频功率来提高等离子体密度，使其达到临界值，从而导致模式跳变点随着气压的进一步增加向高功率方向移动。

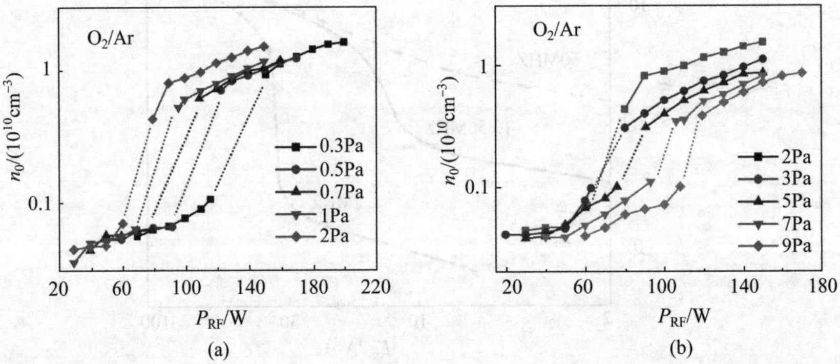

图 12-12　不同气压下，感性氧/氩混合气体放电中电子密度随射频功率的变化

3. 功率耦合效率

如果不考虑外部匹配网络，可以把射频发生器的输出功率分成两部分，一部分是耗散在线圈上的功率 P_{coil}，另一部分是耗散在等离子体中的功率 P_{abs}。引入射频电源的功率耦合效率

$$\varsigma=\frac{P_{\text{abs}}}{P_{\text{abs}}+P_{\text{coil}}}\tag{12.3-8}$$

假设线圈的电阻为 R_{coil}，则线圈耗散的功率为 $P_{\text{coil}}=\dfrac{1}{2}R_{\text{coil}}I_{\text{coil}}^2$。可见，射频功率的耦合效率要小于 1。但当等离子体的总电阻远大于线圈的电阻时，耦合效率可以接近 1。在一般情况下，ς 的值依赖于线圈的电流、电源的频率及放电气压等参数。

图 12-13 显示了射频电源的功率耦合效率随线圈电流的变化情况。可以看出，在 E 放电模式下，随着线圈电流的增加，功率耦合效率逐渐下降。到达 E-H 模式转换点时，功率耦合效率达到最低。当线圈电流继续增加时，功率耦合效率突然上升。在 H 放电模式下，电源的功率耦合效率接近 90%。

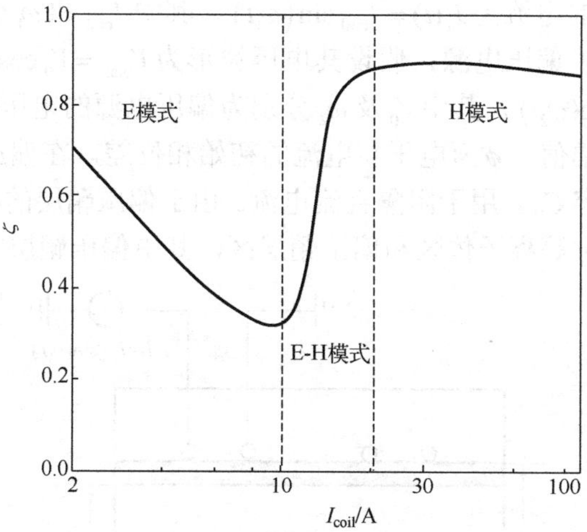

图 12-13　射频电源的功率耦合效率随线圈电流的变化

从上面的讨论可知，当线圈电流从小到大变化时，放电会从 E 模式转换到 H 模式。同样，当线圈电流从大到小变化时，也会发生放电模式转换，即从 H 模式转换到 E 模式。在一般的情况下，两种模式转换的路径不会重合，即会发生回滞现象[8,9]。回滞环的大小和形状，与放电气压、放电频率以及外部匹配回路的电容等参数有关。目前，人们对引起这种放电回滞现象的机理还不是很清楚，一部分学者认为其与外部网络的匹配方式有关，另一部分学者认为其与等离子体内部的非线性过程有关。无论是放电模式转换还是回滞，都是在表面处理工艺中不希望看到的现象，因为这会引起放电状态的不稳定。

12.4　偏压效应

在等离子体表面处理工艺中，通常要在 ICP 源的腔室底部安装一个基片台，并将被处理的工件(如晶圆)放置在基片台上。在一般的情况下，由于基片台的上表面积远小于腔室的接地面积，因此当一个射频电源与基片台连接时，就会在基片台的上方形成一个射频偏压鞘层，见 7.5 节的讨论。离子穿越偏压鞘层时，将被鞘层电场加速，以一定的能量入射到工件表面上，因此偏压电源可以控制入射到工件表面上的离子能量。本节将偏压鞘层模型、电磁模型与整体模型相结合，来分析偏压电源参数对放电模式的影响。其中，偏压鞘层模型和电磁模型分别用于确定等离子体从偏压电源和主电源中吸收的功率，而整体模型用于确定等离子体的状态参数。

图 12-14 为带有偏压电源的平面线圈 ICP 的模拟示意图，其中腔室的高度和半径分别为 h_1 和 R，偏压电极上表面的面积为 A_{bias}，石英窗上表面与腔室底部的距离为 h_2。假设主电源的电流为 $I_1(t)=I_{\text{coil}}\sin(\omega_1 t)$，其中 I_{coil} 和 ω_1 分别为主电源的电流幅值和角频率。对于偏压电源，假设其电压波形为 $V_{\text{bias}}=V_0\cos(\omega_2 t+\phi)$，对应的电流波形为 $I_2=I_{\text{bias}}\sin(\omega_2 t)$，其中 V_0 及 ω_2 分别为偏压电源的电压幅值和角频率，I_{bias} 为对应的偏压电流幅值，ϕ 为电压和电流的初始相位差。在偏压电源与偏压电极之间放置一个阻隔电容 C_{B}，用于阻隔直流电流。由于偏压鞘层的存在，整个放电腔室被分成两部分，即主等离子体区和偏压鞘层区，其中偏压鞘层的最大厚度为 s_{m}。

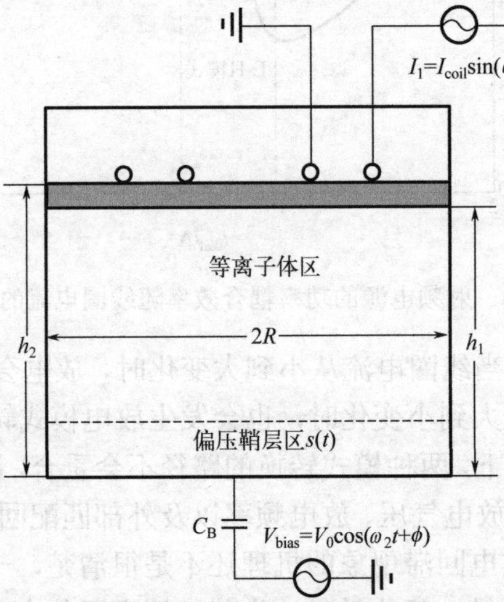

图 12-14　带有偏压电源的平面线圈 ICP 的模拟示意图

在 7.3 节中，我们曾介绍过一个非均匀离子密度分布的射频鞘层模型，并对鞘层的特性进行了分析。根据这个鞘层模型，可以得到偏压鞘层的最大厚度为

$$s_{\text{m}}=\left(2+\frac{5\pi}{12}H\right)s_0 \tag{12.4-1}$$

其中，$H=\dfrac{I_{\text{bias}}^2}{\pi\varepsilon_0 n_0 T_{\text{e}}\omega_2^2 A_{\text{bias}}^2}$ 为一个无量纲的参数，n_0 为体区的等离子体密度，T_{e} 为电

子温度；$s_0 = \dfrac{I_{\rm bias}}{en\omega_2 A_{\rm bias}}$ 具有长度量纲。根据式(7.3-22)，可以把偏压鞘层的平均电势降 $\bar{V}_{\rm bias}$ 表示为

$$\frac{e\bar{V}_{\rm bias}}{T_{\rm e}} = \frac{1}{2} - \frac{1}{2}\left(1 + \frac{3\pi H}{4}\right)^2 \tag{12.4-2}$$

可见，$\bar{V}_{\rm bias}$ 的值为负。由式(12.4-1)和式(12.4-2)可以看出，H 是影响鞘层厚度和鞘层电势降的一个重要参数。对于给定的偏压电源的频率和偏压电极的面积，H 的值主要取决于偏压电流的幅值和等离子体密度。

从能量的吸收和损失方面考虑，偏压鞘层对等离子体的影响主要体现在如下三个方面[10]。

(1) 振荡的偏压鞘层边界与来自体区的低能电子发生“碰撞”，并把这些电子反射到体区中，从而产生随机加热效应，即等离子体通过随机加热的方式从偏压电源中吸收能量。根据 7.4 节介绍的鞘层的随机加热模型，随机加热功率为

$$P_{\rm stoc} = \bar{S}_{\rm stoc} A_{\rm bias} \tag{12.4-3}$$

其中，$\bar{S}_{\rm stoc}$ 为单位面积上的平均随机加热功率，由式(7.4-24)确定。

(2) 从等离子体区出来的离子在穿越偏压鞘层时，被鞘层电场加速获得能量，并入射到偏压电极上，造成了电源功率的损失。对应的损失功率为

$$P_{\rm i,bias} = -en_0 u_{\rm B} \bar{V}_{\rm bias} A_{\rm bias} \tag{12.4-4}$$

其中，$u_{\rm B}$ 为玻姆速度。实际上，在腔室的侧壁处也存在一个接地鞘层，只不过相对于偏压鞘层，接地鞘层较薄，其平均鞘层电势降 $\bar{V}_{\rm g}$ 也较小，由下式确定：

$$\bar{V}_{\rm g} \approx \bar{V}_{\rm bias}\left(\frac{A_{\rm bias}}{A_{\rm ground}}\right)^2 \tag{12.4-5}$$

其中，$A_{\rm ground} = 2\pi R h_1$ 为接地电极(腔室侧壁)的面积。这样，接地电极鞘层产生的离子能量损失为

$$P_{\rm i,ground} = -en_0 u_{\rm B} \bar{V}_{\rm g} A_{\rm ground} \tag{12.4-6}$$

(3) 当离子轰击到基片上时，会与基片材料中的原子碰撞，从而导致二次电子发射。发射出来的电子也会被偏压鞘层加速，并获得能量进入体区，即等离子体通过二次电子加速从偏压电源中获得能量。单位时间内二次电子携带的能量为

$$P_{\rm se} = \gamma_{\rm i} en_0 u_{\rm B}(-\bar{V}_{\rm bias}) A_{\rm bias} \tag{12.4-7}$$

其中，$\gamma_{\rm i}$ 为离子轰击金属表面诱导的二次电子发射系数。对于氩离子，其值为[11]

$$\gamma_{\rm i}(E_{\rm i}) = \frac{0.002E_{\rm i}}{1 + E_{\rm i}/30} + \frac{1.05\times10^{-4}(E_{\rm i} - 80)^{1.2}}{1 + (E_{\rm i}/8000)^{1.5}} \tag{12.4-8}$$

其中，$E_{\rm i}=-e\bar{V}_{\rm bias}$ 为离子入射到偏压电极上的能量，以 eV 为单位。

根据上面的分析，等离子体从两个射频电源中吸收的总能量包括三部分，分别为电子从主电源中吸收的感性功率 $P_{\rm ind}$、电子从偏压鞘层中吸收的随机加热功率 $P_{\rm stoc}$ 和二次电子从偏压鞘层中吸收的功率 $P_{\rm se}$，即

$$P_{\rm abs}=P_{\rm ind}+P_{\rm stoc}+P_{\rm se} \tag{12.4-9}$$

其中，感性功率 $P_{\rm ind}$ 由式(12.2-4)确定，只不过要把其中的腔室高度 h_1 换成有效放电厚度 d。在考虑偏压电源存在的情况下，等离子体损失的总功率为

$$P_{\rm loss}=P_{\rm bulk}+P_{\rm i,window}+P_{\rm i,bias}+P_{\rm i,ground} \tag{12.4-10}$$

其中，$P_{\rm bulk}=p_{\rm bulk}V$ 为体区中电子与中性粒子碰撞所造成的功率损失；$P_{\rm bulk}=n_0u_{\rm B}\varepsilon_{\rm T}A_{\rm eff}$ 为损失的功率密度；$P_{\rm i,window}$ 为流到石英窗表面上的离子所引起的功率损失

$$P_{\rm i,window}=en_0u_{\rm B}[2.5T_{\rm e}+(-\Delta V_{\rm s})]\pi R^2 \tag{12.4-11}$$

其中，$-\Delta V_{\rm s}$ 为石英窗表面的悬浮电势降。式(12.4-10)右边的最后两项 $P_{\rm i,bias}$ 和 $P_{\rm i,ground}$ 分别为离子在偏压电极和接地电极上产生的能量损失。

与 12.3 节的做法一样，可以利用整体模型来确定等离子体密度和电子温度。由于鞘层区的电子密度很低，即鞘层内几乎不发生电离碰撞，因此有效放电区域的厚度变小，为 $d=h_1-s_{\rm m}$。这样，粒子数平衡方程变为

$$n_0n_{\rm g}k_{\rm iz}V_{\rm eff}=n_0u_{\rm B}A_{\rm eff} \tag{12.4-12}$$

其中，$V_{\rm eff}$ 和 $A_{\rm eff}$ 分别为体区的有效体积和有效损失面积。实际上，从偏压电极上发射出来的二次电子进入体区后，也会引起背景气体电离，使体区的等离子体密度增加。不过，现在的整体模型无法描述这种效应。由式(12.4-9)和式(12.4-10)，可以得到等离子体的能量平衡方程为

$$P_{\rm ind}+P_{\rm stoc}+P_{\rm se}=P_{\rm bulk}+P_{\rm i,window}+P_{\rm i,bias}+P_{\rm i,ground} \tag{12.4-13}$$

将方程(12.4-12)与方程(12.4-13)联立，可以分别确定出电子的温度和等离子体的密度，其中方程(12.4-13)是一个非线性代数方程，可以采用作图法求出该方程的根。

下面仍以氩气放电为例进行讨论。在数值计算中，所用的参数为：腔室的半径和高度分别为 $R=15{\rm cm}$ 和 $h_1=6{\rm cm}$，石英窗上表面的高度为 $h_2=7.2{\rm cm}$；射频线圈为 2 匝，其半径分别为 $r_1=6{\rm cm}$ 和 $r_2=8{\rm cm}$；主电源和偏压电源的频率均为13.56MHz；放电气压为 $p=1{\rm Pa}$，中性气体温度为 $T_{\rm g}=0.03{\rm eV}$；石英窗的相对介电常量为 $\varepsilon_{\rm t}=5$；悬浮鞘层电势降为 $e\Delta V_{\rm s}\approx 4.68T_{\rm e}$；偏压电极的面积为 $A_{\rm bias}=\pi R_1^2$，其中 $R_1=10{\rm cm}$。线圈的电流幅值 $I_{\rm coil}$ 和偏压电源的电流幅值 $I_{\rm bias}$ 均为可调的输入参数。图 12-15 显示了在三个不同的线圈电流下，偏压电流对等离子体密度的影响。①当偏压电流较小时

(对于 $I_{coil}=30A$，$I_{bias}<4A$)，偏压电流对等离子体密度几乎没有影响，这时 $P_{ind} \gg P_{stoc}+P_{i,se}$，放电是由主电源所维持的，即为感性耦合放电模式。②当偏压电流适中时(对于 $I_{coil}=30A$，$4A<I_{bias}<9A$)，随着偏压电流的增加，等离子体密度明显地下降。这是因为增加偏压电流的幅值，偏压鞘层的厚度和电势降均有所增加，所以偏压电极和接地电极上损失的离子数(或损失的能量)增加。③当偏压电流较大时(对于 $I_{coil}=30A$，$I_{bias}>9A$)，线圈电流对等离子体密度几乎没有影响，这时 $P_{ind} \ll P_{stoc}+P_{i,se}$，放电是由偏压电源维持的，即为偏压引起的容性耦合放电模式。可见，随着偏压电流的增加，放电从感性耦合放电模式向偏压引起的容性耦合放电模式进行转换。

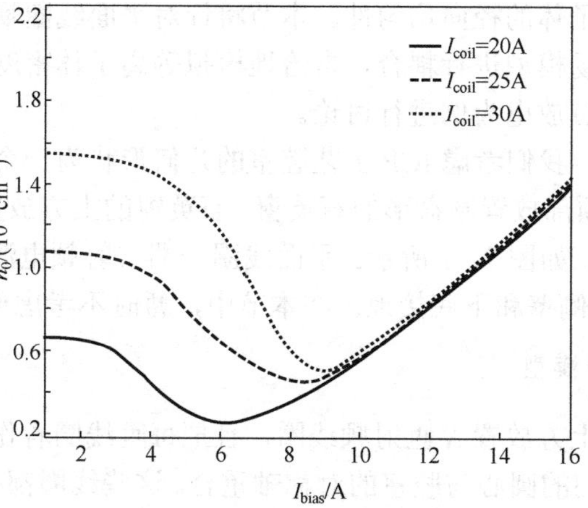

图 12-15　偏压电流对等离子体密度的影响

实验上也观察到了这种由偏压电源维持的容性耦合放电现象[12,13]。对于带有射频偏压的感性耦合氩气放电，图 12-16 显示了对于不同的感性功率，朗缪尔探针测量到的电子密度随偏压幅值的变化情况[13]。其中放电腔室的半径为 15cm，高度为 9cm、探针与偏压基片台上表面的距离为 3cm、线圈(两匝)电源和偏压电源的频率均为 13.56MHz、放电气压为 20mTorr。可以看出，对于给定的感性功率，电子密度随着偏压幅值的增加呈现出先下降、后上升的趋势。尤其是在感性功率较低的情

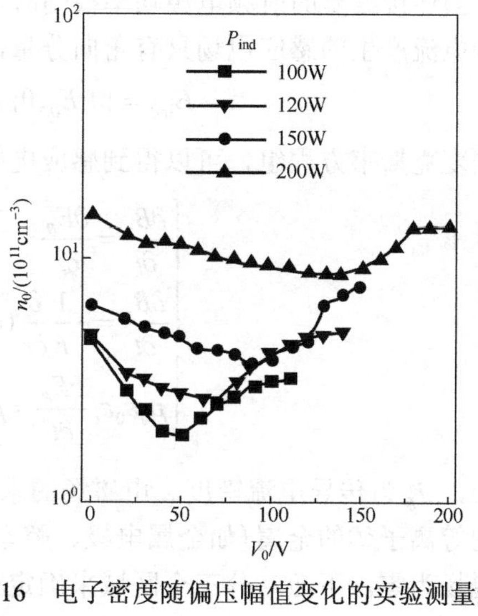

图 12-16　电子密度随偏压幅值变化的实验测量结果

况下，这种变化趋势更为明显。可见，实验测量结果与上面的理论分析在变化趋势上基本保持一致。

12.5 感性耦合等离子体的径向均匀性

在本章前面几节中，为了简化讨论，我们一直假设等离子体的分布是空间均匀的，并采用整体模型计算等离子体的密度和电子温度。然而，在实际的放电过程中，等离子体的密度分布是空间非均匀的，而且可以通过调节放电腔室的几何尺寸和放电参数来改善等离子体的径向均匀性。本节将针对平面线圈耦合的 ICP，将二维流体力学模型与电磁场模型进行耦合，自洽地模拟等离子体密度的径向分布。本节以电正性气体(如氩气)放电为例进行讨论。

在如下讨论中，我们考虑 ICP 工艺腔室的几何形状为一个半径为 R 、高度为 h_1 的圆筒。在腔室的顶部放置圆盘形的石英窗，石英窗的上方放置盘香形的平面线圈，并盖上金属屏蔽罩，如图 12-1 所示。平面线圈一端与射频电源连接，电源的频率为 13.56MHz。腔室的侧壁和下底接地。在本节中，暂时不考虑偏压电源的影响。

1. *感应电磁场模型*

考虑在石英窗上方放置 N 匝射频线圈，且把每匝线圈看作圆环，其半径分别为 r_1，r_2，…，r_N，它们的圆心与腔室的对称轴重合。这些线圈都是由导线制作而成的，导线的横截面可以是圆形或方形，横截面积为 S_{coil} 。线圈中通有射频电流 $I = I_{\text{coil}}\sin\omega t$ ，其中 I_{coil} 为射频电流的幅值，ω 为对应的角频率。

当连接线圈的射频电源功率很高时，放电为纯感性耦合模式。此时，线圈中的射频电流产生的感应电场只有角向分量，磁场只有径向分量和轴向分量，即

$$\boldsymbol{E}_{\text{ind}} = \{0, E_\theta, 0\}, \quad \boldsymbol{B}_{\text{ind}} = \{B_r, 0, B_z\} \tag{12.5-1}$$

根据麦克斯韦方程组，可以得到感应电磁场的各分量所满足的方程为

$$\begin{cases} \dfrac{\partial B_r}{\partial t} = \dfrac{\partial E_\theta}{\partial z} \\ \dfrac{\partial B_z}{\partial t} = -\dfrac{1}{r}\dfrac{\partial}{\partial r}(rE_\theta) \\ \mu_0\varepsilon_0\varepsilon_{\text{r}}\dfrac{\partial E_\theta}{\partial t} = \mu_0 J_\theta - \left(\dfrac{\partial B_r}{\partial z} - \dfrac{\partial B_z}{\partial r}\right) \end{cases} \tag{12.5-2}$$

其中，J_θ 为传导电流密度。电磁场的求解区域包含放电腔室、石英窗和屏蔽罩区。面向等离子体的金属(如金属电极、腔室侧壁及屏蔽罩)被视为理想导体，其内部的电磁场为零。下面，分三个区域来确定相对介电常量和电流密度。

(1)在介质区(石英窗和包围偏压电极的介质环)，$\varepsilon_{\rm r}=\varepsilon_{\rm t}$ 及 $\boldsymbol{J}=0$，其中 $\varepsilon_{\rm t}$ 为介质的相对介电常量。

(2)在等离子体区，$\varepsilon_{\rm r}=1$ 及 $\boldsymbol{J}=\boldsymbol{J}_{\rm p}$，$\boldsymbol{J}_{\rm p}$ 为等离子体的传导电流密度。由于离子的质量较大，其运动速度较低，可以近似认为等离子体的感应电流主要来自于电子的运动。在感应电场 $\boldsymbol{E}_{\rm ind}$ 的作用下，电子的角向运动方程为

$$m_{\rm e}\frac{\partial u_\theta}{\partial t}=-eE_\theta-m_{\rm e}\nu_{\rm eff}u_\theta \tag{12.5-3}$$

其中，$\nu_{\rm eff}$ 是电子与中性粒子的有效碰撞频率，其包括弹性碰撞频率和随机加热碰撞频率。需要说明一点：这里忽略了洛伦兹力 $-e\boldsymbol{u}\times\boldsymbol{B}$ 对电子角向运动的影响，这是因为在通常的放电条件下($f=13.56$ MHz)，洛伦兹力与电场力相比是个小量。通过数值求解方程(12.5-3)，就可以确定出等离子体的极化电流密度

$$\boldsymbol{J}_{\rm p}=-en_{\rm e}u_\theta\boldsymbol{e}_\theta \tag{12.5-4}$$

其中，电子密度 $n_{\rm e}$ 由下面的流体力学模型确定。

(3)在屏蔽罩区，$\varepsilon_{\rm r}=1$，而电流密度为

$$\boldsymbol{J}=\sum_{k=1}^{N}J_{0k}\sin\omega t\boldsymbol{e}_\theta \tag{12.5-5}$$

其中，J_{0k} 为第 k 匝线圈的电流密度。当所考虑的空间点 $\boldsymbol{r}$ 位于第 k 匝线圈对应的导线横截面 S 内时，$J_{0k}=I_{\rm coil}/S_{\rm coil}$；否则 $J_{0k}=0$。

一旦计算出感应电场和等离子体的电流密度，就可以确定出等离子体从感应电场中吸收的功率密度

$$p_{\rm abs}(r,z,t)=J_{\rm p}(r,z,t)E_\theta(r,z,t) \tag{12.5-6}$$

并将该方程与电子的能量平衡方程进行耦合。

2. 静电场模型

在没有偏压的情况下，等离子体中的静电场仅来自于电荷分离产生的场。设静电场为 $\boldsymbol{E}_{\rm s}$，其中采用下标“s”以示它与感应电场的区别。静电场只有径向和轴向两个分量，即 $\boldsymbol{E}_{\rm s}=(E_{sr},0,E_{sz})$，并可以用电势 V 的负梯度表示，即 $\boldsymbol{E}_{\rm s}=-\nabla V$。$V$ 满足泊松方程

$$\nabla^2V=-\frac{\rho}{\varepsilon_0\varepsilon_{\rm r}} \tag{12.5-7}$$

其中，$\rho=e(n_{\rm i}-n_{\rm e})$ 为电荷密度，这里 $n_{\rm i}$ 和 $n_{\rm e}$ 分别为离子及电子的密度，由流体力学模型确定。

3. 流体力学模型

关于 ICP 的流体力学方程组，在形式上与 9.9 节介绍的 CCP 的流体力学方程组相似，但也有一些差别，这里需要做如下几点说明。

(1) 在流体力学模型中，只考虑带电粒子沿径向和轴向的输运。由于感应电场 $\boldsymbol{E}_{\text{ind}}$ 仅有角向分量，且放电腔室具有轴对称性，所以 $\boldsymbol{E}_{\text{ind}}$ 对带电粒子的动量平衡方程没有影响，即仅考虑静电场 $\boldsymbol{E}_{\text{s}}$ 的作用。

(2) 由于感应磁场 $\boldsymbol{B}_{\text{ind}}$ 是一个小量，所以在一般情况下可以忽略洛伦兹力对带电粒子运动的影响。

(3) 在电子的能量平衡方程中，要包括电子从感应电场中吸收的功率密度 p_{abs}。基于以上考虑，可以把感应耦合等离子体的流体力学方程表示为

$$\frac{\partial n_{\text{e}}}{\partial t}+\nabla\cdot\boldsymbol{\Gamma}_{\text{e}}=S_{\text{e}} \tag{12.5-8}$$

$$\frac{\partial n_{\text{i}}}{\partial t}+\nabla\cdot(n_{\text{i}}\boldsymbol{u}_{\text{i}})=S_{\text{i}} \tag{12.5-9}$$

$$\boldsymbol{\Gamma}_{\text{e}}=-\frac{1}{m_{\text{e}}\nu_{\text{en}}}\nabla(n_{\text{e}}T_{\text{e}})-\frac{en_{\text{e}}}{m_{\text{e}}\nu_{\text{en}}}\boldsymbol{E}_{\text{s}} \tag{12.5-10}$$

$$m_{\text{i}}n_{\text{i}}\left[\frac{\partial\boldsymbol{u}_{\text{i}}}{\partial t}+(\boldsymbol{u}_{\text{i}}\cdot\nabla)\boldsymbol{u}_{\text{i}}\right]=en_{\text{i}}\boldsymbol{E}_{\text{s}}-\nabla(n_{\text{i}}T_{\text{i}})-m_{\text{i}}n_{\text{i}}\nu_{\text{in}}\boldsymbol{u}_{\text{i}} \tag{12.5-11}$$

$$\frac{\partial}{\partial t}\left(\frac{3}{2}n_{\text{e}}T_{\text{e}}\right)=-\nabla\cdot\left(\boldsymbol{q}_{\text{e}}+\frac{5}{2}T_{\text{e}}\boldsymbol{\Gamma}_{\text{e}}\right)+p_{\text{abs}}-p_{\text{e,coll}} \tag{12.5-12}$$

其中，S_{e} 和 S_{i} 分别为电子和离子产生和损失的源项；ν_{en} 和 ν_{in} 分别为电子和离子与中性粒子的弹性碰撞频率。在方程(12.5-12)中，$p_{\text{e,coll}}$ 为电子与中性粒子碰撞造成的能量损失，见式(5.4-23)；$\boldsymbol{q}_{\text{e}}$ 是电子的热流密度矢量，见式(5.4-34)。

此外，电子从射频电源中吸收的功率为

$$P_{\text{abs}}=\int_0^{h_1}\mathrm{d}z\int_0^R p_{\text{abs}}(r,z,t)2\pi r\mathrm{d}r \tag{12.5-13}$$

这样，在数值模拟过程中，对于给定的线圈电流幅值 I_{coil}，就可以由式(12.5-13)确定出对应的吸收功率 P_{abs}。

将上述等离子体流体力学方程组式(12.5-8)～式(12.5-13)与泊松方程(12.5-7)联立，并借助适当的边界条件，就可以自洽地模拟出带电粒子密度的空间变化。下面仍以氩气放电为例进行讨论，并选取线圈的匝数为 2 匝，两个圆形线圈的半径分别为 8cm 和 10cm，腔室的半径为 15cm，石英窗的厚度为 1cm，屏蔽罩的高度为 3cm。此外，还选取石英窗的相对介电常量为 4。图 12-17 显示了放电腔室高度 h 对电子密

度径向分布的影响($z=h/2$)，其中放电功率为 200W，放电气压为 40mTorr。可以看出，当腔室的高度较小时($h=3$cm)，电子密度的径向分布为“马鞍形”，即中心处密度低，而在线圈下方密度高；当腔室的高度较大时($h=8$cm)，电子密度的径向分布为“高斯形”，即中心处密度高，而边缘处密度低；当腔室的高度适中时($h=5$cm)，在腔室中心区域($r\leqslant 8$cm)电子密度的径向分布较为均匀。也就是说，当腔室的半径固定时，通过调节腔室的高度，可以优化等离子体的径向均匀性。在感性耦合放电过程中，线圈正下方附近为强电离区，产生的等离子体会向下输运。当腔室的高度较小时，轴向输运距离短，导致等离子体密度的峰出现在线圈的位置。当腔室的高度较大时，局域强电离区对中平面($r=0$)处的密度影响小，而径向扩散主导着密度分布，因此密度呈现中心处高，边缘处低的分布。

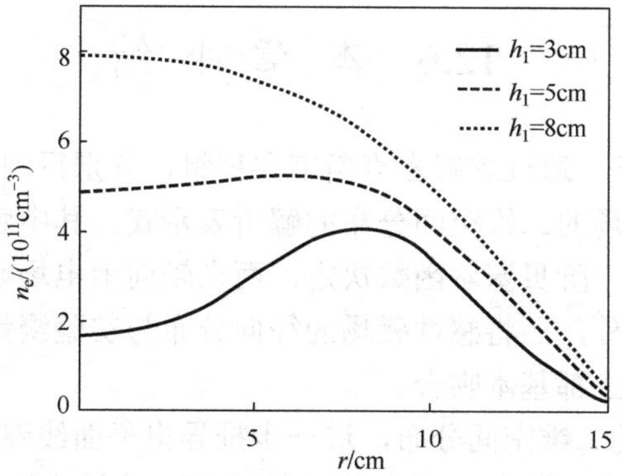

图 12-17　三种不同腔室高度下电子密度的径向分布

图 12-18 显示了线圈的位置对电子密度径向分布的影响，其中腔室高度为 5cm，放电气压为 40mTorr，放电功率为 200W。可以看出，当线圈的位置靠近腔室的中心时(6cm,8cm)，中心处的密度值较高，等离子体的均匀性较差；当线圈的位置靠近电极边缘处时，如在(10cm,12cm)处，等离子体密度的均匀性较好。也就是说，

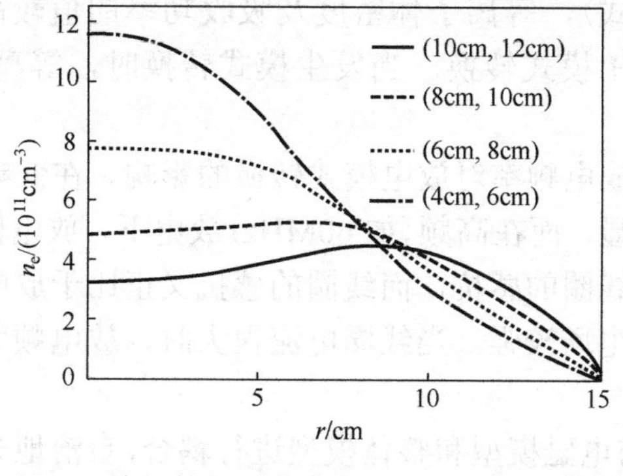

图 12-18　线圈的位置对电子密度径向分布的影响

通过调节线圈的位置，可以明显地改善等离子体的均匀性。此外，调节其他放电参数，如放电功率和放电气压，也可以改善等离子体的均匀性，这里不再一一讨论。

在一些材料表面处理工艺中，如等离子体刻蚀和薄膜沉积工艺，如何控制工艺腔室中等离子体的径向均匀性，尤其是入射到基片表面上离子通量的径向均匀性，是一个非常重要的问题，因为它直接影响等离子体处理工艺的质量，如晶圆刻蚀的均匀性。实际上，工艺腔室中等离子体的状态受到多个外界参数的影响，如放电腔室的几何结构和尺寸、电源功率和频率、工作气体的种类和气压等。借助于工艺腔室中多物理场耦合建模和数值模拟方法，可以通过调节这些外界参数来优化等离子体的径向均匀性。这种数值模拟方法不仅可以优化等离子体工艺腔室的物理设计，还可以对等离子体处理工艺的结果进行预测(晶圆的刻蚀率及刻蚀剖面的形状)。

12.6 本 章 小 结

(1)在谐波近似下，通过求解麦克斯韦方程组，分别得到了平面线圈 ICP 中感性电磁场和容性电磁场的二维空间分布的解析表示式，其中感性电场和容性磁场在径向上的分布形式由一阶贝塞尔函数决定，而在轴向上电场幅值从腔室的顶部开始呈指数形式下降。此外，还将感性磁场的径向分布与实验测量结果进行了比较，两者在空间分布和数值上都基本吻合。

(2)基于电磁场的二维空间分布，进一步推导出平面线圈 ICP 的感性电阻和容性电阻以及电感的解析表示式。在低密度情况下，感性电阻 R_{ind} 和容性电阻 R_{cap} 均正比于等离子体密度，而电感 L_{ind} 几乎为常数。在高密度情况下，感性电阻、容性电阻和电感均随等离子体密度的增加而下降。

(3)将等效回路模型与电磁模型和整体模型进行耦合，自洽地分析了平面线圈感性耦合放电的模式转换过程。当线圈电流较小时，放电处于容性耦合模式(即 E 模式)，等离子体密度及吸收功率的值较低。当线圈电流较大时，放电处于感性耦合模式(即 H 模式)，等离子体密度及吸收功率的值较高。增加线圈电流时，放电会从 E 模式向 H 模式转换。当发生模式转换时，等离子体密度和吸收功率均快速增加。

此外，还分析了放电频率对放电模式转换的影响。在低频(如 2MHz)放电下，放电模式转换比较明显，而在高频(如 60MHz)放电下，放电模式转换不明显。这是因为容性电场正比于线圈的感抗，而线圈的感抗又正比于放电频率(或角频率)，即在高频情况下，容性电场较强。当线圈电流很大时，放电频率对等离子体密度的影响较小。

(4)将鞘层模型与电磁模型和整体模型进行耦合，自洽地分析了射频偏压对平面线圈感性耦合放电的影响。当偏压电流较低时，放电主要是由线圈电流维持，随着偏压电流增加，等离子体密度逐渐下降。这是因为随着偏压电流的增加，偏压鞘层的电势降也在增加，导致穿越鞘层的离子数增加，即离子损失增加。当继续增加偏压电流时，放电主要是由偏压电流维持，线圈电流对等离子体密度的影响很小，而且等离子体密度随着偏压电流的增加而增加。这是因为当偏压电流很大时，由鞘层边界振荡所产生的随机加热效应和从偏压电极上发射的二次电子效应对气体的电离起增强作用。

(5)采用二维流体力学模型对平面线圈 ICP 进行数值模拟，分析了腔室的几何尺寸和线圈的位置对等离子体密度的径向分布的影响。当放电腔室的高度较小时(如 3cm)，等离子体密度在径向上呈“马鞍形”分布，即在腔室中心处的密度低，而在线圈下方密度高。当放电腔室的高度较大时(如 8cm)，等离子体密度在径向上呈“高斯形”分布，即在腔室中心处的密度高，而在边缘处的密度低。选择合适的腔室高宽比，可以使得等离子体密度的径向分布较为均匀。此外，线圈的位置也对等离子体密度的径向分布有较为明显的影响。

参 考 文 献

[1] Mishra A, Kim K N, Kim T H, et al. Synergetic effects in a discharge produced by a dual frequency–dual antenna large-area ICP source. Plasma Sources Sci. Technol., 2012, 21(3): 035018.

[2] El-Fayoumi I M, Jones I R. The electromagnetic basis of the transformer model for an inductively coupled RF plasma source. Plasma Sources Sci. Technol., 1998, 7(2): 179.

[3] Lee M H, Chung C W. On the E to H and H to E transition mechanisms in inductively coupled plasma. Phys. Plasmas, 2006, 13(6): 063510.

[4] 杜鹏程. 感性耦合 Ar 和 Ar/O_2 等离子体中 E-H 放电模式转换的实验研究. 大连: 大连理工大学, 2022.

[5] Suzuki K, Nakamura K, Ohkubo H, et al. Power transfer efficiency and mode jump in an inductive RF discharge. Plasma Sources Sci. Technol., 1998, 7(11): 13.

[6] Liu W, Gao F, Zhao S X, et al. Mode transition in CF_4+Ar inductively coupled plasma. Phys. Plasmas, 2013, 20(12): 123513.

[7] Gao F, Li X C, Zhao S X, et al. Spatial variation behaviors of argon inductively coupled plasma during discharge mode transition. Chin. Phys. B, 2012, 21(7): 075203.

[8] Daltrini A M, Moshkalev S A, Monteiro M J R, et al. Mode transitions and hysteresis in inductively coupled plasmas. J. Appl. Phys., 2007, 101(7): 073309.

[9] Xu H J, Zhao S X, Gao F, et al. Discontinuity of mode transition and hysteresis in hydrogen inductively coupled plasma via a fluid model. Chin. Phys. B, 2015, 24(11): 115201.

[10] Wen D Q, Liu W, Gao F, et al. A hybrid model of radio frequency biased inductively coupled plasma discharges: Description of model and experimental validation in argon. Plasma Sources Sci. Technol., 2016, 25(4): 045009.

[11] Phelps A V, Petrovic Z L. Cold-cathode discharges and breakdown in argon: surface and gas phase production of secondary electrons. Plasma Sources Sci.Technol., 1999, 8(3): R21.

[12] Lee H C, Lee M H, Chung C W. Effects of rf-bias power on plasma parameters in a low gas pressure inductively coupled plasma. Appl. Phys. Lett., 2010, 96(7): 071501.

[13] Gao F, Zhang Y R, Zhao S X, et al. Electronic dynamic behavior in inductively coupled plasmas with radio-frequency bias. Chin. Phys. B, 2014, 23(11): 115202.

第 13 章　螺旋波等离子体

如同第 11 和 12 章介绍的感性耦合放电一样，螺旋波放电也是由天线激励的电磁场(电磁波)来维持的，而且也可以在低气压下产生高密度的等离子体。不过，螺旋波的天线形状不再只是简单的圆形线圈或螺旋线圈，其形状比较复杂，如扭曲的螺旋天线或双马鞍形天线等。此外，在螺旋波放电中，需要在放电管中施加一个静磁场。静磁场的存在可以使电磁波沿着静磁场的方向以角向旋转的形式传播，因此通常称这种电磁波为螺旋波(helicon wave)。它是一种频率介于离子回旋频率和电子回旋频率之间的右手圆极化电磁波。

本章主要介绍等离子体中螺旋波的本征模式、螺旋波的衰减机制，以及等离子体吸收的功率密度。在 13.1 节中，简要介绍螺旋波等离子体源，包括其放电腔室的几何结构和射频天线的形状。为了便于理解螺旋波的性质。13.2 节针对均匀无界磁化等离子体，推导出电磁波的色散关系表示式，并由此给出螺旋波的参数范围。在 13.3 节中，忽略电子的惯性效应，以及电子与中性粒子的碰撞效应，并在此基础上介绍柱状等离子体中螺旋波的本征模式及电磁场的空间分布形态。在 13.4 节中，根据螺旋波的本征模式，推导出螺旋波的轴向波长表达式，由此可以优化螺旋波天线长度的选取。在 13.5 节中，介绍螺旋波的功率吸收机制，包括碰撞吸收和无碰撞吸收，并估算各种碰撞频率的值。在 13.6 节中，考虑电子的惯性效应和碰撞效应对螺旋波的影响，并给出等离子体吸收功率的一般表示式。最后，13.7 节介绍螺旋波放电过程中的模式跳变现象。

13.1　螺旋波等离子体源简介

在 1968～1970 年，澳大利亚学者 Boswell 首次发现了螺旋波放电，并且指出其可以在低气压下(mTorr 量级)产生高密度的等离子体[1]。Boswell 在随后开展的螺旋波放电实验中，观察到了等离子体密度正比于施加的外磁场，尤其是当磁场达到 1kG 时，等离子体的密度峰值可以超过 $10^{12}\mathrm{cm}^{-3}$ 量级[2]。1993 年，日本名古屋大学的 Shoji 等的实验研究表明[3]，对于频率为 11MHz 的螺旋波放电，当放电功率超过 1kW 且静磁场超过 1kG 时，氩等离子体的密度可以超过 $10^{13}\mathrm{cm}^{-3}$。也就是说，在较高的磁场和较高的射频功率下，螺旋波放电可以产生高密度的等离子体，其密度远大于射频容性耦合和感性耦合等离子体的密度。对于螺旋波放电，静磁场为 100～1000G，射频电源的驱动频率一般为 1～50MHz，所产生的等离子体密度为 $10^{11}\sim10^{14}\mathrm{cm}^{-3}$。美国加州大学的

Chen，对螺旋波等离子体源的研究进展进行了详细综述[4,5]。

图 13-1(a)和(b)分别给出了两种典型的螺旋波放电装置示意图。图 13-1(a)的放电腔室是一个长直形的石英管，这种形式的放电腔室主要用于实验室的基础研究。图 13-1(b)的放电腔室由石英管和扩散腔室两部分构成，其中石英管中产生的等离子体可以从放电管的下端扩散到下面的腔室中。这种形式的放电腔室主要用于材料表面处理工艺。在这两种放电腔室中，石英管的半径通常为几厘米。石英管的外部缠绕多匝直流线圈，用于产生沿着轴向的静磁场。此外，在石英管的外表面还套有天线，并与射频电源连接。

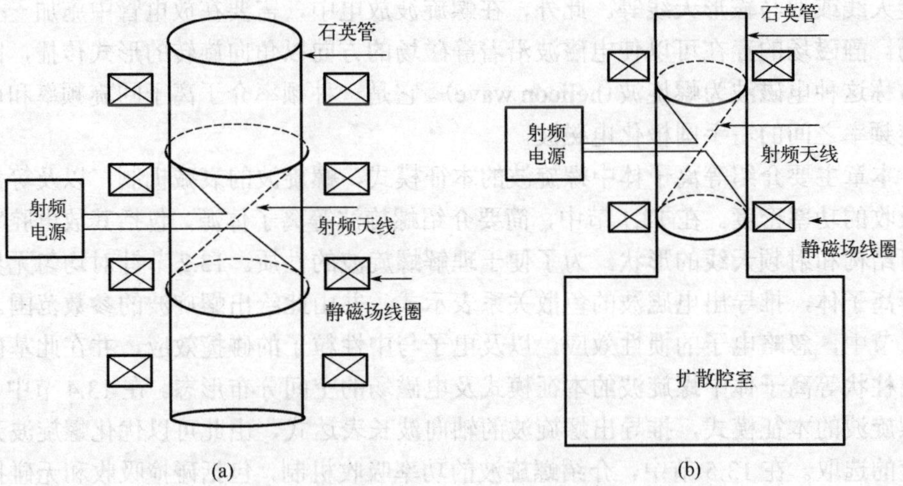

图 13-1　两种典型的螺旋波放电装置示意图

在带有扩散腔室的螺旋波等离子体装置中，当等离子体从源区向下游扩散时，会在源区和扩散区的交界处造成电子密度的不连续性，即存在密度梯度。伴随着密度梯度的出现，此处通常会存在一个静电场，这个静电场可以加速从源区出来的正离子。尤其是当有一个发散的静磁场存在时，离子的速度可以达到超声速。这时，会在源区和扩散区的交界处形成一个所谓的“双层”现象[6]，即存在一个正电荷层和一个负电荷层。正离子被双层电场加速后，可以获得几十电子伏的能量。基于这种双层电场加速原理，人们提出了螺旋波双层推进器，可以用于一些在轨微小卫星的推进。

近些年，螺旋波放电也被用在线性等离子体装置上，用来测试面向磁约束聚变等离子体的材料性能[7]。这种线性装置的长度一般在 2m 左右，由等离子体源区和测试区构成，其中源区的等离子体是由螺旋波放电产生的。为了约束等离子体的输运，在测试区也施加了沿着轴向的静磁场。

在柱坐标系中，可以把天线电流密度的空间分布表示成傅里叶形式

$$\boldsymbol{J}_{\mathrm{a}}(r,\theta,z)=\sum_{m=-\infty}^{\infty}\int_{-\infty}^{\infty}\mathrm{d}k\boldsymbol{J}_{\mathrm{a}}(r,m,k)\mathrm{e}^{\mathrm{i}(m\theta+kz)} \tag{13.1-1}$$

其中，m 为角向模数；k 为轴向(平行磁场方向)波数。在式(13.1-1)中，$\boldsymbol{J}_{\mathrm{a}}(r,m,k)$ 为天线电流密度的傅里叶逆变换或谱函数，其形式为

$$\boldsymbol{J}_{\mathrm{a}}(r,m,k)=\frac{1}{(2\pi)^2}\int_0^{2\pi}\mathrm{d}\theta\int_{-\infty}^{\infty}\mathrm{d}z\boldsymbol{J}_{\mathrm{a}}(r,\theta,z)\mathrm{e}^{-\mathrm{i}(m\theta+kz)} \tag{13.1-2}$$

由于趋肤效应，电流只能沿着天线的表面流动，因此可以假设天线内部的净电荷密度为零。根据电荷守恒定律，天线的电流密度 $\boldsymbol{J}_{\mathrm{a}}$ 的散度为零，即 $\nabla\cdot\boldsymbol{J}_{\mathrm{a}}=0$。由此，可以得到天线电流密度的角向分量 $J_{\mathrm{a}\theta}(r,m,k)$ 和轴向分量 $J_{\mathrm{az}}(r,m,k)$ 满足如下方程：

$$\frac{\mathrm{i}m}{R}J_{\mathrm{a}\theta}(r,m,k)+\mathrm{i}kJ_{\mathrm{az}}(r,m,k)=0 \tag{13.1-3}$$

对于不同的天线电流分布，m 的取值范围是不一样的，它会直接影响到波电场或磁场的空间分布形态以及等离子体的吸收功率密度。

在螺旋波放电实验中，可以选取不同形状的射频天线，如图 13-2 所示[8]。对于单匝圆形线圈天线，见图 13-2(a)，其电流密度分布为

$$J_{\mathrm{a}\theta}(z,\theta)=I_0\delta(r-r_{\mathrm{a}})\delta(z-z_{\mathrm{a}}) \tag{13.1-4}$$

其中，r_{a} 和 z_{a} 分别为天线的半径和天线的轴向位置；I_0 为天线电流的幅值。与式(13.1-4)对应的逆变换为

$$J_{\mathrm{a}\theta}(r,m,k)=\frac{I_0}{2\pi}\delta(r-r_{\mathrm{a}})\mathrm{e}^{-\mathrm{i}kz_{\mathrm{a}}}\delta_{m,0} \tag{13.1-5}$$

可见，这种天线激励的电磁波与角向模式无关($m=0$)，即电磁场的空间分布具有轴对称性。

图 13-2(b)为 1978 年名古屋大学 Watari 等提出的平面极化天线，也称为名古屋Ⅲ型天线，它是由两个圆形线圈和两个沿着对称轴的平直导线构成的。这种天线的角向电流密度分布为[9]

$$J_{\mathrm{a}\theta}(r,\theta,z)=\frac{I_0}{2}\delta(r-r_{\mathrm{a}})[\delta(z-z_{\mathrm{a}})-\delta(z-z_{\mathrm{a}}-L_{\mathrm{a}})]f(\theta) \tag{13.1-6}$$

其中，L_{a} 为天线长度，函数 $f(\theta)$ 的取值为

$$f(\theta)=\begin{cases}1, & 0<\theta<\pi\\-1, & \pi<\theta<2\pi\end{cases} \tag{13.1-7}$$

利用式(13.1-2)，可以得到这种电流分布的傅里叶逆变换式为

$$J_{a\theta}(r,m,k)=\frac{I_0}{2\pi^2}(1-e^{-im\pi})\frac{e^{-ik(z_a+L_a/2)}}{m}\sin\left(\frac{kL_a}{2}\right)\delta(r-r_a) \tag{13.1-8}$$

可见，对于这种电流分布，m 只能取奇数模。需要说明一下，每个圆形线圈并不是封闭的，而是在与平直导线的连接处有一个很小的张角 θ_0。

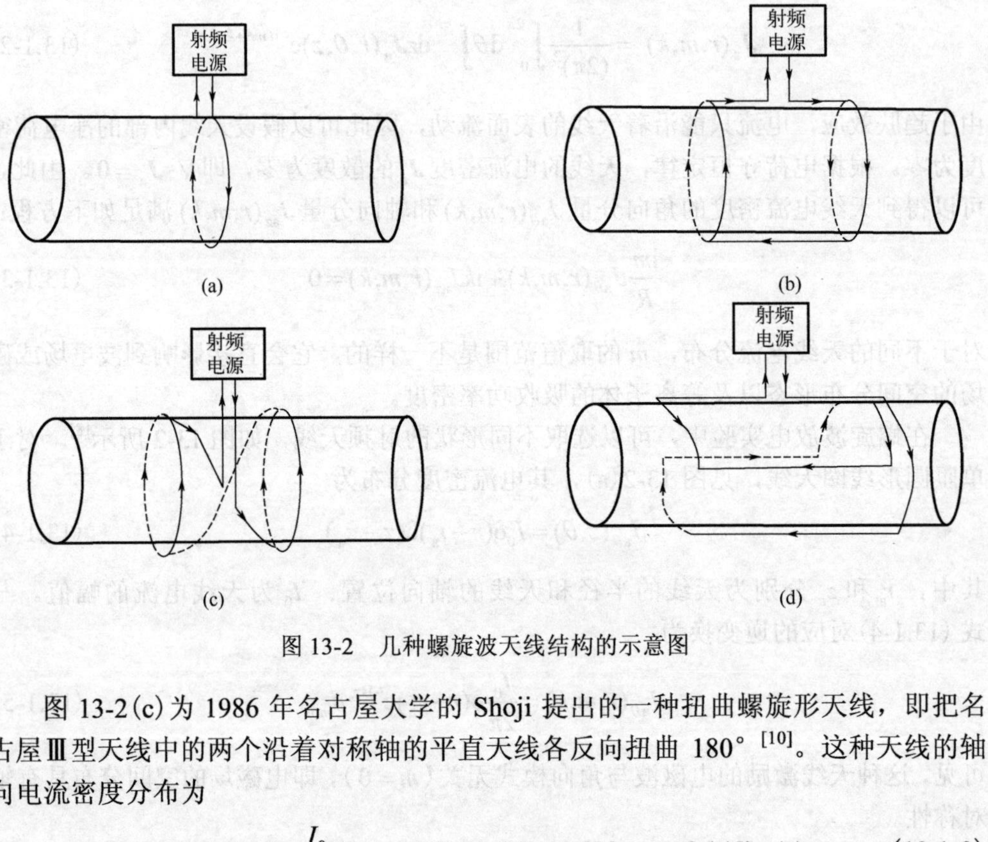

图 13-2　几种螺旋波天线结构的示意图

图 13-2(c)为 1986 年名古屋大学的 Shoji 提出的一种扭曲螺旋形天线，即把名古屋Ⅲ型天线中的两个沿着对称轴的平直天线各反向扭曲 180° [10]。这种天线的轴向电流密度分布为

$$J_{az}(r,\theta,z)=\frac{I_0}{R}\delta(r-r_a)\{\delta[\theta-\theta_c(z)]-\delta[\theta-\pi-\theta_c(z)]\}g(z) \tag{13.1-9}$$

其中，$\theta_c(z)=\pi(z-z_a)/L_a$ 为扭曲角；$g(z)$ 的取值为

$$g(z)=\begin{cases}1, & z_a<z<L_a+z_a\\ 0, & \text{其他}\end{cases} \tag{13.1-10}$$

与式(13.1-9)对应的傅里叶逆变换为

$$\alpha_z(r,m,k)=\frac{I_0L_a}{2\pi^2R}(1-e^{-im\pi})\frac{e^{-ik(z_a+L_a/2)-im\pi/2}}{kL_a+m\pi}\sin\left(\frac{kL_a+m\pi}{2}\right)\delta(r-r_a) \tag{13.1-11}$$

同样，对于这种扭曲螺旋天线的电流分布，m 也只能取奇数模。

图 13-2(d)为 1970 年 Boswell 提出的双马鞍形天线，其中两个马鞍形天线相互

连接(没有在图中显示)[1]。由于这种天线的几何结构较为复杂，所以很难给出它的电流密度分布的解析表示式。

在大多数螺旋波放电实验中，通常都选取图 13-2 中的后三种类型的天线用来激励模数为 $m=1$ 的电磁波，因为这种模数的电磁波可以有效地与等离子体耦合，从而产生高密度的等离子体。

除了上述四种天线外，Shinohara 等还采用平面盘香形的天线来激励螺旋波放电[11]，其中天线被放置在放电管的一端。与上述四种天线相比，盘香形天线激励的放电可以产生较大面积的等离子体，这有利于它在材料表面处理工艺中的应用。

由于螺旋波放电可以产生较高密度的等离子体，所以最初人们希望能把这种等离子体应用到半导体芯片的制造工艺中，并且也做了一些尝试[12,13]。但是，由于静磁场线圈的利用使得螺旋波放电的装置十分复杂，半导体工业界很难接受这种等离子体源，因此到目前为止，螺旋波等离子体还没有在材料的刻蚀及薄膜沉积等半导体制造工艺中得到广泛的应用。

13.2　均匀无界磁化等离子体中传播的电磁波

为了便于理解螺旋波的一些基本概念，本节先介绍一下在均匀无界等离子体中平行于外磁场传播的电磁波，其中等离子体密度为 n_0。外磁场是空间均匀的，其方向沿着直角坐标系的 z 轴，即 $\boldsymbol{B}_0 = B_0\boldsymbol{e}_z$。这样，波的传播方向也沿着 z 轴，即 $\boldsymbol{k} = k\boldsymbol{e}_z$，其中 k 为电磁波的波数。下面从麦克斯韦方程组和带电粒子的运动方程出发，推导出电磁波的色散关系，并分析电磁波的传播特性。

1. 色散关系

等离子体中的扰动电场 $\boldsymbol{E}$ 和磁场 $\boldsymbol{B}$ 满足如下麦克斯韦方程组：

$$\nabla \times \boldsymbol{E} = -\frac{\partial \boldsymbol{B}}{\partial t} \tag{13.2-1}$$

$$\nabla \times \boldsymbol{B} = \mu_0 \boldsymbol{J} + \mu_0 \varepsilon_0 \frac{\partial \boldsymbol{E}}{\partial t} \tag{13.2-2}$$

其中，$\boldsymbol{J}$ 为等离子体的极化电流密度。由于等离子体是均匀无界的，可以将扰动电磁场和电流密度表示为

$$\boldsymbol{A}(z,t) = \boldsymbol{A}_0 \mathrm{e}^{\mathrm{i}(kz-\omega t)} \tag{13.2-3}$$

其中，$\boldsymbol{A}_0$ 为扰动量的幅值；ω 为电磁波的角频率。这里考虑电磁波为横电波，即 $\nabla \cdot \boldsymbol{E} = 0$。将方程(13.2-1)两边取旋度，并利用式(13.2-2)和式(13.2-3)，可以得到

$$(k^2 - k_0^2)\boldsymbol{E} = \mathrm{i}\mu_0 \omega \boldsymbol{J} \tag{13.2-4}$$

其中，$k_0=\omega/c$ 为电磁波在真空中的波数。由于是横波，电场只有 E_x 和 E_y 两个分量。把方程(13.2-4)写成分量的形式，有

$$(k^2-k_0^2)E_x=\mathrm{i}\mu_0\omega J_x \tag{13.2-5}$$

$$(k^2-k_0^2)E_y=\mathrm{i}\mu_0\omega J_y \tag{13.2-6}$$

当电磁波在等离子体中传播时，由于带电粒子的运动，可以激发出极化电流。如果波电场不是很强，则可以采用线性近似的方法来描述带电粒子的运动。在线性近似下，电子的运动方程为

$$m_\mathrm{e}\frac{\partial \boldsymbol{u}_\mathrm{e}}{\partial t}=-e(\boldsymbol{E}+\boldsymbol{u}_\mathrm{e}\times\boldsymbol{B}_0) \tag{13.2-7}$$

其中，$\boldsymbol{u}_\mathrm{e}$、$e$ 及 m_e 分别为电子的流速、电荷及质量。注意，这里没有考虑带电粒子与中性粒子的碰撞效应。通过求解方程(13.2-7)，可以确定出电子的电流密度 $\boldsymbol{J}_\mathrm{e}=-en_0\boldsymbol{u}_\mathrm{e}$，它的两个分量分别为

$$J_{\mathrm{e}x}=\frac{\varepsilon_0\omega_\mathrm{pe}^2}{\alpha_\mathrm{e}\omega}\left(\mathrm{i}E_x+\frac{\omega_\mathrm{ce}}{\omega}E_y\right) \tag{13.2-8}$$

$$J_{\mathrm{e}y}=\frac{\varepsilon_0\omega_\mathrm{pe}^2}{\alpha_\mathrm{e}\omega}\left(\mathrm{i}E_y-\frac{\omega_\mathrm{ce}}{\omega}E_x\right) \tag{13.2-9}$$

其中，$\alpha_\mathrm{e}=1-\dfrac{\omega_\mathrm{ce}^2}{\omega^2}$；$\omega_\mathrm{ce}=\dfrac{eB_0}{m_\mathrm{e}}$ 为电子的回旋频率；$\omega_\mathrm{pe}=\left(\dfrac{e^2n_0}{\varepsilon_0 m_\mathrm{e}}\right)^{1/2}$ 为电子的振荡频率。对于横波，由于 $E_z=0$，电子在 z 方向没有流动。类似地，也可以得到离子电流密度 $\boldsymbol{J}_\mathrm{i}=en\boldsymbol{u}_\mathrm{i}$ 的两个分量分别为

$$J_{\mathrm{i}x}=\frac{\varepsilon_0\omega_\mathrm{pi}^2}{\alpha_\mathrm{i}\omega}\left(\mathrm{i}E_x-\frac{\omega_\mathrm{ci}}{\omega}E_y\right) \tag{13.2-10}$$

$$J_{\mathrm{i}y}=\frac{\varepsilon_0\omega_\mathrm{pi}^2}{\alpha_\mathrm{i}\omega}\left(\mathrm{i}E_y+\frac{\omega_\mathrm{ci}}{\omega}E_x\right) \tag{13.2-11}$$

其中，$\alpha_\mathrm{i}=1-\dfrac{\omega_\mathrm{ci}^2}{\omega^2}$；$\omega_\mathrm{ci}=\dfrac{eB_0}{m_\mathrm{i}}$ 为离子的回旋频率；$\omega_\mathrm{pi}=\left(\dfrac{e^2n_0}{\varepsilon_0 m_\mathrm{i}}\right)^{1/2}$ 为离子的振荡频率，这里 m_i 为离子质量。

根据式(13.2-8)～式(13.2-11)，总电流密度 $\boldsymbol{J}=\boldsymbol{J}_\mathrm{e}+\boldsymbol{J}_\mathrm{i}$ 的两个分量为

$$J_x=\varepsilon_0\omega\left(\frac{\omega_\mathrm{pe}^2}{\omega^2-\omega_\mathrm{ce}^2}+\frac{\omega_\mathrm{pi}^2}{\omega^2-\omega_\mathrm{ci}^2}\right)\mathrm{i}E_x+\varepsilon_0\left(\frac{\omega_\mathrm{ce}\omega_\mathrm{pe}^2}{\omega^2-\omega_\mathrm{ce}^2}-\frac{\omega_\mathrm{ci}\omega_\mathrm{pi}^2}{\omega^2-\omega_\mathrm{ci}^2}\right)E_y \tag{13.2-12}$$

$$J_y = \varepsilon_0\omega\left(\frac{\omega_{pe}^2}{\omega^2-\omega_{ce}^2}+\frac{\omega_{pi}^2}{\omega^2-\omega_{ci}^2}\right)\mathrm{i}E_y - \varepsilon_0\left(\frac{\omega_{ce}\omega_{pe}^2}{\omega^2-\omega_{ce}^2}-\frac{\omega_{ci}\omega_{pi}^2}{\omega^2-\omega_{ci}^2}\right)E_x \tag{13.2-13}$$

再将 J_x 和 J_y 的表示式分别代入式(13.2-5)和式(13.2-6)，有

$$(k^2-k_0^2)E_x = AE_x + \mathrm{i}BE_y \tag{13.2-14}$$

$$(k^2-k_0^2)E_y = AE_y - \mathrm{i}BE_x \tag{13.2-15}$$

其中，A 和 B 由下面两式给出：

$$A = -\frac{\omega^2}{c^2}\left(\frac{\omega_{pe}^2}{\omega^2-\omega_{ce}^2}+\frac{\omega_{pi}^2}{\omega^2-\omega_{ci}^2}\right) \tag{13.2-16}$$

$$B = \frac{\omega}{c^2}\left(\frac{\omega_{ce}\omega_{pe}^2}{\omega^2-\omega_{ce}^2}-\frac{\omega_{ci}\omega_{pi}^2}{\omega^2-\omega_{ci}^2}\right) \tag{13.2-17}$$

将式(13.2-14)和式(13.2-15)联立，可以得到电磁波的色散关系为

$$k^2-k_0^2-A=\pm B \tag{13.2-18}$$

其中，“−”表示右旋极化的电磁波；而“+”表示左旋极化的电磁波。

2. *右旋波*

对于右旋极化的电磁波，把式 $k^2-k_0^2-A=-B$ 代入式(3.2-14)或式(13.2-15)，有 $E_y = \mathrm{i}E_x$。这样，可以把右旋波的电场表示为

$$\boldsymbol{E}_{\mathrm{R}} = E_x\boldsymbol{e}_x + E_y\boldsymbol{e}_y = (\boldsymbol{e}_x + \mathrm{i}\boldsymbol{e}_y)E_x \tag{13.2-19}$$

这时，电场矢量的方向与电子绕磁力线的旋转方向相同，即电场矢量以右手法则围绕静磁场方向旋转。将 A 和 B 的表示式代入式(13.2-18)，可以得到右旋波的色散关系为

$$n_{\mathrm{R}}^2 = 1-\frac{\omega_{p}^2}{(\omega-\omega_{ce})(\omega+\omega_{ci})} \tag{13.2-20}$$

其中，$n_{\mathrm{R}}=\dfrac{ck}{\omega}$ 为右旋波的折射率；$\omega_p=\sqrt{\omega_{pe}^2+\omega_{pi}^2}$ 为等离子体的振荡频率。很显然，当 $\omega=\omega_{ce}$ 时，折射率趋于无穷大，这表明右旋电磁波与电子之间发生了共振相互作用，即电子回旋共振。在一般情况下，当等离子体密度不是太低且磁场不是太高时，有 $\omega_{ce}<\omega_{pe}$。

当 $n_{\mathrm{R}}^2<0$ 时，说明电磁波不能在等离子体中传播，即发生截止现象。令 $n_{\mathrm{R}}^2=0$，由式(13.2-20)可以确定出右旋波的截止频率 ω_{R} 为

$$\omega_{\mathrm{R}}=\frac{1}{2}\left[\omega_{\mathrm{ce}}+\sqrt{\omega_{\mathrm{ce}}^2+4\omega_{\mathrm{p}}^2}\right] \tag{13.2-21}$$

其中，利用了 $\omega_{\mathrm{ce}} \gg \omega_{\mathrm{ci}}$。可以看出，右旋波的截止频率大于电子的回旋频率，即 $\omega_{\mathrm{R}} > \omega_{\mathrm{p}} \approx \omega_{\mathrm{pe}}$。由式(13.2-20)可以看出，右旋波的传播有两个分支，对应的频率范围分别为 $\omega < \omega_{\mathrm{ce}}$ 和 $\omega > \omega_{\mathrm{R}}$，见图 13-3。

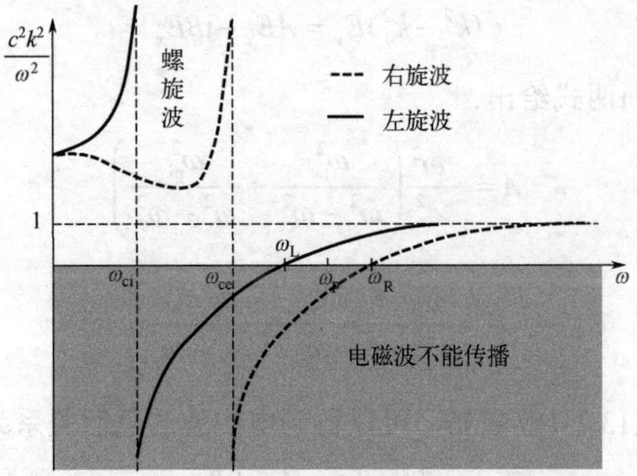

图 13-3　左旋波和右旋波的传播示意图

3. *左旋波*

对于左旋波，把式 $k^2-k_0^2-A=B$ 代入方程(13.2-14)或方程(13.2-15)，有 $E_y=-\mathrm{i}E_x$。这样，可以把左旋波的电场表示为

$$\boldsymbol{E}_{\mathrm{L}}=(\boldsymbol{e}_x-\mathrm{i}\boldsymbol{e}_y)E_x \tag{13.2-22}$$

这时电场矢量的方向与离子绕磁力线的旋转方向相同。左旋波的色散关系为

$$n_{\mathrm{L}}^2=1-\frac{\omega_{\mathrm{p}}^2}{(\omega+\omega_{\mathrm{ce}})(\omega-\omega_{\mathrm{ci}})} \tag{13.2-23}$$

其中，$n_{\mathrm{L}}=\dfrac{ck}{\omega}$ 为左旋波的折射率。可见，当 $\omega=\omega_{\mathrm{ci}}$ 时，折射率 $N_{\mathrm{L}}=ck/\omega$ 趋于无穷大，这表明发生了离子回旋共振现象。

类似地，可以得到左旋波的截止频率为

$$\omega_{\mathrm{L}}=\frac{1}{2}\left(-\omega_{\mathrm{ce}}+\sqrt{\omega_{\mathrm{ce}}^2+4\omega_{\mathrm{p}}^2}\right) \tag{13.2-24}$$

显然，左旋波的截止频率小于等离子体的振荡频率，即 $\omega_{\mathrm{L}} < \omega_{\mathrm{p}}$。同样，左旋波的传播也有两个分支，即 $\omega < \omega_{\mathrm{ci}}$ 和 $\omega > \omega_{\mathrm{L}}$。

4. *螺旋波*

螺旋波是一种右旋波，其频率远小于电子的回旋频率，而同时又远大于离子的

回旋频率，即其传播条件为

$$\omega_{ci} \ll \omega \ll \omega_{ce} \tag{13.2-25}$$

这样，可以把右旋的色散关系式(13.2-20)近似为

$$\frac{c^2k^2}{\omega^2} \approx \frac{\omega_{pe}^2}{\omega\omega_{ce}} \tag{13.2-26}$$

其中，利用了 $\omega_p \approx \omega_{pe}$ 和 $\omega_{ce} < \omega_{pe}$。式(13.2-26)就是均匀无界等离子体中螺旋波的色散关系式。可见，对于螺旋波，一方面，它的频率远大于离子的回旋频率，以至于离子不能响应瞬时变化的波电场，也就是说，离子在螺旋波电场的作用下，几乎保持不动；另一方面，与电子的回旋频率相比，它的频率又很低，以至于可以忽略电子的惯性运动。

对于典型的螺旋波放电，如果取放电频率为 13.56MHz，静磁场为 $B_0 = 500\text{G}$，等离子体密度为 $n = 10^{13}\text{cm}^{-3}$，且为氩等离子体，则可以得到如下几个重要频率的值：

$$\omega_{ci} = 11.97 \times 10^4 \text{s}^{-1}$$

$$\omega = 8.52 \times 10^7 \text{s}^{-1}$$

$$\omega_{ce} = 8.80 \times 10^9 \text{s}^{-1}$$

$$\omega_{pe} = 1.78 \times 10^{11} \text{s}^{-1}$$

显然，基于这些参数，式(13.2-25)得以满足。在螺旋波放电装置的设计过程中，式(13.2-25)是一个重要的参数选取依据。

13.3　柱状等离子体中螺旋波的模式

考虑螺旋波在一个半径为 R、长度为 L 的石英管中传播，其中石英管里面充满密度为 n_0 的均匀等离子体，并且存在一个沿着轴向的均匀磁场 $\boldsymbol{B}_0 = B_0\boldsymbol{e}_z$。假设石英管的长度远大于其半径，即 $L \gg R$，这样可以认为等离子体在轴向上是无界的。此外，假设等离子体中的扰动物理量(如扰动电磁场)随时间的变化是简谐的，即可以把扰动电磁场的分量写成如下形式：$A(\boldsymbol{r},t) = A(\boldsymbol{r})\mathrm{e}^{-\mathrm{i}\omega t}$，其中 ω 为角频率，$A(\boldsymbol{r})$ 为扰动量的幅值。在柱坐标系中，可以把扰动电磁场的分量写成如下傅里叶变换形式：

$$A(r,\theta,z) = \sum_m \int_{-\infty}^{\infty} \mathrm{d}k A(r,m,k)\mathrm{e}^{\mathrm{i}(m\theta+kz)} \tag{13.3-1}$$

其中，k 为电磁波的轴向波数，$m = 0, \pm1, \pm2, \cdots$ 为角向模数。在径向上，由于等离子体是有界的，因此螺旋波在该方向上的传播要受到限制。在式(13.3-1)中，$A(r,m,k)$ 为傅里叶变换系数，其形式为

$$A(r,m,k)=(2\pi)^2\int_0^{2\pi}\mathrm{d}\theta\int_{-\infty}^{\infty}\mathrm{d}zA(r,\theta,z)\mathrm{e}^{-\mathrm{i}(m\theta+kz)} \tag{13.3-2}$$

在谐波近似下，扰动电磁场满足的方程为

$$\nabla\times\boldsymbol{E}=\mathrm{i}\omega\boldsymbol{B} \tag{13.3-3}$$

$$\nabla\times\boldsymbol{B}=\mu_0\boldsymbol{J} \tag{13.3-4}$$

其中，$\boldsymbol{J}$ 为等离子体的传导电流密度。由于螺旋波为低频电磁波，这里忽略了位移电流密度的贡献。需要说明一下，对于这种近似，要求电流密度的散度必须为零，即 $\nabla\cdot\boldsymbol{J}=0$，否则方程(13.3-4)不能成立。

如 13.2 节所述，在螺旋波电磁场的作用下，可以认为离子几乎不动，即忽略离子的传导电流。此外，由于螺旋波的频率较低，可以不考虑电子的惯性运动。这样，电子的受力方程为

$$-e(\boldsymbol{E}+\boldsymbol{u}\times\boldsymbol{B}_0)=0 \tag{13.3-5}$$

该方程表明，当导体穿越磁场运动时，可以产生感应电场。此外，这里暂时也不考虑碰撞效应对电磁波传播的影响。利用 $\boldsymbol{J}=-en_0\boldsymbol{u}$，可以得到电场与电流密度之间的关系为

$$\boldsymbol{E}=\frac{1}{en_0}\boldsymbol{J}\times\boldsymbol{B}_0 \tag{13.3-6}$$

由此式可以看出，电场的轴向分量 E_z 为零。

将式(13.3-6)代入式(13.3-3)，并利用 $\nabla\times(\boldsymbol{J}\times\boldsymbol{B}_0)=(\boldsymbol{B}_0\cdot\nabla)\boldsymbol{J}=\mathrm{i}kB_0\boldsymbol{J}$，可以得到

$$\boldsymbol{B}=\frac{B_0k}{en_0\omega}\boldsymbol{J} \tag{13.3-7}$$

可见，电流密度的方向与扰动磁场的方向一致。由于 $\nabla\cdot\boldsymbol{B}=0$，由式(13.3-7)可以得到电流密度的散度也为零。将式(13.3-7)代入式(13.3-4)，可以得到

$$\nabla\times\boldsymbol{B}=\alpha\boldsymbol{B} \tag{13.3-8}$$

其中

$$\alpha=\frac{\omega}{k}\frac{\mu_0en_0}{B_0}=\frac{\omega}{k}\frac{\omega_{\mathrm{pe}}^2}{c^2\omega_{\mathrm{ce}}} \tag{13.3-9}$$

其中，$\omega_{\mathrm{ce}}=eB_0/m_{\mathrm{e}}$ 为电子的回旋频率；$\omega_{\mathrm{pe}}=\sqrt{e^2n_0^2/\varepsilon_0m_{\mathrm{e}}}$ 为等离子体的电子振荡频率。将方程(13.3-8)两边取旋度，并利用 $\nabla\cdot\boldsymbol{B}=0$，可以得到

$$\nabla^2\boldsymbol{B}+\alpha^2\boldsymbol{B}=0 \tag{13.3-10}$$

可见，方程(13.3-10)是一个典型的波动方程，其中 α 为波数。注意，在现在的情况下，电磁波不仅沿着轴向(静磁场的方向)传播，还沿着径向传播。

在柱坐标系中，根据方程(13.3-10)，可以得到扰动磁场的轴向分量 B_z 满足的方程为

$$\frac{\mathrm{d}^2B_z}{\mathrm{d}r^2}+\frac{1}{r}\frac{\mathrm{d}B_z}{\mathrm{d}r}+\left(\kappa^2-\frac{m^2}{r^2}\right)B_z=0 \tag{13.3-11}$$

其中，κ 为横向波数，其定义式为

$$\kappa^2=\alpha^2-k^2 \tag{13.3-12}$$

方程(13.3-11)是一个整数 m 阶的贝塞尔方程。考虑到在腔室的轴线上($r=0$)磁场的值应有限，方程(13.3-11)的本征解为

$$B_z=C\mathrm{J}_m(\kappa r) \tag{13.3-13}$$

其中，C 为常数。利用方程(13.3-8)，可以得到扰动磁场的径向分量 B_r 和角向分量 B_θ 满足如下两个方程：

$$\alpha B_r=\frac{\mathrm{i}m}{r}B_z-\mathrm{i}kB_\theta \tag{13.3-14}$$

$$\alpha B_\theta=\mathrm{i}kB_r-\frac{\partial B_z}{\partial r} \tag{13.3-15}$$

将这两个方程联立，可以把 B_r 和 B_θ 用 B_z 来表示，并由此得到

$$B_r=\frac{\mathrm{i}C}{\kappa^2}\left[\frac{m}{r}\alpha\mathrm{J}_m(\kappa r)+k\frac{\mathrm{dJ}_m(\kappa r)}{\mathrm{d}r}\right] \tag{13.3-16}$$

$$B_\theta=-\frac{C}{\kappa^2}\left[\frac{m}{r}k\mathrm{J}_m(\kappa r)+\alpha\frac{\mathrm{dJ}_m(\kappa r)}{\mathrm{d}r}\right] \tag{13.3-17}$$

再利用贝塞尔函数的递推关系式

$$\frac{m}{x}\mathrm{J}_m(x)=\frac{1}{2}[\mathrm{J}_{m-1}(x)+\mathrm{J}_{m+1}(x)],\quad \frac{\mathrm{dJ}_m(x)}{\mathrm{d}x}=\frac{1}{2}[\mathrm{J}_{m-1}(x)-\mathrm{J}_{m+1}(x)]$$

可以进一步把 B_r 和 B_θ 表示为

$$B_r=\frac{\mathrm{i}C}{2\kappa}[(\alpha+k)\mathrm{J}_{m-1}(\kappa r)+(\alpha-k)\mathrm{J}_{m+1}(\kappa r)] \tag{13.3-18}$$

$$B_\theta=-\frac{C}{2\kappa}[(\alpha+k)\mathrm{J}_{m-1}(\kappa r)-(\alpha-k)\mathrm{J}_{m+1}(\kappa r)] \tag{13.3-19}$$

将式(13.3-7)代入式(13.3-6)，可以把电场表示为

$$\boldsymbol{E}=\frac{\omega}{B_0k}\boldsymbol{B}\times\boldsymbol{B}_0 \tag{13.3-20}$$

利用扰动磁场的三个分量的表示式，可以分别得到扰动电场的三个分量为

$$E_r = -\frac{\omega}{k}\frac{C}{2\kappa}[(\alpha+k)\mathrm{J}_{m-1}(\kappa r) - (\alpha-k)\mathrm{J}_{m+1}(\kappa r)] \tag{13.3-21}$$

$$E_\theta = -\frac{\omega}{k}\frac{\mathrm{i}C}{2\kappa}[(\alpha+k)\mathrm{J}_{m-1}(\kappa r) + (\alpha-k)\mathrm{J}_{m+1}(\kappa r)] \tag{13.3-22}$$

$$E_z = 0 \tag{13.3-23}$$

下面根据边界条件来确定横向波数κ的值。由于放电管是绝缘的，因此在$r=R$处电流密度的径向分量应为零，即$J_r(R)=0$。根据式(13.3-7)，可以得到如下边界条件：

$$B_r(R) = 0 \tag{13.3-24}$$

将式(13.3-18)代入式(13.3-24)，可以得到κ满足的方程为

$$(\alpha+k)\mathrm{J}_{m-1}(\kappa R) + (\alpha-k)\mathrm{J}_{m+1}(\kappa R) = 0 \tag{13.3-25}$$

对于给定的等离子体密度和静磁场，由式(13.3-25)就可以确定出κ与k(或α)之间的关系。特别是当$m=0$时，根据方程(13.3-25)，利用$\mathrm{J}_{-1}(x) = -\mathrm{J}_1(x)$，可以进一步得到如下条件：

$$\mathrm{J}_1(\kappa R) = 0 \tag{13.3-26}$$

根据一阶贝塞尔函数的第一个零点的值$\chi_{1,1}=3.8317$，有$\kappa = \chi_{1,1}/R = 3.8317/R$。

根据上面得到的复数形式的扰动电磁场，可以把它们的分量写成如下实数形式：

$$B_r = A[(\alpha+k)\mathrm{J}_{m-1}(\kappa r) + (\alpha-k)\mathrm{J}_{m+1}(\kappa r)]\cos\psi_m \tag{13.3-27}$$

$$B_\theta = -A[(\alpha+k)\mathrm{J}_{m-1}(\kappa r) - (\alpha-k)\mathrm{J}_{m+1}(\kappa r)]\sin\psi_m \tag{13.3-28}$$

$$B_z = 2A\kappa\mathrm{J}_m(\kappa r)\sin\psi_m \tag{13.3-29}$$

$$E_r = \frac{\omega}{k}B_\theta,\quad E_\theta = -\frac{\omega}{k}B_r,\quad E_z = 0 \tag{13.3-30}$$

其中，$\psi_{\mathrm{m}} = m\theta + kz - \omega t$为波的相位角，$A$为实数。下面将分别对$m=0$和$m=1$的模数，分析一下横向电场的空间分布特征[4]。

当$m=0$时，波电场的径向分量和角向分量分别为

$$E_r = 2\alpha\frac{\omega}{k}A\mathrm{J}_1(\kappa r)\sin\psi_0 \tag{13.3-31}$$

$$E_\theta = 2\omega A\mathrm{J}_1(\kappa r)\cos\psi_0 \tag{13.3-32}$$

其中，$\kappa = 3.8317/R$。图 13-4 显示了当ψ_0取不同的值时电场空间分布的形态，其中$k/\alpha = 1/3$。可以看出，电场的空间分布有如下特征：①电场为椭圆极化，而且是轴对称的；②轴线处($r=0$)电场的径向分量E_r和角向分量E_θ为零；③当ψ_0=0或

π 时，$E_r = 0$，这时电场为一个纯涡旋场；④当ψ_0=π / 2 或 3π / 2 时，$E_\theta = 0$，这时电场变为一个纯静电场；⑤当ψ_0取其他值时，电场为一个螺旋场。

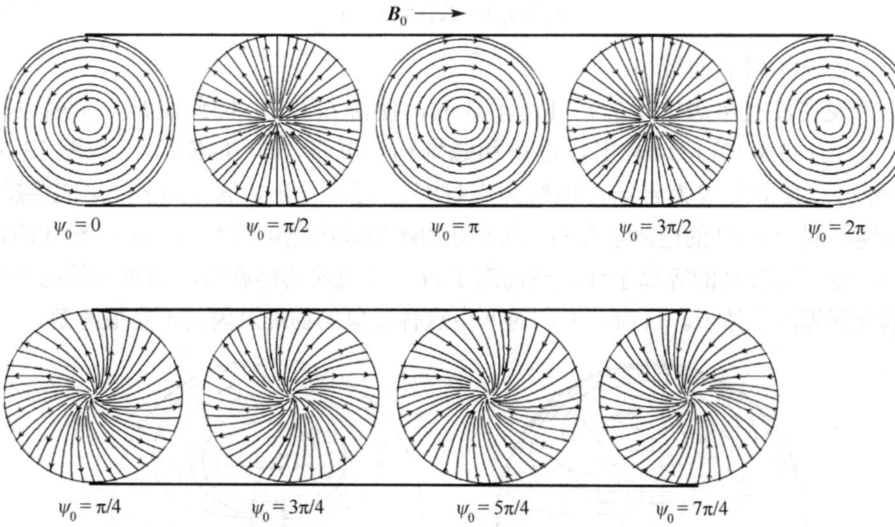

图 13-4　$m = 0$ 模数的横向电场的空间分布

当 $m = 1$ 时，波电场的径向分量和轴向分量分别为

$$E_r = -\frac{\omega}{k}(\alpha - k)A[\eta \mathrm{J}_0(\alpha r) - \mathrm{J}_2(\kappa r)]\sin\psi_1 \tag{13.3-33}$$

$$E_\theta = -\frac{\omega}{k}(\alpha - k)A[\eta \mathrm{J}_0(\kappa r) + \mathrm{J}_2(\kappa r)]\cos\psi_1 \tag{13.3-34}$$

其中，$\eta = (\alpha + k)/(\alpha - k)$。对于给定的$\eta$值，$\kappa$由下式确定：

$$\eta \mathrm{J}_0(\kappa R) + \mathrm{J}_2(\kappa R) = 0 \tag{13.3-35}$$

图 13-5 显示了电场空间分布的变化，其中取$k/\alpha = 1/3$。可以看出，随着ψ_1的取值不同(对应于轴向不同的位置)，电场的空间分布是旋转的，且具有如下特征：①由于在管壁上$E_\theta(R) = 0$，因此电场线垂直于管壁的表面，即是线偏振的；②在轴

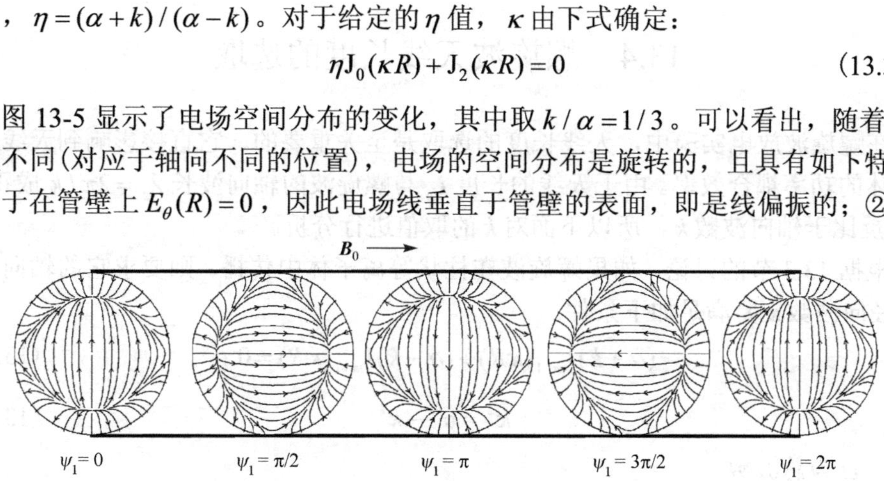

图 13-5　$m = 1$ 模数的横向电场的空间分布

线上（$r=0$），由于 $J_2(0)=0$，因此在该处电场是圆偏振的；③在轴线与器壁之间存在一个分离点 r_0，在该点 $E_r=0$，即

$$\eta \mathrm{J}_0(\kappa r_0)-\mathrm{J}_2(\kappa r_0)=0 \tag{13.3-36}$$

其中，r_0 随 α 的增加而减小。

由于现在没有考虑电子的惯性运动效应，使得 $E_z=0$，因此这是一个横电波。此外，由式(13.3-30)可以看出，电场和磁场相互垂直，即 $\boldsymbol{B}\cdot\boldsymbol{E}=0$，如图 13-6(a)和(b)所示，其中实线为磁场，虚线为电场[14]。可以看出，$m=-1$ 模式的电磁场分布明显地不同于 $m=1$ 的电磁场分布。从实际的螺旋波放电可以发现，$m=1$ 模式的螺旋波可以产生密度较高的等离子体，然而对于 $m=-1$ 模式的螺旋波，很难有效地把波的能量耦合到等离子体中。目前，人们对产生这种现象的物理原因仍不是很清楚。

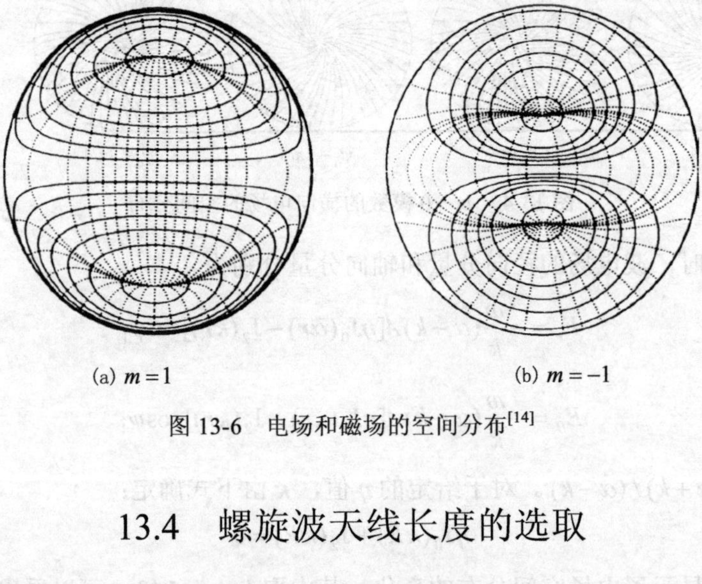

(a) $m=1$　　(b) $m=-1$

图 13-6　电场和磁场的空间分布[14]

13.4　螺旋波天线长度的选取

在螺旋波放电实验中，天线长度的选取是至关重要的，它直接影响到天线与等离子体的功率耦合效率。由于天线的长度 L_a 与螺旋波的轴向波长 $\lambda_z=2\pi/k$ 成正比，即 L_a 反比于轴向波数 k，所以下面对 k 的取值进行分析。

根据 13.3 节的讨论，如果螺旋波在柱状等离子体中传播，则要求它的轴向波数 k 和径向波数 κ 要满足如下条件：

$$(\alpha+k)\mathrm{J}_{m-1}(\kappa R)+(\alpha-k)\mathrm{J}_{m+1}(\kappa R)=0 \tag{13.4-1}$$

$$\kappa^2=\alpha^2-k^2 \tag{13.4-2}$$

其中，α 为总波数

$$\alpha = \frac{\omega}{k}\frac{\mu_0 e n_0}{B_0} \tag{13.4-3}$$

式中，n_0 为等离子体密度；B_0 为静磁场的磁感应强度；ω 为射频电源的角频率；R 为放电管的半径。由于径向波数必须是实数，因此要求 $k \leqslant \alpha$，即

$$k \leqslant \sqrt{\frac{\mu_0 e n_0 \omega}{B_0}} \equiv k_{\max} \tag{13.4-4}$$

其中，$k_{\max}$ 是轴向波数的最大值，它依赖于等离子体密度、静磁场和放电频率。例如，取 $n_0 = 10^{13}\mathrm{cm}^{-3}$、$B_0 = 500\mathrm{G}$、$f = \omega / 2\pi = 13.56\mathrm{MHz}$，可以得到 $k_{\max} \approx 0.579\mathrm{cm}^{-1}$。静磁场越大，放电频率越低，则 $k_{\max}$ 的值越小。由式(13.4-1)～式(13.4-3)可以看出，对于给定的等离子体密度、静磁场、放电频率和放电管半径，可以确定出轴向波数。反之，对于给定的轴向波数，也可以确定出对应的等离子体密度。这对于天线的设计是非常有指导意义的。

通过数值方法求解方程(13.4-1)，可以得到径向波数和轴向波数之间的关系，即 $\kappa = \kappa(k)$。方程(13.4-1)有多个根，不同的根对应不同的螺旋波激发模式。为简单起见，在如下讨论中，我们只考虑它的第一个根。对于 $m = 1$ 的情况，κR 随 k/α 的变化情况如图 13-7 所示。当轴向波数很小时，即 $k \ll \kappa$（或 $k \ll \alpha$），由方程(13.4-1)可以得到

$$\mathrm{J}_1(\kappa R) = 0 \tag{13.4-5}$$

方程(13.4-5)的第一个根为一阶贝塞尔函数的第一个零点，即 $\kappa R = 3.83$。相反，当轴向波数很大，即 $k \gg \kappa$ (或$k \approx \alpha$)时，由方程(13.4-1)可以得到

$$\mathrm{J}_0(\kappa R) = 0 \tag{13.4-6}$$

方程(13.4-6)的第一个根为零阶贝塞尔函数的第一个零点，即 $\kappa R = 2.41$。

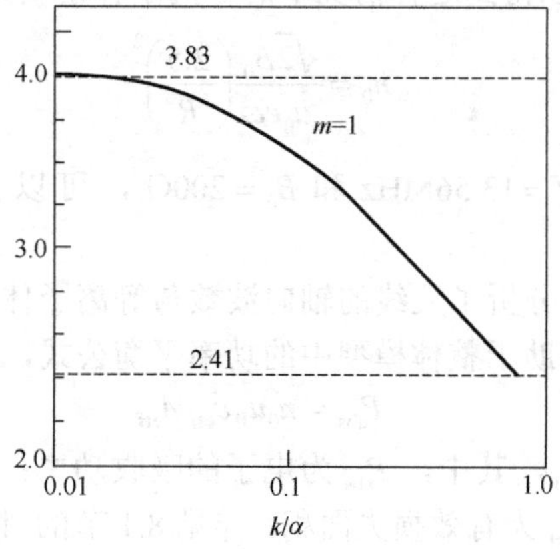

图 13-7　$m = 1$ 模式下 κR 随 k/α 的变化

为了确定出轴向波数的值，还需要把κR的值代入式(13.4-2)和式(13.4-3)中。利用式(13.4-2)，可以把式(13.4-3)改写为

$$k\sqrt{\kappa^2+k^2}=\frac{\mu_0 e\omega}{B_0}n_0 \tag{13.4-7}$$

可以看到，在给定的放电频率和静磁场下，当$k\ll\kappa$时，对应的等离子体密度较低，这时可以把螺旋波沿着轴向的波长表示为

$$\lambda_z=\frac{2\pi}{k}\approx\frac{3.8317}{R}\frac{B_0}{\mu_0 e n_0 f} \tag{13.4-8}$$

可见，在这种情况下天线的长度较长。对于半径为R、长度为L的放电管，通常有$R\ll L_\mathrm{a}<L$。因此，在低密度情况下，要求放电管必须又细又长，这不利于螺旋波等离子体在材料表面处理工艺中的应用。

相反，当$k\gg\kappa$时，对应的等离子体密度较高，这时对应的轴向波长为

$$\lambda_z=\left(\frac{2\pi B_0}{\mu_0 e n_0 f}\right)^{1/2} \tag{13.4-9}$$

在这种情况下，由于轴向波长很小，则要求天线的长度也很小，即$L_\mathrm{a}\ll R$，从而使得天线与等离子体之间的功率耦合效率非常低。尤其是在这种情况下，天线的感抗很小，即轴向上的感应电压值很低，放电是由很小的轴向电荷分离来驱动的。

在实际的螺旋波放电中，可以通过选取合适的天线长度(或轴向波长)，来提高天线与等离子体之间的功率耦合效率，并且使放电区的长宽比适中。在材料表面处理工艺中，通常要求放电区的长宽比大约为1，即$R\sim L_\mathrm{a}\sim L$。例如，可以选取$k=\kappa$，这样由式(13.4-2)，有$\alpha=\sqrt{2}k$。根据图13-7，可以估算出$k=\kappa\approx 2.5/R$，即$\lambda_z\approx\frac{4\pi}{5}R$。再根据式(13.4-3)，可以得到这种情况下的等离子体密度为

$$n_0=\frac{\sqrt{2}B_0}{\mu_0 e\omega}\left(\frac{2.5}{R}\right)^2 \tag{13.4-10}$$

如果选取$R=5\mathrm{cm}$、$f=13.56\mathrm{MHz}$和$B_0=200\mathrm{G}$，可以估算出等离子体密度为$n_0\approx 4\times10^{12}\mathrm{cm}^3$。

上面，只是定性地分析了天线的轴向波数与等离子体密度之间的关系。对于严格的处理，首先应该借助于整体模型中的功率平衡公式，即

$$P_\mathrm{abs}=n_0 u_\mathrm{B}\varepsilon_\mathrm{eff}A_\mathrm{eff} \tag{13.4-11}$$

来估算等离子体密度n_0，其中，P_abs为电子的吸收功率；u_B为玻姆速度；ε_eff为电子的有效损失能量；A_eff为有效损失面积，详见8.1节的讨论。对于给定的B_0、f和R，由式(13.4-8)就可以确定出λ_z。吸收功率不仅取决于螺旋波的激励模式，还与

电子在螺旋波电磁场中的加热机制有关。因此，在 13.5 节中我们将介绍螺旋波的能量是如何被电子吸收的。

13.5　螺旋波的功率吸收机制

我们在前面讨论螺旋波的传播时，没有考虑波的衰减，即认为纵向波数 k 为实数。实际上，当螺旋波沿着放电管的对称轴传播时，等离子体中的电子可以从波中获得能量，其中螺旋波是借助碰撞吸收和无碰撞吸收两种机制把能量转移给电子的。在碰撞加热机制中，电子通过与中性粒子和离子的碰撞，从波场中获得能量，这就是熟知的欧姆加热机制。在无碰撞加热机制中，电子通过“波-粒子相互作用”直接从波中获得能量，这就是所谓的朗道阻尼。下面将分别对这两种加热机制进行介绍，并引入有效碰撞频率。

1. 碰撞吸收

考虑电子与中性粒子和离子的碰撞效应后，可以把电子的流体力学方程表示为

$$m_{\mathrm{e}}\frac{\partial \boldsymbol{u}}{\partial t}=-e(\boldsymbol{E}+\boldsymbol{u}\times\boldsymbol{B}_0)-m_{\mathrm{e}}\nu\boldsymbol{u} \tag{13.5-1}$$

其中，$\boldsymbol{u}$ 是电子的流动速度；ν 是碰撞频率，它来自于电子与中性粒子或离子的碰撞。利用 $\boldsymbol{u}\sim \mathrm{e}^{-\mathrm{i}\omega t}$，由方程(13.5-1)可以得到电场 $\boldsymbol{E}$ 与电流密度 $\boldsymbol{J}=-en\boldsymbol{u}$ 之间的关系式

$$\boldsymbol{J}=\frac{\mathrm{i}e^2 n}{m_{\mathrm{e}}(\omega+\mathrm{i}\nu)}\boldsymbol{E}-\frac{\mathrm{i}e}{m_{\mathrm{e}}(\omega+\mathrm{i}\nu)}\boldsymbol{J}\times\boldsymbol{B}_0 \tag{13.5-2}$$

特别是在弱碰撞情况下，即 $\nu\ll\omega$，可以得到电流密度的轴向分量为

$$J_z\approx\frac{\mathrm{i}e^2 nE_z}{m_{\mathrm{e}}\omega}\left(1-\mathrm{i}\frac{\nu}{\omega}\right) \tag{13.5-3}$$

由此可以得到轴向电流产生的等离子体吸收功率密度为

$$p_z=\frac{1}{2}\mathrm{Re}(J_z E_z^*)\approx\frac{e^2 n\nu}{2m_{\mathrm{e}}\omega^2}|E_z|^2 \tag{13.5-4}$$

可见，吸收功率密度正比于碰撞频率。实际上，径向电流密度和角向电流密度也对等离子体吸收功率有贡献，我们将在 13.6 节对此进行详细介绍。

2. 无碰撞吸收

当螺旋波在等离子体中传播时，等离子体中的电子可以与波发生相互作用，并交换能量。当单个电子的速度 v 大于波的相速度 v_ϕ，即 $v>v_\phi$ 时，它可以把自身的能量转移给波；反之，当 $v<v_\phi$ 时，电子就可以从波中得到能量。当电子的速度分

布函数接近麦克斯韦分布时，低能电子多，而高能电子少。因此，电子从波中得到的净能量是大于零的，从而导致了波的衰减，这就是所谓的朗道阻尼现象。

由于朗道阻尼现象发生在速度空间，因此需要求解电子的玻尔兹曼方程，才能确定电子从波中吸收的能量。在螺旋波放电中，波主要是沿着轴向(静磁场的方向)传播的，也就是说，朗道阻尼是由轴向上的波-电子相互作用引起的。由于拉莫尔半径很小，可以忽略横向上的波-电子相互作用。这样，电子的扰动分布函数 $f_1(z,v,t)$ 服从如下线性玻尔兹曼方程[4]

$$\frac{\partial f_1}{\partial t}+v\frac{\partial f_1}{\partial z}-\frac{eE_z}{m_e}\frac{\partial f_0}{\partial v}=\nu\left(\frac{n_1}{n_0}f_0-f_1\right) \tag{13.5-5}$$

其中，ν 为电子与中性粒子或离子的碰撞频率；$f_0(v)$ 为麦克斯韦分布

$$f_0(v)=n_0\left(\frac{m_e}{2\pi T_e}\right)^{1/2}\exp\left(-\frac{m_e v^2}{2T_e}\right) \tag{13.5-6}$$

式中，n_0 为未扰动状态下的电子密度。方程(13.5-5)的右端为修正的 Krook 碰撞项，其中 n_1 为扰动密度

$$n_1(z,t)=\int_{-\infty}^{\infty}f_1(z,v,t)\mathrm{d}v \tag{13.5-7}$$

一旦由方程(13.5-5)求解出扰动分布函数，就可以确定出等离子体中沿着轴向流动的电流密度。

为了便于求解方程(13.5-5)，我们假设扰动物理量 A (如 f_1、E_z 及 n_1 等)随变量 z 和 t 的变化为平面波的形式，即

$$A(z,t)\sim \mathrm{e}^{\mathrm{i}(kz-\omega t)} \tag{13.5-8}$$

这样根据方程(13.5-5)，可以得到

$$f_1(k,v,\omega)=\mathrm{i}\frac{eE}{m_e}\frac{f_0'(v)}{\omega-kv+\mathrm{i}\nu}+\mathrm{i}\nu\frac{n_1}{n_0}\frac{f_0(v)}{\omega-kv+\mathrm{i}\nu} \tag{13.5-9}$$

由于式(13.5-9)右边第二项为小量，所以在计算扰动密度 n_1 时可以忽略，即

$$n_1\approx\mathrm{i}\frac{eE_z}{m_e}\int_{-\infty}^{\infty}\frac{f_0'(v)}{\omega-kv}\mathrm{d}v \tag{13.5-10}$$

为了便于分析，引入如下无量纲的变量和参数：

$$\tau=v/v_{\mathrm{th}},\quad \varsigma_0=\omega/(kv_{\mathrm{th}}),\quad \varsigma=(\omega+\mathrm{i}\nu)/(kv_{\mathrm{th}}) \tag{13.5-11}$$

其中，$v_{\mathrm{th}}=\sqrt{2T_e/m_e}$。利用麦克斯韦速度分布，可以进一步把扰动密度表示为

$$\frac{n_1}{n_0}=-\mathrm{i}\frac{eE_z}{m_e k v_{\mathrm{th}}^2}Z_p'(\varsigma_0) \tag{13.5-12}$$

其中，$Z_{\mathrm{p}}(\varsigma)$ 为等离子体的色散函数

$$Z_{\mathrm{p}}(\varsigma)=\frac{1}{\sqrt{\pi}}\int_{-\infty}^{\infty}\frac{\mathrm{e}^{-\tau^2}}{\tau-\varsigma}\mathrm{d}\tau \tag{13.5-13}$$

这样利用式(13.5-9)和式(13.5-12)，可以得到沿着轴向流动的电子电流密度为

$$J_z=-e\int_{-\infty}^{\infty}vf_1(v)\mathrm{d}v=\mathrm{i}\frac{\varepsilon_0\omega_{\mathrm{pe}}^2E_z}{kv_{\mathrm{th}}}\left[I_1(\varsigma)-\mathrm{i}\frac{\nu}{kv_{\mathrm{th}}}Z_{\mathrm{p}}'(\varsigma_0)I_2(\varsigma)\right] \tag{13.5-14}$$

其中

$$I_1(\varsigma)=\frac{1}{\sqrt{\pi}}\int_{-\infty}^{\infty}\frac{\mathrm{d}}{\mathrm{d}u}(\mathrm{e}^{-u^2})\frac{u\mathrm{d}u}{\varsigma-u},\quad I_2(\varsigma)=\frac{1}{\sqrt{\pi}}\int_{-\infty}^{\infty}\frac{u\mathrm{e}^{-u^2}\mathrm{d}u}{\varsigma-u} \tag{13.5-15}$$

利用等离子体色散函数的定义式(13.5-13)，可以进一步把 I_1 和 I_2 表示为

$$I_1(\varsigma)=\varsigma Z_{\mathrm{p}}'(\varsigma),\quad I_2(\varsigma)=-\frac{1}{2}Z_{\mathrm{p}}'(\varsigma) \tag{13.5-16}$$

将式(13.5-16)代入式(13.5-14)，可以把电流密度表示为

$$J_z=\mathrm{i}\frac{\varepsilon_0\omega_{\mathrm{pe}}^2E}{\omega}\varsigma_0Z_{\mathrm{p}}'(\varsigma)\left[\varsigma+\mathrm{i}\frac{\nu}{2\omega}\varsigma_0Z_{\mathrm{p}}'(\varsigma_0)\right] \tag{13.5-17}$$

考虑到 ν/ω 是个小量，我们可以把函数 $Z_{\mathrm{p}}'(\varsigma)$ 在 $\varsigma=\varsigma_0$ 点做泰勒展开，并保留到一阶小量，即

$$\begin{aligned}Z_{\mathrm{p}}'(\varsigma)&\approx Z_{\mathrm{p}}'(\varsigma_0)+(\varsigma-\varsigma_0)Z_{\mathrm{p}}''(\varsigma_0)\\&=Z_{\mathrm{p}}'(\varsigma_0)+\mathrm{i}\frac{\nu}{kv_{\mathrm{th}}}Z_{\mathrm{p}}''(\varsigma_0)\end{aligned} \tag{13.5-18}$$

这样，可以将式(13.5-17)近似为

$$J_z\approx\mathrm{i}\frac{\varepsilon_0\omega_{\mathrm{pe}}^2E_z}{\omega}\varsigma_0^2Z_{\mathrm{p}}'(\varsigma_0)\left[1+\mathrm{i}\frac{\nu}{kv_{\mathrm{th}}}\frac{Z_{\mathrm{p}}''(\varsigma_0)}{Z_{\mathrm{p}}'(\varsigma_0)}\right]\left[1+\mathrm{i}\frac{\nu}{\omega}+\mathrm{i}\frac{\nu}{2\omega}Z_{\mathrm{p}}'(\varsigma_0)\right] \tag{13.5-19}$$

为了进一步简化式(13.5-19)，我们需要对等离子体色散函数做一些近似处理。可以令 $\varsigma=\varsigma_0+\mathrm{i}0^+$，其中 0^+ 为一个无穷小的正量。这样，利用复变函数的主值积分公式，有

$$Z_{\mathrm{p}}(\varsigma)\approx\frac{1}{\sqrt{\pi}}\int_{-\infty}^{\infty}\frac{\mathrm{e}^{-u^2}}{u-\varsigma_0}\mathrm{d}u+\mathrm{i}\sqrt{\pi}\mathrm{e}^{-\varsigma_0^2}=Z_{\mathrm{p}}(\varsigma_0) \tag{13.5-20}$$

在一般情况下，波的相速度 ω/k 远大于电子的热速度 v_{th}，即 $\varsigma_0\gg1$。这样，可以得到

$$\frac{1}{u-\varsigma_0}\approx-\frac{1}{\varsigma_0}\left(1+\frac{u^2}{\varsigma_0^2}+\cdots\right)$$

$$Z_{\mathrm{p}}(\varsigma_0) \approx \mathrm{i}\sqrt{\pi}\mathrm{e}^{-\varsigma_0^2} - \frac{1}{\varsigma_0} - \frac{1}{2\varsigma_0^3}$$

$$Z'_{\mathrm{p}}(\varsigma_0) \approx -\mathrm{i}2\sqrt{\pi}\varsigma_0\mathrm{e}^{-\varsigma_0^2} + \frac{1}{\varsigma_0^2} + \frac{3}{2\varsigma_0^4}$$

$$Z''_{\mathrm{p}}(\varsigma_0) \approx -\mathrm{i}2\sqrt{\pi}\mathrm{e}^{-\varsigma_0^2} + \mathrm{i}4\sqrt{\pi}\varsigma_0^2\mathrm{e}^{-\varsigma_0^2} - \frac{2}{\varsigma_0^3}$$

$$\frac{Z''_{\mathrm{p}}(\varsigma_0)}{Z'_{\mathrm{p}}(\varsigma_0)} \approx -\frac{2kv_{\mathrm{th}}}{\omega}$$

借助于这些近似表示式，可以把电流密度改写为

$$J_z \approx \mathrm{i}\frac{\varepsilon_0\omega_{\mathrm{pe}}^2 E_z}{\omega}\left(1 - \frac{\mathrm{i}\nu}{\omega} - 2\mathrm{i}\sqrt{\pi}\varsigma_0^3\mathrm{e}^{-\varsigma_0^2}\right) \tag{13.5-21}$$

由此可以看到，式(13.5-21)右端小括号中的第二项来自于电子与中性粒子或离子的碰撞过程，对应的碰撞频率为ν；而第三项则来自于电子-波的“碰撞”过程，对应的等效频率为

$$\nu_{\mathrm{LD}} = 2\sqrt{\pi}\varsigma_0^3\mathrm{e}^{-\varsigma_0^2}\omega \tag{13.5-22}$$

如果引入有效碰撞频率$\nu_{\mathrm{eff}} = \nu + \nu_{\mathrm{LD}}$，并用$\nu_{\mathrm{eff}}$代替$\nu$，则由式(13.5-21)给出的轴向电流密度与式(13.5-3)完全相同。

在实际的螺旋波放电中，可以通过选择天线的长度来控制纵向波长，从而利用朗道阻尼来加热电子。当电子的能量ε与波的相速度$v_\phi = \omega / k$所对应的能量相当时，即

$$\varepsilon = \frac{1}{2}m_{\mathrm{e}}(\omega / k)^2 \tag{13.5-23}$$

电子就可以与波发生共振相互作用，并从波中吸收能量。如果ε大于或等于中性原子或分子的电离阈能，中性气体就可以被电离。

3. *几种碰撞频率的比较*

1) 电子与中性粒子的弹性碰撞频率

根据第 5 章的讨论，电子与中性粒子的弹性碰撞频率为

$$\nu_{\mathrm{en}} = n_{\mathrm{g}} k_{\mathrm{en}} \tag{13.5-24}$$

其中，n_{g}为中性粒子的密度，它正比于放电气压p；k_{en}为电子与中性粒子的弹性碰撞速率，它依赖于电子温度T_{e}。以氩气放电为例，当电子温度在 5eV 时，根据式 (8.4-25)可以估算出反应速率为$k_{\mathrm{en}} \approx 10^{-13}\,\mathrm{m}^3\cdot\mathrm{s}^{-1}$。这样，有

$$\nu_{\mathrm{en}} \approx 10^{-13} \times n_{\mathrm{g}} \quad (\mathrm{s}^{-1}) \tag{13.5-25}$$

其中，n_g 以 m^{-3} 为单位。

2) 电子-离子碰撞频率

由于螺旋波放电产生的等离子体密度较高，则电子除了与中性粒子发生碰撞外，还与其他带电粒子发生碰撞，即发生电子-电子碰撞和电子-离子碰撞。由于电子-电子碰撞所转移的动量较小，因此只需考虑电子-离子碰撞。根据 2.4 节的讨论可知，电子-离子碰撞的动量输运截面为

$$\sigma_{ei}(\varepsilon_e)=16\pi\left(\frac{e^2}{16\pi\varepsilon_0\varepsilon_e}\right)^2\ln\Lambda \tag{13.5-26}$$

其中，$\varepsilon_e=m_e v^2/2$ 为电子的动能；$\ln\Lambda$ 为库仑对数。这里考虑的是一价离子。可以按如下公式近似地估算出电子-离子碰撞频率

$$\nu_{ei}=n_0\langle v\sigma_{ei}(E_e)\rangle\approx n_0 v_{th}\sigma_{ei}(\varepsilon_{T_e}) \tag{13.5-27}$$

其中，n_0 为等离子体密度；$\langle\cdots\rangle$ 表示物理量对电子速度分布函数的平均；$\varepsilon_{T_e}=m_e v_{th}^2/2=T_e$ 为电子的热动能。利用式(13.5-27)，可以进一步把 ν_{ei} 表示为

$$\nu_{ei}=(4\pi\varepsilon_0)^{-2}\frac{\sqrt{2}\pi e^4 n_0}{m_e^{1/2}T_e^{3/2}}\ln\Lambda \tag{13.5-28}$$

对应的库仑对数为

$$\ln\Lambda=\ln\left(\frac{8\pi\varepsilon_0\lambda_D T_e}{e^2}\right) \tag{13.5-29}$$

其中，$\lambda_D=\sqrt{\dfrac{\varepsilon_0 T_e}{n_0 e^2}}$ 为等离子体的德拜长度。实际上，库仑对数对等离子体密度和电子温度的依赖性较弱。对于典型的等离子体参数，可以取 $\ln\Lambda\approx 10$。如果取 $T_e=5\text{eV}$，有

$$\nu_{ei}\approx 3.67\times10^{-12}n_0\quad(\text{s}^{-1}) \tag{13.5-30}$$

其中，n_0 是以 m^{-3} 为单位。

根据式(13.5-25)和式(13.5-30)，可以得到电子-离子碰撞频率与电子-中性粒子碰撞频率之比为

$$\frac{\nu_{ei}}{\nu_{en}}\approx 36.7\times\frac{n_0}{n_g} \tag{13.5-31}$$

可见，当 $n_0/n_g>2.73\%$ 时，有 $\nu_{ei}>\nu_{en}$，即电子-离子碰撞将占主导地位。对于螺旋波放电，由于电离度较高，这个条件是可以满足的。特别是在高功率放电情况下，由于中性气体的加热，可以引起中性气体密度的降低。

3) 波-粒子相互作用的等效碰撞频率

如果取 $\varsigma_0=3/2$，有 $\varsigma_0^3 e^{-\varsigma_0^2}\approx 0.4$，这样可以把 ν_{LD} 改写为

$$\nu_{\mathrm{LD}} \approx 1.413\omega \tag{13.5-32}$$

根据式(13.5-30)和式(13.5-32)，可以得到ν_{LD}与ν_{ei}的比率

$$\frac{\nu_{\mathrm{ei}}}{\nu_{\mathrm{LD}}} \approx 4.136\times10^{-13}\frac{n_0}{f} \tag{13.5-33}$$

可见，如果取放电频率为$f = 13.56\mathrm{MHz}$，仅当等离子体密度小于$3.28\times10^{19}\mathrm{m}^{-3}$时，才有$\nu_{\mathrm{LD}} > \nu_{\mathrm{ei}}$，即波-电子相互作用(朗道阻尼)占主导地位。

为了统一描述螺旋波等离子体中电子的各种碰撞效应，我们引入一个有效碰撞频率

$$\nu_{\mathrm{eff}} = \nu_{\mathrm{en}} + \nu_{\mathrm{ei}} + \nu_{\mathrm{LD}} \tag{13.5-34}$$

对于给定的放电频率，当等离子体密度不同时，上面三个碰撞频率所起的作用不同。当等离子体密度较低时，电子-中性粒子的碰撞频率ν_{en}占主导地位；当等离子体密度适中时，波-电子相互作用的等效碰撞频率ν_{LD}占主导地位；当等离子体密度较高时，电子-离子碰撞频率ν_{ei}占主导地位。

13.6　等离子体的吸收功率密度

13.3 节讨论螺旋波的传播特性时，忽略了电子惯性效应，导致螺旋波的色散关系与电子的质量无关。实际上，仅当电磁波的角频率远小于电子的回旋频率时，这种近似才成立。考虑电子的惯性效应后，电磁波在磁化柱状等离子体中将以电子回旋波的形式传播，通常称这种波为 TG(trivelpiece-gould)波。Shamrai 和 Taranov 指出，当 TG 波从边界沿径向等离子体内部传播时，可以有效地被等离子体吸收，且其效率要高于螺旋波的吸收效率[15]。

1. TG 波

下面仍假设在等离子体中存在一个轴向均匀的磁场$\boldsymbol{B}_0$，且等离子体的密度为n_0。考虑电子的惯性运动和有效碰撞频率后，电子的运动方程为

$$m_{\mathrm{e}}\frac{\partial \boldsymbol{u}}{\partial t} = -e(\boldsymbol{E} + \boldsymbol{u}\times\boldsymbol{B}_0) - m_{\mathrm{e}}\nu_{\mathrm{eff}}\boldsymbol{u} \tag{13.6-1}$$

与前面的做法一样，这里假设所有的扰动物理量随时间的变化均是简谐的。这样，由方程(13.6-1)可以得到电场$\boldsymbol{E}$与电流密度$\boldsymbol{J} = -en_0\boldsymbol{u}$之间的关系式

$$\boldsymbol{E} = -\frac{\mathrm{i}m_{\mathrm{e}}(\omega + \mathrm{i}\nu_{\mathrm{eff}})}{e^2 n_0}\boldsymbol{J} + \frac{1}{en}\boldsymbol{J}\times\boldsymbol{B}_0 \tag{13.6-2}$$

很显然，式(13.6-2)右边的第一项是电子的惯性运动产生的电场，第二项是洛伦兹

力产生的电场。

下面将方程(13.6-2)与麦克斯韦方程组结合，来确定电磁场服从的波动方程。首先将式 $\boldsymbol{J}=\frac{1}{\mu_0}\nabla\times\boldsymbol{B}$ 代入式(13.6-2)，可以进一步把 $\boldsymbol{E}$ 表示为

$$\boldsymbol{E}=-\frac{\mathrm{i}m_{\mathrm{e}}(\omega+\mathrm{i}\nu_{\mathrm{eff}})}{\mu_0 e^2 n_0}\nabla\times\boldsymbol{B}+\frac{1}{\mu_0 e n_0}(\nabla\times\boldsymbol{B})\times\boldsymbol{B}_0 \tag{13.6-3}$$

再对式(13.6-3)两边取旋度，并利用 $\nabla\times\boldsymbol{E}=\mathrm{i}\omega\boldsymbol{B}$，有

$$\mathrm{i}\omega\boldsymbol{B}=-\mathrm{i}\frac{m_{\mathrm{e}}(\omega+\mathrm{i}\nu_{\mathrm{eff}})}{\mu_0 e^2 n_0}\nabla\times(\nabla\times\boldsymbol{B})+\frac{1}{\mu_0 e n_0}\nabla\times[(\nabla\times\boldsymbol{B})\times\boldsymbol{B}_0] \tag{13.6-4}$$

利用式(13.3-1)和矢量的微分运算，可以证明如下等式成立：

$$\nabla\times[(\nabla\times\boldsymbol{B})\times\boldsymbol{B}_0]=\mathrm{i}kB_0\nabla\times\boldsymbol{B} \tag{13.6-5}$$

将式(13.6-5)代入式(13.6-4)，整理后可以得到

$$\nabla\times(\nabla\times\boldsymbol{B})-(\beta_1+\beta_2)\nabla\times\boldsymbol{B}+\beta_1\beta_2\boldsymbol{B}=0 \tag{13.6-6}$$

其中，β_1 和 β_2 分别为

$$\beta_1+\beta_2=\frac{k\omega_{\mathrm{ce}}}{\omega+\mathrm{i}\nu_{\mathrm{eff}}},\quad \beta_1\beta_2=\frac{k\omega_{\mathrm{ce}}}{\omega+\mathrm{i}\nu_{\mathrm{eff}}}\alpha \tag{13.6-7}$$

式中，α 由式(13.3-9)给出。很显然，β_1 和 β_2 为如下二次代数方程的两个根：

$$\beta^2-\frac{k\omega_{\mathrm{ce}}}{\omega+\mathrm{i}\nu_{\mathrm{eff}}}\beta+\frac{k\omega_{\mathrm{ce}}}{\omega+\mathrm{i}\nu_{\mathrm{eff}}}\alpha=0 \tag{13.6-8}$$

它们分别为

$$\beta_1=\frac{1}{2\gamma}-\frac{1}{2\gamma}\sqrt{1-4\alpha\gamma} \tag{13.6-9}$$

$$\beta_2=\frac{1}{2\gamma}+\frac{1}{2\gamma}\sqrt{1-4\alpha\gamma} \tag{13.6-10}$$

其中，$\gamma=(\omega+\mathrm{i}\nu_{\mathrm{eff}})/k\omega_{\mathrm{ce}}$。

如果令 $\boldsymbol{B}=\boldsymbol{B}_1+\boldsymbol{B}_2$，而且 $\boldsymbol{B}_1$ 和 $\boldsymbol{B}_2$ 分别满足如下两个方程[16]：

$$\nabla\times\boldsymbol{B}_1=\beta_1\boldsymbol{B}_1 \tag{13.6-11}$$

$$\nabla\times\boldsymbol{B}_2=\beta_2\boldsymbol{B}_2 \tag{13.6-12}$$

不难证明，$\boldsymbol{B}=\boldsymbol{B}_1+\boldsymbol{B}_2$ 就是方程(13.6-6)的解。再分别对方程(13.6-11)和(13.6-12)两边取旋度，就可以得到如下两个波动方程：

$$\nabla^2\boldsymbol{B}_1+\beta_1^2\boldsymbol{B}_1=0 \tag{13.6-13}$$

$$\nabla^2 \boldsymbol{B}_2 + \beta_2^2 \boldsymbol{B}_2 = 0 \tag{13.6-14}$$

当忽略碰撞效应，且 $\alpha\gamma \ll 1$ 时，有 $\beta_1 \approx \alpha$ 及 $\beta_2 \approx 1/\gamma = k\omega_{ce}/\omega$。很显然，由方程(13.6-13)所描述的电磁波就是 13.3 节介绍的螺旋波，简称为 H 波。由于 ω_{ce} 反比于电子质量 m_e，因此由方程(13.6-14)所描述的电磁波与电子的惯性效应相关，即它描述的是 TG 波。

在忽略碰撞效应的情况下，根据式(13.6-9)和式(13.6-10)，可以确定出纵向波数 k 随 β 的变化，如图 13-8 所示，其中 $n_0 = 10^{13}\,\text{cm}^{-3}$，$\omega = 2\pi\times 13.56\text{MHz}$。可以看出，对于不同的静磁场，$k$ 都有一个最小值，而且这些最小值都对应同一个 β 值，即 $\beta = \beta_c$。其中，$\beta < \beta_c$ 的区域对应于 H 波，而 $\beta > \beta_c$ 的区域对应于 TG 波。特别是，当静磁场较小时，主要传播的是 TG 波。这是因为静磁场越小，电子的回旋频率越小，电子的惯性效应越突出。实验上已经证实了 TG 波的存在，而且 TG 波可以使等离子体的吸收功率密度在器壁的边缘处升高[17]。

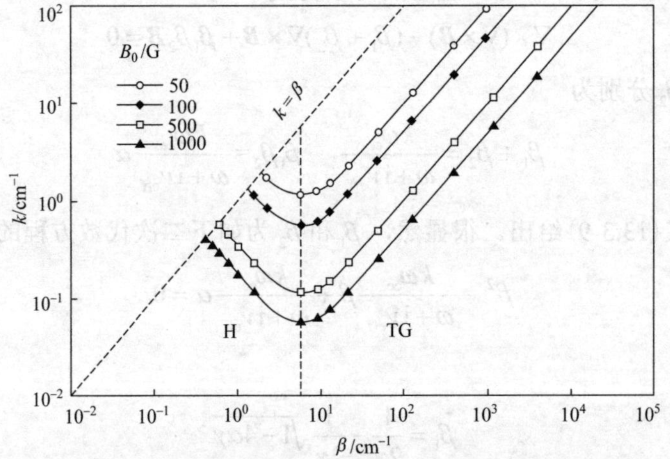

图 13-8　不同的静磁场下，k-β 的变化相图

采用类似于 13.3 节介绍的求解方法，可以分别得到方程(13.6-13)和方程(13.6-14)的解。对于 H 波，$\boldsymbol{B}_1$ 的三个分量分别为

$$B_{1r}(r) = \frac{\mathrm{i}C_{1m}}{2\kappa_1}[(\beta_1 + k)\mathrm{J}_{m-1}(\kappa_1 r) + (\beta_1 - k)\mathrm{J}_{m+1}(\kappa_1 r)] \tag{13.6-15}$$

$$B_{1\theta}(r) = -\frac{C_{1m}}{2\kappa_1}[(\beta_1 + k)\mathrm{J}_{m-1}(\kappa_1 r) - (\beta_1 - k)\mathrm{J}_{m+1}(\kappa_1 r)] \tag{13.6-16}$$

$$B_{1z}(r) = C_{1m}\mathrm{J}_m(\kappa_1 r) \tag{13.6-17}$$

其中，$\kappa_1 = \sqrt{\beta_1^2 - k^2}$。类似地，对于 TG 波，$\boldsymbol{B}_2$ 的三个分量为

$$B_{2r}(r)=\frac{\mathrm{i}C_{2m}}{2\kappa_2}[(\beta_2+k)\mathrm{J}_{m-1}(\kappa_2 r)+(\beta_2-k)\mathrm{J}_{m+1}(\kappa_2 r)] \tag{13.6-18}$$

$$B_{2\theta}(r)=-\frac{C_{2m}}{2\kappa_2}[(\beta_2+k)\mathrm{J}_{m-1}(\kappa_2 r)-(\beta_2-k)\mathrm{J}_{m+1}(\kappa_2 r)] \tag{13.6-19}$$

$$B_{2z}(r)=C_{2m}\mathrm{J}_m(\kappa_2 r) \tag{13.6-20}$$

其中，$\kappa_2=\sqrt{\beta_2^2-k^2}$ 。

利用式(13.6-11)和式(13.6-12)，可以把等离子体电流密度表示为

$$\boldsymbol{J}=\frac{1}{\mu_0}(\beta_1\boldsymbol{B}_1+\beta_2\boldsymbol{B}_2) \tag{13.6-21}$$

由于放电管壁是绝缘的，要求径向电流密度为零，即 $J_r\big|_{r=R}=0$，因此有

$$\beta_1 B_{1r}(R)+\beta_2 B_{2r}(R)=0 \tag{13.6-22}$$

分别将式(13.6-15)和式(13.6-18)代入式(13.6-22)，可以得到系数 C_{1m} 和 C_{2m} 之间的关系

$$C_{2m}=-\frac{\kappa_2\beta_1}{\kappa_1\beta_2}\frac{(\beta_1+k)\mathrm{J}_{m-1}(\kappa_1 R)+(\beta_1-k)\mathrm{J}_{m+1}(\kappa_1 R)}{(\beta_2+k)\mathrm{J}_{m-1}(\kappa_2 R)+(\beta_2-k)\mathrm{J}_{m+1}(\kappa_2 R)}C_{1m} \tag{13.6-23}$$

另一个系数 C_{1m} 或 C_{2m}，需要由其他边界条件来确定。对于螺旋波放电，放电管和天线要被圆筒形的金属罩包围，用于屏蔽电磁波，防止其对外泄漏并保护操作人员。因此，通常需要分别计算放电管和屏蔽罩两个区域中的电磁场分布，并利用两个区域交界面上的电磁场衔接条件来确定系数。这一求解过程极为烦琐，本章对此不作介绍，感兴趣的读者可以参考相关文献[18,19]。

2. 吸收功率密度

由于电磁场随时间是简谐变化的，可以把吸收功率密度表示为

$$p_{\mathrm{abs}}(r,\theta,z)=\frac{1}{2}\mathrm{Re}[\boldsymbol{J}(r,\theta,z)\cdot\boldsymbol{E}^*(r,\theta,z)] \tag{13.6-24}$$

其中，因子 1/2 来自于对射频周期的平均。利用式(13.3-1)给出的傅里叶级数表示式，并对式(13.6-24)体积分，即可以得到吸收功率

$$P_{\mathrm{abs}}=(2\pi)^2\sum_m\int_{-\infty}^{\infty}\mathrm{d}k\int_0^R r\mathrm{d}r p_{\mathrm{abs}}(r,m,k) \tag{13.6-25}$$

其中

$$p_{\mathrm{abs}}(r,m,k)=\frac{1}{2}\mathrm{Re}[\boldsymbol{J}(r,m,k)\cdot\boldsymbol{E}^*(r,m,k)] \tag{13.6-26}$$

为吸收功率密度的谱函数，它除了依赖于径向变量 r 外，还依赖于轴向波数 k 和角

向模数 m。

由式(13.6-2)可以看到，等离子体中的射频电场 $\boldsymbol{E}$ 由两部分组成，其中第二部分与等离子体的电流密度垂直，这样它对等离子体吸收功率没有贡献。因此，可以把式(13.6-26)改写为

$$p_{\text{abs}}(r,m,k)=\frac{m_{\text{e}}\nu_{\text{eff}}}{2e^2n_0}\text{Re}\left|\boldsymbol{J}(r,m,k)\right|^2 \tag{13.6-27}$$

将式(13.6-21)代入式(13.6-27)，最后可以把吸收功率密度的谱函数表示为

$$p_{\text{abs}}(r,m,k)=\frac{m_{\text{e}}\nu_{\text{eff}}}{2\mu_0^2e^2n_0}\text{Re}\left|\beta_1\boldsymbol{B}_1(r,m,k)+\beta_2\boldsymbol{B}_2(r,m,k)\right|^2 \tag{13.6-28}$$

可以看出，式(13.6-28)右边绝对值中的第一项和第二项分别对应 H 波和 TG 波对吸收功率密度的贡献。

由于现在采用的是线性理论模型，系数 C_{1m} 和 C_{2m} 正比于天线电流幅值 I_0 的平方，因此吸收功率谱函数正比于 I_0^2。将功率谱函数对 k 积分，可以定义单位面积的等离子体电阻为

$$R_{\text{p}}(r,m)=\frac{2}{I_0^2}\int_{-\infty}^{\infty}p(r,m,k)\text{d}k \tag{13.6-29}$$

图 13-9(a)和(b)显示了在两种不同的密度和静磁场下，H 波和 TG 波对等离子体电阻(或功率吸收谱函数)的影响[20]，其中 $m=1$，$f=13.56\text{MHz}$。可以看出，在等离子体中心处，TG 波的贡献相对较小；但当静磁场的值升高时，TG 波在等离子体边缘处的贡献明显增大。

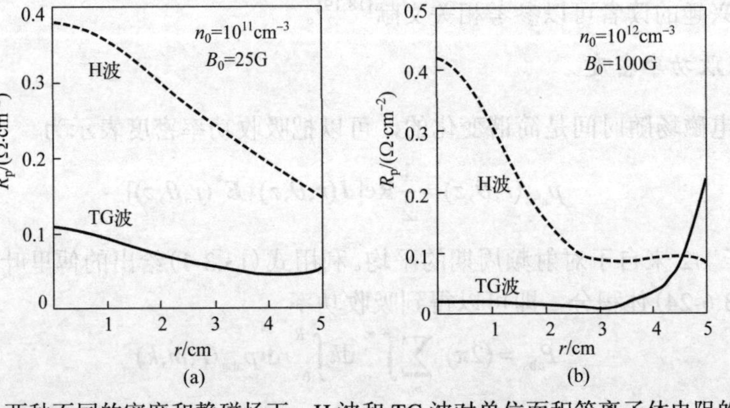

图 13-9　两种不同的密度和静磁场下，H 波和 TG 波对单位面积等离子体电阻的影响

3. 电磁波的轴向衰减

考虑了电子的有效碰撞效应后，螺旋波沿着轴向传播的波数 k 不再是一个实数。

但为了满足径向边界条件，径向波数κ必须是实数。令$k=k_{\rm r}+{\rm i}k_{\rm i}$，其中$k_{\rm r}$和$k_{\rm i}$分别是轴向波数的实部和虚部。由于$k_{\rm i}$的存在，将导致波电场或磁场的幅值在轴向上呈现指数形式的衰减，即

$$A(r,\theta,z)\sim\exp[-k_{\rm i}(z-z_0)] \tag{13.6-30}$$

其中，z_0为天线中心的轴向位置。一般情况下，$k_{\rm i}$与碰撞频率、等离子体密度和静磁场等参数有关。

根据式(13.6-9)和式(13.6-10)，当$\alpha\gamma$的值较小时，有

$$\beta_1\approx\alpha(1+\gamma\alpha)\quad(\text{H 波}) \tag{13.6-31}$$

$$\beta_2=1/\gamma\quad(\text{TG 波}) \tag{13.6-32}$$

对于 H 波，借助于α和γ的表示式，可以得到

$$\beta_1\approx\alpha\left[1+\left(\frac{c\alpha}{\omega_{\rm pe}}\right)^2\left(1+{\rm i}\frac{\nu_{\rm eff}}{\omega}\right)\right] \tag{13.6-33}$$

再利用$\kappa_1^2=\beta_1^2-k^2$，有

$$\kappa_1^2=\frac{\alpha_0^2}{(1+{\rm i}\delta)^2}\left[1+\left(\frac{c\alpha_{\rm r}}{\omega_{\rm pe}}\right)^2\frac{1+{\rm i}\nu_{\rm eff}/\omega}{(1+{\rm i}\delta)^2}\right]^2-k_{\rm r}^2(1+{\rm i}\delta)^2 \tag{13.6-34}$$

其中，$\delta=k_{\rm i}/k_{\rm r}$，$\alpha_{\rm r}=\dfrac{\omega}{k_{\rm r}}\dfrac{\omega_{\rm pe}^2}{c^2\omega_{\rm ce}}$。对于弱衰减情况，有$\nu_{\rm eff}\ll\omega$和$k_{\rm i}\ll k_{\rm r}$。这样，可以把式(13.6-34)对小量$\delta$和$\nu_{\rm eff}/\omega$进行展开，并保留到一阶精度，有

$$\frac{k_{\rm i}}{k_{\rm r}}\approx\left(\frac{c\alpha_{\rm r}}{\omega_{\rm pe}}\right)^2\frac{\nu_{\rm eff}}{\omega},\quad \kappa_1^2\approx\alpha_{\rm r}^2-k_{\rm r}^2 \tag{13.6-35}$$

类似地，对于 TG 波，有

$$\frac{k_{\rm i}}{k_{\rm r}}\approx\frac{\nu_{\rm eff}}{\omega},\quad k_{\rm r}\approx\frac{\omega}{\omega_{\rm ce}}\kappa_2 \tag{13.6-36}$$

可见，在弱衰减情况下，轴向波数的虚部正比于有效碰撞频率；静磁场越强，波数的虚部越小，即衰减越弱。

对于由名古屋Ⅲ型天线激励的螺旋波放电，Light 等利用磁探针测量了等离子体中扰动磁场轴向分量的幅值$|B_z|$随轴向变量的变化[21]，并与计算结果进行了比较，见图 13-10，其中工作气体为氩气，静磁场为 800G，放电管的长度和直径分别为 1.7m 和 2.5cm。可以看出，随着轴向距离的增加，$|B_z|$的值呈振荡衰减的趋势，而且衰减的斜率与计算结果(点虚线)基本吻合。此外，由图 13-10 可以看出，电磁波的衰减主要是由电子-离子碰撞效应引起的，而电子-中性粒子碰撞效应很弱。

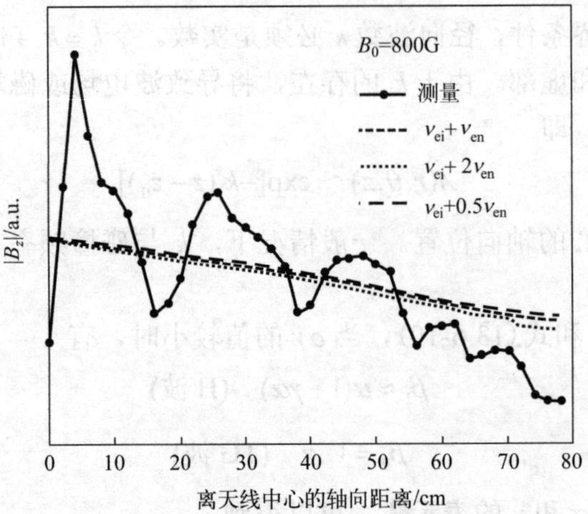

图 13-10　扰动磁场轴向分量的幅值沿着轴向的变化

13.7　螺旋波放电的模式跳变

与感性耦合放电一样，在螺旋波放电中，也存在着不同的放电模式，且更为复杂。螺旋波放电存在着三种不同的放电模式：①低参数(如功率和磁场)下的容性放电模式(E 模式)，它是由天线两端的电压降产生的静电场维持放电的；②中等参数下的感性放电模式(H 模式)，它是由线圈电流产生的涡旋电场维持放电的；③高参数下的螺旋波模式(W 模式)，它是由螺旋波维持放电的。在一般情况下，当放电功率从低向高增加时，实验上可以观察到放电模式先从 E 模式转换到 H 模式，再从 H 模式转换到 W 模式，即 $E\rightarrow H\rightarrow W$。需要说明的是，理论分析给出的放电模式转换是连续的，但实验上观察到的放电模式转换往往是不连续的，即存在着跳变行为。

Chi 等利用朗缪尔探针，测量了螺旋波放电中离子的饱和通量随放电功率的变化，如图 13-11 所示[22]，其中施加的静磁场在 50G 左右，放电频率为 13.56MHz，气压为 9mTorr，工作气体为氩气，采用的天线为双马鞍形。可以看出，随着放电功率的增加，放电经历了从 E 模式跳变到 H 模式，再跳变到 W 模式。特别是在 W 放电模式下，又经历了三次模式跳变，分别标记为 W_1、W_2 和 W_3，其中 W_2 和 W_3 分别对应蓝光和蓝芯模式。

Boswell 发现，随着静磁场的增加，螺旋波的放电模式也可以发生跳变，如图 13-12 所示[2]，其中放电功率为 180W，放电频率为 8.8MHz，气压为 1.5mTorr，放电气体为氩气。从该图可以清楚地看到，随着静磁场 B_0 的增加，平均电子密度 $\bar{n}$ 的数值先后发生了两次跳变，并且 $\bar{n}$ 随 B_0 单调增加。图中的虚线由如下拟合公式给出

$$\bar{n}=1.2\times10^{9}B_0 \tag{13.7-1}$$

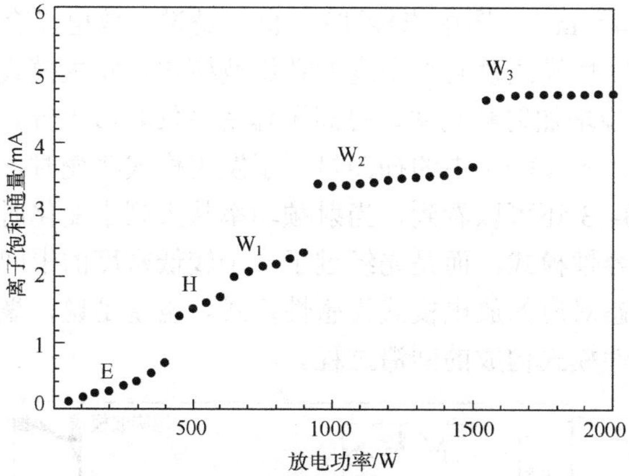

图 13-11　螺旋波放电中，离子的饱和通量随放电功率的变化

其中，$\bar{n}$ 的单位为 cm^{-3}；B_0 的单位为 G。根据螺旋波的色散关系式可以知道，当波的相速度 ω/k 一定时，等离子体密度与静磁场成正比，见式(13.4-8)或式(13.4-9)。这表明，实验测量结果与理论分析是一致的。

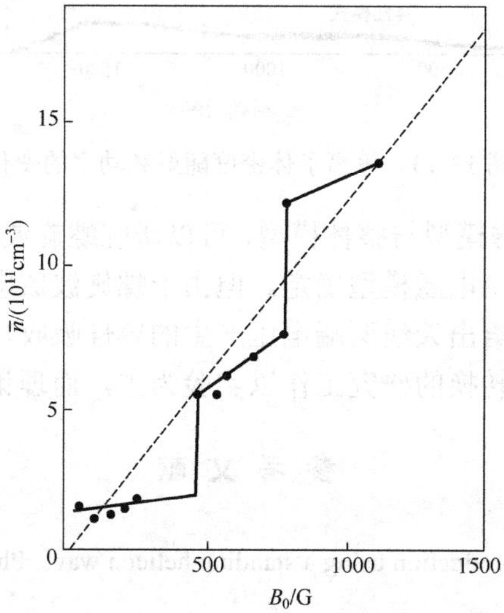

图 13-12　螺旋波等离子体的平均电子密度随静磁场的变化

Franck 等利用朗缪尔探针对螺旋波放电中的等离子体密度进行测量时，发现了放电可以从容性模式直接跳到螺旋波模式[23]，如图 13-13 所示，其中工作气体为氩气，气压为 0.6Pa，静磁场为 380G。当射频功率低于 1200W 时，放电处于容性模式，等离子体密度较低（$n_e=1-4\times10^{10}cm^{-3}$，图中未标注）。当继续增加射频功率时，放电仍然处于容性模式。当射频功率增加到 1800W 时，等离子体密度突然上升到一个

较高的值（$n_e \approx 9\times10^{12}\,cm^{-3}$，图中未标注）。也就是说，放电没有经过感性模式，而是直接从低密度的容性模式跳到高密度的螺旋波模式，发生模式跳变的功率间隔大约为 10W。再进一步增加射频功率，等离子体密度仅略微上升，即等离子体几乎处于一个稳定的状态。图 13-13 中的插图显示了发生模式跳变时，等离子体密度随时间的变化。由图 13-13 还可以看到，当射频功率从大到小变化时，放电不能直接从螺旋波模式退回到容性模式，而是先经过了一个较低密度的中间态，然后再回到容性模式，这个中间态对应的放电模式为感性模式。也就是说，螺旋波放电经历了一个由容性模式和感性模式构成的回滞过程。

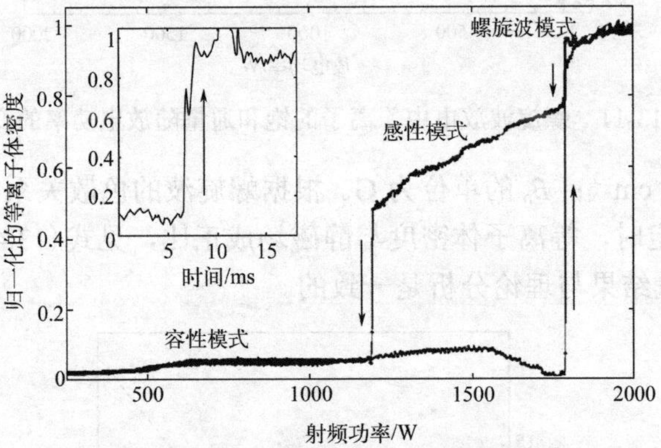

图 13-13　等离子体密度随射频功率的变化

原则上讲，利用电磁模型与整体模型，可以研究螺旋波放电中的模式转换过程，其中等离子体吸收功率由电磁模型确定。但由于螺旋波放电的天线结构十分复杂，很难在电磁模型中直接给出天线两端电压产生的容性吸收功率。因此，到目前为止，有关螺旋波放电的模式转换的研究工作以实验为主，而理论研究十分有限。

参 考 文 献

[1] Boswell R W. Plasma production using a standing helicon wave. Phys. Lett. A, 1970, 33(7): 457, 458.

[2] Boswell R W. Very efficient plasma generation by whistler waves near the lower hybrid frequency. Plasma Phys. Contr. Fusion, 1984, 26(10): 1147.

[3] Shoji T, Sakawa Y, Nakazawa S, et al. Plasma production by helicon waves. Plasma Sources Sci. Technol., 1993, 2(1): 5.

[4] Chen F F. Plasma ionization by helicon waves. Plasma Phys. Control. Fusion, 1991, 33(4): 339.

[5] Chen F F. Helicon discharges and sources: a review. Plasma Sources Sci. Technol., 2015, 24(1): 014001.

[6] Charles C. A review of recent laboratory double layer experiments. Plasma Sources Sci. Technol., 2007, 16: R1.

[7] Chang L, Hole M J, Caneses J F, et al. Wave modeling in a cylindrical non-uniform helicon discharge. Phys. Plasma, 2012, 19(8): 083511.

[8] Chabert P, Braithwaite N. Physics of Radio-Frequency Plasmas. Cambridge: Cambridge University Press, 2011; [中译本]夏伯特，布雷斯韦特. 射频等离子体物理学. 王友年，徐军，宋远红，译. 北京：科学出版社, 2015.

[9] Watari T, Hatori T, Kumazawa R, et al. Radio-frequency plugging of a high density plasma. Phys. Fluids, 1978, 21(11): 2076-2081.

[10] Shoji T. Whistler wave plasma production. IPPJ Annu. Rev., Nagoya Univ., 1986: 67.

[11] Shinohara S, Hada T, Motomura T, et al. Development of high-density helicon plasma sources and their applications. Phys. Plasma, 2009, 16(5): 057104.

[12] Boswell R W, Henry D. Pulsed high rate plasma etching with variable Si/SiO_2 selectivity and variable Si etch profiles. Appl. Phys. Lett., 1985, 47(10): 1095-1097.

[13] Boswell R W, Porteous R K. Etching in a pulsed plasma. J. Appl. Phys., 1987, 62(8): 3123-3129.

[14] Chen F F, Boswell R W. Helicons-the past decade. IEEE Trans. Plasma Sci., 1997, 25(6): 1245-1247.

[15] Shamrai K P, Taranov V B. Volume and surface rf power absorption in a helicon plasma source. Plasma Sources Sci. Technol., 1996, 5(3): 474.

[16] Chen F F, Arnush D. Generalized theory of helicon waves. I. Normal modes. Physics Plasmas, 1997, 4(9): 3411-3421.

[17] Blackwell D D, Madziwa T G, Arnush D, et al. Evidence for Trivelpiece-Gould modes in a helicon discharge. Phys. Rev. Lett., 2002, 88(14): 145002.

[18] Arnush D, Chen F F. Generalized theory of helicon waves. II. Excitation and absorption. Phys. Plasmas, 1998, 5(5): 1239-1254.

[19] Cho S. The field and power absorption profiles in helicon plasma resonators. Phys. Plasmas, 1996, 3(11): 4268-4275.

[20] Arnush D. The role of Trivelpiece–Gould waves in antenna coupling to helicon waves. Phys. Plasmas, 2000, 7(7): 3042-3050.

[21] Light M, Sudit I D, Chen F F, et al. Axial propagation of helicon waves. Phys. Plasmas, 1995, 2(1): 4094-4103.

[22] Chi K K, Sheridan T E, Boswell R W. Resonant cavity modes of a bounded helicon discharge. Plasma Sources Sci. Technol., 1999, 8(3): 421.

[23] Franck C M, Grulke O, Klinger T. Mode transitions in helicon discharges. Phys. Plasmas, 2003, 10(1): 323-325.

第 14 章　电子回旋共振微波等离子体

电子回旋共振微波放电，也简称为 ECR (electron cyclotron resonance) 微波放电，是一种由波驱动的无电极放电。对于这种放电，微波是通过波导管输入放电腔室中的，并且在非均匀的静磁场的作用下，等离子体中的电子绕磁力线做回旋运动。当电子的回旋频率与微波的角频率相等时，电子就会与微波发生共振作用，并把能量转移给电子。从共振区出来的电子再与中性粒子发生碰撞，并使其电离。也就是说，在 ECR 微波放电中，微波是通过加热电子来维持放电的。一般选取微波的频率为 2.45GHz，对应的共振区域的磁场强度为 875G。

最初人们利用 ECR 方式来加热磁约束等离子体，如托卡马克等离子体或磁镜等离子体。由于 ECR 微波放电可以在较低工作气压 (mTorr) 下进行，而且可以产生较高密度 (10^{11}～10^{12}cm^{-3}) 的等离子体，后来人们试图将这种等离子体源用于半导体材料的表面处理工艺，如等离子体刻蚀和薄膜沉积[1]。不过，由于需要在放电腔室的外面缠绕直流线圈或放置永久磁铁，以及需要微波源及微波传输系统，使得放电装置的结构过于复杂，而静磁场的空间发散也使得等离子体的均匀性难以控制，这在一定程度上限制了 ECR 等离子体源在半导体材料处理工艺中的应用。此外，ECR 等离子体源在其他一些领域也有着重要的应用，如离子加速器、离子注入机以及等离子体推进器。

在 14.1 节，将介绍 ECR 微波等离子体源的结构，包括微波的传输系统和放电腔室结构，以及两种长宽比结构的静磁场空间分布；此外，还将介绍多匝直流线圈产生的静磁场的计算方法。在 14.2 节，将介绍电磁波在真空圆柱形腔室中的传播模式，尤其是 TE_{11} 模式的电磁场及平均能流密度的空间分布特征。14.3 节介绍两种电子加热机制，即 ECR 共振加热机制和欧姆加热机制，不过本节假设微波为平面波，而且微波电场幅值为常数。在 14.4 节，针对 TE_{11} 模式的电磁波在圆柱形磁化等离子体中的传播，计算等离子体从右旋电磁波中吸收的功率密度。最后在 14.5 节，将介绍电子的热运动对 ECR 共振带的影响。

14.1　ECR 源的静磁场空间分布

ECR 等离子体源由微波功率传输系统和放电系统两大部分构成，其中微波功率系统又包括微波源和微波传输系统[2,3]，如图 14-1 所示。通常用直流电源或 50Hz 的交流电源给磁控管或速调管供电，可以产生频率为 2.45GHz 的微波。微波传输系统是将微波源产生的微波功率传输到放电腔室中，它是由微波源、环形器、定向耦合器、调谐器和模式转换器组成的，其中环形器防止反射波造成磁控管损伤，定向耦合器用于测量前行波和反射波的功率，调谐器用于调节功率源和等离子体负载的匹配，模式转换器用于将矩形波导的模式转换成圆形波导的模式(我们将在 14.2 节专门介绍圆形波导的两种传播模式)。最后，微波功率通过放电腔室上的石英窗耦合进等离子体中。

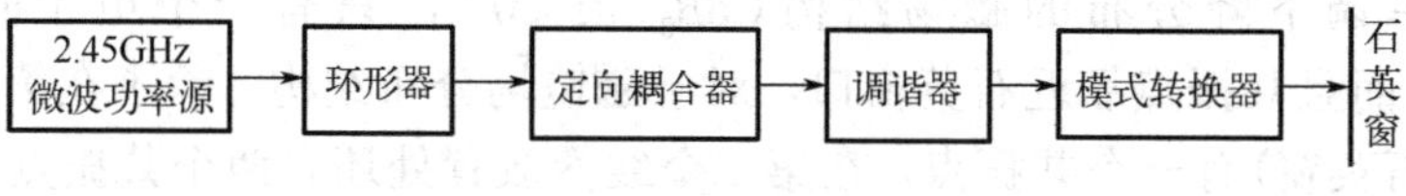

图 14-1　微波功率传输系统

用于材料表面处理工艺的 ECR 微波放电装置通常具有两个腔室，其中一个是放电腔室，另一个是工艺腔室。放电腔室为一个金属圆筒，其上端放置一个石英窗，微波可以穿透过石英窗进入等离子体中。在实际应用中，通常有两种不同长宽比结构的 ECR 微波放电装置，即低长宽比结构($h \leqslant R$)和高长宽比结构($h > R$)，如图 14-2(a)和(b)所示，其中 h 和 R 分别为放电腔室的长度和半径。在放电腔室外侧缠绕一个或多个直流线圈(或套上永久磁铁环)，用于产生轴向非均匀分布的静磁场 $\boldsymbol{B}_0(z)$。通过调节线圈的电流，可以改变静磁场的大小及空间分布，使得在轴向某处的磁场满足电子回旋共振条件

$$\omega_{ce}(z_{res}) = \omega \tag{14.1-1}$$

其中，$\omega_{ce}(z) = eB_0(z)/m_e$ 为电子的回旋频率；ω 为微波的角频率 ω；z_{res} 为轴向上的共振位置。放电腔室的下端与工艺腔室相通，而且放电腔室中的等离子体可以扩散

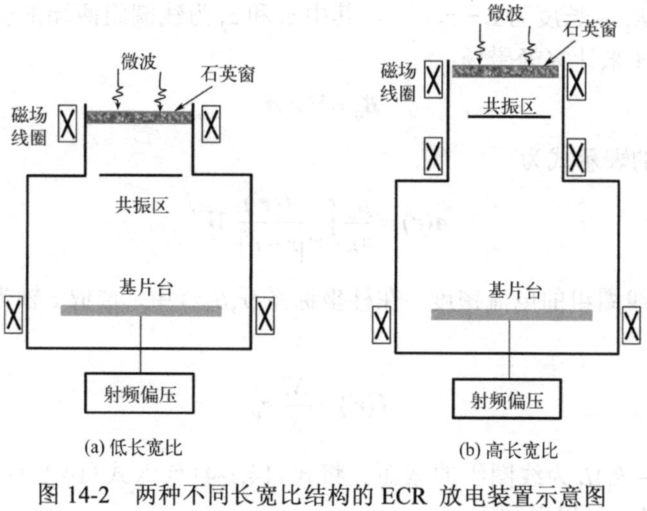

图 14-2　两种不同长宽比结构的 ECR 放电装置示意图

到工艺腔室中。在工艺腔室中放置一个基片台，并与一个射频偏压电源连接，用于控制入射到基片上的离子能量。此外，为了约束等离子体在工艺腔室中的扩散行为，还可以在工艺腔室的外侧施加另一个产生静磁场的直流线圈或永久磁铁。

对于材料表面处理工艺，大多都采用高长宽比的腔室结构。通过调节磁场线圈的结构和电流，可以改变静磁场的轴向分布。通常采用两种轴向分布形式的静磁场，即单调下降的空间分布和磁镜场空间分布，分别如图 14-3 中的粗实线和粗虚线所示。对于单调下降分布的磁场结构（$dB_0/dz<0$），只有一个电子回旋共振点（$z=z_{res1}$），而且共振点靠近石英窗口。对于磁镜场分布结构，除了在第一个线圈放置处(靠近石英窗)有一个共振点，在第二个线圈放置处还有两个共振点，即 $z=z_{res2}$ 和 $z=z_{res3}$。由于电子被捕获在两个磁镜(即高场区)之间，这种磁场分布可以增强对高能电子的约束，所以工作气体的电离度较高。

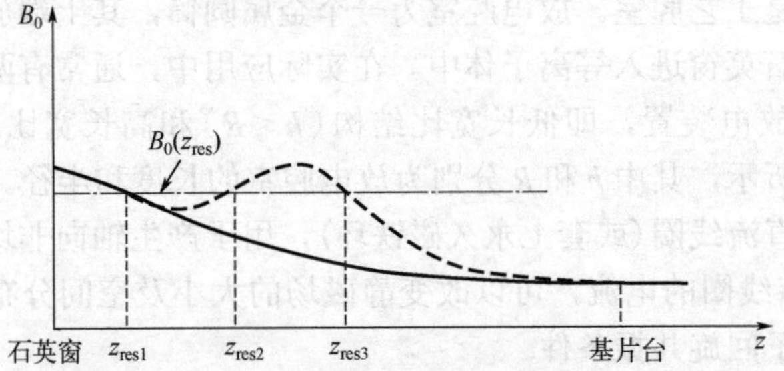

图 14-3　高长宽比腔室中的两种磁场结构示意图

在实际放电中，静磁场是由多个线圈组共同产生的，其中每个线圈组的匝数和电流强度可以不同。考虑一个由 N 匝线圈均匀缠绕的空心圆筒线圈组，它的内外半径分别为 R_1 和 R_2、长度为 $L=z_2-z_1$，其中 z_1 和 z_2 为线圈组两端的轴向位置。可以借助于磁矢势 $\boldsymbol{A}$ 来计算静磁场

$$\boldsymbol{B}_0=\nabla\times\boldsymbol{A} \tag{14.1-2}$$

其中，磁矢势的表示式为

$$\boldsymbol{A}(\boldsymbol{r})=\frac{\mu_0}{4\pi}\int_{V'}\frac{\boldsymbol{J}(\boldsymbol{r}')}{|\boldsymbol{r}-\boldsymbol{r}'|}\mathrm{d}V' \tag{14.1-3}$$

式中，$\boldsymbol{J}(\boldsymbol{r}')$ 为线圈组的电流密度。在柱坐标系 (r,θ,z) 中，选取 z 轴为线圈组的对称轴，有

$$\boldsymbol{J}(\boldsymbol{r}')=\frac{NI}{S}\boldsymbol{e}_\theta \tag{14.1-4}$$

其中，$S=(R_2-R_1)L$ 为线圈组的截面。将式(14.1-4)代入式(14.1-3)，并利用 $\mathrm{d}V'=r'\cos\theta'\mathrm{d}r'\mathrm{d}z'\mathrm{d}\theta'$，可以得到

$$\boldsymbol{A} = A_\theta \boldsymbol{e}_\theta \tag{14.1-5}$$

其中

$$A_\theta(r,z) = \frac{\mu_0 NI}{4\pi S}\int_{z_1}^{z_2} \mathrm{d}z' \int_{R_1}^{R_2} r'\mathrm{d}r' \int_0^{2\pi} \frac{\cos\theta' \mathrm{d}\theta'}{\sqrt{r^2 + r'^2 + (z-z')^2 - 2rr'\cos\theta'}} \tag{14.1-6}$$

完成对 z' 的积分，进一步可以得到

$$A_\theta(r,z) = \frac{\mu_0 NI}{4\pi S}\int_0^{2\pi} \cos\theta' \mathrm{d}\theta' \int_{R_1}^{R_2} \ln\left[\frac{(z_2 - z) + \sqrt{(z_2 - z)^2 + \varsigma^2}}{(z_1 - z) + \sqrt{(z_1 - z)^2 + \varsigma^2}}\right] r'\mathrm{d}r' \tag{14.1-7}$$

其中，$\varsigma^2 = r^2 + r'^2 - 2rr'\cos\theta'$。将式(14.1-7)代入式(14.1-2)，有

$$\boldsymbol{B}_0 = \nabla \times (A_\theta \boldsymbol{e}_\theta) = B_{0r}\boldsymbol{e}_r + B_{0z}\boldsymbol{e}_z \tag{14.1-8}$$

其中

$$B_{0r} = -\frac{\partial A_\theta}{\partial z}, \quad B_{0z} = -\frac{1}{r}\frac{\partial}{\partial r}(rA_\theta) \tag{14.1-9}$$

可以看出，通过调节线圈组两端的位置 z_1 和 z_2，可以改变静磁场的轴向分布，而静磁场的大小是由总电流强度 NI 决定的。对于给定的线圈组的几何参数和电流强度，借助于数值积分方法，可以计算出静磁场的空间分布。

14.2　真空圆柱形波导中的电磁波模式

根据电磁场理论，电磁波在真空圆柱形金属波导中传播有两种不同的模式。一种是横电波模式，其轴向电场为零，即 $E_z = 0$，通常记为 TE 模式；另一种是横磁波模式，其轴向磁场为零，即 $B_z = 0$，通常记为 TM 模式。

在圆柱形波导中，可以把电磁场表示为

$$\boldsymbol{E}(r,\theta,z,t) = \boldsymbol{E}(r)\mathrm{e}^{\mathrm{i}(m\theta + \beta_0 z - \omega t)}, \quad \boldsymbol{B}(r,\theta,z,t) = \boldsymbol{B}(r)\mathrm{e}^{\mathrm{i}(m\theta + \beta_0 z - \omega t)} \tag{14.2-1}$$

其中，m 为角向模数；β_0 为轴向波数；ω 为电磁波的角频率。根据真空中的麦克斯韦方程组，可以得到电场和磁场满足的波动方程分别为

$$\nabla^2 \boldsymbol{E} + k_0^2 \boldsymbol{E} = 0 \tag{14.2-2}$$

$$\nabla^2 \boldsymbol{B} + k_0^2 \boldsymbol{B} = 0 \tag{14.2-3}$$

其中，$k_0 = \omega / c$ 为电磁波在真空中的波数。下面分别对 TE 模式和 TM 模式的电磁波传输特性进行介绍。

1. TE 模式

对于 TE 模式，轴向磁场 B_z 不为零。根据式(14.2-1)及方程(14.2-3)，可以得到

B_z 满足的方程为

$$\frac{d^2B_z}{dr^2}+\frac{1}{r}\frac{dB_z}{dr}+\left[(k_0^2-\beta_0^2)-\frac{m^2}{r^2}\right]B_z=0 \tag{14.2-4}$$

这是一个典型的 m 阶整数贝塞尔方程。因此，有

$$B_z=C_m\mathrm{J}_m(\kappa_0 r)\mathrm{e}^{\mathrm{i}(m\theta+\beta_0 z-\omega t)} \tag{14.2-5}$$

其中，$\mathrm{J}_m(\kappa_0 r)$ 为贝塞尔函数，这里 $\kappa_0=\sqrt{k_0^2-\beta_0^2}$；$C_m$ 为常数。由于电磁波是在真空波导中传播，这里 β_0 为实数。

根据式(14.2-1)和 $\nabla\times\boldsymbol{B}=-\mathrm{i}\frac{\omega}{c^2}\boldsymbol{E}$，可以得到

$$B_r=-\frac{\beta_0}{\omega}E_\theta \tag{14.2-6}$$

$$B_\theta=\frac{\beta_0}{\omega}E_r \tag{14.2-7}$$

$$E_r=\mathrm{i}\frac{c^2}{\omega}\left(\frac{\mathrm{i}m}{r}B_z-\mathrm{i}\beta_0 B_\theta\right) \tag{14.2-8}$$

$$E_\theta=-\frac{c^2}{\omega}\left(\beta_0 B_r+\mathrm{i}\frac{\partial B_z}{\partial r}\right) \tag{14.2-9}$$

利用 B_z 的表示式和如下贝塞尔函数的递推公式：

$$\mathrm{J}_m'(x)=\frac{1}{2}[\mathrm{J}_{m-1}(x)-\mathrm{J}_{m+1}(x)] \tag{14.2-10}$$

$$\frac{m}{x}\mathrm{J}_m(x)=\frac{1}{2}[\mathrm{J}_{m-1}(x)+\mathrm{J}_{m+1}(x)] \tag{14.2-11}$$

最后，可以得到 E_r 和 E_θ 的表示式

$$E_r=-\frac{A_m}{2}[\mathrm{J}_{m-1}(\kappa_0 r)+\mathrm{J}_{m+1}(\kappa_0 r)]\mathrm{e}^{\mathrm{i}(m\theta+\beta_0 z-\omega t)} \tag{14.2-12}$$

$$E_\theta=-\frac{\mathrm{i}A_m}{2}[\mathrm{J}_{m-1}(\kappa_0 r)-\mathrm{J}_{m+1}(\kappa_0 r)]\mathrm{e}^{\mathrm{i}(m\theta+\beta_0 z-\omega t)} \tag{14.2-13}$$

其中，$A_m=\dfrac{c^2\omega\kappa_0 C_m}{\omega^2-\beta_0^2c^2}$。根据坡印亭矢量的表示式，沿着轴向时间平均的电磁能流密度为

$$S_z=\frac{1}{2\mu_0}\mathrm{Re}(\boldsymbol{E}\times\boldsymbol{B}^*)_z=\frac{1}{2\mu_0}\mathrm{Re}(E_rB_\theta^*-E_\theta B_r^*) \tag{14.2-14}$$

再利用式(14.2-6)、式(14.2-7)、式(14.2-12)和式(14.2-13)，最后把 S_z 表示为

$$S_z = \frac{\beta_0 |A_m|^2}{4\mu_0\omega}\mathrm{Re}[\mathrm{J}_{m-1}^2(\kappa_0 r) + \mathrm{J}_{m+1}^2(\kappa_0 r)] \tag{14.2-15}$$

可见，对于 $m \neq 0$ 的情况下，尽管电磁场的空间分布是非轴对称的，但平均能流密度的空间分布是轴对称的，即与角度 θ 无关。

由于放电腔室的器壁为导体，因此电场的角向分量为零，即 $E_\theta(R) = 0$，其中 R 为腔室的半径。因此，通过数值求解如下方程：

$$\mathrm{J}_{m-1}(\kappa_0 R) - \mathrm{J}_{m+1}(\kappa_0 R) = 0 \tag{14.2-16}$$

就可以确定出 κ_0 的值。在一般情况下，方程(14.2-16)有无数个根，即

$$\kappa_0 R = x_{mn} \tag{14.2-17}$$

其中，$n = 1, 2, 3, \cdots$。由式 $\kappa_0 = \sqrt{k_0^2 - \beta_0^2}$，可以确定出 β_0 的值

$$\beta_0 = \sqrt{k_0^2 - (x_{mn}/R)^2} \tag{14.2-18}$$

与 x_{mn} 对应的电磁波的传播模式为 TE_{mn}，其中 n 为径向模数。要使频率为 2.45GHz 的微波能够在圆形波导中传播，则要求腔室的半径 R 要满足不等式

$$R > \frac{c}{\omega}x_{mn} \approx 3.8977 x_{mn} \quad (\mathrm{cm}) \tag{14.2-19}$$

这样，轴向波数 β_0 才能为实数。

在实际应用中，通常都是采用一些低阶模式的电磁波，如 TE_{01} 模式和 TE_{11} 模式。由式(14.2-12)和式(14.2-13)可以看出，TE_{01} 模式的径向电场为零，而角向电场为一个涡旋场

$$E_\theta = \mathrm{i}A_0 \mathrm{J}_1(\kappa_0 r)\mathrm{e}^{\mathrm{i}(\beta_0 z - \omega t)} \tag{14.2-20}$$

图 14-4(a)显示了这种模式的电场分布。在这种情况下，κ_0 的值可以由一阶贝塞尔函数 $\mathrm{J}_1(x)$ 的第一个零点 $x_{01} = 3.8317$ 确定，腔室的半径要大于 14.9348cm。对于 TE_{11} 模式，根据方程(14.2-16)，可以确定出 $x_{11} \approx 1.84118$，因此腔室的半径要大于 7.1763cm。可见，与 TE_{11} 模式相比，TE_{01} 模式下的腔室最小半径过大，因此在实际应用中通常采用 TE_{11} 模式，而不是 TE_{01} 模式。

在 TE_{11} 模式下，根据式(14.2-12)和式(14.2-13)，径向电场和角向电场分别为

$$E_r = -\frac{A_1}{2}[\mathrm{J}_0(\kappa_0 r) + \mathrm{J}_2(\kappa_0 r)]\mathrm{e}^{\mathrm{i}(\theta + \beta_0 z - \omega t)} \tag{14.2-21}$$

$$E_\theta = -\frac{\mathrm{i}A_1}{2}[\mathrm{J}_0(\kappa_0 r) - \mathrm{J}_2(\kappa_0 r)]\mathrm{e}^{\mathrm{i}(\theta + \beta_0 z - \omega t)} \tag{14.2-22}$$

其中，$\kappa_0 = x_{11}/R$。在这种模式下，时间平均的能流密度的轴向分量为

$$S_z = \frac{\beta_0 |A_1|^2}{4\mu_0 \omega}[J_0^2(\kappa_0 r) + J_2^2(\kappa_0 r)] \tag{14.2-23}$$

可以看出，对于 TE_{11} 模式，在放电腔室的轴心上（$r=0$）电场的值最大，对应的平均能流密度在轴线上的值也最大。此外，还可以看出，电场的分布关于方位角 θ 的分布不是对称的，见图 14-4(b)。

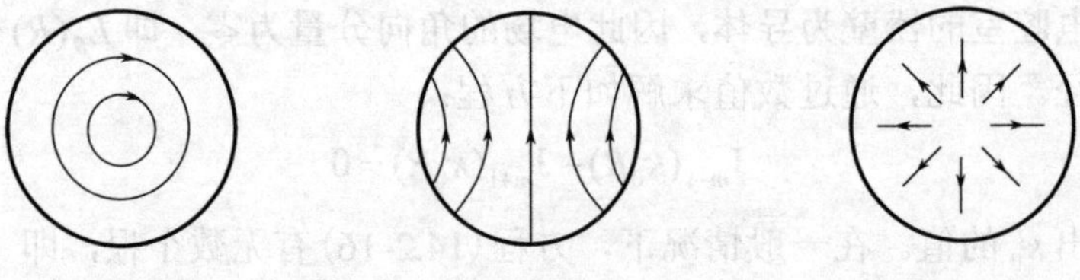

(a) TE_{01}模式　　(b) TE_{11}模式　　(c) TM_{11}模式

图 14-4　圆形波导中三种电磁模式的电场空间分布

在实际应用中，可以利用微波偏振器把 TE_{11} 模式的微波电场分解为右旋波电场 E_R 和左旋波电场 E_L，它们的定义式分别为

$$E_R = E_r - iE_\theta, \quad E_L = E_r + iE_\theta \tag{14.2-24}$$

将式(14.2-21)和式(14.2-22)代入，有

$$E_R = -A_1 J_0(\kappa_0 r) e^{i(\theta + \beta_0 z - \omega t)} \tag{14.2-25}$$

$$E_L = -A_1 J_2(\kappa_0 r) e^{i(\theta + \beta_0 z - \omega t)} \tag{14.2-26}$$

可以看出，对于右旋波电场，它在腔室中心的值最大；而对于左旋波电场，它在腔室中心处的值为零。因此，电磁波的大部分能量是以右旋波的形式输入放电腔室中的。此外，对于 TE_{11} 模式的右旋波或左旋波，它们的电场分布具有角对称性。很容易证明，式(14.2-23)右边两项分别对应于右旋波和左旋波的平均能流密度，即

$$S_z = \frac{\beta_0 |A_1|^2}{4\mu_0 \omega} J_0^2(\kappa_0 r) \quad \text{（右旋波）} \tag{14.2-27}$$

$$S_z = \frac{\beta_0 |A_1|^2}{4\mu_0 \omega} J_2^2(\kappa_0 r) \quad \text{（左旋波）} \tag{14.2-28}$$

2. TM 模式

对于 TM 模式的电磁波，轴向电场 E_z 不为零。根据式(14.2-1)和方程(14.2-2)，可以得到 E_z 满足的方程为

$$\frac{d^2 E_z}{dr^2} + \frac{1}{r}\frac{dE_z}{dr} + \left[(k_0^2 - \beta_0^2) - \frac{m^2}{r^2}\right] E_z = 0 \tag{14.2-29}$$

这也是一个 m 阶整数贝塞尔方程。因此，可以把 E_z 表示为

$$E_z = D_m \mathrm{J}_m(\kappa_0 r)\mathrm{e}^{\mathrm{i}(m\theta+\beta_0 z-\omega t)} \tag{14.2-30}$$

其中，D_m 为常数。$\kappa_0=\sqrt{k_0^2-\beta_0^2}$ 由边界条件 $E_z(R)=0$ 确定，即

$$\kappa_0 = x_{mn}/R \quad (n=1,\ 2,\ 3,\cdots) \tag{14.2-31}$$

其中，x_{mn} 为 m 阶贝塞尔函数 $\mathrm{J}_m(x)$ 的第 n 个零点。对于最低阶的模式，即 TM_{01} 模，有 $x_{01}=2.4048$，由此得到

$$\beta_0=\sqrt{k_0^2-(2.4048/R)^2} \tag{14.2-32}$$

可见，对于角频率为 2.45GHz、模式为 TM_{01} 的电磁波，要使其能够在半径为 R 的真空圆柱形腔室中传播，要求腔室的半径必须大于 4.69cm。这时电场的轴向分量为

$$E_z = D_0 \mathrm{J}_0(\kappa_0 r)\mathrm{e}^{\mathrm{i}(\beta z-\omega t)} \tag{14.2-33}$$

其中，$\kappa_0 = 2.4048/R$。

对于 TM_{01} 的电磁波，由于电磁场与角向变量 θ 无关，利用式 $\nabla\cdot\boldsymbol{E}=0$，即

$$\frac{1}{r}\frac{\partial}{\partial r}(rE_r)+\frac{\partial E_z}{\partial z}=0 \tag{14.2-34}$$

可以得到电场的径向分量为

$$E_r=-\mathrm{i}D_0\frac{\beta_0}{\kappa_0}\mathrm{J}_1(\kappa_0 r)\mathrm{e}^{\mathrm{i}(\beta_0 z-\omega t)} \tag{14.2-35}$$

由 $\nabla\times\boldsymbol{E}=\mathrm{i}\omega\boldsymbol{B}$ 及 $B_z=0$，可以得到电场的角向分量为零，即

$$E_\theta=0 \tag{14.2-36}$$

可以看出，在圆形波导的截面中，TM_{01} 模式的电场是线偏振的，而且在轴心处（$r=0$），电场为零，如图 14-4(c)所示。再根据式 $\nabla\times\boldsymbol{E}=\mathrm{i}\omega\boldsymbol{B}$，不难得到磁场的两个分量为

$$B_r=0 \tag{14.2-37}$$

$$B_\theta=-\mathrm{i}D_0\frac{\omega}{c^2\kappa_0}\mathrm{J}_1(\kappa_0 r)\mathrm{e}^{\mathrm{i}(\beta_0 z-\omega t)} \tag{14.2-38}$$

其中，利用了贝塞尔函数的公式 $\mathrm{J}_1(x)=-\mathrm{J}_0'(x)$。利用式(14.2-14)，这种模式下的轴向平均能流密度为

$$S_z=\frac{|D_0|^2}{2\mu_0}\frac{\beta_0\omega}{c^2\kappa_0^2}\mathrm{J}_1^2(\kappa_0 r) \tag{14.2-39}$$

可以看出，在轴心处的平均能量密度为零。

14.3　ECR 放电的电子加热机制

在 ECR 微波放电中，微波是通过回旋共振机制把能量转移给电子，即对电子进行加热。然后，共振区域的高能电子进一步与中性粒子发生弹性和非弹性碰撞，引起中性气体的电离，从而产生等离子体。可见，电子从微波中吸收的能量直接影响着气体的电离和等离子体的输运。

为了便于讨论 ECR 微波放电的电子加热机制，我们这里假设放电腔室中的静磁场仅有轴向分量，且沿着轴向变化，即 $\boldsymbol{B}_0(\boldsymbol{r}) = B_0(z)\boldsymbol{e}_z$。此外，假设入射电磁波的电场是空间均匀分布的，而且随时间是简谐变化的，即 $\boldsymbol{E}(t) = \boldsymbol{E}\mathrm{e}^{-\mathrm{i}\omega t}$。由于一个线偏振的电磁波可以分解为两个旋转方向相反的圆偏振波，有

$$\boldsymbol{E} = (E_x\boldsymbol{e}_x + E_y\boldsymbol{e}_y)\mathrm{e}^{-\mathrm{i}\omega t} = (\boldsymbol{e}_\mathrm{R}E_\mathrm{R} + \boldsymbol{e}_\mathrm{L}E_\mathrm{L})\mathrm{e}^{-\mathrm{i}\omega t} \tag{14.3-1}$$

其中，$E_\mathrm{R} = E_x - \mathrm{i}E_y$ 和 $E_\mathrm{L} = E_x + \mathrm{i}E_y$ 分别为右旋波和左旋波的电场幅值；$\boldsymbol{e}_\mathrm{R} = (\boldsymbol{e}_x + \mathrm{i}\boldsymbol{e}_y)/2$ 和 $\boldsymbol{e}_\mathrm{L} = (\boldsymbol{e}_x - \mathrm{i}\boldsymbol{e}_y)/2$ 分别为右旋单位矢量和左旋单位矢量。右旋波的电场矢量以右手法则围绕静磁场的方向旋转，与电子围绕静磁场旋转的方向相同，见图 14-5(a)；左旋波的电场矢量以左手法则围绕静磁场的方向旋转，与电子围绕静磁场旋转的方向相反，见图 14-5(b)。当电磁波的角频率与电子的回旋频率相等时，即 $\omega = \omega_\mathrm{ce}$，右旋电场力可以加速电子，使得电子不断地从电场中获得能量。相反，左旋波电场不能加速电子。

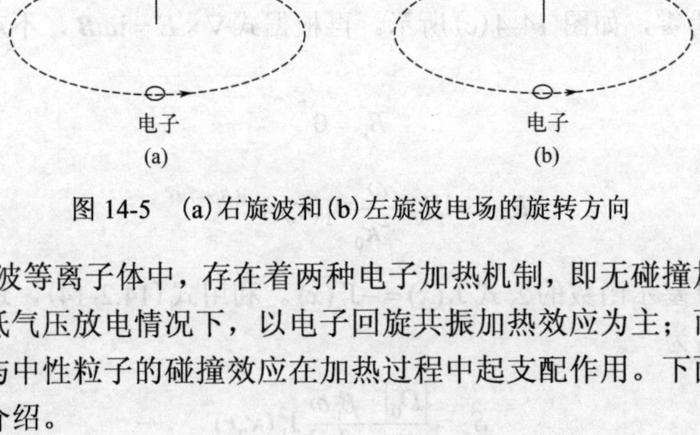

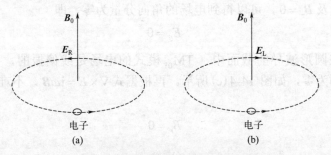

图 14-5　(a)右旋波和(b)左旋波电场的旋转方向

在 ECR 微波等离子体中，存在着两种电子加热机制，即无碰撞加热机制和碰撞加热机制。在低气压放电情况下，以电子回旋共振加热效应为主；而在高气压放电情况下，电子与中性粒子的碰撞效应在加热过程中起支配作用。下面分别对这两种加热机制进行介绍。

1. 无碰撞加热

Lieberman 等采用一种简单的物理模型对 ECR 微波等离子体中的无碰撞电子加

热机制进行研究[2]。当电子在共振区以外，由于 $\omega \neq \omega_{ce}$，电子不能连续地从微波电场中获得能量，它的能量以差频 $\omega - \omega_{ce}$ 的方式随时间振荡。当电子穿过共振区时，由于受到波电场的加速，它的能量会有个增量 Δw_{rec}，如图 14-6 所示。Δw_{rec} 的大小依赖于共振区中静磁场的梯度和波电场的幅值及频率。将静磁场在共振点（$z = z_{rec}$）附近进行展开，并保留到一阶小量，有

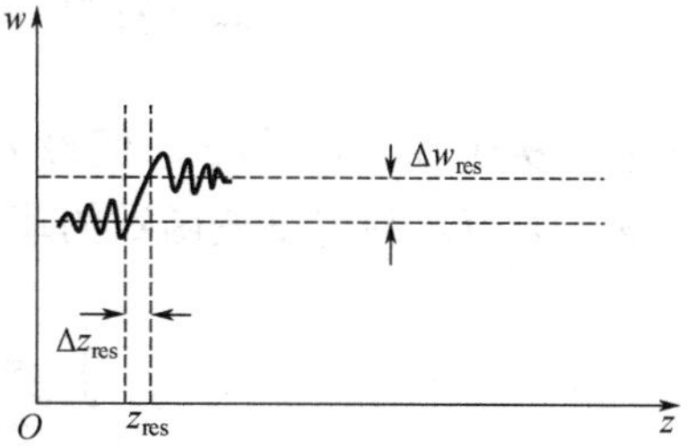

图 14-6　电子通过共振区的能量变化

$$B_0(z) \approx B_0(z_{res}) + (z - z_{res}) \frac{\mathrm{d}B_0(z)}{\mathrm{d}z}\bigg|_{z=z_{res}} \tag{14.3-2}$$

利用 $\omega = \omega_{ce}(z_{rec})$ 和式(14.3-2)，可以把共振区中的电子回旋频率表示为

$$\omega_{ce}(z) \approx \omega(1 + \alpha z') \tag{14.3-3}$$

其中，$\alpha = B_0'(z_{res}) / B_0(z_{res})$ 为磁场在共振点的梯度；$z' = z - z_{rec}$ 为 t 时刻的电子位置 $z(t)$ 到共振点的距离。假设电子在共振区中平行于静磁场方向的速度(纵向速度) v_{rec} 为常数，则有

$$z' \approx v_{res} t \tag{14.3-4}$$

这样，可以把式(14.3-3)改写为

$$\omega_{ce}(t) \approx \omega(1 + \alpha v_{res} t) \tag{14.3-5}$$

下面我们讨论电子在共振区中的运动行为。

在垂直于静磁场的方向上，电子的运动方程为

$$\begin{cases} \dfrac{\mathrm{d}v_x}{\mathrm{d}t} = -\dfrac{e}{m_e} E_x \mathrm{e}^{-\mathrm{i}\omega t} - \dfrac{eB_0(z)}{m_e} v_y \\ \dfrac{\mathrm{d}v_y}{\mathrm{d}t} = -\dfrac{e}{m_e} E_y \mathrm{e}^{-\mathrm{i}\omega t} + \dfrac{eB_0(z)}{m_e} v_x \end{cases} \tag{14.3-6}$$

引入电子速度的右旋分量 $v_R = v_x - \mathrm{i} v_y$，并利用式(14.3-5)，可以把方程(14.3-6)改写为

$$\frac{\mathrm{d}v_R}{\mathrm{d}t} = -\frac{e}{m_e} E_R \mathrm{e}^{-\mathrm{i}\omega t} - \mathrm{i}\omega(1 + \alpha v_{res} t) v_R \tag{14.3-7}$$

令 $v_R(t) = u_R(t) \mathrm{e}^{-\mathrm{i}\omega t}$，并代入方程(14.3-7)，有

$$\frac{\mathrm{d}u_R}{\mathrm{d}t} = -\frac{e}{m_e} E_R - \mathrm{i}(\omega \alpha v_{res} t) u_R \tag{14.3-8}$$

将方程(14.3-8)两边同乘以 $\mathrm{e}^{\mathrm{i}\theta(t)}$，并对其从 $t = -T$ 到 $t = T$ 进行积分，可以得到

$$u_{\mathrm{R}}(T)\mathrm{e}^{\mathrm{i}\theta(T)}=u_{\mathrm{R}}(-T)\mathrm{e}^{\mathrm{i}\theta(-T)}-\frac{e}{m_{\mathrm{e}}}E_{\mathrm{R}}\int_{-T}^{T}\mathrm{e}^{\mathrm{i}\theta(t)}\mathrm{d}t \tag{14.3-9}$$

其中，$\theta(t)=\omega\alpha v_{\mathrm{res}}t^2/2$。假设$T\gg(2\omega\alpha v_{\mathrm{res}})^{1/2}$，可以将式(14.3-9)右端的积分上下限变为无穷。利用复变函数的菲涅耳积分公式[4]，有

$$\int_{-\infty}^{\infty}\mathrm{e}^{\mathrm{i}\theta(t)}\mathrm{d}t=(1+\mathrm{i})\left(\frac{\pi}{\omega\alpha v_{\mathrm{res}}}\right)^{1/2} \tag{14.3-10}$$

将式(14.3-9)乘以它的复共轭，并利用式(14.3-10)，然后对其初始相位$\theta(-T)$进行平均，可以得到电子每通过一次共振区所获得的平均能量为

$$\Delta w_{\mathrm{res}}=\frac{1}{2}m_{\mathrm{e}}\left|u_{\mathrm{R}}(T)\right|^2-\frac{1}{2}m_{\mathrm{e}}\left|u_{\mathrm{R}}(-T)\right|^2=\frac{\pi e^2\left|E_{\mathrm{R}}\right|^2}{m_{\mathrm{e}}\omega\alpha v_{\mathrm{res}}} \tag{14.3-11}$$

将式两边乘以电子通量n_0v_{res}，可以得到单位面积上电子吸收的功率密度(即随机加热功率)为

$$S_{\mathrm{sotc}}=n_0v_{\mathrm{res}}\Delta w=\frac{\pi e^2n_0\left|E_{\mathrm{R}}\right|^2}{m_{\mathrm{e}}\alpha\omega} \tag{14.3-12}$$

其中，n_0为等离子体密度。可以看到，电子在共振区获得的横向能量反比于磁场的梯度。

另一方面，可以假设电子穿越共振区后，其横向速度的增量为

$$\Delta v=\frac{e\left|E_{\mathrm{R}}\right|}{m_{\mathrm{e}}}\Delta t_{\mathrm{res}} \tag{14.3-13}$$

其中，Δt_{res}为电子穿越共振区所需要的有效时间。借助于Δv的表示式，可以把Δw_{res}表示为

$$\Delta w_{\mathrm{res}}=\frac{1}{2}m_{\mathrm{e}}(\Delta v)^2=\frac{e^2\left|E_{\mathrm{R}}\right|^2}{2m_{\mathrm{e}}}(\Delta t_{\mathrm{res}})^2 \tag{14.3-14}$$

比较式(14.3-11)与式(14.3-14)，可以得到有效时间为

$$\Delta t_{\mathrm{res}}=\left(\frac{2\pi}{\omega\alpha v_{\mathrm{res}}}\right)^{1/2} \tag{14.3-15}$$

由此得到共振区域的有效宽度(图 14-6)为

$$\Delta z_{\mathrm{res}}=v_{\mathrm{res}}\Delta t_{\mathrm{res}}=\left(\frac{2\pi v_{\mathrm{res}}}{\omega\alpha}\right)^{1/2} \tag{14.3-16}$$

对于典型的 ECR 微波放电实验，Δz_{res}的值大约为 0.5cm。

2. 碰撞加热

考虑到碰撞效应后，电子的运动方程为

$$\begin{cases} \dfrac{\mathrm{d}v_x}{\mathrm{d}t} = -\dfrac{e}{m_\mathrm{e}}E_x\mathrm{e}^{-\mathrm{i}\omega t} - \dfrac{eB_0(z)}{m_\mathrm{e}}v_y - \nu_\mathrm{en}v_x \\ \dfrac{\mathrm{d}v_y}{\mathrm{d}t} = -\dfrac{e}{m_\mathrm{e}}E_y\mathrm{e}^{-\mathrm{i}\omega t} + \dfrac{eB_0(z)}{m_\mathrm{e}}v_x - \nu_\mathrm{en}v_y \end{cases} \tag{14.3-17}$$

其中，ν_en 为电子与中性粒子碰撞的动量转移频率。借助于右旋电场 E_R 和右旋速度 v_R 的定义式，可以把式(14.3-17)改写为

$$\frac{\mathrm{d}v_\mathrm{R}}{\mathrm{d}t} = -\frac{e}{m_\mathrm{e}}E_\mathrm{R}\mathrm{e}^{-\mathrm{i}\omega t} - \mathrm{i}\omega_\mathrm{ce}v_\mathrm{R} - \nu_\mathrm{en}v_\mathrm{R} \tag{14.3-18}$$

令 $v_\mathrm{R}(t) = u_\mathrm{R}\mathrm{e}^{-\mathrm{i}\omega t}$，并代入式(14.3-18)，可以得到 u_R 的表示式，进而得到右旋电流密度为

$$J_\mathrm{R} = -en_0u_\mathrm{R} = \frac{\mathrm{i}n_0e^2E_\mathrm{R}}{m_\mathrm{e}(\omega - \omega_\mathrm{ce} + \mathrm{i}\nu_\mathrm{en})} \tag{14.3-19}$$

单位体积内电子的平均吸收功率(即欧姆加热功率)为

$$p_\mathrm{ohm} = \frac{1}{2}\mathrm{Re}(J_xE_x^* + J_yE_y^*) \tag{14.3-20}$$

其中，$J_x = -en_0v_x$ 和 $J_y = -en_0v_y$。对于右旋波，有 $E_y = \mathrm{i}E_x$（见 13.2 节的讨论）和 $E_\mathrm{R} = 2E_x$，这样可以把式(14.3-20)改写为

$$p_\mathrm{ohm} = \frac{1}{2}\mathrm{Re}(J_\mathrm{R}E_x^*) = \frac{1}{4}\mathrm{Re}(J_\mathrm{R}E_\mathrm{R}^*) \tag{14.3-21}$$

将式(14.3-19)代入式(14.3-21)，有

$$p_\mathrm{ohm} = \frac{n_0e^2|E_\mathrm{R}|^2}{4m_\mathrm{e}}\frac{\nu_\mathrm{en}}{(\omega - \omega_\mathrm{ce})^2 + \nu_\mathrm{en}^2} \tag{14.3-22}$$

当发生共振（$\omega = \omega_\mathrm{ce}$）时，有 $p_\mathrm{ohm} \to \dfrac{n_0e^2|E_\mathrm{R}{}^2|}{4m_\mathrm{e}\nu_\mathrm{en}}$。可以看到，当放电气压很低时（$\nu_\mathrm{en} \to 0$），平均吸收功率密度变为无穷大。利用式(14.3-3)，可以把式(14.3-22)近似为

$$p_\mathrm{ohm} \approx \frac{n_0e^2|E_\mathrm{R}|^2}{4m_\mathrm{e}}\frac{\nu_\mathrm{en}}{\omega^2\alpha^2z'^2 + \nu_\mathrm{en}^2} \tag{14.3-23}$$

其中，$z' = z - z_\mathrm{res}$。对 z' 进行积分，积分上下限分别为 $\pm z_0$，这样可以得到单位面积

上电子吸收的平均功率为

$$S_{\mathrm{ohm}}=\frac{e^2 n_0 \left|E_{\mathrm{R}}\right|^2}{2m_{\mathrm{e}}\left|\alpha\right|\omega}\arctan\left(\frac{\omega\left|\alpha\right|}{\nu_{\mathrm{en}}}z_0\right) \tag{14.3-24}$$

如果令 $z_0=z_{\mathrm{res}}$，且 $\nu_{\mathrm{en}}\ll\omega\left|\alpha\right|\Delta z_{\mathrm{res}}$ 时，则有 $S_{\mathrm{ohm}}\ll S_{\mathrm{stoc}}$，即在低气压下，无碰撞加热过程占主导地位。

14.4　微波的回旋共振吸收

在 14.3 节计算电子的吸收功率时，假设在共振区中微波电场的幅值恒定。这种假设只适用于弱吸收的情况。在强吸收的情况下，电磁波把自身能量转移给电子的同时，也会造成波电场的衰减[5]。此外，当电磁波在圆柱形磁化等离子体中传播时，需要考虑有限腔室半径对电磁波传播模式的影响。下面将采用二维电磁场模型，分析微波在圆柱形磁化等离子体中的传播和回旋共振吸收。

由于微波的能量基本上在共振区被吸收掉，扩散腔室中的微波电磁场很弱，所以在如下讨论中，我们可以不考虑扩散腔室。假设放电腔室为一个圆筒，其半径和高度分别为 R 和 h，其侧壁和底部为导体，上部为石英窗，如图 14-7 所示。下面只考虑 TE_{11} 模式（$E_z=0$）的电磁波在放电腔室中传播。由于静磁场 $\boldsymbol{B}_0$ 的存在，电子的电流密度 $\boldsymbol{J}$ 满足的方程为

$$\frac{\partial\boldsymbol{J}}{\partial t}=\frac{e^2 n_0}{m_{\mathrm{e}}}\boldsymbol{E}-\frac{e}{m_{\mathrm{e}}}\boldsymbol{J}\times\boldsymbol{B}_0-\nu_{\mathrm{en}}\boldsymbol{J} \tag{14.4-1}$$

其中，n_0 为等离子体密度；ν_{en} 为电子与中性粒子的碰撞频率。对于 $m=1$ 模式的电磁波，可以把等离子体中的任意扰动物理量（如电磁场和电流密度）表示为

$$\boldsymbol{A}(r,\theta,z,t)=\boldsymbol{A}(r,z)\mathrm{e}^{\mathrm{i}(\theta-\omega t)} \tag{14.4-2}$$

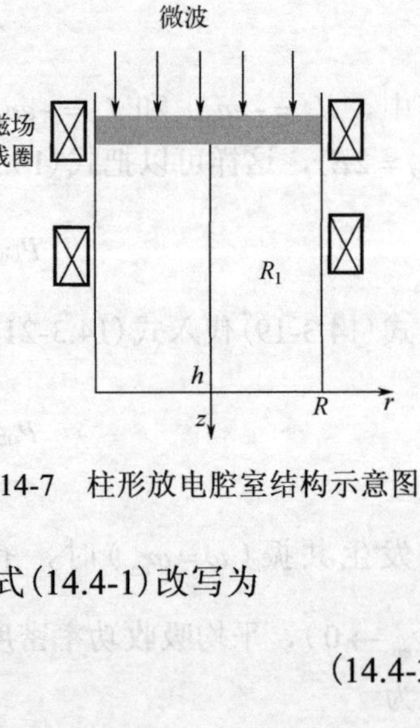

图 14-7　柱形放电腔室结构示意图

利用式（14.4-2），并引入复频率 $\omega_\nu=\omega+\mathrm{i}\nu_{\mathrm{en}}$，可以把式（14.4-1）改写为

$$\boldsymbol{J}=\mathrm{i}\frac{\varepsilon_0\omega_{\mathrm{pe}}^2}{\omega_\nu}\boldsymbol{E}-\mathrm{i}\frac{\omega_{\mathrm{ce}}}{\omega_\nu}\boldsymbol{J}\times\frac{\boldsymbol{B}_0}{B_0} \tag{14.4-3}$$

其中，ω_{ce} 为电子回旋频率；ω_{pe} 为电子的振荡频率。

在一般情况下，由直流线圈产生的静磁场既有轴向分量，又有径向分量，但在共振区中静磁场的轴向分量远大于其径向分量。因此，在如下讨论微波功率吸收时，我们可以假设静磁场的轴向分量，即 $\boldsymbol{B}_0(z)=B_0(z)\boldsymbol{e}_z$，其中 $B_0(z)$ 是轴向变量 z 的函

数。根据式(14.4-3)，可以分别得到电流密度的径向和角向分量为

$$J_r = \sigma_1 E_r + \sigma_2 E_\theta \tag{14.4-4}$$

$$J_\theta = \sigma_1 E_\theta - \sigma_2 E_r \tag{14.4-5}$$

其中，

$$\sigma_1 = \mathrm{i}\frac{\varepsilon_0 \omega_{\mathrm{pe}}^2 \omega_\nu}{\omega_\nu^2 - \omega_{\mathrm{ce}}^2}, \quad \sigma_2 = \frac{\varepsilon_0 \omega_{\mathrm{pe}}^2 \omega_{\mathrm{ce}}}{\omega_\nu^2 - \omega_{\mathrm{ce}}^2} \tag{14.4-6}$$

可以看到，由于轴向静磁场的存在，电导率为一个 2×2 的张量。

利用麦克斯韦方程组，可以得到等离子体中微波电场 $\boldsymbol{E}$ 满足的方程为

$$\nabla(\nabla\cdot\boldsymbol{E}) - \nabla^2\boldsymbol{E} = \mathrm{i}\omega\left(\mu_0\boldsymbol{J} - \mathrm{i}\frac{\omega}{c^2}\boldsymbol{E}\right) \tag{14.4-7}$$

假设等离子体保持准电中性，即 $\nabla\cdot\boldsymbol{E}=0$，这样方程(14.4-7)可以改写为

$$\nabla^2\boldsymbol{E} + k_0^2\boldsymbol{E} = -\mathrm{i}\mu_0\omega\boldsymbol{J} \tag{14.4-8}$$

其中，$k_0 = \omega/c$。将方程(14.4-8)沿径向和角向进行分解，并利用式(14.4-2)，有

$$\begin{cases} \dfrac{1}{r}\dfrac{\partial}{\partial r}\left(r\dfrac{\partial E_r}{\partial r}\right) + \dfrac{\partial^2 E_r}{\partial z^2} - \dfrac{2E_r}{r^2} - \dfrac{2\mathrm{i}}{r^2}E_\theta + k_0^2 E_r = -\mathrm{i}\omega\mu_0 J_r \\ \dfrac{1}{r}\dfrac{\partial}{\partial r}\left(r\dfrac{\partial E_\theta}{\partial r}\right) + \dfrac{\partial^2 E_\theta}{\partial z^2} - \dfrac{2E_\theta}{r^2} + \dfrac{2\mathrm{i}}{r^2}E_r + k_0^2 E_\theta = -\mathrm{i}\omega\mu_0 J_\theta \end{cases} \tag{14.4-9}$$

利用右旋波电场的定义式 $E_{\mathrm{R}} = E_r - \mathrm{i}E_\theta$，可以把上面两个方程合成一个方程

$$\frac{1}{r}\frac{\partial}{\partial r}\left(r\frac{\partial E_{\mathrm{R}}}{\partial r}\right) + \frac{\partial^2 E_{\mathrm{R}}}{\partial z^2} + k_0^2 E_{\mathrm{R}} = -\mathrm{i}\omega\mu_0 J_{\mathrm{R}} \tag{14.4-10}$$

其中，$J_{\mathrm{R}} = J_r - \mathrm{i}J_\theta$ 为右旋电流密度。利用式(14.4-4)～式(14.4-6)，有

$$J_{\mathrm{R}} = (\sigma_1 + \mathrm{i}\sigma_2)E_{\mathrm{R}} = \mathrm{i}\frac{\varepsilon_0\omega_{\mathrm{pe}}^2}{\omega_\nu - \omega_{\mathrm{ce}}}E_{\mathrm{R}} \tag{14.4-11}$$

将式(14.4-11)代入方程(14.4-10)，最后得到右旋波电场满足的方程为

$$\frac{1}{r}\frac{\partial}{\partial r}\left(r\frac{\partial E_{\mathrm{R}}}{\partial r}\right) + \frac{\partial^2 E_{\mathrm{R}}}{\partial z^2} + k^2 E_{\mathrm{R}} = 0 \tag{14.4-12}$$

其中，k 为右旋波的波数

$$k^2 = k_0^2\left[1 - \frac{\omega_{\mathrm{pe}}^2}{\omega(\omega - \omega_{\mathrm{ce}} + \mathrm{i}\nu_{\mathrm{en}})}\right] \tag{14.4-13}$$

它是轴向变量 z 的函数。尤其是在低气压极限下（$\nu_{\mathrm{en}}\to 0$），波数在共振点（$z = z_{\mathrm{res}}$）发散。

方程(14.4-12)是一个变系数的二阶偏微分方程，且在低气压情况下存在奇点($z = z_{\rm res}$)。下面给出一种近似的求解方法。令

$$E_{\rm R}(r,z) = {\rm J}_0(\kappa_0 r)Z(z) \tag{14.4-14}$$

其中，κ_0 由真空波导的 TE_{11} 模式的边界确定(见 14.2 节)

$$\kappa_0 = x_{11} / R \approx 1.84118 / R \tag{14.4-15}$$

将式(14.4-14)代入方程(14.4-12)，得到函数 $Z(z)$ 满足的方程为

$$\frac{{\rm d}^2 Z}{{\rm d}z^2} + \beta^2 Z = 0 \tag{14.4-16}$$

其中，$\beta^2 = k^2 - \kappa_0^2$。由于波数 k 或 β 依赖于电子回旋频率，即是轴向变量 z 的函数，所以需要采用数值方法才能求解方程(14.4-16)。在腔室的底部($z = h$)，由于电场为零，有 $Z(z) = 0$。另外，根据式(14.2-25)，在 $z = 0$ 处(石英窗)的边界条件为 $Z(0) = -A_1$，其中常数 A_1 由输入的右旋波的输入功率 P_w 确定

$$P_w = \int_0^R S_z(r,z)\big|_{z=0} 2\pi r{\rm d}r \tag{14.4-17}$$

$S_z(r,z)\big|_{z=0}$ 由式(14.2-27)给出。

当右旋波在等离子体中传播时，等离子体从微波中吸收的功率密度为

$$p_{\rm abs} = \frac{1}{2}{\rm Re}(J_r E_r^* + J_\theta E_\theta^*) \tag{14.4-18}$$

对于右旋波，利用 $E_\theta = {\rm i}E_r$ 及 $E_{\rm R} = E_r - {\rm i}E_\theta = 2E_r$，可以进一步得到

$$p_{\rm abs} = \frac{1}{4}{\rm Re}[(J_r - {\rm i}J_\theta)E_{\rm R}^*] \tag{14.4-19}$$

再利用式(14.4-11)，最后有

$$p_{\rm abs} = \frac{e^2 n_0 |E_{\rm R}|^2}{4m_{\rm e}} \frac{\nu_{\rm en}}{(\omega - \omega_{\rm ce})^2 + \nu_{\rm en}^2} \tag{14.4-20}$$

该式在形式上与式(14.3-22)相同，但这里电场的幅值是空间变化的。

在数值求解方程(14.4-16)之前，先定性分析一下微波在等离子体中的传播过程。微波从石英窗进入放电腔室，并在等离子体中传播。根据式(14.4-13)，有

$$\beta^2 = \beta_0^2 - \frac{\omega(\omega - \omega_{\rm ce} - {\rm i}\nu_{\rm en})}{\delta_{\rm p}^2[(\omega - \omega_{\rm ce})^2 + \nu_{\rm en}^2]} \tag{14.4-21}$$

其中，$\delta_{\rm p} = c / \omega_{\rm pe}$ 为经典趋肤深度；$\beta_0^2 = k_0^2 - \kappa_0^2 > 0$。假设静磁场在等离子体腔室中是单调下降的，如图 14-8 所示。下面分三个区域进行讨论。

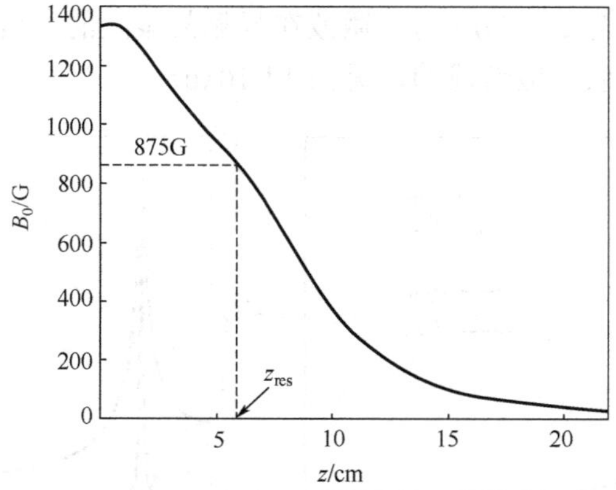

图 14-8　静磁场的轴向分布

(1) 在微波没有到达共振区之前，有 $\omega-\omega_{\text{ce}}<0$。这样，在低气压极限下 ($\nu_{\text{en}}\to 0$)，有

$$\beta^2=\beta_0^2-\frac{\omega(\omega-\omega_{\text{ce}})}{\delta_{\text{p}}^2[(\omega-\omega_{\text{ce}})^2+\nu_{\text{en}}^2]}>0 \tag{14.4-22}$$

这表明，微波在没有到达共振区之前可以无衰减地传播。然而，对于有限气压(或有限碰撞频率)情况，微波在没有到达共振区之前要出现衰减，等离子体密度越高和频率差 $\omega_{\text{ce}}-\omega$ 越小，则衰减效应越明显。因此，在设计 ECR 微波腔源时，合理地优化静磁场的位形和选取工作气压是至关重要的，以确保微波无衰减地到达共振区。

(2) 当微波到达共振区 ($\omega=\omega_{\text{ce}}$) 时，式(14.4-21)变为

$$\beta^2=\beta_0^2+\text{i}\frac{\omega}{\delta_{\text{p}}^2\nu_{\text{en}}} \tag{14.4-23}$$

尤其是在低气压情况下，波数发生了突变(不连续)，而且微波的能量通过回旋共振的方式转移给电子，见 14.3 节的分析。

(3) 当微波穿过共振区向下游传播时，由于 $\omega>\omega_{\text{ce}}$，所以微波在低气压高密度 ($\omega<\omega_{\text{pe}}$) 等离子体中传播总是衰减的，因为这时 $\beta^2<0$。

对于微波在氩等离子体中传播，图 14-9(a)和(b)分别显示了气压为 5mTorr 和 20mTorr 时波数的实部 β_{r}/k_0 和虚部 β_{i}/k_0 随轴向变量 z 的变化情况，其中等离子体密度为 $n_0=10^{12}\,\text{cm}^{-3}$。可以看出，在这两种气压下，当微波没有达到共振区之前，波数的虚部很小；当微波离开共振区后，波数的实部几乎为零，即微波总是衰减的。这与前面的定性分析是一致的。

图 14-10(a)和(b)分别显示了气压为 5mTorr 和 20mTorr 时吸收功率密度随径向变量 r 和轴向变量 z 的变化，其中等离子体密度为 $n_0=10^{12}\,\text{cm}^{-3}$、微波输入功率为 500W。可以看出，气压为 5mTorr 时，吸收功率密度都局域在狭窄的共振区，见

图 14-10(a)；当气压为 20mTorr 时，微波在紧靠共振区的上边缘也稍微被吸收，但这种功率吸收是由趋肤效应造成的，见图 14-10(b)。

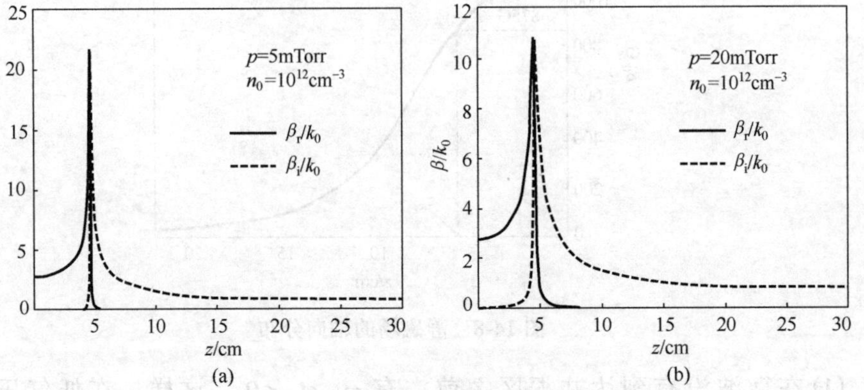

图 14-9　波数的实部和虚部随轴向变量的变化

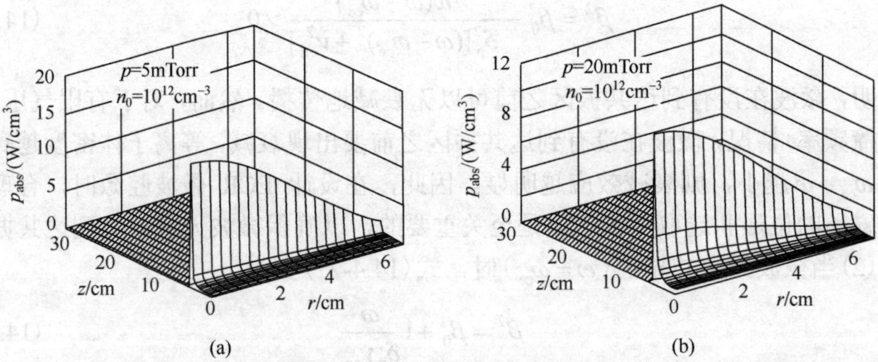

图 14-10　吸收功率密度随径向变量和轴向变量的变化

14.5　电子的热运动效应

在 14.4 节的讨论中，我们用冷等离子体模型确定电子电流密度，见式(14.4-1)，即没有考虑电子的热运动对吸收功率密度的影响。为了考虑电子的热运动效应，本节采用动理学模型确定电子电流密度。

假设电磁波以波数 k 沿着轴向传播，且为平面波，即可以把微波电磁场表示为

$$\boldsymbol{E}(z,t)=\boldsymbol{E}(k,\omega)\mathrm{e}^{\mathrm{i}(kz-\omega t)},\quad \boldsymbol{B}(z,t)=\boldsymbol{B}(k,\omega)\mathrm{e}^{\mathrm{i}(kz-\omega t)} \tag{14.5-1}$$

此外，假设静磁场 $\boldsymbol{B}_0$ 沿着轴向，且是轴向变量的慢变函数。在线性近似下，把电子分布函数作两项展开近似，即

$$f(z,\boldsymbol{v},t)=f_0(v)+f_1(z,\boldsymbol{v},t) \tag{14.5-2}$$

其中，$f_0(v)$是麦克斯韦分布

$$f_0(v)=n_0\left(\frac{m_{\mathrm{e}}}{2\pi T_{\mathrm{e}}}\right)^{3/2}\exp\left(-\frac{m_{\mathrm{e}}v^2}{2T_{\mathrm{e}}}\right) \tag{14.5-3}$$

$f_1(z,\boldsymbol{v},t)$是扰动分布函数，服从如下线性玻尔兹曼方程

$$\begin{aligned}&\frac{\partial f_1}{\partial t}+v_z\frac{\partial f_1}{\partial z}-\frac{e}{m_{\mathrm{e}}}(\boldsymbol{v}\times\boldsymbol{B}_0)\cdot\frac{\partial f_1}{\partial \boldsymbol{v}}+\nu_{\mathrm{en}}f_1\\&=\frac{e}{m_{\mathrm{e}}}[\boldsymbol{E}(z,t)+\boldsymbol{v}\times\boldsymbol{B}(z,t)]\cdot\frac{\partial f_0}{\partial \boldsymbol{v}}\end{aligned} \tag{14.5-4}$$

其中，ν_{en}为电子与中性粒子碰撞的动量转移频率。令$f_1(z,\boldsymbol{v},t)=g_1(z,\boldsymbol{v},t)\mathrm{e}^{-\nu_{\mathrm{en}}t}$，可以把方程(14.5-4)改写为

$$\frac{\mathrm{d}g_1}{\mathrm{d}t}=\frac{e}{m_{\mathrm{e}}}[\boldsymbol{E}(z,t)+\boldsymbol{v}\times\boldsymbol{B}(z,t)]\cdot\frac{\partial f_0}{\partial \boldsymbol{v}}\mathrm{e}^{\nu_{\mathrm{en}}t} \tag{14.5-5}$$

其中，

$$\frac{\mathrm{d}}{\mathrm{d}t}=\frac{\partial}{\partial t}+v_z\frac{\partial}{\partial z}-\frac{e}{m_{\mathrm{e}}}(\boldsymbol{v}\times\boldsymbol{B}_0)\cdot\frac{\partial}{\partial \boldsymbol{v}} \tag{14.5-6}$$

为时间的全微分算子，它只与电子的“未扰动轨道”相关。所谓未扰动轨道，是指在没有扰动电场作用下的电子运动轨道。将方程(14.5-5)两边沿着电子的未扰动轨道积分，有

$$g_1(z,\boldsymbol{v},t)=\frac{e}{m_{\mathrm{e}}}\int_{-\infty}^{t}\mathrm{e}^{\nu_{\mathrm{en}}t'}[\boldsymbol{E}(z',t')+\boldsymbol{v}'\times\boldsymbol{B}(z',t')]\cdot\frac{\partial f_0}{\partial \boldsymbol{v}'}\mathrm{d}t' \tag{14.5-7}$$

其中，$z'=z(t')$和$\boldsymbol{v}'=\boldsymbol{v}(t')$分别为$t'$时刻电子的轴向位置和速度。这里已假设$g_1(z,\boldsymbol{v},t)\big|_{t=-\infty}=0$。利用式(14.5-1)，有

$$g_1(z,\boldsymbol{v},t)=\frac{e}{m_{\mathrm{e}}}\int_{-\infty}^{t}[\boldsymbol{E}(k,\omega)+\boldsymbol{v}'\times\boldsymbol{B}(k,\omega)]\cdot\frac{\partial f_0}{\partial \boldsymbol{v}'}\mathrm{e}^{\mathrm{i}(kz'-\omega t')+\nu_{\mathrm{en}}t'}\mathrm{d}t' \tag{14.5-8}$$

利用$\boldsymbol{B}=\dfrac{\boldsymbol{k}\times\boldsymbol{E}}{\omega}$及$\dfrac{\partial f_0}{\partial \boldsymbol{v}'}=\dfrac{\boldsymbol{v}'}{v}\dfrac{\partial f_0}{\partial v}$，可以进一步把式(14.5-8)改写为

$$g_1(z,\boldsymbol{v},t)=\frac{e}{m_{\mathrm{e}}}\frac{1}{v}\frac{\mathrm{d}f_0}{\mathrm{d}v}\int_{-\infty}^{t}[E_x(k,\omega)v'_x+E_y(k,\omega)v'_y]\mathrm{e}^{\mathrm{i}(kz'-\omega t')+\nu_{\mathrm{en}}t'}\mathrm{d}t' \tag{14.5-9}$$

本节仍以右旋波为例进行讨论，即$E_y=\mathrm{i}E_x$及$E_{\mathrm{R}}=E_x-\mathrm{i}E_y=2E_x$。这样，有

$$g_1(z,\boldsymbol{v},t)=\frac{eE_{\mathrm{R}}(k,\omega)}{2m_{\mathrm{e}}}\frac{1}{v}\frac{\mathrm{d}f_0}{\mathrm{d}v}\int_{-\infty}^{t}(v'_x+\mathrm{i}v'_y)\mathrm{e}^{\mathrm{i}(kz'-\omega t')+\nu_{\mathrm{en}}t'}\mathrm{d}t' \tag{14.5-10}$$

下面确定 $z' = z(t')$ 和 $\boldsymbol{v}' = \boldsymbol{v}(t')$ 的表示式。

在确定电子的未扰动轨道时，暂且认为静磁场是空间均匀的。假设已知 t 时刻电子速度的三个分量分别为 $v_x = v_\perp\cos\phi$、$v_y = v_\perp\sin\phi$ 和 $v_z = v_{//}$，其中 ϕ 是初始相位，$v_\perp$ 和 $v_{//}$ 都是不变量。通过求解电子的运动方程，见 3.1 节的讨论，可以得到 t' 时刻电子速度的三个分量为

$$\begin{cases} v_x(t') = v_\perp\cos[\omega_{\rm ce}(t'-t)+\phi] \\ v_y(t') = v_\perp\sin[\omega_{\rm ce}(t'-t)+\phi] \\ v_z(t') = v_{//} \end{cases} \tag{14.5-11}$$

在 t' 时刻电子的轴向位置为

$$z(t') = z + v_{//}(t'-t) \tag{14.5-12}$$

将式(14.5-11)和式(14.5-12)代入式(14.5-10)，并完成对 t' 的积分，可以把扰动分布函数表示为

$$f_1(z,\boldsymbol{v},t) \equiv f_1(k,\boldsymbol{v},\omega){\rm e}^{{\rm i}(kz-\omega t)} \tag{14.5-13}$$

其中

$$f_1(k,\boldsymbol{v},\omega) = -{\rm i}\frac{eE_{\rm R}}{2m_{\rm e}}\frac{{\rm e}^{-{\rm i}\phi}}{kv_z-\omega+\omega_{\rm ce}-{\rm i}\nu}\frac{v_\perp}{v}\frac{{\rm d}f_0}{{\rm d}v} \tag{14.5-14}$$

利用扰动分布函数，就可以进一步确定电子的电流密度 $\boldsymbol{J}(k,\omega) = -e\int \boldsymbol{v} f_1(k,\boldsymbol{v},\omega){\rm d}^3\boldsymbol{v}$，它的两个分量分别为

$$J_x(k,\omega) = -{\rm i}\frac{e^2 n_0 E_{\rm R}}{2m_{\rm e}kv_{\rm th}}Z_{\rm p}(\varsigma) \tag{14.5-15}$$

$$J_y(k,\omega) = \frac{e^2 n_0 E_{\rm R}}{2m_{\rm e}kv_{\rm th}}Z_{\rm p}(\varsigma) \tag{14.5-16}$$

其中

$$\varsigma = \frac{\omega-\omega_{\rm ce}+{\rm i}\nu}{kv_{\rm th}} \tag{14.5-17}$$

$v_{\rm th} = \sqrt{2T_{\rm e}/m_{\rm e}}$；$Z_{\rm p}(\varsigma)$ 为等离子体的色散函数，见式(13.5-13)。

利用式(14.5-15)和式(14.5-16)，可以得到等离子体从右旋电磁波中吸收的功率密度为

$$p_{\rm abs} = \frac{1}{2}{\rm Re}(\boldsymbol{J}\cdot\boldsymbol{E}^*) = \frac{e^2 n_0}{4m_{\rm e}kv_{\rm th}}{\rm Im}Z_{\rm p}(\varsigma)|E_{\rm R}|^2 \tag{14.5-18}$$

可见吸收功率依赖于电子温度。当电子温度很低时($T_{\rm e}\to 0$)，即$|\varsigma|\gg 1$，有 $Z_{\rm p}(\varsigma)\approx -1/\varsigma$，式(14.5-18)可以退化为冷等离子体模型下的吸收功率密度，见式(14.4-20)。在相反极限下，即$|\varsigma|<<1$，有 $Z_{\rm p}(\varsigma)\approx {\rm i}\sqrt{\pi}{\rm e}^{-\varsigma^2}$ [6]。这样，在低气压极限下($\nu_{\rm en}\to 0$)，式(14.5-18)变为

$$p_{\text{abs}} = \frac{\sqrt{\pi} e^2 n_0 \left| E_{\text{R}} \right|^2}{4 m_{\text{e}} k v_{\text{th}}} \exp\left[-\frac{(\omega - \omega_{\text{ce}})^2}{k^2 v_{\text{th}}^2} \right] \tag{14.5-19}$$

可以看出，式(14.5-19)中的指数因子反映了电子回旋共振带的形状。由于考虑了电子的热运动，所以共振带展宽。实际上，当电子以热速度沿着轴向进入共振带时，会产生多普勒效应，即微波的角频率相对于电子回旋频率发生移动

$$\omega - \omega_{\text{ce}}(z_{\text{res}}) = k v_{\text{th}} \tag{14.5-20}$$

如果取微波的频率为 2.45GHz，纵向波数为 $k = 6.3\text{cm}^{-1}$，$v_{\text{th}} = 10^8 \text{cm} \cdot \text{s}^{-1}$，则共振区的磁场不是 875G，而是 910G。多普勒效应会使共振区展宽。Stevens 等已经在实验上证实了共振区的多普勒展宽[7]。

在以上讨论中，我们考虑了等离子体从右旋电磁波中吸收的功率。在一般情况下，当电磁波在磁化等离子体中传播时，存在着三种不同的功率吸收机制，即右旋波共振吸收、左旋波共振吸收和纵波引起的朗道阻尼[8-10]。不过，本章所考虑的微波放电，是以右旋波共振(即电子回旋共振)吸收为主。

参 考 文 献

[1] Suzuki K, Okudaira S, Sakudo N, et al. Microwave plasma etching. Jpn. J. Appl. Phys., 1977, 16(11): 1979.

[2] Lieberman M A, Lichtenberg A J. Principles of Plasma Discharges and Materials Processing. Hoboken, New Jersey: John Wiley & Sons, Inc., 2005.

[3] 赵青, 刘述章, 童洪辉. 等离子体技术及应用. 北京: 国防工业出版社, 2009.

[4] 王友年, 宋远红, 张钰如. 数学物理方法. 2 版. 大连: 大连理工大学出版社, 2015.

[5] Williamson M C, Lichtenberg A J, Lieberman M A. Self-consistent electron cyclotron resonance absorption in a plasma with varying parameters. J. Appl. Phys., 1992, 72(9): 3924-3933.

[6] 胡希伟. 等离子体理论基础. 北京: 北京大学出版社, 2006.

[7] Stevens J E, Huang Y C, Jarecki R L, et al. Plasma uniformity and power deposition in electron cyclotron resonance etch tools. J. Vac. Sci. Technol. A, 1992, 10(4): 1270-1275.

[8] Liu M H, Hu X W, Wu Q C, et al. Self-consistent simulation of electron cyclotron resonance plasma discharge. Phys. Plasmas, 2000, 7(7): 3062-3067.

[9] Liu M H, Hu X W, Wu H M, et al. Simulation of ion transport in an extended electron cyclotron resonance plasma. J. Appl. Phys., 2000, 87(3): 1070-1075.

[10] Liu M H, Hu X W, Yu G Y, et al. Two-dimensional simulation of an electron cyclotron resonance plasma source with power deposition and neutral gas depletion. Plasma Sources Sci. Technol., 2002, 11(3): 260.

附录A 量子力学的弹性散射截面和动量输运截面

利用分波理论给出的散射振幅，见式(2.6-10)，可以把微分散射截面表示为

$$I(\chi,k)=\left|f(\chi)\right|^2=\frac{1}{4k^2}\left|\sum_{l=1}^{\infty}(2l+1)(\mathrm{e}^{2\mathrm{i}\eta_l}-1)\mathrm{P}_l(\cos\chi)\right|^2 \tag{A-1}$$

根据弹性碰撞截面 σ_{t} 的定义式(2.2-13)，可以得到

$$\sigma_{\mathrm{t}}(k)=\frac{1}{4k^2}\int_0^{\pi}\left|\sum_{l=1}^{\infty}(2l+1)(\mathrm{e}^{2\mathrm{i}\eta_l}-1)\mathrm{P}_l(\cos\chi)\right|^2\mathrm{d}\Omega \tag{A-2}$$

其中，$\mathrm{d}\Omega=2\pi\sin\chi\mathrm{d}\chi$。利用勒让德函数的正交性关系式

$$\int_{-1}^{1}\mathrm{P}_l(x)\mathrm{P}_n(x)\mathrm{d}x=\frac{2}{2l+1}\delta_{n,l}\quad (x=\cos\chi) \tag{A-3}$$

可以把式(A-2)改写为

$$\begin{aligned}\sigma_{\mathrm{t}}(k)&=\frac{1}{4k^2}\sum_{l=0}^{\infty}(2l+1)(2n+1)(\mathrm{e}^{2\mathrm{i}\eta_l}-1)(\mathrm{e}^{-2\mathrm{i}\eta_l}-1)2\pi\times\frac{2}{2l+1}\delta_{n,l}\\&=\frac{\pi}{k^2}\sum_{l=0}^{\infty}(2l+1)(\mathrm{e}^{2\mathrm{i}\eta_l}-1)(\mathrm{e}^{-2\mathrm{i}\eta_l}-1)\\&=\frac{\pi}{k^2}\sum_{l=0}^{\infty}(2l+1)(2-\mathrm{e}^{2\mathrm{i}\eta_l}-\mathrm{e}^{-2\mathrm{i}\eta_l})\\&=\frac{2\pi}{k^2}\sum_{l=0}^{\infty}(2l+1)(1-\cos2\eta_l)\end{aligned}$$

再利用三角函数的倍角关系式：$1-\cos2\eta_l=2\sin^2\eta_l$，最后可以把弹性散射截面表示为

$$\sigma_{\mathrm{t}}(k)=\frac{4\pi}{k^2}\sum_{l=0}^{\infty}(2l+1)\sin^2\eta_l \tag{A-4}$$

根据动量输运截面的一般表示式(2.2-15)，电子与原子的动量输运截面为

$$\sigma_{\mathrm{m}}(k)=\int_0^{\pi}(1-\cos\chi)I(\chi,k)\mathrm{d}\Omega \tag{A-5}$$

这里已经利用了电子的质量远小于原子的质量。将式(A-1)代入式(A-5)，有

$$\sigma_{\mathrm{m}}=\frac{\pi}{2k^2}\sum_{l=0}^{\infty}\sum_{n=0}^{\infty}(2l+1)(\mathrm{e}^{2\mathrm{i}\eta_l}-1)(2n+1)(\mathrm{e}^{-2\mathrm{i}\eta_n}-1)\int_{-1}^{1}\mathrm{P}_l(x)\mathrm{P}_n(x)(1-x)\mathrm{d}x \tag{A-6}$$

利用式(A-3)及如下勒让德函数的递推关系式

$$xP_l(x)=\frac{1}{2l+1}[(l+1)P_{l+1}(x)+lP_{l-1}(x)]$$

有

$$\int_{-1}^{1}P_l(x)P_n(x)(1-x)dx=\frac{2\delta_{n,l}}{2l+1}-\frac{2l\delta_{n,l-1}}{4l^2-1}-\frac{2(l+1)\delta_{n,l+1}}{(2l+1)(2l+3)} \tag{A-7}$$

再将式(A-7)代入式(A-6)，可以得到

$$\begin{aligned}\sigma_m&=\frac{\pi}{k^2}\sum_{l=0}^{\infty}(2l+1)(e^{2i\eta_l}-1)(e^{-2i\eta_l}-1)\\&\quad-\frac{\pi}{k^2}\sum_{l=0}^{\infty}(l+1)[(e^{2i\eta_{l+1}}-1)(e^{-2i\eta_l}-1)+(e^{2i\eta_l}-1)(e^{-2i\eta_{l+1}}-1)]\\&=\frac{4\pi}{k^2}\sum_{l=0}^{\infty}(2l+1)\sin^2\eta_l+\frac{4\pi}{k^2}\sum_{l=0}^{\infty}(l+1)[\sin^2(\eta_{l+1}-\eta_l)-\sin^2\eta_{l+1}-\sin^2\eta_l]\\&=\frac{4\pi}{k^2}\sum_{l=0}^{\infty}[(l+1)\sin^2(\eta_{l+1}-\eta_l)+l\sin^2\eta_l-(l+1)\sin^2\eta_{l+1}]\\&=\frac{4\pi}{k^2}\sum_{l=0}^{\infty}(l+1)\sin^2(\eta_{l+1}-\eta_l)\end{aligned} \tag{A-8}$$

附录B　电子与原子的非弹性碰撞截面

考虑一个电子以速度v_0与一个原子序数为Z_2的靶原子碰撞。在$t=t_0$时刻，入射电子与靶原子未发生碰撞，即整个系统处于未扰动状态。这时系统的哈密顿量为

$$H_0 = H_e + H_a \tag{B-1}$$

其中，H_e和H_a分别为入射电子和靶原子的哈密顿量。在$t>0$时刻，入射电子与靶原子开始相互作用，这时系统的波函数$\psi(\boldsymbol{r},t)$满足如下薛定谔方程：

$$\mathrm{i}\hbar\frac{\partial\psi}{\partial t} = (H_0+V)\psi \tag{B-2}$$

其中，V是入射电子与靶原子的相互作用势能。将波函数ψ按照H_0的本征函数u_n进行展开，即

$$\psi(\boldsymbol{r},t) = \sum_n a_n(t)\,u_n(\boldsymbol{r})\exp[-\mathrm{i}E_n(t-t_0)/\hbar] \tag{B-3}$$

其中，E_n为H_0的本征值；$a_n(t)$为展开系数。将式(B-3)代入方程(B-2)，并利用本征函数的正交归一性条件

$$\int u_n(\boldsymbol{r})u_m^*(\boldsymbol{r})\mathrm{d}^3\boldsymbol{r} = \delta_{nm} \tag{B-4}$$

可以得到关于展开系数$a_n(t)$的方程

$$\mathrm{i}\hbar\frac{\mathrm{d}a_n(t)}{\mathrm{d}t} = \sum_m V_{nm}\,a_m(t)\exp[-\mathrm{i}\omega_{mn}(t-t_0)] \tag{B-5}$$

其中，$\omega_{mn}=(E_m-E_n)/\hbar$为系统从本征态$u_n$跃迁到本征态$u_m$的频率

$$V_{nm} = \int\mathrm{d}\tau\, u_n^*\hat{V}u_m \tag{B-6}$$

则为跃迁矩阵元，这里$\mathrm{d}\tau$表示空间体积元。再根据波函数ψ的归一化条件，很容易得到展开系数满足如下条件：

$$\sum_{n=0}^{\infty}|a_n(t)|^2 = 1 \tag{B-7}$$

对于高能入射电子，相互作用势能V相对哈密顿量H是个小量， 这样可以采用一阶玻恩近似的方法来求解方程(B-5)。在方程(B-5)右边求和中仅保留$m=n_0$这一项，并利用$a_{n_0}\approx 1$，可以得到

$$i\hbar\frac{\mathrm{d}a_n(t)}{\mathrm{d}t}=V_{n_0n}\mathrm{e}^{-\mathrm{i}\omega_{n_0n}(t-t_0)}\quad(n\neq n_0)\tag{B-8}$$

一般地，相互作用势V与时间无关，这样根据式(B-8)很容易得到$a_n(t)$的表示式，由此可以得到系统从初始状态$|n_0\rangle$跃迁到$|n\rangle$的概率为

$$W_{nn_0}=\frac{\mathrm{d}|a_n(t)n|^2}{\mathrm{d}t}=\frac{2}{\hbar^2}\left|V_{n_0n}\right|^2\frac{\sin[\omega_{nn_0}(t-t_0)]}{\omega_{nn_0}}\tag{B-9}$$

当$(t-t_0)\to\infty$时，跃迁概率趋于一个稳态的值

$$W_{nn_0}=\frac{2\pi}{\hbar^2}\left|V_{nn_0}\right|^2\delta(\omega_{nn_0})\tag{B-10}$$

式中，$\delta(\omega_{nn_0})$函数要求系统在跃迁前后能量守恒，即$E_n=E_{n_0}$。

未扰动系统的本征波函数u_n可以写成原子的本征波函数$\phi_n(\boldsymbol{X})$和入射电子(可以视为自由粒子)的本征波函数$\mathrm{e}^{\mathrm{i}\boldsymbol{k}\cdot\boldsymbol{R}}/(2\pi)^{3/2}$的乘积，即

$$u_n=\frac{1}{(2\pi)^{3/2}}\phi_n(\boldsymbol{X})\mathrm{e}^{\mathrm{i}\boldsymbol{k}\cdot\boldsymbol{R}}\equiv\frac{1}{(2\pi)^{3/2}}|n\boldsymbol{k}\rangle\tag{B-11}$$

其中，$\boldsymbol{k}$和$\boldsymbol{R}$分别是入射电子的波矢量和位置；$\boldsymbol{X}=\{\boldsymbol{r}_1,\boldsymbol{r}_2,\cdots,\boldsymbol{r}_{Z_2})$表示靶原子中$Z_2$个电子的位置矢量的集合。由于在碰撞前后系统的能量$E_n=\dfrac{\hbar^2k^2}{2m_\mathrm{e}}+\varepsilon_n$守恒，因此有

$$\frac{\hbar^2k_0{}^2}{2m_\mathrm{e}}+\varepsilon_{n_0}=\frac{\hbar^2k^2}{2m_\mathrm{e}}+\varepsilon_n\tag{B-12}$$

由于入射电子的能量$\hbar^2k^2/(2m_\mathrm{e})$是连续变化的，所以系统的总能量$E_n$也是连续变化的，由此可以得到$\mathrm{d}E_n=\hbar^2k\mathrm{d}k/m_\mathrm{e}$。下面我们确定靶原子仍保持在固定的状态$\phi_n(\boldsymbol{X})$上，而入射粒子散射进入以$\boldsymbol{k}$为中心的立体角元$\mathrm{d}\Omega=\sin\theta\mathrm{d}\theta\mathrm{d}\phi$内的概率。将方程(B-9)两边同乘以$\mathrm{d}^3\boldsymbol{k}=km_1\mathrm{d}E_n\mathrm{d}\Omega/\hbar^2$，并完成对$\mathrm{d}E_n$的积分，则可以得到在单位时间内散射到空间立体角元$\mathrm{d}\Omega$的概率为

$$\frac{\mathrm{d}W_{nn_0}}{\mathrm{d}\Omega}=\frac{2\pi}{\hbar^2}v\left|V_{nn_0}\right|^2\tag{B-13}$$

其中，$v=\hbar k/m_\mathrm{e}$是入射电子散射后的速度。将式(B-13)除以入射电子的通量$J_0=v_0\left|\mathrm{e}^{\mathrm{i}\boldsymbol{k}_0\cdot\boldsymbol{R}}/(2\pi)^{3/2}\right|^2$，则最后得到在一阶玻恩近似下非弹性微分散射截面为

$$I(v_0,\theta,\varphi)=\frac{1}{J_0}\frac{\mathrm{d}W_{nn_0}}{\mathrm{d}\Omega}=\frac{m_\mathrm{e}^2}{(2\pi)^2\hbar^4}\frac{v}{v_0}\left|\langle\boldsymbol{k}n|V|n_0\boldsymbol{k}_0\rangle\right|^2\tag{B-14}$$

其中，$v_0=\hbar k_0/m_\mathrm{e}$是入射电子散射前的速度。将式(B-14)对立体角进行积分，则非弹性碰撞截面为

$$\sigma_{nn_0}(v_0) = \int \mathrm{d}\Omega \frac{m_e^2}{(2\pi)^2 \hbar^4} \frac{v}{v_0} \left| \langle \boldsymbol{k}n | V | n_0 \boldsymbol{k}_0 \rangle \right|^2 \tag{B-15}$$

入射电子损失的能量主要用于激发或电离靶原子核外的电子。当一个原子从初始状态$|n_0\rangle$跃迁到终态$|n\rangle$时，其能量变化为$\Delta\varepsilon_n = \varepsilon_n - \varepsilon_{n_0}$。那么入射电子在背景气体中穿过单位长度$\mathrm{d}s$后，由非弹性碰撞而损失的能量(即电子阻止本领)为

$$\left(-\frac{\mathrm{d}E}{\mathrm{d}s}\right) = N \sum_{n \neq n_0} \sigma_{nn_0}(v_0)(\varepsilon_n - \varepsilon_{n_0}) \tag{B-16}$$

其中，N是固体的原子密度。下面的问题是如何计算跃迁矩阵元$\left|\langle \boldsymbol{k}n | \hat{V} | n_0 \boldsymbol{k}_0 \rangle\right|^2$。

把坐标原点选取在靶原子核上，则入射电子与靶原子之间的相互作用势能为

$$V(\boldsymbol{R}, \boldsymbol{X}) = -\frac{Z_2 e^2}{4\pi\varepsilon_0 R} + \sum_{i=1}^{Z_2} \frac{e^2}{4\pi\varepsilon_0 |\boldsymbol{R} - \boldsymbol{r}_i|} \tag{B-17}$$

式(B-17)右边第一项为入射电子与靶原子核的相互作用，而第二项是与核外电子的相互作用。引入波矢$\boldsymbol{q} = \boldsymbol{k}_0 - \boldsymbol{k}$，以及利用式(B-11)和式(B-17)，则可以把跃迁矩阵元$|\langle \boldsymbol{k}n | V | n_0 \boldsymbol{k}_0 \rangle|$表示成

$$\langle \boldsymbol{k}n | V | n_0 \boldsymbol{k}_0 \rangle = \int \mathrm{d}^3 \boldsymbol{r}_1 \cdots \int \mathrm{d}^3 \boldsymbol{r}_{Z_2} \int \mathrm{d}^3 \boldsymbol{R}\, \phi_n^*(\boldsymbol{X}) \phi_{n_0}(\boldsymbol{X})\, \mathrm{e}^{\mathrm{i}\boldsymbol{q}\cdot\boldsymbol{R}} \left[-\frac{Z_2 e^2}{4\pi\varepsilon_0 R} + \sum_{j=1} \frac{e^2}{4\pi\varepsilon_0 |\boldsymbol{R} - \boldsymbol{r}_j|} \right] \tag{B-18}$$

根据波函数$\phi_n(\boldsymbol{X})$的正交性，容易看出式(B-18)第一项的积分结果为零。对式(B-18)右边第二项进行分部积分，并利用$\nabla_{\boldsymbol{R}}^2 |\boldsymbol{R} - \boldsymbol{r}_j|^{-1} = -4\pi\delta(\boldsymbol{R} - \boldsymbol{r}_j)$，最后矩阵元可以表示为

$$\langle \boldsymbol{k}n | V | n_0 \boldsymbol{k}_0 \rangle = \frac{e^2}{\varepsilon_0 q^2} \left\langle n \left| \sum_{j=1}^{Z_2} \mathrm{e}^{\mathrm{i}\boldsymbol{q}\cdot\boldsymbol{r}_j} \right| n_0 \right\rangle \tag{B-19}$$

将式(B-19)代入式(B-15)，可以把非弹性碰撞截面表示为

$$\sigma_{nn_0}(v_0) = \frac{4}{v_0 a_B^2} \int \mathrm{d}\Omega \frac{v}{q^4} \left| \left\langle n \left| \sum_{j=1}^{Z_2} \mathrm{e}^{\mathrm{i}\boldsymbol{q}\cdot\boldsymbol{r}_j} \right| n_0 \right\rangle \right|^2 \tag{B-20}$$

其中，a_B是玻尔半径。选取$\boldsymbol{k}_0$的方向为极轴，利用$\boldsymbol{q} = \boldsymbol{k}_0 - \boldsymbol{k}$，有如下关系式：

$$q^2 = k^2 + k_0^2 - 2kk_0 \cos\theta \tag{B-21}$$

对于固定的k值，有$q\mathrm{d}q = kk_0 \sin\theta \mathrm{d}\theta$和$\mathrm{d}\Omega = 2\pi \sin\theta \mathrm{d}\theta = 2\pi\hbar^2 q\mathrm{d}q / (kk_0)$。再利用$v = \hbar k / m_e$及$v_0 = \hbar k_0 / m_e$，可以把式(B-19)改写成

$$\sigma_{nn_0}(v_0) = \frac{8\pi\hbar^2}{m_e^2 v_0^2 a_B^2} \int_{q_{\min}}^{q_{\max}} \frac{\mathrm{d}q}{q^3} \left| \left\langle n \left| \sum_{j=1}^{Z_2} \mathrm{e}^{\mathrm{i}\boldsymbol{q}\cdot\boldsymbol{r}_j} \right| n_0 \right\rangle \right|^2 \tag{B-22}$$

由式(B-21)可以看出，有

$$q_{\max} = k_0 + k, \quad q_{\min} = k_0 - k \tag{B-23}$$

对于高速电子，它与靶原子碰撞过程中其动量变化较小，即 $q \ll k_0$，并利用能量守恒公式(B-12)，则积分上下限分别为

$$q_{\max} \approx 2k_0 = 2m_e v_0 / \hbar \tag{B-24}$$

$$q_{\min} = \frac{k_0^2 - k^2}{k_0 + k} \approx \frac{1}{2k_0}(k_0^2 - k^2) = \frac{\Delta\varepsilon_{nn_0}}{\hbar v_0} \tag{B-25}$$

利用多电子体系的波函数的哈特里(Hartree)表述 $|n\rangle = \phi(\boldsymbol{r}_1)\phi(\boldsymbol{r}_2)\cdots\phi(\boldsymbol{r}_{Z_2})$，可以把式(B-22)中的矩阵元写成

$$\left\langle n \left| \sum_{j=1}^{Z_2} \mathrm{e}^{\mathrm{i}\boldsymbol{q}\cdot\boldsymbol{r}_j} \right| n_0 \right\rangle = \sum_{j=1}^{Z_2} \int \mathrm{d}^3\boldsymbol{r}_1 \phi^*(\boldsymbol{r}_1)\phi_0(\boldsymbol{r}_1) \cdots \int \mathrm{d}^3\boldsymbol{r}_j \phi^*(\boldsymbol{r}_j)\phi_0(\boldsymbol{r}_j)\mathrm{e}^{\mathrm{i}\boldsymbol{q}\cdot\boldsymbol{r}_j} \cdots \int \mathrm{d}^3\boldsymbol{r}\phi^*(\boldsymbol{r}_{Z_2})\phi_0(\boldsymbol{r}_{Z_2}) \tag{B-26}$$

根据波函数的正交性可知，要想使上式的积分结果不为零，则必须要求 Z_2 个电子中只能有一个电子的终态与初态不相同。现假设这个电子为第 l 个电子，则式(B-26)右边求和中只剩下一项，即

$$\left\langle n \left| \sum_{j=1}^{Z_2} \mathrm{e}^{\mathrm{i}\boldsymbol{q}\cdot\boldsymbol{r}_j} \right| n_0 \right\rangle = \int \mathrm{d}^3\boldsymbol{r}_l \phi^*(\boldsymbol{r}_l)\phi_0(\boldsymbol{r}_l)\mathrm{e}^{\mathrm{i}\boldsymbol{q}\cdot\boldsymbol{r}_l} \tag{B-27}$$

这个积分值取决于 $\mathrm{e}^{\mathrm{i}\boldsymbol{q}\cdot\boldsymbol{r}_l}$ 在积分区域(原子体积)内的振荡行为。设原子的线度为 a，如果 $q > 1/a$，则 $\mathrm{e}^{\mathrm{i}\boldsymbol{q}\cdot\boldsymbol{r}_l}$ 在原子尺度内振荡较为剧烈。在这种情况下，除非该电子的终态 $\phi(\boldsymbol{r}_l)$ 能把这种振荡抵消掉，否则积分结果为零。也就是说，为了使积分不为零，则要求电子的终态波函数为 $\phi(\boldsymbol{r}_l) = \dfrac{1}{(2\pi)^{3/2}}\mathrm{e}^{\mathrm{i}\boldsymbol{q}\cdot\boldsymbol{r}_l}$。这是一个自由电子的波函数。由此可见，在 $q > 1/a$ 的情况下，入射电子传给靶原子的动量 $\hbar q$ 全部交给了原子中的一个电子，并使这个电子成为一个自由电子，其他电子的状态没有变化。实际上，这种过程对应于电子与电子的弹性碰撞过程，且服从能量守恒定律

$$\frac{\hbar^2 k_0^2}{2m_e} = \frac{\hbar^2 k^2}{2m_e} + \frac{\hbar^2 q^2}{2m_e} \tag{B-28}$$

为了讨论方便，将式(B-22)右边的积分用 $S_{nn_0} = S_{1nn_0} + S_{2nn_0}$ 表示，其中

$$S_{1nn_0} = \int_{q_{\min}}^{1/a} \frac{\mathrm{d}q}{q^3} \left| \left\langle n \left| \sum_{j=1}^{Z_2} \mathrm{e}^{\mathrm{i}\boldsymbol{q}\cdot\boldsymbol{r}_j} \right| n_0 \right\rangle \right|^2 \tag{B-29}$$

$$S_{2nn_0}=\int_{1/a}^{q_{\max}}\frac{\mathrm{d}q}{q^3}\left|\left\langle n\left|\sum_{j=1}^{Z_2}\mathrm{e}^{\mathrm{i}\boldsymbol{q}\cdot\boldsymbol{r}_j}\right|n_0\right\rangle\right|^2 \tag{B-30}$$

由前面的讨论可知，在 $q\geqslant 1/a$ 的区域，原子中 Z_2 个电子中只有一个电子的状态发生了变化，该电子得到的能量为 $\Delta\varepsilon_n=\hbar^2q^2/2m_\mathrm{e}$。因此有

$$\begin{aligned}S_{1nn_0}&=\frac{\hbar^2}{2m_\mathrm{e}\Delta\varepsilon_n}\int_{1/a}^{q_{\max}}\frac{\mathrm{d}q}{q}\left|\left\langle n\left|\sum_{i=1}^{Z_2}\mathrm{e}^{\mathrm{i}\boldsymbol{q}\cdot\boldsymbol{r}_i}\right|n_0\right\rangle\right|^2\\&=\frac{\hbar^2}{2m_\mathrm{e}\Delta\varepsilon_n}\int_{1/a}^{q_{\max}}\frac{\mathrm{d}q}{q}\left\langle n_0\left|\sum_{i,j=1}^{Z_2}\mathrm{e}^{\mathrm{i}\boldsymbol{q}\cdot(\boldsymbol{r}_i-\boldsymbol{r}_j)}\right|n_0\right\rangle\end{aligned} \tag{B-31}$$

由于当 $q\geqslant 1/a$ 时，仅当 $\boldsymbol{r}_i=\boldsymbol{r}_j$ 时，式(B-31)的积分才不为零，所以有

$$S_{1nn_0}=\frac{Z_2\hbar^2}{2m_\mathrm{e}\Delta\varepsilon_n}\int_{1/a}^{q_{\max}}\frac{\mathrm{d}q}{q}=\frac{Z_2\hbar^2}{2m_\mathrm{e}\Delta\varepsilon_n}\ln\left(\frac{2m_\mathrm{e}v_0a}{\hbar}\right) \tag{B-32}$$

对于 $q\leqslant 1/a$ 的情况，有 $|\boldsymbol{q}\cdot\boldsymbol{r}_i|\leqslant 1$，因此可以将 $\mathrm{e}^{\mathrm{i}\boldsymbol{q}\cdot\boldsymbol{r}_i}$ 进行泰勒展开，即 $\mathrm{e}^{\mathrm{i}\boldsymbol{q}\cdot\boldsymbol{r}_i}\approx 1+\mathrm{i}\boldsymbol{q}\cdot\boldsymbol{r}$。这样可以得到

$$S_{2nn_0}=\int_{q_{\min}}^{1/a}\frac{\mathrm{d}q}{q^3}\left|\left\langle n\left|\sum_{i=1}^{Z_2}\mathrm{i}\boldsymbol{q}\cdot\boldsymbol{r}_i\right|n_0\right\rangle\right|^2=\frac{Z_2\hbar^2}{2m_\mathrm{e}\Delta\varepsilon_n}\ln\left(\frac{\hbar v_0}{a\Delta\varepsilon_{nn_0}}\right)f_{nn_0} \tag{B-33}$$

其中，f_{nn_0} 为偶极振子强度

$$f_{nn_0}=\frac{1}{Z_2}\frac{2m_\mathrm{e}}{3\hbar^2}(\varepsilon_n-\varepsilon_{n_0})\left|\left\langle n\left|\sum_{i=1}^{Z_2}\boldsymbol{r}_i\right|n_0\right\rangle\right|^2 \tag{B-34}$$

且满足求和规则

$$\sum_{n\neq n_0}f_{nn_0}=1 \tag{B-35}$$

把 S_{1nn_0} 和 S_{2nn_0} 结合，最后可以得到非弹性碰撞截面为

$$\sigma_{nn_0}(v_0)=\frac{4\pi Z_2a_\mathrm{B}^2}{m_\mathrm{e}v_0^2}\left(\frac{e^2}{4\pi\varepsilon_0a_\mathrm{B}}\right)^2\frac{1}{\Delta\varepsilon_n}\left[\ln\left(\frac{2m_\mathrm{e}v_0a}{\hbar}\right)+\ln\left(\frac{\hbar v_0}{a\Delta\varepsilon_{nn_0}}\right)f_{nn_0}\right] \tag{B-36}$$

将其代入式(B-16)，并利用求和规则(B-35)，可以得到

$$\begin{aligned}\left(-\frac{\mathrm{d}E}{\mathrm{d}s}\right)&=N\frac{4\pi Z_2a_\mathrm{B}^2}{m_\mathrm{e}v_0^2}\left(\frac{e^2}{4\pi\varepsilon_0a_\mathrm{B}}\right)^2\sum_{n\neq n_0}\left[\ln\left(\frac{2m_\mathrm{e}v_0a}{\hbar}\right)+\ln\left(\frac{\hbar v_0}{a\Delta\varepsilon_{nn_0}}\right)f_{nn_0}\right]\\&=NZ_2\frac{4\pi e^4}{m_\mathrm{e}v_0^2(4\pi\varepsilon_0)^2}\sum_{n\neq n_0}f_{nn_0}\left[\ln\left(\frac{2m_\mathrm{e}v_0a}{\hbar}\right)+\ln\left(\frac{\hbar v_0}{a\Delta\varepsilon_{nn_0}}\right)\right]\end{aligned} \tag{B-37}$$

$$= NZ_2 \frac{4\pi e^4}{m_e v_0^2 (4\pi\varepsilon_0)^2} \sum_{n \neq n_0} f_{nn_0} \ln\left(\frac{2m_e v_0^2}{\Delta\varepsilon_{nn_0}}\right)$$

$$= N_v \sum_{n \neq n_0} \Delta\varepsilon_{nn_0} \sigma_{ex}(E, n_0 \to n)$$

其中，$N_v = Z_2 N$ 为价电子密度；$E = m_e v_0^2 / 2$ 为入射电子的能量；$\sigma_{ex}(E, n_0 \to n)$ 为靶原子从低激发态（n_0）跃迁到高激发态（n）的碰撞激发截面

$$\sigma_{nn_0} = \frac{2\pi e^4}{(4\pi\varepsilon_0)^2 E} \frac{f_{nn_0}}{\Delta\varepsilon_{nn_0}} \ln\left(\frac{4E}{\Delta\varepsilon_{nn_0}}\right) \tag{B-38}$$

附录 C　两个粒子弹性碰撞后的速度

考虑两个质量分别为 m_1 和 m_2 的粒子做弹性碰撞。在碰撞前，两个粒子的速度分别为 $\boldsymbol{v}_1$ 和 $\boldsymbol{v}_2$；在碰撞后，两个粒子的速度分别为 $\boldsymbol{v}_1'$ 和 $\boldsymbol{v}_2'$。引入相对速度 $\boldsymbol{g}$ 和质心速度 $\boldsymbol{V}_\mathrm{c}$

$$\boldsymbol{g} = \boldsymbol{v}_1 - \boldsymbol{v}_2 , \quad \boldsymbol{V}_\mathrm{c} = \frac{m_1\boldsymbol{v}_1 + m_2\boldsymbol{v}_2}{m_1 + m_2} \tag{C-1}$$

在质心坐标系中，两个粒子在碰撞前的速度分别为

$$\boldsymbol{w}_1 = \boldsymbol{v}_1 - \boldsymbol{V}_\mathrm{c} = \frac{m_2}{m_1 + m_2}\boldsymbol{g} , \quad \boldsymbol{w}_2 = \boldsymbol{v}_2 - \boldsymbol{V}_\mathrm{c} = -\frac{m_1}{m_1 + m_2}\boldsymbol{g} \tag{C-2}$$

根据质心系中的动量守恒和动能守恒，很容易证明(见 2.1 节)：

(1) 在质心系中，两个粒子在碰撞前后其各自速度的大小不变，两者速度的方向相反，即

$$w_1 = w_1' , \quad w_2 = w_2' , \quad \boldsymbol{w}_1' = -w_1\boldsymbol{n}, \quad \boldsymbol{w}_2' = w_2\boldsymbol{n} \tag{C-3}$$

其中，$\boldsymbol{n}$ 为散射方向的单位矢量；

(2) 在碰撞前后两个粒子相对速度的大小不变，但方向发生改变

$$\boldsymbol{g}' = -g\boldsymbol{n} , \quad g' = g \tag{C-4}$$

其中，$\boldsymbol{g}' = \boldsymbol{v}_1' - \boldsymbol{v}_2'$ 为碰撞后两个粒子的相对速度。

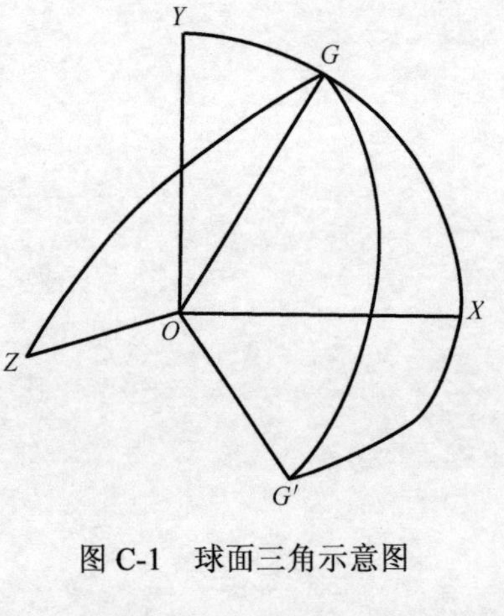

图 C-1　球面三角示意图

根据图 2-2 可以看到，$\boldsymbol{g}'$ 与 $\boldsymbol{g}$ 的夹角为质心系中的散射角 χ。下面作一半径为 1 的单位球，球心在 O 点，X、Y、Z、G 及 G' 均为球面上的点，见图 C-1。其中：

(1) 线段 OX、OY 及 OZ 分别沿着直角坐标系中的三个坐标轴；

(2) 线段 OG 和 OG' 分别沿着碰撞前后相对速度 $\boldsymbol{g}$ 和 $\boldsymbol{g}'$ 的方向，它们之间的夹角为 χ。

下面利用球面三角的关系及动量守恒定律，来确定两个粒子在碰撞后的速度。

(1) 首先考虑三角 $\angle G'OX$。利用球面三角公式，有

$$\cos\angle G'OX = \cos\angle GOX \cos\angle G'OG + \sin\angle GOX \sin\angle G'OG \cos\phi \tag{C-5}$$

其中，ϕ 是两边 GG' 和 GX 的夹角，取值在 $[0, 2\pi]$ 范围。利用 $\cos\angle G'OX = \dfrac{g'_x}{g}$，$\cos\angle GOX = \dfrac{g_x}{g}$ 及 $\cos\angle G'OG = \cos\chi$，可以得到

$$g'_x = g_x \cos\chi + \sqrt{g^2 - g_x^2}\sin\chi\cos\phi$$

或

$$v'_{1x} - v'_{2x} = (v_{1x} - v_{2x})\cos\chi + \sqrt{g^2 - g_x^2}\sin\chi\cos\phi \tag{C-6}$$

再根据动量守恒，有

$$m_1 v_{1x} + m_2 v_{2x} = m_1 v'_{1x} + m_2 v'_{2x} \tag{C-7}$$

将式(C-6)和式(C-7)联立，整理后可以得到

$$v'_{1x} = v_{1x} + \frac{m_2}{m_2 + m_1}[g_x(1-\cos\chi) + g_\perp \sin\chi\cos\phi] \tag{C-8}$$

其中，$g_\perp = \sqrt{g^2 - g_x^2}$。

(2)再考虑三角 $\angle G'OZ$。利用球面三角公式，有

$$\cos\angle G'OZ = \cos\angle GOZ \cos\angle G'OG + \sin\angle GOZ \sin\angle G'OG \cos(\psi_3 - \phi) \tag{C-9}$$

其中，ψ_3 是两条边 ZG 和 GX 的夹角。利用 $\cos\angle G'OZ = \dfrac{g'_z}{g}$，$\cos\angle GOZ = \dfrac{g_z}{g}$，$\cos\angle G'OG = \cos\chi$，可以把式(C-9)改写为

$$g'_z = g_z \cos\chi + \sqrt{g^2 - g_z^2}\sin\chi\cos(\psi_3 - \phi) \tag{C-10}$$

根据动量守恒，有

$$m_1 v_{1z} + m_2 v_{2z} = m_1 v'_{1z} + m_2 v'_{2z} \tag{C-11}$$

将式(C-10)及式(C-11)联立，有

$$v'_{1z} = v_{1z} + \frac{m_2}{m_2 + m_1}[g_z(1-\cos\chi) + \sqrt{g^2 - g_z^2}\sin\chi\cos(\psi_3 - \phi)] \tag{C-12}$$

另外，对于三角 $\angle ZOX$，有

$$\cos\angle ZOX = \cos\angle GOX \cos\angle GOZ + \sin\angle GOX \sin\angle GOZ \cos\psi_3 \tag{C-13}$$

利用 $\cos\angle ZOX = \cos\dfrac{\pi}{2} = 0$，$\cos\angle GOX = \dfrac{g_x}{g}$ 及 $\cos\angle GOZ = \dfrac{g_z}{g}$，可以把式(C-13)改写为

$$0 = g_x g_z + \sqrt{g^2 - g_x^2}\sqrt{g^2 - g_z^2}\cos\psi_3$$

由此可以得到

$$\cos\psi_3 = -\frac{g_x g_z}{g_\perp\sqrt{g^2 - g_z^2}}, \quad \sin\psi_3 = \frac{g g_y}{g_\perp\sqrt{g^2 - g_z^2}} \tag{C-14}$$

将式(C-14)代入式(C-12)，整理后可以得到

$$v'_{1z} = v_{1z} + \frac{m_2}{m_2 + m_1}\left[g_z(1-\cos\chi) + \left(-\frac{g_x g_z\cos\phi - g g_y\sin\phi}{g_\perp}\right)\sin\chi\right] \tag{C-15}$$

(3) 最后考虑三角 $\angle G'OY$。由球面三角公式，有

$$\cos\angle G'OY = \cos\angle GOY\cos\angle G'OG + \sin\angle GOY\sin\angle G'OG\cos(\psi_2 + \phi) \tag{C-16}$$

其中，ψ_2 是两条边 GX 与 GY 的夹角。利用 $\cos\angle G'OY = \frac{g'_y}{g}$，$\cos\angle GOY = \frac{g_y}{g}$ 及 $\cos\angle G'OG = \cos\chi$，可以把式(C-16)改写为

$$g'_y = g_y\cos\chi + \sqrt{g^2 - g_y^2}\sin\chi\cos(\psi_2 + \phi) \tag{C-17}$$

根据动量守恒，有

$$m_1 v_{1y} + m_2 v_{2y} = m_1 v'_{1y} + m_2 v'_{2y} \tag{C-18}$$

将式(C-17)和式(C-18)联立，可以得到

$$v'_{1y} = v_{1y} + \frac{m_2}{m_1 + m_2}[g_y(1-\cos\chi) + \sqrt{g^2 - g_y^2}\sin\chi\cos(\psi_2 + \phi)] \tag{C-19}$$

另外，对于三角 $\angle YOX$，有

$$\cos\angle YOX = \cos\angle GOX\cos\angle GOY + \sin\angle GOX\sin\angle GOY\cos\psi_2$$

利用 $\cos\angle YOX = \cos\frac{\pi}{2} = 0$, $\cos\angle GOX = \frac{g_x}{g}$ 及 $\cos\angle GOY = \frac{g_y}{g}$，可以得到

$$\cos\psi_2 = -\frac{g_x g_y}{g_\perp\sqrt{g^2 - g_y^2}}, \quad \sin\psi_2 = \frac{g g_z}{g_\perp\sqrt{g^2 - g_y^2}} \tag{C-20}$$

将式(C-20)代入式(C-19)，整理可以得到

$$v'_{1y} = v_{1y} + \frac{m_2}{m_1 + m_2}\left[g_y(1-\cos\chi) + \left(-\frac{g_x g_y\cos\phi + g g_z\sin\phi}{g_\perp}\right)\sin\chi\right] \tag{C-21}$$

最后，将式(C-8)、式(C-15)和式(C-21)联立，写成矢量形式，有

$$\boldsymbol{v}'_1 = \boldsymbol{v}_1 + \frac{m_2}{m_1 + m_2}[(1-\cos\chi)\boldsymbol{g} + \sin\chi\boldsymbol{h}] \tag{C-22}$$

其中

$$h_x = g_{\perp}\cos\phi,\quad h_y = -\frac{g_x g_y \cos\phi + g g_z \sin\phi}{g_{\perp}},\quad h_z = -\frac{g_x g_z \cos\phi - g g_y \sin\phi}{g_{\perp}} \tag{C-23}$$

再结合动量守恒式 $m_1\boldsymbol{v}_1 + m_2\boldsymbol{v}_2 = m_1\boldsymbol{v}_1' + m_2\boldsymbol{v}_2'$，可以得到 $\boldsymbol{v}_2'$ 的表示式

$$\boldsymbol{v}_2' = \boldsymbol{v}_2 - \frac{m_1}{m_1+m_2}[(1-\cos\chi)\boldsymbol{g} + \sin\chi\boldsymbol{h}] \tag{C-24}$$

至此，我们确定出了两个粒子在碰撞后的速度。

附录D　速度空间中的准线性扩散项

下面我们推导方程(4.6-23)左边的准线性扩散项。可以证明，对于任意两个随时间作简谐振荡的物理量 $A(t)=A\mathrm{e}^{-\mathrm{i}\omega t}$ 及 $B(t)=B\mathrm{e}^{-\mathrm{i}\omega t}$ ，它们的乘积对振荡周期 $T_{\mathrm{RF}}=\dfrac{\omega}{2\pi}$ 的平均为

$$\left\langle A(t)B(t)\right\rangle_{T_{\mathrm{RF}}}=\frac{1}{2}\mathrm{Re}(A^{*}B) \tag{D-1}$$

其中，A^{*} 为 A 的复共轭。根据电场 $\boldsymbol{E}(x,t)$ 、磁场 $\boldsymbol{B}(x,t)$ 及扰动分布函数 $f_1(x,\boldsymbol{v},t)$ 的级数展开式，见4.6节，可以得到

$$\begin{aligned}&-\frac{e}{m_{\mathrm{e}}}\left\langle(\boldsymbol{E}+\boldsymbol{v}\times\boldsymbol{B})\cdot\nabla_{\boldsymbol{v}}f_1\right\rangle_{T_{\mathrm{RF}}}\\&=\frac{1}{2}\mathrm{Re}\left\{-\frac{e}{m_{\mathrm{e}}}\sum_{n=-\infty}^{\infty}\sum_{m=-\infty}^{\infty}(\boldsymbol{E}_m^{*}+\boldsymbol{v}\times\boldsymbol{B}_m^{*})\cdot\nabla_{\boldsymbol{v}}f_{1n}\right\}\mathrm{e}^{\mathrm{i}(k_n-k_m)x}\end{aligned} \tag{D-2}$$

再将式(D-2)对空间平均，并利用式(4.6-9)，有

$$-\frac{e}{m_{\mathrm{e}}}\left\langle\left\langle(\boldsymbol{E}+\boldsymbol{v}\times\boldsymbol{B})\cdot\nabla_{\boldsymbol{v}}f_1\right\rangle_{T_{\mathrm{RF}}}\right\rangle_{2a}=\frac{1}{2}\mathrm{Re}\left\{-\frac{e}{m_{\mathrm{e}}}\sum_{n=-\infty}^{\infty}(\boldsymbol{E}_n^{*}+\boldsymbol{v}\times\boldsymbol{B}_n^{*})\cdot\nabla_{\boldsymbol{v}}f_{1n}\right\} \tag{D-3}$$

由于矢量 $(\boldsymbol{E}_n^{*}+\boldsymbol{v}\times\boldsymbol{B}_n^{*})$ 与速度微分算子 $\nabla_{\boldsymbol{v}}$ 对易，因此可以把式(D-3)改写为

$$-\frac{e}{m_{\mathrm{e}}}\left\langle\left\langle(\boldsymbol{E}+\boldsymbol{v}\times\boldsymbol{B})\cdot\nabla_{\boldsymbol{v}}f_1\right\rangle_{T_{\mathrm{RF}}}\right\rangle_{2a}=\nabla_{\boldsymbol{v}}\cdot\left\{\frac{1}{2}\mathrm{Re}\left[-\frac{e}{m_{\mathrm{e}}}\sum_{n=-\infty}^{\infty}(\boldsymbol{E}_n^{*}+\boldsymbol{v}\times\boldsymbol{B}_n^{*})f_{1n}\right]\right\} \tag{D-4}$$

利用 $\boldsymbol{B}_n=\dfrac{\boldsymbol{k}_n\times\boldsymbol{E}_n}{\omega}$，有

$$\boldsymbol{E}_n^{*}+\boldsymbol{v}\times\boldsymbol{B}_n^{*}=\left(1-\frac{\boldsymbol{k}_n\cdot\boldsymbol{v}}{\omega}\right)\boldsymbol{E}_n^{*}+\frac{(\boldsymbol{v}\cdot\boldsymbol{E}_n^{*})}{\omega}\boldsymbol{k}_n \tag{D-5}$$

将式(D-5)代入式(D-4)，有

$$\begin{aligned}&-\frac{e}{m_{\mathrm{e}}}\left\langle\left\langle(\boldsymbol{E}+\boldsymbol{v}\times\boldsymbol{B})\cdot\nabla_{\boldsymbol{v}}f_1\right\rangle_{T_{\mathrm{RF}}}\right\rangle_{2a}\\&=\nabla_{\boldsymbol{v}}\cdot\left\{\frac{1}{2}\mathrm{Re}\left[-\frac{e}{m_{\mathrm{e}}}\sum_{n=-\infty}^{\infty}\left(\left(1-\frac{\boldsymbol{k}_n\cdot\boldsymbol{v}}{\omega}\right)\boldsymbol{E}_n^{*}+\frac{(\boldsymbol{v}\cdot\boldsymbol{E}_n^{*})}{\omega}\boldsymbol{k}_n\right)f_{1n}\right]\right\}\end{aligned} \tag{D-6}$$

再将 f_{1n} 的表示式代入式(D-6)，见式(4.6-18)，可以得到

$$-\frac{e}{m_{\rm e}}\left\langle\left\langle(\boldsymbol{E}+\boldsymbol{v}\times\boldsymbol{B})\cdot\nabla_v f_1\right\rangle_{T_{\rm RF}}\right\rangle_{2a}=\nabla_v\cdot\boldsymbol{\Gamma} \tag{D-7}$$

其中，$\boldsymbol{\Gamma}$ 为速度空间中的通量

$$\boldsymbol{\Gamma}={\rm Re}\left[-\frac{{\rm i}e^2}{2m_{\rm e}^2}\sum_{n=-\infty}^{\infty}\left(\left(1-\frac{k_n v_x}{\omega}\right)(v_y E_n)\boldsymbol{E}_n^*+\frac{v_y^2}{\omega}|E_n|^2\boldsymbol{k}_n\right)\frac{1}{\omega-k_n v_x+{\rm i}\nu_{\rm en}}\frac{1}{v}\frac{{\rm d}f_0}{{\rm d}v}\right] \tag{D-8}$$

引入速度空间的球坐标系

$$v_y=v\sin\theta\cos\phi,\quad v_z=v\sin\theta\sin\phi,\quad v_x=v\cos\theta \tag{D-9}$$

这里我们已选取速度的 x 轴为极轴。根据球坐标系中的散度公式，有

$$\nabla_v\cdot\boldsymbol{\Gamma}=\frac{1}{v^2}\frac{\partial}{\partial v}(v^2\Gamma_v)+\frac{1}{v\sin\theta}\frac{\partial}{\partial\theta}(\sin\theta\,\Gamma_\theta)+\frac{1}{v\sin\theta}\frac{\partial\Gamma_\phi}{\partial\phi} \tag{D-10}$$

将式(D-10)速度空间中的方位角 Ω 进行平均，有

$$\langle\nabla_v\cdot\boldsymbol{\Gamma}\rangle_\Omega=\frac{1}{v^2}\frac{\partial}{\partial v}(v^2\langle\Gamma_v\rangle_\Omega) \tag{D-11}$$

其中

$$\begin{cases}\langle\Gamma_v\rangle_\Omega=\dfrac{1}{4\pi}\displaystyle\int_0^{2\pi}{\rm d}\phi\int_0^{\pi}\Gamma_v\sin\theta{\rm d}\theta\\ \Gamma_v={\rm Re}\left[-\dfrac{{\rm i}e^2}{2m_{\rm e}^2}\displaystyle\sum_{n=-\infty}^{\infty}\left(\left(1-\dfrac{k_n v_x}{\omega}\right)(v_y E_n)(\boldsymbol{E}_n^*)_v+\dfrac{v_y^2}{\omega}|E_n|^2(\boldsymbol{k}_n)_v\right)\dfrac{1}{\omega-k_n v_x+{\rm i}\nu_{\rm en}}\dfrac{1}{v}\dfrac{{\rm d}f_0}{{\rm d}v}\right]\end{cases} \tag{D-12}$$

其中，$(\boldsymbol{E}_n^*)_v$ 及 $(\boldsymbol{k}_n)_v$ 分别为 $\boldsymbol{E}_n^*$ 及 $\boldsymbol{k}_n$ 在速度 $\boldsymbol{v}$ 的方向投影

$$(\boldsymbol{E}_n^*)_v=E_n^*\sin\theta\cos\phi,\quad(\boldsymbol{k}_n)_v=k_n\cos\theta \tag{D-13}$$

这样将式(D-13)代入式(D-12)，可以得到

$$\langle\Gamma_v\rangle_\Omega=-\frac{e^2}{8m_{\rm e}^2\omega}\sum_{n=-\infty}^{\infty}|E_n|^2\Psi\left(\frac{k_n v}{\omega},\frac{\nu_{\rm en}}{\omega}\right)\frac{{\rm d}f_0}{{\rm d}v} \tag{D-14}$$

其中，$\Psi(x,y)$ 是一个实函数，其形式为

$$\Psi(x,y)=y\int_0^{\pi}\frac{\sin^3\theta{\rm d}\theta}{(1-x\cos\theta)^2+y^2} \tag{D-15}$$

将式(D-14)代入式(D-11)，并与式(D-7)结合，最后得到速度空间中的准线性扩散项为

$$-\frac{e}{m_{\mathrm{e}}}\left\langle\left\langle\left\langle(\boldsymbol{E}+\boldsymbol{v}\times\boldsymbol{B})\cdot\nabla_{v}f_{1}\right\rangle_{T_{\mathrm{RF}}}\right\rangle_{2a}\right\rangle_{\Omega}=-\frac{1}{v^{2}}\frac{\mathrm{d}}{\mathrm{d}v}\left(v^{2}D\frac{\mathrm{d}f_{0}}{\mathrm{d}v}\right) \tag{D-16}$$

其中

$$D=\frac{e^{2}}{8m_{\mathrm{e}}^{2}\omega}\sum_{n=-\infty}^{\infty}\left|E_{n}\right|^{2}\Psi\left(\frac{k_{n}v}{\omega},\frac{\nu_{\mathrm{en}}}{\omega}\right) \tag{D-17}$$

为速度空间中的准线性扩散系数。

附录 E　甚高频 CCP 中的电磁场分布

根据 10.2 节的讨论，我们把两个平板电极间的区域划分为“鞘层/等离子体/鞘层”三个区域，其中两个平板的间隙为 $2l$，等离子体平板的厚度为 $2d$，每个鞘层的厚度为 $s=l-d$。在柱坐标系 (r,θ,z) 中，把轴向坐标原点（$z=0$）取在两个电极之间的中线上，见图 11-2。考虑到该问题关于 z 轴具有对称性，因此在如下讨论中，我们仅确定 $0<z<l$ 区间的电磁场空间分布。

在鞘层区中 $(d<z<l)$，由于介电常量 $\kappa=1$，可以把亥姆霍兹方程(10.2-6)改写为

$$\frac{\partial}{\partial r}\left[\frac{1}{r}\frac{\partial(rB_\theta)}{\partial r}\right]+\frac{\partial^2 B_\theta}{\partial z^2}+k_0^2 B_\theta=0 \quad (d<z<l) \tag{E-1}$$

采用分离变量法求解该方程，令 $B_\theta=R(r)Z(z)$，并代入方程(E-1)，可以得到

$$\frac{1}{R}\frac{\mathrm{d}}{\mathrm{d}r}\left[\frac{1}{r}\frac{\mathrm{d}(rR)}{\mathrm{d}r}\right]+k_0^2 R=-\frac{1}{Z}\frac{\mathrm{d}^2 Z}{\mathrm{d}z^2}\equiv\lambda \tag{E-2}$$

其中，λ 为常数。在如下讨论中，我们仅考虑驻波效应，可以令 $\lambda=-\alpha_0^2$，其中 α_0 为大于零的实数。这样，可以把方程(E-2)改写成两个独立的方程

$$\frac{\mathrm{d}^2 R}{\mathrm{d}r^2}+\frac{1}{r}\frac{\mathrm{d}R}{\mathrm{d}r}+\left(k_0^2+\alpha_0^2-\frac{1}{r^2}\right)R=0 \tag{E-3}$$

$$\frac{\mathrm{d}^2 Z}{\mathrm{d}z^2}-\alpha_0^2 Z=0 \tag{E-4}$$

方程(E-3)是一个典型的一阶贝塞尔方程，其特解为 $R(r)\sim \mathrm{J}_1(kr)$，$k$ 为径向波数

$$k^2=\alpha_0^2+k_0^2$$

根据边界条件(10.2-7)，可以把方程(E-4)的特解表示为 $Z\sim\cosh[\alpha_0(z-l)]$。这样，可以把鞘层区中的磁感应强度表示为

$$B_{s\theta}=C_0\cosh[\alpha_0(z-l)]\mathrm{J}_1(kr) \tag{E-5}$$

其中，C_0 为常数。利用关系式 $E_{sr}=\dfrac{c^2}{\mathrm{i}\omega}\dfrac{\partial B_{s\theta}}{\partial z}$ 及 $E_{sz}=-\dfrac{c^2}{\mathrm{i}\omega}\dfrac{1}{r}\dfrac{\partial}{\partial r}(rB_{s\theta})$，可以分别得到鞘层区的径向电场和轴向电场

$$E_{sr}=C_0\frac{c^2\alpha_0}{\mathrm{i}\omega}\sinh[\alpha_0(z-l)]\mathrm{J}_1(kr) \tag{E-6}$$

$$E_{sz}=-C_0\frac{c^2k}{\mathrm{i}\omega}\cosh[\alpha_0(z-l)]\mathrm{J}_0(kr) \tag{E-7}$$

在主等离子体区（$0<z<d$），由于等离子体是均匀分布的，即$\kappa=\varepsilon_{\mathrm{p}}$为常数，这样可以把亥姆霍兹方程(10.1-6)改写为

$$\frac{\partial}{\partial r}\left[\frac{1}{r}\frac{\partial(rB_\theta)}{\partial r}\right]+\frac{\partial^2 B_\theta}{\partial z^2}+\varepsilon_{\mathrm{p}}k_0^2B_\theta=0\quad(d<z<l) \tag{E-8}$$

可以采取类似于上面的求解方法，把等离子体区中的磁感应强度表示为

$$B_{\mathrm{p}\theta}=A_0\cosh(\alpha_{\mathrm{p}}z)\mathrm{J}_1(kr)\quad(-d<z<d) \tag{E-9}$$

其中，α_{p}是一个待定的常数，它与径向波数k之间的关系为

$$k^2=k_0^2\varepsilon_{\mathrm{p}}+\alpha_{\mathrm{p}}^2 \tag{E-10}$$

在式(E-9)中，A_0也是一个常数。利用关系式$E_{\mathrm{p}r}=-\mathrm{i}\frac{c^2}{\omega\varepsilon_{\mathrm{p}}}\frac{\partial B_{\mathrm{p}\theta}}{\partial z}$及$E_{\mathrm{p}z}=\mathrm{i}\frac{c^2}{\omega\varepsilon_{\mathrm{p}}}\frac{1}{r}\frac{\partial}{\partial r}(rB_{\mathrm{p}\theta})$，可以分别得到等离子体区中的径向电场和轴向电场

$$E_{\mathrm{p}r}=-\mathrm{i}A_0\frac{c^2\alpha_{\mathrm{p}}}{\omega\varepsilon_{\mathrm{p}}}\sinh(\alpha_{\mathrm{p}}z)\mathrm{J}_1(kr) \tag{E-11}$$

$$E_{\mathrm{p}z}=\mathrm{i}A_0\frac{c^2k}{\omega\varepsilon_{\mathrm{p}}}\cosh(\alpha_{\mathrm{p}}z)\mathrm{J}_0(kr) \tag{E-12}$$

利用边界条件$B_{\mathrm{s}\theta}\big|_{z=d}=B_{\mathrm{p}\theta}\big|_{z=d}$以及式(E-5)和式(E-9)，可以得到

$$C\cosh[\alpha_0(l-d)]=A\cosh(\alpha_{\mathrm{p}}d) \tag{E-13}$$

引入常数D_0，可以把常数A_0和C_0用D_0表示，有

$$C_0=D_0\cosh(\alpha_0 d) \tag{E-14}$$

$$A_0=D_0\cosh[\alpha_0(l-d)] \tag{E-15}$$

将C_0分别代入$B_{\mathrm{s}\theta}$、E_{sr}和E_{sz}的表示式中就可以得到式(10.2-9)。同样，将A_0分别代入$B_{\mathrm{p}\theta}$、$E_{\mathrm{p}r}$和$E_{\mathrm{p}z}$的表示式中，就可以得到式(10.2-10)。